Einführung

in die

Determinantentheorie

einschließlich der unendlichen und
der Fredholmschen Determinanten

von

Dr. Gerhard Kowalewski,
Professor an der Universität Bonn.

Leipzig
Verlag von Veit & Comp.
1909

Druck von Metzger & Wittig in Leipzig.

Vorwort

Dieses Buch ist aus Vorlesungen und Übungen entstanden, die ich während meiner mehr als zehnjährigen Lehrtätigkeit in Leipzig, Greifswald und Bonn gehalten habe. Dem entspricht die Begrenzung des Stoffs und die Art der Darstellung. Es soll hier eine Einführung in eine große und wichtige Disziplin geboten werden, die in neuester Zeit durch Übertragung des Determinantenbegriffs ins abzählbar und ins kontinuierlich Unendliche noch erheblich angewachsen ist.

Die Fredholmschen Determinanten, die für die linearen Integralgleichungen dieselbe Bedeutung haben, wie die gewöhnlichen Determinanten für lineare Gleichungssysteme mit n Unbekannten, habe ich in der Hilbertschen Weise durch Grenzübergang aus gewöhnlichen Determinanten abgeleitet. Auf diesem Wege ergeben sich auch sehr einfach die Fredholmschen Minoren und die Relationen zwischen ihnen, auf denen Fredholms Auflösung der linearen Integralgleichungen beruht.

In dem Kapitel über unendliche Determinanten ist bei der Betrachtung der linearen Gleichungssysteme mit unendlich vielen Unbekannten auch die schöne Theorie dargestellt, die Erhard Schmidt für diese Systeme begründet hat. Ebenso wird am Schluß des Buches E. Schmidts Behandlung der linearen Integralgleichungen in ihren Hauptpunkten entwickelt. Dieser Teil des Buches kann daher zur Einführung in das Studium der Integralgleichungen dienen, die sich unter den Händen Hilberts zu einer der umfassendsten und bedeutsamsten mathematischen Theorien entwickelt haben.

Auf Seite 541 ff. findet der Leser die hauptsächlichsten Literaturnachweise. Wünscht er eine vollständigere Bibliographie, so verweisen wir ihn auf den Artikel von E. NETTO im ersten Band der Enzyklopädie der mathematischen Wissenschaften oder auf das Werk von T. MUIR: The theory of determinants in the historical order of its development, London 1906.

Bonn, im April 1909.

Gerhard Kowalewski

Inhalt

Erstes Kapitel.

Historische Bemerkungen.

§ 1. Die Determinanten bei Leibniz.

Leibniz kam auf die Determinanten bei Behandlung der Aufgabe, aus $n+1$ linearen Gleichungen mit n Unbekannten $x_1, x_2, \ldots, x_n$ diese Unbekannten zu eliminieren.

Er führte eine sehr zweckmäßige Bezeichnungsweise ein, die im wesentlichen auch heute noch in der Determinantentheorie benutzt wird. Er schrieb nämlich die $n+1$ Gleichungen in folgender Weise:

$$
\begin{aligned}
10 + 11 \cdot x_1 + 12 \cdot x_2 + \ldots + 1n \cdot x_n &= 0,\\
20 + 21 \cdot x_1 + 22 \cdot x_2 + \ldots + 2n \cdot x_n &= 0,\\
30 + 31 \cdot x_1 + 32 \cdot x_2 + \ldots + 3n \cdot x_n &= 0,\\
\cdot\ \cdot\ \cdot\ \cdot\ \cdot\ \cdot\ \cdot\ \cdot\ \cdot\ \cdot\ \cdot\ \cdot\ \cdot\ \cdot\ \cdot\ \cdot\ \cdot &
\end{aligned}
$$

Jeder Koeffizient ist hier durch zwei Indizes symbolisiert, von denen der erste die Gleichung, der zweite die Stelle innerhalb der Gleichung anzeigt.

Im Falle $n = 1$ findet man als Eliminationsresultat

$$10 \cdot 21 - 11 \cdot 20 = 0,$$

im Falle $n = 2$

$$
\begin{aligned}
&10 \cdot 21 \cdot 32 + 11 \cdot 22 \cdot 30 + 12 \cdot 20 \cdot 31\\
&- 10 \cdot 22 \cdot 31 - 11 \cdot 20 \cdot 32 - 12 \cdot 21 \cdot 30 = 0
\end{aligned}
$$

und so fort.

Leibniz gelangte durch Induktion zu einem allgemeinen Theorem, das er in einem Brief an den Marquis de l'Hospital (vom 28. April 1693) ausspricht:

„Datis aequationibus quotcunque sufficientibus ad tollendas quantitates, quae simplicem gradum non egrediuntur, pro aequatione prodeunte primo sumendae sunt omnes combinationes possibiles, quas ingreditur una tantum coefficiens uniuscunque aequationis; secundo eae combinationes opposita habent signa, si in eodem prodeuntis aequationis latere ponantur, quae habent tot coefficientes communes, quot sunt unitates in numero quantitatum tollendarum unitate minuto; caeterae habent eadem signa."

Es seien beliebig viele Gleichungen gegeben, die zur Elimination der den ersten Grad nicht überschreitenden Unbekannten ausreichen. Um die resultierende Gleichung zu erhalten, hat man zunächst alle möglichen Kombinationen zu bilden, in die aus jeder Gleichung nur ein Koeffizient eingeht.[1] Bringt man dann in der resultierenden Gleichung alles auf eine Seite, so haben diejenigen Kombinationen entgegengesetzte Zeichen, die so viele gemeinsame Koeffizienten enthalten, als es Einheiten in der um 1 verminderten Zahl der zu eliminierenden Unbekannten gibt.[2] Die übrigen haben dieselben Zeichen.

Wenn zwei Produkte[3]

$$1 r_0 \cdot 2 r_1 \ldots n+1,\ r_n$$

und

$$1 s_0 \cdot 2 s_1 \ldots n+1,\ s_n$$

$n-1$ gemeinsame Faktoren haben, so entsteht $s_0, s_1, \ldots, s_n$ aus $r_0, r_1, \ldots, r_n$ durch eine Transposition, d. h. durch Vertauschung zweier Glieder.

Das nach der Leibnizschen Vorschrift gebildete Eliminationsresultat lautet also

$$\sum \varepsilon \cdot 1 r_0 \cdot 2 r_1 \ldots n+1,\ r_n = 0\,.$$

Die Summation erstreckt sich über alle $(n+1)!$ Permutationen $r_0, r_1, \ldots, r_n$ der Indizes $0, 1, \ldots, n$, und ε ist gleich $+1$ oder -1, je nachdem $r_0, r_1, \ldots, r_n$ aus $0, 1, \ldots, n$ durch eine gerade oder ungerade Anzahl von Transpositionen hervorgeht.

$$\sum \varepsilon \cdot 1 r_0 \cdot 2 r_1 \ldots n+1,\ r_n$$

ist das, was wir heutzutage eine $(n+1)$-reihige Determinante nennen.

Es war ein glücklicher Gedanke von Leibniz, zur Bezeichnung der Koeffizienten eines linearen Gleichungssystems Doppelindizes zu benutzen.

In dem zitierten Brief finden wir folgende Bemerkung über die Bedeutung einer guten Bezeichnungsweise:

---

[1] Gemeint sind die Produkte $1 r_0 \cdot 2 r_1 \ldots n+1,\ r_n$, wobei $r_0, r_1, \ldots, r_n$ eine Permutation von $0, 1, \ldots, n$ ist.

[2] d. h. $n-1$.

[3] $s_0, s_1, \ldots, s_n$ ist wie $r_0, r_1, \ldots, r_n$ eine Permutation von $0, 1, \ldots, n$.

„Une partie du secret de l'analyse consiste dans la charactéristique, c'est-à-dire dans l'art de bien employer les notes dont on se sert, et vous voyez, Monsieur, par ce petit échantillon, que Viète et Descartes n'en ont pas encore connu tous les mystères."

§ 2. Die Determinanten bei Cramer.

Leibniz fand nicht die Zeit, um seine Erfindung, von deren großer Tragweite er bei verschiedenen Gelegenheiten spricht, weiter zu verfolgen. So geriet sie denn ganz in Vergessenheit.

Als Gabriel Cramer, der Verfasser der „Introduction à l'analyse des lignes courbes algébriques" (1750), sich mit Systemen linearer Gleichungen beschäftigte, stieß er ganz unabhängig von Leibniz noch einmal auf die Determinanten.

Im Anhang seines großen Werkes zeigt er, wie man n lineare Gleichungen mit n Unbekannten durch Determinanten auflöst. Wir wollen die kurze Note hier vollständig wiedergeben.

„Man habe mehrere Unbekannte

$$z, \; y, \; x, \; v, \; \ldots$$

und ebenso viele Gleichungen

$$\begin{aligned} A^1 &= Z^1 z + Y^1 y + X^1 x + V^1 v + \ldots, \\ A^2 &= Z^2 z + Y^2 y + X^2 x + V^2 v + \ldots, \\ A^3 &= Z^3 z + Y^3 y + X^3 x + V^3 v + \ldots, \\ A^4 &= Z^4 z + Y^4 y + X^4 x + V^4 v + \ldots, \\ &\ldots\ldots\ldots\ldots\ldots\ldots \end{aligned}$$

Dabei sollen die Buchstaben

$$A^1, \; A^2, \; A^3, \; A^4, \ldots$$

nicht wie gewöhnlich die Potenzen von A bedeuten, sondern die als bekannt vorausgesetzte linke Seite der ersten, zweiten, dritten, vierten, ... Gleichung. Ebenso sind

$$Z^1, \; Z^2, \; \ldots$$

die Koeffizienten von z,

$$Y^1, \; Y^2, \; \ldots$$

die von y,

$$X^1, \; X^2, \; \ldots$$

die von x,

$$V^1, \; V^2, \; \ldots$$

die von v, ..., in der ersten, zweiten, ... Gleichung.

Diese Bezeichnungsweise vorausgesetzt hat man, wenn nur eine Gleichung mit einer Unbekannten z vorliegt,

$$z = \frac{A^1}{Z^1}.$$

Sind zwei Gleichungen und zwei Unbekannte z und y da, so findet man

$$z = \frac{A^1 Y^2 - A^2 Y^1}{Z^1 Y^2 - Z^2 Y^1}$$

und

$$y = \frac{Z^1 A^2 - Z^2 A^1}{Z^1 Y^2 - Z^2 Y^1}.$$

Sind drei Gleichungen und drei Unbekannte z, y und x da, so findet man

$$z = \frac{A^1 Y^2 X^3 - A^1 Y^3 X^2 - A^2 Y^1 X^3 + A^2 Y^3 X^1 + A^3 Y^1 X^2 - A^3 Y^2 X^1}{Z^1 Y^2 X^3 - Z^1 Y^3 X^2 - Z^2 Y^1 X^3 + Z^2 Y^3 X^1 + Z^3 Y^1 X^2 - Z^3 Y^2 X^1},$$

$$y = \frac{Z^1 A^2 X^3 - Z^1 A^3 X^2 - Z^2 A^1 X^3 + Z^2 A^3 X^1 + Z^3 A^1 X^2 - Z^3 A^2 X^1}{Z^1 Y^2 X^3 - Z^1 Y^3 X^2 - Z^2 Y^1 X^3 + Z^2 Y^3 X^1 + Z^3 Y^1 X^2 - Z^3 Y^2 X^1},$$

$$x = \frac{Z^1 Y^2 A^3 - Z^1 Y^3 A^2 - Z^2 Y^1 A^3 + Z^2 Y^3 A^1 + Z^3 Y^1 A^2 - Z^3 Y^2 A^1}{Z^1 Y^2 X^3 - Z^1 Y^3 X^2 - Z^2 Y^1 X^3 + Z^2 Y^3 X^1 + Z^3 Y^1 X^2 - Z^3 Y^2 X^1}.$$

Die Prüfung dieser Formeln liefert folgende allgemeine Regel.

Die Anzahl der Gleichungen und der Unbekannten sei n. Man findet dann den Wert jeder Unbekannten, indem man n Brüche bildet, deren gemeinsamer Nenner ebenso viele Glieder hat, als es verschiedene Anordnungen von n verschiedenen Dingen gibt. Jedes Glied setzt sich aus den Buchstaben

$$Z, \ Y, \ X, \ V, \ \ldots$$

zusammen. Sie werden immer in derselben Reihenfolge geschrieben. Man erteilt ihnen aber als Exponenten die n ersten Ziffern in allen möglichen Reihenfolgen. So hat, wenn drei Unbekannte da sind, der Nenner

$$1 \cdot 2 \cdot 3 = 6$$

Glieder; sie sind zusammengesetzt aus den drei Buchstaben Z, Y, X, die der Reihe nach die Exponenten

123, 132, 213, 231, 312, 321

erhalten. Man gibt diesen Gliedern die Zeichen $+$ oder $-$ nach folgender Regel. Wenn auf einen Exponenten in demselben Gliede mittelbar oder unmittelbar ein kleinerer Exponent folgt, so will ich dies ein Derangement nennen. Man zähle nun bei jedem Gliede die Derangements. Ist ihre Anzahl gerade oder Null, so erhält das

Glied das Zeichen +, ist sie ungerade, so erhält das Glied das Zeichen −. Z. B. gibt es in dem Gliede

$$Z^1 Y^2 X^3$$

kein Derangement. Dieses Glied erhält also das Zeichen +. Das Glied

$$Z^3 Y^1 X^2$$

hat auch das Zeichen +, weil es zwei Derangements aufweist; 3 vor 1 und 3 vor 2. Dagegen erhält das Glied

$$Z^3 Y^2 X^1,$$

das drei Derangements aufweist, 3 vor 2, 3 vor 1 und 2 vor 1, das Zeichen −.

Nachdem so der gemeinsame Nenner gebildet ist, erhält man den Wert von z, indem man diesem Nenner einen Zähler gibt, den man dadurch bildet, daß man in allen Gliedern Z in A verwandelt. Der Wert von y ist ein Bruch, der denselben Nenner hat und als Zähler eine Größe, die sich ergibt, wenn man in allen Gliedern des Nenners Y in A verwandelt. In ähnlicher Weise findet man den Wert der übrigen Unbekannten.

Allgemein zu reden ist das Problem bestimmt. Aber es kann besondere Fälle geben, wo es unbestimmt bleibt und andere, wo es unmöglich wird. Das geschieht, wenn man den gemeinsamen Nenner gleich Null findet; d. h. bei nur zwei Gleichungen, wenn

$$Z^1 Y^2 - Z^2 Y^1 = 0,$$

bei drei Gleichungen, wenn

$$Z^1 Y^2 X^3 - Z^1 Y^3 X^2 - Z^2 Y^1 X^3 + Z^2 Y^3 X^1 + Z^3 Y^1 X^2 - Z^3 Y^2 X^1 = 0$$

ist usw. Sind alsdann die Größen $A^1, A^2, A^3, \ldots$ so beschaffen, daß auch die Zähler gleich Null sind, so ist das Problem unbestimmt, denn die Brüche $\frac{0}{0}$, die die Werte der Unbekannten geben müßten, sind unbestimmt. Wenn dagegen die Größen $A^1, A^2, A^3, \ldots$ so beschaffen sind, daß, während der gemeinsame Nenner gleich Null ist, die Zähler oder einige von ihnen nicht Null sind, so ist das Problem unmöglich oder es sind wenigstens die unbekannten Größen, die es lösen können, alle oder zum Teil unendlich. Hat man z. B. die beiden folgenden Gleichungen

$$2 = 3z - 2y,$$

$$5 = 6z - 4y,$$

so findet man

$$z = \tfrac{2}{0}, \quad y = \tfrac{3}{0}.$$

x und y sind also unendliche Größen, die sich zueinander verhalten wie 2 zu 3. Rechnete man die Unbekannten nach den gewöhnlichen Methoden aus, so käme man auf die sinnlose Gleichung

$$\tfrac{2}{3} = \tfrac{5}{6}.$$

Denn die erste Gleichung gibt

$$x = \tfrac{2}{3}y + \tfrac{2}{3}$$

und die zweite

$$x = \tfrac{4}{6}y + \tfrac{5}{6}.$$

Also hat man

$$\tfrac{2}{3}y + \tfrac{2}{3} = \tfrac{4}{6}y + \tfrac{5}{6} \quad \text{oder} \quad \tfrac{2}{3} = \tfrac{5}{6},$$

was ein Unsinn ist, wenn x und y endliche Größen sind. Wenn sie aber unendlich sind, so kann man ohne Sinnlosigkeit sagen, daß

$$x = \tfrac{2}{3}y + \tfrac{2}{3}$$

und gleichzeitig

$$x = \tfrac{2}{3}y + \tfrac{5}{6}$$

ist. Denn die endlichen Größen $\tfrac{2}{3}$ und $\tfrac{5}{6}$ sind im Vergleich zu den unendlichen Größen x und $\tfrac{2}{3}y$ nichts. Die beiden Gleichungen

$$x = \tfrac{2}{3}y + \tfrac{2}{3} \quad \text{und} \quad x = \tfrac{2}{3}y + \tfrac{5}{6}$$

reduzieren sich also auf

$$x = \tfrac{2}{3}y,$$

eine Gleichung, die nichts Widersprechendes hat."

Zweites Kapitel.

Definition der n-reihigen Determinante.

§ 3. Paarungen zwischen zwei Systemen von n Dingen.

Wir betrachten zwei Systeme von n Dingen. Der Leser stelle sich, um ein anschauliches Beispiel zu haben, n Herren und n Damen vor, die auf einem Balle sind.

Wenn jedes Ding des einen Systems mit einem Ding des andern Systems verbunden wird, also in unserem Beispiel jeder Herr eine Dame nimmt, so wollen wir das eine **Paarung** zwischen den beiden Systemen nennen.

Eine solche Paarung kann man in folgender Weise bewirken. Man läßt die Herren in einer bestimmten Reihenfolge wählen. Der erste Herr hat dann die Auswahl unter n Damen, der zweite unter

$n-1$ und so fort. Der letzte Herr muß die zuletzt übrig gebliebene Dame nehmen. Man sieht hieraus, daß es

$$n! = 1 \cdot 2 \ldots n$$

Paarungen zwischen den beiden Systemen gibt.

So sind z. B. zwischen den drei Herren

Karl, Paul, Fritz

und den drei Damen

Anna, Marie, Luise

folgende sechs Paarungen möglich:

(Karl, Anna), (Paul, Marie), (Fritz, Luise);
(Karl, Anna), (Paul, Luise), (Fritz, Marie);
(Karl, Marie), (Paul, Anna), (Fritz, Luise);
(Karl, Marie), (Paul, Luise), (Fritz, Anna);
(Karl, Luise), (Paul, Anna), (Fritz, Marie);
(Karl, Luise), (Paul, Marie), (Fritz, Anna).

§ 4. Umpaarungen und Inversionen.

Den Übergang von einer Paarung zu einer neuen wollen wir als eine Umpaarung bezeichnen.

Die einfachsten Umpaarungen sind solche, wo nur zwei Paare abgeändert werden, also nur zwei Herren ihre Damen austauschen. Umpaarungen dieser Art nennen wir Transpositionen.

Jede Umpaarung läßt sich durch eine Reihe von Transpositionen herbeiführen.

Will man von der Paarung $\mathfrak{P}$ zu der Paarung $\bar{\mathfrak{P}}$ gelangen, so fasse man einen Herrn und eine Dame ins Auge, die bei $\bar{\mathfrak{P}}$, aber nicht bei $\mathfrak{P}$ ein Paar bilden. Sie befinden sich also bei $\mathfrak{P}$ in verschiedenen Paaren. Ändert man nur diese beiden Paare ab, so ist wenigstens schon eins von den neuen Paaren gewonnen. Sind noch nicht alle neuen Paare da, so setzt man das Verfahren fort. Nach höchstens $n-1$ Schritten hat man die Paarung $\bar{\mathfrak{P}}$ erreicht.

Um z. B. von der Paarung

(Karl, Anna), (Paul, Marie), (Fritz, Luise)

zu der Paarung

(Karl, Luise), (Paul, Anna), (Fritz, Marie)

zu gelangen, geht man zuerst von

(Karl, Anna), (Paul, Marie), (Fritz, Luise)

zu

(Karl, Luise), (Paul, Marie), (Fritz, Anna)

über und dann zu

(Karl, Luise), (Paul, Anna), (Fritz, Marie).

Dabei hat man zwei Transpositionen vorgenommen.

Wir wollen die Damen mit $1, 2, \ldots, n$ numerieren und zwei bestimmte Herren betrachten. Diese seien bei $\mathfrak{P}$ mit den Damen r und s, bei $\bar{\mathfrak{P}}$ mit den Damen $\bar{r}$ bzw. $\bar{s}$ gepaart. Wenn die Differenzen

$$r - s \quad \text{und} \quad \bar{r} - \bar{s}$$

entgegengesetzte Zeichen haben, so wollen wir sagen, daß die betrachtete Herrenambe beim Übergange von $\mathfrak{P}$ zu $\bar{\mathfrak{P}}$ eine Inversion erfährt. Um zu wissen, wie viele Inversionen bei einer Umpaarung stattfinden, muß man jede der $\frac{1}{2} n (n-1)$ Herrenamben darauf untersuchen, ob sie eine Inversion erleidet oder nicht.

Bezeichnen wir z. B. Anna als die erste, Marie als die zweite und Luise als die dritte Dame, so erleiden beim Übergange von der Paarung

(Karl, Anna), (Paul, Marie), (Fritz, Luise)

zu der Paarung

(Karl, Luise), (Paul, Anna), (Fritz, Marie)

die Herren

Karl und Paul, $(r = 1,\ \bar{r} = 3;\ s = 2,\ \bar{s} = 1)$

ebenso die Herren

Karl und Fritz $(r = 1,\ \bar{r} = 3;\ s = 3,\ \bar{s} = 2)$

eine Inversion. Dagegen findet bei den Herren

Paul und Fritz $(r = 2,\ \bar{r} = 1;\ s = 3,\ \bar{s} = 2)$

keine Inversion statt. Bei der betrachteten Umpaarung treten also im ganzen zwei Inversionen ein.

$\mathfrak{P}_1, \mathfrak{P}_2, \mathfrak{P}_3$ seien drei beliebige Paarungen. Bei der Umpaarung $\mathfrak{P}_1, \mathfrak{P}_2$[1] gebe es α, bei der Umpaarung $\mathfrak{P}_2, \mathfrak{P}_3$ gebe es β Inversionen. Wie viele Inversionen gibt es dann bei der Umpaarung $\mathfrak{P}_1, \mathfrak{P}_3$? δ sei die Anzahl der Herrenamben, die sowohl bei $\mathfrak{P}_1, \mathfrak{P}_2$ als auch bei $\mathfrak{P}_2, \mathfrak{P}_3$ eine Inversion erfahren. Offenbar treten dann bei der Umpaarung $\mathfrak{P}_1, \mathfrak{P}_3$

$$(\alpha - \delta) + (\beta - \delta) = \alpha + \beta - 2\delta$$

Inversionen ein.

---

[1] D. h. beim Übergange von $\mathfrak{P}_1$ zu $\mathfrak{P}_2$.

Dieses Resultat läßt sich leicht verallgemeinern.

$$\mathfrak{P}_1, \mathfrak{P}_2, \ldots, \mathfrak{P}_{m+1}$$

seien $m + 1$ beliebige Paarungen. Bei der Umpaarung

$$\mathfrak{P}_\mu, \mathfrak{P}_{\mu+1} \quad (\mu = 1, 2, \ldots, m)$$

gebe es α_μ Inversionen und bei der Umpaarung

$$\mathfrak{P}_1, \mathfrak{P}_{m+1}$$

α Inversionen. Dann ist[1]

$$\alpha \equiv \alpha_1 + \alpha_2 + \ldots + \alpha_m. \quad (\text{mod } 2)$$

Jetzt wollen wir annehmen, daß die m Umpaarungen $\mathfrak{P}_\mu, \mathfrak{P}_{\mu+1}$ Transpositionen sind. Dann sind alle α_μ ungerade. Es gilt nämlich folgender Satz:

Bei einer Transposition findet immer eine ungerade Anzahl von Inversionen statt.

Besteht die Transposition in der Austauschung der Damen r und s $(r < s)$, so erleiden folgende Herrenamben Inversionen:

1. Die Herren der Damen r und s,
2. die Herren der Damen k und r, sowie die Herren der Damen k und s, wenn $r < k < s$ ist.

Außerdem finden keine Inversionen statt. Die Gesamtzahl der Inversionen ist somit

$$1 + 2(s - r - 1).$$

Wenn wir also annehmen, daß die m Umpaarungen $\mathfrak{P}_\mu, \mathfrak{P}_{\mu+1}$ Transpositionen sind, so haben wir:

$$\alpha_\mu \equiv 1 \quad (\mu = 1, 2, \ldots, m),$$

mithin

$$\alpha_1 + \alpha_2 + \ldots + \alpha_m \equiv m \quad (\text{mod. } 2)$$

und auch

$$\alpha \equiv m \quad (\text{mod. } 2).$$

α und m sind demnach entweder beide gerade oder beide ungerade. Damit haben wir folgenden Satz gewonnen:

Wenn eine Umpaarung sich durch m Transpositionen bewirken läßt, so ist m gerade oder ungerade, je nachdem die Umpaarung eine gerade oder ungerade Anzahl von Inversionen hervorbringt.

Wir haben, um die Inversionen zu zählen, die Damen mit Nummern versehen und auf die Herrenamben geachtet. Ebensogut

---

[1] Man liest diese Formel: „α kongruent $\alpha_1 + \alpha_2 + \ldots + \alpha_m$ modulo 2". Sie bedeutet, daß α und $\alpha_1 + \alpha_2 + \ldots + \alpha_m$ sich um ein Vielfaches von 2 unterscheiden.

hätten wir natürlich die Herren numerieren und auf die Damenamben achten können. Es ist auch ganz gleichgültig, wie wir die Damen bzw. die Herren numerieren. Unser obiger Satz zeigt, daß die Inversionenzahl, durch 2 dividiert, immer denselben Rest (0 oder 1) gibt.

Wenn eine Umpaarung eine gerade (ungerade) Anzahl von Inversionen mit sich bringt, wollen wir sie gerade (ungerade) nennen. Dann können wir unser Resultat so aussprechen:

Eine gerade Umpaarung läßt sich nur durch eine gerade, eine ungerade Umpaarung nur durch eine ungerade Anzahl von Transpositionen bewirken.

§ 5. Einteilung der Paarungen in zwei Klassen.

Wir können jetzt die $n!$ Paarungen zwischen zwei Systemen von n Dingen in zwei Klassen einteilen.

Wir rechnen $\mathfrak{P}$ und $\overline{\mathfrak{P}}$ in dieselbe oder in verschiedene Klassen, je nachdem man von $\mathfrak{P}$ zu $\overline{\mathfrak{P}}$ durch eine gerade oder ungerade Anzahl Transpositionen gelangt[1], je nachdem also die Umpaarung $\mathfrak{P}, \overline{\mathfrak{P}}$ gerade oder ungerade ist.

In jeder Klasse gibt es $\frac{1}{2}n!$ Paarungen. Vertauschen wir nämlich in jeder der $n!$ Paarungen zwei bestimmte Damen, so geht jede Paarung in eine Paarung anderer Klasse über.

Zeichnet man eine Paarung aus und nennt sie die Hauptpaarung, so pflegt man alle Paarungen, die nicht in dieselbe Klasse gehören (also durch eine ungerade Anzahl Transpositionen aus ihr entstehen), als ungerade Paarungen zu bezeichnen, die andern als gerade.

§ 6. Symbolische Darstellung der Paarungen.

Um ein Symbol für eine Paarung zwischen zwei Systemen $\mathfrak{S}_1$ und $\mathfrak{S}_2$ von n Dingen zu gewinnen, kann man so verfahren. Man belegt die n Dinge jedes Systems mit Namen, schreibt die Namen der Dinge $\mathfrak{S}_1$ in irgend einer Reihenfolge in eine Zeile und darunter in eine zweite Zeile die Namen der Dinge $\mathfrak{S}_2$, aber so, daß immer die Namen gepaarter Dinge untereinander stehen.

Man kann z. B. zur Benennung der Dinge jedes Systems die Zahlen $1, 2, \ldots, n$ benutzen. Dann läßt sich eine Paarung durch das Symbol

[1] Führt man diese Transpositionen in umgekehrter Reihenfolge aus, so gelangt man von $\overline{\mathfrak{P}}$ zu $\mathfrak{P}$.

$$\begin{pmatrix} r_1 \, r_2 \ldots r_n \\ s_1 \, s_2 \ldots s_n \end{pmatrix}$$

darstellen, wo $r_1, r_2, \ldots, r_n$ und $s_1, s_2, \ldots, s_n$ Permutationen von 1, 2, ..., n sind. Die Bedeutung dieses Symbols ist, wenn wir wieder das Beispiel der n Herren und n Damen benutzen, folgende:

Herr r_1 führt Dame s_1, Herr r_2 führt Dame s_2 usw. Für $r_1, r_2, \ldots, r_n$ (oder $s_1, s_2, \ldots, s_n$) darf man eine beliebige Permutation von 1, 2, ..., n setzen. $s_1, s_2, \ldots, s_n$ (bzw. $r_1, r_2, \ldots, r_n$) ist dann aber durch die Paarung völlig bestimmt. So stellen z. B. im Falle $n = 3$ die Symbole

$$\begin{pmatrix} 1\,2\,3 \\ 3\,1\,2 \end{pmatrix}, \begin{pmatrix} 1\,3\,2 \\ 3\,2\,1 \end{pmatrix}, \begin{pmatrix} 2\,1\,3 \\ 1\,3\,2 \end{pmatrix}, \begin{pmatrix} 2\,3\,1 \\ 1\,2\,3 \end{pmatrix}, \begin{pmatrix} 3\,1\,2 \\ 2\,3\,1 \end{pmatrix}, \begin{pmatrix} 3\,2\,1 \\ 2\,1\,3 \end{pmatrix}$$

dieselbe Paarung dar. Jedesmal steht nämlich unter 1 die 3, unter 2 die 1 und unter 3 die 2. Herr 1 führt also Dame 3, Herr 2 Dame 1, Herr 3 Dame 2.

Schreibt man das Symbol einer Paarung in der Form

$$\begin{pmatrix} 1 \; 2 \ldots n \\ r_1 \, r_2 \ldots r_n \end{pmatrix},$$

so kann man auf Grund von § 4 leicht angeben, ob sie mit der Paarung

$$\begin{pmatrix} 1 \; 2 \ldots n \\ 1 \; 2 \ldots n \end{pmatrix},$$

bei der je zwei gleichbenannte Dinge gepaart sind, in dieselbe Klasse oder in verschiedene Klassen gehört.

Es kommt darauf an, ob beim Übergange von

$$\begin{pmatrix} 1 \; 2 \ldots n \\ 1 \; 2 \ldots n \end{pmatrix} \text{ zu } \begin{pmatrix} 1 \; 2 \ldots n \\ r_1 \, r_2 \ldots r_n \end{pmatrix}$$

eine gerade oder eine ungerade Anzahl von Inversionen eintritt. Die Herren μ und ν ($\mu < \nu$) haben aber bei der ersten Paarung die Damen μ bzw. ν, bei der zweiten Paarung dagegen die Damen r_μ bzw. r_ν. Eine Inversion findet also dann und nur dann statt, wenn die Differenzen

$$\mu - \nu \quad \text{und} \quad r_\mu - r_\nu$$

entgegengesetzte Zeichen haben, wenn also $r_\mu > r_\nu$ ist.

Man hat also nachzuzählen, wie oft in der Permutation

$$r_1, r_2, \ldots, r_n$$

eine kleinere Zahl auf eine größere mittelbar oder unmittelbar folgt oder wie viele Derangements im Sinne Cramers (vgl. § 2, S. 4) vorhanden sind.

Man pflegt eine Permutation gerade oder ungerade zu nennen, je nachdem sie eine gerade oder ungerade Anzahl von Derangements aufweist.

Die Paarung

$$\begin{pmatrix} 1 & 2 & \dots & n \\ r_1 & r_2 & \dots & r_n \end{pmatrix}$$

ist also, wenn man

$$\begin{pmatrix} 1 & 2 & \dots & n \\ 1 & 2 & \dots & n \end{pmatrix}$$

als Hauptpaarung zugrunde legt, gerade oder ungerade, je nachdem

$$r_1, r_2, \dots, r_n$$

eine gerade oder ungerade Permutation ist.

Dasselbe gilt von der Paarung

$$\begin{pmatrix} r_1 & r_2 & \dots & r_n \\ 1 & 2 & \dots & n \end{pmatrix}.$$

Denn es ist gleichgültig, ob wir auf die Inversionen der Herrenamben oder der Damenamben achten.

In $r_1, r_2, \dots, r_n$ gebe es ϱ und in $s_1, s_2, \dots, s_n$ gebe es σ Derangements. Dann finden beim Übergange von

$$\begin{pmatrix} 1 & 2 & \dots & n \\ 1 & 2 & \dots & n \end{pmatrix} \text{ zu } \begin{pmatrix} r_1 & r_2 & \dots & r_n \\ 1 & 2 & \dots & n \end{pmatrix}$$

ϱ Inversionen (von Damenamben) statt, beim Übergange von

$$\begin{pmatrix} r_1 & r_2 & \dots & r_n \\ 1 & 2 & \dots & n \end{pmatrix} \text{ zu } \begin{pmatrix} r_1 & r_2 & \dots & r_n \\ s_1 & s_2 & \dots & s_n \end{pmatrix}$$

dagegen σ Inversionen (von Herrenamben).

$$\begin{pmatrix} r_1 & r_2 & \dots & r_n \\ s_1 & s_2 & \dots & s_n \end{pmatrix}$$

ist also gerade oder ungerade, je nachdem $\varrho + \sigma$ gerade oder ungerade ist.

§ 7. Andere Auffassung des Symbols $\begin{pmatrix} r_1 & r_2 & \dots & r_n \\ s_1 & s_2 & \dots & s_n \end{pmatrix}$.

Wir wollen jetzt eine andere Auffassung des Symbols

$$\begin{pmatrix} r_1 & r_2 & \dots & r_n \\ s_1 & s_2 & \dots & s_n \end{pmatrix}$$

auseinandersetzen, von der wir allerdings erst an einer späteren Stelle Gebrauch machen werden.

Der Leser denke sich n Dinge mit den Nummern $1, 2, \ldots, n$ versehen. Den Übergang von einer solchen Numerierung zu einer neuen nennen wir eine Umnumerierung. Eine Umnumerierung ist im Grunde nichts anderes als eine Umpaarung. Denn eine Numerierung ist eine Paarung der n Dinge mit den Zahlen $1, 2, \ldots, n$, eine Umnumerierung also in der Tat eine Umpaarung.

Um eine Umnumerierung zu beschreiben, muß man sagen, durch welche neue Nummer jede alte ersetzt wird. Setzen wir unter jede Nummer die neue Nummer, die an ihre Stelle tritt, so erhalten wir das Symbol

$$\begin{pmatrix} r_1 & r_2 & \ldots & r_n \\ s_1 & s_2 & \ldots & s_n \end{pmatrix}.$$

Dieses stellt also jetzt eine Umnumerierung oder Umpaarung dar, während es früher der Ausdruck für eine Paarung war.

Da eine Umnumerierung darin besteht, daß für jede alte Nummer eine neue substituiert wird, so pflegt man diese Operation eine Substitution in $1, 2, \ldots, n$ zu nennen. In dem Symbol einer Substitution (Umnumerierung, Umpaarung) darf man die Spalten

$$\begin{matrix} r_1 \\ s_1 \end{matrix}, \quad \begin{matrix} r_2 \\ s_2 \end{matrix}, \quad \ldots, \quad \begin{matrix} r_n \\ s_n \end{matrix}$$

beliebig vertauschen. Denn es kommt nur darauf an, daß unter jeder Zahl der oberen Zeile (des Zählers der Substitution) in der unteren Zeile (dem Nenner der Substitution) die richtige Zahl steht. Man kann daher eine Substitution so schreiben, daß ihr Zähler oder ihr Nenner eine vorgeschriebene Permutation von $1, 2, \ldots, n$ ist.

Man bezeichnet Substitutionen durch einzelne Buchstaben, wie S, T u. dergl.

Nimmt man zuerst die Substitution[1]

$$S = \begin{pmatrix} A \\ B \end{pmatrix}$$

vor, darauf die Substitution

$$T = \begin{pmatrix} B \\ C \end{pmatrix},$$

so ist das Resultat dasselbe, wie bei der Substitution

$$\begin{pmatrix} A \\ C \end{pmatrix}.$$

Diese Substitution nennt man das Produkt von S und T (in dieser Reihenfolge) und bezeichnet sie mit ST.

---

[1] Unter A, B, C sind Permutationen von $1, 2, \ldots, n$ zu verstehen.

Es ist nicht immer

$$ST = ST,$$

d. h. S und T sind nicht immer vertauschbar. Dies zeigt das Beispiel

$$S = \begin{pmatrix} 1 & 2 & 3 & 4 & 5 \\ 2 & 1 & 4 & 5 & 3 \end{pmatrix}, \quad T = \begin{pmatrix} 1 & 2 & 3 & 4 & 5 \\ 2 & 3 & 4 & 5 & 1 \end{pmatrix}.$$

Dagegen gilt für drei Substitutionen S, T, U die Formel

$$(ST)U = S(TU).$$

Um dies zu erkennen, schreibe man

$$S = \begin{pmatrix} A \\ B \end{pmatrix}, \quad T = \begin{pmatrix} B \\ C \end{pmatrix}, \quad U = \begin{pmatrix} C \\ D \end{pmatrix}.$$

Dann ist

$$(ST)U = \begin{pmatrix} A \\ C \end{pmatrix} \cdot \begin{pmatrix} C \\ D \end{pmatrix} = \begin{pmatrix} A \\ D \end{pmatrix}$$

und

$$S(TU) = \begin{pmatrix} A \\ B \end{pmatrix} \cdot \begin{pmatrix} B \\ D \end{pmatrix} = \begin{pmatrix} A \\ D \end{pmatrix}.$$

Es gibt eine und nur eine Substitution E, für die

$$SE = S \quad \text{und} \quad ES = S$$

ist, wie man auch die Substitution S wählen mag. Es ist dies die Substitution

$$\begin{pmatrix} 1 & 2 \ldots n \\ 1 & 2 \ldots n \end{pmatrix},$$

die darin besteht, daß jede der n Zahlen durch sich selbst ersetzt wird. Man nennt sie die Identität. Wo sie als Faktor auftritt, kann man sie streichen. Man benutzt deshalb für sie das Symbol 1.

Zu jeder Substitution S gibt es eine Substitution $\bar{S}$, so daß

$$S\bar{S} = 1$$

ist. Schreibt man

$$S = \begin{pmatrix} A \\ B \end{pmatrix} \quad \text{und} \quad \bar{S} = \begin{pmatrix} B \\ C \end{pmatrix},$$

so soll

$$\begin{pmatrix} A \\ C \end{pmatrix} = 1$$

sein. Daraus ergibt sich

$$\bar{S} = \begin{pmatrix} B \\ A \end{pmatrix}.$$

Offenbar ist auch

$$\bar{S}S = 1.$$

Man nennt S und $\bar{S}$ zueinander inverse Substitutionen.

Die zu S inverse Substitution pflegt man mit S^{-1} zu bezeichnen. Man bemerke, daß

$$(S\,T)^{-1} = T^{-1}\,S^{-1}$$

ist, weil

$$S\,T\,T^{-1}\,S^{-1} = S\,S^{-1} = 1.$$

Diese Bemerkung dehnt sich ohne weiteres auf Produkte von mehr als zwei Substitutionen aus.

Wir sagen, daß die Substitution S den **Zyklus**

$$(r_1\,r_2\,\ldots\,r_p)$$

enthält, wenn sie

$$\begin{array}{ll} r_1 & \text{durch } r_2, \\ r_2 & \text{durch } r_3, \\ \cdot\;\cdot & \cdot\;\cdot\;\cdot \\ r_{p-1} & \text{durch } r_p, \\ r_p & \text{durch } r_1 \end{array}$$

ersetzt oder, wie man auch sagt, $r_1, r_2, \ldots, r_p$ **zyklisch vertauscht**. $r_1, r_2, \ldots, r_p$ heißen die **Elemente** des Zyklus. Man denke sich die Zeile $r_1, r_2, \ldots, r_p$ so gebogen, daß ein Kreis ent-

Fig. 1.

steht (Fig. 1 zeigt dies für den Fall $p = 6$). Durchlaufen wir den Kreis in geeignetem Sinne, so folgt auf jede Zahl gerade die, welche bei S an ihre Stelle tritt. So erklärt sich der Name Zyklus.

Es ist klar, daß die Zyklen

$$(r_1\,r_2\,\ldots\,r_{p-1}\,r_p),\quad (r_2\,r_3\,\ldots\,r_p\,r_1),\quad \ldots,\quad (r_p\,r_1\,\ldots\,r_{p-2}\,r_{p-1})$$

identisch sind.

Wird bei S die Zahl r durch r ersetzt, so sagen wir, daß S den **eingliedrigen** Zyklus (r) enthält.

Wenn S den Zyklus $(r_1\,r_2\,\ldots\,r_p)$ enthält, so enthält S^{-1} den Zyklus $(r_p\,r_{p-1}\,\ldots\,r_1)$.

Es ist leicht, alle Zyklen zu finden, die in einer gegebenen Substitution stecken. Wir zeigen dies an dem Beispiel

$$S = \begin{pmatrix} 1 & 2 & 3 & 4 & 5 & 6 & 7 & 8 \\ 1 & 4 & 2 & 3 & 7 & 5 & 8 & 6 \end{pmatrix}.$$

Hier wird 1 durch 1 ersetzt. S enthält also den eingliedrigen Zyklus (1). Ferner wird bei S

2 durch 4, 4 durch 3, 3 durch 2

ersetzt. S enthält also den dreigliedrigen Zyklus (2 4 3).

Endlich wird bei S

5 durch 7, 7 durch 8, 8 durch 6, 6 durch 5

ersetzt. S enthält also auch den viergliedrigen Zyklus (5 7 8 6).

Wir können den Zyklus $(r_1\, r_2 \ldots r_p)$ als eine Substitution in $1, 2, \ldots, n$ betrachten, die darin besteht, daß $r_1, r_2, \ldots, r_p$ zyklisch vertauscht und die übrigen Zahlen durch sich selbst ersetzt werden. Ein eingliedriger Zyklus (r) bedeutet dann nichts anderes als die Identität.

Bei dieser Auffassung gilt folgender Satz: **Jede Substitution ist das Produkt ihrer Zyklen.**

So ist z. B.

$$\begin{pmatrix} 1 & 2 & 3 & 4 & 5 & 6 & 7 & 8 \\ 1 & 4 & 2 & 3 & 7 & 5 & 8 & 6 \end{pmatrix}$$

das Produkt von

$$(1),\ (2\ 4\ 3),\ (5\ 7\ 8\ 6),$$

und die zu ihr inverse Substitution

$$\begin{pmatrix} 1 & 2 & 3 & 4 & 5 & 6 & 7 & 8 \\ 1 & 3 & 4 & 2 & 6 & 8 & 5 & 7 \end{pmatrix}$$

das Produkt von

$$(1),\ (3\ 4\ 2),\ (6\ 8\ 7\ 5).$$

Man darf die Zyklen, da ihre Elemente durchweg verschieden sind, in beliebiger Reihenfolge nehmen. Sonst aber ist diese Zerlegung einer Substitution in Zyklen eindeutig.

Einen zweigliedrigen Zyklus wie (r, s) nennt man eine **Transposition.** Bei ihr werden die beiden Zahlen r und s vertauscht und alle übrigen Zahlen durch sich selbst ersetzt.

Der Zyklus $(r_1\, r_2 \ldots r_p)$ ist im Falle $p > 1$ das Produkt der $p-1$ Transpositionen

$$(r_1\, r_2),\ (r_1\, r_3),\ \ldots,\ (r_1\, r_p)$$

in dieser Reihenfolge. In der Tat wird r_1 bei $(r_1\, r_2)$ durch r_2 ersetzt und die folgenden Transpositionen lassen r_2 unberührt. r_2 wird bei $(r_1\, r_2)$ durch r_1 ersetzt und r_1 bei $(r_1\, r_3)$ durch r_3. Bei den folgenden Transpositionen bleibt r_3 unberührt. An die Stelle von r_2 tritt also r_3 usw.

Sind $C_1, C_2, \ldots C_r$ die Zyklen der Substitution S und besteht C_ϱ aus n_ϱ Elementen, so läßt sich S als Produkt von

$$(n_1 - 1) + (n_2 - 1) + \ldots + (n_r - 1)$$

Transpositionen darstellen.

In § 4 sahen wir, daß eine Umpaarung sich durch eine Reihe von Transpositionen bewirken läßt und daß die Anzahl dieser Transpositionen entweder immer gerade oder immer ungerade ist. Die Umpaarungen zerfielen dementsprechend in zwei Klassen, gerade und ungerade. Das gilt nun auch von den Substitutionen, und wir sehen aus dem Obigen, daß die vorhin betrachtete Substitution S gerade oder ungerade ist, je nachdem die Summe $\Sigma(n_\varrho - 1)$ gerade oder ungerade ist. $\Sigma(n_\varrho - 1)$ ist gleich $N - r$, wobei N die Gesamtzahl der Elemente ist, die in den r Zyklen von S vorkommen. Es ist gleichgültig, ob man die eingliedrigen Zyklen mitberücksichtigt oder nicht.

Daß die Anzahl der Transpositionen, in die sich eine Substitution S zerlegen läßt, entweder immer gerade oder immer ungerade ist, läßt sich auch ohne Bezugnahme auf die früheren Paragraphen in folgender Weise zeigen.

Man bemerke, daß

$$(r_1 r_2 \ldots r_p)(s_1 s_2 \ldots s_q)(r_1 s_1) = (r_1 \ldots r_p s_1 \ldots s_q)$$

und[1]

$$(r_1 \ldots r_p s_1 \ldots s_q)(r_1 s_1) = (r_1 r_2 \ldots r_p)(s_1 s_2 \ldots s_q).$$

Hieraus folgt, daß $S T$, wenn S irgend eine Substitution und T eine Transposition ist, einen Zyklus mehr oder einen Zyklus weniger besitzt als S. Dabei muß man aber auch alle eingliedrigen Zyklen mitrechnen.

Nun sei

$$S = T_1 T_2 \ldots T_p$$

und $T_1, T_2, \ldots, T_p$ seien Transpositionen. Da jede Transposition zu sich selbst invers ist, so hat man

$$S^{-1} = T_p T_{p-1} \ldots T_1,$$

also

$$S T_p T_{p-1} \ldots T_1 = 1.$$

S habe k Zyklen. Dann hat $S T_p T_{p-1} \ldots T_1$

$$k + \varepsilon_1 + \varepsilon_2 + \ldots + \varepsilon_p$$

Zyklen, wobei

$$\varepsilon_1 \equiv 1, \; \varepsilon_2 \equiv 1, \ldots, \; \varepsilon_p \equiv 1 \quad (\text{mod. } 2)$$

---

[1] Die zweite Formel folgt aus der ersten, indem man auf beiden Seiten als letzten Faktor $(r_1 s_1)$ hinzufügt.

ist, weil jedes ε gleich $+1$ oder -1. Es wird daher

$$k + \varepsilon_1 + \varepsilon_2 + \ldots + \varepsilon_p \equiv k + p.$$

Da $S T_p T_{p-1} \ldots T_1$ die Identität ist, also n eingliedrige Zyklen hat, so ist

$$k + \varepsilon_1 + \varepsilon_2 + \ldots + \varepsilon_p = n,$$

mithin

$$n \equiv k + p \quad \text{oder} \quad p \equiv n - k.$$

Hieraus sieht man, daß p entweder immer gerade oder immer ungerade ist, wie man auch S in Transpositionen auflösen mag.

§ 8. Die n-reihige Determinante.

Wir betrachten n^2 Zahlen, die in quadratischer Anordnung vorliegen. Bezeichnen wir mit a_{rs} die Zahl, die in der r^{ten} Zeile und in der s^{ten} Spalte steht, so haben wir folgendes Schema:

$$\begin{matrix} a_{11} & a_{12} & \ldots & a_{1n} \\ a_{21} & a_{22} & \cdot\ \cdot & a_{2n} \\ \cdot & \cdot & \cdot\ \cdot & \cdot \\ a_{n1} & a_{n2} & \ldots & a_{nn}. \end{matrix}$$

Man nennt ein solches Schema eine quadratische Matrix.[1] Die a_{rs} heißen die Elemente der Matrix.

Wir wollen jetzt eine Paarung $\mathfrak{P}$ zwischen den Zeilen und Spalten der Matrix vornehmen. Jedes Paar von $\mathfrak{P}$ bestimmt ein Element der Matrix, nämlich das Element, das in der Zeile und in der Spalte des Paares steht. Ist z. B. die r^{te} Zeile mit der s^{ten} Spalte gepaart, so bestimmen beide das Element a_{rs}.

Mit $p(\mathfrak{P})$ werde das Produkt der n Elemente bezeichnet, die durch die n Paare von $\mathfrak{P}$ bestimmt werden.

Da es $n!$ Paarungen zwischen den Zeilen und Spalten unserer Matrix gibt, so sind $n!$ Produkte $p(\mathfrak{P})$ vorhanden.

Unter dem Symbol

$$\operatorname{sgn} \mathfrak{P},$$

welches man

„signum $\mathfrak{P}$“

lesen möge, soll $+1$ verstanden werden, wenn $\mathfrak{P}$ eine gerade, und -1, wenn $\mathfrak{P}$ eine ungerade Paarung ist. Als Hauptpaarung legen wir dabei

---

[1] Matrix bedeutet soviel wie Verzeichnis. Man denke an Matrikel und Immatrikulieren.

$$\begin{pmatrix} 1 & 2 & \ldots & n \\ 1 & 2 & \ldots & n \end{pmatrix}$$

zugrunde, d. h. die Paarung, bei welcher jede Zeile mit der gleichnamigen Spalte gepaart ist.

Wir versehen jetzt jedes $p(\mathfrak{P})$ mit dem Faktor $\operatorname{sgn}\mathfrak{P}$ und nennen die Summe aller Produkte

$$\operatorname{sgn}\mathfrak{P}\cdot p(\mathfrak{P})$$

die **Determinante** unserer Matrix. n heißt die **Ordnung** der Determinante.

Für diese Determinante benutzt man nach CAYLEY die Bezeichnung

$$\begin{vmatrix} a_{11} & a_{12} & \ldots & a_{1n} \\ a_{21} & a_{22} & \ldots & a_{2n} \\ \cdot & \cdot & \cdot & \cdot \\ a_{n1} & a_{n2} & \ldots & a_{nn} \end{vmatrix}.$$

Es ist also

$$\begin{vmatrix} a_{11} & a_{12} & \ldots & a_{1n} \\ a_{21} & a_{22} & \ldots & a_{2n} \\ \cdot & \cdot & \cdot & \cdot \\ a_{n1} & a_{n2} & \ldots & a_{nn} \end{vmatrix} = \sum \operatorname{sgn}\mathfrak{P}\cdot p(\mathfrak{P}),$$

wobei sich die Summation über alle $n!$ Paarungen zwischen den Zeilen und Spalten der Matrix erstreckt.

Die einzelnen Produkte $\operatorname{sgn}\mathfrak{P}\cdot p(\mathfrak{P})$ heißen die **Glieder** der Determinante. Ausführlich geschrieben lautet ein solches Glied

$$\operatorname{sgn}\begin{pmatrix} r_1 & r_2 & \ldots & r_n \\ s_1 & s_2 & \ldots & s_n \end{pmatrix}\cdot a_{r_1 s_1} a_{r_2 s_2} \ldots a_{r_n s_n}.$$

Die Paarung, zu der es gehört, ist

$$\begin{pmatrix} r_1 & r_2 & \ldots & r_n \\ s_1 & s_2 & \ldots & s_n \end{pmatrix}.\ [1]$$

Das zu der Hauptpaarung

$$\begin{pmatrix} 1 & 2 & \ldots & n \\ 1 & 2 & \ldots & n \end{pmatrix}$$

gehörige Glied, welches

$$a_{11} a_{22} \ldots a_{nn}$$

lautet, nennt man das **Hauptglied** der Determinante und a_{11}, a_{22}, …, a_{nn} die **Hauptelemente**.

[1] Die $r_1$te Zeile ist mit der $s_1$ten Spalte, die $r_2$te Zeile mit der $s_2$ten Spalte gepaart usw.

Cauchy benutzt für die Determinante

$$\begin{vmatrix} a_{11} & a_{12} & \dots & a_{1n} \\ a_{21} & a_{22} & \dots & a_{2n} \\ . & . & . & . \\ a_{n1} & a_{n2} & \dots & a_{nn} \end{vmatrix}$$

das Symbol

$$\sum \pm a_{11} a_{22} \dots a_{nn}.$$

Wenn in jeder Zeile und in jeder Spalte nur **ein** Element von Null verschieden ist, so reduziert sich die Determinante auf ein einziges Glied, nämlich das Produkt jener Elemente mit dem zugehörigen Vorzeichen. Z. B. ist

$$\begin{vmatrix} a_{11} & 0 & \dots & 0 \\ 0 & a_{22} & \dots & 0 \\ . & . & . & . \\ 0 & 0 & \dots & a_{nn} \end{vmatrix} = a_{11} a_{22} \dots a_{nn}.$$

§ 9. Andere Fassungen der Definition.

Man kann die Glieder der n-reihigen Determinante in der Form

$$\operatorname{sgn}\begin{pmatrix} 1 & 2 & \dots & n \\ r_1 & r_2 & \dots & r_n \end{pmatrix} \cdot a_{1r_1} a_{2r_2} \dots a_{nr_n}$$

schreiben.

Nun wissen wir aus § 6, daß

$$\operatorname{sgn}\begin{pmatrix} 1 & 2 & \dots & n \\ r_1 & r_2 & \dots & r_n \end{pmatrix}$$

gleich $+1$ oder -1 ist, je nachdem die Permutation

$$r_1, r_2, \dots, r_n$$

gerade oder ungerade ist.

Man kann daher die n-reihige Determinante auch definieren als die über alle Permutationen von 1, 2, ..., n erstreckte Summe

$$\sum \operatorname{sgn}(r_1, r_2, \dots, r_n) \cdot a_{1r_1} a_{2r_2} \dots a_{nr_n}.$$

Dabei soll

$$\operatorname{sgn}(r_1, r_2, \dots, r_n)$$

gleich $+1$ oder -1 sein, je nachdem $r_1, r_2, \dots, r_n$ eine gerade oder ungerade Permutation ist.

$r_1, r_2, \dots, r_n$ ist eine gerade oder ungerade Permutation, je nachdem sie eine gerade oder ungerade Anzahl von Derangements aufweist.

Diese Definition der Determinante ist genau die von Leibniz (vgl. § 1). Nur benutzt er eine andere Regel zur Bestimmung von

$\operatorname{sgn}(r_1, r_2, \ldots, r_n)$. Vertauscht man in $r_1, r_2, \ldots, r_n$ zwei Glieder, so wechselt die Paarung

$$\begin{pmatrix} 1 & 2 & \ldots & n \\ r_1 & r_2 & \ldots & r_n \end{pmatrix}$$

ihre Klasse. $\operatorname{sgn}(r_1, r_2, \ldots, r_n)$ geht also über in

$$-\operatorname{sgn}(r_1, r_2, \ldots, r_n).$$

Hieraus entspringt die LEIBNIZsche Regel, daß zwei Produkte

$$a_{1r_1} a_{2r_2} \ldots a_{nr_n} \quad \text{und} \quad a_{1s_1} a_{2s_2} \ldots a_{ns_n},$$

die $n-2$ gemeinsame Faktoren haben, in der Determinante mit verschiedenen Zeichen auftreten.

Man kann die Glieder der n-reihigen Determinante auch in folgender Form schreiben

$$\operatorname{sgn}\begin{pmatrix} r_1 & r_2 & \ldots & r_n \\ 1 & 2 & \ldots & n \end{pmatrix} \cdot a_{r_1 1} a_{r_2 2} \ldots a_{r_n n}.$$

Die Paarung

$$\begin{pmatrix} r_1 & r_2 & \ldots & r_n \\ 1 & 2 & \ldots & n \end{pmatrix}$$

ist gerade oder ungerade, je nachdem

$$r_1, r_2, \ldots, r_n$$

eine gerade oder ungerade Permutation ist (vgl. § 6).

Die n-reihige Determinante läßt sich also definieren als die über alle Permutationen von $1, 2, \ldots, n$ erstreckte Summe

$$\sum \operatorname{sgn}(r_1, r_2, \ldots, r_n) \cdot a_{r_1 1} a_{r_2 2} \ldots a_{r_n n}.$$

Das ist die Definition von CRAMER (vgl. § 2).

§ 10. Zweireihige und dreireihige Determinanten.

Im Falle $n = 2$ gibt es zwischen den Zeilen und Spalten nur die beiden Paarungen

$$\begin{pmatrix} 1 & 2 \\ 1 & 2 \end{pmatrix} \quad \text{und} \quad \begin{pmatrix} 1 & 2 \\ 2 & 1 \end{pmatrix}.$$

Die erste ist gerade, die zweite ungerade.

Zu der ersten gehört das Glied

$$a_{11} a_{22},$$

zu der zweiten das Glied

$$-a_{12} a_{21}$$

in der Determinante.

Man hat also

$$\begin{vmatrix} a_{11} & a_{12} \\ a_{21} & a_{22} \end{vmatrix} = a_{11}\,a_{22} - a_{12}\,a_{21}\,.$$

Die Regel zur Berechnung einer zweireihigen Determinante können wir durch nebenstehende Figur veranschaulichen.

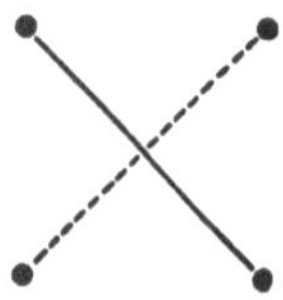

Fig. 2.

Die starklinig verbundenen Glieder geben ein Produkt, vor welches das Zeichen $+$, die punktiert verbundenen Glieder ein Produkt, vor welches das Zeichen $-$ zu setzen ist.

Im Falle $n = 3$ gibt es sechs Paarungen zwischen den Zeilen und Spalten, nämlich folgende:

$$\begin{pmatrix}1&2&3\\1&2&3\end{pmatrix}, \begin{pmatrix}1&2&3\\1&3&2\end{pmatrix}, \begin{pmatrix}1&2&3\\2&3&1\end{pmatrix}, \begin{pmatrix}1&2&3\\2&1&3\end{pmatrix}, \begin{pmatrix}1&2&3\\3&1&2\end{pmatrix}, \begin{pmatrix}1&2&3\\3&2&1\end{pmatrix}.$$

Wir haben sie so aufgeschrieben, daß zwei benachbarte durch eine Transposition auseinander hervorgehen, mithin verschiedenen Klassen angehören.

Für die dreireihige Determinante gilt also folgende Formel:

$$\begin{vmatrix} a_{11} & a_{12} & a_{13} \\ a_{21} & a_{22} & a_{23} \\ a_{31} & a_{32} & a_{33} \end{vmatrix} = \begin{cases} a_{11}\,a_{22}\,a_{33} + a_{12}\,a_{23}\,a_{31} + a_{13}\,a_{21}\,a_{32} \\ - a_{11}\,a_{23}\,a_{32} - a_{12}\,a_{21}\,a_{33} - a_{13}\,a_{22}\,a_{31}\,. \end{cases}$$

Die Regel zur Berechnung einer dreireihigen Determinante läßt sich auch durch eine Figur veranschaulichen (Fig. 3). Wieder sind

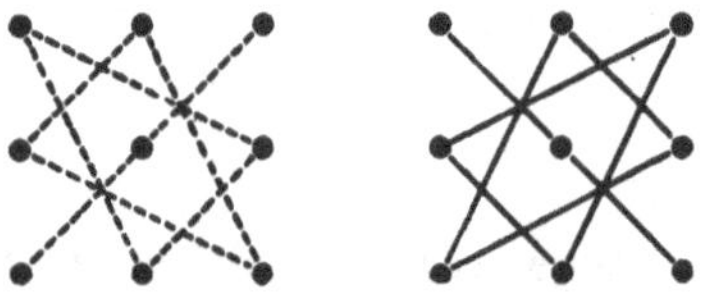

Fig. 3.

die Glieder stark verbunden, deren Produkt das Zeichen $+$ erhält, und die Glieder punktiert verbunden, deren Produkt das Zeichen $-$ erhält.

§ 11. Beispiele.

Der Leser zeige durch Ausrechnen, daß

$$\begin{vmatrix} 1 & a \\ -a & 1 \end{vmatrix} = 1 + a^2$$

und

$$\begin{vmatrix} 1 & c & -b \\ -c & 1 & a \\ b & -a & 1 \end{vmatrix} = 1 + a^2 + b^2 + c^2$$

ist.

Er verifiziere ferner, daß

$$\begin{vmatrix} a_1 & 1 & 0 \\ -1 & a_2 & 1 \\ 0 & -1 & a_3 \end{vmatrix}, \text{ dividiert durch } \begin{vmatrix} a_2 & 1 \\ -1 & a_3 \end{vmatrix},$$

gleich

$$a_1 + \frac{1}{a_2} + \frac{1}{a_3}$$

ist.

Endlich beweise er die Formeln

$$\begin{vmatrix} a_1 + a_2 & a_2 \\ a_2 & a_2 + a_3 \end{vmatrix} = a_1 a_2 a_3 \left(\frac{1}{a_1} + \frac{1}{a_2} + \frac{1}{a_3}\right)$$

und

$$\begin{vmatrix} a_1 + a_2 & a_2 & 0 \\ a_2 & a_2 + a_3 & a_3 \\ 0 & a_3 & a_3 + a_4 \end{vmatrix} = a_1 a_2 a_3 a_4 \left(\frac{1}{a_1} + \frac{1}{a_2} + \frac{1}{a_3} + \frac{1}{a_4}\right).$$

Drittes Kapitel.

Einfachste Eigenschaften der Determinanten.

§ 12. Vertauschung der Zeilen mit den Spalten.

Die beiden Matrizen

$$\begin{matrix} a_{11} & a_{12} & \dots & a_{1n} \\ a_{21} & a_{22} & \dots & a_{2n} \\ \cdot & \cdot & \cdot & \cdot \\ a_{n1} & a_{n2} & \dots & a_{nn} \end{matrix}$$

und

$$\begin{matrix} b_{11} & b_{12} & \dots & b_{1n} \\ b_{21} & b_{22} & \dots & b_{2n} \\ \cdot & \cdot & \cdot & \cdot \\ b_{n1} & b_{n2} & \dots & b_{nn} \end{matrix}$$

mögen in solcher Beziehung zueinander stehen, daß immer

$$b_{rs} = a_{sr}$$

ist.

Die k^{te} Zeile der einen Matrix ist also identisch mit der k^{ten} Spalte der andern. Um die eine Matrix aus der andern zu erhalten, muß man deren Zeilen als Spalten aufschreiben.

Die Umwandlung der Zeilen in Spalten und der Spalten in Zeilen läßt sich dadurch bewirken, daß man die Matrix um die Hauptdiagonale (d. h. die von links oben nach rechts unten laufende Diagonale) **herumklappt**.

Da die Zeilen und Spalten der ersten Matrix die Spalten bzw. Zeilen der zweiten Matrix sind, so ist jede Paarung $\mathfrak{P}$ zwischen Zeilen und Spalten der ersten zugleich eine Paarung zwischen Zeilen und Spalten der zweiten, und sgn $\mathfrak{P}$ hat in beiden Fällen denselben Wert; denn die Hauptpaarung[1] der ersten Matrix ist auch die Hauptpaarung der zweiten.

Jedes Glied der Determinante

$$\begin{vmatrix} a_{11} & a_{12} & \dots & a_{1n} \\ a_{21} & a_{22} & \dots & a_{2n} \\ . & . & . & . \\ a_{n1} & a_{n2} & \dots & a_{nn} \end{vmatrix}$$

ist also ein Glied der Determinante

$$\begin{vmatrix} b_{11} & b_{12} & \dots & b_{1n} \\ b_{21} & b_{22} & \dots & b_{2n} \\ . & . & . & . \\ b_{n1} & b_{n2} & \dots & b_{nn} \end{vmatrix},$$

d. h. beide Determinanten sind gleich.

Satz 1. Wenn die Zeilen und Spalten einer Determinante mit den Spalten bzw. Zeilen einer andern der Reihe nach identisch sind, so haben beide Determinanten denselben Wert.

Anders ausgedrückt:

Die Determinante bleibt ungeändert, wenn man die Matrix um die Hauptdiagonale herumklappt.

Der obige Satz ermöglicht es uns, jedes Theorem, das wir über die Zeilen einer Determinante beweisen, sofort auf die Spalten zu übertragen und umgekehrt.

---

[1] Die Hauptpaarung besteht darin, daß jede Zeile mit der gleichnamigen Spalte gepaart wird.

§ 13. Vertauschung der Zeilen.

Wir betrachten wieder zwei Matrizen,

$$\begin{matrix} a_{11} & a_{12} & \dots & a_{1n} \\ a_{21} & a_{22} & \dots & a_{2n} \\ \cdot & \cdot & \cdot & \cdot \\ a_{n1} & a_{n2} & \dots & a_{nn} \end{matrix}$$

und

$$\begin{matrix} b_{11} & b_{12} & \dots & b_{1n} \\ b_{21} & b_{22} & \dots & b_{2n} \\ \cdot & \cdot & \cdot & \cdot \\ b_{n1} & b_{n2} & \dots & b_{nn} \end{matrix}$$

Die zweite gehe aus der ersten durch Vertauschung zweier Zeilen hervor, etwa der r^{ten} und der s^{ten}.

Jede Paarung $\mathfrak{P}$ zwischen Zeilen und Spalten der ersten Matrix ist zugleich eine Paarung zwischen Zeilen und Spalten der zweiten Matrix. Aber sgn $\mathfrak{P}$ ist in dem einen Falle $+1$, im andern -1. Denn die Hauptpaarung der ersten Matrix ist nicht die Hauptpaarung der zweiten. Um sie in die Hauptpaarung der zweiten Matrix überzuführen, muß man die r^{te} und die s^{te} Zeile vertauschen, d. h. eine Transposition vornehmen. Die beiden Hauptpaarungen gehören also verschiedenen Klassen an, und aus diesem Grunde ist sgn $\mathfrak{P}$ das eine Mal $+1$, das andere Mal -1.

Wir sehen, daß jedes Glied der Determinante

$$\begin{vmatrix} a_{11} & a_{12} & \dots & a_{1n} \\ a_{21} & a_{22} & \dots & a_{2n} \\ \cdot & \cdot & \cdot & \cdot \\ a_{n1} & a_{n2} & \dots & a_{nn} \end{vmatrix},$$

wenn man es mit dem Faktor -1 versieht, ein Glied der Determinante

$$\begin{vmatrix} b_{11} & b_{12} & \dots & b_{1n} \\ b_{21} & b_{22} & \dots & b_{2n} \\ \cdot & \cdot & \cdot & \cdot \\ b_{n1} & b_{n2} & \dots & b_{nn} \end{vmatrix}$$

wird. Beide Determinanten sind also entgegengesetzt gleich.

Satz 2. Die Determinante multipliziert sich mit dem Faktor -1, wenn man in der Matrix zwei Zeilen vertauscht.

Nimmt man in der Matrix eine beliebige Vertauschung der Zeilen vor, so multipliziert sich die Determinante mit dem Faktor $+1$

oder -1, je nachdem die Vertauschung eine gerade oder ungerade ist, d. h. je nachdem sie sich durch eine gerade oder ungerade Anzahl sukzessiver Vertauschungen von nur zwei Zeilen bewirken läßt.[1]

Auf Grund von § 12 gilt dasselbe für die Spalten.

Satz 3. Wenn in der Matrix zwei Zeilen übereinstimmen, so ist die Determinante gleich Null.

Ist die Determinante gleich D, so erhalten wir durch Vertauschung der beiden übereinstimmenden Zeilen $-D$. Andererseits aber wird durch die Vertauschung dieser beiden Zeilen nichts an der Determinante geändert. Es ist also

$$D = -D,$$

d. h.

$$D = 0.$$

§ 14. Die Determinante als Funktion der Elemente einer Zeile.

Nach der Definition ist die Determinante

$$\begin{vmatrix} a_{11} & a_{12} & \dots & a_{1n} \\ a_{21} & a_{22} & \dots & a_{2n} \\ \cdot & \cdot & \cdot & \cdot \\ a_{n1} & a_{n2} & \dots & a_{nn} \end{vmatrix}$$

gleich

$$\sum \operatorname{sgn}(r_1, r_2, \dots, r_n)\, a_{1r_1} a_{2r_2} \dots a_{nr_n},$$

wobei sich die Summation über alle Permutationen $r_1, r_2, \dots, r_n$ der Zahlen $1, 2, \dots, n$ erstreckt.

Man sieht, daß jedes Glied der Determinante ein und nur ein Element aus der k^{ten} Zeile als Faktor enthält. In dem Produkt

$$a_{1r_1} a_{2r_2} \dots a_{nr_n}$$

ist nämlich nur der Faktor a_{kr_k} der k^{ten} Zeile entnommen.

Wir wollen nun die Elemente der k^{ten} Zeile als Veränderliche betrachten und sie der Reihe nach mit

$$x_1, x_2, \dots, x_n$$

bezeichnen. Die übrigen Elemente sollen Konstanten sein. Fassen wir alle Glieder, die mit demselben x multipliziert sind, zusammen, so läßt sich die Determinante so schreiben:

$$c_1 x_1 + c_2 x_2 + \dots + c_n x_n.$$

Die c sind dabei Konstanten.

---

[1] Eine Vertauschung und eine Substitution (vgl. § 7) ist dasselbe.

Man nennt einen solchen Ausdruck in $x_1, x_2, \ldots, x_n$ eine lineare homogene Funktion von $x_1, x_2, \ldots, x_n$.

Es gilt also folgender Satz:

Satz 4. Die Determinante ist eine lineare homogene Funktion der Elemente jeder Zeile.

Hieraus lassen sich verschiedene Folgerungen ziehen.

Wenn man $x_1, x_2, \ldots, x_n$ bezüglich durch $\lambda x_1, \lambda x_2, \ldots, \lambda x_n$ ersetzt, wobei λ eine beliebige Zahl ist, so verwandelt sich

$$c_1 x_1 + c_2 x_2 + \ldots + c_n x_n$$

in

$$\lambda(c_1 x_1 + c_2 x_2 + \ldots + c_n x_n).$$

Darin liegt folgender Satz:

Satz 5. Multipliziert man alle Elemente einer Zeile mit dem Faktor λ, so multipliziert sich auch die Determinante mit dem Faktor λ.

Setzt man $\lambda = 0$, so ergibt sich, daß eine Determinante, bei der eine Zeile aus lauter Nullen besteht, selbst gleich Null ist.

Wenn

$$x_1 = y_1 + z_1, \quad x_2 = y_2 + z_2, \quad \ldots, \quad x_n = y_n + z_n$$

ist, so wird

$$c_1 x_1 + c_2 x_2 + \ldots + c_n x_n$$

gleich der Summe von

$$c_1 y_1 + c_2 y_2 + \ldots + c_n y_n$$

und

$$c_1 z_1 + c_2 z_2 + \ldots + c_n z_n.$$

Satz 6. Wenn alle Glieder der k^{ten} Zeile Binome sind, so läßt sich die Determinante als Summe zweier Determinanten schreiben. Man erhält den einen Summanden durch Streichung der ersten, den andern Summanden durch Streichung der zweiten Bestandteile jener Binome.

Ein ähnlicher Satz gilt, wenn die Glieder der k^{ten} Zeile oder die der k^{ten} Spalte (vgl. § 12) Summen von p Zahlen sind.

Beispiel. Die Determinante

$$\begin{vmatrix} aa' + bb', & ac' + bd' \\ ca' + db', & cc' + dd' \end{vmatrix}$$

ist nach Satz 6 gleich

$$\begin{vmatrix} aa' & ac' \\ ca' + db' & cc' + dd' \end{vmatrix} + \begin{vmatrix} bb' & bd' \\ ca' + db' & cc' + dd' \end{vmatrix}.$$

Jede dieser beiden Determinanten läßt sich aber wieder nach Satz 6 zerlegen. Man findet also für die ursprüngliche Determinante

$$\begin{vmatrix} aa' & ac' \\ ca' & cc' \end{vmatrix} + \begin{vmatrix} aa' & ac' \\ db' & dd' \end{vmatrix} + \begin{vmatrix} bb' & bd' \\ ca' & cc' \end{vmatrix} + \begin{vmatrix} bb' & bd' \\ db' & dd' \end{vmatrix}.$$

Unter Benutzung von Satz 5 läßt sich diese Summe so schreiben:

$$ac \begin{vmatrix} a' & c' \\ a' & c' \end{vmatrix} + ad \begin{vmatrix} a' & c' \\ b' & d' \end{vmatrix} + bc \begin{vmatrix} b' & d' \\ a' & c' \end{vmatrix} + bd \begin{vmatrix} b' & d' \\ b' & d' \end{vmatrix}.$$

Nach Satz 3 hat man aber

$$\begin{vmatrix} a' & c' \\ a' & c' \end{vmatrix} = \begin{vmatrix} b' & d' \\ b' & d' \end{vmatrix} = 0.$$

Da ferner nach Satz 1 und 2

$$\begin{vmatrix} a' & b' \\ c' & d' \end{vmatrix} = \begin{vmatrix} a' & c' \\ b' & d' \end{vmatrix} = - \begin{vmatrix} b' & d' \\ a' & c' \end{vmatrix}$$

ist, so ergibt sich schließlich

$$\begin{vmatrix} aa' + bb', & ac' + bd' \\ ca' + db', & cc' + dd' \end{vmatrix} = \begin{vmatrix} a & b \\ c & d \end{vmatrix} \begin{vmatrix} a' & b' \\ c' & d' \end{vmatrix}.$$

Wir wollen mit $x_1, x_2, \ldots, x_n$ (wie bisher) die Elemente der k^{ten} Zeile, mit

$$y_1, y_2, \ldots, y_n$$

dagegen die Elemente einer andern Zeile bezeichnen. Ersetzen wir in der Determinante, die, wie wir wissen, gleich $c_1 x_1 + c_2 x_2 + \ldots + c_n x_n$ ist, $x_1, x_2, \ldots, x_n$ bezüglich durch

$$x_1 + \lambda y_1, \; x_2 + \lambda y_2, \; \ldots, \; x_n + \lambda y_n,$$

so verwandelt sie sich in

$$c_1 x_1 + c_2 x_2 + \ldots + c_n x_n + \lambda (c_1 y_1 + c_2 y_2 + \ldots + c_n y_n).$$

$c_1 y_1 + c_2 y_2 + \ldots + c_n y_n$ entsteht aber aus $c_1 x_1 + c_2 x_2 + \ldots + c_n x_n$, indem man die Elemente der k^{ten} Zeile durch die entsprechenden Elemente einer andern Zeile ersetzt. Tut man dies, so erhält man eine Determinante mit zwei übereinstimmenden Zeilen, die nach Satz 3 gleich Null ist.

Damit haben wir folgenden Satz bewiesen:

Satz 7. Addiert man zu den Elementen einer Zeile die mit λ multiplizierten entsprechenden Elemente einer andern Zeile, so bleibt die Determinante ungeändert.

Derselbe Satz gilt nach § 12 für die Spalten.

Addiert man zu den Elementen einer Zeile die mit λ multiplizierten Elemente einer zweiten, die mit μ multiplizierten Elemente einer dritten Zeile usw., so bleibt die Determinante ungeändert. Der Beweis ergibt sich durch mehrmalige Anwendung des Satzes 7.

§ 15. Stetigkeit der Determinante.

Aus der Definition der Determinante sehen wir, daß sich

$$D = \begin{vmatrix} a_{11} & a_{12} & \cdots & a_{1n} \\ a_{21} & a_{22} & \cdots & a_{2n} \\ \cdot & \cdot & \cdot & \cdot \\ a_{n1} & a_{n2} & \cdots & a_{nn} \end{vmatrix}$$

aus den Elementen a_{rs} durch Multiplikation, Addition und Subtraktion zusammensetzt. Daraus ergibt sich folgender Satz:

Satz 8. Aus

$$\lim a_{rs} = \bar{a}_{rs} \quad (r, s = 1, 2, \ldots, n)$$

folgt immer

$$\lim \begin{vmatrix} a_{11} & a_{12} & \cdots & a_{1n} \\ a_{21} & a_{22} & \cdots & a_{2n} \\ \cdot & \cdot & \cdot & \cdot \\ a_{n1} & a_{n2} & \cdots & a_{nn} \end{vmatrix} = \begin{vmatrix} \bar{a}_{11} & \bar{a}_{12} & \cdots & \bar{a}_{1n} \\ \bar{a}_{21} & \bar{a}_{22} & \cdots & \bar{a}_{2n} \\ \cdot & \cdot & \cdot & \cdot \\ \bar{a}_{n1} & \bar{a}_{n2} & \cdots & \bar{a}_{nn} \end{vmatrix}.$$

Um diesen Satz zu beweisen, braucht man sich nur an die Bedeutung des Limes zu erinnern.

$$\lim x_n = x$$

will sagen, daß fast alle x_n von x um weniger als ε differieren, wie auch das positive ε gewählt sein mag. „Fast alle“ bedeutet „alle mit einer endlichen Anzahl von Ausnahmen.“

Wenn

$$\lim x_n = x \quad \text{und} \quad \lim y_n = y$$

ist, so wird

$$\lim (x_n + y_n) = x + y$$

und

$$\lim (x_n y_n) = x y .$$

Ähnliches gilt für eine beliebige endliche Anzahl von Summanden und Faktoren. Dies genügt aber zum Beweise des Satzes 8.

Von Wichtigkeit ist für uns folgende Eigenschaft:

Satz 9. Eine verschwindende Determinante läßt sich als Grenzwert einer Folge von Null verschiedener Determinanten darstellen.

Wir wollen die Determinante

$$D(x) = \begin{vmatrix} a_{11}+x & a_{12} & \dots a_{1n} \\ a_{21} & a_{22}+x & \dots a_{2n} \\ \cdot & \cdot & \cdot \\ a_{n1} & a_{n2} & \dots a_{nn}+x \end{vmatrix}$$

betrachten, die aus D dadurch entsteht, daß zu den Hauptelementen x addiert wird.

Von den $n!$ Gliedern der Determinante $D(x)$ enthält nur das Hauptglied

$$(a_{11}+x)(a_{22}+x)\dots(a_{nn}+x)$$

in jedem Faktor ein x. Daraus geht hervor, daß $D(x)$, wenn man alle Klammern beseitigt, folgende Gestalt annimmt:

$$D(x) = x^n + h_1 x^{n-1} + \dots + h_n.$$

$h_1, h_2, \dots, h_n$ setzen sich aus den Elementen a_{rs} durch die Operationen der Addition, Subtraktion und Multiplikation zusammen.

In der Algebra wird bewiesen, daß $D(x)$ höchstens für n Werte von x gleich Null ist. Nimmt man also eine nach Null konvergierende Folge $x_1, x_2, x_3, \dots$ mit lauter verschiedenen Gliedern, so gibt es in der zugehörigen Folge

$$D(x_1),\ D(x_2),\ D(x_3),\ \dots$$

höchstens n verschwindende Glieder. Nach Satz 8 ist nun

$$\lim D(x_p) = D.$$

Streicht man diejenigen $D(x_p)$, die gleich Null sind, so entsteht eine Folge nicht verschwindender Determinanten mit dem Grenzwert D.

Es genügt z. B. $x_p = 1/p$ zu setzen und in der Folge

$$1,\ \tfrac{1}{2},\ \tfrac{1}{3},\ \dots$$

die k ersten Glieder zu streichen, wobei nur k genügend groß zu wählen ist.

§ 16. Charakteristische Eigenschaften der Determinante.

Die Determinante

$$D = \begin{vmatrix} a_{11} & a_{12} & \dots & a_{1n} \\ a_{21} & a_{22} & \dots & a_{2n} \\ \cdot & \cdot & \cdot & \cdot \\ a_{n1} & a_{n2} & \dots & a_{nn} \end{vmatrix}$$

hat, wie wir wissen, folgende vier Eigenschaften

1. Sie setzt sich aus den Elementen durch die Operationen der Addition, Subtraktion und Multiplikation zusammen.

2. Sie ist eine lineare homogene Funktion der Elemente jeder Zeile.

3. Sie multipliziert sich mit dem Faktor -1, wenn man zwei Zeilen miteinander vertauscht.

4. Sie reduziert sich auf 1, wenn die Hauptelemente gleich 1 und alle andern Elemente gleich 0 sind.

Diese vier Eigenschaften sind, wie wir jetzt zeigen wollen, für die Determinante charakteristisch.

Auf Grund der Eigenschaften 1 und 2 hat man

$$D = \sum c_{r_1 r_2 \ldots r_n} a_{1 r_1} a_{2 r_2} \ldots a_{n r_n},$$

wobei $r_1, r_2, \ldots, r_n$ Zahlen aus der Reihe $1, 2, \ldots, n$ sind und $c_{r_1 r_2 \ldots r_n}$ ein ganzzahliger Koeffizient ist.

Auf Grund der Eigenschaft 3 ist

$$\sum c_{r_1 r_2 \ldots r_n} a_{2 r_1} a_{1 r_2} \ldots a_{n r_n} = -\sum c_{r_1 r_2 \ldots r_n} a_{1 r_1} a_{2 r_2} \ldots a_{n r_n}.$$

Nehmen wir an, daß $r_1 = r_2$ ist und setzen wir

$$a_{1 r_1} = a_{2 r_2} = a_{3 r_3} = \ldots = a_{n r_n} = 1,$$

alle übrigen a aber gleich Null, so reduziert sich obige Gleichung auf

$$c_{r_1 r_2 \ldots r_n} = -c_{r_1 r_2 \ldots r_n},$$

d. h.

$$c_{r_1 r_2 \ldots r_n} = 0.$$

Alle Koeffizienten $c_{r_1 r_2 \ldots r_n}$, in denen zwei Indizes r gleich sind verschwinden also.

Man darf daher annehmen, daß in D die zweiten Indizes $r_1, r_2, \ldots, r_n$ sämtlich verschieden sind. $r_1, r_2, \ldots, r_n$ ist dann eine Permutation der Zahlen $1, 2, \ldots, n$.

Vertauschen wir jetzt die erste und die zweite Zeile, so verwandelt sich

$$\sum c_{r_1 r_2 \ldots r_n} a_{1 r_1} a_{2 r_2} \ldots a_{n r_n}$$

in

$$\sum c_{r_1 r_2 \ldots r_n} a_{2 r_1} a_{1 r_2} \ldots a_{n r_n}$$

oder

$$\sum c_{r_2 r_1 \ldots r_n} a_{1 r_1} a_{2 r_2} \ldots a_{n r_n}.$$

Nach Eigenschaft 3 ist aber

$$\sum c_{r_2 r_1 \ldots r_n} a_{1 r_1} a_{2 r_2} \ldots a_{n r_n} = -\sum c_{r_1 r_2 \ldots r_n} a_{1 r_1} a_{2 r_2} \ldots a_{n r_n}.$$

Setzen wir

$$a_{1 r_1} = a_{2 r_2} = \ldots = a_{n r_n} = 1$$

und alle andern a gleich Null, so reduziert sich die obige Gleichung auf

$$c_{r_2 r_1 \ldots r_n} = - c_{r_1 r_2 \ldots r_n}.$$

$c_{r_1 r_2 \ldots r_n}$ multipliziert sich also mit -1, wenn man zwei der Indizes $r_1, r_2, \ldots, r_n$ vertauscht. Setzen wir

$$c_{1\,2 \ldots n} = c,$$

so wird

$$c_{r_1 r_2 \ldots r_n} = c \quad \text{oder} \quad c_{r_1 r_2 \ldots r_n} = -c,$$

je nachdem $r_1, r_2, \ldots, r_n$ eine gerade oder ungerade Permutation von $1, 2, \ldots, n$ ist. Denn eine gerade (ungerade) Permutation läßt sich aus $1, 2, \ldots, n$ durch eine gerade (ungerade) Anzahl von Vertauschungen je zweier Indizes erhalten.

Aus dem Obigen geht hervor, daß

$$D = c \sum \pm a_{1 r_1} a_{2 r_2} \ldots a_{n r_n}$$

ist, wobei das Zeichen $+$ oder $-$ eintritt, je nachdem $r_1, r_2, \ldots, r_n$ eine gerade und ungerade Permutation von $1, 2, \ldots, n$ ist.

Nun bleibt noch die Eigenschaft 4 zu beachten. Danach soll D gleich 1 werden, wenn die Hauptelemente gleich 1 und alle übrigen Elemente gleich Null sind. Daraus folgt, daß c gleich 1 ist, und wir haben

$$D = \sum \pm a_{1 r_1} a_{2 r_2} \ldots a_{n r_n}.$$

D ist also die Determinante, wie wir sie in § 9 definiert haben.

Damit ist gezeigt, daß die Determinante durch die vier oben angegebenen Eigenschaften charakterisiert ist.

Viertes Kapitel.

Unterdeterminanten.

§ 17. Minoren m-ter Ordnung.

Wenn man in der Determinante

$$A = \begin{vmatrix} a_{11} & a_{12} & \ldots & a_{1n} \\ a_{21} & a_{22} & \ldots & a_{2n} \\ \cdot & \cdot & \cdot & \cdot \\ a_{n1} & a_{n2} & \ldots & a_{nn} \end{vmatrix}$$

$n - m$ Zeilen und $n - m$ Spalten streicht, so bleibt eine m-reihige Determinante übrig. Man nennt sie eine Unterdeterminante oder einen Minor m^{ter} Ordnung von A.

m kann jeden der Werte 1, 2, ..., $n-1$ haben. Im Falle $m=1$ haben wir eine Determinante mit einem einzigen Element a_{rs}. Wir wollen eine solche Determinante gleich a_{rs} setzen, so daß die Minoren erster Ordnung die Elemente von A sind.

Wenn ein Minor aus A durch Unterdrückung gleichnamiger Zeilen und Spalten entsteht, so heißt er ein Hauptminor.

Es gibt in einer n-reihigen Determinante

$$\left[\binom{n}{m}\right]^2 = \left[\frac{n!}{m!\,(n-m)!}\right]^2$$

Minoren m^{ter} Ordnung. $\binom{n}{m}$ von ihnen sind Hauptminoren.

§ 18. Komplementäre Minoren.

M sei ein Minor m^{ter} Ordnung von A. Wenn man in A die Zeilen und Spalten streicht, denen die Elemente von M angehören, so entsteht ein Minor N von $(n-m)^{\text{ter}}$ Ordnung.

Zwei solche Minoren wie M und N nennt man komplementär und jeden das Komplement des andern.

Z. B. sind in der Determinante

$$\begin{vmatrix} a_1 & a_2 & a_3 & a_4 \\ b_1 & b_2 & b_3 & b_4 \\ c_1 & c_2 & c_3 & c_4 \\ d_1 & d_2 & d_3 & d_4 \end{vmatrix}$$

die Minoren

$$b_1 \quad \text{und} \quad \begin{vmatrix} a_2 & a_3 & a_4 \\ c_2 & c_3 & c_4 \\ d_2 & d_3 & d_4 \end{vmatrix}$$

komplementär, ebenso die Minoren

$$\begin{vmatrix} a_1 & a_3 \\ c_1 & c_3 \end{vmatrix} \quad \text{und} \quad \begin{vmatrix} b_2 & b_4 \\ d_2 & d_4 \end{vmatrix}.$$

Die Elemente von M mögen in den Zeilen

$$r_1, r_2, \ldots, r_m \qquad (r_1 < r_2 < \cdots < r_m)$$

und in den Spalten

$$s_1, s_2, \ldots, s_m \qquad (s_1 < s_2 < \cdots < s_m)$$

liegen, die Elemente von N in den Zeilen

$$r_{m+1}, r_{m+2}, \ldots, r_n \quad (r_{m+1} < r_{m+2} < \cdots < r_n)$$

und in den Spalten

$$s_{m+1},\ s_{m+2},\ \ldots,\ s_n \quad (s_{m+1} < s_{m+2} < \ldots < s_n).$$

Jedes Glied von M hat dann die Form

$$\operatorname{sgn}\begin{pmatrix} r_1 \ldots r_m \\ \sigma_1 \ldots \sigma_m \end{pmatrix} a_{r_1 \sigma_1} \ldots a_{r_m \sigma_m}.$$

Dabei stellt[1]

$$\begin{pmatrix} r_1 \ldots r_m \\ \sigma_1 \ldots \sigma_m \end{pmatrix}$$

eine Paarung der Zeilen $r_1, r_2, \ldots, r_m$ mit den Spalten $s_1, s_2, \ldots, s_m$ dar und die Hauptpaarung lautet

$$\begin{pmatrix} r_1 \ldots r_m \\ s_1 \ldots s_m \end{pmatrix}.$$

Jedes Glied von N hat die Form

$$\operatorname{sgn}\begin{pmatrix} r_{m+1} \ldots r_n \\ \sigma_{m+1} \ldots \sigma_n \end{pmatrix} a_{r_{m+1} \sigma_{m+1}} \ldots a_{r_n \sigma_n}.$$

Dabei bedeutet

$$\begin{pmatrix} r_{m+1} \ldots r_n \\ \sigma_{m+1} \ldots \sigma_n \end{pmatrix}$$

eine Paarung der Zeilen $r_{m+1}, r_{m+2}, \ldots, r_n$ mit den Spalten s_{m+1}, $s_{m+2}, \ldots, s_n$, und die Hauptpaarung ist hier

$$\begin{pmatrix} r_{m+1} \ldots r_n \\ s_{m+1} \ldots s_n \end{pmatrix}.$$

Multipliziert man ein Glied von M mit einem Glied von N, so hat das Produkt folgendes Aussehen:

$$\operatorname{sgn}\begin{pmatrix} r_1 \ldots r_m \\ \sigma_1 \ldots \sigma_m \end{pmatrix} \operatorname{sgn}\begin{pmatrix} r_{m+1} \ldots r_n \\ \sigma_{m+1} \ldots \sigma_n \end{pmatrix} a_{r_1 \sigma_1} \ldots a_{r_n \sigma_n}.$$

In A hat

$$a_{r_1 \sigma_1} a_{r_2 \sigma_2} \ldots a_{r_n \sigma_n}$$

den Faktor

$$\operatorname{sgn}\begin{pmatrix} r_1\, r_2 \ldots r_n \\ \sigma_1\, \sigma_2 \ldots \sigma_n \end{pmatrix},$$

wobei

$$\begin{pmatrix} 1\ 2 \ldots n \\ 1\ 2 \ldots n \end{pmatrix}$$

als Hauptpaarung figuriert.

---

[1] $\sigma_1, \sigma_2, \ldots, \sigma_m$ soll eine Permutation von $s_1, s_2, \ldots, s_m$ bedeuten.

Es besteht eine einfache Beziehung zwischen

$$\operatorname{sgn}\begin{pmatrix} r_1 & r_2 & \dots & r_n \\ \sigma_1 & \sigma_2 & \dots & \sigma_n \end{pmatrix}$$

und

$$\operatorname{sgn}\begin{pmatrix} r_1 & \dots & r_m \\ \sigma_1 & \dots & \sigma_m \end{pmatrix} \operatorname{sgn}\begin{pmatrix} r_{m+1} & \dots & r_n \\ \sigma_{m+1} & \dots & \sigma_n \end{pmatrix}.$$

Wenn man durch α Transpositionen von

$$\begin{pmatrix} r_1 & \dots & r_m \\ \sigma_1 & \dots & \sigma_m \end{pmatrix} \quad \text{zu} \quad \begin{pmatrix} r_1 & \dots & r_m \\ s_1 & \dots & s_m \end{pmatrix}$$

gelangt und durch β Transpositionen von

$$\begin{pmatrix} r_{m+1} & \dots & r_n \\ \sigma_{m+1} & \dots & \sigma_n \end{pmatrix} \quad \text{zu} \quad \begin{pmatrix} r_{m+1} & \dots & r_n \\ s_{m+1} & \dots & s_n \end{pmatrix},$$

so kann man durch $\alpha + \beta$ Transpositionen von

$$\begin{pmatrix} r_1 & r_2 & \dots & r_n \\ \sigma_1 & \sigma_2 & \dots & \sigma_n \end{pmatrix}$$

zu

$$\begin{pmatrix} r_1 & r_2 & \dots & r_n \\ s_1 & s_2 & \dots & s_n \end{pmatrix}$$

gelangen. Man hat also

$$\operatorname{sgn}\begin{pmatrix} r_1 & r_2 & \dots & r_n \\ \sigma_1 & \sigma_2 & \dots & \sigma_n \end{pmatrix} = \operatorname{sgn}\begin{pmatrix} r_1 & r_2 & \dots & r_n \\ s_1 & s_2 & \dots & s_n \end{pmatrix}(-1)^{\alpha+\beta}$$

oder, da

$$\operatorname{sgn}\begin{pmatrix} r_1 & \dots & r_m \\ \sigma_1 & \dots & \sigma_m \end{pmatrix} = (-1)^{\alpha}$$

und

$$\operatorname{sgn}\begin{pmatrix} r_{m+1} & \dots & r_n \\ \sigma_{m+1} & \dots & \sigma_n \end{pmatrix} = (-1)^{\beta}$$

ist,

$$\operatorname{sgn}\begin{pmatrix} r_1 & r_2 & \dots & r_n \\ \sigma_1 & \sigma_2 & \dots & \sigma_n \end{pmatrix} = \operatorname{sgn}\begin{pmatrix} r_1 & r_2 & \dots & r_n \\ s_1 & s_2 & \dots & s_n \end{pmatrix} \operatorname{sgn}\begin{pmatrix} r_1 & \dots & r_m \\ \sigma_1 & \dots & \sigma_m \end{pmatrix} \operatorname{sgn}\begin{pmatrix} r_{m+1} & \dots & r_n \\ \sigma_{m+1} & \dots & \sigma_n \end{pmatrix}.$$

Wir können demnach folgenden Satz aussprechen:

M und *N* seien komplementäre Minoren der *n*-reihigen Determinante *A*. Das Hauptglied von *M* sei

$$a_{r_1 s_1} a_{r_2 s_2} \dots a_{r_m s_m},$$

das Hauptglied von *N*

$$a_{r_{m+1} s_{m+1}} a_{r_{m+2} s_{m+2}} \dots a_{r_n s_n}.$$

Multipliziert man ein Glied von *M* mit einem Glied von *N* und fügt noch den Faktor

$$\operatorname{sgn}\begin{pmatrix} r_1 & r_2 & \dots & r_n \\ s_1 & s_2 & \dots & s_n \end{pmatrix}$$

hinzu, so hat man ein Glied von A.

Der Minor M hat $m!$, der Minor N aber $(n-m)!$ Glieder. Rechnet man das Produkt

$$\operatorname{sgn}\begin{pmatrix} r_1 & r_2 & \dots & r_n \\ s_1 & s_2 & \dots & s_n \end{pmatrix} MN$$

aus, so gewinnt man

$$m!\,(n-m)!$$

verschiedene Glieder von A. Daß es lauter verschiedene Glieder werden, ist ohne weiteres klar. Zwei Glieder

$$\pm\, a_{r_1\sigma_1} a_{r_2\sigma_2} \dots a_{r_n\sigma_n} \quad \text{und} \quad \pm\, a_{r_1\sigma_1'} a_{r_2\sigma_2'} \dots a_{r_n\sigma_n'}$$

von A sind nämlich verschieden, solange nicht

$$\sigma_1' = \sigma_1,\ \sigma_2' = \sigma_2,\ \dots,\ \sigma_n' = \sigma_n$$

ist.

Man nennt

$$\operatorname{sgn}\begin{pmatrix} r_1 & r_2 & \dots & r_n \\ s_1 & s_2 & \dots & s_n \end{pmatrix} N$$

das algebraische Komplement von M. Unter Benutzung dieses Ausdrucks läßt sich unser Resultat so aussprechen:

Satz 10. Multipliziert man einen Minor m^{ter} Ordnung einer n-reihigen Determinante mit seinem algebraischen Komplement, so erhält man $m!\,(n-m)!$ Glieder der Determinante.

Wir wollen jetzt noch

$$\operatorname{sgn}\begin{pmatrix} r_1 & r_2 & \dots & r_n \\ s_1 & s_2 & \dots & s_n \end{pmatrix}$$

bestimmen. Dabei nehmen wir wie bisher an, daß

$$r_1 < r_2 < \dots < r_m,$$
$$s_1 < s_2 < \dots < s_m$$

und

$$r_{m+1} < r_{m+2} < \dots < r_n,$$
$$s_{m+1} < s_{m+2} < \dots < s_n$$

ist.

Die Zahl der Derangements in

$$r_1,\ r_2,\ \dots,\ r_n$$

läßt sich leicht bestimmen. r_1 bildet mit $r_1 - 1$, r_2 mit $r_2 - 2$, ..., r_m mit $r_m - m$ von den folgenden Zahlen Derangements. Außerdem gibt es keine. Die Gesamtzahl der Derangements in $r_1, r_2, \ldots, r_n$ ist also

$$\varrho = r_1 + r_2 + \ldots + r_m - \frac{m(m+1)}{2}.$$

In

$$s_1, s_2, \ldots, s_n$$

gibt es

$$\sigma = s_1 + s_2 + \ldots + s_m - \frac{m(m+1)}{2}$$

Derangements.

Nach der Schlußbemerkung in § 6 ist aber

$$\operatorname{sgn}\begin{pmatrix} r_1 & r_2 & \ldots & r_n \\ s_1 & s_2 & \ldots & s_n \end{pmatrix} = (-1)^{\varrho+\sigma}.$$

Da

$$\varrho + \sigma \equiv \sum_{\mu=1}^{m} (r_\mu + s_\mu), \qquad (\text{mod } 2)$$

weil $m(m+1)$ immer gerade ist, so wird

$$\operatorname{sgn}\begin{pmatrix} r_1 & r_2 & \ldots & r_n \\ s_1 & s_2 & \ldots & s_n \end{pmatrix} = (-1)^{\Sigma (r_\mu + s_\mu)}.$$

$\Sigma(r_\mu + s_\mu)$ ist die Summe der Zeilen- und Spaltenindizes von M oder auch die Summe aller Indizes in dem Diagonalglied von M.

Es gilt also folgende Regel für die Bildung des algebraischen Komplements von M:

Satz 11: Um das algebraische Komplement eines Minors M zu erhalten, bilde man zunächst sein Komplement N. Dann lautet das algebraische Komplement $+N$ oder $-N$, je nachdem die Summe der Zeilen- und Spaltenindizes von M (oder von N) gerade oder ungerade ist.

§ 19. Der Laplacesche Entwickelungssatz.

Wir wollen alle Minoren m^{ter} Ordnung betrachten, deren Glieder in m bestimmten Zeilen der n-reihigen Determinante A enthalten sind. Die Indizes dieser Zeilen seien $r_1, r_2, \ldots, r_m$.

Es gibt offenbar $\binom{n}{m}$ solche Minoren. M sei einer von ihnen und $\overline{M}$ sein algebraisches Komplement.

Wir wissen, daß das Produkt $M\overline{M}$, wenn man es ausrechnet, $m!\,(n-m)!$ Glieder von A liefert. Bilden wir die Summe aller Produkte $M\overline{M}$, so erhalten wir

$$\binom{n}{m} m!\,(n-m)! = n!,$$

d. h. alle Glieder von A. Damit haben wir die LAPLACEsche Entwickelung einer Determinante nach den in m Zeilen enthaltenen Minoren gewonnen.

Nur ein Punkt bedarf noch der Erörterung. Liefern zwei verschiedene Produkte $M\overline{M}$ wirklich lauter verschiedene Glieder von A?

M und M_1 mögen beide die Zeilenindizes $r_1, r_2, \ldots, r_m$, aber nicht dieselben Spaltenindizes haben. Die Spaltenindizes von M seien $s_1, s_2, \ldots, s_m$, die von M_1 aber $s_1', s_2', \ldots, s_m'$. Dann haben die Glieder des Produktes $M\overline{M}$ die Form

$$\pm a_{r_1 \sigma_1} a_{r_2 \sigma_2} \ldots a_{r_m \sigma_m} \ldots,$$

die von $M_1 \overline{M}_1$ aber die Form

$$\pm a_{r_1 \sigma_1'} a_{r_2 \sigma_2'} \ldots a_{r_m \sigma_m'} \ldots$$

$\sigma_1', \sigma_2', \ldots, \sigma_m'$ ist eine Permutation von $s_1', s_2', \ldots, s_m'$, während $\sigma_1, \sigma_2, \ldots, \sigma_m$ eine Permutation von $s_1, s_2, \ldots, s_m$ ist. Es kann also nie

$$\sigma_1 = \sigma_1', \quad \sigma_2 = \sigma_2', \ldots, \quad \sigma_m = \sigma_m'$$

sein.

Satz 12: (LAPLACEscher Entwickelungssatz). Multipliziert man jeden Minor m^{ter} Ordnung, der in m bestimmten Zeilen einer n-reihigen Determinante enthalten ist, mit seinem algebraischen Komplement, so ist die Determinante gleich der Summe dieser $\binom{n}{m}$ Produkte.

Der Satz gilt nach § 12 auch für die Spalten.

Wir nennen diese Entwickelung kurz die Entwickelung nach m Zeilen bzw. Spalten.

Beispiel.

Entwickeln wir die Determinante

$$D = \begin{vmatrix} a_1 & a_2 & a_3 & a_4 \\ b_1 & b_2 & b_3 & b_4 \\ c_1 & c_2 & c_3 & c_4 \\ d_1 & d_2 & d_3 & d_4 \end{vmatrix}$$

nach den beiden ersten Zeilen, so ergibt sich

$$D = \begin{vmatrix} a_1 & a_2 \\ b_1 & b_2 \end{vmatrix} \begin{vmatrix} c_3 & c_4 \\ d_3 & d_4 \end{vmatrix} - \begin{vmatrix} a_1 & a_3 \\ b_1 & b_3 \end{vmatrix} \begin{vmatrix} c_2 & c_4 \\ d_2 & d_4 \end{vmatrix} + \begin{vmatrix} a_1 & a_4 \\ b_1 & b_4 \end{vmatrix} \begin{vmatrix} c_2 & c_3 \\ d_2 & d_3 \end{vmatrix}$$
$$+ \begin{vmatrix} a_2 & a_3 \\ b_2 & b_3 \end{vmatrix} \begin{vmatrix} c_1 & c_4 \\ d_1 & d_4 \end{vmatrix} - \begin{vmatrix} a_2 & a_4 \\ b_2 & b_4 \end{vmatrix} \begin{vmatrix} c_1 & c_3 \\ d_1 & d_3 \end{vmatrix} + \begin{vmatrix} a_3 & a_4 \\ b_3 & b_4 \end{vmatrix} \begin{vmatrix} c_1 & c_2 \\ d_1 & d_2 \end{vmatrix}.$$

Insbesondere wird die verschwindende Determinante

$$\begin{vmatrix} a_1 & a_2 & a_3 & a_4 \\ b_1 & b_2 & b_3 & b_4 \\ a_1 & a_2 & a_3 & a_4 \\ b_1 & b_2 & b_3 & b_4 \end{vmatrix}$$

gleich

$$2\left\{\begin{vmatrix} a_1 & a_2 \\ b_1 & b_2 \end{vmatrix}\begin{vmatrix} a_3 & a_4 \\ b_3 & b_4 \end{vmatrix} + \begin{vmatrix} a_1 & a_3 \\ b_1 & b_3 \end{vmatrix}\begin{vmatrix} a_4 & a_2 \\ b_4 & b_2 \end{vmatrix} + \begin{vmatrix} a_1 & a_4 \\ b_1 & b_4 \end{vmatrix}\begin{vmatrix} a_2 & a_3 \\ b_2 & b_3 \end{vmatrix}\right\},$$

so daß

$$p_{12}\,p_{34} + p_{13}\,p_{42} + p_{14}\,p_{23} = 0$$

ist, wenn wir

$$p_{rs} = \begin{vmatrix} a_r & a_s \\ b_r & b_s \end{vmatrix}$$

setzen.

Nach dem Laplaceschen Entwickelungssatz ist

$$A = \sum M\overline{M}.$$

Die Summation erstreckt sich über alle Minoren m^{ter} Ordnung M, die in m bestimmten Zeilen der Determinante A enthalten sind. $\overline{M}$ ist das algebraische Komplement von M.

Wir wollen nun ein **anderes** System von m Zeilen ins Auge fassen und mit $\mathfrak{M}$ einen Minor von A bezeichnen, der in diesen Zeilen enthalten ist. Dann wird

$$A = \sum \mathfrak{M}\overline{\mathfrak{M}}.$$

Die Zeilenindizes von M seien $r_1, r_2, \ldots, r_m$, die von $\mathfrak{M}$ dagegen $\mathfrak{r}_1, \mathfrak{r}_2, \ldots, \mathfrak{r}_m$. Da die beiden Kombinationen $r_1, r_2, \ldots, r_m$ und $\mathfrak{r}_1, \mathfrak{r}_2, \ldots, \mathfrak{r}_m$ verschieden sein sollen, so kommt unter den Zeilenindizes von $\overline{M}$ wenigstens eine der Zahlen $\mathfrak{r}_1, \mathfrak{r}_2, \ldots, \mathfrak{r}_m$ vor und unter den Zeilenindizes von $\overline{\mathfrak{M}}$ wenigstens eine der Zahlen $r_1, r_2, \ldots, r_m$.

Ersetzen wir also in A die Zeilen $r_1, r_2, \ldots, r_m$ durch die Zeilen $\mathfrak{r}_1, \mathfrak{r}_2, \ldots, \mathfrak{r}_m$, so entsteht eine Determinante, die wenigstens zwei identische Zeilen hat, also verschwindet. Andererseits geht bei jener Ersetzung

$$\sum M\overline{M} \quad \text{in} \quad \sum \mathfrak{M}\overline{M}$$

über. Es ist also

$$\sum \mathfrak{M}\overline{M} = 0.$$

In Worten lautet dieses Resultat:

Satz 13. Multipliziert man jeden Minor m^{ter} Ordnung, der in m bestimmten Zeilen einer n-reihigen Determinante enthalten ist, mit dem algebraischen Komplement des entsprechenden Minors in einem anderen System von m Zeilen, so ist die Summe dieser Produkte gleich Null.

§ 20. Entwickelung nach einer Zeile.

Wir wollen den Laplaceschen Satz auf den Spezialfall $m = 1$ anwenden. Die Minoren m^{ter} Ordnung in m bestimmten Zeilen werden dann die Elemente einer bestimmten Zeile, etwa die Elemente

$$a_{r1},\ a_{r2},\ \ldots,\ a_{rn}.$$

Um das algebraische Komplement von a_{rs} zu finden, hat man die r^{te} Zeile und die s^{te} Spalte zu streichen und die so entstehende $(n-1)$-reihige Determinante mit dem Faktor $(-1)^{r+s}$ zu versehen.

Das algebraische Komplement von a_{rs} möge A_{rs} heißen. Dann gilt nach dem Laplaceschen Satz für die Determinante A folgende Entwickelung:

$$A = a_{r1} A_{r1} + a_{r2} A_{r2} + \ldots + a_{rn} A_{rn}.$$

Wir wußten bereits (vgl. § 14), daß die Determinante eine lineare homogene Funktion der Elemente einer Zeile ist. Jetzt sehen wir, daß die Koeffizienten dieser linearen homogenen Funktion die algebraischen Komplemente der betrachteten Elemente sind.

Satz 14. Multipliziert man jedes Element einer Zeile mit seinem algebraischen Komplement, so ist die Determinante gleich der Summe dieser n Produkte.

Der Satz gilt nach § 12 auch für die Spalten.

Beispiel.

Wenn in der r^{ten} Zeile (oder der s^{ten} Spalte) nur ein von Null verschiedenes Glied vorhanden ist, so reduziert sich A auf

$$a_{rs} A_{rs}.$$

Man kommt also in diesem Falle nach Absonderung des Faktors $(-1)^{r+s} a_{rs}$ zu einer $(n-1)$-reihigen Determinante, nämlich dem Komplement von a_{rs}.

Die Determinante

$$\begin{vmatrix} a_{11} & 0 & \ldots & 0 \\ a_{21} & a_{22} & \ldots & 0 \\ . & . & . & . \\ a_{n1} & a_{n2} & \ldots & a_{nn} \end{vmatrix},$$

in der alle Elemente Null sind, die oberhalb der Hauptdiagonale liegen, ist gleich

$$a_{11}\begin{vmatrix} a_{22} & 0 & \dots & 0 \\ a_{32} & a_{33} & \dots & 0 \\ . & . & . & . \\ a_{n2} & a_{n3} & \dots & a_{nn} \end{vmatrix}.$$

Der zweite Faktor ist gleich

$$a_{22}\begin{vmatrix} a_{33} & 0 & \dots & 0 \\ a_{43} & a_{44} & \dots & 0 \\ . & . & . & . \\ a_{n3} & a_{n4} & \dots & a_{nn} \end{vmatrix}$$

usw.

Es ergibt sich also

$$\begin{vmatrix} a_{11} & 0 & \dots & 0 \\ a_{21} & a_{22} & \dots & 0 \\ . & . & . & . \\ a_{n1} & a_{n2} & \dots & a_{nn} \end{vmatrix} = a_{11}\, a_{22} \dots a_{nn}.$$

Wenn wir in der Determinante

$$A = \begin{vmatrix} a_{11} & a_{12} & \dots & a_{1n} \\ a_{21} & a_{22} & \dots & a_{2n} \\ . & . & . & . \\ a_{n1} & a_{n2} & \dots & a_{nn} \end{vmatrix}$$

die Glieder der r^{ten} Zeile fortnehmen ($s \gtrless r$) und durch die entsprechenden Glieder der s^{ten} Zeile ersetzen, so entsteht eine Determinante mit zwei übereinstimmenden Zeilen, die folglich verschwindet. Andererseits geht aber A bei jener Ersetzung über in

$$a_{s1} A_{r1} + a_{s2} A_{r2} + \dots + a_{sn} A_{rn}.$$

Mithin ist

$$a_{s1} A_{r1} + a_{s2} A_{r2} + \dots + a_{sn} A_{rn} = 0.$$

Satz 15. Multipliziert man die Elemente einer Zeile mit den algebraischen Komplementen der entsprechenden Elemente einer anderen Zeile, so ist die Summe dieser Produkte gleich Null.

Der Satz gilt nach § 12 auch für die Spalten.

§ 21. Die Vandermondesche Determinante.

Um ein Beispiel zu Satz 14 und zugleich zu früheren Sätzen zu haben, wollen wir die Vandermondesche Determinante betrachten. Das ist eine Determinante von folgender Form:

$$V_n = \begin{vmatrix} a_1^{n-1} & a_1^{n-2} & \dots & 1 \\ a_2^{n-1} & a_2^{n-2} & \dots & 1 \\ \cdot & \cdot & \cdot & \cdot \\ a_n^{n-1} & a_n^{n-2} & \dots & 1 \end{vmatrix}.$$

Wir ziehen in V_n von jeder der $n-1$ ersten Zeilen die letzte Zeile ab. Ist das geschehen, so enthält die letzte Spalte lauter Nullen und nur rechts unten eine 1. Es wird also

$$V_n = \begin{vmatrix} a_1^{n-1} - a_n^{n-1} & a_1^{n-2} - a_n^{n-2} & \dots & a_1 - a_n \\ a_2^{n-1} - a_n^{n-1} & a_2^{n-2} - a_n^{n-2} & \dots & a_2 - a_n \\ \cdot & \cdot & \cdot & \cdot \\ a_{n-1}^{n-1} - a_n^{n-1} & a_{n-1}^{n-2} - a_n^{n-2} & \dots & a_{n-1} - a_n \end{vmatrix}.$$

Aus der ersten Zeile können wir den Faktor $a_1 - a_n$, aus der zweiten den Faktor $a_2 - a_n$ herausziehen usw. Dadurch finden wir

$$V_n = (a_1 - a_n)(a_2 - a_n) \dots (a_{n-1} - a_n)\, \bar{V}_n,$$

wobei

$$\bar{V}_n = \begin{vmatrix} \sum a_1^{\nu_1} a_n^{n-2-\nu_1} & \sum a_1^{\nu_2} a_n^{n-3-\nu_2} & \dots & 1 \\ \sum a_2^{\nu_1} a_n^{n-2-\nu_1} & \sum a_2^{\nu_2} a_n^{n-3-\nu_2} & \dots & 1 \\ \cdot & \cdot & \cdot & \cdot \\ \sum a_{n-1}^{\nu_1} a_n^{n-2-\nu_1} & \sum a_{n-1}^{\nu_2} a_n^{n-3-\nu_2} & \dots & 1 \end{vmatrix}$$

ist.[1] ν_1 durchläuft die Werte $0, \dots, n-2$; ν_2 die Werte $0, \dots, n-3$ usw.

Nach Satz 6 zerlegt sich $\bar{V}_n$ in eine Anzahl von Determinanten der Form

$$\begin{vmatrix} a_1^{\nu_1} & a_n^{n-2-\nu_1} & a_1^{\nu_2} & a_n^{n-3-\nu_2} & \dots & 1 \\ a_2^{\nu_1} & a_n^{n-2-\nu_1} & a_2^{\nu_2} & a_n^{n-3-\nu_2} & \dots & 1 \\ \cdot & \cdot & \cdot & \cdot & \cdot & \cdot \\ a_{n-1}^{\nu_1} & a_n^{n-2-\nu_1} & a_{n-1}^{\nu_2} & a_n^{n-3-\nu_2} & \dots & 1 \end{vmatrix}.$$

$$(0 \leqq \nu_1 \leqq n-2, \quad 0 \leqq \nu_2 \leqq n-3, \quad \dots, \quad 0 \leqq \nu_{n-2} \leqq 1).$$

Hier können wir aus der ersten Spalte den Faktor $a_n^{n-2-\nu_1}$, aus der zweiten den Faktor $a_n^{n-3-\nu_2}$ herausziehen usw., so daß die Determinante lautet:

[1] Wir benutzen hier die Identität

$$a^r - b^r = (a-b) \sum a^\varrho b^{r-1-\varrho}.$$

ϱ durchläuft die Werte $0, 1, \dots, r-1$.

$$\begin{vmatrix} a_1^{\nu_1} & a_1^{\nu_2} & \dots & 1 \\ a_2^{\nu_1} & a_2^{\nu_2} & \dots & 1 \\ \cdot & \cdot & \cdot & \cdot \\ a_{n-1}^{\nu_1} & a_{n-1}^{\nu_2} & \dots & 1 \end{vmatrix} a_n^{\sum(n-1-\varrho-\nu_\varrho)}.$$

Sobald die Zahlen

$$\nu_1, \nu_2, \dots, \nu_{n-2}, 0$$

nicht alle verschieden sind, hat die letzte Determinante zwei übereinstimmende Spalten und ist also gleich Null.

Wäre nun $\nu_1 < n-2$, so wären jene $n-1$ Zahlen auf die $n-2$ Werte

$$0, 1, \dots, n-3$$

beschränkt. Es gäbe also sicher zwei gleiche unter ihnen.

Dasselbe ist der Fall, wenn $\nu_2 < n-3$ ist. Dann sind nämlich die $n-2$ Zahlen

$$\nu_2, \nu_3, \dots, \nu_{n-2}, 0$$

auf die $n-3$ Werte

$$0, 1, \dots, n-4$$

beschränkt. Usw.

Es bleibt somit nur das Wertsystem

$$\nu_1 = n-2, \nu_2 = n-3, \dots, \nu_{n-2} = 1$$

übrig, und $\bar{V}_n$ ist gleich

$$\begin{vmatrix} a_1^{n-2} & a_1^{n-3} & \dots & 1 \\ a_2^{n-2} & a_2^{n-3} & \dots & 1 \\ \cdot & \cdot & \cdot & \cdot \\ a_{n-1}^{n-2} & a_{n-1}^{n-3} & \dots & 1 \end{vmatrix},$$

d. h. gleich V_{n-1}.

Wir haben also folgende Relation

$$V_n = (a_1 - a_n) a_2 - a_n) \dots (a_{n-1} - a_n) V_{n-1}.$$

Da nun $V_1 = 1$ ist, so wird

$$V_2 = a_1 - a_2,$$
$$V_3 = (a_1 - a_3)(a_2 - a_3) V_2 = (a_1 - a_2)(a_1 - a_3)(a_2 - a_3)$$

usw.

Allgemein hat man

$$\begin{aligned} V_n = (a_1 - a_2)(a_1 - a_3) \dots (a_1 - a_n) \\ (a_2 - a_3) \dots (a_2 - a_n) \\ \cdot \quad \cdot \quad \cdot \quad \cdot \quad \cdot \\ (a_{n-1} - a_n). \end{aligned}$$

Durch $n-1$ Vertauschungen von je zwei Spalten kann man die erste Spalte von V_n an die letzte Stelle bringen,[1] darauf durch $n-2$ solche Vertauschungen die zweite Spalte von V_n an die vorletzte Stelle usw. Durch

$$(n-1)+(n-2)+\ldots+1=\frac{n(n-1)}{2}$$

Vertauschungen von je zwei Spalten, kommt man also von V_n zu

$$W_n=\begin{vmatrix} 1 & a_1 & \ldots & a_1^{n-1} \\ 1 & a_2 & \ldots & a_2^{n-1} \\ \cdot & \cdot & \cdot & \cdot \\ 1 & a_n & \ldots & a_n^{n-1} \end{vmatrix}.$$

Demnach ist (vgl. Satz 2)

$$W_n=(-1)^{\frac{n(n-1)}{2}}V_n,$$

also

$$\begin{aligned} W_n=(a_2-a_1)(a_3-a_1)&\ldots(a_n-a_1)\\ (a_3-a_2)&\ldots(a_n-a_2)\\ &\cdot\ \cdot\ \cdot\ \cdot\ \cdot\\ &(a_n-a_{n-1}). \end{aligned}$$

Ersetzt man in der Determinante

$$A=\begin{vmatrix} a_{11} & a_{12} & \ldots & a_{1n} \\ a_{21} & a_{22} & \ldots & a_{2n} \\ \cdot & \cdot & \cdot & \cdot \\ a_{n1} & a_{n2} & \ldots & a_{nn} \end{vmatrix}$$

jedes a_{rs} durch

$$a_r^{s-1},$$

so verwandelt sie sich in W_n.

Daraus ergibt sich folgende Regel, die Determinante A zu berechnen.

Man ersetzt in dem ausgerechneten Differenzenprodukt W_n jedes a_r^{s-1} durch a_{rs}.

Dabei muß man aber vorher durch Hinzufügen nullter Potenzen sorgen, daß in jedem Gliede des ausgerechneten Differenzenprodukts alle a_r vorkommen.

Um also z. B.

$$\begin{vmatrix} a_{11} & a_{12} \\ a_{21} & a_{22} \end{vmatrix}$$

zu erhalten, hat man in

[1] Man vertauscht sie $(n-1)$-mal mit ihrer rechten Nachbarin.

$$a_2 - a_1 = a_1^0 a_2^1 - a_1^1 a_2^0$$

a_1^0, a_1^1, a_2^0, a_2^1 bezüglich durch a_{11}, a_{12}, a_{21}, a_{22} zu ersetzen.

Noch einfacher lautet die Regel zur Berechnung von A, wenn man A in folgender Form schreibt.[1]

$$A = \begin{vmatrix} a_{10}\, a_{11} \dots a_{1,n-1} \\ a_{20}\, a_{21} \dots a_{2,n-1} \\ \cdot \quad \cdot \quad \cdot \quad \cdot \quad \cdot \quad \cdot \quad \cdot \\ a_{n0}\, a_{n1} \dots a_{n,n-1} \end{vmatrix}.$$

Um A zu erhalten, muß man in jedem Glied

$$\pm\, a_1^{s_1} a_2^{s_2} \dots a_n^{s_n}$$

des ausgerechneten Differenzenprodukts W_n die Exponenten zu zweiten Indizes machen, wodurch das Glied sich in

$$\pm\, a_{1 s_1} a_{2 s_2} \dots a_{n s_n}$$

verwandelt.

Den hier erörterten Zusammenhang zwischen A und W_n hat Cauchy zur Definition von A benutzt. Aus den Eigenschaften von W_n ergeben sich dann die Eigenschaften von A. Z. B. multipliziert sich W_n mit dem Faktor -1, wenn man zwei der Buchstaben $a_1, a_2, \dots, a_n$ vertauscht. Daraus folgt, daß A sich mit -1 multipliziert, wenn man zwei Zeilen vertauscht.

Fünftes Kapitel.

Systeme linearer Gleichungen.

§ 22. Cramersche Regel.

Wir betrachten ein System von n linearen Gleichungen mit n Unbekannten $x_1, x_2, \dots, x_n$. Ein solches System hat folgende Form:

$$(1) \quad \begin{cases} a_{11} x_1 + a_{12} x_2 + \dots + a_{1n} x_n = b_1, \\ a_{21} x_1 + a_{22} x_2 + \dots + a_{2n} x_n = b_2, \\ \cdot \quad \cdot \quad \cdot \quad \cdot \quad \cdot \quad \cdot \quad \cdot \quad \cdot \quad \cdot \quad \cdot \quad \cdot \\ a_{n1} x_1 + a_{n2} x_2 + \dots + a_{nn} x_n = b_n. \end{cases}$$

Ein Wertsystem $x_1, x_2, \dots, x_n$, das alle diese Gleichungen erfüllt, nennt man eine Lösung.

---

[1] Das ist gerade die von Leibniz benutzte Schreibweise. (Vgl. § 1.)

Wir wollen annehmen, daß

$$A = \begin{vmatrix} a_{11} & a_{12} & \dots & a_{1n} \\ a_{21} & a_{22} & \dots & a_{2n} \\ \cdot & \cdot & \cdot & \cdot \\ a_{n1} & a_{n2} & \dots & a_{nn} \end{vmatrix},$$

die **Determinante des Systems**, von Null verschieden ist.

A_{rs} sei das algebraische Komplement von a_{rs}.

Multiplizieren wir die Gleichungen des Systems der Reihe nach mit

$$A_{1s}, A_{2s}, \dots, A_{ns},$$

also mit den algebraischen Komplementen der Elemente der s^{ten} Spalte, und addieren dann alles, so ergibt sich

$$A x_s = b_1 A_{1s} + b_2 A_{2s} + \dots + b_n A_{ns}.$$

Der Koeffizient von x_t wird nämlich

$$a_{1t} A_{1s} + a_{2t} A_{2s} + \dots + a_{nt} A_{ns}$$

und ist nach Satz 15 gleich Null, wenn $t \gtrless s$, und nach Satz 14 gleich A, wenn $t = s$ ist.

Aus den Gleichungen (1) folgen also die Gleichungen

$$(\bar{1}) \qquad x_s = \frac{b_1 A_{1s} + b_2 A_{2s} + \dots + b_n A_{ns}}{A} \quad (s = 1, 2, \dots, n).$$

Das Umgekehrte gilt aber auch. Multiplizieren wir in ($\bar{1}$) die s^{te} Gleichung mit a_{rs} und addieren dann alles, so erhalten wir

$$a_{r1} x_1 + a_{r2} x_2 + \dots + a_{rn} x_n = b_r.$$

Denn der Koeffizient von b_t wird

$$\frac{a_{r1} A_{t1} + a_{r2} A_{t2} + \dots + a_{rn} A_{tn}}{A},$$

ist also nach Satz 15 gleich Null, wenn $t \gtrless r$, und nach Satz 14 gleich 1, wenn $t = r$ ist.

Wir sehen, daß das System (1) die Lösung ($\bar{1}$) hat und außerdem keine.

$$b_1 A_{1s} + b_2 A_{2s} + \dots + b_n A_{ns}$$

entsteht aus

$$a_{1s} A_{1s} + a_{2s} A_{2s} + \dots + a_{ns} A_{ns}$$

dadurch, daß man die Elemente der s^{ten} Spalte der Reihe nach durch $b_1, b_2, \dots, b_n$ ersetzt.

Daraus ergibt sich folgende Regel, die von Cramer durch Induktion gefunden worden ist (vgl. § 2):

Man ersetze die Elemente der s^{ten} Spalte von A der Reihe nach durch $b_1, b_2, \ldots, b_n$ und bezeichne die so entstehende Determinante mit A_s. Dann lautet die Lösung des Systems (1):

$$x_1 = \frac{A_1}{A}, \quad x_2 = \frac{A_2}{A}, \quad \ldots, \quad x_n = \frac{A_n}{A}.$$

Wenn $b_1, b_2, \ldots, b_n$ alle gleich Null sind, so hat jede der Determinanten

$$A_1, A_2, \ldots, A_n$$

eine Spalte mit lauter Nullen. Es ist daher

$$x_1 = 0, \quad x_2 = 0, \quad \ldots, \quad x_n = 0.$$

Satz 16. Aus

$$\begin{array}{l} a_{11} x_1 + a_{12} x_2 + \ldots + a_{1n} x_n = 0, \\ a_{21} x_1 + a_{22} x_2 + \ldots + a_{2n} x_n = 0, \\ \ldots\ldots\ldots\ldots\ldots \\ a_{n1} x_1 + a_{n2} x_2 + \ldots + a_{nn} x_n = 0 \end{array}$$

und

$$\begin{vmatrix} a_{11} & a_{12} & \ldots & a_{1n} \\ a_{21} & a_{22} & \ldots & a_{2n} \\ \cdot & \cdot & \cdot & \cdot \\ a_{n1} & a_{n2} & \ldots & a_{nn} \end{vmatrix} \neq 0$$

folgt

$$x_1 = 0, \quad x_2 = 0, \quad \ldots, \quad x_n = 0.$$

Beispiele.

Um die Gleichungen

$$\begin{array}{l} a_1 x + b_1 y = c_1, \\ a_2 x + b_2 y = c_2 \end{array}$$

aufzulösen, hat man in

$$\begin{vmatrix} a_1 & b_1 \\ a_2 & b_2 \end{vmatrix}$$

einmal die erste Spalte, ein zweites Mal die zweite Spalte durch

$$\begin{array}{c} c_1 \\ c_2 \end{array}$$

zu ersetzen. Dadurch ergeben sich die Determinanten

$$\begin{vmatrix} c_1 & b_1 \\ c_2 & b_2 \end{vmatrix}, \quad \begin{vmatrix} a_1 & c_1 \\ a_2 & c_2 \end{vmatrix},$$

und die Lösung unserer Gleichungen lautet:

$$x = \begin{vmatrix} c_1 & b_1 \\ c_2 & b_2 \end{vmatrix} : \begin{vmatrix} a_1 & b_1 \\ a_2 & b_2 \end{vmatrix},$$

$$y = \begin{vmatrix} a_1 & c_1 \\ a_2 & c_2 \end{vmatrix} : \begin{vmatrix} a_1 & b_1 \\ a_2 & b_2 \end{vmatrix}.$$

Vorausgesetzt wird, daß

$$\begin{vmatrix} a_1 & b_1 \\ a_2 & b_2 \end{vmatrix}$$

von Null verschieden ist.

Will man die Lösung des Systems

$$a_1 x + b_1 y + c_1 z = d_1,$$
$$a_2 x + b_2 y + c_2 z = d_2,$$
$$a_3 x + b_3 y + c_3 z = d_3$$

finden, so hat man in

$$\begin{vmatrix} a_1 & b_1 & c_1 \\ a_2 & b_2 & c_2 \\ a_3 & b_3 & c_3 \end{vmatrix}$$

einmal die erste, ein zweites Mal die zweite, ein drittes Mal die dritte Spalte durch

$$\begin{matrix} d_1 \\ d_2 \\ d_3 \end{matrix}$$

zu ersetzen. Dadurch entstehen die Determinanten

$$\begin{vmatrix} d_1 & b_1 & c_1 \\ d_2 & b_2 & c_2 \\ d_3 & b_3 & c_3 \end{vmatrix}, \quad \begin{vmatrix} a_1 & d_1 & c_1 \\ a_2 & d_2 & c_2 \\ a_3 & d_3 & c_3 \end{vmatrix}, \quad \begin{vmatrix} a_1 & b_1 & d_1 \\ a_2 & b_2 & d_2 \\ a_3 & b_3 & d_3 \end{vmatrix},$$

und die gesuchte Lösung lautet:

$$x = \begin{vmatrix} d_1 & b_1 & c_1 \\ d_2 & b_2 & c_2 \\ d_3 & b_3 & c_3 \end{vmatrix} : \begin{vmatrix} a_1 & b_1 & c_1 \\ a_2 & b_2 & c_2 \\ a_3 & b_3 & c_3 \end{vmatrix},$$

$$y = \begin{vmatrix} a_1 & d_1 & c_1 \\ a_2 & d_2 & c_2 \\ a_3 & d_3 & c_3 \end{vmatrix} : \begin{vmatrix} a_1 & b_1 & c_1 \\ a_2 & b_2 & c_2 \\ a_3 & b_3 & c_3 \end{vmatrix},$$

$$z = \begin{vmatrix} a_1 & b_1 & d_1 \\ a_2 & b_2 & d_2 \\ a_3 & b_3 & d_3 \end{vmatrix} : \begin{vmatrix} a_1 & b_1 & c_1 \\ a_2 & b_2 & c_2 \\ a_3 & b_3 & c_3 \end{vmatrix}.$$

§ 23. Rang einer Matrix.

Ein System von mn Zahlen, die in m Zeilen und n Spalten angeordnet sind, nennt man eine Matrix, und die mn Zahlen ihre Elemente.[1]

Eine solche Matrix hat, wenn man die Elemente ähnlich wie bei einer Determinante bezeichnet, folgendes Aussehen:

$$\begin{matrix} a_{11} & a_{12} & \dots & a_{1n} \\ a_{21} & a_{22} & \dots & a_{2n} \\ \cdot & \cdot & \cdot & \cdot \\ a_{m1} & a_{m2} & \dots & a_{mn} \end{matrix}.$$

Die in μ bestimmten Zeilen und μ bestimmten Spalten enthaltenen Elemente liefern eine Determinante, die man eine μ-reihige Determinante der Matrix nennt. μ kann natürlich keine der beiden Zahlen m, n übertreffen.

Die einreihigen Determinanten der Matrix sind ihre Elemente.

Gibt es in der Matrix eine von Null verschiedene r-reihige Determinante, während alle mehr als r-reihigen Determinanten (falls solche existieren) gleich Null sind, so sagt man, die Matrix habe den Rang r.

Ist der Rang der Matrix z. B. gleich 1, so bedeutet dies, daß nicht alle Elemente gleich Null sind, daß dagegen alle mehr als einreihigen Determinanten der Matrix verschwinden (falls solche existieren).

Ist der Rang gleich 2, so gibt es eine von Null verschiedene zweireihige Determinante, während alle mehr als zweireihigen Determinanten gleich Null sind (falls solche existieren).

Einer Matrix, deren sämtliche Elemente gleich Null sind, schreiben wir den Rang 0 zu.

Folgende Operationen lassen den Rang einer Matrix ungeändert.

1. Man darf die Zeilen als Spalten schreiben. Das heißt, die Matrizen

$$\begin{matrix} a_{11} & a_{12} & \dots & a_{1n} \\ a_{21} & a_{22} & \dots & a_{2n} \\ \cdot & \cdot & \cdot & \cdot \\ a_{m1} & a_{m2} & \dots & a_{mn} \end{matrix} \quad \text{und} \quad \begin{matrix} a_{11} & a_{21} & \dots & a_{m1} \\ a_{12} & a_{22} & \dots & a_{m2} \\ \cdot & \cdot & \cdot & \cdot \\ a_{1n} & a_{2n} & \dots & a_{mn} \end{matrix}$$

haben denselben Rang.

[1] Von quadratischen Matrizen sprachen wir schon in § 8.

2. Man darf die Zeilen beliebig vertauschen, ebenso die Spalten. Bei einer Matrix vom Range $r (> 0)$ läßt sich durch eine passende Vertauschung der Zeilen und Spalten erreichen, daß die Eckdeterminante

$$\begin{vmatrix} a_{11} & a_{12} & \dots & a_{1r} \\ a_{21} & a_{22} & \dots & a_{2r} \\ \cdot & \cdot & \cdot & \cdot \\ a_{r1} & a_{r2} & \dots & a_{rr} \end{vmatrix}$$

ungleich Null ist.

3. Man darf alle Elemente einer Zeile mit demselben von Null verschiedenen Faktor versehen.

4. Man darf zu den Elementen einer Zeile die mit λ multiplizierten entsprechenden Elemente einer andern Zeile addieren. Von der neuen Matrix kann man zu der alten zurückgelangen, indem man zu den Elementen einer Zeile die mit $-\lambda$ multiplizierten entsprechenden Elemente einer andern Zeile addiert. Man sieht sofort, daß keine der beiden Matrizen einen höheren Rang haben kann als die andre. Jede μ-reihige Determinante der einen ist nämlich eine lineare Kombination von zwei μ-reihigen Determinanten der andern, wenn sie nicht selbst eine Determinante der andern ist (vgl. Satz 6 und 7).

5. Man darf eine Zeile mit lauter Nullen hinzufügen oder streichen.

6. Man darf eine lineare Kombination der Zeilen als neue Zeile hinzufügen. Die Matrix

$$\begin{matrix} \lambda_1 a_{11} + \dots + \lambda_m a_{m1}, & \lambda_1 a_{12} + \dots + \lambda_m a_{m2}, & \dots, & \lambda_1 a_{1n} + \dots + \lambda_m a_{mn} \\ a_{11} & a_{12} & \dots & a_{1n} \\ a_{21} & a_{22} & \dots & a_{2n} \\ \cdot & \cdot & \cdot & \cdot \\ a_{m1} & a_{m2} & \dots & a_{mn} \end{matrix}$$

hat nämlich denselben Rang wie

$$\begin{matrix} a_{11} & a_{12} & \dots & a_{1n} \\ a_{21} & a_{22} & \dots & a_{2n} \\ \cdot & \cdot & \cdot & \cdot \\ a_{m1} & a_{m2} & \dots & a_{mn}. \end{matrix}$$

Man erkennt das durch Anwendung der Bemerkungen 4 und 5.

Wenn eine Zeile eine lineare Kombination der andern ist, so darf man sie unterdrücken.[1]

[1] Die Sätze 3—6 gelten auch für die Spalten.

§ 24. Lineare Unabhängigkeit.

m Systeme von je n Zahlen

$$(1)\qquad \begin{cases} x_{11}, x_{12}, \ldots, x_{1n}, \\ x_{21}, x_{22}, \ldots, x_{2n}, \\ \cdot\ \cdot\ \cdot\ \cdot\ \cdot\ \cdot\ \cdot \\ x_{m1}, x_{m2}, \ldots, x_{mn} \end{cases}$$

nennt man linear unabhängig, oder kurz unabhängig, wenn die Gleichungen

$$(2)\qquad \begin{cases} \lambda_1 x_{11} + \lambda_2 x_{21} + \ldots + \lambda_m x_{m1} = 0, \\ \lambda_1 x_{12} + \lambda_2 x_{22} + \ldots + \lambda_m x_{m2} = 0, \\ \cdot\ \cdot\ \cdot\ \cdot\ \cdot\ \cdot\ \cdot\ \cdot\ \cdot\ \cdot\ \cdot \\ \lambda_1 x_{1n} + \lambda_2 x_{2n} + \ldots + \lambda_m x_{mn} = 0 \end{cases}$$

nur durch

$$\lambda_1 = 0,\ \lambda_2 = 0,\ \ldots,\ \lambda_m = 0$$

befriedigt werden.

Im Falle $m > 1$ können wir auch sagen, daß keins der Systeme eine lineare Kombination der andern ist.

Im Falle $m = 1$ hat die lineare Unabhängigkeit den Sinn, daß das einzige vorhandene System

$$x_{11}, x_{12}, \ldots, x_{1n}$$

nicht aus lauter Nullen besteht.

Wenn die Systeme (1) nicht unabhängig sind, so sagen wir auch, daß zwischen ihnen eine lineare Relation besteht.[1] Damit meinen wir dann, daß die Gleichungen (2) sich durch ein Wertsystem $\lambda_1, \lambda_2, \ldots, \lambda_m$ befriedigen lassen, das nicht aus lauter Nullen besteht. Ist λ_h ungleich Null, so sagen wir, daß in der erwähnten linearen Relation das System

$$x_{h1}, x_{h2}, \ldots, x_{hn}$$

vorkommt.

Satz 16. Die Systeme (1) sind dann und nur dann linear unabhängig, wenn der Rang der Matrix (1) gleich m ist.

Für $m = 1$ ist der Satz offenbar richtig. Wir können uns also auf $m > 1$ beschränken.

Wenn die Systeme (1) nicht unabhängig sind, so ist in der Matrix (1) eine Zeile eine lineare Kombination der andern. Wir dürfen diese Zeile streichen, ohne daß der Rang der Matrix sich

[1] Diese Redeweise wenden wir nur im Falle $m > 1$ an.

ändert (vgl. § 23 Nr. 6). Der Rang einer $(m-1)$-zeiligen Matrix ist aber höchstens gleich $m-1$, also kleiner als m. Damit ist ein Teil des Satzes 16 schon bewiesen.

Nehmen wir jetzt an, daß der Rang r der Matrix (1) kleiner als m ist. Im Falle $r = 0$ sind die Systeme (1) sicher nicht unabhängig. Sie bestehen alle aus lauter Nullen. Jedes ist also eine lineare Kombination der andern.

Im Falle $r > 0$ können wir durch Vertauschung der Zeilen bewirken, daß in den r ersten Zeilen eine von Null verschiedene r-reihige Determinante steht.

Es lassen sich dann $n - r$ Hilfssysteme

$$\begin{matrix} y_{r+1,1}, & y_{r+1,2}, & \ldots, & y_{r+1,n} \\ y_{r+2,1}, & y_{r+2,2}, & \ldots, & y_{r+2,n} \\ \cdot & \cdot & \cdot & \cdot \\ y_{n1}, & y_{n2}, & \ldots & y_{nn} \end{matrix}$$

so bestimmen, daß die Determinante

$$D = \begin{vmatrix} x_{11} & \ldots x_{1n} \\ \cdot & \cdot \\ x_{r1} & \ldots x_{rn} \\ y_{r+1,1} & \ldots y_{r+1,n} \\ \cdot & \cdot \\ y_{n1} & \ldots y_{nn} \end{vmatrix}$$

ungleich Null ist. Man wählt in den r ersten Zeilen eine von Null verschiedene r-reihige Determinante, setzt die Hauptelemente ihres Komplements gleich 1 und die übrigen y alle gleich Null. Dann reduziert sich die LAPLACEsche Entwickelung nach den r ersten Zeilen auf ein Glied, das abgesehen vom Vorzeichen gleich jener r-reihigen Determinante ist.

Wenn wir nun auf die Gleichungen[1]

$$\begin{aligned} \lambda_1 x_{11} + \ldots + \lambda_r x_{r1} + \lambda_{r+1} y_{r+1,1} + \ldots + \lambda_n y_{n1} &= x_{h1}, \\ \lambda_1 x_{12} + \ldots + \lambda_r x_{r2} + \lambda_{r+1} y_{r+1,2} + \ldots + \lambda_n y_{n2} &= x_{h2}, \\ \cdot\quad \cdot\quad \cdot\quad \cdot\quad \cdot\quad \cdot\quad \cdot\quad \cdot\quad \cdot\quad \cdot\quad \cdot\quad \cdot \\ \lambda_1 x_{1n} + \ldots + \lambda_r x_{rn} + \lambda_{r+1} y_{r+1,n} + \ldots + \lambda_n y_{nn} &= x_{hn} \end{aligned}$$

die CRAMERsche Regel (§ 22) anwenden, so erhalten wir

$$\lambda_1 = \frac{D_1}{D}, \quad \lambda_2 = \frac{D_2}{D}, \quad \ldots, \quad \lambda_n = \frac{D_n}{D}.$$

[1] h ist eine der Zahlen $r+1, \ldots, m$.

D_s $(s = 1, 2, \ldots, n)$ entsteht aus D, indem man in D die s^{te} Zeile durch

$$x_{h1}, x_{h2}, \ldots, x_{hn}$$

ersetzt.

$D_{r+1}, D_{r+2}, \ldots, D_n$ enthalten daher $r + 1$ Zeilen der Matrix (1). Da alle $(r + 1)$-reihigen Determinanten in (1) gleich Null sind, weil der Rang r sein soll, so gibt die Laplacesche Entwickelung nach jenen $r + 1$ Zeilen

$$D_{r+1} = 0, \; D_{r+2} = 0, \; \ldots, \; D_n = 0.$$

$\lambda_{r+1}, \lambda_{r+2}, \ldots, \lambda_n$ sind also gleich Null, und man hat für $h = r + 1, \ldots, n$ Gleichungen von der Form

$$\begin{aligned} x_{h1} &= \lambda_1 x_{11} + \ldots + \lambda_r x_{r1}, \\ x_{h2} &= \lambda_1 x_{12} + \ldots + \lambda_r x_{r2}, \\ &\cdots\cdots\cdots\cdots \\ x_{hn} &= \lambda_1 x_{1n} + \ldots + \lambda_r x_{rn}. \end{aligned}$$

Jede Zeile der Matrix (1) ist demnach eine lineare Kombination der r ersten Zeilen.

Damit haben wir auch den zweiten Teil von Satz 16 bewiesen.

Wir können unser Resultat auch so formulieren:

Satz 17. **Wenn der Rang der Matrix (1) gleich r ist $(r > 0)$, so lassen sich unter den Systemen (1) r, aber nicht mehr unabhängige auswählen. Hat man r unabhängige ausgewählt, so ist jedes der Systeme (1) eine lineare Kombination von ihnen.**

Wir beweisen im Anschluß hieran noch folgenden Satz:

Satz 18. **Wenn in einer Matrix eine von Null verschiedene r-reihige Determinante vorhanden ist $(r > 0)$, deren $(r + 1)$-reihige Superdeterminanten[1] alle gleich Null sind, so ist der Rang der Matrix gleich r.**

Wenn eine Determinante ein Minor einer anderen ist, so nennt man diese andere eine **Superdeterminante** von jener.

Wir wollen annehmen, daß in der Matrix (1) die Determinante

$$\begin{vmatrix} x_{11} & x_{12} & \ldots & x_{1r} \\ x_{21} & x_{22} & \ldots & x_{2r} \\ \cdot & \cdot & \cdot & \cdot \\ x_{r1} & x_{r2} & \ldots & x_{rr} \end{vmatrix}$$

[1] Damit diese Superdeterminanten sich bilden lassen, muß man eventuell Zeilen und Spalten mit lauter Nullen hinzufügen.

ungleich Null ist, während alle $(r + 1)$-reihigen Superdeterminanten von ihr gleich Null sind.

Da die Matrix

$$\begin{matrix} x_{11} & x_{21} & \dots & x_{r1} & x_{h1} \\ x_{12} & x_{22} & \dots & x_{r2} & x_{h2} \\ \cdot & \cdot & \cdot & \cdot & \cdot \\ x_{1r} & x_{2r} & \dots & x_{rr} & x_{hr} \\ x_{1s} & x_{2s} & \dots & x_{rs} & x_{hs} \end{matrix} \qquad (h = r + 1, \dots, m; \; s = r + 1, \dots, n)$$

den Rang r hat und in den r ersten Zeilen eine von Null verschiedene r-reihige Determinante vorkommt, so ist nach Satz 17 die letzte Zeile eine lineare Kombination der r ersten.

Wir sehen, daß in der Matrix

$$\begin{matrix} x_{11} & x_{12} & \dots & x_{1n} \\ x_{21} & x_{22} & \dots & x_{2n} \\ \cdot & \cdot & \cdot & \cdot \\ x_{r1} & x_{r2} & \dots & x_{rn} \\ x_{h1} & x_{h2} & \dots & x_{hn} \end{matrix} \qquad (h = r + 1, \dots, n)$$

die $n - r$ letzten Spalten lineare Kombinationen der r ersten sind. Wir dürfen also nach § 23 die $n - r$ letzten Spalten streichen, ohne daß der Rang der obigen Matrix sich ändert. Dieser Rang ist daher gleich r und aus Satz 17 folgt, daß die letzte Zeile eine lineare Kombination der r ersten ist. Dies gilt für $h = r + 1, \dots, m$, und wir dürfen deshalb in der Matrix (1) die $m - r$ letzten Zeilen streichen, ohne daß der Rang dieser Matrix sich ändert. Die Matrix (1) hat also den Rang r.

Hieraus ergibt sich folgendes Verfahren, um den Rang einer Matrix zu bestimmen.

Man sucht ein von Null verschiedenes Element auf. Gibt es kein solches, dann ist der Rang der Matrix gleich Null. Ist ein von Null verschiedenes vorhanden, so muß man seine zweireihigen Superdeterminanten betrachten. Sind sie alle gleich Null, dann hat die Matrix den Rang 1. Andernfalls muß man unter jenen Superdeterminanten eine nicht verschwindende heraussuchen und ihre dreireihigen Superdeterminanten prüfen. Sind sie alle gleich Null, dann ist der Rang der Matrix gleich 2. Andernfalls muß man unter ihnen eine von Null verschiedene auswählen und ihre vierreihigen Superdeterminanten betrachten usw.

§ 25. Systeme von linearen homogenen Gleichungen.

Eine lineare homogene Gleichung mit n Unbekannten $x_1, x_2, \ldots, x_n$ hat die Form

$$a_1 x_1 + a_2 x_2 + \ldots + a_n x_n = 0.$$

Wir wollen ein System von m solchen Gleichungen betrachten,

$$(1)\qquad \begin{cases} f_1 = a_{11} x_1 + a_{12} x_2 + \ldots + a_{1n} x_n = 0, \\ f_2 = a_{21} x_1 + a_{22} x_2 + \ldots + a_{2n} x_n = 0, \\ \cdot\;\cdot\;\cdot\;\cdot\;\cdot\;\cdot\;\cdot\;\cdot\;\cdot\;\cdot\;\cdot\;\cdot\;\cdot\;\cdot\;\cdot\;\cdot\;\cdot \\ f_m = a_{m1} x_1 + a_{m2} x_2 + \ldots + a_{mn} x_n = 0, \end{cases}$$

und seine Lösungen bestimmen, d. h. diejenigen Wertsysteme

$$x_1, x_2, \ldots, x_n,$$

die allen Gleichungen (1) genügen.

Es kommt, wie wir sehen werden, darauf an, welchen Rang r die Matrix

$$(2)\qquad \left\{ \begin{matrix} a_{11} & a_{12} & \ldots & a_{1n} \\ a_{21} & a_{22} & \ldots & a_{2n} \\ \cdot & \cdot & \cdot & \cdot \\ a_{m1} & a_{m2} & \ldots & a_{mn} \end{matrix} \right.$$

hat, die man die Matrix des Systems (1) nennt.

Ist $r = 0$, d. h. sind alle a gleich Null, so ist jedes Wertsystem $x_1, x_2, \ldots, x_n$ eine Lösung von (1).

Im Falle $r > 0$ können wir die Gleichungen (1) in einer solchen Reihenfolge schreiben, daß in den r ersten Zeilen von (2) eine von Null verschiedene r-reihige Determinante auftritt.

Sollte $m > r$ sein, so sind nach § 24 die $m - r$ letzten Zeilen in (2) lineare Kombinationen der r ersten. Man hat also für $h = r + 1, \ldots, n$

$$\begin{aligned} a_{h1} &= \lambda_{h1} a_{11} + \lambda_{h2} a_{21} + \ldots + \lambda_{hr} a_{r1}, \\ a_{h2} &= \lambda_{h1} a_{12} + \lambda_{h2} a_{22} + \ldots + \lambda_{hr} a_{r2}, \\ &\cdot\;\cdot\;\cdot\;\cdot\;\cdot\;\cdot\;\cdot\;\cdot\;\cdot\;\cdot\;\cdot\;\cdot\;\cdot\;\cdot\;\cdot \\ a_{hn} &= \lambda_{h1} a_{1n} + \lambda_{h2} a_{2n} + \ldots + \lambda_{hr} a_{rn}. \end{aligned}$$

Multipliziert man der Reihe nach mit $x_1, x_2, \ldots, x_n$ und addiert dann, so ergibt sich

$$f_h = \lambda_{h1} f_1 + \lambda_{h2} f_2 + \ldots + \lambda_{hr} f_r,$$

welche Werte auch die x haben mögen.

Hieraus ist zu entnehmen, daß jede Lösung des Systems

(3) $$f_1 = 0,\ f_2 = 0,\ \ldots,\ f_r = 0$$

auch eine Lösung von (1) ist. Beide Systeme haben also dieselben Lösungen.

Satz 19. Hat ein System linearer homogener Gleichungen den Rang r (> 0), so kann man sich bei der Bestimmung der Lösungen auf r Gleichungen des Systems beschränken, in deren Matrix eine von Null verschiedene n-reihige Determinante vorkommt.

Man nennt die m Gleichungen (1) linear unabhängig oder kurz unabhängig, wenn ihre Koeffizientensysteme, d. h. die Zeilen der Matrix (2), im Sinne von § 24 unabhängig sind. Im Falle $m > 1$ bedeutet dies, daß keine Gleichung aus den übrigen durch lineare Kombination hervorgeht. Im Falle $m = 1$ kommt die Unabhängigkeit darauf hinaus, daß nicht alle Koeffizienten Null sind.

Der obige Satz läßt sich hiernach auch so formulieren:

Hat ein System linearer homogener Gleichungen den Rang r, so kann man sich bei der Bestimmung der Lösungen auf r unabhängige Gleichungen des Systems beschränken.

Diese r unabhängigen Gleichungen wollen wir das reduzierte System nennen.

§ 26. Die Lösungen des reduzierten Systems.

Durch eine geeignete Numerierung der Unbekannten können wir bewirken, daß in dem reduzierten System

$$\begin{array}{l} a_{11} x_1 + a_{12} x_2 + \ldots + a_{1n} x_n = 0\,, \\ a_{21} x_1 + a_{22} x_2 + \ldots + a_{2n} x_n = 0\,, \\ \cdots\cdots\cdots\cdots\cdots\cdots \\ a_{r1} x_1 + a_{r2} x_2 + \ldots + a_{rn} x_n = 0 \end{array}$$

die Determinante

$$A = \begin{vmatrix} a_{11} & a_{12} & \ldots & a_{1r} \\ a_{21} & a_{22} & \ldots & a_{2r} \\ \cdot & \cdot & \cdot & \cdot \\ a_{r1} & a_{r2} & \ldots & a_{rr} \end{vmatrix}$$

von Null verschieden ist.

Im Falle $r = n$ liefert die CRAMERsche Regel

$$x_1 = 0,\ x_2 = 0,\ \ldots,\ x_n = 0$$

als einzige Lösung.

Satz 20. Wenn der Rang eines Systems linearer homogener Gleichungen gleich der Anzahl der Unbekannten ist,[1] so muß man, um das System zu befriedigen, alle Unbekannten gleich Null setzen.

Im Falle $r < n$ können wir $x_{r+1}, \ldots, x_n$ beliebige Werte beilegen und dann auf die Gleichungen

$$\begin{aligned}
a_{11} x_1 + \ldots + a_{1r} x_r &= -(a_{1,r+1} x_{r+1} + \ldots + a_{1n} x_n), \\
a_{21} x_1 + \ldots + a_{2r} x_r &= -(a_{2,r+1} x_{r+1} + \ldots + a_{2n} x_n), \\
&\ldots \\
a_{r1} x_1 + \ldots + a_{rr} x_r &= -(a_{r,r+1} x_{r+1} + \ldots + a_{rn} x_n)
\end{aligned}$$

die CRAMERsche Regel anwenden.

Bezeichnen wir mit A_{st} die Determinante, die aus A entsteht, wenn man die s^{te} Spalte durch

$$\begin{matrix} a_{1t} \\ a_{2t} \\ \vdots \\ a_{rt} \end{matrix}$$

ersetzt ($t = r + 1, \ldots, n$), so ist nach der CRAMERschen Regel:[2]

$$\begin{aligned}
x_1 &= -\frac{1}{A}(A_{1,r+1} x_{r+1} + \ldots + A_{1n} x_n), \\
x_2 &= -\frac{1}{A}(A_{2,r+1} x_{r+1} + \ldots + A_{2n} x_n), \\
&\ldots \\
x_r &= -\frac{1}{A}(A_{r,r+1} x_{r+1} + \ldots + A_{rn} x_n).
\end{aligned}$$

Diese Gleichungen besagen, daß

$$x_1, x_2, \ldots, x_n$$

eine lineare Kombination der folgenden $n - r$ Lösungen ist:

$$\begin{aligned}
&-\frac{A_{1,r+1}}{A}, \; -\frac{A_{2,r+1}}{A}, \ldots, -\frac{A_{r,r+1}}{A}, \; 1, \; 0, \ldots, 0, \\
&-\frac{A_{1,r+2}}{A}, \; -\frac{A_{2,r+2}}{A}, \ldots, -\frac{A_{r,r+2}}{A}, \; 0, \; 1, \ldots, 0, \\
&\ldots \\
&-\frac{A_{1n}}{A}, \; -\frac{A_{2n}}{A}, \ldots, -\frac{A_{rn}}{A}, \; 0, \; 0, \ldots, 1.
\end{aligned}$$

[1] Wir könnten auch sagen: „Wenn ein System linearer homogener Gleichungen so viel unabhängige Gleichungen enthält als es Unbekannte gibt, usw."

[2] Wir wenden zugleich Satz 5 und 6 an.

Diese $n-r$ Lösungen sind unabhängig (vgl. § 24) und jede Lösung unseres Systems ist eine lineare Kombination von ihnen. Umgekehrt ist jede lineare Kombination von ihnen eine Lösung unseres Systems.

Wenn wir p beliebige Lösungen hinschreiben, so sind darunter höchstens $n-r$ unabhängige. Fügen wir nämlich noch die obigen $n-r$ Lösungen hinzu, so wird dadurch die Anzahl der unabhängigen Lösungen nicht vermindert. Da aber die p ersten Lösungen lineare Kombinationen der $n-r$ letzten sind, so haben wir jetzt genau $n-r$ unabhängige.

$n-r$ unabhängige Lösungen besitzen hiernach immer die Eigenschaft, daß jede Lösung eine lineare Kombination von ihnen ist. Nehmen wir nämlich zu $n-r$ unabhängigen Lösungen irgend eine $(n-r+1)^{\text{te}}$ hinzu, so besteht zwischen ihnen eine lineare Relation, in der diese $(n-r+1)^{\text{te}}$ vorkommen muß (vgl. § 24), weil sonst die $n-r$ ersten nicht unabhängig wären. Die $(n-r+1)^{\text{te}}$ ist also eine lineare Kombination der $n-r$ ersten.

Man nennt ein System von unabhängigen Lösungen, aus denen sich jede Lösung durch lineare Kombination ergibt, ein **Fundamentalsystem**.

Satz 21. **Wenn der Rang r eines Systems linearer homogener Gleichungen kleiner als die Anzahl n der Unbekannten ist, so gibt es Fundamentalsysteme von $n-r$ Lösungen.**

Um ein solches Fundamentalsystem zu erhalten, braucht man nur $n-r$ unabhängige Lösungen zu suchen.

§ 27. Methode von Frobenius zur Bestimmung eines Fundamentalsystems.

Um ein Fundamentalsystem von Lösungen für r unabhängige lineare homogene Gleichungen

$$(1)\qquad \begin{cases} a_{11}x_1 + a_{12}x_2 + \dots + a_{1n}x_n = 0, \\ a_{21}x_1 + a_{22}x_2 + \dots + a_{2n}x_n = 0, \\ \dots\dots\dots\dots\dots\dots \\ a_{r1}x_1 + a_{r2}x_2 + \dots + a_{rn}x_n = 0 \end{cases}$$

zu finden $(r < n)$, kann man so verfahren.

Man fügt zu

$$\begin{matrix} a_{11} & a_{12} & \dots & a_{1n} \\ a_{21} & a_{22} & \dots & a_{2n} \\ \cdot & \cdot & \cdot & \cdot \\ a_{r1} & a_{r2} & \dots & a_{rn} \end{matrix}$$

$n - r$ neue Zeilen

$$\begin{matrix} a_{r+1,1} & a_{r+1,2} & \dots & a_{r+1,n} \\ a_{r+2,1} & a_{r+2,2} & \dots & a_{r+2,n} \\ \cdot & \cdot & \cdot & \cdot \\ a_{n1} & a_{n2} & \dots & a_{nn} \end{matrix}$$

derart hinzu, daß die Determinante

$$D = \begin{vmatrix} a_{11} & a_{12} & \dots & a_{1n} \\ a_{21} & a_{22} & \dots & a_{2n} \\ \cdot & \cdot & \cdot & \cdot \\ a_{n1} & a_{n2} & \dots & a_{nn} \end{vmatrix}$$

nicht verschwindet. Daß dies möglich ist, wissen wir aus § 24.

Bezeichnet man nun mit A_{hs} das algebraische Komplement von a_{hs} in D, so sind die Wertsysteme

$$(2) \qquad \left\{ \begin{matrix} A_{r+1,1}, & A_{r+1,2}, & \dots, & A_{r+1,n}, \\ A_{r+2,1}, & A_{r+2,2}, & \dots, & A_{r+2,n}, \\ \cdot & \cdot & \cdot & \cdot \\ A_{n1}, & A_{n2}, & \dots, & A_{nn} \end{matrix} \right.$$

Lösungen von (1). Das folgt aus Satz 15 in § 20.

Wenn wir noch zeigen, daß sie unabhängig sind, so wissen wir, daß sie ein Fundamentalsystem bilden.

Aus den Gleichungen

$$\begin{aligned} \lambda_1 A_{r+1,1} + \lambda_2 A_{r+2,1} + \dots + \lambda_{n-r} A_{n1} &= 0, \\ \lambda_1 A_{r+1,2} + \lambda_2 A_{r+2,2} + \dots + \lambda_{n-r} A_{n2} &= 0, \\ \cdot \quad \cdot \quad \cdot \quad \cdot \quad \cdot \quad \cdot \quad \cdot \quad \cdot \quad \cdot \quad &\cdot \\ \lambda_1 A_{r+1,n} + \lambda_2 A_{r+2,n} + \dots + \lambda_{n-r} A_{nn} &= 0 \end{aligned}$$

folgt aber, wenn man der Reihe nach mit $a_{h1}, a_{h2}, \dots, a_{hn}$ $(h = r + 1, \dots, n)$ multipliziert und dann addiert,

$$\lambda_{h-r} D = 0 \qquad (h = r + 1, \dots, n).$$

Alle λ sind also gleich Null. Damit ist die Unabhängigkeit der Lösungen (2) bewiesen.

§ 28. $n-1$ unabhängige lineare Gleichungen mit n homogenen Unbekannten.

Bei $n-1$ unabhängigen Gleichungen

$$\begin{array}{l} a_{11}\ x_1 + a_{12}\ x_2 + \ldots + a_{1n}\ x_n = 0, \\ a_{21}\ x_1 + a_{22}\ x_2 + \ldots + a_{2n}\ x_n = 0, \\ \cdots\cdots\cdots\cdots\cdots \\ a_{n-1,1}\, x_1 + a_{n-1,2}\, x_2 + \ldots + a_{n-1,n}\, x_n = 0 \end{array}$$

besteht ein Fundamentalsystem aus einer einzigen Lösung, die von 0, 0, ..., 0 verschieden ist.

Bezeichnet man mit D_s diejenige Determinante der Matrix

$$\begin{array}{cccc} a_{11} & a_{12} & \ldots & a_{1n} \\ a_{21} & a_{22} & \ldots & a_{2n} \\ \cdot & \cdot & \cdot & \cdot \\ a_{n-1,1} & a_{n-1,2} & \ldots & a_{n-1,n}, \end{array}$$

die durch Streichung der s^{ten} Spalte entsteht, so liefert die Frobeniussche Methode die Fundamentallösung

$$D_1, \ -D_2, \ \ldots, \ (-1)^{n-1} D_n.$$

Das algebraische Komplement von a_{ns} in

$$\begin{vmatrix} a_{11} & a_{12} & \ldots & a_{1n} \\ a_{21} & a_{22} & \ldots & a_{2n} \\ \cdot & \cdot & \cdot & \cdot \\ a_{n1} & a_{n2} & \ldots & a_{nn} \end{vmatrix}$$

ist nämlich

$$(-1)^{n+s} D_s = (-1)^{n-1} \cdot (-1)^{s-1} D_s.$$

Streicht man den gemeinsamen Faktor $(-1)^{n-1}$, so findet man die angegebene Lösung. Jede andere Lösung hat die Form

$$\lambda D_1, \ -\lambda D_2, \ \ldots, \ (-1)^{n-1} \lambda D_n.$$

Beispiel. Aus

$$\begin{array}{l} a_1 x_1 + a_2 x_2 + a_3 x_3 = 0, \\ b_1 x_1 + b_2 x_2 + b_3 x_3 = 0 \end{array}$$

folgt

$$x_1 : x_2 : x_3 = \begin{vmatrix} a_2 & a_3 \\ b_2 & b_3 \end{vmatrix} : - \begin{vmatrix} a_1 & a_3 \\ b_1 & b_3 \end{vmatrix} : \begin{vmatrix} a_1 & a_2 \\ b_1 & b_2 \end{vmatrix}$$

oder, anders geschrieben,

$$x_1 : x_2 : x_3 = \begin{vmatrix} a_2 & a_3 \\ b_2 & b_3 \end{vmatrix} : \begin{vmatrix} a_3 & a_1 \\ b_3 & b_1 \end{vmatrix} : \begin{vmatrix} a_1 & a_2 \\ b_1 & b_2 \end{vmatrix}.$$

Vorausgesetzt wird dabei, daß die drei Determinanten auf der rechten Seite nicht alle gleich Null sind.

§ 29. Beliebige lineare Gleichungssysteme.

Wir wollen jetzt ein System von m linearen Gleichungen betrachten, die nicht alle homogen sind. Ein solches System lautet

$$(1) \qquad \begin{cases} a_{11} x_1 + a_{12} x_2 + \ldots + a_{1n} x_n = b_1 , \\ a_{21} x_1 + a_{22} x_2 + \ldots + a_{2n} x_n = b_2 , \\ \cdot \quad \cdot \quad \cdot \quad \cdot \quad \cdot \quad \cdot \quad \cdot \quad \cdot \quad \cdot \quad \cdot \\ a_{m1} x_1 + a_{m2} x_2 + \ldots + a_{mn} x_n = b_m . \end{cases}$$

Wenn $x_1, x_2, \ldots, x_n$ eine Lösung von (1) ist, so ist

$$x_1, x_2, \ldots, x_n, -1$$

eine Lösung von

$$(2) \qquad \begin{cases} a_{11} x_1 + a_{12} x_2 + \ldots + a_{1n} x_n + b_1 x_{n+1} = 0 , \\ a_{21} x_1 + a_{22} x_2 + \ldots + a_{2n} x_n + b_2 x_{n+1} = 0 , \\ \cdot \quad \cdot \quad \cdot \quad \cdot \quad \cdot \quad \cdot \quad \cdot \quad \cdot \quad \cdot \quad \cdot \\ a_{m1} x_1 + a_{m2} x_2 + \ldots + a_{mn} x_n + b_m x_{n+1} = 0 . \end{cases}$$

Ist umgekehrt

$$x_1, x_2, \ldots, x_n, x_{n+1}$$

eine Lösung von (2) und x_{n+1} von Null verschieden, so ist

$$-\frac{x_1}{x_{n+1}}, \quad -\frac{x_2}{x_{n+1}}, \quad \ldots, \quad -\frac{x_n}{x_{n+1}}$$

eine Lösung von (1).

Wir finden also alle Lösungen von (1), wenn wir alle Lösungen von (2) aufsuchen, bei denen x_{n+1} von Null verschieden ist.

Es sind nun zwei Möglichkeiten vorhanden. Entweder erfüllt jede Lösung von (2) auch die Gleichung

$$x_{n+1} = 0$$

oder es gibt Lösungen von (2), die dieser Gleichung **nicht** genügen. Im zweiten Falle hat das System (1) eine Lösung, im ersten Falle dagegen nicht. Wir müssen also feststellen, ob die Systeme (2) und

$$(\bar{2}) \qquad \begin{cases} a_{11} x_1 + a_{12} x_2 + \ldots + a_{1n} x_n + b_1 x_{n+1} = 0 , \\ a_{21} x_1 + a_{22} x_2 + \ldots + a_{2n} x_n + b_2 x_{n+1} = 0 , \\ \cdot \quad \cdot \quad \cdot \quad \cdot \quad \cdot \quad \cdot \quad \cdot \quad \cdot \quad \cdot \quad \cdot \\ a_{m1} x_1 + a_{m2} x_2 + \ldots + a_{mn} x_n + b_m x_{n+1} = 0 , \\ \qquad\qquad\qquad\qquad\qquad x_{n+1} = 0 \end{cases}$$

dieselben Lösungen haben oder nicht.

Hat $(\bar{2})$ denselben Rang wie (2), so ist jedes Fundamentalsystem von $(\bar{2})$ auch ein Fundamentalsystem von (2), d. h. (2) und $(\bar{2})$ haben dieselben Lösungen.

Hat (2) den Rang r und $(\bar{2})$ den Rang $r+1$, so bestehen die Fundamentalsysteme von (2) aus $n-r+1$, die von $(\bar{2})$ aber aus $n-r$ Lösungen. Es gibt also Lösungen von (2), die nicht Lösungen von $(\bar{2})$ sind.

Wenn nun die Matrix

$$\begin{matrix} a_{11} & a_{12} & \ldots & a_{1n} & b_1 \\ a_{21} & a_{22} & \ldots & a_{2n} & b_2 \\ \cdot & \cdot & \cdot & \cdot & \cdot \\ a_{m1} & a_{m2} & \ldots & a_{mn} & b_m \\ 0 & 0 & \ldots & 0 & 1 \end{matrix}$$

den Rang $r+1$ hat, so gilt dasselbe von der Matrix

$$\begin{matrix} a_{11} & a_{12} & \ldots & a_{1n} & 0 \\ a_{21} & a_{22} & \ldots & a_{2n} & 0 \\ \cdot & \cdot & \cdot & \cdot & \cdot \\ a_{m1} & a_{m2} & \ldots & a_{mn} & 0 \\ 0 & 0 & \ldots & 0 & 1. \end{matrix}$$

Dann hat aber

$$\begin{matrix} a_{11} & a_{12} & \ldots & a_{1n} \\ a_{21} & a_{22} & \ldots & a_{2n} \\ \cdot & \cdot & \cdot & \cdot \\ a_{m1} & a_{m2} & \ldots & a_{mn} \end{matrix}$$

den Rang r, also denselben Rang wie

$$\begin{matrix} a_{11} & a_{12} & \ldots & a_{1n} & b_1 \\ a_{21} & a_{22} & \ldots & a_{2n} & b_2 \\ \cdot & \cdot & \cdot & \cdot & \cdot \\ a_{m1} & a_{m2} & \ldots & a_{mn} & b_m. \end{matrix}$$

Damit ist folgender Satz bewiesen:

Satz 22. Das System

$$\begin{aligned} a_{11} x_1 + a_{12} x_2 + \ldots + a_{1n} x_n &= b_1, \\ a_{21} x_1 + a_{22} x_2 + \ldots + a_{2n} x_n &= b_2, \\ \cdot \quad \cdot \quad \cdot \quad \cdot \quad \cdot \quad \cdot \quad \cdot & \\ a_{m1} x_1 + a_{m2} x_2 + \ldots + a_{mn} x_n &= b_m \end{aligned}$$

hat dann und nur dann eine Lösung, wenn die Matrizen

$$\begin{array}{llll} a_{11} & a_{12} & \dots & a_{1n} \\ a_{21} & a_{22} & \dots & a_{2n} \\ \cdot & \cdot & \cdot & \cdot \\ a_{m1} & a_{m2} & \dots & a_{mn} \end{array} \quad \text{und} \quad \begin{array}{lllll} a_{11} & a_{12} & \dots & a_{1n} & b_1 \\ a_{21} & a_{22} & \dots & a_{2n} & b_2 \\ \cdot & \cdot & \cdot & \cdot & \cdot \\ a_{m1} & a_{m2} & \dots & a_{mn} & b_m \end{array}$$

von gleichem Range sind.

Man kann diesen Satz noch einfacher beweisen, indem man sich direkt auf § 24 stützt.

Wenn das System (1) eine Lösung hat, so bedeutet dies, daß

$$b_1, b_2, \dots, b_m$$

eine lineare Kombination von

$$\begin{array}{l} a_{11}, a_{21}, \dots, a_{m1} \\ a_{12}, a_{22}, \dots, a_{m2} \\ \cdot \quad \cdot \quad \cdot \quad \cdot \\ a_{1n}, a_{2n}, \dots, a_{mn} \end{array}$$

ist. Dann hat aber nach § 23 (Bemerkung 6) die Matrix

$$(3) \qquad \left\{ \begin{array}{llll} a_{11} & a_{21} & \dots & a_{m1} \\ a_{12} & a_{22} & \dots & a_{m2} \\ \cdot & \cdot & \cdot & \cdot \\ a_{1n} & a_{2n} & \dots & a_{mn} \end{array} \right.$$

denselben Rang wie

$$(4) \qquad \left\{ \begin{array}{llll} a_{11} & a_{21} & \dots & a_{m1} \\ a_{12} & a_{22} & \dots & a_{m2} \\ \cdot & \cdot & \cdot & \cdot \\ a_{1n} & a_{2n} & \dots & a_{mn} \\ b_1 & b_2 & \dots & b_n \end{array} \right. ,$$

also auch

$$(\bar{3}) \qquad \left\{ \begin{array}{llll} a_{11} & a_{12} & \dots & a_{1n} \\ a_{21} & a_{22} & \dots & a_{2n} \\ \cdot & \cdot & \cdot & \cdot \\ a_{m1} & a_{m2} & \dots & a_{mn} \end{array} \right.$$

denselben Rang wie

$$(\bar{4}) \qquad \left\{ \begin{array}{lllll} a_{11} & a_{12} & \dots & a_{1n} & b_1 \\ a_{21} & a_{22} & \dots & a_{2n} & b_2 \\ \cdot & \cdot & \cdot & \cdot & \cdot \\ a_{m1} & a_{m2} & \dots & a_{mn} & b_m \end{array} \right.$$

(vgl. § 23, Bemerkung 1).

Wenn (3) und (4) beide vom Range r sind und man wählt in (3) r unabhängige Zeilen aus, so ist nach § 24 jede andere Zeile in (3) und in (4) eine lineare Kombination von ihnen. Also ist $b_1, b_2, \ldots, b_n$ eine lineare Kombination der Zeilen von (3). Dies bedeutet aber, daß das System (1) eine Lösung hat.

Wie viele Lösungen hat nun das System (1), wenn überhaupt Lösungen vorhanden sind?

$x_1', x_2', \ldots, x_n'$ sei eine bestimmte Lösung und $x_1, x_2, \ldots, x_n$ eine beliebige Lösung von (1). Setzen wir

$$x_1 = x_1' + y_1, \quad x_2 = x_2' + y_2, \quad \ldots, \quad x_n = x_n' + y_n,$$

so ergibt sich durch Subtraktion der Gleichungen

$$a_{h1} x_1 + a_{h2} x_2 + \ldots + a_{hn} x_n = b_h$$

und

$$a_{h1} x_1' + a_{h2} x_2' + \ldots + a_{hn} x_n' = b_h$$

die Gleichung

$$a_{h1} y_1 + a_{h2} y_2 + \ldots + a_{hn} y_n = 0. \quad (h = 1, 2, \ldots, m).$$

Umgekehrt folgt aus den beiden letzten Gleichungen durch Addition die erste.

Wenn also $x_1', x_2', \ldots, x_n'$ eine bestimmte Lösung von (1) und $y_1, y_2, \ldots, y_n$ eine beliebige Lösung des Systems

$$(5) \qquad \left\{ \begin{array}{l} a_{11} y_1 + a_{12} y_2 + \ldots + a_{1n} y_n = 0, \\ a_{21} y_1 + a_{22} y_2 + \ldots + a_{2n} y_n = 0, \\ \cdot \quad \cdot \quad \cdot \quad \cdot \quad \cdot \quad \cdot \quad \cdot \quad \cdot \quad \cdot \quad \cdot \quad \cdot \\ a_{m1} y_1 + a_{m2} y_2 + \ldots + a_{mn} y_n = 0 \end{array} \right.$$

ist, so ist

$$x_1' + y_1, \quad x_2' + y_2, \ldots, x_n' + y_n$$

immer eine Lösung von (1) und jede Lösung von (1) läßt sich in dieser Form darstellen.

Im Falle $r = n$ läßt das System (5) nur die Lösung

$$y_1 = 0, \quad y_2 = 0, \ldots, y_n = 0$$

zu. Dann gestattet auch das System (1) nur eine Lösung, vorausgesetzt, daß die Matrix (4) denselben Rang hat wie (3), d. h. den Rang n.

Im Falle $r < n$ sei

$$\begin{array}{llll} y_{11}, & y_{12}, & \ldots, & y_{1n}, \\ y_{21}, & y_{22}, & \ldots, & y_{2n}, \\ \cdot & \cdot & \cdot & \cdot \quad , \\ y_{n-r,1}, & y_{n-r,2}, & \ldots, & y_{n-r} \end{array}$$

ein Fundamentalsystem von (5). Dann sind alle Lösungen von (1) in folgender Form darstellbar:

$$x_1 = x_1' + \lambda_1 y_{11} + \lambda_2 y_{21} + \cdots + \lambda_{n-r} y_{n-r,1},$$
$$x_2 = x_2' + \lambda_1 y_{12} + \lambda_2 y_{22} + \cdots + \lambda_{n-r} y_{n-r,2},$$
$$\cdot\ \cdot\ \cdot\ \cdot\ \cdot\ \cdot\ \cdot\ \cdot\ \cdot\ \cdot\ \cdot\ \cdot\ \cdot\ \cdot\ \cdot\ \cdot\ \cdot\ \cdot$$
$$x_n = x_n' + \lambda_1 y_{1n} + \lambda_2 y_{2n} + \cdots + \lambda_{n-r} y_{n-r,n}.$$

Die λ darf man beliebig wählen.

Sechstes Kapitel.

Multiplikation von Matrizen und Determinanten.

§ 30. Produkt zweier Systeme von *n* Zahlen.

$x_1, x_2, \ldots, x_n$ und $y_1, y_2, \ldots, y_n$ seien zwei Systeme von n Zahlen. Wir wollen den Ausdruck

$$x_1 y_1 + x_2 y_2 + \cdots + x_n y_n$$

mit (xy) bezeichnen und das innere Produkt[1] oder kurz das Produkt der beiden Systeme nennen. Dieses Produkt kommt also dadurch zustande, daß man jede Zahl des einen Systems mit der entsprechenden Zahl des anderen Systems multipliziert und die Resultate addiert.

Man sagt auch, daß das innere Produkt zweier Systeme durch Zusammensetzung oder Komposition der beiden Systeme entsteht. Man meint damit, daß die entsprechenden Zahlen multipliziert und die Resultate addiert werden.

§ 31. Definition des Produkts zweier Matrizen.

Wir betrachten zwei Matrizen mit m Zeilen und n Spalten:

$$\text{(A)} \qquad \left\{ \begin{matrix} a_{11} & a_{12} & \ldots & a_{1n} \\ a_{21} & a_{22} & \ldots & a_{2n} \\ \cdot & \cdot & \cdot & \cdot \\ a_{m1} & a_{m2} & \ldots & a_{mn} \end{matrix} \right.$$

und

$$\text{(B)} \qquad \left\{ \begin{matrix} b_{11} & b_{12} & \ldots & b_{1n} \\ b_{21} & b_{22} & \ldots & b_{2n} \\ \cdot & \cdot & \cdot & \cdot \\ b_{m1} & b_{m2} & \ldots & b_{mn}. \end{matrix} \right.$$

[1] Diese Bezeichnung rührt von H. Grassmann her. Da wir hier nur eine Art von Produkten brauchen, können wir statt „inneres Produkt" einfach „Produkt" sagen.

Das Produkt der r^{ten} Zeile von (A) und der s^{ten} Zeile von (B) bezeichnen wir (vgl. § 30) mit $(a_r b_s)$. Es ist also

$$(a_r b_s) = a_{r1} b_{s1} + a_{r2} b_{s2} + \dots + a_{rn} b_{sn}.$$

Aus diesen m^2 Produkten können wir die folgende quadratische Matrix bilden

$$\begin{matrix} (a_1 b_1) & (a_1 b_2) & \dots & (a_1 b_m) \\ (a_2 b_1) & (a_2 b_2) & \dots & (a_2 b_m) \\ \cdot & \cdot & \cdot & \cdot \\ (a_m b_1) & (a_m b_2) & \dots & (a_m b_m). \end{matrix}$$

Die Determinante dieser Matrix, also die Determinante

$$\begin{vmatrix} (a_1 b_1) & (a_1 b_2) & \dots & (a_1 b_m) \\ (a_2 b_1) & (a_2 b_2) & \dots & (a_2 b_m) \\ \cdot & \cdot & \cdot & \cdot \\ (a_m b_1) & (a_m b_2) & \dots & (a_m b_m) \end{vmatrix}$$

nennt man das Produkt der beiden Matrizen (A) und (B), und man schreibt

$$\begin{Vmatrix} a_{11} & a_{12} & \dots & a_{1n} \\ a_{21} & a_{22} & \dots & a_{2n} \\ \cdot & \cdot & \cdot & \cdot \\ a_{m1} & a_{m2} & \dots & a_{mn} \end{Vmatrix} \cdot \begin{Vmatrix} b_{11} & b_{12} & \dots & b_{1n} \\ b_{21} & b_{22} & \dots & b_{2n} \\ \cdot & \cdot & \cdot & \cdot \\ b_{m1} & b_{m2} & \dots & b_{mn} \end{Vmatrix} = \begin{vmatrix} (a_1 b_1) & (a_1 b_2) & \dots & (a_1 b_m) \\ (a_2 b_1) & (a_2 b_2) & \dots & (a_2 b_m) \\ \cdot & \cdot & \cdot & \cdot \\ (a_m b_1) & (a_m b_2) & \dots & (a_m b_m) \end{vmatrix}$$

Im Falle $m = 1$ haben wir es mit dem Produkt zweier Systeme von n Zahlen zu tun. § 31 ist also als eine Verallgemeinerung von § 30 anzusehen.

§ 32. Produkt zweier Determinanten.

Wenn $m = n$ ist, sind A und B zwei quadratische Matrizen mit n Zeilen.

Wendet man auf das Produkt AB mehrere Male den Satz 6 an (bezogen auf die Spalten), so ergibt sich, daß AB gleich

$$(1) \qquad \sum \begin{vmatrix} a_{1r_1} b_{1r_1} & a_{1r_2} b_{2r_2} & \dots & a_{1r_n} b_{nr_n} \\ a_{2r_1} b_{1r_1} & a_{2r_2} b_{2r_2} & \dots & a_{2r_n} b_{nr_n} \\ \cdot & \cdot & \cdot & \cdot \\ a_{nr_1} b_{1r_1} & a_{nr_2} b_{2r_2} & \dots & a_{nr_n} b_{nr_n} \end{vmatrix}$$

ist. Jede der Zahlen $r_1, r_2, \dots, r_n$ kann die n Werte $1, 2, \dots, n$ annehmen. Die Summe besteht also aus n^n Determinanten.

Nun ist aber nach Satz 5

$$\begin{vmatrix} a_{1r_1} b_{1r_1} & a_{1r_2} b_{2r_2} & \dots & a_{1r_n} b_{nr_n} \\ a_{2r_1} b_{1r_1} & a_{2r_2} b_{2r_2} & \dots & a_{2r_n} b_{nr_n} \\ \cdot & \cdot & \cdot & \cdot \\ a_{nr_1} b_{1r_1} & a_{nr_2} b_{2r_2} & \dots & a_{nr_n} b_{nr_n} \end{vmatrix} = \begin{vmatrix} a_{1r_1} & a_{1r_2} & \dots & a_{1r_n} \\ a_{2r_1} & a_{2r_2} & \dots & a_{2r_n} \\ \cdot & \cdot & \cdot & \cdot \\ a_{nr_1} & a_{nr_2} & \dots & a_{nr_n} \end{vmatrix} b_{1r_1} b_{2r_2} \dots b_{nr_n}.$$

Wenn zwei von den Indizes $r_1, r_2, \dots, r_n$ einander gleich sind, hat die Determinante

$$(2)\qquad \begin{vmatrix} a_{1r_1} & a_{1r_2} & \dots & a_{1r_n} \\ a_{2r_1} & a_{2r_2} & \dots & a_{2r_n} \\ \cdot & \cdot & \cdot & \cdot \\ a_{nr_1} & a_{nr_2} & \dots & a_{nr_n} \end{vmatrix}$$

zwei übereinstimmende Spalten, ist also (vgl. Satz 3) gleich Null.

Wir können uns daher auf diejenigen Wertsysteme $r_1, r_2, \dots, r_n$ beschränken, die aus lauter verschiedenen Zahlen bestehen. Die Summation bei (1) erstreckt sich dann über alle Permutationen von $1, 2, \dots, n$.

Setzen wir

$$\mathfrak{A} = \begin{vmatrix} a_{11} & a_{12} & \dots & a_{1n} \\ a_{21} & a_{22} & \dots & a_{2n} \\ \cdot & \cdot & \cdot & \cdot \\ a_{n1} & a_{n2} & \dots & a_{nn} \end{vmatrix},$$

so ist die Determinante (2) gleich $\pm \mathfrak{A}$ (vgl. § 13). In (2) lautet das Hauptglied

$$a_{1r_1} a_{2r_2} \dots a_{nr_n}.$$

Dieses Glied hat in $\mathfrak{A}$ den Faktor

$$\operatorname{sgn}\begin{pmatrix} 1 & 2 & \dots & n \\ r_1 & r_2 & \dots & r_n \end{pmatrix}.$$

Die Determinante (2) ist demnach gleich

$$\mathfrak{A} \operatorname{sgn}\begin{pmatrix} 1 & 2 & \dots & n \\ r_1 & r_2 & \dots & r_n \end{pmatrix},$$

und die Summe (1) läßt sich so schreiben:

$$\mathfrak{A} \sum \operatorname{sgn}\begin{pmatrix} 1 & 2 & \dots & n \\ r_1 & r_2 & \dots & r_n \end{pmatrix} b_{1r_1} b_{2r_2} \dots b_{nr_n}.$$

Setzen wir

$$\mathfrak{B} = \begin{vmatrix} b_{11} & b_{12} & \dots & b_{1n} \\ b_{21} & b_{22} & \dots & b_{2n} \\ \cdot & \cdot & \cdot & \cdot \\ b_{n1} & b_{n2} & \dots & b_{nn} \end{vmatrix},$$

so ist (vgl. § 9)

$$\mathfrak{B} = \sum \operatorname{sgn}\begin{pmatrix}1 & 2 & \ldots & n\\ r_1 & r_2 & \ldots & r_n\end{pmatrix} b_{1r_1}\, b_{2r_2} \ldots b_{nr_n}.$$

Die Summe (1) wird also gleich $\mathfrak{A}\,\mathfrak{B}$.

Satz 23. Das Produkt der beiden Matrizen

$$\begin{matrix} a_{11} & a_{12} & \ldots & a_{1n}\\ a_{21} & a_{22} & \ldots & a_{2n}\\ \cdot & \cdot & \cdot & \cdot\\ a_{n1} & a_{n2} & \ldots & a_{nn}\end{matrix} \qquad \text{und} \qquad \begin{matrix} b_{11} & b_{12} & \ldots & b_{1n}\\ b_{21} & b_{22} & \ldots & b_{2n}\\ \cdot & \cdot & \cdot & \cdot\\ b_{n1} & b_{n2} & \ldots & b_{nn}\end{matrix}$$

ist gleich dem Produkt ihrer Determinanten.

Wir können diesen Satz auch so formulieren:

Satz 24. Das Produkt der beiden Determinanten

$$\begin{vmatrix} a_{11} & a_{12} & \ldots & a_{1n}\\ a_{21} & a_{22} & \ldots & a_{2n}\\ \cdot & \cdot & \cdot & \cdot\\ a_{n1} & a_{n2} & \ldots & a_{nn}\end{vmatrix} \qquad \text{und} \qquad \begin{vmatrix} b_{11} & b_{12} & \ldots & b_{1n}\\ b_{21} & b_{22} & \ldots & b_{2n}\\ \cdot & \cdot & \cdot & \cdot\\ b_{n1} & b_{n2} & \ldots & b_{nn}\end{vmatrix}$$

läßt sich als n-reihige Determinante schreiben, und zwar hat man

$$\begin{vmatrix} a_{11} & a_{12} & \ldots & a_{1n}\\ a_{21} & a_{22} & \ldots & a_{2n}\\ \cdot & \cdot & \cdot & \cdot\\ a_{n1} & a_{n2} & \ldots & a_{nn}\end{vmatrix} \cdot \begin{vmatrix} b_{11} & b_{12} & \ldots & b_{1n}\\ b_{21} & b_{22} & \ldots & b_{2n}\\ \cdot & \cdot & \cdot & \cdot\\ b_{n1} & b_{n2} & \ldots & b_{nn}\end{vmatrix} = \begin{vmatrix} (a_1 b_1) & (a_1 b_2) & \ldots & (a_1 b_n)\\ (a_2 b_1) & (a_2 b_2) & \ldots & (a_2 b_n)\\ \cdot & \cdot & \cdot & \cdot\\ (a_n b_1) & (a_n b_2) & \ldots & (a_n b_n)\end{vmatrix},$$

wobei

$$(a_r b_s) = a_{r1} b_{s1} + a_{r2} b_{s2} + \ldots + a_{rn} b_{sn}$$

ist.

Man nennt diese Multiplikation zweier Determinanten die **Multiplikation nach Zeilen.** Es gibt noch drei andere Arten, zwei Determinanten zu multiplizieren. Man kann vor der Multiplikation die Zeilen von $\mathfrak{A}$ oder die Zeilen von $\mathfrak{B}$ oder auch die Zeilen von $\mathfrak{A}$ und die Zeilen von $\mathfrak{B}$ als Spalten schreiben und dann nach Zeilen multiplizieren. Die Elemente der Produktdeterminante entstehen dann durch Komposition der Spalten von $\mathfrak{A}$ mit den Zeilen von $\mathfrak{B}$ oder der Zeilen von $\mathfrak{A}$ mit den Spalten von $\mathfrak{B}$ oder der Spalten von $\mathfrak{A}$ mit den Spalten von $\mathfrak{B}$. Endlich kann man noch die beiden Faktoren $\mathfrak{A}$ und $\mathfrak{B}$ vertauschen.

So läßt sich z. B. das Produkt von

$$D = \begin{vmatrix} b_1 & b_2\\ c_1 & c_2\end{vmatrix} \qquad \text{und} \qquad \Delta = \begin{vmatrix} \beta_1 & \beta_2\\ \gamma_1 & \gamma_2\end{vmatrix}$$

zunächst auf folgende vier Arten als zweireihige Determinante schreiben:

$$\begin{vmatrix} b_1\beta_1 + b_2\beta_2, & b_1\gamma_1 + b_2\gamma_2 \\ c_1\beta_1 + c_2\beta_2, & c_1\gamma_1 + c_2\gamma_2 \end{vmatrix}$$

(Zeilen von D mit den Zeilen von $\varDelta$ komponiert),

$$\begin{vmatrix} b_1\beta_1 + b_2\gamma_1, & b_1\beta_2 + b_2\gamma_2 \\ c_1\beta_1 + c_2\gamma_1, & c_1\beta_2 + c_2\gamma_2 \end{vmatrix}$$

(Zeilen von D mit den Spalten von $\varDelta$ komponiert),

$$\begin{vmatrix} b_1\beta_1 + c_1\beta_2, & b_1\gamma_1 + c_1\gamma_2 \\ b_2\beta_1 + c_2\beta_2, & b_2\gamma_1 + c_2\gamma_2 \end{vmatrix}$$

(Spalten von D mit den Zeilen von $\varDelta$ komponiert),

$$\begin{vmatrix} b_1\beta_1 + c_1\gamma_1, & b_1\beta_2 + c_1\gamma_2 \\ b_2\beta_1 + c_2\gamma_1, & b_2\beta_2 + c_2\gamma_2 \end{vmatrix}$$

(Spalten von D mit den Spalten von $\varDelta$ komponiert).

Vertauscht man D mit $\varDelta$, so erhält man vier andere Ausdrücke für $D\varDelta$, die aber aus den obigen durch Umklappung um die Hauptdiagonale entstehen.

§ 33. Das Quadrat der Vandermondeschen Determinante.

Um eine Anwendung des Multiplikationssatzes der Determinanten zu haben, wollen wir das Quadrat der in § 21 betrachteten Vandermondeschen Determinante berechnen.

Multiplizieren wir

$$V_n = \begin{vmatrix} a_1^{n-1} & a_1^{n-2} & \dots & 1 \\ a_2^{n-1} & a_2^{n-2} & \dots & 1 \\ \cdot & \cdot & \cdot & \cdot \\ a_n^{n-1} & a_n^{n-2} & \dots & 1 \end{vmatrix}$$

mit sich selbst, indem wir Spalten mit Spalten zusammensetzen, so ergibt sich

$$V_n^2 = \begin{vmatrix} s_{2n-2} & s_{2n-3} & \dots & s_{n-1} \\ s_{2n-3} & s_{3n-4} & \dots & s_{n-2} \\ \cdot & \cdot & \cdot & \cdot \\ s_{n-1} & s_{n-2} & \dots & s_0 \end{vmatrix}.$$

Dabei hat s_k folgende Bedeutung:

$$s_k = a_1^k + a_2^k + \dots + a_n^k. \qquad (k = 0, 1, 2, \dots)$$

s_0 ist also gleich n.

Aus § 21 wissen wir, daß V_n^2 gleich

$$\begin{array}{l}(a_1 - a_2)^2 (a_1 - a_3)^2 \ldots (a_1 - a_n)^2 \\ \qquad (a_2 - a_3)^2 \ldots (a_2 - a_n)^2 \\ \qquad \cdot \quad \cdot \quad \cdot \quad \cdot \quad \cdot \quad \cdot \quad \cdot \\ \qquad\qquad\qquad (a_{n-1} - a_n)^2 \end{array}$$

ist, also gleich dem Quadrat des Differenzenprodukts der n Zahlen $a_1, a_2, \ldots, a_n$. Das Quadrat des Differenzenprodukts läßt sich demnach durch die Potenzsummen s_k ausdrücken, und zwar in Form einer Determinante, deren Elemente solche Potenzsummen sind.

§ 34. Produkt rechteckiger Matrizen.

Wenn wir zwei rechteckige Matrizen

$$\begin{array}{cccc} a_{11} & a_{12} & \ldots & a_{1n} \\ a_{21} & a_{22} & \ldots & a_{2n} \\ \cdot & \cdot & \cdot & \cdot \\ a_{m1} & a_{m2} & \ldots & a_{mn} \end{array} \quad \text{und} \quad \begin{array}{cccc} b_{11} & b_{12} & \ldots & b_{1n} \\ b_{21} & b_{22} & \ldots & b_{2n} \\ \cdot & \cdot & \cdot & \cdot \\ b_{m1} & b_{m2} & \ldots & b_{mn} \end{array} \qquad (m \gtreqless n)$$

nach Zeilen multiplizieren, so ist es erlaubt, in jeder Matrix k Spalten mit lauter Nullen als $(n+1)^{\text{te}}, (n+2)^{\text{te}}, \ldots, (n+k)^{\text{te}}$ Spalte hinzuzufügen. Dabei bleiben nämlich die Elemente $(a_r\, b_s)$ der Produktdeterminante völlig ungeändert.

Im Falle $m > n$ können wir durch Hinzufügen von $m - n$ Spalten mit lauter Nullen die Matrizen quadratisch machen. Dann wird nach Satz 23 ihr Produkt gleich dem Produkt von zwei m-reihigen Determinanten, deren jede wenigstens eine Spalte mit lauter Nullen enthält, also gleich Null ist.

Satz 25. Multipliziert man zwei Matrizen mit m Zeilen und n Spalten, so ist die Produktdeterminante im Falle $m > n$ gleich Null.

Da wir den Fall $m = n$ schon in § 32 untersucht haben, bleibt nur noch der Fall $m < n$ übrig.

In diesem Falle ist das Produkt der beiden Matrizen gleich der folgenden Summe (vgl. Satz 6):

$$\sum \begin{vmatrix} a_{1r_1} b_{1r_1} & a_{1r_2} b_{2r_2} & \ldots & a_{1r_m} b_{mr_m} \\ a_{2r_1} b_{1r_1} & a_{2r_2} b_{2r_2} & \ldots & a_{2r_m} b_{mr_m} \\ \cdot & \cdot & \cdot & \cdot \\ a_{mr_1} b_{1r_1} & a_{mr_2} b_{2r_2} & \ldots & a_{mr_m} b_{mr_m} \end{vmatrix},$$

d. h. gleich

$$(1)\qquad \sum \begin{vmatrix} a_{1r_1} & a_{1r_2} & \dots & a_{1r_m} \\ a_{2r_1} & a_{2r_2} & \dots & a_{2r_m} \\ \cdot & \cdot & \cdot & \cdot \\ a_{mr_1} & a_{mr_2} & \dots & a_{mr_m} \end{vmatrix} b_{1r_1} b_{2r_2} \dots b_{mr_m}.$$

Jeder von den Indizes $r_1, r_2, \dots, r_m$ nimmt die Werte $1, 2, \dots, n$ an, so daß die Summe aus n^m Gliedern besteht. Wir können aber von denjenigen Systemen $r_1, r_2, \dots, r_m$ absehen, bei denen zwei Indizes gleich sind, weil ihnen verschwindende Glieder von (1) entsprechen.

Die Glieder der Summe (1) lassen sich in Gruppen zusammenfassen, und zwar wollen wir alle Glieder, die aus einem bestimmten durch Vertauschung der Indizes $r_1, r_2, \dots, r_m$ entstehen, mit diesem zu einer Gruppe rechnen.

Die Summe der Glieder einer solchen Gruppe läßt sich also in folgender Weise schreiben:

$$(2)\qquad \sum \begin{vmatrix} a_{1\varrho_1} & a_{1\varrho_2} & \dots & a_{1\varrho_m} \\ a_{2\varrho_1} & a_{2\varrho_2} & \dots & a_{2\varrho_m} \\ \cdot & \cdot & \cdot & \cdot \\ a_{m\varrho_1} & a_{m\varrho_2} & \dots & a_{m\varrho_m} \end{vmatrix} b_{1\varrho_1} b_{2\varrho_2} \dots b_{m\varrho_m}.$$

Diese Summe besteht aus $m!$ Gliedern und $\varrho_1, \varrho_2, \dots, \varrho_m$ ist eine Permutation von $r_1, r_2, \dots, r_m$.[1] Die Determinanten

$$\begin{vmatrix} a_{1\varrho_1} & a_{1\varrho_2} & \dots & a_{1\varrho_m} \\ a_{2\varrho_1} & a_{2\varrho_2} & \dots & a_{2\varrho_m} \\ \cdot & \cdot & \cdot & \cdot \\ a_{m\varrho_1} & a_{m\varrho_2} & \dots & a_{m\varrho_m} \end{vmatrix} \quad \text{und} \quad \begin{vmatrix} a_{1r_1} & a_{1r_2} & \dots & a_{1r_m} \\ a_{2r_1} & a_{2r_2} & \dots & a_{2r_m} \\ \cdot & \cdot & \cdot & \cdot \\ a_{mr_1} & a_{mr_2} & \dots & a_{mr_m} \end{vmatrix}$$

unterscheiden sich (vgl. § 13) nur um den Faktor $+1$ oder -1. Das Hauptglied der ersten Determinante ist in der zweiten mit dem Faktor

$$\operatorname{sgn} \begin{pmatrix} 1 & 2 & \dots & m \\ \varrho_1 & \varrho_2 & \dots & \varrho_m \end{pmatrix}$$

behaftet. Als Hauptpaarung zwischen den Systemen $1, 2, \dots, m$ und $r_1, r_2, \dots, r_m$ gilt dabei

$$\begin{pmatrix} 1 & 2 & \dots & m \\ r_1 & r_2 & \dots & r_m \end{pmatrix}.$$

---

[1] Wir dürfen annehmen, daß $r_1 < r_2 < \dots < r_m$ ist.

Die beiden Determinanten unterscheiden sich also um den Faktor $\operatorname{sgn}\begin{pmatrix}1 & 2 & \dots & m\\ \varrho_1 & \varrho_2 & \dots & \varrho_m\end{pmatrix}$, und die Summe (2) läßt sich in folgender Weise schreiben:

$$\begin{vmatrix} a_{1r_1} & a_{1r_2} & \dots & a_{1r_m}\\ a_{2r_1} & a_{2r_2} & \dots & a_{2r_m}\\ \cdot & \cdot & \cdot & \cdot\\ a_{mr_1} & a_{mr_2} & \dots & a_{mr_m}\end{vmatrix} \sum \operatorname{sgn}\begin{pmatrix}1 & 2 & \dots & m\\ \varrho_1 & \varrho_2 & \dots & \varrho_m\end{pmatrix} b_{1\varrho_1} b_{2\varrho_2} \dots b_{m\varrho_m}.$$

Nun ist aber

$$\sum \operatorname{sgn}\begin{pmatrix}1 & 2 & \dots & m\\ \varrho_1 & \varrho_2 & \dots & \varrho_m\end{pmatrix} b_{1\varrho_1} b_{2\varrho_2} \dots b_{m\varrho_m} = \begin{vmatrix} b_{1r_1} & b_{1r_2} & \dots & b_{1r_m}\\ b_{2r_1} & b_{2r_2} & \dots & b_{2r_m}\\ \cdot & \cdot & \cdot & \cdot\\ b_{mr_1} & b_{mr_2} & \dots & b_{mr_m}\end{vmatrix}.$$

Die Summe (2) wird also gleich

$$\begin{vmatrix} a_{1r_1} & a_{1r_2} & \dots & a_{1r_m}\\ a_{2r_1} & a_{2r_2} & \dots & a_{2r_m}\\ \cdot & \cdot & \cdot & \cdot\\ a_{mr_1} & a_{mr_2} & \dots & a_{mr_m}\end{vmatrix} \cdot \begin{vmatrix} b_{1r_1} & b_{1r_2} & \dots & b_{1r_m}\\ b_{2r_1} & b_{2r_2} & \dots & b_{2r_m}\\ \cdot & \cdot & \cdot & \cdot\\ b_{mr_1} & b_{mr_2} & \dots & b_{mr_m}\end{vmatrix},$$

und (1) ist die Summe aller dieser Produkte.

Um zu wissen, wie viele solcher Produkte es gibt, braucht man nur zu ermitteln, auf wie viele Arten sich unter n Dingen $m\,(< n)$ Dinge herausgreifen lassen, oder wie viele Kombinationen von n Dingen zur m^{ten} Klasse existieren.

Wir wissen, daß es

$$\binom{n}{m} = \frac{n!}{m!\,(n-m)!}$$

solche Kombinationen gibt.

Satz 26. Das Produkt zweier Matrizen mit m Zeilen und n Spalten findet man im Falle $m < n$, indem man jede m-reihige Determinante der einen Matrix mit der entsprechenden Determinante der andern Matrix multipliziert und alle diese Produkte addiert.

Das Produkt der beiden Matrizen ist also gleich dem Produkt zweier Systeme von $\binom{n}{m}$ Zahlen im Sinne von § 30. Um das eine System zu erhalten, schreibt man die m-reihigen Determinanten der einen Matrix in irgend einer Reihenfolge auf. Das andre System besteht aus den entsprechenden Determinanten der andern Matrix.

§ 35. Anderer Beweis des Multiplikationssatzes der Determinanten.

Das Produkt der Determinanten

$$\mathfrak{A} = \begin{vmatrix} a_{11} & a_{12} & \dots & a_{1n} \\ a_{21} & a_{22} & \dots & a_{2n} \\ . & . & . & . \\ a_{n1} & a_{n2} & \dots & a_{nn} \end{vmatrix} \quad \text{und} \quad \mathfrak{B} = \begin{vmatrix} b_{11} & b_{12} & \dots & b_{1n} \\ b_{21} & b_{22} & \dots & b_{2n} \\ . & . & . & . \\ b_{n1} & b_{n2} & \dots & b_{nn} \end{vmatrix}$$

kann man durch eine $(2n)$-reihige Determinante darstellen.

Entwickelt man nämlich die $(2n)$-reihige Determinante

$$\begin{vmatrix} a_{11} & a_{12} & \dots & a_{1n} & 0 & 0 & \dots & 0 \\ a_{21} & a_{22} & \dots & a_{2n} & 0 & 0 & \dots & 0 \\ . & . & . & . & . & . & . & . \\ a_{n1} & a_{n2} & \dots & a_{nn} & 0 & 0 & \dots & 0 \\ c_{11} & c_{12} & \dots & c_{1n} & b_{11} & b_{12} & \dots & b_{1n} \\ c_{21} & c_{22} & \dots & c_{2n} & b_{21} & b_{22} & \dots & b_{2n} \\ . & . & . & . & . & . & . & . \\ c_{n1} & c_{n2} & \dots & c_{nn} & b_{n1} & b_{n2} & \dots & b_{nn} \end{vmatrix}$$

nach den n ersten Zeilen (vgl. § 19), so reduziert sich diese Entwickelung auf ein einziges Glied. Denn in den n ersten Zeilen ist $\mathfrak{A}$ die einzige von Null verschiedene Determinante und ihr algebraisches Komplement ist $\mathfrak{B}$.

Die Elemente c_{rs} können wir ganz beliebig wählen.

Wir wollen nun alle c_{rs} mit zwei verschiedenen Indizes gleich Null setzen, alle c_{rs} mit gleichen Indizes aber gleich -1. Die $(2n)$-reihige Determinante lautet dann

$$\begin{vmatrix} a_{11} & a_{12} & \dots & a_{1n} & 0 & 0 & \dots & 0 \\ a_{21} & a_{22} & \dots & a_{2n} & 0 & 0 & \dots & 0 \\ . & . & . & . & . & . & . & . \\ a_{n1} & a_{n2} & \dots & a_{nn} & 0 & 0 & \dots & 0 \\ -1 & 0 & \dots & 0 & b_{11} & b_{12} & \dots & b_{1n} \\ 0 & -1 & \dots & 0 & b_{21} & b_{22} & \dots & b_{2n} \\ . & . & . & . & . & . & . & . \\ 0 & 0 & \dots & -1 & b_{n1} & b_{n2} & \dots & b_{nn} \end{vmatrix}.$$

Addieren wir hier zur $(n+s)^{\text{ten}}$ Spalte $(s = 1, 2, \dots, n)$ die mit b_{1s} multiplizierte erste, ferner die mit b_{2s} multiplizierte zweite Spalte usw., schließlich die mit b_{ns} multiplizierte n^{te} Spalte, so bleibt die Determinante ungeändert (vgl. Satz 7). Andererseits hat sie nach dieser Umformung folgende Gestalt:

$$\begin{vmatrix} a_{11} & a_{12} & \ldots & a_{1n} & p_{11} & p_{12} & \ldots & p_{1n} \\ a_{21} & a_{22} & \ldots & a_{2n} & p_{21} & p_{22} & \ldots & p_{2n} \\ \cdot & \cdot & \cdot & \cdot & \cdot & \cdot & \cdot & \cdot \\ a_{n1} & a_{n2} & \ldots & a_{nn} & p_{n1} & p_{n2} & \ldots & p_{nn} \\ -1 & 0 & \ldots & 0 & 0 & 0 & \ldots & 0 \\ 0 & -1 & \ldots & 0 & 0 & 0 & \ldots & 0 \\ \cdot & \cdot & \cdot & \cdot & \cdot & \cdot & \cdot & \cdot \\ 0 & 0 & \ldots & -1 & 0 & 0 & \ldots & 0 \end{vmatrix}.$$

Dabei ist

$$p_{rs} = a_{r1} b_{1s} + a_{r2} b_{2s} + \ldots + a_{rn} b_{ns}.$$

p_{rs} entsteht also durch Komposition der r^{ten} Zeile von $\mathfrak{A}$ mit der s^{ten} Spalte von $\mathfrak{B}$.

Die obige $(2n)$-reihige Determinante entwickeln wir nun nach den n letzten Zeilen. Diese Entwickelung reduziert sich auf ein einziges Glied, weil es in den n letzten Zeilen nur eine von Null verschiedene Determinante gibt, nämlich

$$\begin{vmatrix} -1 & 0 & \ldots & 0 \\ 0 & -1 & \ldots & 0 \\ \cdot & \cdot & \cdot & \cdot \\ 0 & 0 & \ldots & -1 \end{vmatrix} = (-1)^n.$$

Ihr Komplement ist

$$\begin{vmatrix} p_{11} & p_{12} & \ldots & p_{1n} \\ p_{21} & p_{22} & \ldots & p_{2n} \\ \cdot & \cdot & \cdot & \cdot \\ p_{n1} & p_{n2} & \ldots & p_{nn} \end{vmatrix}.$$

Um das algebraische Komplement zu erhalten, muß man noch den Faktor

$$(-1)^{1+2+\ldots+n+(n+1)+(n+2)+\ldots+2n}$$

hinzufügen (vgl. Satz 11). Nun ist aber

$$1 + 2 + \ldots + n + (n+1) + (n+2) + \ldots + 2n$$
$$= 2(1 + 2 + \ldots + n) + n^2.$$

Der fragliche Faktor ist also $(-1)^{n^2}$ und die $(2n)$-reihige Determinante, d. h. $\mathfrak{A}\mathfrak{B}$, wird gleich

$$\begin{vmatrix} p_{11} & p_{12} & \ldots & p_{1n} \\ p_{21} & p_{22} & \ldots & p_{2n} \\ \cdot & \cdot & \cdot & \cdot \\ p_{n1} & p_{n2} & \ldots & p_{nn} \end{vmatrix};$$

denn $(-1)^{n^2+n}$ ist gleich 1, weil

$$n^2 + n = n(n+1)$$

eine gerade Zahl ist.

§ 36. Anderer Beweis des Multiplikationssatzes rechteckiger Matrizen.

Auch der Multiplikationssatz rechteckiger Matrizen läßt sich durch das in § 35 benutzte Verfahren beweisen.

Wenn die beiden Matrizen

$$\begin{matrix} a_{11} & a_{12} & \dots & a_{1n} \\ a_{21} & a_{22} & \dots & a_{2n} \\ \cdot & \cdot & \cdot & \cdot \\ a_{m1} & a_{m2} & \dots & a_{mn} \end{matrix} \qquad \text{und} \qquad \begin{matrix} b_{11} & b_{12} & \dots & b_{1n} \\ b_{21} & b_{22} & \dots & b_{2n} \\ \cdot & \cdot & \cdot & \cdot \\ b_{m1} & b_{m2} & \dots & b_{mn} \end{matrix}$$

zu multiplizieren sind und m kleiner als n ist, so bilden wir die folgende $(m+n)$-reihige Determinante

$$D = \begin{vmatrix} 0 & 0 & \dots & 0 & a_{11} & a_{12} & \dots & a_{1n} \\ 0 & 0 & \dots & 0 & a_{21} & a_{22} & \dots & a_{2n} \\ \cdot & \cdot & \cdot & \cdot & \cdot & \cdot & \cdot & \cdot \\ 0 & 0 & \dots & 0 & a_{m1} & a_{m2} & \dots & a_{mn} \\ b_{11} & b_{21} & \dots & b_{m1} & -1 & 0 & \dots & 0 \\ b_{12} & b_{22} & \dots & b_{m2} & 0 & -1 & \dots & 0 \\ \cdot & \cdot & \cdot & \cdot & \cdot & \cdot & \cdot & \cdot \\ b_{1n} & b_{2n} & \dots & b_{mn} & 0 & 0 & \dots & -1 \end{vmatrix}.$$

Addieren wir zu der s^{ten} Spalte die mit b_{s1} multiplizierte $(m+1)^{\text{te}}$, die mit b_{s2} multiplizierte $(m+2)^{\text{te}}$, ..., die mit b_{sn} multiplizierte $(m+n)^{\text{te}}$ Spalte $(s = 1, 2, \dots, m)$, so wird

$$D = \begin{vmatrix} (a_1\,b_1) & (a_1\,b_2) & \dots & (a_1\,b_m) & a_{11} & a_{12} & \dots & a_{1n} \\ (a_2\,b_1) & (a_2\,b_2) & \dots & (a_2\,b_m) & a_{21} & a_{22} & \dots & a_{2n} \\ \cdot & \cdot & \cdot & \cdot & \cdot & \cdot & \cdot & \cdot \\ (a_m\,b_1) & (a_m\,b_2) & \dots & (a_m\,b_m) & a_{m1} & a_{m2} & \dots & a_{mn} \\ 0 & 0 & & 0 & -1 & 0 & \dots & 0 \\ 0 & 0 & \dots & 0 & 0 & -1 & \dots & 0 \\ \cdot & \cdot & \cdot & \cdot & \cdot & \cdot & \cdot & \cdot \\ 0 & 0 & \dots & 0 & 0 & 0 & \dots & -1 \end{vmatrix}.$$

Entwickeln wir nach den n letzten Zeilen, so ergibt sich

$$D = (-1)^n \begin{vmatrix} (a_1 b_1) & (a_1 b_2) & \dots & (a_1 b_m) \\ (a_2 b_1) & (a_2 b_2) & \dots & (a_2 b_m) \\ \cdot & \cdot & \cdot & \cdot \\ (a_m b_1) & (a_m b_2) & \dots & (a_m b_m) \end{vmatrix}.$$

$(-1)^n D$ ist also das Produkt der beiden Matrizen im Sinne von § 31.

Wir können nun aber auf D, ohne vorher eine Umformung vorzunehmen, den LAPLACEschen Satz anwenden. Entwickeln wir nach den m ersten Zeilen, so kommen nur die Determinanten

$$M = \begin{vmatrix} a_{1r_1} & a_{1r_2} & \dots & a_{1r_m} \\ a_{2r_1} & a_{2r_2} & \dots & a_{2r_m} \\ \cdot & \cdot & \cdot & \cdot \\ a_{mr_1} & a_{mr_2} & \dots & a_{mr_m} \end{vmatrix}$$

in Frage. Dabei sind $r_1, r_2, \dots, r_m$ Zahlen aus der Reihe $1, 2, \dots, n$, und es ist

$$r_1 < r_2 < \dots < r_m.$$

Es handelt sich jetzt darum, das algebraische Komplement von M zu finden.

Um das Komplement K von M zu erhalten, müssen wir in D die m ersten Zeilen und die Spalten mit den Indizes $m + r_1, m + r_2, \dots, m + r_m$ streichen. Die m ersten Spalten der Determinante K lauten

$$\begin{matrix} b_{11} & b_{21} & \dots & b_{m1} \\ b_{12} & b_{22} & \dots & b_{m2} \\ \cdot & \cdot & \cdot & \cdot \\ b_{1n} & b_{2n} & \dots & b_{mn}, \end{matrix}$$

und in ihren $n - m$ letzten Spalten gibt es nur $n - m$ von Null verschiedene Elemente. Die Zeilenindizes $\varrho_1, \varrho_2, \dots, \varrho_{n-m}$ dieser Elemente sind die Zahlen, die in der Reihe $1, 2, \dots, n$ stehen bleiben, wenn man $r_1, r_2, \dots, r_m$ darin streicht.

In den $n - m$ letzten Spalten von K ist also nur eine von Null verschiedene Determinante enthalten, und sie hat den Wert $(-1)^{n-m}$. Ihr Komplement in K ist

$$M' = \begin{vmatrix} b_{1r_1} & b_{2r_1} & \dots & b_{mr_1} \\ b_{1r_2} & b_{2r_2} & \dots & b_{mr_2} \\ \cdot & \cdot & \cdot & \cdot \\ b_{1r_m} & b_{2r_m} & \dots & b_{mr_m} \end{vmatrix}.$$

Um das algebraische Komplement zu haben, muß man den Faktor $(-1)^\sigma$ hinzufügen, wobei

$$\sigma = \varrho_1 + \varrho_2 + \dots + \varrho_{n-m} + (m+1) + (m+2) + \dots + n$$

ist.

K hat dann nach dem LAPLACEschen Satz den Wert

$$(-1)^{n-m+\sigma} M'.$$

Das algebraische Komplement $\overline{M}$ von M ergibt sich aus K durch Multiplikation mit $(-1)^\tau$, wobei

$$\tau = 1 + 2 + \dots + m + (m + r_1) + (m + r_2) + \dots + (m + r_m),$$

so daß

$$M\overline{M} = (-1)^{n-m+\sigma+\tau} M M'$$

ist.

Offenbar wird nun

$$\sigma + \tau = m^2 + 2(1 + 2 + \dots + n),$$

also

$$(-1)^{n-m+\sigma+\tau} = (-1)^{n-m+m^2} = (-1)^n,$$

weil

$$m^2 - m = m(m-1)$$

eine gerade Zahl ist.

Auf Grund des LAPLACEschen Satzes haben wir

$$D = \sum M\overline{M} = (-1)^n \sum M M'.$$

Andererseits war aber $(-1)^n D$ das Produkt der beiden betrachteten Matrizen. Also ist dieses Produkt gleich $\sum M M'$, d. h. gleich

$$\sum \begin{vmatrix} a_{1r_1} & a_{1r_2} & \dots & a_{1r_m} \\ a_{2r_1} & a_{2r_2} & \dots & a_{2r_m} \\ \cdot & \cdot & \cdot & \cdot \\ a_{mr_1} & a_{mr_2} & \dots & a_{mr_m} \end{vmatrix} \cdot \begin{vmatrix} b_{1r_1} & b_{1r_2} & \dots & b_{1r_m} \\ b_{2r_1} & b_{2r_2} & \dots & b_{2r_m} \\ \cdot & \cdot & \cdot & \cdot \\ b_{mr_1} & b_{mr_2} & \dots & b_{mr_m} \end{vmatrix}.$$

Siebentes Kapitel.

Determinanten, deren Elemente Minoren einer andern sind.

§ 37. Reziproke Determinanten.

Jedes Element a_{rs} der Determinante

$$D = \begin{vmatrix} a_{11} & a_{12} & \dots & a_{1n} \\ a_{21} & a_{22} & \dots & a_{2n} \\ \cdot & \cdot & \cdot & \cdot \\ a_{n1} & a_{n2} & \dots & a_{nn} \end{vmatrix}$$

hat ein algebraisches Komplement A_{rs}. Um A_{rs} zu erhalten, muß man in D die r^{te} Zeile und die s^{te} Spalte streichen und dann mit $(-1)^{r+s}$ multiplizieren.

Die Determinante

$$\varDelta = \begin{vmatrix} A_{11} & A_{12} & \dots & A_{1n} \\ A_{21} & A_{22} & \dots & A_{2n} \\ \cdot & \cdot & \cdot & \cdot \\ A_{n1} & A_{n2} & \dots & A_{nn} \end{vmatrix}$$

nennt man die zu D reziproke Determinante.

Man erhält also zu einer gegebenen Determinante D die reziproke, indem man jedes Element von D durch sein algebraisches Komplement ersetzt.

Multiplizieren wir D und $\varDelta$ nach Zeilen, so ergibt sich

$$D\varDelta = \begin{vmatrix} D & 0 & \dots & 0 \\ 0 & D & \dots & 0 \\ \cdot & \cdot & \cdot & \cdot \\ 0 & 0 & \dots & D \end{vmatrix}.$$

In der Tat ist

$$a_{r1}A_{s1} + a_{r2}A_{s2} + \dots + a_{rn}A_{sn}$$

im Falle $r \gtrless s$ gleich Null und im Falle $r = s$ gleich D (vgl. § 20). In der Produktdeterminante sind daher die Hauptelemente gleich D und die übrigen Elemente alle gleich Null. Sie hat also den Wert D^n, so daß

$$D\varDelta = D^n$$

ist.

Wenn D nicht verschwindet, so folgt hieraus

$$\varDelta = D^{n-1}.$$

Satz 27. Die reziproke einer von Null verschiedenen n-reihigen Determinante ist ebenfalls von Null verschieden. Sie ist nämlich gleich der $(n-1)^{\text{ten}}$ Potenz dieser Determinante.

§ 38. Die Minoren der reziproken Determinante.

M sei ein p-reihiger Minor von Δ $(1 \leqq p < n)$. Seine Zeilenindizes seien $r_1, r_2, \ldots, r_p$, seine Spaltenindizes $s_1, s_2, \ldots, s_p$. Mit $\varrho_1, \varrho_2, \ldots, \varrho_{n-p}$ wollen wir die Zeilenindizes und mit $\sigma_1, \sigma_2, \ldots, \sigma_{n-p}$ die Spaltenindizes seines Komplements M′ bezeichnen. Jedesmal sind die Indizes nach zunehmender Größe geordnet.

Wenn wir in Δ die Hauptelemente von M′ durch 1 ersetzen und alle übrigen Elemente in den Zeilen $\varrho_1, \varrho_2, \ldots, \varrho_{n-p}$ durch 0, so entsteht eine n-reihige Determinante $\bar{\Delta}$, die gleich εM ist; ε hat den Wert

$$\varepsilon = (-1)^{r_1 + \cdots + r_p + s_1 + \cdots + s_p}.$$

Entwickelt man nämlich $\bar{\Delta}$ nach den Zeilen $\varrho_1, \varrho_2, \ldots, \varrho_{n-p}$, so reduziert sich die Entwickelung auf ein Glied, weil in den genannten Zeilen nur eine von Null verschiedene Determinante vorhanden ist, die den Wert 1 und das algebraische Komplement εM hat.

Wir wollen jetzt $\bar{\Delta}$ und D nach Zeilen multiplizieren. Dann läßt sich von der Produktdeterminante $\bar{\Delta} D$ folgendes sagen:

In den Zeilen $r_1, r_2, \ldots, r_p$ sind die Hauptelemente[1] gleich D, weil

$$a_{r1} A_{r1} + a_{r2} A_{r2} + \cdots + a_{rn} A_{rn} = D,$$

alle übrigen Elemente aber gleich Null, weil im Falle $s \gtrless r$

$$a_{s1} A_{r1} + a_{s2} A_{r2} + \cdots + a_{sn} A_{rn} = 0$$

ist.

Die Elemente der Zeilen $\varrho_1, \varrho_2, \ldots, \varrho_{n-p}$ in $\bar{\Delta} D$ lauten

$$\begin{matrix} a_{1\sigma_1} & a_{2\sigma_1} & \ldots & a_{n\sigma_1} \\ a_{1\sigma_2} & a_{2\sigma_2} & \ldots & a_{n\sigma_2} \\ \cdot & \cdot & \cdot & \cdot \\ a_{1\sigma_{n-p}} & a_{2\sigma_{n-p}} & \ldots & a_{n\sigma_{n-p}}. \end{matrix}$$

$\bar{\Delta} D$ wird also nach dem Laplaceschen Satze gleich

[1] Das heißt die Elemente mit gleichen Indizes.

$$D^p \begin{vmatrix} a_{\varrho_1\sigma_1} & a_{\varrho_2\sigma_1} & \dots a_{\varrho_{n-p}\sigma_1} \\ a_{\varrho_1\sigma_2} & a_{\varrho_2\sigma_2} & \dots a_{\varrho_{n-p}\sigma_2} \\ \dots & \dots & \dots \\ a_{\varrho_1\sigma_{n-p}} & a_{\varrho_2\sigma_{n-p}} & \dots a_{\varrho_{n-p}\sigma_{n-p}} \end{vmatrix}$$

oder, was dasselbe ist, gleich

$$D^p \begin{vmatrix} a_{\varrho_1\sigma_1} & a_{\varrho_1\sigma_2} & \dots a_{\varrho_1\sigma_{n-p}} \\ a_{\varrho_2\sigma_1} & a_{\varrho_2\sigma_2} & \dots a_{\varrho_2\sigma_{n-p}} \\ \dots & \dots & \dots \\ a_{\varrho_{n-p}\sigma_1} & a_{\varrho_{n-p}\sigma_2} & \dots a_{\varrho_{n-p}\sigma_{n-p}} \end{vmatrix}.$$

Da $\bar{\Delta} = \varepsilon \mathsf{M}$ war, so ergibt sich im Falle D ungleich Null,

$$\mathsf{M} = D^{p-1}\varepsilon \begin{vmatrix} a_{\varrho_1\sigma_1} & a_{\varrho_1\sigma_2} & \dots a_{\varrho_1\sigma_{n-p}} \\ a_{\varrho_2\sigma_1} & a_{\varrho_2\sigma_2} & \dots a_{\varrho_2\sigma_{n-p}} \\ \dots & \dots & \dots \\ a_{\varrho_{n-p}\sigma_1} & a_{\varrho_{n-p}\sigma_2} & \dots a_{\varrho_{n-p}\sigma_{n-p}} \end{vmatrix}.$$

Bezeichnen wir mit M den Minor von D, der dem Minor M entspricht, d. h. dieselben Zeilen und Spaltenindizes wie M hat, so läßt sich die obige Formel auch so schreiben:

$$\mathsf{M} = D^{p-1}\bar{M}.$$

Dabei bedeutet $\bar{M}$ das algebraische Komplement von M in der Determinante D.

Satz 28. D sei eine von Null verschiedene Determinante und Δ die reziproke von ihr. Ist dann M ein p-reihiger Minor von Δ und M der entsprechende Minor von D, so unterscheidet sich M von dem algebraischen Komplement von M nur um den Faktor D^{p-1}.

Wir können auch sagen:

Das algebraische Komplement von M' unterscheidet sich von M' nur um den Faktor D^{p-1}.

M' ist das Komplement von M, also der Minor von D, der dem Minor M' entspricht.

Die algebraischen Komplemente der Elemente von Δ sind hiernach gleich den entsprechenden Elementen von D, multipliziert mit dem Faktor D^{n-2}. Die reziproke Determinante der Reziproken ist also wieder die ursprüngliche Determinante, nur daß alle Elemente den Faktor D^{n-2} erhalten haben.

§ 39. Die Reziproke einer verschwindenden Determinante.

Wir haben bisher angenommen, daß D von Null verschieden ist. Jetzt wollen wir den Fall $D = 0$ erledigen. Und zwar beweisen wir folgenden Satz:

Satz 29. Wenn eine Determinante gleich Null ist, so hat ihre Reziproke entweder den Rang 1 oder den Rang 0.

Wenn $D = 0$, so ist der Rang von D entweder gleich $n - 1$ oder kleiner als $n - 1$. Im letzten Falle sind alle A_{rs} gleich Null, d. h. die zu D reziproke Determinante hat den Rang Null. Im ersten Falle haben die linearen Gleichungen

$$\begin{aligned} a_{11} x_1 + a_{12} x_2 + \ldots + a_{1n} x_n &= 0, \\ a_{21} x_1 + a_{22} x_2 + \ldots + a_{2n} x_n &= 0, \\ \ldots\ldots\ldots\ldots\ldots \\ a_{n1} x_1 + a_{n2} x_2 + \ldots + a_{nn} x_n &= 0 \end{aligned}$$

nur eine unabhängige Lösung (vgl. Satz 21), aus der sich jede andre durch Multiplikation mit einem Faktor ergibt. Diese unabhängige Lösung sei

$$x_1 = B_1, \quad x_2 = B_2, \ldots, \quad x_n = B_n.$$

Dann läßt sich jede Lösung in der Form

$$\lambda B_1, \quad \lambda B_2, \ldots, \quad \lambda B_n$$

schreiben. Nun ist offenbar

$$A_{r1}, \quad A_{r2}, \ldots, \quad A_{rn} \quad (r = 1, 2, \ldots, n)$$

eine Lösung unseres Systems. Also gibt es eine Zahl A_r, so daß man hat

$$A_{r1} = A_r B_1, \quad A_{r2} = A_r B_2, \ldots, \quad A_{rn} = A_r B_n.$$

Die n^2 Elemente A_{rs} der reziproken Determinante drücken sich somit durch die $2n$ Zahlen

$$A_1, A_2, \ldots, A_n \quad \text{und} \quad B_1, B_2, \ldots, B_n$$

in der Form aus

$$A_{rs} = A_r B_s. \qquad (r, s = 1, 2, \ldots, n).$$

Daraus folgt, daß alle zweireihigen Determinanten

$$\begin{vmatrix} A_{r_1 s_1} & A_{r_1 s_2} \\ A_{r_2 s_1} & A_{r_2 s_2} \end{vmatrix}$$

gleich Null sind. Eine solche Determinante ist nämlich gleich

$$\begin{vmatrix} A_{r_1} B_{s_1} & A_{r_1} B_{s_2} \\ A_{r_2} B_{s_1} & A_{r_2} B_{s_2} \end{vmatrix} = A_{r_1} A_{r_2} \begin{vmatrix} B_{s_1} & B_{s_2} \\ B_{s_1} & B_{s_2} \end{vmatrix} = 0.$$

Die Sätze in § 37 und § 38 gelten also auch im Falle $D = 0$. Denn in der Matrix der reziproken Determinante verschwinden dann alle mehr als einreihigen Determinanten.

Daß die Sätze 27 und 28 im Falle $D = 0$ ihre Gültigkeit bewahren, können wir auch aus den Betrachtungen in § 15 entnehmen. Ersetzen wir die Hauptelemente $a_{11}, a_{22}, \ldots, a_{nn}$ durch

$$a_{11} + \frac{1}{p}, \quad a_{22} + \frac{1}{p}, \ldots, a_{nn} + \frac{1}{p} \quad (p = 1, 2, \ldots),$$

so ist D von Null verschieden, sobald nur p genügend groß ist. Dann also gelten die Sätze 27 und 28. Lassen wir nun p unbegrenzt zunehmen, so ergibt sich mit Hilfe von § 15, daß unsere Sätze im Falle $D = 0$ bestehen bleiben.

§ 40. Die reziproke Determinante eines Produkts zweier Determinanten.

Wir wollen die beiden Determinanten

$$\begin{vmatrix} a_{11} & a_{12} & \ldots & a_{1n} \\ a_{21} & a_{22} & \ldots & a_{2n} \\ \cdot & \cdot & \cdot & \cdot \\ a_{n1} & a_{n2} & \ldots & a_{nn} \end{vmatrix} \quad \text{und} \quad \begin{vmatrix} b_{11} & b_{12} & \ldots & b_{1n} \\ b_{21} & b_{22} & \ldots & b_{2n} \\ \cdot & \cdot & \cdot & \cdot \\ b_{n1} & b_{n2} & \ldots & b_{nn} \end{vmatrix}$$

miteinander multiplizieren, und zwar nach Zeilen.

Um zu der Produktdeterminante

$$\begin{vmatrix} (a_1 b_1) & (a_1 b_2) & \ldots & (a_1 b_n) \\ (a_2 b_1) & (a_2 b_2) & \ldots & (a_2 b_n) \\ \cdot & \cdot & \cdot & \cdot \\ (a_n b_1) & (a_n b_2) & \ldots & (a_n b_n) \end{vmatrix}$$

die reziproke zu bilden, muß man das algebraische Komplement c_{rs} von $(a_r b_s)$ aufsuchen.

$(-1)^{r+s} c_{rs}$ ist das Produkt zweier Matrizen, die man erhält, indem man in der Matrix

$$\begin{matrix} a_{11} & a_{12} & \ldots & a_{1n} \\ a_{21} & a_{22} & \ldots & a_{2n} \\ \cdot & \cdot & \cdot & \cdot \\ a_{n1} & a_{n2} & \ldots & a_{nn} \end{matrix},$$

die r^{te} Zeile und in der Matrix

$$\begin{matrix} b_{11} & b_{12} & \dots & b_{1n} \\ b_{21} & b_{22} & \dots & b_{2n} \\ \cdot & \cdot & \cdot & \cdot \\ b_{n1} & b_{n2} & \dots & b_{nn} \end{matrix}$$

die s^{te} Zeile streicht. Dieses Produkt kann man aber nach § 34 auch durch Komposition der $(n-1)$-reihigen Determinanten beider Matrizen gewinnen. Die $(n-1)$-reihigen Determinanten der ersten Matrix lauten:

$$(-1)^{r+1} A_{r1},\ (-1)^{r+2} A_{r2},\ \dots,\ (-1)^{r+n} A_{rn},$$

die der zweiten:

$$(-1)^{s+1} B_{s1},\ (-1)^{s+2} B_{s2},\ \dots,\ (-1)^{s+n} B_{sn}.$$

Das fragliche Produkt wird demnach gleich

$$(-1)^{r+s}(A_{r1} B_{s1} + A_{r2} B_{s2} + \dots + A_{rn} B_{sn})$$

und c_{rs} gleich

$$A_{r1} B_{s1} + A_{r2} B_{s2} + \dots + A_{rn} B_{sn} = (A_r B_s).$$

Man erhält also die Elemente c_{rs}, indem man die reziproken Determinanten der beiden gegebenen nach Zeilen multipliziert.

§ 41. Das Theorem von Sylvester.

Wir wollen die $n-1$ letzten Zeilen von

$$A = \begin{vmatrix} a_{11} & a_{12} & \dots & a_{1n} \\ a_{21} & a_{22} & \dots & a_{2n} \\ \cdot & \cdot & \cdot & \cdot \\ a_{n1} & a_{n2} & \dots & a_{nn} \end{vmatrix}$$

mit a_{11} multiplizieren. Dann erhalten wir (vgl. Satz 5)

$$a_{11}^{n-1} A = \begin{vmatrix} a_{11} & a_{12} & \dots & a_{1n} \\ a_{11} a_{21} & a_{11} a_{22} & \dots & a_{11} a_{2n} \\ \cdot & \cdot & \cdot & \cdot \\ a_{11} a_{n1} & a_{11} a_{n2} & \dots & a_{11} a_{nn} \end{vmatrix}.$$

Subtrahieren wir jetzt von der zweiten Zeile die mit a_{21} multiplizierte erste Zeile, von der dritten die mit a_{31} multiplizierte erste, ..., von der n^{ten} die mit a_{n1} multiplizierte erste, so ergibt sich (vgl. Satz 7)

$$a_{11}^{n-1} A = \begin{vmatrix} a_{11} & a_{12} & \dots & a_{1n} \\ 0 & a_{11} a_{22} - a_{12} a_{21} & \dots & a_{11} a_{2n} - a_{1n} a_{21} \\ \cdot & \cdot & \cdot & \cdot \\ 0 & a_{11} a_{n2} - a_{12} a_{n1} & \dots & a_{11} a_{nn} - a_{1n} a_{n1} \end{vmatrix},$$

d. h. (vgl. Satz 14)

$$a_{11}^{n-1} A = a_{11} \begin{vmatrix} a_{11} a_{22} - a_{12} a_{21}, & \dots, & a_{11} a_{2n} - a_{1n} a_{21} \\ \cdot & \cdot & \cdot \\ a_{11} a_{n2} - a_{12} a_{n1}, & \dots, & a_{11} a_{nn} - a_{1n} a_{n1} \end{vmatrix}.$$

Im Falle a_{11} ungleich Null folgt hieraus

$$(1) \quad a_{11}^{n-2} A = \begin{vmatrix} a_{11} a_{22} - a_{12} a_{21}, & a_{11} a_{23} - a_{13} a_{21}, & \dots, & a_{11} a_{2n} - a_{1n} a_{21} \\ a_{11} a_{32} - a_{12} a_{31}, & a_{11} a_{33} - a_{13} a_{31}, & \dots, & a_{11} a_{3n} - a_{1n} a_{31} \\ \cdot & \cdot & \cdot & \cdot \\ a_{11} a_{n2} - a_{12} a_{n1}, & a_{11} a_{n3} - a_{13} a_{n1}, & \dots, & a_{11} a_{nn} - a_{1n} a_{n1} \end{vmatrix}.$$

Die Formel gilt aber auch für $a_{11} = 0$.[1] Dann wird nämlich die rechte Seite gleich

$$(-1)^{n-1} a_{12} a_{13} \dots a_{1n} \begin{vmatrix} a_{21} & a_{21} & \dots & a_{21} \\ a_{31} & a_{31} & \dots & a_{31} \\ \cdot & \cdot & \cdot & \cdot \\ a_{n1} & a_{n1} & \dots & a_{n1} \end{vmatrix}.$$

Im Falle $n > 2$ sind also in (1) beide Seiten gleich Null. Im Falle $n = 2$ reduziert sich die Formel (1) auf $A = A$, wenn wir a_{11}^0 durch 1 ersetzen.

Die Elemente der Determinante rechts in (1) sind die zweireihigen Minoren von A, welche a_{11} als einreihige Unterdeterminante enthalten, oder die zweireihigen Superdeterminanten von a_{11}.

Setzen wir zur Abkürzung

$$\begin{vmatrix} a_{11} & a_{1s} \\ a_{r1} & a_{rs} \end{vmatrix} = b_{rs} \quad (r, s = 2, 3, \dots, n),$$

so läßt sich Formel (1) so schreiben:

$$(\bar{1}) \qquad a_{11}^{n-2} A = \begin{vmatrix} b_{22} & b_{23} & \dots & b_{2n} \\ b_{32} & b_{33} & \dots & b_{3n} \\ \cdot & \cdot & \cdot & \cdot \\ b_{n2} & b_{n3} & \dots & b_{nn} \end{vmatrix}.$$

[1] Man kann sich hiervon auch dadurch überzeugen, daß man zuerst $a_{11} \neq 0$ annimmt und dann a_{11} nach Null konvergieren läßt.

Auf die Determinante

$$B = \begin{vmatrix} b_{22} & b_{23} & \dots & b_{2n} \\ b_{32} & b_{33} & \dots & b_{3n} \\ \cdot & \cdot & \cdot & \cdot \\ b_{n2} & b_{n3} & \dots & b_{nn} \end{vmatrix}$$

können wir wieder die Formel (1) anwenden. Setzen wir

$$\begin{vmatrix} b_{22} & b_{2s} \\ b_{r2} & b_{rs} \end{vmatrix} = \beta_{rs} \quad (r,\ s = 3,\ 4, \dots, n),$$

so ist

(2) $$b_{22}^{n-3} B = \begin{vmatrix} \beta_{33} & \beta_{34} & \dots & \beta_{3n} \\ \beta_{43} & \beta_{44} & \dots & \beta_{4n} \\ \cdot & \cdot & \cdot & \cdot \\ \beta_{n3} & \beta_{n4} & \dots & \beta_{nn} \end{vmatrix}.$$

Formel (1) liefert aber, angewandt auf die Determinante

$$c_{rs} = \begin{vmatrix} a_{11} & a_{12} & a_{1s} \\ a_{21} & a_{22} & a_{2s} \\ a_{r1} & a_{r2} & a_{rs} \end{vmatrix} \quad (r,\ s = 3,\ 4, \dots, n),$$

die Gleichung

$$a_{11} c_{rs} = \begin{vmatrix} b_{22} & b_{2s} \\ b_{r2} & b_{rs} \end{vmatrix} = \beta_{rs},$$

so daß (2) folgende Gestalt annimmt:

$$b_{22}^{n-3} B = a_{11}^{n-2} \begin{vmatrix} c_{33} & c_{34} & \dots & c_{3n} \\ c_{43} & c_{44} & \dots & c_{4n} \\ \cdot & \cdot & \cdot & \cdot \\ c_{n3} & c_{n4} & \dots & c_{nn} \end{vmatrix}.$$

Hieraus ergibt sich unter Beachtung von ($\overline{1}$)

(2) $$b_{22}^{n-3} A = \begin{vmatrix} c_{33} & c_{34} & \dots & c_{3n} \\ c_{43} & c_{44} & \dots & c_{4n} \\ \cdot & \cdot & \cdot & \cdot \\ c_{n3} & c_{n4} & \dots & c_{nn} \end{vmatrix}.$$

Hierbei haben wir $a_{11} \neq 0$ angenommen. Die Formel (2) gilt aber auch für $a_{11} = 0$, wie sich sofort ergibt, wenn man a_{11} nach Null konvergieren läßt.

Die Elemente der Determinante

$$C = \begin{vmatrix} c_{33} & c_{34} & \dots & c_{3n} \\ c_{43} & c_{44} & \dots & c_{4n} \\ \cdot & \cdot & \cdot & \cdot \\ c_{n3} & c_{n4} & \dots & c_{nn} \end{vmatrix}$$

sind die dreireihigen Superdeterminanten von

$$b_{22} = \begin{vmatrix} a_{11} & a_{12} \\ a_{21} & a_{22} \end{vmatrix}.$$

Man kann hiernach folgenden Satz vermuten:

Satz 30. Die aus den $(h+1)$-reihigen Superdeterminanten von

$$\begin{vmatrix} a_{11} & a_{12} & \dots & a_{1h} \\ a_{21} & a_{22} & \dots & a_{2h} \\ \cdot & \cdot & \cdot & \cdot \\ a_{h1} & a_{h2} & \dots & a_{hh} \end{vmatrix}$$

gebildete Determinante ist gleich

$$\begin{vmatrix} a_{11} & a_{12} & \dots & a_{1h} \\ a_{21} & a_{22} & \dots & a_{2h} \\ \cdot & \cdot & \cdot & \cdot \\ a_{h1} & a_{h2} & \dots & a_{hh} \end{vmatrix}^{n-h-1} \begin{vmatrix} a_{11} & a_{12} & \dots & a_{1n} \\ a_{21} & a_{22} & \dots & a_{2n} \\ \cdot & \cdot & \cdot & \cdot \\ a_{n1} & a_{n2} & \dots & a_{nn} \end{vmatrix} \quad (1 \leqq h < n).$$

Um sich von der Richtigkeit des Satzes zu überzeugen, braucht man nur zu beweisen, daß er richtig bleibt, wenn man h durch $h+1$ ersetzt $(h < n)$.[1] Das geschieht aber in folgender Weise.

Setzen wir zur Abkürzung

$$b_{rs} = \begin{vmatrix} a_{11} & a_{12} & \dots & a_{1h} & a_{1s} \\ a_{21} & a_{22} & \dots & a_{2h} & a_{2s} \\ \cdot & \cdot & \cdot & \cdot & \cdot \\ a_{h1} & a_{h2} & \dots & a_{hh} & a_{hs} \\ a_{r1} & a_{r2} & \dots & a_{rh} & a_{rs} \end{vmatrix} \quad (r,\ s = h+1, \dots, n),$$

so lautet die Formel des Satzes 30

$$(3) \qquad \begin{vmatrix} b_{h+1,h+1} & b_{h+1,h+2} & \dots & b_{h+1,n} \\ b_{h+2,h+1} & b_{h+2,h+2} & \dots & b_{h+2,n} \\ \cdot & \cdot & \cdot & \cdot \\ b_{n,h+1} & b_{n,h+2} & \dots & b_{nn} \end{vmatrix}$$

$$= \begin{vmatrix} a_{11} & a_{12} & \dots & a_{1h} \\ a_{21} & a_{22} & \dots & a_{2h} \\ \cdot & \cdot & \cdot & \cdot \\ a_{h1} & a_{h2} & \dots & a_{hh} \end{vmatrix}^{n-h-1} \begin{vmatrix} a_{11} & a_{12} & \dots & a_{1n} \\ a_{21} & a_{22} & \dots & a_{2n} \\ \cdot & \cdot & \cdot & \cdot \\ a_{n1} & a_{n2} & \dots & a_{nn} \end{vmatrix}.$$

[1] Für $h = 1$ und $h = 2$ gilt der Satz.

Nun ist aber

$$(4)\qquad b_{h+1,h+1}^{n-h-2}\begin{vmatrix} b_{h+1,h+1} & b_{h+1,h+2} \dots b_{h+1,n} \\ b_{h+2,h+1} & b_{h+2,h+2} \dots b_{h+2,n} \\ \cdot & \cdot \quad \cdot \quad \cdot \\ b_{n,h+1} & b_{n,h+2} \dots b_{nn} \end{vmatrix} = \begin{vmatrix} \beta_{h+2,h+2} \dots \beta_{h+2,n} \\ \cdot \quad \cdot \quad \cdot \\ \beta_{n,h+2} \dots \beta_{nn} \end{vmatrix}.$$

Dabei hat β_{rs} folgende Bedeutung:

$$\beta_{rs} = \begin{vmatrix} b_{h+1,h+1} & b_{h+1,s} \\ b_{r,h+1} & b_{rs} \end{vmatrix} \qquad (r,\ s = h+2, \dots, n).$$

Wendet man nunmehr auf die Determinante

$$\begin{vmatrix} a_{11} & a_{12} & \dots & a_{1,h+1} & a_{1s} \\ a_{21} & a_{22} & \dots & a_{2,h+1} & a_{2s} \\ \cdot & \cdot & \cdot & \cdot & \cdot \\ a_{h+1,1} & a_{h+1,2} & \dots & a_{h+1,h+1} & a_{h+1,s} \\ a_{r1} & a_{r2} & \dots & a_{r,h+1} & a_{rs} \end{vmatrix}$$

den Satz 30 an, so ergibt sich

$$\beta_{rs} = \begin{vmatrix} a_{11} & a_{12} & \dots & a_{1h} \\ a_{21} & a_{22} & \dots & a_{2h} \\ \cdot & \cdot & \cdot & \cdot \\ a_{h1} & a_{h2} & \dots & a_{hh} \end{vmatrix} \begin{vmatrix} a_{11} & a_{12} & \dots & a_{1,h+1} & a_{1s} \\ a_{21} & a_{22} & \dots & a_{2,h+1} & a_{2s} \\ \cdot & \cdot & \cdot & \cdot & \cdot \\ a_{h+1,1} & a_{h+1,2} & \dots & a_{h+1,h+1} & a_{h+1,s} \\ a_{r1} & a_{r2} & \dots & a_{r,h+1} & a_{rs} \end{vmatrix}.$$

Setzt man also

$$c_{rs} = \begin{vmatrix} a_{11} & a_{12} & \dots & a_{1,h+1} & a_{1s} \\ a_{21} & a_{22} & \dots & a_{2,h+1} & a_{2s} \\ \cdot & \cdot & \cdot & \cdot & \cdot \\ a_{h+1,1} & a_{h+1,2} & \dots & a_{h+1,h+1} & a_{h+1,s} \\ a_{r1} & a_{r2} & \dots & a_{r,h+1} & a_{rs} \end{vmatrix} \qquad (r,\ s = h+2, \dots, n),$$

so wird

$$\begin{vmatrix} \beta_{h+2,h+2} \dots \beta_{h+2,n} \\ \cdot \quad \cdot \quad \cdot \\ \beta_{n,h+2} \dots \beta_{nn} \end{vmatrix} = \begin{vmatrix} a_{11} \dots a_{1h} \\ \cdot \quad \cdot \quad \cdot \\ a_{h1} \dots a_{hh} \end{vmatrix}^{n-h-1} \begin{vmatrix} c_{h+2,h+2} \dots c_{h+2,n} \\ \cdot \quad \cdot \quad \cdot \\ c_{n,h+2} \dots c_{nn} \end{vmatrix}.$$

Die Formel (4) liefert also unter Berücksichtigung von (3)

$$\begin{vmatrix} c_{h+2,h+2} & c_{h+2,h+3} & \cdots & c_{h+2,n} \\ c_{h+3,h+2} & c_{h+3,h+3} & \cdots & c_{h+3,n} \\ \cdot & \cdot & \cdot & \cdot \\ c_{n,h+2} & c_{n,h+3} & \cdots & c_{nn} \end{vmatrix}$$

$$= \begin{vmatrix} a_{11} & a_{12} & \cdots & a_{1,h+1} \\ a_{21} & a_{22} & \cdots & a_{2,h+1} \\ \cdot & \cdot & \cdot & \cdot \\ a_{h+1,1} & a_{h+1,2} & \cdots & a_{h+1,h+1} \end{vmatrix}^{n-h-2} \begin{vmatrix} a_{11} & a_{12} & \cdots & a_{1n} \\ a_{21} & a_{22} & \cdots & a_{2n} \\ \cdot & \cdot & \cdot & \cdot \\ a_{n1} & a_{n2} & \cdots & a_{nn} \end{vmatrix}.$$

Dies ist aber der Satz 30, nur daß h durch $h+1$ ersetzt ist.

Wir haben hierbei angenommen, daß

$$\begin{vmatrix} a_{11} & a_{12} & \cdots & a_{1h} \\ a_{21} & a_{22} & \cdots & a_{2h} \\ \cdot & \cdot & \cdot & \cdot \\ a_{h1} & a_{h2} & \cdots & a_{hh} \end{vmatrix}$$

ungleich Null ist; denn es wurde durch

$$\begin{vmatrix} a_{11} & a_{12} & \cdots & a_{1h} \\ a_{21} & a_{22} & \cdots & a_{2h} \\ \cdot & \cdot & \cdot & \cdot \\ a_{h1} & a_{h2} & \cdots & a_{hh} \end{vmatrix}^{n-h-1}$$

dividiert.

Ersetzt man $a_{11}, a_{22}, \ldots, a_{hh}$ durch

$$a_{11} + \frac{1}{p}, \quad a_{22} + \frac{1}{p}, \quad \ldots, \quad a_{hh} + \frac{1}{p}$$

und läßt p die Folge 1, 2, ... durchlaufen, dann ist bei genügend großem p

$$\begin{vmatrix} a_{11} + \frac{1}{p} & a_{12} & \cdots & a_{1h} \\ a_{21} & a_{22} + \frac{1}{p} & \cdots & a_{2h} \\ \cdot & \cdot & \cdot & \cdot \\ a_{h1} & a_{h2} & \cdots & a_{hh} + \frac{1}{p} \end{vmatrix}$$

von Null verschieden, so daß also Satz 30 anwendbar ist. Bei der Ausführung des Grenzüberganges hat man sich auf § 15 zu stützen. Es ergibt sich dann die Allgemeingültigkeit des Satzes 30.

Für den Fall $n = h + 2$ ist das Sylvestersche Theorem ein Spezialfall von Satz 28 in § 37.

§ 42. Geränderte Determinanten.

Von der Determinante

$$R_1 = \begin{vmatrix} a_{11} & a_{12} & \dots & a_{1n} & x_1 \\ a_{21} & a_{22} & \dots & a_{2n} & x_2 \\ \cdot & \cdot & \cdot & \cdot & \cdot \\ a_{n1} & a_{n2} & \dots & a_{nn} & x_n \\ y_1 & y_2 & \dots & y_n & z \end{vmatrix}$$

sagen wir, daß sie aus

$$A = \begin{vmatrix} a_{11} & a_{12} & \dots & a_{1n} \\ a_{21} & a_{22} & \dots & a_{2n} \\ \cdot & \cdot & \cdot & \cdot \\ a_{n1} & a_{n2} & \dots & a_{nn} \end{vmatrix}$$

durch **Ränderung** entstanden ist, und nennen sie eine **geränderte Determinante.** Solche Determinanten traten in § 41 auf.

Die Determinante

$$R_2 = \begin{vmatrix} a_{11} & a_{12} & \dots & a_{1n} & x_{11} & x_{12} \\ a_{21} & a_{22} & \dots & a_{2n} & x_{21} & x_{22} \\ \cdot & \cdot & \cdot & \cdot & \cdot & \cdot \\ a_{n1} & a_{n2} & \dots & a_{nn} & x_{n1} & x_{n2} \\ y_{11} & y_{12} & \dots & y_{1n} & z_{11} & z_{12} \\ y_{21} & y_{22} & \dots & y_{2n} & z_{21} & z_{22} \end{vmatrix}$$

entsteht aus A durch zweimalige Ränderung. Rändert man die Determinante A p-mal, so ergibt sich

$$R_p = \begin{vmatrix} a_{11} & a_{12} & \dots & a_{1n} & x_{11} & x_{12} & \dots & x_{1p} \\ a_{21} & a_{22} & \dots & a_{2n} & x_{21} & x_{22} & \dots & x_{2p} \\ \cdot & \cdot & \cdot & \cdot & \cdot & \cdot & \cdot & \cdot \\ a_{n1} & a_{n2} & \dots & a_{nn} & x_{n1} & x_{n2} & \dots & x_{np} \\ y_{11} & y_{12} & \dots & y_{1n} & z_{11} & z_{12} & \dots & z_{1p} \\ y_{21} & y_{22} & \dots & y_{2n} & z_{21} & z_{22} & \dots & z_{2p} \\ \cdot & \cdot & \cdot & \cdot & \cdot & \cdot & \cdot & \cdot \\ y_{p1} & y_{p2} & \dots & y_{pn} & z_{p1} & z_{p2} & \dots & z_{pp} \end{vmatrix}.$$

Wir wollen zuerst die einfach geränderte Determinante betrachten.

Entwickeln wir R_1 nach der letzten Spalte, so erhalten wir

$$R_1 = \sum_{\mu=1}^{n} (-1)^{n+1+\mu} x_\mu Y_\mu + zA.$$

Y_μ entsteht aus R_1 durch Streichung der letzten Spalte und der μ^{ten} Zeile. Bezeichnen wir mit $\mathfrak{A}_{\mu\nu}$ das Komplement von $a_{\mu\nu}$

in A, so ergibt sich durch Entwickelung von Y_μ nach der letzten Zeile

$$Y_\mu = \sum_{\nu=1}^{n} (-1)^{n+\nu} y_\nu \mathfrak{A}_{\mu\nu},$$

so daß

$$R_1 = \sum_{\mu,\nu} (-1)^{2n+1+\mu+\nu} \mathfrak{A}_{\mu\nu} x_\mu y_\nu + z A$$

ist ($\mu, \nu = 1, 2, \ldots, n$).

$$(-1)^{\mu+\nu} \mathfrak{A}_{\mu\nu} = A_{\mu\nu}$$

stellt das algebraische Komplement von $a_{\mu\nu}$ in A dar. Wir können also auch schreiben

$$R_1 = zA - \sum_{\mu,\nu} A_{\mu\nu} x_\mu y_\nu \qquad (\mu, \nu = 1, 2, \ldots, n).$$

Wir wollen von dieser Formel eine Anwendung machen. Nehmen wir an, daß $A = 0$ ist. Wie wir aus § 39 wissen, lassen sich dann $2n$ Zahlen $A_1, A_2, \ldots, A_n$ und $B_1, B_2, \ldots, B_n$ so wählen, daß man hat

$$A_{\mu\nu} = A_\mu B_\nu.$$

Hiernach wird

$$R_1 = -\sum A_\mu B_\nu x_\mu y_\nu,$$

d. h.

$$R_1 = -\left(\sum_\mu A_\mu x_\mu\right)\left(\sum_\nu B_\nu y_\nu\right).$$

Es gilt also folgender Satz:

Wenn in einer Determinante das Komplement eines Elements a_{rs} gleich Null ist, so zerlegt sich die Determinante in zwei Faktoren. Der eine ist linear und homogen in den Elementen, die mit a_{rs} in derselben Zeile, der andre linear und homogen in den Elementen, die mit a_{rs} in derselben Spalte stehen.

Bei der p-fach geränderten Determinante R_p behandeln wir zunächst nur den Fall, daß alle z gleich Null sind.

Wenn $p > n$ ist, reduziert sich die Determinante

$$R_p = \begin{vmatrix} a_{11} & a_{12} & \ldots & a_{1n} & x_{11} & x_{12} & \ldots & x_{1p} \\ a_{21} & a_{22} & \ldots & a_{2n} & x_{21} & x_{22} & \ldots & x_{2p} \\ \cdot & \cdot & \cdot & \cdot & \cdot & \cdot & \cdot & \cdot \\ a_{n1} & a_{n2} & \ldots & a_{nn} & x_{n1} & x_{n2} & \ldots & x_{np} \\ y_{11} & y_{12} & \ldots & y_{1n} & 0 & 0 & \ldots & 0 \\ y_{21} & y_{22} & \ldots & y_{2n} & 0 & 0 & \ldots & 0 \\ \cdot & \cdot & \cdot & \cdot & \cdot & \cdot & \cdot & \cdot \\ y_{p1} & y_{p2} & \ldots & y_{pn} & 0 & 0 & \ldots & 0 \end{vmatrix}$$

auf Null. Denn alle p-reihigen Determinanten, die in den p letzten Spalten enthalten sind, verschwinden, weil sie wenigstens eine Zeile mit lauter Nullen aufweisen.

Im Falle $p = n$ ergibt sich durch Entwickelung nach den n letzten Spalten

$$R_n = \varepsilon \begin{vmatrix} x_{11} & x_{12} & \cdots & x_{1n} \\ x_{21} & x_{22} & \cdots & x_{2n} \\ \cdot & \cdot & \cdot & \cdot \\ x_{n1} & x_{n2} & \cdots & x_{nn} \end{vmatrix} \begin{vmatrix} y_{11} & y_{12} & \cdots & y_{1n} \\ y_{21} & y_{22} & \cdots & y_{2n} \\ \cdot & \cdot & \cdot & \cdot \\ y_{n1} & y_{n2} & \cdots & y_{nn} \end{vmatrix}.$$

Dabei ist (vgl. § 18 u. 19)

$$\varepsilon = (-1)^{1+2+\ldots+n+(n+1)+(n+2)+\ldots+2n},$$

d. h.

$$\varepsilon = (-1)^{n(2n+1)} = (-1)^n.$$

Nun bleibt noch der Fall $p < n$ übrig. Die Entwickelung nach den p letzten Spalten liefert

$$\sum (-1)^{r_1+\ldots+r_p+(n+1)+\ldots+(n+p)} \begin{vmatrix} x_{r_1 1} & x_{r_1 2} & \cdots & x_{r_1 p} \\ x_{r_2 1} & x_{r_2 2} & \cdots & x_{r_2 p} \\ \cdot & \cdot & \cdot & \cdot \\ x_{r_p 1} & x_{r_p 2} & \cdots & x_{r_p p} \end{vmatrix} \begin{vmatrix} a_{\varrho_1 1} & a_{\varrho_1 2} & \cdots & a_{\varrho_1 n} \\ \cdot & \cdot & \cdot & \cdot \\ a_{\varrho_{n-p} 1} & a_{\varrho_{n-p} 2} & \cdots & a_{\varrho_{n-p} n} \\ y_{11} & y_{12} & \cdots & y_{1n} \\ \cdot & \cdot & \cdot & \cdot \\ y_{p1} & y_{p2} & \cdots & y_{pn} \end{vmatrix}$$

$r_1, r_2, \ldots, r_p$ sind p Zahlen aus der Reihe $1, 2, \ldots, n$, und es ist $r_1 < r_2 < \ldots < r_p$. Streicht man in $1, 2, \ldots, n$ die Zahlen $r_1, r_2, \ldots, r_p$, dann bleiben $\varrho_1, \varrho_2, \ldots, \varrho_{n-p}$ übrig.

Entwickelt man jetzt

$$\begin{vmatrix} a_{\varrho_1 1} & a_{\varrho_1 2} & \cdots & a_{\varrho_1 n} \\ \cdot & \cdot & \cdot & \cdot \\ a_{\varrho_{n-p} 1} & a_{\varrho_{n-p} 2} & \cdots & a_{\varrho_{n-p} n} \\ y_{11} & y_{12} & \cdots & y_{1n} \\ \cdot & \cdot & \cdot & \cdot \\ y_{p1} & y_{p2} & \cdots & y_{pn} \end{vmatrix}$$

nach den p letzten Zeilen, so findet man

$$\sum (-1)^{s_1+\ldots+s_p+n-p+1+\ldots+n}$$

$$\begin{vmatrix} y_{1s_1} & y_{1s_2} & \cdots & y_{1s_p} \\ y_{2s_1} & y_{2s_2} & \cdots & y_{2s_p} \\ \cdot & \cdot & \cdot & \cdot \\ y_{ps_1} & y_{ps_2} & \cdots & y_{ps_p} \end{vmatrix} \begin{vmatrix} a_{\varrho_1 \sigma_1} & a_{\varrho_1 \sigma_2} & \cdots & a_{\varrho_1 \sigma_{n-p}} \\ a_{\varrho_2 \sigma_1} & a_{\varrho_2 \sigma_2} & \cdots & a_{\varrho_2 \sigma_{n-p}} \\ \cdot & \cdot & \cdot & \cdot \\ a_{\varrho_{n-p} \sigma_1} & a_{\varrho_{n-p} \sigma_2} & \cdots & a_{\varrho_{n-p} \sigma_{n-p}} \end{vmatrix}.$$

$s_1, s_2, \ldots, s_p$ $(s_1 < s_2 < \ldots < s_p)$ sind p Zahlen aus der Reihe 1, 2, ..., n und $\sigma_1, \sigma_2, \ldots, \sigma_{n-p}$ bleiben übrig, wenn man in 1, 2, ..., n die Zahlen $s_1, s_2, \ldots, s_p$ streicht.

$$(-1)^{r_1+\cdots+r_p+s_1+\cdots+s_p} \begin{vmatrix} a_{\varrho_1\sigma_1} & a_{\varrho_1\sigma_2} & \ldots a_{\varrho_1\sigma_{n-p}} \\ a_{\varrho_2\sigma_1} & a_{\varrho_2\sigma_2} & \ldots a_{\varrho_2\sigma_{n-p}} \\ \cdot & \cdot & \cdot \\ a_{\varrho_{n-p}\sigma_1} & a_{\varrho_{n-p}\sigma_2} & \ldots a_{\varrho_{n-p}\sigma_{n-p}} \end{vmatrix}$$

ist das algebraische Komplement von

$$\begin{vmatrix} a_{r_1s_1} & a_{r_1s_2} & \ldots a_{r_1s_p} \\ a_{r_2s_1} & a_{r_2s_2} & \ldots a_{r_2s_p} \\ \cdot & \cdot & \cdot \\ a_{r_ps_1} & a_{r_ps_2} & \ldots a_{r_ps_p} \end{vmatrix}$$

in A. Wir wollen diesen p-reihigen Minor mit

$$A_{\substack{r_1 r_2 \ldots r_p \\ s_1 s_2 \ldots s_p}}$$

bezeichnen und sein algebraisches Komplement mit

$$\bar{A}_{\substack{r_1 r_2 \ldots r_p \\ s_1 s_2 \ldots s_p}} .$$

Da

$$(n+1) + \ldots + (n+p) + (n-p+1) + \ldots + n = p(2n+1)$$

ist, so ergibt sich schließlich

$$R_p = (-1)^p \sum \begin{vmatrix} x_{r_1 1} & x_{r_1 2} & \ldots x_{r_1 p} \\ x_{r_2 1} & x_{r_2 2} & \ldots x_{r_2 p} \\ \cdot & \cdot & \cdot \\ x_{r_p 1} & x_{r_p 2} & \ldots x_{r_p p} \end{vmatrix} \begin{vmatrix} y_{1s_1} & y_{1s_2} & \ldots y_{1s_p} \\ y_{2s_1} & y_{2s_2} & \ldots y_{2s_p} \\ \cdot & \cdot & \cdot \\ y_{ps_1} & y_{ps_2} & \ldots y_{ps_p} \end{vmatrix} \bar{A}_{\substack{r_1 r_2 \ldots r_p \\ s_1 s_2 \ldots s_p}} .$$

Zum Schluß betrachten wir noch die zweifach geränderte Determinante

$$R_2 = \begin{vmatrix} a_{11} \ldots a_{1n} & x_{11} & x_{12} \\ \cdot & \cdot & \cdot \\ a_{n1} \ldots a_{nn} & x_{n1} & x_{n2} \\ y_{11} \ldots y_{1n} & z_{11} & z_{12} \\ y_{21} \ldots y_{2n} & z_{21} & z_{22} \end{vmatrix} .$$

Die Glieder, die kein z enthalten, sind im Falle $n > 2$ zusammen gleich[1]

[1] Im Falle $n = 2$ ist $\bar{A}_{\substack{1\,2 \\ 1\,2}} = 1$ zu setzen. Im Falle $n < 2$ gibt es kein Glied, das von den z frei ist.

$$\sum \begin{vmatrix} x_{r_1 1} & x_{r_1 2} \\ x_{r_2 1} & x_{r_2 2} \end{vmatrix} \begin{vmatrix} y_{1 s_1} & y_{1 s_2} \\ y_{2 s_1} & y_{2 s_2} \end{vmatrix} \bar{A}_{\substack{r_1 r_2 \\ s_1 s_2}} .$$

Um die übrigen Glieder zu finden, entwickeln wir nach den beiden letzten Spalten und lassen alles fort, was mit keinem x behaftet ist. Da finden wir zunächst

$$A \begin{vmatrix} x_{11} & x_{12} \\ x_{21} & x_{22} \end{vmatrix},$$

außerdem aber noch eine Summe von Gliedern, die nur ein einziges x enthalten.

Will man z. B. die Glieder finden, die x_{11} und kein anderes x als Faktor enthalten, so braucht man nur in R_2 diese andern x gleich Null zu setzen und in der so entstehenden Determinante

$$\begin{vmatrix} a_{11} & \ldots & a_{1n} & x_{11} & x_{12} \\ \cdot & \cdot & \cdot & \cdot & \cdot \\ a_{n1} & \ldots & a_{nn} & x_{n1} & x_{n2} \\ y_{11} & \ldots & y_{1n} & x_{11} & 0 \\ y_{21} & \ldots & y_{2n} & 0 & 0 \end{vmatrix}$$

das algebraische Komplement von x_{11} aufzusuchen. Dieses lautet, mit x_{11} multipliziert,

$$x_{11} \begin{vmatrix} a_{11} & \ldots & a_{1n} & x_{12} \\ \cdot & \cdot & \cdot & \cdot \\ a_{n1} & \ldots & a_{nn} & x_{n2} \\ y_{21} & \ldots & y_{2n} & 0 \end{vmatrix}.$$

Die Summe der Glieder, die x_{22} und kein anderes x als Faktor enthalten, ist

$$x_{22} \begin{vmatrix} a_{11} & \ldots & a_{1n} & x_{11} \\ \cdot & \cdot & \cdot & \cdot \\ a_{n1} & \ldots & a_{nn} & x_{n1} \\ y_{11} & \ldots & y_{1n} & 0 \end{vmatrix}.$$

Die Glieder, die x_{12} bzw. x_{21} und kein anderes x als Faktor enthalten, geben zusammen

$$-x_{12} \begin{vmatrix} a_{11} & \ldots & a_{1n} & x_{11} \\ \cdot & \cdot & \cdot & \cdot \\ a_{n1} & \ldots & a_{nn} & x_{n1} \\ y_{21} & \ldots & y_{2n} & 0 \end{vmatrix} \quad \text{bzw.} \quad -x_{21} \begin{vmatrix} a_{11} & \ldots & a_{1n} & x_{12} \\ \cdot & \cdot & \cdot & \cdot \\ a_{n1} & \ldots & a_{nn} & x_{n2} \\ y_{11} & \ldots & y_{1n} & 0 \end{vmatrix}.$$

Die vier letzten Determinanten können wir nach der letzten Zeile und letzten Spalte entwickeln und erhalten dann bezüglich

$$-x_{11}\sum A_{rs}\, x_{r2}\, y_{2s},$$
$$-x_{22}\sum A_{rs}\, x_{r1}\, y_{1s},$$
$$+x_{12}\sum A_{rs}\, x_{r1}\, y_{2s},$$
$$+x_{21}\sum A_{rs}\, x_{r2}\, y_{1s}.$$

Diese vier Ausdrücke haben eine Summe, die sich so schreiben läßt

$$\sum A_{rs} \begin{vmatrix} 0 & x_{r1} & x_{r2} \\ y_{1s} & x_{11} & x_{12} \\ y_{2s} & x_{21} & x_{22} \end{vmatrix}.$$

Setzen wir statt A_{rs} der Gleichförmigkeit halber

$$\bar{A}_{r\atop s},$$

so ergibt sich für R_2 folgende Entwickelung:

$$R_2 = A \begin{vmatrix} x_{11} & x_{12} \\ x_{21} & x_{22} \end{vmatrix} + \sum \bar{A}_{r\atop s} \begin{vmatrix} 0 & x_{r1} & x_{r2} \\ y_{1s} & x_{11} & x_{12} \\ y_{2s} & x_{21} & x_{22} \end{vmatrix} + \sum \bar{A}_{r_1 r_2 \atop s_1 s_2} \begin{vmatrix} 0 & 0 & x_{r_1 1} & x_{r_1 2} \\ 0 & 0 & x_{r_2 1} & x_{r_2 2} \\ y_{1 s_1} & y_{1 s_2} & x_{11} & x_{12} \\ x_{2 s_1} & y_{2 s_2} & x_{21} & x_{22} \end{vmatrix}.$$

Hiernach kann man voraussagen, wie die Entwickelung von R_p aussehen wird. Sie wird lauten:

$$R_p = A \begin{vmatrix} x_{11} & \cdots & x_{1p} \\ \cdot & \cdot & \cdot \\ x_{p1} & \cdots & x_{pp} \end{vmatrix} + \sum \bar{A}_{r\atop s} \begin{vmatrix} 0 & x_{r1} & \cdots & x_{rp} \\ y_{1s} & x_{11} & \cdots & x_{1p} \\ \cdot & \cdot & \cdot & \cdot \\ y_{ps} & x_{p1} & \cdots & x_{pp} \end{vmatrix}$$

$$+ \sum \bar{A}_{r_1 r_2 \atop s_1 s_2} \begin{vmatrix} 0 & 0 & x_{r_1 1} & \cdots & x_{r_1 p} \\ 0 & 0 & x_{r_2 1} & \cdots & x_{r_2 p} \\ y_{1 s_1} & y_{1 s_2} & x_{11} & \cdots & x_{1p} \\ \cdot & \cdot & \cdot & \cdot & \cdot \\ y_{p s_1} & y_{p s_2} & x_{p1} & \cdots & x_{pp} \end{vmatrix} + \sum \bar{A}_{r_1 r_2 r_3 \atop s_1 s_2 s_3} \begin{vmatrix} 0 & 0 & 0 & x_{r_1 1} & \cdots & x_{r_1 p} \\ 0 & 0 & 0 & x_{r_2 1} & \cdots & x_{r_2 p} \\ 0 & 0 & 0 & x_{r_3 1} & \cdots & x_{r_3 p} \\ y_{1 s_1} & y_{1 s_2} & y_{1 s_3} & x_{11} & \cdots & x_{1 v} \\ \cdot & \cdot & \cdot & \cdot & \cdot & \cdot \\ y_{p s_1} & y_{p s_2} & y_{p s_3} & x_{p1} & \cdots & x_{pp} \end{vmatrix}$$

$$+ \cdot \cdot \cdot \cdot \cdot \cdot \cdot \cdot \cdot \cdot \cdot \cdot \cdot \cdot$$

Im Falle $n \leqq p$ ist für

$$\bar{A}_{1\,2\ldots n \atop 1\,2\ldots n}$$

1 zu setzen.

Die in der Entwickelung von R_p auftretenden geränderten Determinanten sind Null, sobald ihre Reihenzahl größer als $2p$ ist.

Setzen wir

$$Z = \begin{vmatrix} z_{11} & z_{12} & \dots & z_{1p} \\ z_{21} & z_{22} & \dots & z_{2p} \\ \cdot & \cdot & \cdot & \cdot \\ z_{p1} & z_{p2} & \dots & z_{pp} \end{vmatrix},$$

so wird

$$\begin{vmatrix} 0 & x_{r1} & \dots & x_{rp} \\ y_{1s} & z_{11} & \dots & z_{1p} \\ \cdot & \cdot & \cdot & \cdot \\ y_{ps} & z_{p1} & \dots & z_{pp} \end{vmatrix} = \begin{vmatrix} z_{11} & \dots & z_{1p} & y_{1s} \\ \cdot & \cdot & \cdot & \cdot \\ z_{p1} & \dots & z_{pp} & y_{ps} \\ x_{r1} & \dots & x_{rp} & 0 \end{vmatrix} = -\sum_{\sigma} \bar{Z}_{\varrho}\, x_{r\sigma}\, y_{\varrho s},$$

ferner

$$\begin{vmatrix} 0 & 0 & x_{r_1 1} & \dots & x_{r_1 p} \\ 0 & 0 & x_{r_2 1} & \dots & x_{r_2 p} \\ y_{1s_1} & y_{1s_2} & z_{11} & \dots & z_{1p} \\ \cdot & \cdot & \cdot & \cdot & \cdot \\ y_{ps_1} & y_{ps_2} & z_{p1} & \dots & z_{pp} \end{vmatrix} = \begin{vmatrix} z_{11} & \dots & z_{1p} & y_{1s_1} & y_{1s_2} \\ \cdot & \cdot & \cdot & \cdot & \cdot \\ z_{p1} & \dots & z_{pp} & y_{ps_1} & y_{ps_2} \\ x_{r_1 1} & \dots & x_{r_1 p} & 0 & 0 \\ x_{r_2 1} & \dots & x_{r_2 p} & 0 & 0 \end{vmatrix}$$

$$= \sum_{\sigma_1 \sigma_2} \bar{Z}_{\varrho_1 \varrho_2} \begin{vmatrix} x_{r_1 \sigma_1} & x_{r_1 \sigma_2} \\ x_{r_2 \sigma_1} & x_{r_2 \sigma_2} \end{vmatrix} \begin{vmatrix} y_{\varrho_1 s_1} & y_{\varrho_1 s_2} \\ y_{\varrho_2 s_1} & y_{\varrho_2 s_2} \end{vmatrix}$$

usw. Hiernach ist

$$R_p = A\,Z - \sum_{s\ \sigma} A_r\, \bar{Z}_{\varrho}\, x_{r\sigma}\, y_{\varrho s} + \sum A_{\substack{r_1 r_2 \\ s_1 s_2}} \bar{Z}_{\substack{\varrho_1 \varrho_2 \\ \sigma_1 \sigma_2}} \begin{vmatrix} x_{r_1 \sigma_1} & x_{r_1 \sigma_2} \\ x_{r_2 \sigma_1} & x_{r_2 \sigma_2} \end{vmatrix} \begin{vmatrix} y_{\varrho_1 s_1} & y_{\varrho_1 s_2} \\ y_{\varrho_2 s_1} & y_{\varrho_2 s_2} \end{vmatrix}$$

$$- \sum A_{\substack{r_1 r_2 r_3 \\ s_1 s_2 s_3}} \bar{Z}_{\substack{\varrho_1 \varrho_2 \varrho_3 \\ \sigma_1 \sigma_2 \sigma_3}} \begin{vmatrix} x_{r_1 \sigma_1} & x_{r_1 \sigma_2} & x_{r_1 \sigma_3} \\ x_{r_2 \sigma_1} & x_{r_2 \sigma_2} & x_{r_2 \sigma_3} \\ x_{r_3 \sigma_1} & x_{r_3 \sigma_2} & x_{r_3 \sigma_3} \end{vmatrix} \begin{vmatrix} y_{\varrho_1 s_1} & y_{\varrho_1 s_2} & y_{\varrho_1 s_3} \\ y_{\varrho_2 s_1} & y_{\varrho_2 s_2} & y_{\varrho_2 s_3} \\ y_{\varrho_3 s_1} & y_{\varrho_3 s_2} & y_{\varrho_3 s_3} \end{vmatrix} + \dots$$

Die r, s sind Zahlen aus der Reihe $1, 2, \dots, n$, die ϱ, σ Zahlen aus der Reihe $1, 2, \dots, p$, und man hat $r_1 < r_2 < \dots$, $s_1 < s_2 < \dots$, $\varrho_1 < \varrho_2 < \dots$, $\sigma_1 < \sigma_2 < \dots$

In dieser Form läßt sich die Formel leicht verifizieren. Man teilt die Glieder der Determinante R_p in Klassen, je nachdem sie einen Faktor x, zwei Faktoren x usw. enthalten. Die Glieder einer solchen Klasse liefern dann immer einen Bestandteil der obigen Entwickelung. Die genaue Durchführung dieses Beweises überlassen wir dem Leser.

§ 43. Andere Berechnung von R_p.

Mit A_{rs} bezeichnen wir das algebraische Komplement von a_{rs} in

$$A = \begin{vmatrix} a_{11} & a_{12} & \ldots & a_{1n} \\ a_{21} & a_{22} & \ldots & a_{2n} \\ \cdot & \cdot & \cdot & \cdot \\ a_{n1} & a_{n2} & \ldots & a_{nn} \end{vmatrix}$$

und mit $Z_{\varrho\sigma}$ das algebraische Komplement von $z_{\varrho\sigma}$ in

$$Z = \begin{vmatrix} z_{11} & z_{12} & \ldots & z_{1p} \\ z_{21} & z_{22} & \ldots & z_{2p} \\ \cdot & \cdot & \cdot & \cdot \\ z_{p1} & z_{p2} & \ldots & z_{pp} \end{vmatrix}.$$

Multiplizieren wir

$$R_p = \begin{vmatrix} a_{11} & a_{12} & \ldots & a_{1n} & x_{11} & x_{12} & \ldots & x_{1p} \\ a_{21} & a_{22} & \ldots & a_{2n} & x_{21} & x_{22} & \ldots & x_{2p} \\ \cdot & \cdot & \cdot & \cdot & \cdot & \cdot & \cdot & \cdot \\ a_{n1} & a_{n2} & \ldots & a_{nn} & x_{n1} & x_{n2} & \ldots & x_{np} \\ y_{11} & y_{12} & \ldots & y_{1n} & z_{11} & z_{12} & \ldots & z_{1p} \\ y_{21} & y_{22} & \ldots & y_{2n} & z_{21} & z_{22} & \ldots & z_{2p} \\ \cdot & \cdot & \cdot & \cdot & \cdot & \cdot & \cdot & \cdot \\ y_{p1} & y_{p2} & \ldots & y_{pn} & z_{p1} & z_{p2} & \ldots & z_{pp} \end{vmatrix}$$

mit

$$A^{n-1} = \begin{vmatrix} A_{11} & A_{12} & \ldots & A_{1n} & 0 & 0 & \ldots & 0 \\ A_{21} & A_{22} & \ldots & A_{2n} & 0 & 0 & \ldots & 0 \\ \cdot & \cdot & \cdot & \cdot & \cdot & \cdot & \cdot & \cdot \\ A_{n1} & A_{n2} & \ldots & A_{nn} & 0 & 0 & \ldots & 0 \\ 0 & 0 & \ldots & 0 & 1 & 0 & \ldots & 0 \\ 0 & 0 & \ldots & 0 & 0 & 1 & \ldots & 0 \\ \cdot & \cdot & \cdot & \cdot & \cdot & \cdot & \cdot & \cdot \\ 0 & 0 & \ldots & 0 & 0 & 0 & \ldots & 1 \end{vmatrix},$$

so ergibt sich

$$A^{n-1} R_p = \begin{vmatrix} A & 0 & \ldots & 0 & x_{11} & x_{12} & \ldots & x_{1p} \\ 0 & A & \ldots & 0 & x_{21} & x_{22} & \ldots & y_{2p} \\ \cdot & \cdot & \cdot & \cdot & \cdot & \cdot & \cdot & \cdot \\ 0 & 0 & \ldots & A & x_{n1} & x_{n2} & \ldots & x_{np} \\ (A_1 y_1) & (A_2 y_1) & \ldots & (A_n y_1) & z_{11} & z_{12} & \ldots & z_{1p} \\ (A_1 y_2) & (A_2 y_2) & \ldots & (A_n y_2) & z_{21} & z_{22} & \ldots & z_{2p} \\ \cdot & \cdot & \cdot & \cdot & \cdot & \cdot & \cdot & \cdot \\ (A_1 y_p) & (A_2 y_p) & \ldots & (A_n y_p) & z_{p1} & z_{p2} & \ldots & z_{pp} \end{vmatrix}.$$

Dabei haben wir

$$\sum_{\nu} A_{r\nu} y_{k\nu} = (A_r y_k)$$

gesetzt ($r = 1, 2, \ldots, n$; $k = 1, 2, \ldots, p$).

Multiplizieren wir jetzt noch $A^{n-1} R_p$ mit

$$Z^{p-1} = \begin{vmatrix} 1 & 0 & \ldots & 0 & 0 & 0 & \ldots & 0 \\ 0 & 1 & \ldots & 0 & 0 & 0 & \ldots & 0 \\ \cdot & \cdot & \cdot & \cdot & \cdot & \cdot & \cdot & \cdot \\ 0 & 0 & \ldots & 1 & 0 & 0 & \ldots & 0 \\ 0 & 0 & \ldots & 0 & Z_{11} & Z_{12} & \ldots & Z_{1p} \\ 0 & 0 & \ldots & 0 & Z_{21} & Z_{22} & \ldots & Z_{2p} \\ \cdot & \cdot & \cdot & \cdot & \cdot & \cdot & \cdot & \cdot \\ 0 & 0 & \ldots & 0 & Z_{p1} & Z_{p2} & \ldots & Z_{pp} \end{vmatrix},$$

so erhalten wir

$$A^{n-1} Z^{p-1} R_p = \begin{vmatrix} A & 0 & \ldots & 0 & (Z_1 x_1) & (Z_2 x_1) & \ldots & (Z_p x_1) \\ 0 & A & \ldots & 0 & (Z_1 x_2) & (Z_2 x_2) & \ldots & (Z_p x_2) \\ \cdot & \cdot & \cdot & \cdot & \cdot & \cdot & \cdot & \cdot \\ 0 & 0 & \ldots & A & (Z_1 x_n) & (Z_2 x_n) & \ldots & (Z_p x_n) \\ (A_1 y_1) & (A_2 y_1) & \ldots & (A_n y_1) & Z & 0 & \ldots & 0 \\ (A_1 y_2) & (A_2 y_2) & \ldots & (A_n y_2) & 0 & Z & \ldots & 0 \\ \cdot & \cdot & \cdot & \cdot & \cdot & \cdot & \cdot & \cdot \\ (A_1 y_p) & (A_2 y_p) & \ldots & (A_n y_p) & 0 & 0 & \ldots & Z \end{vmatrix},$$

wobei

$$\sum_{\varrho} Z_{k\varrho} x_{r\varrho} = (Z_k x_r)$$

gesetzt ist ($r = 1, 2, \ldots, n$; $k = 1, 2, \ldots, p$).

Wir wollen jetzt $A^{n-1} Z^{p-1} R_p$ nach den n ersten Zeilen entwickeln.

Ein Minor, der die Zeilenindizes $1, 2, \ldots, n$ und die Spaltenindizes

$$r_1', r_2', \ldots, r'_{n-\varrho}, n + k_1, n + k_2, \ldots, n + k_\varrho$$

hat, wobei

$$1 \leqq r_1' < r_2' < \ldots < r'_{n-\varrho} \leqq n$$

und

$$1 \leqq k_1 < k_2 < \ldots < k_\varrho \leqq p$$

ist, läßt sich so schreiben:

$$\varepsilon A^{n-\varrho} \begin{vmatrix} (Z_{k_1} x_{r_1}) & \ldots & (Z_{k_\varrho} x_{r_1}) \\ \cdot & \cdot & \cdot \\ (Z_{k_1} x_{r_\varrho}) & \ldots & (Z_{k_\varrho} x_{r_\varrho}) \end{vmatrix}.$$

$r_1, r_2, \ldots, r_\varrho$ sind die Zahlen, die übrig bleiben, wenn man in der Reihe 1, 2, ..., n die Zahlen $r_1', r_2', \ldots, r'_{n-\varrho}$ streicht. Für ε gilt die Formel

$$\varepsilon = (-1)^{1 + \cdots (n-\varrho) + r_1' + \cdots + r'_{n-\varrho}}.$$

Das Komplement des obigen Minors ist in den p letzten Zeilen enthalten und hat die Spaltenindizes

$$r_1, r_2, \ldots, r_\varrho, \; n + k_1', \; n + k_2', \ldots, n + k'_{p-\varrho}.$$

$k_1', k_2', \ldots, k'_{p-\varrho}$ bleiben übrig, wenn man in der Reihe 1, 2, ..., p die Zahlen $k_1, k_2, \ldots, k_\varrho$ streicht.

Das fragliche Komplement ist also gleich

$$\varepsilon' Z^{p-\varrho} \begin{vmatrix} (A_{r_1} y_{k_1}) & \ldots & (A_{r_\varrho} y_{k_1}) \\ \cdot & \cdot & \cdot \\ (A_{r_1} y_{k_\varrho}) & \ldots & (A_{r_\varrho} y_{k_\varrho}) \end{vmatrix}$$

und

$$\varepsilon' = (-1)^{(\varrho+1) + \cdots + p + k_1' + \cdots + k'_{p-\varrho}}.$$

Um das algebraische Komplement zu erhalten, muß man das Komplement mit

$$\varepsilon'' = (-1)^{1 + \cdots + n + r_1' + \cdots + r'_{n-\varrho} + (n + k_1) + \cdots + (n + k_\varrho)}$$

multiplizieren.

Man bestätigt leicht, daß

$$\varepsilon \varepsilon' \varepsilon'' = (-1)^\varrho$$

ist. Nach dem LAPLACEschen Satz hat man also

$$(1) \quad \begin{cases} A^{n-1} Z^{p-1} R_p = \\ \sum (-1)^\varrho A^{n-\varrho} Z^{p-\varrho} \begin{vmatrix} (Z_{k_1} x_{r_1}) & \ldots & (Z_{k_\varrho} x_{r_1}) \\ \cdot & \cdot & \cdot \\ (Z_{k_1} x_{r_\varrho}) & \ldots & (Z_{k_\varrho} x_{r_\varrho}) \end{vmatrix} \begin{vmatrix} (A_{r_1} y_{k_1}) & \ldots & (A_{r_\varrho} y_{k_1}) \\ \cdot & \cdot & \cdot \\ (A_{r_1} y_{k_\varrho}) & \ldots & (A_{r_\varrho} y_{k_\varrho}) \end{vmatrix}. \end{cases}$$

Nach § 34 ist

$$\begin{vmatrix} (Z_{k_1} x_{r_1}) & \ldots & (Z_{k_\varrho} x_{r_1}) \\ \cdot & \cdot & \cdot \\ (Z_{k_1} x_{r_\varrho}) & \ldots & (Z_{k_\varrho} x_{r_\varrho}) \end{vmatrix}$$

gleich

$$\begin{Vmatrix} Z_{k_1 1} & \ldots & Z_{k_1 p} \\ \cdot & \cdot & \cdot \\ Z_{k_\varrho 1} & \ldots & Z_{k_\varrho p} \end{Vmatrix} \cdot \begin{Vmatrix} x_{r_1 1} & \ldots & x_{r_1 p} \\ \cdot & \cdot & \cdot \\ x_{r_\varrho 1} & \ldots & x_{r_\varrho p} \end{Vmatrix},$$

also gleich

$$\sum \begin{vmatrix} Z_{k_1 l_1} & \ldots & Z_{k_1 l_\varrho} \\ \cdot & \cdot & \cdot \\ Z_{k_\varrho l_1} & \ldots & Z_{k_\varrho l_\varrho} \end{vmatrix} \begin{vmatrix} x_{r_1 l_1} & \ldots & x_{r_1 l_\varrho} \\ \cdot & \cdot & \cdot \\ x_{r_\varrho l_1} & \ldots & x_{r_\varrho l_\varrho} \end{vmatrix}.$$

Ebenso ist

$$\begin{vmatrix} (A_{r_1} y_{k_1}) & \dots & (A_{r_\varrho} y_{k_1}) \\ \cdot & \cdot & \cdot \\ (A_{r_1} y_{k_\varrho}) & \dots & (A_{r_\varrho} y_{k_\varrho}) \end{vmatrix}$$

gleich

$$\begin{Vmatrix} A_{r_1 1} & \dots & A_{r_1 n} \\ \cdot & \cdot & \cdot \\ A_{r_\varrho 1} & \dots & A_{r_\varrho n} \end{Vmatrix} \cdot \begin{Vmatrix} y_{k_1 1} & \dots & y_{k_1 n} \\ \cdot & \cdot & \cdot \\ y_{k_\varrho 1} & \dots & y_{k_\varrho n} \end{Vmatrix},$$

also gleich

$$\sum \begin{vmatrix} A_{r_1 s_1} & \dots & A_{r_1 s_\varrho} \\ \cdot & \cdot & \cdot \\ A_{r_\varrho s_1} & \dots & A_{r_\varrho s_\varrho} \end{vmatrix} \begin{vmatrix} y_{k_1 s_1} & \dots & y_{k_1 s_\varrho} \\ \cdot & \cdot & \cdot \\ y_{k_\varrho s_1} & \dots & y_{k_\varrho s_\varrho} \end{vmatrix}.$$

Da nun

$$\begin{vmatrix} A_{r_1 s_1} & \dots & A_{r_1 s_\varrho} \\ \cdot & \cdot & \cdot \\ A_{r_\varrho s_1} & \dots & A_{r_\varrho s_\varrho} \end{vmatrix} = A^{\varrho-1} \bar{A}_{\substack{r_1 \dots r_\varrho \\ s_1 \dots s_\varrho}}$$

und

$$\begin{vmatrix} Z_{k_1 l_1} & \dots & Z_{k_1 l_\varrho} \\ \cdot & \cdot & \cdot \\ Z_{k_\varrho l_1} & \dots & Z_{k_\varrho l_\varrho} \end{vmatrix} = Z^{\varrho-1} \bar{Z}_{\substack{k_1 \dots k_\varrho \\ l_1 \dots l_\varrho}}$$

ist, so finden wir

$$A^{n-\varrho} Z^{p-\varrho} \begin{vmatrix} (Z_{k_1} x_{r_1}) & \dots & (Z_{k_\varrho} x_{r_1}) \\ \cdot & \cdot & \cdot \\ (Z_{k_1} x_{r_\varrho}) & \dots & (Z_{k_\varrho} x_{r_\varrho}) \end{vmatrix} \begin{vmatrix} (A_{r_1} y_{k_1}) & \dots & (A_{r_\varrho} y_{k_1}) \\ \cdot & \cdot & \cdot \\ (A_{r_1} y_{k_\varrho}) & \dots & (A_{r_\varrho} y_{k_\varrho}) \end{vmatrix}$$

$$= A^{n-1} Z^{p-1} \sum (-1)^\varrho \bar{A}_{\substack{r_1 \dots r_\varrho \\ s_1 \dots s_\varrho}} \bar{Z}_{\substack{k_1 \dots k_\varrho \\ l_1 \dots l_\varrho}} \begin{vmatrix} x_{r_1 l_1} & \dots & x_{r_1 l_\varrho} \\ \cdot & \cdot & \cdot \\ x_{r_\varrho l_1} & \dots & x_{r_\varrho l_\varrho} \end{vmatrix} \begin{vmatrix} y_{k_1 s_1} & \dots & y_{k_1 s_\varrho} \\ \cdot & \cdot & \cdot \\ y_{k_\varrho s_1} & \dots & y_{k_\varrho s_\varrho} \end{vmatrix}.$$

Setzen wir dies in Gleichung (1) ein und dividieren durch $A^{n-1} Z^{p-1}$, so ergibt sich die Entwickelung, die wir in § 42 fanden. Der Fall $A Z = 0$ erledigt sich durch eine Stetigkeitsbetrachtung.

§ 44. Zweiter Beweis des Sylvesterschen Satzes.

Unter Benutzung von § 42 wollen wir jetzt den Sylvesterschen Satz noch einmal beweisen.

Wir setzen

$$\begin{vmatrix} a_{11} & a_{12} & \dots & a_{1h} \\ a_{21} & a_{22} & \dots & a_{2h} \\ \cdot & \cdot & \cdot & \cdot \\ a_{h1} & a_{h2} & \dots & a_{hh} \end{vmatrix} = M$$

und bezeichnen mit $M_{\varrho\sigma}$ das algebraische Komplement von $a_{\varrho\sigma}$ in M. Dann ist die geränderte Determinante

$$b_{rs} = \begin{vmatrix} a_{11} & a_{12} & \dots & a_{1h} & a_{1s} \\ a_{21} & a_{22} & \dots & a_{2h} & a_{2s} \\ \cdot & \cdot & \cdot & \cdot & \cdot \\ a_{h1} & a_{h2} & \dots & a_{hh} & a_{hs} \\ a_{r1} & a_{r2} & \dots & a_{rh} & a_{rs} \end{vmatrix} \qquad (r, s = h + 1, \dots, n)$$

nach § 42 gleich

$$a_{rs} M - \sum_{\varrho, \sigma}^{1, \dots, h} a_{\varrho s} a_{r\sigma} M_{\varrho\sigma}.$$

Das Produkt

$$M \begin{vmatrix} b_{h+1, h+1} & \dots & b_{h+1, n} \\ \cdot & \cdot & \cdot \\ b_{n, h+1} & \dots & b_{nn} \end{vmatrix}$$

können wir durch folgende n-reihige Determinante darstellen:

$$\begin{vmatrix} a_{11} & \dots & a_{1h} & a_{1, h+1} & \dots & a_{1n} \\ \cdot & \cdot & \cdot & \cdot & \cdot & \cdot \\ a_{h1} & \dots & a_{hh} & a_{h, h+1} & \dots & a_{hn} \\ 0 & \dots & 0 & b_{h+1, h+1} & \dots & b_{h+1, n} \\ \cdot & \cdot & \cdot & \cdot & \cdot & \cdot \\ 0 & \dots & 0 & b_{n, h+1} & \dots & b_{nn} \end{vmatrix}.$$

Wir addieren in dieser Determinante zu der $(h+1)^{\text{ten}}$ Zeile

die mit $\sum\limits_{\sigma} a_{h+1, \sigma} M_{1\sigma}$ multiplizierte erste Zeile,

die mit $\sum\limits_{\sigma} a_{h+1, \sigma} M_{2\sigma}$ multiplizierte zweite Zeile,

. . . . ,

die mit $\sum\limits_{\sigma} a_{h+1, \sigma} M_{h\sigma}$ multiplizierte h^{te} Zeile.

Ebenso addieren wir zur $(h+2)^{\text{ten}}$ Zeile

die mit $\sum\limits_{\sigma} a_{h+2, \sigma} M_{1\sigma}$ multiplizierte erste Zeile,

die mit $\sum\limits_{\sigma} a_{h+2, \sigma} M_{2\sigma}$ multiplizierte zweite Zeile,

. . . . ,

die mit $\sum\limits_{\sigma} a_{h+2, \sigma} M_{h\sigma}$ multiplizierte h^{te} Zeile.

Ähnlich machen wir es bei den folgenden Zeilen bis zur n^{ten}.

Nach dieser Umformung, die an dem Wert der Determinante nichts ändert, steht an der Stelle von b_{rs}

$$a_{rs} M.$$

Die h ersten Elemente der r^{ten} Zeile $(r = h + 1, \ldots, n)$ lauten:

$$\sum_{\varrho, \sigma} a_{\varrho 1}\, a_{r\sigma}\, M_{\varrho\sigma}, \ldots, \sum_{\varrho, \sigma} a_{\varrho h}\, a_{r\sigma}\, M_{\varrho\sigma}.$$

Nun ist aber von den Summen

$$\sum_{\varrho} a_{\varrho 1}\, M_{\varrho\sigma} \quad (\sigma = 1, 2, \ldots, h)$$

nur die erste von Null verschieden, und zwar gleich M.

Ebenso ist von den Summen

$$\sum_{\varrho} a_{\varrho 2}\, M_{\varrho\sigma} \quad (\sigma = 1, 2, \ldots, h)$$

nur die zweite gleich M, während die übrigen verschwinden, usw.

Daraus geht hervor, daß

$$\sum_{\varrho, \sigma} a_{\varrho 1}\, a_{r\sigma}\, M_{\varrho\sigma} = M a_{r1},$$
$$\sum_{\varrho, \sigma} a_{\varrho 2}\, a_{r\sigma}\, M_{\varrho\sigma} = M a_{r2},$$
$$\cdots\cdots\cdots$$
$$\sum_{\varrho, \sigma} a_{\varrho h}\, a_{r\sigma}\, M_{\varrho\sigma} = M a_{rh}$$

ist. Unsere n-reihige Determinante lautet also

$$\begin{vmatrix} a_{11} & \ldots a_{1h} & a_{1,h+1} & \ldots a_{1n} \\ \cdot & \cdot & \cdot & \cdot \\ a_{h1} & \ldots a_{hh} & a_{h,h+1} & \ldots a_{hn} \\ M a_{h+1,1} & \ldots M a_{h+1,h} & M a_{h+1,h+1} & \ldots M a_{h+1,n} \\ \cdot & \cdot & \cdot & \cdot \\ M a_{n1} & \ldots M a_{nh} & M a_{n,h+1} & \ldots M a_{nn} \end{vmatrix}$$

und ist gleich

$$M^{n-h} \begin{vmatrix} a_{11} & a_{12} & \ldots & a_{1n} \\ a_{21} & a_{22} & \ldots & a_{2n} \\ \cdot & \cdot & \cdot & \cdot \\ a_{n1} & a_{n2} & \ldots & a_{nn} \end{vmatrix}.$$

Andererseits war die n-reihige Determinante gleich

$$M \begin{vmatrix} b_{h+1,h+1} & \ldots & b_{h+1,n} \\ \cdot & \cdot & \cdot \\ b_{n,h+1} & \ldots & b_{nn} \end{vmatrix}.$$

Im Falle $M \neq 0$, ergibt sich somit

$$\begin{vmatrix} b_{h+1,h+1} & \dots & b_{h+1,n} \\ \cdot & \cdot & \cdot \\ b_{n,h+1} & \dots & b_{nn} \end{vmatrix} = M^{n-h-1} \begin{vmatrix} a_{11} & a_{12} & \dots & a_{1n} \\ a_{21} & a_{22} & \dots & a_{2n} \\ \cdot & \cdot & \cdot & \cdot \\ a_{n1} & a_{n2} & \dots & a_{nn} \end{vmatrix}.$$

Diese Formel gilt aber auch im Falle $M = 0$. Um das zu erkennen, braucht man nur $a_{11}, a_{22}, \dots, a_{hh}$ durch

$$a_{11} + \frac{1}{p}, \quad a_{22} + \frac{1}{p}, \quad \dots, \quad a_{hh} + \frac{1}{p}$$

zu ersetzen und p die Folge 1, 2, 3, ... durchlaufen zu lassen.

§ 45. Dritter Beweis des Sylvesterschen Satzes.

Betrachten wir die zu

$$A = \begin{vmatrix} a_{11} & a_{12} & \dots & a_{1n} \\ a_{21} & a_{22} & \dots & a_{2n} \\ \cdot & \cdot & \cdot & \cdot \\ a_{n1} & a_{n2} & \dots & a_{nn} \end{vmatrix}$$

reziproke Determinante

$$\begin{vmatrix} A_{11} & A_{12} & \dots & A_{1n} \\ A_{21} & A_{22} & \dots & A_{2n} \\ \cdot & \cdot & \cdot & \cdot \\ A_{n1} & A_{n2} & \dots & A_{nn} \end{vmatrix}$$

und in ihr den Minor

$$\mathfrak{M} = \begin{vmatrix} A_{h+1,h+1} & \dots & A_{h+1,n} \\ \cdot & \cdot & \cdot \\ A_{n,h+1} & \dots & A_{nn} \end{vmatrix}.$$

Streichen wir in diesem Minor die Zeile r und die Spalte s, so entsteht eine $(n-h-1)$-reihige Determinante, die nach § 38 gleich

$$\begin{vmatrix} a_{11} & \dots & a_{1h} & a_{1s} \\ \cdot & \cdot & \cdot & \cdot \\ a_{h1} & \dots & a_{hh} & a_{hs} \\ a_{r1} & \dots & a_{rh} & a_{rs} \end{vmatrix} A^{n-h-2} = b_{rs} A^{n-h-2}$$

ist, multipliziert mit $(-1)^{r+s}$.

Das algebraische Komplement von A_{rs} in $\mathfrak{M}$ ist also

$$b_{rs} A^{n-h-2},$$

und die zu $\mathfrak{M}$ reziproke Determinante hat den Wert

$$A^{(n-h)(n-h-2)} \begin{vmatrix} b_{h+1,h+1} & \cdots & b_{h+1,n} \\ \cdot & \cdot & \cdot \\ b_{n,h+1} & \cdots & b_{nn} \end{vmatrix}.$$

Andererseits ist diese reziproke Determinante gleich

$$\mathfrak{M}^{n-h-1}$$

oder, da

$$\mathfrak{M} = \begin{vmatrix} a_{11} & \cdots & a_{1h} \\ \cdot & \cdot & \cdot \\ a_{h1} & \cdots & a_{hh} \end{vmatrix} A^{n-h-1},$$

gleich

$$A^{(n-h-1)^2} \begin{vmatrix} a_{11} & \cdots & a_{1h} \\ \cdot & \cdot & \cdot \\ a_{h1} & \cdots & a_{hh} \end{vmatrix}^{n-h-1}.$$

Daraus folgt

$$\begin{vmatrix} b_{h+1,h+1} & \cdots & b_{h+1,n} \\ \cdot & \cdot & \cdot \\ b_{n,h+1} & \cdots & b_{nn} \end{vmatrix} = A \begin{vmatrix} a_{11} & \cdots & a_{1h} \\ \cdot & \cdot & \cdot \\ a_{h1} & \cdots & a_{hh} \end{vmatrix}^{n-h-1}.$$

Das ist aber der Sylvestersche Satz. Der Fall $A = 0$ wird wieder durch eine Stetigkeitsbetrachtung erledigt.

§ 46. Der Sylvester-Frankesche Determinantensatz.

Der Sylvester-Frankesche Satz bezieht sich auf die Determinante, die man aus den m-reihigen Minoren einer n-reihigen Determinante A bilden kann $(m < n)$. Wir denken uns die $\binom{n}{m}^2$ m-reihigen Minoren von A so angeordnet, daß in einer Zeile (Spalte) immer Minoren stehen, die in denselben m Zeilen (Spalten) enthalten sind.

Wir wollen die $N = \binom{n}{m}$ Kombinationen der Zahlen $1, 2, \ldots, n$ zur m^{ten} Klasse in irgend einer Reihenfolge mit $1, 2, \ldots, N$ numerieren und unter $\mathfrak{M}_{rs}$ denjenigen m-reihigen Minor verstehen, dessen Zeilenindizes die Kombination r und dessen Spaltenindizes die Kombination s bilden. Die Determinante der m-reihigen Minoren läßt sich dann so schreiben:

$$A_m = \begin{vmatrix} \mathfrak{M}_{11} & \mathfrak{M}_{12} & \cdots & \mathfrak{M}_{1N} \\ \mathfrak{M}_{21} & \mathfrak{M}_{22} & \cdots & \mathfrak{M}_{2N} \\ \cdot & \cdot & \cdot & \cdot \\ \mathfrak{M}_{N1} & \mathfrak{M}_{N2} & \cdots & \mathfrak{M}_{NN} \end{vmatrix}.$$

Bezeichnen wir mit σ_r die Summe der Indizes, aus denen die Kombination r besteht, so bleibt die obige Determinante ungeändert, wenn man jedes $\mathfrak{M}_{rs}$ durch

$$\mathfrak{M}'_{rs} = (-1)^{\sigma_r + \sigma_s}\,\mathfrak{M}_{rs}$$

ersetzt.

Denn A_m verwandelt sich in

$$\begin{vmatrix} \mathfrak{M}'_{11} & \mathfrak{M}'_{12} & \ldots & \mathfrak{M}'_{1N} \\ \mathfrak{M}'_{21} & \mathfrak{M}'_{22} & \ldots & \mathfrak{M}'_{2N} \\ \cdot & \cdot & \cdot & \cdot \\ \mathfrak{M}'_{N1} & \mathfrak{M}'_{N2} & \ldots & \mathfrak{M}'_{NN} \end{vmatrix},$$

wenn man die Zeilen der Reihe nach mit

$$(-1)^{\sigma_1},\ (-1)^{\sigma_2},\ \ldots,\ (-1)^{\sigma_N}$$

multipliziert und dann mit den Spalten dasselbe macht. Dabei hat man aber A_m im Ganzen mit

$$(-1)^{2(\sigma_1 + \sigma_2 + \ldots + \sigma_N)} = 1$$

multipliziert.

Hieraus ersieht man, daß A_m in A_{n-m} übergeht, wenn man jedes Element $\mathfrak{M}_{rs}$ von A_m durch sein algebraisches Komplement $\overline{\mathfrak{M}}_{rs}$ in A ersetzt.

Bildet man das Produkt

$$A_m\,A_{n-m} = \begin{vmatrix} \mathfrak{M}_{11} & \ldots & \mathfrak{M}_{1N} \\ \cdot & \cdot & \cdot \\ \mathfrak{M}_{N1} & \ldots & \mathfrak{M}_{NN} \end{vmatrix} \begin{vmatrix} \overline{\mathfrak{M}}_{11} & \ldots & \overline{\mathfrak{M}}_{1N} \\ \cdot & \cdot & \cdot \\ \overline{\mathfrak{M}}_{N1} & \ldots & \overline{\mathfrak{M}}_{NN} \end{vmatrix},$$

indem man die Zeilen zusammensetzt, so ergibt sich (vgl. § 19)

$$A_m\,A_{n-m} = \begin{vmatrix} A & \ldots & 0 \\ \cdot & & \cdot \\ 0 & \ldots & A \end{vmatrix} = A^{\binom{n}{m}}.$$

Diese Formel werden wir benutzen, um das Sylvester-Frankesche Theorem zu beweisen.

Satz 31. Die aus den m-reihigen Minoren einer n-reihigen Determinante A gebildete Determinante A_m ist gleich einer Potenz von A, und zwar hat man

$$A_m = A^{\binom{n-1}{m-1}}.$$

Im Falle $m = 1$ ist dieser Satz trivial, ebenso im Falle $m = n$. Wenn $m = n - 1$ ist, fällt er mit Satz 27 in § 37 zusammen.

Um den SYLVESTER-FRANKEschen Satz allgemein zu beweisen, wenden wir den Schluß von $n-1$ auf n an. Wir nehmen an, daß er für $(n-1)$-reihige Determinanten bereits bewiesen ist, und zeigen, daß er dann auch für n-reihige Determinanten gilt.

Wir wollen alle Elemente von A mit Ausnahme von a_{nn} als Konstanten betrachten. Dann sind in der Formel

$$A_m A_{n-m} = A^{\binom{n}{m}}$$

A_m, A_{n-m} und A Funktionen von a_{nn}, und zwar hat man

$$A = a_{nn} B + C\,,$$

wobei

$$B = \begin{vmatrix} a_{11} & a_{12} & \dots a_{1,n-1} \\ a_{21} & a_{22} & \dots a_{2,n-1} \\ \cdot & \cdot & \cdot \\ a_{n-1,1} & a_{n-1,2} & \dots a_{n-1,n-1} \end{vmatrix}$$

und

$$C = \begin{vmatrix} a_{11} & \dots a_{1,n-1} & a_{1n} \\ \cdot & \cdot & \cdot \\ a_{n-1,1} & \dots a_{n-1,n-1} & a_{n-1,n} \\ a_{n1} & \dots a_{n,n-1} & 0 \end{vmatrix}$$

ist.

Um zu ermitteln, wie A_m von a_{nn} abhängt, denken wir uns die Kombinationen von 1, 2, ..., n zur m^{ten} Klasse in der Weise numeriert, daß zuerst die K Kombinationen stehen, in denen der Index n vorkommt.

Nur

$$\begin{matrix} \mathfrak{M}_{11} & \mathfrak{M}_{12} & \dots & \mathfrak{M}_{1K} \\ \mathfrak{M}_{21} & \mathfrak{M}_{22} & \dots & \mathfrak{M}_{2K} \\ \cdot & \cdot & \cdot & \cdot \\ \mathfrak{M}_{K1} & \mathfrak{M}_{K2} & \dots & \mathfrak{M}_{KK} \end{matrix}$$

enthalten dann a_{nn}. Dabei ist

$$K = \binom{n-1}{m-1}.$$

Von a_{nn} hängt $\mathfrak{M}_{rs}$ $(r, s = 1, 2, \dots, K)$ in folgender Weise ab:

$$\mathfrak{M}_{rs} = a_{nn}\mathfrak{N}_{rs} + \mathfrak{P}_{rs}.$$

$\mathfrak{N}_{rs}$ ist ein $(m-1)$-reihiger Minor von B. Da wir Satz 31 für $(n-1)$-reihige Determinanten als gültig annehmen, haben wir

$$\begin{vmatrix} \mathfrak{N}_{11} & \mathfrak{N}_{12} & \dots & \mathfrak{N}_{1K} \\ \mathfrak{N}_{21} & \mathfrak{N}_{22} & \dots & \mathfrak{N}_{2K} \\ \cdot & \cdot & \cdot & \cdot \\ \mathfrak{N}_{K1} & \mathfrak{N}_{K2} & \dots & \mathfrak{N}_{KK} \end{vmatrix} = B^{\binom{n-2}{m-2}}.$$

Hieraus können wir schließen, daß

$$\begin{vmatrix} \mathfrak{M}_{11} & \mathfrak{M}_{12} & \dots & \mathfrak{M}_{1K} \\ \mathfrak{M}_{21} & \mathfrak{M}_{22} & \dots & \mathfrak{M}_{2K} \\ \cdot & \cdot & \cdot & \cdot \\ \mathfrak{M}_{K1} & \mathfrak{M}_{K2} & \dots & \mathfrak{M}_{KK} \end{vmatrix} = a_{nn}^K B^{\binom{n-2}{m-2}} + \dots$$

ist, wobei die Punkte Glieder mit niedrigeren Potenzen von a_{nn} andeuten.

Das Komplement dieses K-reihigen Minors von A_m lautet

$$\begin{vmatrix} \mathfrak{M}_{K+1,\,K+1} & \dots & \mathfrak{M}_{K+1,\,N} \\ \cdot & \cdot & \cdot \\ \mathfrak{M}_{N,\,K+1} & \dots & \mathfrak{M}_{NN} \end{vmatrix}$$

und ist die aus den m-reihigen Minoren von B gebildete Determinante, also gleich

$$B^{\binom{n-2}{m-1}},$$

weil Satz 31 für $(n-1)$-reihige Determinanten richtig sein soll.

Jetzt ist leicht zu sagen, wie A_m von a_{nn} abhängt. Man braucht nur A_m nach den K ersten Zeilen zu entwickeln. Es ergibt sich dann

$$A_m = a_{nn}^K B^{\binom{n-2}{m-2} + \binom{n-2}{m-1}} + \dots$$

Wieder deuten die Punkte Glieder mit niedrigeren Potenzen von a_{nn} an. Da

$$\binom{n-2}{m-2} + \binom{n-2}{m-1} = \binom{n-1}{m-1} = K$$

ist, so hat man

$$A_m = a_{nn}^K B^K + \dots$$

A_m ist hiernach eine ganze rationale Funktion K^{ten} Grades von a_{nn}, deren höchster Koeffizient gleich B^K ist. Da $A_m A_{n-m}$ eine Potenz von A ist, so verschwindet A_m nur, wenn A verschwindet, d. h. für

$$a_{nn} = -\frac{C}{B}.$$

Die Wurzeln der Gleichung

$$A_m = a_{nn}^K B^K + \dots = 0,$$

in der a_{nn} als die Unbekannte zu betrachten ist, sind demnach alle gleich $-C/B$. Man hat also

$$A_m = B^K\left(a_{nn} + \frac{C}{B}\right)^K,$$

d. h.

$$A_m = (a_{nn}B + C)^K = A^K.$$

Damit ist Satz 31 für n-reihige Determinanten bewiesen unter der Voraussetzung, daß er für $(n-1)$-reihige Determinanten gilt. Da er nun im Falle $n = 2$ trivial ist, so gilt er für $n = 3$, $n = 4$ usw., d. h. er gilt allgemein.

Unser obiger Beweis stützt sich auf den Fundamentalsatz der Algebra, wonach eine ganze rationale Funktion

$$f(x) = a_0 x^p + a_1 x^{p-1} + \ldots + a_p$$

sich in der Form

$$a_0 (x - x_1)(x - x_2) \ldots (x - x_p)$$

schreiben läßt. $x_1, x_2, \ldots, x_p$ sind die Nullstellen von $f(x)$.

Wir können aber auch ohne den Fundamentalsatz der Algebra auskommen, wenn wir bemerken, daß

$$A_{n-m} = a_{nn}^L B^L + \ldots$$

ist, wobei wir

$$\binom{n-1}{n-m-1} = \binom{n-1}{m} = L$$

gesetzt haben.

Nehmen wir an, daß A_m sich K'-mal und A_{n-m} sich L'-mal durch

$$B a_{nn} + C$$

teilen läßt, daß also

$$A_m = (B a_{nn} + C)^{K'} \bar{A}_m,$$

$$A_{n-m} = (B a_{nn} + C)^{L'} \bar{A}_{n-m}$$

ist und

$$\bar{A}_m = a_{nn}^{K-K'} B^{K-K'} + \ldots,$$

$$\bar{A}_{n-m} = a_{nn}^{L-L'} B^{L-L'} + \ldots$$

nicht mehr die Wurzel $-B/C$ zulassen.

Dann haben wir

$$A_m A_{n-m} = A^{K'+L'} \bar{A}_m \bar{A}_{n-m} = A^{\binom{n}{m}}.$$

Da nun

$$K + L = \binom{n-1}{m-1} + \binom{n-1}{m} = \binom{n}{m}$$

und

$$K' + L' \leqq K + L = \binom{n}{m}$$

ist, so folgt aus obiger Gleichung

$$\bar{A}_m \bar{A}_{n-m} = A^{\binom{n}{m} - K' - L'}$$

Im Falle

$$K' + L' < \binom{n}{m},$$

enthielte die obige Gleichung einen Widerspruch, weil die rechte Seite für $a_{nn} = -C/B$ gleich Null, die linke Seite aber von Null verschieden wäre. Es ist somit

$$K' = K \quad \text{und} \quad L' = L,$$

also

$$\bar{A}_m = \bar{A}_{n-m} = 1$$

und

$$A_m = A^K, \quad A_{n-m} = A^L.$$

§ 47. Folgerungen aus dem Sylvester-Frankeschen Satz.

Wir wollen die beiden Determinanten

$$A_m = \begin{vmatrix} \mathfrak{M}_{11} & \mathfrak{M}_{12} & \dots & \mathfrak{M}_{1N} \\ \mathfrak{M}_{21} & \mathfrak{M}_{22} & \dots & \mathfrak{M}_{2N} \\ \cdot & \cdot & \cdot & \cdot \\ \mathfrak{M}_{N1} & \mathfrak{M}_{N2} & \dots & \mathfrak{M}_{NN} \end{vmatrix}$$

und

$$A_{n-m} = \begin{vmatrix} \overline{\mathfrak{M}}_{11} & \overline{\mathfrak{M}}_{12} & \dots & \overline{\mathfrak{M}}_{1N} \\ \overline{\mathfrak{M}}_{21} & \overline{\mathfrak{M}}_{22} & \dots & \overline{\mathfrak{M}}_{2N} \\ \cdot & \cdot & \cdot & \cdot \\ \overline{\mathfrak{M}}_{N1} & \overline{\mathfrak{M}}_{N2} & \dots & \overline{\mathfrak{M}}_{NN} \end{vmatrix}$$

als reziprok bezeichnen. Für den Fall $m = 1$ stimmt diese Benennung mit der in § 37 eingeführten überein. $\overline{\mathfrak{M}}_{rs}$ bedeutet wie in § 46 das algebraische Komplement von $\mathfrak{M}_{rs}$.

Es gilt hier über die Minoren von A_m und A_{n-m} ein ähnlicher Satz wie im Falle $m = 1$ (vgl. Satz 28).

Satz 32. Jeder Minor von A_m unterscheidet sich von dem algebraischen Komplement des entsprechenden Minors von A_{n-m} um einen Faktor, der gleich einer Potenz von A ist.

Um dies z. B. für den Minor

$$M = \begin{vmatrix} \mathfrak{M}_{1 r_1} & \mathfrak{M}_{1 r_2} & \dots & \mathfrak{M}_{1 r_p} \\ \mathfrak{M}_{2 r_1} & \mathfrak{M}_{2 r_2} & \dots & \mathfrak{M}_{2 r_p} \\ \cdot & \cdot & \cdot & \cdot \\ \mathfrak{M}_{p r_1} & \mathfrak{M}_{p r_2} & \dots & \mathfrak{M}_{p r_p} \end{vmatrix}$$

zu beweisen, ersetzen wir in A_m die Hauptelemente des Komplements von M durch 1 und alle übrigen Elemente der Zeilen $p+1$, $p+2, \dots, N$ durch 0. Dann reduziert sich A_m auf

$$(-1)^\sigma M,$$

wobei

$$\sigma = (1 + \dots + p) + (r_1 + \dots + r_p)$$

ist.

Multiplizieren wir jetzt die Determinanten

$$(-1)^\sigma M \quad \text{und} \quad A_{n-m}$$

nach Zeilen, so ergibt sich unter Beachtung von Satz 13 A^p mal dem Komplement von

$$\overline{M} = \begin{vmatrix} \overline{\mathfrak{M}}_{1 r_1} & \overline{\mathfrak{M}}_{1 r_2} & \dots & \overline{\mathfrak{M}}_{1 r_p} \\ \overline{\mathfrak{M}}_{2 r_1} & \overline{\mathfrak{M}}_{2 r_2} & \dots & \overline{\mathfrak{M}}_{2 r_p} \\ \cdot & \cdot & \cdot & \cdot \\ \overline{\mathfrak{M}}_{p r_1} & \overline{\mathfrak{M}}_{p r_2} & \dots & \overline{\mathfrak{M}}_{p r_p} \end{vmatrix}$$

in A_{n-m}. Nennen wir dieses Komplement M', so wird also

$$(-1)^\sigma M A_{n-m} = M' A^p.$$

Nun ist nach dem SYLVESTER-FRANKEschen Satz

$$A_{n-m} = A^{\binom{n-1}{m}}.$$

Wir haben somit

$$M = (-1)^\sigma M' A^{p - \binom{n-1}{m}}.$$

$(-1)^\sigma M'$ ist aber das algebraische Komplement von $\overline{M}$ in A_{n-m}.

§ 48. Der verallgemeinerte SYLVESTERsche Satz.

Wir betrachten in der Determinante

$$A = \begin{vmatrix} a_{11} & a_{12} & \dots & a_{1n} \\ a_{21} & a_{22} & \dots & a_{2n} \\ \cdot & \cdot & \cdot & \cdot \\ a_{n1} & a_{n2} & \dots & a_{nn} \end{vmatrix}$$

alle m-reihigen Superdeterminanten von

$$B = \begin{vmatrix} a_{11} & a_{12} & \dots & a_{1h} \\ a_{21} & a_{22} & \dots & a_{2h} \\ \cdot & \cdot & \cdot & \cdot \\ a_{h1} & a_{h2} & \dots & a_{hh} \end{vmatrix}. \qquad (h < m)$$

A_{rs} sei das algebraische Komplement von a_{rs} in A. Dann ist nach Satz 28 jeder $(n-m)$-reihige Minor von

$$C = \begin{vmatrix} A_{h+1,h+1} & \dots & A_{h+1,n} \\ \cdot & \cdot & \cdot \\ A_{n,h+1} & \dots & A_{nn} \end{vmatrix}$$

gleich einer jener m-reihigen Superdeterminanten multipliziert mit

$$A^{n-m-1}.$$

Die $\binom{n-h}{m-h}$-reihige Determinante D, die man aus den m-reihigen Superdeterminanten von B bilden kann, ist hiernach, wenn man sie mit

$$A^{(n-m-1)\binom{n-h}{m-h}}$$

multipliziert, gleich der Determinante der $(n-m)$-reihigen Minoren von C, also nach Satz 31 gleich

$$C^{\binom{n-h-1}{n-m-1}} \quad \text{oder} \quad C^{\binom{n-h-1}{m-h}}.$$

Nun hat man aber nach Satz 28

$$C = A^{n-h-1} B,$$

so daß die Gleichung

$$D A^{(n-m-1)\binom{n-h}{m-h}} = B^{\binom{n-h-1}{m-h}} A^{(n-h-1)\binom{n-h-1}{m-h}}$$

besteht. Da

$$(n-h-1)\binom{n-h-1}{m-h} - (n-m-1)\binom{n-h}{m-h} = \binom{n-h-1}{m-h-1},$$

so folgt aus der obigen Gleichung

$$D = B^{\binom{n-h-1}{m-h}} A^{\binom{n-h-1}{m-h-1}}.$$

Diese Formel enthält den verallgemeinerten Sylvesterschen Satz. Der Fall $A = 0$ erledigt sich durch eine Stetigkeitsbetrachtung.

Satz 33. Die aus den m-reihigen Superdeterminanten des Minors B gebildete Determinante ist gleich einer Potenz dieses Minors multipliziert mit einer Potenz der Determinante A.

Für $m = h + 1$ reduziert sich die Formel des Satzes auf

$$D = B^{n-h-1} A.$$

Dies ist das SYLVESTERsche Theorem aus § 41. Der obige Beweis des verallgemeinerten Satzes entspricht dem in § 45 gegebenen Beweis des speziellen Theorems.

Achtes Kapitel.

Symmetrische Determinanten.

§ 49. Definition.

Eine Determinante

$$\begin{vmatrix} a_{11} & a_{12} & \dots & a_{1n} \\ a_{21} & a_{22} & \dots & a_{2n} \\ \cdot & \cdot & \cdot & \cdot \\ a_{n1} & a_{n2} & \dots & a_{nn} \end{vmatrix}$$

heißt symmetrisch, wenn ihre Matrix beim Herumklappen um die Hauptdiagonale ungeändert bleibt, d. h. wenn

$$a_{rs} = a_{sr}$$

ist $(r, s = 1, 2, \dots, n)$.

Wenn man eine beliebige Determinante nach Zeilen oder nach Spalten mit sich selbst multipliziert, so entsteht eine symmetrische Determinante.

Ein Minor einer Determinante soll wie in § 17 ein Hauptminor heißen, wenn seine Hauptelemente zugleich Hauptelemente der Determinante sind. Ein Hauptminor entsteht also, wenn man die Zeilen mit den Indizes $r_1, r_2, \dots, r_p$ und die Spalten mit denselben Indizes unterdrückt.

Die Hauptminoren einer symmetrischen Determinante sind offenbar ebenfalls symmetrisch.

§ 50. Die Reziproke einer symmetrischen Determinante.

Wir wollen die Komplemente der Elemente a_{rs} und a_{sr} in einer symmetrischen Determinante betrachten.

$$\begin{matrix} a_{11} & a_{12} & \dots & a_{1n} \\ a_{21} & a_{22} & \dots & a_{2n} \\ \cdot & \cdot & \cdot & \cdot \\ a_{n1} & a_{n2} & \dots & a_{nn} \end{matrix} \quad \text{und} \quad \begin{matrix} a_{11} & a_{21} & \dots & a_{n1} \\ a_{12} & a_{22} & \dots & a_{n2} \\ \cdot & \cdot & \cdot & \cdot \\ a_{1n} & a_{2n} & \dots & a_{nn} \end{matrix}$$

sind, weil unsere Determinante symmetrisch ist, völlig identisch. Streichen wir also in beiden Matrizen die r^{te} Zeile und die s^{te} Spalte, so bleiben identische Matrizen übrig. Die erste ist aber die Matrix des Komplements von a_{rs}, die zweite entsteht aus der Matrix des Komplements von a_{sr} durch Herumklappen um die Hauptdiagonale.

Das Komplement von a_{rs} ist also gleich dem Komplement von a_{sr}. Multipliziert man beide mit $(-1)^{r+s}$, so ergibt sich die Gleichheit der algebraischen Komplemente von a_{rs} und a_{sr}.

Satz 34. Die Reziproke einer symmetrischen Determinante ist ebenfalls symmetrisch.

§ 51. Beispiele symmetrischer Determinanten.

Hankelsche Determinanten.

Hankel hat sich mit einer speziellen Art symmetrischer Determinanten beschäftigt, die folgende Gestalt haben:

$$\begin{vmatrix} x_1 & x_2 & \dots & x_n \\ x_2 & x_3 & \dots & x_{n+1} \\ \cdot & \cdot & \cdot & \cdot \\ x_n & x_{n+1} & \dots & x_{2n-1} \end{vmatrix}.$$

Wie man sieht, ist hier

$$a_{rs} = x_{r+s-1},$$

also

$$a_{rs} = a_{sr}.$$

Wir wollen die dreireihige Hankelsche Determinante

$$\begin{vmatrix} x_1 & x_2 & x_3 \\ x_2 & x_3 & x_4 \\ x_3 & x_4 & x_5 \end{vmatrix}$$

betrachten. Subtrahieren wir von der dritten Zeile die zweite und dann von der zweiten die erste, so ergibt sich

$$\begin{vmatrix} x_1 & x_2 & x_3 \\ x_2 - x_1 & x_3 - x_2 & x_4 - x_3 \\ x_3 - x_2 & x_4 - x_3 & x_5 - x_4 \end{vmatrix}.$$

Subtrahieren wir jetzt von der dritten Zeile die zweite, so kommt

$$\begin{vmatrix} x_1 & x_2 & x_3 \\ x_2 - x_1, & x_3 - x_2, & x_4 - x_3 \\ x_3 - 2x_2 + x_1, & x_4 - 2x_3 + x_2, & x_5 - 2x_4 + x_3 \end{vmatrix}.$$

Machen wir schließlich mit den Spalten dieser Determinante dasselbe, was wir mit den Zeilen der HANKELschen Determinante getan haben, so finden wir zunächst

$$\begin{vmatrix} x_1, & x_2 - x_1, & x_3 - x_2 \\ x_2 - x_1, & x_3 - 2x_2 + x_1, & x_4 - 2x_3 + x_2 \\ x_3 - 2x_2 + x_1, & x_4 - 3x_3 + 3x_2 - x_1, & x_5 - 3x_4 + 3x_3 - x_2 \end{vmatrix}$$

und dann

$$\begin{vmatrix} x_1, & x_2 - x_1, & x_3 - 2x_2 + x_1 \\ x_2 - x_1, & x_3 - 2x_2 + x_1, & x_4 - 3x_3 + 3x_2 - x_1 \\ x_3 - 2x_2 + x_1, & x_4 - 3x_3 + 3x_2 - x_1, & x_5 - 4x_4 + 6x_3 - 4x_2 + x_1 \end{vmatrix}.$$

Die aus

$$x_1, x_2, x_3, x_4, x_5$$

gebildete HANKELsche Determinante bleibt also ungeändert, wenn man die x der Reihe nach durch

$$x_1, \Delta x_1, \Delta^2 x_1, \Delta^3 x_1, \Delta^4 x_1$$

ersetzt. Dabei ist

$$\begin{aligned} \Delta x_1 &= x_2 - x_1, \\ \Delta^2 x_1 &= x_3 - 2x_2 + x_1, \\ \Delta^3 x_1 &= x_4 - 3x_3 + 3x_2 - x_1, \\ \Delta^4 x_1 &= x_5 - 4x_4 + 6x_3 - 4x_2 + x_1. \end{aligned}$$

Bildet man die sukzessiven Differenzenreihen von

$$x_1, x_2, x_3, x_4, x_5,$$

also

$$\begin{gathered} x_2 - x_1, \quad x_3 - x_2, \quad x_4 - x_3, \quad x_5 - x_4, \\ x_3 - 2x_2 + x_1, \quad x_4 - 2x_3 + x_2, \quad x_5 - 2x_4 + x_3, \\ x_4 - 3x_3 + 3x_2 - x_1, \quad x_5 - 3x_4 + 3x_3 - x_2, \\ x_5 - 4x_4 + 6x_3 - 4x_2 + x_1, \end{gathered}$$

so sind

$$\Delta x_1, \Delta^2 x_1, \Delta^3 x_1, \Delta^4 x_1$$

deren Anfangsglieder.

Es ist klar, daß man im allgemeinen Fall genau dieselben Betrachtungen anstellen kann.

Die HANKELsche Determinante

$$\begin{vmatrix} x_1 & x_2 & \dots & x_n \\ x_2 & x_3 & \dots & x_{n+1} \\ \cdot & \cdot & \cdot & \cdot \\ x_n & x_{n+1} & \dots & x_{2n-1} \end{vmatrix}$$

ist gleich der HANKELschen Determinante

$$\begin{vmatrix} x_1, & \Delta x_1, & \ldots, & \Delta^{n-1} x_1 \\ \Delta x_1, & \Delta^2 x_1, & \ldots, & \Delta^n x_1 \\ \cdot & \cdot & \cdot & \cdot \\ \Delta^{n-1} x_1, & \Delta^n x_1, & \ldots, & \Delta^{2n-2} x_1 \end{vmatrix}.$$

Dabei sind

$$\Delta x_1, \Delta^2 x_1, \ldots, \Delta^{2n-2} x_1$$

die Anfangsglieder der Differenzenreihen von

$$x_1, x_2, \ldots, x_{2n-1}.$$

Wenn die k^{te} Differenzenreihe von $x_1, x_2, \ldots, x_{2n-1}$ aus lauter gleichen Zahlen besteht, so nennt man $x_1, x_2, \ldots, x_{2n-1}$ eine arithmetische Reihe k^{ter} Ordnung. Alle folgenden Differenzenreihen (wenn es deren gibt) bestehen aus lauter Nullen.

Nehmen wir an, daß $x_1, x_2, \ldots, x_{2n-1}$ eine arithmetische Reihe $(n-1)^{ter}$ Ordnung ist. Dann haben wir

$$\Delta^n x_1 = 0, \quad \Delta^{n+1} x_1 = 0, \quad \ldots, \quad \Delta^{2n-2} x_1 = 0.$$

Die Determinante reduziert sich auf ein einziges Glied, nämlich[1]

$$\pm a_{n1} a_{n-1,2} \cdots a_{1n} = \pm (\Delta^{n-1} x_1)^n.$$

Da es in der Reihe

$$n, n-1, \ldots, 1$$

genau

$$n-1+n-2+\ldots+1 = \frac{n(n-1)}{2}$$

Derangements gibt, so ist die HANKELsche Determinante gleich

$$(-1)^{\frac{n(n-1)}{2}} (\Delta^{n-1} x_1)^n.$$

Bilden $x_1, x_2, \ldots, x_{2n-1}$ eine arithmetische Reihe von niedrigerer als $(n-1)^{ter}$ Ordnung, so ist $\Delta^{n-1} x_1 = 0$, $\Delta^n x_1 = 0$ usw. Die HANKELsche Determinante ist dann also gleich Null.

Ist

$$x_2 = q x_1, \quad x_3 = q x_2, \quad \ldots, \quad x_{2n-1} = q x_{2n-2},$$

also $x_1, x_2, \ldots, x_{2n-1}$ eine geometrische Reihe, so lautet die erste Differenzenreihe

$$(q-1) x_1, (q-1) x_2, \ldots, (q-1) x_{2n-2},$$

die zweite Differenzenreihe

---

[1] $a_{n s_1}$ ist gleich Null, wenn $s_1 > 1$ ist, a_{n-1, s_2} ist gleich Null, wenn $s_2 > 2$ ist usw. Daher muß $s_1 = 1$, $s_2 = 2$, ... sein.

$$(q-1)^2 x_1,\ (q-1)^2 x_2,\ \ldots,\ (q-1)^2 x_{2n-3}$$

usw. Man hat daher

$$\Delta x_1 = (q-1)x_1,\quad \Delta^2 x_1 = (q-1)^2 x_1,\ \ldots,\ \Delta^{2n-2} x_1 = (q-1)^{2n-2} x_1 .$$

Die aus $x_1, \Delta x_1, \ldots, \Delta^{2n-2} x_1$ gebildete HANKELsche Determinante ist dann von folgender Form

$$\begin{vmatrix} x_1, & (q-1)x_1, & \ldots, & (q-1)^{n-1} x_1 \\ (q-1)x_1, & (q-1)^2 x_1, & \ldots, & (q-1)^n x_1 \\ \cdot & \cdot & \cdot & \cdot \\ (q-1)^{n-1} x_1, & (q-1)^n x_1, & \ldots, & (q-1)^{2n-2} x_1 \end{vmatrix}.$$

Subtrahiert man von der zweiten Zeile die mit $q-1$ multiplizierte erste Zeile, so entsteht eine Zeile mit lauter Nullen.

Die HANKELsche Determinante ist also gleich Null, wenn $x_1, x_2, \ldots, x_{2n-1}$ eine geometrische Reihe bilden.

Zyklische Determinanten.

Als zyklische Determinante bezeichnet man eine Determinante von der Form

$$\begin{vmatrix} c_1 & c_2 & \ldots & c_n \\ c_2 & c_3 & \ldots & c_1 \\ \cdot & \cdot & \cdot & \cdot \\ c_n & c_1 & \ldots & c_{n-1} \end{vmatrix}.$$

Die $(k+1)^{\text{te}}$ Zeile einer solchen Determinante entsteht aus der k^{ten} durch zyklische Permutation, d. h. dadurch, daß das zweite Element zum ersten, das dritte zum zweiten, ..., das n^{te} zum $(n-1)^{\text{ten}}$ und das erste zum n^{ten} Element gemacht wird.

Wir wollen die Zahlen

$$c_{n+1},\ c_{n+2},\ \ldots$$

durch die Festsetzung definieren, daß

$$c_k = c_l$$

sein soll, sobald $k-l$ durch n teilbar ist. Danach haben wir

$$\begin{aligned} c_1 &= c_{n+1} = c_{2n+1} = \ldots, \\ c_2 &= c_{n+2} = c_{2n+2} = \ldots, \\ &\cdot\ \cdot\ \cdot\ \cdot\ \cdot\ \cdot \\ c_n &= c_{2n} \ \ = c_{3n} \ \ = \ldots . \end{aligned}$$

Unsere zyklische Determinante läßt sich jetzt auch so schreiben:

$$\begin{vmatrix} c_1 & c_2 & \dots & c_n \\ c_2 & c_3 & \dots & c_{n+1} \\ \cdot & \cdot & \cdot & \cdot \\ c_n & c_{n+1} & \dots & c_{2n-1} \end{vmatrix}.$$

Die zyklische Determinante ist also eine spezielle HANKELsche Determinante, nämlich die HANKELsche Determinante der $2n-1$ Zahlen

$$c_1, c_2, \dots, c_n, c_1, c_2, \dots, c_{n-1}.$$

Die zyklische Determinante läßt sich in n Faktoren zerlegen, wenn man sich der n^{ten} Einheitswurzeln bedient, d. h. der Wurzeln der Gleichung

$$x^n - 1 = 0.$$

Wir bezeichnen diese Wurzeln mit $x_1, x_2, \dots, x_n$ und bilden aus ihnen die Determinante

$$V = \begin{vmatrix} 1 & x_1 & x_1^2 & \dots & x_1^{n-1} \\ 1 & x_2 & x_2^2 & \dots & x_2^{n-1} \\ \cdot & \cdot & \cdot & \cdot & \cdot \\ 1 & x_n & x_n^2 & \dots & x_n^{n-1} \end{vmatrix}.$$

Mit ihr multiplizieren wir unsere zyklische Determinante, die wir C nennen, und zwar führen wir die Multiplikation nach Zeilen aus. Die Elemente der Produktdeterminante haben dann die Form:

$$c_h + c_{h+1} x + c_{h+2} x^2 + \dots + c_{h+n-1} x^{n-1},$$

wobei h eine der Zahlen $1, 2, \dots, n$ und x eine der Wurzeln $x_1, x_2, \dots, x_n$ ist. Da $x^n = 1$ ist, können wir statt des obigen Ausdrucks auch schreiben:

$$(c_{n+1} x^{n-h+1} + \dots + c_{h+n-1} x^{n-1}) + (c_h x^n + \dots + c_n^{2n-h})$$

oder, weil

$$c_{n+1} = c_1, \quad c_{n+2} = c_2, \quad \dots, \quad c_{h+n-1} = c_{h-1}$$

ist,

$$c_1 x^{n-h+1} + \dots + c_n x^{n-h+n},$$

d. h.

$$x^{n-h+1}(c_1 + c_2 x + \dots + c_n x^{n-1}).$$

Setzen wir also

$$f(x) = c_1 + c_2 x + \dots + c_n x^{n-1},$$

so lautet die Produktdeterminante CV:

$$\begin{vmatrix} x_1^n f(x_1), & x_2^n f(x_2), & \ldots, & x_n^n f(x_n) \\ x_1^{n-1} f(x_1), & x_2^{n-1} f(x_2), & \ldots, & x_n^{n-1} f(x_n) \\ \cdot & \cdot & \cdot & \cdot \\ x_1 f(x_1), & x_2 f(x_2), & \ldots, & x_n f(x_n) \end{vmatrix}$$

oder

$$f(x_1)\, f(x_2) \ldots f(x_n) \begin{vmatrix} x_1^n & x_1^{n-1} & \ldots & x_1 \\ x_2^n & x_2^{n-1} & \ldots & x_2 \\ \cdot & \cdot & \cdot & \cdot \\ x_n^n & x_n^{n-1} & \ldots & x_n \end{vmatrix}.$$

Nun ist aber

$$\begin{vmatrix} x_1^n & x_1^{n-1} & \ldots & x_1 \\ x_2^n & x_2^{n-1} & \ldots & x_2 \\ \cdot & \cdot & \cdot & \cdot \\ x_n^n & x_n^{n-1} & \ldots & x_n \end{vmatrix} = (-1)^{\frac{(n-1)(n-2)}{2}}\, V.$$

Wir haben daher

$$C\,V = (-1)^{\frac{(n-1)(n-2)}{2}}\, f(x_1)\, f(x_2) \ldots f(x_n) \cdot V.$$

V ist aber von Null verschieden (vgl. § 21), weil die n Wurzeln $x_1, x_2, \ldots, x_n$ alle verschieden sind. Aus der obigen Gleichung folgt demnach

$$C = (-1)^{\frac{(n-1)(n-2)}{2}}\, f(x_1)\, f(x_2) \ldots f(x_n).$$

Zum Schluß wollen wir noch zeigen, daß sich das Produkt zweier zyklischer Determinanten (abgesehen vom Vorzeichen) als zyklische Determinante schreiben läßt.

Um dies für die beiden zyklischen Determinanten

$$C = \begin{vmatrix} c_1 & c_2 & c_3 \\ c_2 & c_3 & c_1 \\ c_3 & c_1 & c_2 \end{vmatrix} \quad \text{und} \quad \Gamma = \begin{vmatrix} \gamma_1 & \gamma_2 & \gamma_3 \\ \gamma_2 & \gamma_3 & \gamma_1 \\ \gamma_3 & \gamma_1 & \gamma_2 \end{vmatrix}$$

zu zeigen, multiplizieren wir C und

$$-\Gamma = \begin{vmatrix} \gamma_1 & \gamma_2 & \gamma_3 \\ \gamma_3 & \gamma_1 & \gamma_2 \\ \gamma_2 & \gamma_3 & \gamma_1 \end{vmatrix}$$

nach Zeilen.[1] Dadurch erhalten wir

[1] Bei $-\Gamma$ entsteht die k^{te} Zeile aus der $(k+1)^{\text{ten}}$ durch zyklische Permutation, während es bei Γ umgekehrt ist.

$$
-C\Gamma = \begin{vmatrix} c_1\gamma_1 + c_2\gamma_2 + c_3\gamma_3, & c_1\gamma_3 + c_2\gamma_1 + c_3\gamma_2, & c_1\gamma_2 + c_2\gamma_3 + c_3\gamma_1 \\ c_2\gamma_1 + c_3\gamma_2 + c_1\gamma_3, & c_2\gamma_3 + c_3\gamma_1 + c_1\gamma_2, & c_2\gamma_2 + c_3\gamma_3 + c_1\gamma_1 \\ c_3\gamma_1 + c_1\gamma_2 + c_2\gamma_3, & c_3\gamma_3 + c_1\gamma_1 + c_2\gamma_2, & c_3\gamma_2 + c_1\gamma_3 + c_2\gamma_1 \end{vmatrix}
$$

oder

$$
-C\Gamma = \begin{vmatrix} c_1\gamma_1 + c_2\gamma_2 + c_3\gamma_3, & c_1\gamma_3 + c_2\gamma_1 + c_3\gamma_2, & c_1\gamma_2 + c_2\gamma_3 + c_3\gamma_1 \\ c_1\gamma_3 + c_2\gamma_1 + c_3\gamma_2, & c_1\gamma_2 + c_2\gamma_3 + c_3\gamma_1. & c_1\gamma_1 + c_2\gamma_2 + c_3\gamma_3 \\ c_1\gamma_2 + c_2\gamma_3 + c_3\gamma_1, & c_1\gamma_1 + c_2\gamma_2 + c_3\gamma_3, & c_1\gamma_3 + c_2\gamma_1 + c_3\gamma_2 \end{vmatrix}.
$$

Diese Determinante hat die Form

$$
\begin{vmatrix} a_1 & a_2 & a_3 \\ a_2 & a_3 & a_1 \\ a_3 & a_1 & a_2 \end{vmatrix},
$$

ist also eine zyklische Determinante.

Hat man zwei n-reihige zyklische Determinanten

$$
C = \begin{vmatrix} c_1 & c_2 & \dots & c_n \\ c_2 & c_3 & \dots & c_1 \\ \cdot & \cdot & \cdot & \cdot \\ c_n & c_1 & \dots & c_{n-1} \end{vmatrix} \quad \text{und} \quad \Gamma = \begin{vmatrix} \gamma_1 & \gamma_2 & \dots & \gamma_n \\ \gamma_2 & \gamma_3 & \dots & \gamma_1 \\ \cdot & \cdot & \cdot & \cdot \\ \gamma_n & \gamma_1 & \dots & \gamma_{n-1} \end{vmatrix}
$$

zu multiplizieren, so schreibe man die $n-1$ letzten Zeilen der zweiten Determinante in umgekehrter Reihenfolge, was einer Multiplikation dieser Determinante mit $(-1)^{1/2(n-1)(n-2)}$ entspricht. Dann wird das nach Zeilen gebildete Produkt

$$
(-1)^{1/2(n-1)(n-2)}\, C\, I
$$

eine zyklische Determinante.

Wir wollen jetzt noch eine spezielle zyklische Determinante betrachten, bei der die Glieder der ersten Zeile eine arithmetische Reihe erster Ordnung bilden. Eine solche Determinante hat folgendes Aussehen:

$$
D = \begin{vmatrix} a, & a+d, & \dots, & a+(n-1)d \\ a+d, & a+2d, & \dots, & a \\ \cdot & \cdot & \cdot & \cdot \\ a+(n-1)d, & a, & \dots, & a+(n-2)d \end{vmatrix}.
$$

Subtrahieren wir von der letzten Zeile die vorletzte, von der vorletzten die drittletzte usw., schließlich von der zweiten die erste, so erhalten wir

$$D = \begin{vmatrix} a & a+d & \dots & a+(n-2)d & a+(n-1)d \\ d & d & \dots & d & -(n-1)d \\ d & d & \dots & -(n-1)d & d \\ \cdot & \cdot & \cdot & \cdot & \cdot \\ d & -(n-1)d & \dots & d & d \end{vmatrix}.$$

Ziehen wir jetzt die erste Spalte von allen folgenden ab, so kommt

$$D = \begin{vmatrix} a & d & \dots & (n-2)d & (n-1)d \\ d & 0 & \dots & 0 & -nd \\ d & 0 & \dots & -nd & 0 \\ \cdot & \cdot & \cdot & \cdot & \cdot \\ d & -nd & \dots & 0 & 0 \end{vmatrix}.$$

Jetzt wollen wir die erste Spalte mit n multiplizieren und dann alle andern Spalten zu ihr addieren. Dadurch gewinnen wir

$$nD = \begin{vmatrix} na + \frac{n(n-1)}{2}d & d & \dots & (n-2)d & (n-1)d \\ 0 & 0 & \dots & 0 & -nd \\ 0 & 0 & \dots & -nd & 0 \\ \cdot & \cdot & \cdot & \cdot & \cdot \\ 0 & -nd & \dots & 0 & 0 \end{vmatrix}$$

oder

$$nD = \left(na + \frac{n(n-1)}{2}d\right) \begin{vmatrix} 0 & \dots & 0 & -nd \\ 0 & \dots & -nd & 0 \\ \cdot & \cdot & \cdot & \cdot \\ -nd & \dots & 0 & 0 \end{vmatrix}.$$

Nun ist aber

$$\begin{vmatrix} 0 & \dots & 0 & -nd \\ 0 & \dots & -nd & 0 \\ \cdot & \cdot & \cdot & \cdot \\ -nd & \dots & 0 & 0 \end{vmatrix} = (-1)^{\frac{(n-1)(n-2)}{2}} \begin{vmatrix} -nd & 0 & \dots & 0 \\ 0 & -nd & \dots & 0 \\ \cdot & \cdot & \cdot & \cdot \\ 0 & 0 & \dots & -nd \end{vmatrix}$$

$$= (-1)^{\frac{n(n-1)}{2}} (nd)^{n-1},$$

mithin

$$D = (-1)^{\frac{n(n-1)}{2}} (nd)^{n-1} \left(a + \frac{n-1}{2}d\right).$$

Hiernach wird z. B.

$$\begin{vmatrix} 1 & 2 & \dots & n \\ 2 & 3 & \dots & 1 \\ \cdot & \cdot & \cdot & \cdot \\ n & 1 & \dots & n-1 \end{vmatrix} = (-1)^{\frac{n(n-1)}{2}} \frac{n+1}{2} n^{n-1}.$$

Die Smithsche Determinante.

Mit (r, s) wollen wir den größten gemeinsamen Teiler der positiven ganzen Zahlen r und s bezeichnen und die symmetrische Determinante

$$D = \begin{vmatrix} (1,1) & (1,2) & \dots & (1,n) \\ (2,1) & (2,2) & \dots & (2,n) \\ \cdot & \cdot & \cdot & \cdot \\ (n,1) & (n,2) & \dots & (n,n) \end{vmatrix}$$

berechnen.

Dies gelingt mit Hilfe der Funktion $\varphi(m)$, die der Leser aus der elementaren Zahlentheorie kennt. $\varphi(m)$ ist die Anzahl der Zahlen in der Reihe

$$1, 2, \dots, m,$$

die zu m relativ prim sind, d. h. mit m den größten gemeinsamen Teiler 1 haben. So ist z. B.

$$\varphi(1) = 1, \quad \varphi(2) = 1, \quad \varphi(3) = 2, \quad \varphi(4) = 2, \quad \varphi(5) = 4$$

usw.

Über $\varphi(m)$ gilt folgender Satz:

Wenn $t_1, t_2, \dots, t_p$ die sämtlichen Teiler von m sind (1 und m eingeschlossen), so ist

$$\varphi(t_1) + \varphi(t_2) + \dots + \varphi(t_p) = m.$$

Um diesen Satz zu beweisen, stellen wir die Frage:

Wie viele Zahlen gibt es in der Reihe $1, 2, \dots, m$, die mit m den größten gemeinsamen Teiler t haben? Dabei ist t irgend ein Teiler von m.

Unter den Zahlen

$$t, 2t, \dots, \frac{m}{t} t$$

haben genau $\varphi\left(\frac{m}{t}\right)$ mit m den größten gemeinsamen Teiler t. Denn kt und $\frac{m}{t} t$ haben dann und nur dann den größten gemeinsamen Teiler t, wenn k und $\frac{m}{t}$ relativ prim sind.

Es gibt also in der Reihe 1, 2, ..., m

$\varphi\left(\frac{m}{t_1}\right)$ Zahlen, die mit m den größten gemeinsamen Teiler t_1 haben,

$\varphi\left(\frac{m}{t_2}\right)$ Zahlen, die mit m den größten gemeinsamen Teiler t_2 haben,

usw.

Da jede der Zahlen 1, 2, ..., m mit m den größten gemeinsamen Teiler t_1 oder t_2 oder t_3 hat usw., so ist

$$m = \varphi\left(\frac{m}{t_1}\right) + \varphi\left(\frac{m}{t_2}\right) + \dots + \varphi\left(\frac{m}{t_p}\right).$$

Die Zahlen

$$\frac{m}{t_1}, \quad \frac{m}{t_2}, \quad \dots, \quad \frac{m}{t_p}$$

bilden aber eine Permutation von $t_1, t_2, \dots, t_p$, so daß

$$\varphi\left(\frac{m}{t_1}\right) + \dots + \varphi\left(\frac{m}{t_p}\right) = \varphi(t_1) + \dots + \varphi(t_p)$$

ist.

Mit Hilfe der soeben bewiesenen Eigenschaft der Funktion $\varphi(m)$ gelingt es nun, die SMITHsche Determinante zu berechnen.

Wir wollen festsetzen, daß a_{kl} gleich 1 sein soll, wenn k durch l teilbar ist. Andernfalls möge a_{kl} gleich Null sein.

Nach Einführung der Symbole a_{kl} können wir (r, s) in folgender Form schreiben:

$$(r, s) = a_{r1} a_{s1} \varphi(1) + a_{r2} a_{s2} \varphi(2) + \dots + a_{rn} a_{sn} \varphi(n).$$

Denn

$$a_{rt} a_{st} \varphi(t)$$

ist nur dann von Null verschieden und gleich $\varphi(t)$, wenn t sowohl in r als auch in s enthalten ist. Die gemeinsamen Teiler von r und s sind aber identisch mit den Teilern von (r, s). Die obige Gleichung reduziert sich also auf

$$(r, s) = \sum \varphi(t),$$

wobei die Summation über alle Teiler von (r, s) zu erstrecken ist.

Die SMITHsche Determinante ist nach dem Obigen das Produkt aus

$$\begin{vmatrix} a_{11} & a_{12} & \dots & a_{1n} \\ a_{21} & a_{22} & \dots & a_{2n} \\ \cdot & \cdot & \cdot & \cdot \\ a_{n1} & a_{n2} & \dots & a_{nn} \end{vmatrix} \quad \text{und} \quad \begin{vmatrix} a_{11}\varphi(1), & a_{12}\varphi(2), & \dots, & a_{1n}\varphi(n) \\ a_{21}\varphi(1), & a_{22}\varphi(2), & \dots, & a_{2n}\varphi(n) \\ \cdot & \cdot & \cdot & \cdot \\ a_{n1}\varphi(1), & a_{n2}\varphi(2), & \dots, & a_{nn}\varphi(n) \end{vmatrix}.$$

Nun ist a_{kl} gleich Null, wenn $k < l$, weil dann l kein Teiler von k sein kann. Außerdem ist $a_{kk} = 1$. Es wird daher

$$\begin{vmatrix} a_{11} & a_{12} \dots a_{1n} \\ a_{21} & a_{22} \dots a_{2n} \\ \cdot & \cdot \quad \cdot \quad \cdot \\ a_{n1} & a_{n2} \dots a_{nn} \end{vmatrix} = \begin{vmatrix} 1 & 0 & \dots 0 \\ a_{21} & 1 & \dots 0 \\ \cdot & \cdot & \cdot \quad \cdot \\ a_{n1} & a_{n2} & \dots 1 \end{vmatrix} = 1,$$

und

$$\begin{vmatrix} a_{11}\,\varphi(1), & a_{12}\,\varphi(2), & \dots, & a_{1n}\,\varphi(n) \\ a_{21}\,\varphi(1), & a_{22}\,\varphi(2), & \dots, & a_{2n}\,\varphi(n) \\ \cdot & \cdot & \cdot & \cdot \\ a_{n1}\,\varphi(1), & a_{n2}\,\varphi(2), & \dots, & a_{nn}\,\varphi(n) \end{vmatrix} = \varphi(1)\,\varphi(2)\dots\varphi(n),$$

also

$$\begin{vmatrix} (1,1) & (1,2) \dots (1,n) \\ (2,1) & (2,2) \dots (2,n) \\ \cdot & \cdot \quad \cdot \quad \cdot \\ (n,1) & (n,2) \dots (n,n) \end{vmatrix} = \varphi(1)\,\varphi(2)\dots\varphi(n).$$

§ 52. Rang einer symmetrischen Determinante.

Satz 35. In einer symmetrischen Determinante vom Range r gibt es einen r-reihigen Hauptminor, der von Null verschieden ist.

Für den Fall, daß die symmetrische Determinante selbst r Reihen hat, ist der Satz selbstverständlich.

Um den andern Fall zu erledigen, schicken wir eine Hilfsbetrachtung voraus, die sich auf beliebige Determinanten bezieht.

Die Matrix

$$(1) \qquad \left\{ \begin{matrix} a_{11} & a_{12} \dots a_{1n} \\ a_{21} & a_{22} \dots a_{2n} \\ \cdot & \cdot \quad \cdot \quad \cdot \\ a_{n1} & a_{n2} \dots a_{nn} \end{matrix} \right.$$

habe den Rang r und r sei kleiner als n. Sucht man in ihr r unabhängige Zeilen

$$(2) \qquad \left\{ \begin{matrix} c_{11} & c_{12} \dots c_{1n} \\ c_{21} & c_{22} \dots c_{2n} \\ \cdot & \cdot \quad \cdot \quad \cdot \\ c_{r1} & c_{r2} \dots c_{rn} \end{matrix} \right.$$

aus, so ist jede Zeile von (1) eine lineare Kombination dieser r Zeilen (vgl. § 24). Man hat also

$$a_{kl} = \lambda_{1k}\,c_{1l} + \lambda_{2k}\,c_{2l} + \dots + \lambda_{rk}\,c_{rl} \qquad (k,\ l = 1,\ 2,\ \dots,\ n).$$

Hieraus folgt, daß die r-reihige Determinante

$$\begin{vmatrix} a_{k_1 l_1} & a_{k_1 l_2} & \dots & a_{k_1 l_r} \\ a_{k_2 l_1} & a_{k_2 l_2} & \dots & a_{k_2 l_r} \\ \cdot & \cdot & \cdot & \cdot \\ a_{k_r l_1} & a_{k_r l_2} & \dots & a_{k_r l_r} \end{vmatrix} \tag{3}$$

gleich dem Produkt der beiden Determinanten

$$\begin{vmatrix} \lambda_{1 k_1} & \lambda_{1 k_2} & \dots & \lambda_{1 k_r} \\ \lambda_{2 k_1} & \lambda_{2 k_2} & \dots & \lambda_{2 k_r} \\ \cdot & \cdot & \cdot & \cdot \\ \lambda_{r k_1} & \lambda_{r k_2} & \dots & \lambda_{r k_r} \end{vmatrix} \quad (1 \leqq k_1 < k_2 < \dots < k_r \leqq n)$$

und

$$\begin{vmatrix} c_{1 l_1} & c_{1 l_2} & \dots & c_{1 l_r} \\ c_{2 l_1} & c_{2 l_2} & \dots & c_{2 l_r} \\ \cdot & \cdot & \cdot & \cdot \\ c_{r l_1} & c_{r l_2} & \dots & c_{r l_r} \end{vmatrix} \quad (1 \leqq l_1 < l_2 < \dots < l_r \leqq n)$$

ist. Man verbinde bei der Multiplikation die Spalten der ersten mit den Spalten der zweiten Determinante.

Setzen wir

$$\begin{vmatrix} \lambda_{1 k_1} & \lambda_{1 k_2} & \dots & \lambda_{1 k_r} \\ \lambda_{2 k_1} & \lambda_{2 k_2} & \dots & \lambda_{2 k_r} \\ \cdot & \cdot & \cdot & \cdot \\ \lambda_{r k_1} & \lambda_{r k_2} & \dots & \lambda_{r k_r} \end{vmatrix} = L_{k_1 k_2 \dots k_r},$$

so können wir schreiben

$$\begin{vmatrix} a_{k_1 l_1} & a_{k_1 l_2} & \dots & a_{k_1 l_r} \\ a_{k_2 l_1} & a_{k_2 l_2} & \dots & a_{k_2 l_r} \\ \cdot & \cdot & \cdot & \cdot \\ a_{k_r l_1} & a_{k_r l_2} & \dots & a_{k_r l_r} \end{vmatrix} = L_{k_1 k_2 \dots k_r} \begin{vmatrix} c_{1 l_1} & c_{1 l_2} & \dots & c_{1 l_r} \\ c_{2 l_1} & c_{2 l_2} & \dots & c_{2 l_r} \\ \cdot & \cdot & \cdot & \cdot \\ c_{r l_1} & c_{r l_2} & \dots & c_{r l_r} \end{vmatrix}.$$

Die r-reihigen Determinanten der Matrix

$$\begin{matrix} a_{k_1 1} & a_{k_1 2} & \dots & a_{k_1 n} \\ a_{k_2 1} & a_{k_2 2} & \dots & a_{k_2 n} \\ \cdot & \cdot & \cdot & \cdot \\ a_{k_r 1} & a_{k_r 2} & \dots & a_{k_r n} \end{matrix}$$

sind also proportional zu den entsprechenden Determinanten der Matrix (2).

Denken wir uns die r-reihigen Determinanten der Matrix (1) in quadratischer Anordnung aufgeschrieben. In einer Zeile sollen immer diejenigen $\binom{n}{r}$ Determinanten stehen, die in denselben r Zeilen von (1) enthalten sind, in einer Spalte aber diejenigen $\binom{n}{r}$ Determinanten, die in denselben r Spalten von (1) enthalten sind. Die so entstehende quadratische Matrix wollen wir die Matrix der r-reihigen Determinanten von (1) nennen.

Dann können wir unser Resultat so aussprechen:

Satz 36. Hat eine quadratische Matrix den Rang r, so ist die Matrix ihrer r-reihigen Determinanten vom Range 1.

Dieser Satz, der offenbar auch im Falle $r = n$ gilt, ist als eine Verallgemeinerung von Satz 29 in § 39 zu betrachten.

Nunmehr ist der Beweis unseres Theorems über den Rang einer symmetrischen Determinante sehr einfach.

(3) sei eine von Null verschiedene Determinante der Matrix (1), die wir jetzt als symmetrisch voraussetzen. Wenn (3) kein Hauptminor ist, so hat man

$$\begin{vmatrix} \begin{vmatrix} a_{k_1 k_1} & \dots & a_{k_1 k_r} \\ \cdot & \cdot & \cdot \\ a_{k_r k_1} & \dots & a_{k_r k_r} \end{vmatrix} & \begin{vmatrix} a_{k_1 l_1} & \dots & a_{k_1 l_r} \\ \cdot & \cdot & \cdot \\ a_{k_r l_1} & \dots & a_{k_r l_r} \end{vmatrix} \\ \begin{vmatrix} a_{l_1 k_1} & \dots & a_{l_1 k_r} \\ \cdot & \cdot & \cdot \\ a_{l_r k_1} & \dots & a_{l_r k_r} \end{vmatrix} & \begin{vmatrix} a_{l_1 l_1} & \dots & a_{l_1 l_r} \\ \cdot & \cdot & \cdot \\ a_{l_r l_1} & \dots & a_{l_r l_r} \end{vmatrix} \end{vmatrix} = 0,$$

weil die Matrix der r-reihigen Determinanten den Rang 1 hat. Wegen $a_{rs} = a_{sr}$ ist nun

$$\begin{vmatrix} a_{l_1 k_1} & \dots & a_{l_1 k_r} \\ \cdot & \cdot & \cdot \\ a_{l_r k_1} & \dots & a_{l_r k_r} \end{vmatrix} = \begin{vmatrix} a_{k_1 l_1} & \dots & a_{k_1 l_r} \\ \cdot & \cdot & \cdot \\ a_{k_r l_1} & \dots & a_{k_r l_r} \end{vmatrix},$$

also

$$\begin{vmatrix} a_{k_1 k_1} & \dots & a_{k_1 k_r} \\ \cdot & \cdot & \cdot \\ a_{k_r k_1} & \dots & a_{k_r k_r} \end{vmatrix} \begin{vmatrix} a_{l_1 l_1} & \dots & a_{l_1 l_r} \\ \cdot & \cdot & \cdot \\ a_{l_r l_1} & \dots & a_{l_r l_r} \end{vmatrix} = \begin{vmatrix} a_{k_1 l_1} & \dots & a_{k_1 l_r} \\ \cdot & \cdot & \cdot \\ a_{k_r l_1} & \dots & a_{k_r l_r} \end{vmatrix}^2.$$

Da die Determinante (3) ungleich Null sein soll, so sind auch die Determinanten

$$\begin{vmatrix} a_{k_1 k_1} & \dots & a_{k_1 k_r} \\ \cdot & \cdot & \cdot \\ a_{k_r k_1} & \dots & a_{k_r k_r} \end{vmatrix} \quad \text{und} \quad \begin{vmatrix} a_{l_1 l_1} & \dots & a_{l_1 l_r} \\ \cdot & \cdot & \cdot \\ a_{l_r l_1} & \dots & a_{l_r l_r} \end{vmatrix}$$

von Null verschieden. Diese Determinanten sind aber r-reihige Hauptminoren unserer symmetrischen Determinante.

§ 53. Die Säkulargleichung.

Wir wollen die Determinante

$$D(x) = \begin{vmatrix} a_{11}+x & a_{12} & \dots & a_{1n} \\ a_{21} & a_{22}+x & \dots & a_{2n} \\ \cdot & \cdot & \cdot & \cdot \\ a_{n1} & a_{n2} & \dots & a_{nn}+x \end{vmatrix}$$

nach Potenzen von x entwickeln.

Zu diesem Zweck schreiben wir sie zunächst in folgender Form:

$$\begin{vmatrix} a_{11}+x, & a_{12}+0, & \dots, & a_{1n}+0 \\ a_{21}+0, & a_{22}+x, & \dots, & a_{2n}+0 \\ \cdot & \cdot & \cdot & \cdot \\ a_{n1}+0, & a_{n2}+0, & \dots, & a_{nn}+0 \end{vmatrix}.$$

Diese Determinante zerlegt sich mit Hilfe von Satz 6 in 2^n Summanden. Man erhält einen solchen Summanden, indem man in jeder Spalte alle ersten oder alle zweiten Bestandteile der Binome beibehält.

Streicht man überall die zweiten Bestandteile, so bleibt

$$A = \begin{vmatrix} a_{11} & a_{12} & \dots & a_{1n} \\ a_{21} & a_{22} & \dots & a_{2n} \\ \cdot & \cdot & \cdot & \cdot \\ a_{n1} & a_{n2} & \dots & a_{nn} \end{vmatrix}$$

übrig.

Werden überall die ersten Bestandteile fortgelassen, so ergibt sich

$$\begin{vmatrix} x & 0 & \dots & 0 \\ 0 & x & \dots & 0 \\ \cdot & \cdot & \cdot & \cdot \\ 0 & 0 & \dots & x \end{vmatrix} = x^n.$$

Wenn in den Spalten $r_1, r_2, \dots, r_p$ $(r_1 < r_2 < \dots < r_p)$ die zweiten Bestandteile, in den übrigen Spalten aber die ersten Bestandteile beibehalten werden, so entsteht eine Determinante von folgender Beschaffenheit. In den Spalten $r_1, r_2, \dots, r_p$ sind die Hauptelemente gleich x, alle andern Elemente aber gleich Null. Entwickeln wir also nach den Spalten $r_1, r_2, \dots, r_p$, so erhalten wir

$$x^p A_{r_1 r_2 \dots r_p}^{r_1 r_2 \dots r_p}.$$

Dabei ist

$$A_{r_1 r_2 \dots r_p}^{r_1 r_2 \dots r_p}$$

derjenige Minor von A, der nach Streichung der Zeilen und Spalten mit den Indizes $r_1, r_2, \ldots, r_p$ übrig bleibt, d. h. ein $(n-p)$-reihiger Hauptminor von A.

Für $D(x)$ gilt also folgende Entwickelung:

$$D(x) = x^n + S_1 x^{n-1} + S_2 x^{n-2} + \ldots + S_n.$$

S_k ist die Summe aller k-reihigen Hauptminoren von A. Insbesondere ist S_n gleich A.

Wenn die Determinante A symmetrisch ist, nennt man die Gleichung

$$D(x) = x^n + S_1 x^{n-1} + S_2 x^{n-2} + \ldots + S_n = 0$$

die Säkulargleichung, weil sie in der Theorie der säkularen Störungen der Planeten vorkommt.

Über die Säkulargleichung gilt folgender Satz:

Satz 37. Wenn die Determinante

$$\begin{vmatrix} a_{11} & a_{12} \ldots a_{1n} \\ a_{21} & a_{22} \ldots a_{2n} \\ \cdot & \cdot \quad \cdot \quad \cdot \\ a_{n1} & a_{n2} \ldots a_{nn} \end{vmatrix}$$

symmetrisch ist und reelle Elemente hat, so sind die Wurzeln der Gleichung

$$\begin{vmatrix} a_{11}+x & a_{12} & \ldots & a_{1n} \\ a_{21} & a_{22}+x & \ldots & a_{2n} \\ \cdot & \cdot & \cdot & \cdot \\ a_{n1} & a_{n2} & \ldots & a_{nn}+x \end{vmatrix} = 0$$

sämtlich reell.

Es genügt offenbar zu zeigen, daß die Säkulargleichung keine rein imaginäre Wurzel hat, d. h. keine Wurzel von der Form

$$x = \beta i,$$

wobei β reell und i die imaginäre Einheit ist.

Ist nämlich

$$x = \alpha + \beta i$$

eine Wurzel von $D(x) = 0$, so ist βi eine Wurzel von

$$\begin{vmatrix} (a_{11}+\alpha)+x & a_{12} & \ldots & a_{1n} \\ a_{21} & (a_{22}+\alpha)+x & \ldots & a_{2n} \\ \cdot & \cdot & \cdot & \cdot \\ a_{n1} & a_{n2} & \ldots & (a_{nn}+\alpha)+x \end{vmatrix} = 0.$$

Um nun zu beweisen, daß $D(x) = 0$ keine rein imaginäre Wurzel hat, kann man in folgender Weise vorgehen.

Man bildet das Produkt aus $D(x)$ und

$$D(-x) = \begin{vmatrix} a_{11} - x & a_{12} & \dots & a_{1n} \\ a_{21} & a_{22} - x & \dots & a_{2n} \\ \cdot & \cdot & \cdot & \cdot \\ a_{n1} & a_{n2} & \dots & a_{nn} - x \end{vmatrix},$$

und zwar nach Zeilen. In der Produktdeterminante steht dann in der r^{ten} Zeile und s^{ten} Spalte ($r \gtreqless s$)

$$a_{r1}\, a_{s1} + a_{r2}\, a_{s2} + \dots + a_{rn}\, a_{sn} + (a_{sr} - a_{rs})x$$

oder wegen $a_{sr} = a_{rs}$

$$a_{r1}\, a_{s1} + a_{r2}\, a_{s2} + \dots + a_{rn}\, a_{sn}.$$

In der r^{ten} Zeile und der r^{ten} Spalte der Produktdeterminante haben wir

$$a_{r1}\, a_{r1} + a_{r2}\, a_{r2} + \dots + a_{rn}\, a_{rn} - x^2.$$

Es ist also

$$D(x)\, D(-x) = \begin{vmatrix} c_{11} - x^2 & c_{12} & \dots & c_{1n} \\ c_{21} & c_{22} - x^2 & \dots & c_{2n} \\ \cdot & \cdot & \cdot & \cdot \\ c_{n1} & c_{n2} & \dots & c_{nn} - x^2 \end{vmatrix},$$

wobei wir

$$a_{r1}\, a_{s1} + a_{r2}\, a_{s2} + \dots + a_{rn}\, a_{sn} = c_{rs}$$

gesetzt haben ($r, s = 1, 2, \dots, n$).

Wäre nun $x = \beta i$ eine Wurzel von $D(x) = 0$, so hätten wir

$$D(\beta i)\, D(-\beta i) = 0,$$

d. h.

$$\begin{vmatrix} c_{11} + \beta^2 & c_{12} & \dots & c_{1n} \\ c_{21} & c_{22} + \beta^2 & \dots & c_{2n} \\ \cdot & \cdot & \cdot & \cdot \\ c_{n1} & c_{n2} & \dots & c_{nn} + \beta^2 \end{vmatrix} = 0.$$

Wir wollen jetzt mit σ_p die Summe aller p-reihigen Hauptminoren von

$$\begin{vmatrix} c_{11} & c_{12} & \dots & c_{1n} \\ c_{21} & c_{22} & \dots & c_{2n} \\ \cdot & \cdot & \cdot & \cdot \\ c_{n1} & c_{n2} & \dots & c_{nn} \end{vmatrix}$$

bezeichnen. Dann läßt sich die obige Gleichung so schreiben:

$$\beta^{2n} + \sigma_1 \beta^{2n-2} + \sigma_2 \beta^{2n-4} + \dots + \sigma_n = 0.$$

Nun ist

$$\begin{vmatrix} c_{r_1 r_1} & c_{r_1 r_2} & \dots & c_{r_1 r_p} \\ c_{r_2 r_1} & c_{r_2 r_2} & \dots & c_{r_2 r_p} \\ \cdot & \cdot & \cdot & \cdot \\ c_{r_p r_1} & c_{r_p r_2} & \dots & c_{r_p r_p} \end{vmatrix}$$

das Produkt der Matrix

$$\begin{matrix} a_{r_1 1} & a_{r_1 2} & \dots & a_{r_1 n} \\ a_{r_2 1} & a_{r_2 2} & \dots & a_{r_2 n} \\ \cdot & \cdot & \cdot & \cdot \\ a_{r_p 1} & a_{r_p 2} & \dots & a_{r_p n} \end{matrix}$$

mit sich selbst. Nach § 34 hat man aber

$$\begin{Vmatrix} a_{r_1 1} & a_{r_1 2} & \dots & a_{r_1 n} \\ a_{r_2 1} & a_{r_2 2} & \dots & a_{r_2 n} \\ \cdot & \cdot & \cdot & \cdot \\ a_{r_p 1} & a_{r_p 2} & \dots & a_{r_p n} \end{Vmatrix}^2 = \sum \begin{vmatrix} a_{r_1 s_1} & a_{r_1 s_2} & \dots & a_{r_1 s_p} \\ a_{r_2 s_1} & a_{r_2 s_2} & \dots & a_{r_2 s_p} \\ \cdot & \cdot & \cdot & \cdot \\ a_{r_p s_1} & a_{r_p s_2} & \dots & a_{r_p s_p} \end{vmatrix}^2 .$$

Da die Elemente a_{rs} reell sind, so ist diese Summe sicher nicht negativ. Man hat also auch

$$\sigma_1 \geqq 0, \quad \sigma_2 \geqq 0, \quad \dots, \quad \sigma_n \geqq 0.$$

Solange $\beta \gtreqless 0$, ist daher

$$\beta^{2n} + \sigma_1 \beta^{2n-2} + \sigma_2 \beta^{2n-4} + \dots + \sigma_n$$

positiv.

§ 54. Zweiter Beweis des Satzes über die Säkulargleichung.

Wenn $\alpha + \beta i$ eine Wurzel von $D(x) = 0$ ist, so gibt es ein von 0, 0, ..., 0 verschiedenes Wertsystem $x_1, x_2, \dots, x_n$, das den Gleichungen

$$\begin{aligned} (a_{11} + \alpha + \beta i) x_1 + a_{12} x_2 + \dots + a_{1n} x_n &= 0, \\ a_{21} x_1 + (a_{22} + \alpha + \beta i) x_2 + \dots + a_{2n} x_n &= 0, \\ \cdot \quad \cdot \quad \cdot \quad \cdot \quad \cdot \quad \cdot \quad \cdot \quad \cdot \\ a_{n1} x_1 + a_{n2} x_2 + \dots + (a_{nn} + \alpha + \beta i) x_n &= 0 \end{aligned}$$

genügt; denn die Determinante dieses Systems ist gleich $D(\alpha + \beta i)$, also gleich Null.

Die obigen Gleichungen können wir auch so schreiben:

$$(1) \quad \left\{ \begin{aligned} a_{11} x_1 + a_{12} x_2 + \dots + a_{1n} x_n + (\alpha + \beta i) x_1 &= 0, \\ a_{21} x_1 + a_{22} x_2 + \dots + a_{2n} x_n + (\alpha + \beta i) x_2 &= 0, \\ \cdot \quad \cdot \quad \cdot \quad \cdot \quad \cdot \quad \cdot \quad \cdot \quad \cdot \\ a_{n1} x_1 + a_{n2} x_2 + \dots + a_{nn} x_n + (\alpha + \beta i) x_n &= 0. \end{aligned} \right.$$

Zerlegen wir $x_1, x_2, \ldots, x_n$ in ihren reellen und imaginären Teil, setzen wir also

$$x_1 = y_1 + z_1 i, \quad x_2 = y_2 + z_2 i, \quad \ldots, \quad x_n = y_n + z_n i,$$

wobei die y und die z reell sind, so spaltet sich (1) in die beiden folgenden Systeme:

$$(2) \qquad \begin{cases} a_{11} y_1 + a_{12} y_2 + \ldots + a_{1n} y_n + \alpha y_1 - \beta z_1 = 0, \\ a_{21} y_1 + a_{22} y_2 + \ldots + a_{2n} y_n + \alpha y_2 - \beta z_2 = 0, \\ \cdot \quad \cdot \quad \cdot \quad \cdot \quad \cdot \quad \cdot \quad \cdot \quad \cdot \quad \cdot \quad \cdot \quad \cdot \quad \cdot \\ a_{n1} y_1 + a_{n2} y_2 + \ldots + a_{nn} y_n + \alpha y_n - \beta z_n = 0 \end{cases}$$

und

$$(3) \qquad \begin{cases} a_{11} z_1 + a_{12} z_2 + \ldots + a_{1n} z_n + \alpha z_1 + \beta y_1 = 0, \\ a_{21} z_1 + a_{22} z_2 + \ldots + a_{2n} z_n + \alpha z_2 + \beta y_2 = 0, \\ \cdot \quad \cdot \quad \cdot \quad \cdot \quad \cdot \quad \cdot \quad \cdot \quad \cdot \quad \cdot \quad \cdot \quad \cdot \quad \cdot \\ a_{n1} z_1 + a_{n2} z_2 + \ldots + a_{nn} z_n + \alpha z_n + \beta y_n = 0. \end{cases}$$

Hierbei haben wir benutzt, daß die a_{rs} reell sind.

Nun wollen wir die Gleichungen (2) der Reihe nach mit $z_1, z_2, \ldots, z_n$ multiplizieren und dann addieren. Dadurch erhalten wir

$$(4) \qquad \sum a_{rs} z_r y_s + \alpha \sum y_r z_r - \beta \sum z_r^2 = 0 \qquad (r, s = 1, 2, \ldots, n).$$

Multiplizieren wir die Gleichungen (3) der Reihe nach mit $y_1, y_2, \ldots, y_n$ und addieren dann, so kommt

$$(5) \qquad \sum a_{sr} z_r y_s + \alpha \sum y_s z_s + \beta \sum y_s^2 = 0 \qquad (r, s = 1, 2, \ldots, n).$$

Durch Subtraktion ergibt sich aus (4) und (5) unter Berücksichtigung von $a_{rs} = a_{sr}$

$$(6) \qquad \beta \sum (y_r^2 + z_r^2) = 0.$$

Wäre nun

$$\sum (y_r^2 + z_r^2) = 0,$$

so hätte man

$$y_1 = y_2 = \ldots = y_n = 0 \quad \text{und} \quad z_1 = z_2 = \ldots = z_n = 0,$$

mithin

$$x_1 = x_2 = \ldots = x_n = 0,$$

während doch $x_1, x_2, \ldots, x_n$ von 0, 0, ..., 0 verschieden ist.

Sicher ist also

$$\sum (y_r^2 + z_r^2) > 0,$$

so daß aus (6)

$$\beta = 0$$

folgt.

Damit ist aber gezeigt, daß die Säkulargleichung nur reelle Wurzeln hat.

§ 55. Verallgemeinerung der Säkulargleichung.

Wir wollen eine Determinante

$$\begin{vmatrix} a_{11} & a_{12} & \dots & a_{1n} \\ a_{21} & a_{22} & \dots & a_{2n} \\ \cdot & \cdot & \cdot & \cdot \\ a_{n1} & a_{n2} & \dots & a_{nn} \end{vmatrix}$$

mit komplexen Elementen betrachten, die so beschaffen ist, daß immer a_{rs} und a_{sr} konjugiert komplex sind.

Wenn also

$$a_{rs} = \alpha_{rs} + \beta_{rs} i$$

ist, so soll immer

$$a_{sr} = \alpha_{rs} - \beta_{rs} i$$

sein. Die Hauptelemente sind dann reell, weil aus

$$\alpha_{rr} + \beta_{rr} i = \alpha_{rr} - \beta_{rr} i$$

$\beta_{rr} = 0$ folgt.

Wenn man eine solche Determinante um die Hauptdiagonale herumklappt, so wird jedes Element durch die konjugiert komplexe Zahl ersetzt.

Es läßt sich zeigen, daß die Gleichung

$$D(x) = \begin{vmatrix} a_{11}+x & a_{12} & \dots & a_{1n} \\ a_{21} & a_{22}+x & \dots & a_{2n} \\ \cdot & \cdot & \cdot & \cdot \\ a_{n1} & a_{n2} & \dots & a_{nn}+x \end{vmatrix} = 0$$

nur reelle Wurzeln hat. Auch hier genügt es zu wissen, daß eine solche Gleichung keine rein imaginäre Wurzel hat.

Um dies zu beweisen, multiplizieren wir $D(x)$ mit

$$D(-x) = \begin{vmatrix} a_{11}-x & a_{21} & \dots & a_{n1} \\ a_{12} & a_{22}-x & \dots & a_{n2} \\ \cdot & \cdot & \cdot & \cdot \\ a_{1n} & a_{2n} & \dots & a_{nn}-x \end{vmatrix},$$

und zwar nach Zeilen. Dadurch erhalten wir

$$D(x)D(-x) = \begin{vmatrix} c_{11}-x^2 & c_{12} & \dots & c_{1n} \\ c_{21} & c_{22}-x^2 & \dots & c_{2n} \\ \cdot & \cdot & \cdot & \cdot \\ c_{n1} & c_{n2} & \dots & c_{nn}-x^2 \end{vmatrix},$$

wobei

$$c_{rs} = a_{r1}a_{1s} + a_{r2}a_{2s} + \ldots + a_{rn}a_{ns}$$

ist. Denn die r^{te} Zeile von $D(x)$ liefert mit der s^{ten} Zeile von $D(-x)$

$$a_{r1}a_{1s} + a_{r2}a_{2s} + \ldots + a_{rn}a_{ns} = c_{rs} \qquad (r \gtrless s)$$

und die r^{te} Zeile von $D(x)$ mit der r^{ten} Zeile von $D(-x)$

$$a_{r1}a_{1r} + a_{r2}a_{2r} + \ldots + a_{rn}a_{nr} - x^2 = c_{rr} - x^2 .$$

Wäre nun βi eine Wurzel von $D(x) = 0$, so müßte

$$D(\beta i)D(-\beta i) = \begin{vmatrix} c_{11}+\beta^2 & c_{12} & \ldots & c_{1n} \\ c_{21} & c_{22}+\beta^2 & \ldots & c_{2n} \\ \cdot & \cdot & \cdot & \cdot \\ c_{n1} & c_{n2} & \ldots & c_{nn}+\beta^2 \end{vmatrix} = 0$$

sein.

Nun ist

$$\begin{vmatrix} c_{r_1 r_1} & c_{r_1 r_2} & \ldots & c_{r_1 r_p} \\ c_{r_2 r_1} & c_{r_2 r_2} & \ldots & c_{r_2 r_p} \\ \cdot & \cdot & \cdot & \cdot \\ c_{r_p r_1} & c_{r_p r_2} & \ldots & c_{r_p r_p} \end{vmatrix}$$

das Produkt der beiden Matrizen

$$\begin{matrix} a_{r_1 1} & a_{r_1 2} & \ldots & a_{r_1 n} \\ a_{r_2 1} & a_{r_2 2} & \ldots & a_{r_2 n} \\ \cdot & \cdot & \cdot & \cdot \\ a_{r_p 1} & a_{r_p 2} & \ldots & a_{r_p n} \end{matrix} \quad \text{und} \quad \begin{matrix} a_{1 r_1} & a_{2 r_1} & \ldots & a_{n r_1} \\ a_{1 r_2} & a_{2 r_2} & \ldots & a_{n r_2} \\ \cdot & \cdot & \cdot & \cdot \\ a_{1 r_p} & a_{2 r_p} & \ldots & a_{n r_p} \end{matrix},$$

also gleich

$$\sum \begin{vmatrix} a_{r_1 s_1} & a_{r_1 s_2} & \ldots & a_{r_1 s_p} \\ a_{r_2 s_1} & a_{r_2 s_2} & \ldots & a_{r_2 s_p} \\ \cdot & \cdot & \cdot & \cdot \\ a_{r_p s_1} & a_{r_p s_2} & \ldots & a_{r_p s_p} \end{vmatrix} \begin{vmatrix} a_{s_1 r_1} & a_{s_2 r_1} & \ldots & a_{s_p r_1} \\ a_{s_1 r_2} & a_{s_2 r_2} & \ldots & a_{s_p r_2} \\ \cdot & \cdot & \cdot & \cdot \\ a_{s_1 r_p} & a_{s_2 r_p} & \ldots & a_{s_p r_p} \end{vmatrix}.$$

Offenbar sind die beiden Determinanten

$$\begin{vmatrix} a_{r_1 s_1} & a_{r_1 s_2} & \ldots & a_{r_1 s_p} \\ a_{r_2 s_1} & a_{r_2 s_2} & \ldots & a_{r_2 s_p} \\ \cdot & \cdot & \cdot & \cdot \\ a_{r_p s_1} & a_{r_p s_2} & \ldots & a_{r_p s_p} \end{vmatrix} \quad \text{und} \quad \begin{vmatrix} a_{s_1 r_1} & a_{s_2 r_1} & \ldots & a_{s_p r_1} \\ a_{s_1 r_2} & a_{s_2 r_2} & \ldots & a_{s_p r_2} \\ \cdot & \cdot & \cdot & \cdot \\ a_{s_1 r_p} & a_{s_2 r_p} & \ldots & a_{s_p r_p} \end{vmatrix}$$

konjugiert komplex; denn die entsprechenden Elemente sind es.

Wir sehen also, daß die Hauptminoren von

$$\begin{vmatrix} c_{11} & c_{12} & \dots & c_{1n} \\ c_{21} & c_{22} & \dots & c_{2n} \\ \cdot & \cdot & \cdot & \cdot \\ c_{n1} & c_{n2} & \dots & c_{nn} \end{vmatrix}$$

positiv oder jedenfalls nicht negativ sind. Dasselbe gilt von den Zahlen $\sigma_1, \sigma_2, \dots, \sigma_n$, wenn σ_p die Summe aller p-reihigen Hauptminoren bedeutet.

Da

$$D(\beta i)D(-\beta i) = \beta^{2n} + \sigma_1 \beta^{2n-2} + \sigma_2 \beta^{2n-4} + \dots + \sigma_n$$

ist, so haben wir im Falle $\beta \gtreqless 0$

$$D(\beta i)D(-\beta i) > 0.$$

Damit ist bewiesen, daß $D(x) = 0$ nur reelle Wurzeln hat. In diesem Resultat ist Satz 37 als Spezialfall enthalten.

Wenn in einer Determinante A die Elemente a_{kl} und a_{lk} stets konjugiert komplex sind, so hat die Determinante ihrer m-reihigen Minoren dieselbe Eigenschaft. Dabei müssen aber in einer Zeile (Spalte) lauter Minoren mit gleichen Zeilen- (Spalten-) Indizes stehen. Hat nun A den Rang r, so hat die Determinante der r-reihigen Minoren den Rang 1. Daraus folgt, daß nicht alle r-reihigen Hauptminoren von A gleich Null sind (vgl. § 52).

Neuntes Kapitel.

Schiefsymmetrische Determinanten.

§ 56. Definition.

Schiefsymmetrisch nennt man die Determinante

$$A = \begin{vmatrix} a_{11} & a_{12} & \dots & a_{1n} \\ a_{21} & a_{22} & \dots & a_{2n} \\ \cdot & \cdot & \cdot & \cdot \\ a_{n1} & a_{n2} & \dots & a_{nn} \end{vmatrix},$$

wenn zwischen den a_{rs} die Relationen

$$a_{rs} = -a_{sr} \qquad (r, s = 1, 2, \dots, n)$$

bestehen.

Je zwei Elemente, die symmetrisch zur Hauptdiagonale liegen, sind also entgegengesetzt gleich, während die Hauptelemente gleich Null sind.

Die Hauptminoren von A sind offenbar ebenfalls schiefsymmetrisch.

§ 57. Schiefsymmetrische Determinanten von ungerader Ordnung.

Nach Satz 1 läßt sich die schiefsymmetrische Determinante A so schreiben:

$$A = \begin{vmatrix} a_{11} & a_{21} & \dots & a_{n1} \\ a_{12} & a_{22} & \dots & a_{n2} \\ \cdot & \cdot & \cdot & \cdot \\ a_{1n} & a_{2n} & \dots & a_{nn} \end{vmatrix}.$$

Da nun $a_{rs} = -a_{sr}$ ist, hat man nach Satz 5

$$A = (-1)^n \begin{vmatrix} a_{11} & a_{12} & \dots & a_{1n} \\ a_{21} & a_{22} & \dots & a_{2n} \\ \cdot & \cdot & \cdot & \cdot \\ a_{n1} & a_{n2} & \dots & a_{nn} \end{vmatrix} = (-1)^n A.$$

Hieraus folgt im Falle eines ungeraden n

$$A = -A, \quad \text{d. h.} \quad A = 0.$$

Satz 38. Eine schiefsymmetrische Determinante von ungerader Ordnung ist gleich Null.

§ 58. Die Minoren einer schiefsymmetrischen Determinante.

Die beiden Minoren

$$\begin{vmatrix} a_{r_1 s_1} & \dots & a_{r_1 s_p} \\ \cdot & \cdot & \cdot \\ a_{r_p s_1} & \dots & a_{r_p s_p} \end{vmatrix} \quad \text{und} \quad \begin{vmatrix} a_{s_1 r_1} & \dots & a_{s_1 r_p} \\ \cdot & \cdot & \cdot \\ a_{s_p r_1} & \dots & a_{s_p r_p} \end{vmatrix}$$

stehen in der Beziehung zueinander, daß die Zeilenindizes des einen die Spaltenindizes des andern sind. Zwei solche Minoren pflegt man als konjugiert zu bezeichnen.

Konjugierte Minoren einer schiefsymmetrischen Determinante sind gleich oder entgegengesetzt gleich, je nachdem sie von gerader oder ungerader Ordnung sind.

In der Tat ist

$$\begin{vmatrix} a_{s_1 r_1} & \dots & a_{s_1 r_p} \\ \cdot & \cdot & \cdot \\ a_{s_p r_1} & \dots & a_{s_p r_p} \end{vmatrix} = (-1)^p \begin{vmatrix} a_{r_1 s_1} & \dots & a_{r_p s_1} \\ \cdot & \cdot & \cdot \\ a_{r_1 s_p} & \dots & a_{r_p s_p} \end{vmatrix} = (-1)^p \begin{vmatrix} a_{r_1 s_1} & \dots & a_{r_1 s_p} \\ \cdot & \cdot & \cdot \\ a_{r_p s_1} & \dots & a_{r_p s_p} \end{vmatrix}.$$

Die Komplemente von a_{rs} und a_{sr} sind konjugierte Minoren. Sie sind also gleich oder entgegengesetzt gleich, je nachdem die Ordnung der schiefsymmetrischen Determinante ungerade oder gerade ist. Dasselbe gilt von den algebraischen Komplementen, da sie aus den Komplementen durch Multiplikation mit $(-1)^{r+s}$ entstehen. Es besteht also folgender Satz:

Satz 39. Die Reziproke einer schiefsymmetrischen Determinante ist symmetrisch oder schiefsymmetrisch, je nachdem die Ordnung ungerade oder gerade ist.

§ 59. Schiefsymmetrische Determinanten von gerader Ordnung.

Eine schiefsymmetrische Determinante zweiter Ordnung hat folgende Form

$$\begin{vmatrix} 0 & a_{12} \\ -a_{12} & 0 \end{vmatrix}.$$

Man findet, daß

$$\begin{vmatrix} 0 & a_{12} \\ -a_{12} & 0 \end{vmatrix} = a_{12}^2$$

ist, also gleich dem Quadrat von a_{12}.

Bei der schiefsymmetrischen Determinante vierter Ordnung

$$\begin{vmatrix} 0 & a_{12} & a_{13} & a_{14} \\ -a_{12} & 0 & a_{23} & a_{24} \\ -a_{13} & -a_{23} & 0 & a_{34} \\ -a_{14} & -a_{24} & -a_{34} & 0 \end{vmatrix}$$

besteht eine ähnliche Eigenschaft. Sie ist nämlich gleich

$$(a_{12}\,a_{34} - a_{13}\,a_{24} + a_{14}\,a_{23})^2,$$

also wieder das Quadrat eines Ausdrucks, der sich aus den Elementen ganz und rational zusammensetzt, d. h. mittels der Operationen der Addition, Subtraktion und Multiplikation.

Man kann hiernach folgenden Satz vermuten:

Satz 40. Jede schiefsymmetrische Determinante gerader Ordnung läßt sich als Quadrat einer ganzen rationalen Funktion der Elemente schreiben.

Wir beweisen dies durch einen Schluß von $n-2$ auf n. Wir nehmen also an, daß der Satz für schiefsymmetrische Determinanten $(n-2)^{\text{ter}}$ Ordnung bereits bewiesen ist, und zeigen, daß er dann auch für solche von n^{ter} Ordnung gilt (n gerade). Da wir ihn im Falle $n = 2$ und $n = 4$ bestätigt fanden, so gilt er allgemein.

Entwickeln wir die schiefsymmetrische Determinante

$$A = \begin{vmatrix} a_{11} & a_{12} & \dots & a_{1n} \\ a_{21} & a_{22} & \dots & a_{2n} \\ \cdot & \cdot & \cdot & \cdot \\ a_{n1} & a_{n2} & \dots & a_{nn} \end{vmatrix}$$

nach der letzten Zeile und letzten Spalte (vgl. § 42), so ergibt sich

$$A = -\sum a_{rn} a_{ns} A_{rs} = \sum a_{rn} a_{sn} A_{rs}.$$
$$(r, s = 1, 2, \dots, n-1)$$

A_{rs} ist das algebraische Komplement von a_{rs} in der Determinante

$$B = \begin{vmatrix} a_{11} & a_{12} & \dots & a_{1,n-1} \\ a_{21} & a_{22} & \dots & a_{2,n-1} \\ \cdot & \cdot & \cdot & \cdot \\ a_{n-1,1} & a_{n-1,2} & \dots & a_{n-1,n-1} \end{vmatrix},$$

die nach Satz 38 gleich Null ist. Da n gerade ist, so ist die reziproke Determinante von B symmetrisch. Man hat also

$$A_{rs} = A_{sr}.$$

Wegen $B = 0$ sind in der reziproken Determinante alle zweireihigen Minoren gleich Null (vgl. § 39). Insbesondere ist

$$\begin{vmatrix} A_{rr} & A_{rs} \\ A_{sr} & A_{ss} \end{vmatrix} = A_{rr} A_{ss} - A_{rs}^2 = 0.$$

Wir setzen voraus, daß Satz 40 für $(n-2)$-reihige schiefsymmetrische bereits bewiesen ist. Solche Determinanten sind A_{rr} und A_{ss}. Es ist also

$$A_{rr} = \alpha_r^2, \quad (r = 1, 2, \dots, n-1)$$

und jedes α_r setzt sich aus den Elementen von A durch Additionen, Subtraktionen und Multiplikationen zusammen. Die Vorzeichen der α_r können wir noch beliebig wählen.

Nehmen wir an, daß $\alpha_1 \neq 0$ ist. Nachdem wir uns dann bei α_1 für ein bestimmtes Vorzeichen entschieden haben, wollen wir $\alpha_2, \dots, \alpha_n$ so wählen, daß

$$A_{1r} = \alpha_1 \alpha_r$$

wird $(r = 2, 3, \dots, n)$. Das können wir, weil

$$A_{1r}^2 = A_{11} A_{rr} = \alpha_1^2 \alpha_r^2$$

ist.

Jetzt sind $\alpha_1, \alpha_2, \dots, \alpha_n$ völlig bestimmt. Man überzeugt sich leicht, daß

$$A_{rs} = \alpha_r \alpha_s \quad (r, s = 1, 2, \dots, n-1)$$

ist. Man hat nämlich

$$\begin{vmatrix} A_{11} & A_{1s} \\ A_{r1} & A_{rs} \end{vmatrix} = 0,$$

also

$$\alpha_1^2 A_{rs} = \alpha_1^2 \alpha_r \alpha_s,$$

woraus wegen $\alpha_1 \neq 0$ das Behauptete folgt.

Sollte $\alpha_1 = 0$ sein, so gehe man statt von α_1 von irgend einem andern α_r aus, das nicht gleich Null ist. Sollten $\alpha_1, \alpha_2, \ldots, \alpha_n$ alle verschwinden, so sind auch alle A_{rs} gleich Null, und man hat $A_{rs} = \alpha_r \alpha_s \cdot (r, s = 1, 2, \ldots, n-1)$.

Auf Grund der Relationen

$$A_{rs} = \alpha_r \alpha_s \quad (r, s = 1, 2, \ldots, n-1)$$

wird nun

$$A = \sum \alpha_r \alpha_s a_{rn} a_{sn} = (a_{1n}\alpha_1 + a_{2n}\alpha_2 + \ldots + a_{n-1,n}\alpha_{n-1})^2.$$

§ 60. Zweiter Beweis des Satzes 40.

Dem Glied

$$\operatorname{sgn}\begin{pmatrix} 1 & 2 & \ldots & n \\ r_1 & r_2 & \ldots & r_n \end{pmatrix} a_{1r_1} a_{2r_2} \ldots a_{nr_n}$$

der Determinante

$$A = \begin{vmatrix} a_{11} & a_{12} & \ldots & a_{1n} \\ a_{21} & a_{22} & \ldots & a_{2n} \\ \cdot & \cdot & \cdot & \cdot \\ a_{n1} & a_{n2} & \ldots & a_{nn} \end{vmatrix}$$

wollen wir die Substitution (vgl. § 7)

$$S = \begin{pmatrix} 1 & 2 & \ldots & n \\ r_1 & r_2 & \ldots & r_n \end{pmatrix}$$

zuordnen. Dann sind die $n!$ Glieder von A mit den $n!$ Substitutionen der Zahlen $1, 2, \ldots, n$ gepaart.

$$\operatorname{sgn}\begin{pmatrix} 1 & 2 & \ldots & n \\ r_1 & r_2 & \ldots & r_n \end{pmatrix}$$

ist gleich $+1$ oder -1, je nachdem S eine gerade oder eine ungerade Substitution ist.

Wir denken uns jede Substitution in ihre Zyklen zerlegt und berücksichtigen dabei auch die eingliedrigen Zyklen.

Wenn die Determinante A schiefsymmetrisch ist, so entspricht jeder Substitution S, in der ein eingliedriger Zyklus vorkommt, ein verschwindendes Glied von A. Enthält S den eingliedrigen Zyklus (r), so tritt in dem zugehörigen Determinantenglied der Faktor a_{rr} auf, der gleich Null ist.

Alle Substitutionen, die eingliedrige Zyklen enthalten, können wir also beiseite lassen.

Wir betrachten jetzt diejenigen Substitutionen, in denen ein Zyklus mit ungerader Elementzahl vorkommt. Enthält eine Substitution mehrere solche Zyklen, so soll unter ihnen der Zyklus der erste heißen, in dem das niedrigste Element auftritt.

S sei eine Substitution von der betrachteten Art und der erste Zyklus mit ungerader Elementzahl sei $(r_1\, r_2 \ldots r_p)$. p ist eine der Zahlen 3, 5, ... Ersetzen wir den Zyklus $(r_1\, r_2 \ldots r_p)$ durch $(r_p\, r_{p-1} \ldots r_1)$, so entsteht eine von S verschiedene Substitution $\bar{S}$ und man hat (vgl. § 7)

$$\operatorname{sgn} S = \operatorname{sgn} \bar{S}.$$

$(r_p\, r_{p-1} \ldots r_1)$ ist bei $\bar{S}$ der erste Zyklus mit ungerader Elementzahl. Kehrt man also den ersten derartigen Zyklus bei $\bar{S}$ um, so gelangt man wieder zu S.

Die beiden Determinantenglieder, die zu S und zu $\bar{S}$ gehören, unterscheiden sich nur in p Faktoren. An die Stelle von

$$a_{r_1 r_2} \ldots a_{r_{p-1} r_p} a_{r_p r_1}$$

tritt beim Übergange von S zu $\bar{S}$

$$\begin{aligned} a_{r_p r_{p-1}} \ldots a_{r_2 r_1} a_{r_1 r_p} &= (-1)^p a_{r_1 r_2} \ldots a_{r_{p-1} r_p} a_{r_p r_1} \\ &= - a_{r_1 r_2} \ldots a_{r_{p-1} r_p} a_{r_p r_1}. \end{aligned}$$

Die zu S und $\bar{S}$ gehörigen Determinantenglieder sind somit entgegengesetzt gleich und heben sich auf.

Wir brauchen hiernach nur solche Substitutionen in Betracht zu ziehen, wo jeder Zyklus eine gerade Zahl von Elementen enthält. Denn den übrigen Substitutionen entsprechen Determinantenglieder, deren Summe gleich Null ist.

Hieraus ergibt sich auf eine neue Weise, daß eine schiefsymmetrische Determinante von ungerader Ordnung gleich Null ist (vgl. Satz 38). Denn eine Substitution, die sich auf eine ungerade Anzahl von Elementen bezieht, kann nicht in lauter Zyklen mit gerader Elementzahl zerfallen.

Wir wollen jetzt die Ordnung n der schiefsymmetrischen Determinante A als gerade voraussetzen.

S sei eine Substitution, in der jeder Zyklus eine gerade Elementzahl aufweist. In jedem Zyklus schreiben wir das niedrigste Element als erstes. Ist

$$(r_1\, r_2 \ldots r_{2\varrho})$$

ein Zyklus von S, so entsprechen ihm folgende Faktoren des zu S gehörigen Determinantengliedes

$$a_{r_1 r_2},\ a_{r_2 r_3},\ \ldots,\ a_{r_{2\varrho-1} r_{2\varrho}},\ a_{r_{2\varrho} r_1}.$$

Wir wollen sie in zwei Klassen sondern. Zur ersten Klasse rechnen wir

$$a_{r_1 r_2},\ a_{r_3 r_4},\ \ldots,\ a_{r_{2\varrho-1} r_{2\varrho}},$$

zur zweiten Klasse

$$a_{r_2 r_3},\ a_{r_4 r_5},\ \ldots,\ a_{r_{2\varrho} r_1}.$$

Machen wir dies für alle Zyklen $(r_1\, r_2 \ldots r_{2\varrho})$, $(s_1\, s_2 \ldots s_{2\sigma})$, ... von S, so geben die Faktoren erster Klasse das Produkt

$$P = a_{r_1 r_2} \ldots a_{r_{2\varrho-1} r_{2\varrho}}\, a_{s_1 s_2} \ldots a_{s_{2\sigma-1} s_{2\sigma}} \ldots,$$

die Faktoren zweiter Klasse das Produkt

$$Q = a_{r_2 r_3} \ldots a_{r_{2\varrho} r_1}\, a_{s_2 s_3} \ldots a_{s_{2\sigma} s_1} \ldots.$$

Sowohl in P als auch in Q haben wir $n/2$ Faktoren mit durchweg verschiedenen Indizes.

$$(\mathfrak{P})\quad r_1,\ r_2,\ \ldots,\ r_{2\varrho-1},\ r_{2\varrho},\ s_1,\ s_2,\ \ldots,\ s_{2\sigma-1},\ s_{2\sigma},\ \ldots$$

und

$$(\mathfrak{Q})\quad r_2,\ r_3,\ \ldots,\ r_{2\varrho},\ r_1,\quad s_2,\ s_3,\ \ldots,\ s_{2\sigma},\ s_1,\ \ldots$$

sind also Permutationen von 1, 2, ..., n. Die erste enthalte p, die zweite q Derangements. Dann ist nach § 6 (Schluß)

$$\operatorname{sgn} S = (-1)^{p+q};$$

denn man hat

$$S = \begin{pmatrix}\mathfrak{P}\\ \mathfrak{Q}\end{pmatrix}.$$

Das zu S gehörige Determinantenglied lautet demnach

$$(-1)^p P \cdot (-1)^q Q.$$

Man gelangt von diesem Produkt auf folgende Weise zu S zurück. 1 stehe in den Doppelindizes von P mit k_2 zusammen, k_2 in den Doppelindizes von Q mit k_3. Im Falle $k_3 = 1$ ist $(1\, k_2)$ ein Zyklus von S. Wenn k_3 noch nicht gleich 1 ist, so suche man den Index k_4 auf, der in P mit k_3 zusammensteht, dann den Index k_5, der in Q mit k_4 zusammensteht, und fahre fort, bis man zu 1 gelangt und einen Zyklus von S gewinnt. Darauf beginne man mit dem niedrigsten der noch übrigen Indizes wieder einen Zyklus. Man sieht zunächst nach, mit welchem Index er in P zusammensteht, usw.

Wenn man in dem Produkt P zwei Faktoren vertauscht, so bleibt

$$(-1)^p P$$

ungeändert. Denn diese Vertauschung läßt sich durch zwei Vertauschungen je zweier Indizes in $\mathfrak{P}$ bewirken.

Ebenso bleibt $(-1)^p P$ ungeändert, wenn man die beiden Indizes irgend eines Faktors a_{rs} von P vertauscht. Denn dadurch verwandelt sich $(-1)^p$ in $-(-1)^p$ und andererseits tritt an die Stelle von a_{rs} der Faktor $a_{sr} = -a_{rs}$.

Aus dem Obigen geht nun hervor, daß

$$A = \left(\sum(-1)^p P\right)^2$$

ist, wobei sich die Summation über alle verschiedenen Ausdrücke $(-1)^p P$ erstreckt. Als verschieden betrachten wir solche Ausdrücke, die auch nicht identisch werden, wenn man die Relationen $a_{rs} = -a_{sr}$ benutzt.

Wie viele solche Ausdrücke $(-1)^p P$ gibt es? Der Index 1 kann mit jedem der $n-1$ Indizes $2, 3, \ldots, n$ zusammenstehen. Wenn ein Glied z. B. den Faktor a_{12} enthält, so kann 3 mit jedem der $n-3$ Indizes $4, 5, \ldots, n$ verbunden sein. Enthält ein Glied die Faktoren $a_{12} a_{34}$, so kann 5 mit jedem der $n-5$ Indizes $6, 7, \ldots, n$ vereinigt sein usw. Man sieht auf diese Weise, daß es

$$(n-1)(n-3)\ldots 3 \cdot 1$$

verschiedene Ausdrücke $(-1)^p P$ gibt.

Beispiel.

Um die obigen Betrachtungen dem Leser noch klarer zu machen, wollen wir den Fall $n = 4$ als Beispiel benutzen.

Es gibt hier folgende Ausdrücke $(-1)^p P$:

$$a_{12}\, a_{34},\ a_{13}\, a_{42},\ a_{14}\, a_{23}.$$

Das Quadrat von

$$\sum(-1)^p P = (a_{12}\, a_{34} + a_{13}\, a_{42} + a_{14}\, a_{23})^2$$

wird

$$\begin{aligned} & a_{12}\, a_{34} \cdot a_{12}\, a_{34} + a_{12}\, a_{34} \cdot a_{13}\, a_{42} + a_{12}\, a_{34} \cdot a_{14}\, a_{23} \\ + & a_{13}\, a_{42} \cdot a_{12}\, a_{34} + a_{13}\, a_{42} \cdot a_{13}\, a_{42} + a_{13}\, a_{42} \cdot a_{14}\, a_{23} \\ + & a_{14}\, a_{23} \cdot a_{12}\, a_{34} + a_{14}\, a_{23} \cdot a_{13}\, a_{42} + a_{14}\, a_{23} \cdot a_{14}\, a_{23}. \end{aligned}$$

Die den einzelnen Gliedern entsprechenden Substitutionen sind folgende:

$$(12)(34),\quad (1243),\quad (1234),$$
$$(1342),\quad (13)(24),\quad (1324),$$
$$(1432),\quad (1423),\quad (14)(23).$$

Das sind gerade die Substitutionen in den Elementen 1, 2, 3, 4, die nur Zyklen mit gerader Elementzahl enthalten. Die zugehörigen Glieder der schiefsymmetrischen Determinante

$$A = \begin{vmatrix} a_{11} & a_{12} & a_{13} & a_{14} \\ a_{21} & a_{22} & a_{23} & a_{24} \\ a_{31} & a_{32} & a_{33} & a_{34} \\ a_{41} & a_{42} & a_{43} & a_{44} \end{vmatrix}$$

geben folgende Summe:

$$\begin{aligned} & a_{12}\, a_{21}\, a_{34}\, a_{43} - a_{12}\, a_{24}\, a_{43}\, a_{31} - a_{12}\, a_{23}\, a_{34}\, a_{41} \\ & - a_{13}\, a_{34}\, a_{42}\, a_{21} + a_{13}\, a_{31}\, a_{24}\, a_{42} - a_{13}\, a_{32}\, a_{24}\, a_{41} \\ & - a_{14}\, a_{43}\, a_{32}\, a_{21} - a_{14}\, a_{42}\, a_{23}\, a_{31} + a_{14}\, a_{41}\, a_{23}\, a_{32}\, . \end{aligned}$$

In Anbetracht der Relationen $a_{rs} = - a_{sr}$ ist sie mit dem oben angegebenen Quadrat von

$$a_{12}\, a_{34} + a_{13}\, a_{42} + a_{14}\, a_{23}$$

identisch.

§ 61. Pfaffsche Aggregate.

In § 60 zeigten wir, daß eine schiefsymmetrische Determinante n^{ter} Ordnung (n gerade) das Quadrat einer aus

$$1 \cdot 3 \ldots (n-1)$$

Gliedern bestehenden Summe

$$\sum (-1)^p P$$

ist. Dabei bedeutet P ein Produkt von der Form

$$a_{r_1 r_2}\, a_{r_3 r_4} \ldots a_{r_{n-1} r_n}\,,$$

wo

$$r_1,\ r_2,\ \ldots,\ r_n$$

eine Permutation von $1, 2, \ldots, n$ mit p Derangements darstellt. Je zwei Glieder jener Summe werden auch dann nicht identisch, wenn man die Relationen $a_{rs} = - a_{sr}$ berücksichtigt.

Man nennt $\sum (-1)^p P$ ein Pfaffsches Aggregat und bezeichnet es nach Jacobi mit

$$(1,\ 2,\ \ldots,\ n).$$

Die Glieder von $(1, 2, \ldots, n)$, die den Faktor $a_{k_1 k_2}$ enthalten, haben die Form

$$(-1)^p a_{k_1 k_2} a_{r_3 r_4} \dots a_{r_{n-1} r_n},$$

wobei $r_3, r_4, \dots, r_n$ eine Permutation der Zahlen $k_3, k_4, \dots, k_n$ ist, die in der Reihe $1, 2, \dots, n$ übrig bleiben, wenn man k_1 und k_2 streicht. In der Permutation

$$k_1, k_2, r_3, r_4, \dots, r_n$$

mögen k Derangements von k_1 und k_2 herrühren. Dann ist

$$p = k + \bar{p},$$

wenn wir mit $\bar{p}$ die Anzahl der Derangements in $r_3, r_4, \dots, r_n$ bezeichnen. Es wird hiernach

$$(-1)^p a_{k_1 k_2} a_{r_3 r_4} \dots a_{r_{n-1} r_n} = (-1)^k a_{k_1 k_2} \cdot (-1)^{\bar{p}} a_{r_3 r_4} \dots a_{r_{n-1} r_n},$$

und die Summe aller Glieder von $(1, 2, \dots, n)$, die den Faktor $a_{k_1 k_2}$ enthalten, lautet

$$(-1)^k a_{k_1 k_2} \sum (-1)^{\bar{p}} a_{r_3 r_4} \dots a_{r_{n-1} r_n} = (-1)^k a_{k_1 k_2} (k_3, k_4, \dots, k_n).$$

$(k_3, k_4, \dots, k_n)$ wollen wir das Komplement und

$$(-1)^k (k_3, k_4, \dots, k_n)$$

das algebraische Komplement von $a_{k_1 k_2}$ in $(1, 2, \dots, n)$ nennen. Bezeichnen wir dieses algebraische Komplement mit $\mathfrak{A}_{k_1 k_2}$, so läßt sich $(1, 2, \dots, n)$ so schreiben:

$$(1, 2, \dots, n) = a_{k1} \mathfrak{A}_{k1} + a_{k2} \mathfrak{A}_{k2} + \dots + a_{kn} \mathfrak{A}_{kn}.$$ [1]

In jedem Glied von $(1, 2, \dots, n)$ kommt nämlich der Index k vor. Ersetzt man die Elemente

$$a_{k1}, a_{k2}, \dots, a_{kn}$$

bezüglich durch

$$a_{l1}, a_{l2}, \dots, a_{ln},$$

wobei $l \gtrless k$ sein soll, so geht $(1, 2, \dots, n)$ in

$$a_{l1} \mathfrak{A}_{k1} + a_{l2} \mathfrak{A}_{k2} + \dots + a_{ln} \mathfrak{A}_{kn}$$

über; denn $\mathfrak{A}_{k1}, \mathfrak{A}_{k2}, \dots, \mathfrak{A}_{kn}$ sind von dem Index k gänzlich frei. Das Quadrat von $(1, 2, \dots, n)$, d. h. die schiefsymmetrische Determinante

$$\begin{vmatrix} a_{11} & a_{12} \dots a_{1n} \\ a_{21} & a_{22} \dots a_{2n} \\ \cdot & \cdot \quad \cdot \quad \cdot \\ a_{n1} & a_{n2} \dots a_{nn} \end{vmatrix}$$

[1] Das Glied mit a_{kk} fällt wegen $a_{kk} = 0$ fort, wie wir auch $\mathfrak{A}_{kk}$ wählen. Wir wollen aber $\mathfrak{A}_{kk} = 0$ setzen.

verwandelt sich dabei in eine Determinante mit zwei übereinstimmenden Zeilen (und Spalten). Daraus folgt, daß

$$a_{l1}\mathfrak{A}_{k1} + a_{l2}\mathfrak{A}_{k2} + \ldots + a_{ln}\mathfrak{A}_{kn} = 0$$

ist, sobald l von k verschieden.

§ 62. Die Reziproke einer schiefsymmetrischen Determinante gerader Ordnung.

$(1, 2, \ldots, n)$ sei ungleich Null und $\mathfrak{A}_{kl}$ das algebraische Komplement von a_{kl} in $(1, 2, \ldots, n)$, A_{kl} aber das algebraische Komplement von a_{kl} in der Determinante $(1, 2, \ldots, n)^2$.

Um die Beziehung zwischen $\mathfrak{A}_{kl}$ und A_{kl} zu finden, bedenke man, daß

$$a_{k1}A_{k1} + a_{k2}A_{k2} + \ldots + a_{kn}A_{kn} = (1, 2, \ldots, n)^2$$

und

$$a_{s1}A_{k1} + a_{s2}A_{k2} + \ldots + a_{sn}A_{kn} = 0 \quad (s \gtrless k),$$

außerdem aber

$$a_{k1}\mathfrak{A}_{k1} + a_{k2}\mathfrak{A}_{k2} + \ldots + a_{kn}\mathfrak{A}_{kn} = (1, 2, \ldots, n)$$

und

$$a_{s1}\mathfrak{A}_{k1} + a_{s2}\mathfrak{A}_{k2} + \ldots + a_{sn}\mathfrak{A}_{kn} = 0 \quad (s \gtrless k).$$

Man ersieht hieraus, daß

$$\frac{A_{k1}}{(1, 2, \ldots, n)}, \quad \frac{A_{k2}}{(1, 2, \ldots, n)}, \quad \ldots, \quad \frac{A_{kn}}{(1, 2, \ldots, n)}$$

und

$$\mathfrak{A}_{k1}, \mathfrak{A}_{k2}, \ldots, \mathfrak{A}_{kn}$$

dasselbe System von n linearen Gleichungen mit nicht verschwindender Determinante befriedigen.

Da ein solches System nur eine Lösung hat, so folgt

$$\frac{A_{kl}}{(1, 2, \ldots, n)} = \mathfrak{A}_{kl}$$

oder

$$A_{kl} = (1, 2, \ldots, n)\,\mathfrak{A}_{kl}.$$

Durch eine Stetigkeitsbetrachtung überzeugt man sich, daß diese Formel auch im Falle $(1, 2, \ldots, n) = 0$ gilt.

Die algebraischen Komplemente von a_{kl} in dem Pfaffschen Aggregat $(1, 2, \ldots, n)$ und in der Determinante $(1, 2, \ldots, n)^2$ unterscheiden sich also nur um den Faktor $(1, 2, \ldots, n)$.

§ 63. Lineare Gleichungen mit einer von Null verschiedenen schiefsymmetrischen Determinante.

Das System

(1) $$\begin{cases} a_{11}x_1 + a_{12}x_2 + \ldots + a_{1n}x_n = b_1, \\ a_{21}x_1 + a_{22}x_2 + \ldots + a_{2n}x_n = b_2, \\ \cdot\ \cdot\ \cdot\ \cdot\ \cdot\ \cdot\ \cdot\ \cdot\ \cdot\ \cdot\ \cdot\ \cdot\ \cdot \\ a_{n1}x_1 + a_{n2}x_2 + \ldots + a_{nn}x_n = b_n, \end{cases}$$

dessen Determinante schiefsymmetrisch und von Null verschieden sein soll, hat nach § 22 nur die Lösung

$$x_1 = \frac{b_1 A_{11} + b_2 A_{21} + \ldots + b_n A_{n1}}{(1, 2, \ldots, n)^2},$$

$$x_2 = \frac{b_1 A_{12} + b_2 A_{22} + \ldots + b_n A_{n2}}{(1, 2, \ldots, n)^2},$$

$$\cdot\ \cdot\ \cdot\ \cdot\ \cdot\ \cdot\ \cdot\ \cdot\ \cdot\ \cdot\ \cdot\ \cdot\ \cdot$$

$$x_n = \frac{b_1 A_{1n} + b_n A_{2n} + \ldots + b_n A_{nn}}{(1, 2, \ldots, n)^2}.$$

Wegen der Relationen

$$A_{kl} = (1, 2, \ldots, n)\,\mathfrak{A}_{kl}$$

nimmt diese Lösung folgende einfachere Form an:

$$x_1 = \frac{b_1 \mathfrak{A}_{11} + b_2 \mathfrak{A}_{21} + \ldots + b_n \mathfrak{A}_{n1}}{(1, 2, \ldots, n)},$$

$$x_2 = \frac{b_1 \mathfrak{A}_{12} + b_2 \mathfrak{A}_{22} + \ldots + b_n \mathfrak{A}_{n2}}{(1, 2, \ldots, n)},$$

$$\cdot\ \cdot\ \cdot\ \cdot\ \cdot\ \cdot\ \cdot\ \cdot\ \cdot\ \cdot\ \cdot\ \cdot\ \cdot$$

$$x_n = \frac{b_1 \mathfrak{A}_{1n} + b_2 \mathfrak{A}_{2n} + \ldots + b_n \mathfrak{A}_{nn}}{(1, 2, \ldots, n)}.$$

Der Ausdruck

$$b_1 \mathfrak{A}_{1k} + b_2 \mathfrak{A}_{2k} + \ldots + b_n \mathfrak{A}_{nk}$$

entsteht aus

$$a_{1k} \mathfrak{A}_{1k} + a_{2k} \mathfrak{A}_{2k} + \ldots + a_{nk} \mathfrak{A}_{nk}$$

oder aus $(1, 2, \ldots, n)$, indem man

$$a_{1k},\ a_{2k},\ \ldots,\ a_{nk}$$

bezüglich durch

$$b_1,\ b_2,\ \ldots,\ b_n$$

ersetzt.

Schreibt man statt $b_1, b_2, \ldots, b_n$

$a_{1,n+1}, a_{2,n+1}, \ldots, a_{n,n+1}$ oder $-a_{n+1,1}, -a_{n+1,2}, \ldots, -a_{n+1,n}$,

so geht

$$b_1 \mathfrak{A}_{1k} + b_2 \mathfrak{A}_{2k} + \ldots + b_n \mathfrak{A}_{nk}$$

dadurch aus $(1, 2, \ldots, n)$ hervor, daß man den Index k durch $n+1$ ersetzt.

Es gilt also für die Auflösung des Systems folgende Regel, die ein Analogon der CRAMERschen Regel ist (vgl. § 22):

Man ersetze in $P = (1, 2, \ldots, n)$ den Index k durch $n+1$. Das so entstehende Aggregat heiße P_k. Dann lautet die Lösung des Systems (1)

$$x_1 = \frac{P_1}{P}, \quad x_2 = \frac{P_2}{P}, \ldots, \quad x_n = \frac{P_n}{P}.$$

§ 64. Rang einer schiefsymmetrischen Determinante.

Die schiefsymmetrische Determinante

$$(1) \qquad \begin{vmatrix} a_{11} & a_{12} & \ldots & a_{1n} \\ a_{21} & a_{22} & \ldots & a_{2n} \\ \cdot & \cdot & \cdot & \cdot \\ a_{n1} & a_{n2} & \ldots & a_{nn} \end{vmatrix}$$

habe den Rang r. Dann ist (vgl. § 52) die Matrix ihrer r-reihigen Minoren vom Range 1.

Ist nun z. B.

$$\begin{vmatrix} a_{k_1 l_1} & a_{k_1 l_2} & \ldots & a_{k_1 l_r} \\ a_{k_2 l_1} & a_{k_2 l_2} & \ldots & a_{k_2 l_r} \\ \cdot & \cdot & \cdot & \cdot \\ a_{k_r l_1} & a_{k_r l_2} & \ldots & a_{k_r l_r} \end{vmatrix}$$

von Null verschieden ($k_1 < k_2 < \ldots < k_r$ und $l_1 < l_2 < \ldots < l_r$), so müssen wegen

$$\begin{vmatrix} a_{k_1 k_1} & a_{k_1 k_2} & \ldots & a_{k_1 k_r} \\ a_{k_2 k_1} & a_{k_2 k_2} & \ldots & a_{k_2 k_r} \\ \cdot & \cdot & \cdot & \cdot \\ a_{k_r k_1} & a_{k_r k_2} & \ldots & a_{k_r k_r} \end{vmatrix} \begin{vmatrix} a_{l_1 l_1} & a_{l_1 l_2} & \ldots & a_{l_1 l_r} \\ a_{l_2 l_1} & a_{l_2 l_2} & \ldots & a_{l_2 l_r} \\ \cdot & \cdot & \cdot & \cdot \\ a_{l_r l_1} & a_{l_r l_2} & \ldots & a_{l_r l_r} \end{vmatrix}$$

$$= \begin{vmatrix} a_{k_1 l_1} & a_{k_1 l_2} & \ldots & a_{k_1 l_r} \\ a_{k_2 l_1} & a_{k_2 l_2} & \ldots & a_{k_2 l_r} \\ \cdot & \cdot & \cdot & \cdot \\ a_{k_r l_1} & a_{k_r l_2} & \ldots & a_{k_r l_r} \end{vmatrix} \begin{vmatrix} a_{l_1 k_1} & a_{l_1 k_2} & \ldots & a_{l_1 k_r} \\ a_{l_2 k_1} & a_{l_2 k_2} & \ldots & a_{l_2 k_r} \\ \cdot & \cdot & \cdot & \cdot \\ a_{l_r k_1} & a_{l_r k_2} & \ldots & a_{l_r k_r} \end{vmatrix}$$

$$= (-1)^r \begin{vmatrix} a_{k_1 l_1} & a_{k_1 l_2} & \ldots & a_{k_1 l_r} \\ a_{k_2 l_1} & a_{k_2 l_2} & \ldots & a_{k_2 l_r} \\ \cdot & \cdot & \cdot & \cdot \\ a_{k_r l_1} & a_{k_r l_2} & \ldots & a_{k_r l_r} \end{vmatrix}^2$$

auch

$$\begin{vmatrix} a_{k_1 k_1} & a_{k_1 k_2} & \dots & a_{k_1 k_r} \\ a_{k_2 k_1} & a_{k_2 k_2} & \dots & a_{k_2 k_r} \\ \cdot & \cdot & \cdot & \cdot \\ a_{k_r k_1} & a_{k_r k_2} & \dots & a_{k_r k_r} \end{vmatrix}, \qquad \begin{vmatrix} a_{l_1 l_1} & a_{l_1 l_2} & \dots & a_{l_1 l_r} \\ a_{l_2 l_1} & a_{l_2 l_2} & \dots & a_{l_2 l_r} \\ \cdot & \cdot & \cdot & \cdot \\ a_{l_r l_1} & a_{l_r l_2} & \dots & a_{l_r l_r} \end{vmatrix}$$

ungleich Null sein.

Damit ist der folgende Satz bewiesen:

Satz 41. In einer schiefsymmetrischen Determinante vom Range r gibt es einen von Null verschiedenen r-reihigen Hauptminor.

Da eine schiefsymmetrische Determinante von ungerader Ordnung den Wert Null hat, so muß der Rang r stets gerade sein.

Wenn in dem Symbol

$$(1, 2, \dots, n)$$

gewisse Zahlen gestrichen werden, so entsteht ein ähnliches Symbol

$$(k_1, k_2, \dots, k_p).$$

Wir wollen $(k_1, k_2, \dots, k_p)$ einen p-gliedrigen Minor von $(1, 2, \dots, n)$ nennen. Im Falle eines geraden p ist $(k_1, k_2, \dots, k_p)$ ein PFAFFsches Aggregat. Im Falle eines ungeraden p soll $(k_1, k_2, \dots, k_p) = 0$ sein.

Hat die schiefsymmetrische Determinante (1) den Rang r, so gibt es nach Satz 41 unter den r-gliedrigen Minoren von $(1, 2, \dots, n)$ einen von Null verschiedenen. Alle mehr als r-gliedrigen Minoren von $(1, 2, \dots, n)$ sind dagegen gleich Null.

$(k_1, k_2, \dots, k_p)$ sei ein nichtverschwindender Minor von $(1, 2, \dots, n)$. Dagegen seien alle $(p+2)$-gliedrigen Minoren, in denen $(k_1, k_2, \dots, k_p)$ als Minor steckt, gleich Null. Dann ist der Rang von (1) gleich p.

Es sei z. B.[1]

$$(1, 2, \dots, p) \neq 0$$

und

$$(1, 2, \dots, p, k, l) = 0. \qquad (k, l = p+1, \dots, n)$$

Bezeichnen wir mit

$$\mathfrak{B}_{kk}, \ \mathfrak{B}_{kl}, \ \mathfrak{B}_{lk}, \ \mathfrak{B}_{ll}$$

die algebraischen Komplemente von

$$a_{kk}, \ a_{kl}, \ a_{lk}, \ a_{ll}$$

in der schiefsymmetrischen Determinante

[1] Durch Vertauschung von $1, 2, \dots, n$ läßt sich dieser Fall herbeiführen.

$$\begin{vmatrix} a_{11} & \dots & a_{1p} & a_{1k} & a_{1l} \\ \cdot & \cdot & \cdot & \cdot & \cdot \\ a_{p1} & \dots & a_{pp} & a_{pk} & a_{pl} \\ a_{k1} & \dots & a_{kp} & a_{kk} & a_{kl} \\ a_{l1} & \dots & a_{lp} & a_{lk} & a_{ll} \end{vmatrix} = (1,\ 2,\ \dots,\ p,\ k,\ l)^2,$$

so ist nach Satz 28

$$\begin{vmatrix} \mathfrak{B}_{kk} & \mathfrak{B}_{kl} \\ \mathfrak{B}_{lk} & \mathfrak{B}_{ll} \end{vmatrix} = (1,\ 2,\ \dots,\ p)^2 (1,\ 2,\ \dots,\ p,\ k,\ l)^2 = 0.$$

Nach Satz 38 hat man nun

$$\mathfrak{B}_{kk} = \mathfrak{B}_{ll} = 0.$$

Es ergibt sich somit

$$\mathfrak{B}_{kl} = -\mathfrak{B}_{lk} = 0.$$

Wir sehen hieraus, daß in (1) alle $(p+1)$-reihigen Superdeterminanten von

$$\begin{vmatrix} a_{11} & a_{12} & \dots & a_{1p} \\ a_{21} & a_{22} & \dots & a_{2p} \\ \cdot & \cdot & \cdot & \cdot \\ a_{p1} & a_{p2} & \dots & a_{pp} \end{vmatrix}$$

gleich Null sind. Nach Satz 18 können wir also schließen, daß (1) den Rang p hat.

Um den Rang der Determinante (1) zu finden, kann man jetzt so verfahren.

Man sucht in $(1,\ 2,\ \dots,\ n)$ einen zweigliedrigen Minor, der von Null verschieden ist. Gibt es keinen solchen, so hat (1) den Rang 0. Andernfalls lassen sich die Indizes $1, 2, \dots, n$ so vertauschen, daß gerade $(1,\ 2)$ von Null verschieden ist.

Sind alle Aggregate $(1,\ 2,\ k,\ l)$ gleich Null $(k, l = 3, \dots, n)$, so ist (1) vom Range 2. Andernfalls läßt sich durch Vertauschung von $3, 4, \dots, n$ bewirken, daß gerade $(1,\ 2,\ 3,\ 4)$ von Null verschieden ist.

Sind alle Aggregate $(1,\ 2,\ 3,\ 4,\ k,\ l)$ gleich Null $(k, l = 5, \dots, n)$, so hat (1) den Rang 4. Andernfalls läßt sich durch Vertauschung von $5, 6, \dots, n$ bewirken, daß gerade $(1,\ 2,\ 3,\ 4,\ 5,\ 6)$ von Null verschieden ist. Usw.

Wir sehen hieraus, daß nach geeigneter Vertauschung der Indizes $1, 2, \dots, n$ die Aggregate

$$(1,\ 2),\quad (1,\ 2,\ 3,\ 4),\ \dots,\ (1,\ 2,\ \dots,\ r)$$

von Null verschieden sind, während die Aggregate

$$(1, 2, \ldots, r, k, l)$$

verschwinden $(k, l = r + 1, \ldots, n)$.[1] r ist dabei der Rang von (1).

Bei einer symmetrischen Determinante läßt sich etwas Ähnliches erreichen. Es gilt nämlich auch für symmetrische Determinanten der folgende Satz.

Wenn die $(p + 1)$-reihigen und $(p + 2)$-reihigen Hauptminoren, in denen ein von Null verschiedener p-reihiger Hauptminor steckt, alle verschwinden, so ist der Rang der symmetrischen Determinante gleich p.[2]

Hieraus ergibt sich leicht, daß eine symmetrische Determinante

$$\begin{vmatrix} a_{11} & a_{12} & \ldots & a_{1n} \\ a_{21} & a_{22} & \ldots & a_{2n} \\ \cdot & \cdot & \cdot & \cdot \\ a_{n1} & a_{n2} & \ldots & a_{nn} \end{vmatrix}$$

vom Range r nach geeigneter Vertauschung der Indizes $1, 2, \ldots, n$ von folgender Beschaffenheit ist:

In der Reihe

$$a_{11}, \quad \begin{vmatrix} a_{11} & a_{12} \\ a_{21} & a_{22} \end{vmatrix}, \quad \ldots, \quad \begin{vmatrix} a_{11} & a_{12} & \ldots & a_{1r} \\ a_{21} & a_{22} & \ldots & a_{2r} \\ \cdot & \cdot & \cdot & \cdot \\ a_{r1} & a_{r2} & \ldots & a_{rr} \end{vmatrix}$$

sind das erste und letzte Glied von Null verschieden und nie zwei benachbarte Glieder gleich Null.

§ 65. Lineare Gleichungen mit verschwindender schiefsymmetrischer Determinante.

Wir betrachten das System (1) in § 63, dessen Determinante schiefsymmetrisch und gleich Null sein soll. n braucht also jetzt nicht gerade zu sein.

Aus § 29 wissen wir, daß das System dann und nur dann Lösungen besitzt, wenn die beiden Matrizen

$$(1) \qquad \begin{matrix} a_{11} & a_{12} & \ldots & a_{1n} \\ a_{21} & a_{22} & \ldots & a_{2n} \\ \cdot & \cdot & \cdot & \cdot \\ a_{n1} & a_{n2} & \ldots & a_{nn} \end{matrix}$$

[1] Man denke sich (1) eventuell durch Nullen geändert.

[2] Beweis ebenso wie bei der schiefsymmetrischen Determinante.

und

$$
(2) \qquad \begin{matrix} a_{11} & a_{12} & \dots & a_{1n} & b_1 \\ a_{21} & a_{22} & \dots & a_{2n} & b_2 \\ . & . & . & . & . \\ a_{n1} & a_{n2} & \dots & a_{nn} & b_n \end{matrix}
$$

gleichen Rang haben.

Nun ist der Rang der schiefsymmetrischen Matrix

$$
(3) \qquad \begin{matrix} a_{11} & a_{12} & \dots & a_{1n} & b_1 \\ a_{21} & a_{22} & \dots & a_{2n} & b_2 \\ . & . & . & . & . \\ a_{n1} & a_{n2} & \dots & a_{nn} & b_n \\ -b_1 & -b_2 & \dots & -b_n & 0 \end{matrix}
$$

höchstens um 1 höher als der von (2).

Bezeichnen wir also mit r_1, r_2, r_3 den Rang von (1) bzw. (2) bzw. (3), so ist

$$r_1 = r_2 \quad \text{und} \quad r_2 \leqq r_3 \leqq r_2 + 1,$$

also auch

$$r_1 \leqq r_3 \leqq r_1 + 1.$$

Da r_1 und r_3 gerade Zahlen sind, so folgt hieraus

$$r_3 = r_1.$$

Wenn $r_1 = r_3$ ist, so muß auch $r_1 = r_2$ sein. Denn es ist immer $r_1 \leqq r_2 \leqq r_3$.

Ein Gleichungssystem

$$
\begin{aligned} a_{11} x_1 + a_{12} x_2 + \dots + a_{1n} x_n &= b_1, \\ a_{21} x_1 + a_{22} x_2 + \dots + a_{2n} x_n &= b_2, \\ . \quad . \quad . \quad . \quad . \quad . \quad . \quad . \quad . & \\ a_{n1} x_1 + a_{n2} x_2 + \dots + a_{nn} x_n &= b_n \end{aligned}
$$

mit schiefsymmetrischer Determinante hat also dann und nur dann eine Lösung, wenn die Matrizen (1) und (3) von gleichem Range sind.

Bezeichnen wir den gemeinsamen Rang von (1) und (3) mit r, so läßt sich durch Vertauschung der Indizes $1, 2, \dots, n$ erreichen, daß

$$(1, 2, \dots, r) \neq 0$$

ist. Nach § 24 sind dann die $n + 1 - r$ letzten Zeilen von (3) lineare Kombinationen der r ersten.[1] Wir dürfen uns deshalb auf die r ersten Gleichungen des Systems beschränken. Diese schreiben wir in folgender Form:

[1] Den trivialen Fall $r = 0$ lassen wir beiseite.

$$a_{11}\, x_1 + \ldots + a_{1r}\, x_r = -(a_{1,r+1}\, x_{r+1} + \ldots + a_{1n}\, x_n) + b_1$$

$$\cdots\cdots\cdots\cdots\cdots\cdots$$

$$a_{r1}\, x_1 + \ldots + a_{rr}\, x_r = -(a_{r,r+1}\, x_{r+1} + \ldots + a_{rn}\, x_n) + b_r$$

und wenden auf sie das in § 63 dargelegte Verfahren an.

Wir wollen

$$(1,\, 2,\, \ldots,\, r) = P$$

setzen und unter

$$P_{kj} \quad (k = 1,\, 2,\, \ldots,\, r;\ j = r + 1,\, \ldots,\, n + 1)$$

das PFAFFsche Aggregat verstehen, das aus P entsteht, wenn man k in j verwandelt.[1] Dann ist nach § 63

$$x_1 = \frac{-P_{1,r+1}\, x_{r+1} - \ldots - P_{1n}\, x_n + P_{1,n+1}}{P},$$

$$x_2 = \frac{-P_{2,r+1}\, x_{r+1} - \ldots - P_{2n}\, x_n + P_{2,n+1}}{P},$$

$$\cdots\cdots\cdots\cdots\cdots\cdots$$

$$x_r = \frac{-P_{r,r+1}\, x_{r+1} - \ldots - P_{rn}\, x_n + P_{r,n+1}}{P}.$$

Dabei darf man $x_{r+1}, \ldots, x_n$ ganz beliebig wählen.

Da auch die letzte Zeile der Matrix (3) eine lineare Kombination der r ersten ist, so erfüllen diese Werte der x auch die Gleichung

$$b_1 x_1 + b_2 x_2 + \ldots + b_n x_n = 0.$$

§ 66. Determinanten gerader Ordnung, dargestellt durch PFAFFsche Aggregate.

Wir betrachten eine Determinante von gerader Ordnung 2ν und schreiben sie in folgender Weise:

$$(1) \qquad D = \begin{vmatrix} a_1, & a_1', & b_1, & b_1', & \ldots \\ a_2, & a_2', & b_2, & b_2', & \ldots \\ \cdot & \cdot & \cdot & \cdot & \cdot \\ a_n, & a_n', & b_n, & b_n', & \ldots \end{vmatrix}.$$

Vertauschen wir die erste und zweite Spalte, die dritte und vierte Spalte usw., so multipliziert sich D mit dem Faktor $(-1)^\nu$. Es ist also

---

[1] Statt $b_1, b_2, \ldots, b_n$ schreiben wir wie in § 63 $a_{1,n+1}, \ldots, a_{n,n+1}$.

$$D = (-1)^\nu \begin{vmatrix} a_1', & a_1, & b_1', & b_1, & \dots \\ a_2', & a_2, & b_2', & b_2, & \dots \\ \cdot & \cdot & \cdot & \cdot & \cdot \\ a_n', & a_n, & b_n', & b_n, & \dots \end{vmatrix}$$

oder (vgl. Satz 5)

$$(2) \qquad D = \begin{vmatrix} a_1', & -a_1, & b_1', & -b_1, & \dots \\ a_2', & -a_2, & b_2', & -b_2, & \dots \\ \cdot & \cdot & \cdot & \cdot & \cdot \\ a_n', & -a_n, & b_n', & -b_n, & \dots \end{vmatrix}.$$

Aus (1) und (2) ergibt sich nun durch Multiplikation nach Zeilen

$$(3) \qquad D^2 = \begin{vmatrix} p_{11} & p_{12} & \cdots & p_{1n} \\ p_{21} & p_{22} & \cdots & p_{2n} \\ \cdot & \cdot & \cdot & \cdot \\ p_{n1} & p_{n2} & \cdots & p_{nn} \end{vmatrix},$$

wenn wir

$$a_r a_s' - a_r' a_s + b_r b_s' - b_r' b_s + \dots = p_{rs}$$

setzen.

Da offenbar

$$p_{rs} = -p_{sr},$$

so ist die Determinante (3) schiefsymmetrisch.

Mit $(1, 2, \dots, n)$ werde das Pfaffsche Aggregat bezeichnet, dessen Quadrat die Determinante (3) ist. Dann folgt aus (3)

$$(4) \qquad D = (1, 2, \dots, n).$$

Daß das Vorzeichen der rechten Seite richtig gewählt ist, erkennt man durch folgende Überlegung.

In $(1, 2, \dots, n)$ tritt das Glied

$$p_{12}\, p_{34} \cdots p_{n-1,n}$$

mit dem Zeichen $+$ auf. Nun ist aber

$$p_{12} = a_1 a_2' - \dots\dots\dots,$$
$$p_{34} = \dots + b_3 b_4' - \dots,$$
$$\cdot\ \cdot\ \cdot\ \cdot\ \cdot\ \cdot\ \cdot\ \cdot\ \cdot\ \cdot$$

In dem ausgerechneten Produkt $p_{12}\, p_{34} \cdots p_{n-1,n}$ kommt also das Hauptglied von D, d. h.

$$a_1\, a_2'\, b_3\, b_4' \dots$$

mit dem Zeichen $+$ vor, wie in D selbst, und kein andres Glied von $(1, 2, \dots, n)$ enthält $a_1\, a_2'\, b_3\, b_4' \dots$ als Bestandteil.

Wir wollen Formel (4) auf die Determinante

$$D = \begin{vmatrix} a_1 & a_1' & b_1 & b_1' \\ a_2 & a_2' & b_2 & b_2' \\ a_3 & a_3' & b_3 & b_3' \\ a_4 & a_4' & b_4 & b_4' \end{vmatrix}$$

anwenden. Setzen wir

$$p_{rs} = a_r a_s' - a_s a_r' + b_r b_s' - b_s b_r',$$

so wird

$$D = p_{12}\, p_{34} + p_{13}\, p_{42} + p_{14}\, p_{23},$$

weil die rechte Seite gleich (1, 2, 3, 4) ist.

Falls die Determinante (1) selbst schiefsymmetrisch ist, enthält die Formel (4) den Satz, daß das Quadrat eines PFAFFschen Aggregats sich wieder als PFAFFsches Aggregat schreiben läßt, und zwar mit derselben Gliederzahl.

§ 67. Schiefe Determinanten.

Wenn man die Hauptelemente einer schiefsymmetrischen Determinante durch irgendwelche Zahlen ersetzt, so entsteht eine Determinante, die man als schief bezeichnet. In einer solchen Determinante ist also

$$a_{sr} = -a_{rs}. \qquad (r \gtreqless s)$$

Wenn die Hauptelemente einer schiefen Determinante alle gleich x sind, so können wir sie in folgender Form schreiben:

$$D(x) = \begin{vmatrix} a_{11}+x & a_{12} & \dots & a_{1n} \\ a_{21} & a_{22}+x & \dots & a_{2n} \\ \cdot & \cdot & \cdot & \cdot \\ a_{n1} & a_{n2} & \dots & a_{nn}+x \end{vmatrix}. \qquad (a_{sr} = -a_{rs})$$

Nach § 53 ist diese Determinante gleich

$$x^n + S_1 x^{n-1} + S_2 x^{n-2} + \dots + S_n,$$

wobei S_k die Summe aller k-reihigen Hauptminoren in der schiefsymmetrischen Determinante

$$D = \begin{vmatrix} a_{11} & a_{12} & \dots & a_{1n} \\ a_{21} & a_{22} & \dots & a_{2n} \\ \cdot & \cdot & \cdot & \cdot \\ a_{n1} & a_{n2} & \dots & a_{nn} \end{vmatrix}$$

bedeutet.

Da jeder Hauptminor einer schiefsymmetrischen Determinante selbst schiefsymmetrisch ist, so verschwinden nach Satz 38 alle S mit ungeradem Index, während alle S mit geradem Index Summen von Quadraten sind (vgl. Satz 40).

Die schiefe Determinante $D(x)$ reduziert sich also auf

$$x^n + S_2 x^{n-2} + S_4 x^{n-4} + \ldots$$

Wenn $x > 0$ ist, so wird

$$D(\pm x) = (\pm 1)^n \{x^n + S_2 x^{n-2} + S_4 x^{n-4} + \ldots\}.$$

Die Klammer besteht aus lauter nichtnegativen Gliedern, und eins von ihnen, nämlich x^n, ist positiv. Wir sehen hieraus, daß die Gleichung

$$D(x) = 0$$

keine von Null verschiedene reelle Wurzel haben kann. Die Wurzel $x = 0$ hat sie nur dann, wenn $D = 0$ ist.

§ 68. Kontinuanten.

Die Kontinuanten sind schiefe Determinanten von der Form

$$K_n = \begin{vmatrix} x_1 & 1 & 0 & \ldots & 0 \\ -1 & x_2 & 1 & \ldots & 0 \\ 0 & -1 & x_3 & \ldots & 0 \\ \cdot & \cdot & \cdot & \cdot & \cdot \\ 0 & 0 & 0 & \ldots & x_n \end{vmatrix}.$$

Die Elemente

$$a_{12}, a_{23}, \ldots, a_{n-1,n}$$

sind gleich 1, die Elemente

$$a_{21}, a_{32}, \ldots, a_{n,n-1}$$

gleich -1 und die Hauptelemente gleich $x_1, x_2, \ldots, x_n$. Alle andern Elemente sind gleich Null.

Wenn man die Kontinuante K_n ausrechnet, so ist jedes Glied von ihr das Produkt gewisser x, versehen mit dem Koeffizienten 1.

In der Tat ist

$$K_1 = x_1,$$
$$K_2 = x_1 x_2 + 1$$

usw.

Um uns von der Allgemeingültigkeit des Satzes zu überzeugen, entwickeln wir K_n nach der letzten Zeile. Dann erhalten wir

$$K_n = x_n K_{n-1} + \begin{vmatrix} x_1 & 1 & 0 & \ldots & 0 & 0 \\ -1 & x_2 & 1 & \ldots & 0 & 0 \\ 0 & -1 & x_3 & \ldots & 0 & 0 \\ . & . & . & . & . & . \\ 0 & 0 & 0 & \ldots & -1 & 1 \end{vmatrix}.$$

Entwickeln wir die letzte Determinante (die aus K_n durch Streichung der letzten Zeile und vorletzten Spalte entsteht) nach der letzten Spalte, so ergibt sich

$$K_n = x_n K_{n-1} + K_{n-2}.$$

Diese Formel hätten wir auch direkt gewinnen können, und zwar durch Entwickelung von K_n nach der letzten Zeile und letzten Spalte (vgl. § 42).

Wenn K_{n-1} und K_{n-2} aus lauter Gliedern mit dem Koeffizienten 1 bestehen, so gilt dies wegen der obigen Rekursionsformel auch für K_n. Nun haben K_1 und K_2 die in Rede stehende Eigenschaft, folglich auch $K_3, K_4, \ldots$

Auf Grund der Rekursionsformel ist es leicht, die Gliederzahl von K_n zu berechnen. Nennen wir sie k_n, so ist offenbar

$$k_n = k_{n-1} + k_{n-2}.$$

Da

$$k_1 = 1, \quad k_2 = 2$$

ist, so folgt

$$k_3 = k_1 + k_2 = 3,$$
$$k_4 = k_2 + k_3 = 5,$$
$$k_5 = k_3 + k_4 = 8$$

usw.

Die Folge $k_1, k_2, k_3, \ldots$ oder 1, 2, 3, 5, 8, ... hat die Eigenschaft, daß vom dritten Gliede ab jedes Glied die Summe der beiden vorhergehenden ist.

Setzt man wie gewöhnlich

$$(a+b)^n = \sum_{k=0}^{n} \binom{n}{k} a^{n-k} b^k,$$

so wird

$$(a+b)^{n+1} = (a+b)(a+b)^n$$
$$= \sum \binom{n}{k} a^{n-k+1} b^k + \sum \binom{n}{k} a^{n-k} b^{k+1}.$$

Andererseits ist

$$(a+b)^{n+1} = \sum_{j=0}^{n+1} \binom{n+1}{j} a^{n+1-j} b^j.$$

Durch Vergleichung der beiden Ausdrücke für $(a+b)^{n+1}$ erkennt man, daß

$$\binom{n+1}{j} = \binom{n}{j} + \binom{n}{j-1}$$

ist. Wenn man vereinbart, daß $\binom{n}{k}$ für $k = -1, -2, \ldots$ und für $k = n+1, n+2, \ldots$ gleich Null sein soll, so gilt diese Formel ganz allgemein.

Mit c_s werde nun die Summe aller $\binom{n}{k}$ bezeichnet, bei denen $n + k = s$ ist. Dann folgt aus der obigen Formel

$$c_s = c_{s-1} + c_{s-2}. \qquad (s \geqq 3)$$

Die Folge $c_1, c_2, c_3, \ldots$ hat also auch die Eigenschaft, daß vom dritten ab jedes Glied die Summe der beiden vorhergehenden ist. Da

$$c_1 = \binom{1}{0} = 1, \quad c_2 = \binom{2}{0} + \binom{1}{1} = 2,$$

so stimmen die Folgen

$$k_1, k_2, k_3, \ldots \quad \text{und} \quad c_1, c_2, c_3, \ldots$$

in ihren beiden ersten Gliedern überein. Daraus folgt aber wegen

$$k_n = k_{n-1} + k_{n-2} \quad \text{und} \quad c_n = c_{n-1} + c_{n-2},$$

daß sie in allen Gliedern übereinstimmen. Es ist also

$$k_n = \binom{n}{0} + \binom{n-1}{1} + \binom{n-2}{2} + \cdots$$

Der Name **Kontinuante** hat seinen Ursprung in der Beziehung, die zwischen diesen Determinanten und den **Kettenbrüchen** (fractions continus) besteht.

Aus der Rekursionsformel $K_n = x_n K_{n-1} + K_{n-2}$ ergibt sich

$$\frac{K_n}{K_{n-1}} = x_n + \frac{K_{n-2}}{K_{n-1}}$$

oder, wenn wir

$$\frac{K_n}{K_{n-1}} = Q_n$$

setzen,

$$Q_n = x_n + \frac{1}{Q_{n-1}}.$$

Aus demselben Grunde ist aber

$$Q_{n-1} = x_{n-1} + \frac{1}{Q_{n-2}},$$

$$\cdots\cdots\cdots$$

$$Q_3 = x_3 + \frac{1}{Q_2}.$$

Da nun

$$Q_2 = \frac{K_2}{K_1} = \frac{x_1 x_2 + 1}{x_1} = x_2 + \frac{1}{x_1}$$

ist, so folgt aus den obigen Gleichungen

$$\frac{K_n}{K_{n-1}} = x_n + \frac{1}{x_{n-1}} + \frac{1}{x_{n-2}} + \cdots + \frac{1}{x_1}.$$

Ein Kettenbruch läßt sich also als Quotient von zwei Kontinuanten darstellen.

Ersetzen wir $x_1, x_2, \ldots, x_n$ durch $x_n, x_{n-1}, \ldots, x_1$ und kehren in K_n und K_{n-1} die Reihenfolge der Zeilen und Spalten um, so finden wir, daß der Kettenbruch

$$x_1 + \frac{1}{x_2} + \cdots + \frac{1}{x_n}.$$

gleich dem Quotienten von

$$\begin{vmatrix} x_1 & 1 & 0 & \ldots & 0 \\ -1 & x_2 & 1 & \ldots & 0 \\ 0 & -1 & x_3 & \ldots & 0 \\ . & . & . & . & . \\ 0 & 0 & 0 & \ldots & x_n \end{vmatrix}$$

durch

$$\begin{vmatrix} x_2 & 1 & 0 & \ldots & 0 \\ -1 & x_3 & 1 & \ldots & 0 \\ 0 & -1 & x_4 & \ldots & 0 \\ . & . & . & . & . \\ 0 & 0 & 0 & \ldots & x_n \end{vmatrix}$$

ist.

Ersetzt man in K_n alle x durch 1, so wird offenbar

$$K_n = k_n.$$

Daraus folgt, daß die Determinante

$$\begin{vmatrix} 1 & 1 & 0 & \ldots & 0 \\ -1 & 1 & 1 & \ldots & 0 \\ 0 & -1 & 1 & \ldots & 0 \\ . & . & . & . & . \\ 0 & 0 & 0 & \ldots & 1 \end{vmatrix}$$

den Wert k_n hat.

§ 69. Die Determinanten W. Voigts.

W. Voigt, Drude und Baltzer haben Determinanten von gerader Ordnung untersucht, die von folgender Form sind:

$$D = \begin{vmatrix} a & b & c & d \dots \\ -b & a & -d & c \dots \\ a_1 & b_1 & c_1 & d_1 \dots \\ -b_1 & a_1 & -d_1 & c_1 \dots \\ \cdot & \cdot & \cdot & \cdot \; \cdot \; \cdot \; \cdot \end{vmatrix}.$$

Sie setzen sich aus n Zeilenpaaren von der Form

$$\begin{matrix} a & b & c & d \dots \\ -b & a & -d & c \dots \end{matrix}$$

zusammen. Die $a, b, c, d, \dots$ sollen sämtlich reell sein.

Wir wollen in D die mit der imaginären Einheit i multiplizierte $2\nu^{\text{te}}$ Zeile von der $(2\nu - 1)^{\text{ten}}$ abziehen ($\nu = 1, 2, \dots, n$) und, nachdem dies geschehen ist, die $2\nu^{\text{te}}$ Zeile mit dem Faktor $2i$ versehen. Dadurch erhalten wir

$$(2i)^n D = \begin{vmatrix} a+bi, & b-ai, & c+di, & d-ci, & \dots \\ -2bi, & 2ai, & -2di, & 2ci, & \dots \\ a_1+b_1 i, & b_1-a_1 i, & c_1+d_1 i, & d_1-c_1 i, & \dots \\ -2b_1 i, & 2a_1 i, & -2d_1 i, & 2c_1 i, & \dots \\ \cdot & \cdot & \cdot & \cdot & \cdot \end{vmatrix}.$$

Addieren wir jetzt zu der $2\nu^{\text{ten}}$ Zeile die $(2\nu - 1)^{\text{te}}$ ($\nu = 1, 2, \dots, n$), so ergibt sich

$$(2i)^n D = \begin{vmatrix} a+bi, & b-ai, & c+di, & d-ci, & \dots \\ a-bi, & b+ai, & c-di, & d+ci, & \dots \\ a_1+b_1 i, & b_1-a_1 i, & c_1+d_1 i, & d_1-c_1 i, & \dots \\ a_1-b_1 i, & b_1+a_1 i, & c_1-d_1 i, & d_1+c_1 i, & \dots \\ \cdot & \cdot & \cdot & \cdot & \cdot \end{vmatrix}$$

oder, wenn wir aus der $2^{\text{ten}}, 4^{\text{ten}}, \dots, 2n^{\text{ten}}$ Spalte den Faktor i herausziehen,

$$2^n D = \begin{vmatrix} a+bi, & -(a+bi), & c+di, & -(c+di), & \dots \\ a-bi, & a-bi, & c-di, & c-di, & \dots \\ a_1+b_1 i, & -(a_1+b_1 i), & c_1+d_1 i, & -(c_1+d_1 i), & \dots \\ a_1-b_1 i, & a_1-b_1 i, & c_1-d_1 i, & c_1-d_1 i, & \dots \\ \cdot & \cdot & \cdot & \cdot & \cdot \end{vmatrix}.$$

Schließlich addieren wir zur $2\nu^{\text{ten}}$ Spalte die $(2\nu-1)^{\text{te}}$ $(\nu = 1, 2, \ldots, n)$ und ziehen aus der $2^{\text{ten}}, 4^{\text{ten}}, \ldots, 2n^{\text{ten}}$ Spalte den Faktor 2 heraus. Dann finden wir

$$D = \begin{vmatrix} a+bi, & 0, & c+di, & 0, & \ldots \\ a-bi, & a-bi, & c-di, & c-di, & \ldots \\ a_1+b_1 i, & 0, & c_1+d_1 i, & 0, & \ldots \\ a_1-b_1 i, & a_1-b_1 i, & c_1-d_1 i, & c_1-d_1 i, & \ldots \\ \cdot & \cdot & \cdot & \cdot & \cdot \end{vmatrix}.$$

Geben wir den Spalten $1, 2, \ldots, 2n$ die neue Reihenfolge

$$1, 3, \ldots, 2n-1, 2, 4, \ldots, 2n,$$

so tritt zu D der Faktor $(-1)^\sigma$ hinzu. Dabei bedeutet σ die Anzahl der Derangements in der Permutation $1, 3, \ldots, 2n-1, 2, 4, \ldots, 2n$.

Geben wir auch den Zeilen $1, 2, \ldots, 2n$ die neue Reihenfolge

$$1, 3, \ldots, 2n-1, 2, 4, \ldots, 2n,$$

so multipliziert sich D noch einmal mit $(-1)^\sigma$.

Es wird also

$$D = \begin{vmatrix} a+bi, & c+di, & \ldots, & 0, & 0, & \ldots \\ a_1+b_1 i, & c_1+d_1 i, & \ldots, & 0, & 0, & \ldots \\ \cdot & \cdot & \cdot & \cdot & \cdot & \cdot \\ a-bi, & c-di, & \ldots, & a-bi, & c-di, & \ldots \\ a_1-b_1 i, & c_1-d_1 i, & \ldots, & a_1-b_1 i, & c_1-d_1 i, & \ldots \\ \cdot & \cdot & \cdot & \cdot & \cdot & \cdot \end{vmatrix}.$$

Entwickeln wir D nach den n ersten Zeilen, so kommt

$$D = \begin{vmatrix} a+bi, & c+di, & \ldots \\ a_1+b_1 i, & c_1+d_1 i, & \ldots \\ \cdot & \cdot & \cdot \end{vmatrix} \begin{vmatrix} a-bi, & c-di, & \ldots \\ a_1-b_1 i, & c_1-d_1 i, & \ldots \\ \cdot & \cdot & \cdot \end{vmatrix}.$$

Hieraus ergibt sich

$$D = A^2 + B^2,$$

wenn wir

$$\begin{vmatrix} a+bi, & c+di, & \ldots \\ a_1+b_1 i, & c_1+d_1 i, & \ldots \\ \cdot & \cdot & \cdot \end{vmatrix} = A + Bi$$

setzen. Es ist dann nämlich, weil wir die $a, b, c, d, \ldots$ reell annehmen,

$$\begin{vmatrix} a-bi, & c-di, & \ldots \\ a_1-b_1 i, & c_1-d_1 i, & \ldots \\ . & . & . \; . \; . \end{vmatrix} = A - Bi.$$

A und B setzen sich aus den a, b, c, d durch Multiplikationen, Additionen und Subtraktionen zusammen und sind homogen von n^{ter} Ordnung.

Man hat z. B.

$$\begin{vmatrix} a & b & c & d \\ -b & a & -d & c \\ a_1 & b_1 & c_1 & d_1 \\ -b_1 & a_1 & -d_1 & c_1 \end{vmatrix} = \begin{vmatrix} a+bi, & c+di \\ a_1+b_1 i, & c_1+d_1 i \end{vmatrix} \begin{vmatrix} a-bi, & c-di \\ a_1-b_1 i, & c_1-d_1 i \end{vmatrix}$$

$$= (a c_1 - c a_1 + d b_1 - b d_1)^2 + (a d_1 - d a_1 + b c_1 - c b_1)^2,$$

weil

$$\begin{vmatrix} a+bi, & c+di \\ a_1+b_1 i, & c_1+d_1 i \end{vmatrix} = (a c_1 - c a_1 + d b_1 - b d_1) + (a d_1 - d a_1 + b c_1 - c b_1) i.$$

Ferner wird

$$\begin{vmatrix} a & b & c & d & e & f \\ -b & a & -d & c & -f & e \\ a_1 & b_1 & c_1 & d_1 & e_1 & f_1 \\ -b_1 & a_1 & -d_1 & c_1 & -f_1 & e_1 \\ a_2 & b_2 & c_2 & d_2 & e_2 & f_2 \\ -b_2 & a_2 & -d_2 & c_2 & -f_2 & e_2 \end{vmatrix}$$

$$= \begin{vmatrix} a+bi, & c+di, & e+fi \\ a_1+b_1 i, & c_1+d_1 i, & e_1+f_1 i \\ a_2+b_2 i, & c_2+d_2 i, & e_2+f_2 i \end{vmatrix} \begin{vmatrix} a-bi, & c-di, & e-fi \\ a_1-b_1 i, & c_1-d_1 i, & e_1-f_1 i \\ a_2-b_2 i, & c_2-d_2 i, & e_2-f_2 i \end{vmatrix}.$$

Nun ist aber

$$\begin{vmatrix} a+bi, & c+di, & e+fi \\ a_1+b_1 i, & c_1+d_1 i, & e_1+f_1 i \\ a_2+b_2 i, & c_2+d_2 i, & e_2+f_2 i \end{vmatrix}$$

$$= \begin{vmatrix} a & c & e \\ a_1 & c_1 & e_1 \\ a_2 & c_2 & e_2 \end{vmatrix} - \begin{vmatrix} a & d & f \\ a_1 & d_1 & f_1 \\ a_2 & d_2 & f_2 \end{vmatrix} - \begin{vmatrix} b & c & f \\ b_1 & c_1 & f_1 \\ b_2 & c_2 & f_2 \end{vmatrix} - \begin{vmatrix} b & d & e \\ b_1 & d_1 & e_1 \\ b_2 & d_2 & e_2 \end{vmatrix}$$

$$+ i \begin{vmatrix} b & c & e \\ b_1 & c_1 & e_1 \\ {}_2 & c_2 & e_2 \end{vmatrix} + i \begin{vmatrix} a & d & e \\ a_1 & d_1 & e_1 \\ a_2 & d_2 & e_2 \end{vmatrix} + i \begin{vmatrix} a & c & f \\ a_1 & c_1 & f_1 \\ a_2 & c_2 & f_2 \end{vmatrix} - i \begin{vmatrix} b & d & f \\ b_1 & d_1 & f_1 \\ b_2 & d_2 & f_2 \end{vmatrix}.$$

Schreiben wir für eine Determinante von der Form

$$\begin{vmatrix} x & y & z \\ x_1 & y_1 & z_1 \\ x_2 & y_2 & z_2 \end{vmatrix}$$

kurz $(x\,y\,z)$, so ergibt sich für die sechsreihige VOIGTsche Determinante der Ausdruck

$$\{(a\,c\,e) - (a\,d\,f) - (b\,c\,f) - (b\,d\,e)\}^2$$
$$+ \{(b\,c\,e) + (a\,d\,e) + (a\,c\,f) - (b\,d\,f)\}^2.$$

Zehntes Kapitel.

Orthogonale Determinanten.

§ 70. Definition.

Die Determinante

$$A = \begin{vmatrix} a_{11} & a_{12} \cdots a_{1n} \\ a_{21} & a_{22} \cdots a_{2n} \\ \cdot & \cdot \quad \cdot \quad \cdot \quad \cdot \\ a_{n1} & a_{n2} \cdots a_{nn} \end{vmatrix}$$

heißt **orthogonal**, wenn das Produkt von zwei verschiedenen Spalten gleich Null, das Produkt jeder Spalte mit sich selbst aber gleich 1 ist (vgl. (§ 30).[1]

Es gelten also bei einer orthogonalen Determinante die Relationen

$$a_{1r}\,a_{1s} + a_{2r}\,a_{2s} + \ldots + a_{nr}\,a_{ns} = 0 \qquad (r \gtrless s)$$

und

$$a_{1r}\,a_{1r} + a_{2r}\,a_{2r} + \ldots + a_{nr}\,a_{nr} = 1.$$

Setzt man

$$y_1 = a_{11}\,x_1 + a_{12}\,x_2 + \ldots + a_{1n}\,x_n,$$
$$y_2 = a_{21}\,x_1 + a_{22}\,x_2 + \ldots + a_{2n}\,x_n,$$
$$\cdot \quad \cdot \quad \cdot \quad \cdot \quad \cdot \quad \cdot \quad \cdot \quad \cdot \quad \cdot \quad \cdot \quad \cdot \quad \cdot \quad \cdot$$
$$y_n = a_{n1}\,x_1 + a_{n2}\,x_2 + \ldots + a_{nn}\,x_n$$

und fordert, daß für alle Werte der x

$$y_1^2 + y_2^2 + \ldots + y_n^2 = x_1^2 + x_2^2 + \ldots + x_n^2$$

---

[1] Die Elemente a_{rs} setzen wir als reell voraus.

sein soll, so findet man gerade die eben angegebenen Relationen. Sie lassen sich also in der einen Gleichung $\Sigma y_\nu^2 = \Sigma x_\nu^2$ zusammenfassen.

Multipliziert man A mit sich selbst, und zwar nach Spalten, so ergibt sich auf Grund dieser Relationen

$$A^2 = \begin{vmatrix} 1 & 0 & \dots & 0 \\ 0 & 1 & \dots & 0 \\ . & . & . & . \\ 0 & 0 & \dots & 1 \end{vmatrix} = 1.$$

Daraus folgt

Satz 42. Eine orthogonale Determinante ist entweder gleich 1 oder gleich -1.

§ 71. Die Reziproke einer orthogonalen Determinante.

Löst man die Gleichungen

$$\begin{aligned} a_{11} x_1 + a_{21} x_2 + \dots + a_{n1} x_n &= b_1, \\ a_{12} x_1 + a_{22} x_2 + \dots + a_{n2} x_n &= b_2, \\ \dots \dots \dots \\ a_{1n} x_1 + a_{2n} x_2 + \dots + a_{nn} x_n &= b_n \end{aligned}$$

nach der Cramerschen Regel auf (vgl. § 22), so ergibt sich[1]

$$x_r = \frac{b_1 A_{r1} + b_2 A_{r2} + \dots + b_n A_{rn}}{A}. \quad (r = 1, 2, \dots, n)$$

Für den Fall, daß $b_s = 1$ ist und alle andern b gleich Null, hat man also

$$x_1 = \frac{A_{1s}}{A}, \quad x_2 = \frac{A_{2s}}{A}, \quad \dots, \quad x_n = \frac{A_{ns}}{A}.$$

Aus § 70 ist aber zu entnehmen, daß in diesem Falle die Gleichungen durch

$$x_1 = a_{1s}, \quad x_2 = a_{2s}, \quad \dots, \quad x_n = a_{ns}$$

befriedigt werden. Da es nur eine Lösung gibt, so folgt

$$a_{rs} = \frac{A_{rs}}{A}.$$

Satz 43. In einer orthogonalen Determinante, die den Wert 1 hat, ist jedes Element gleich seinem algebraischen Komplement. In einer orthogonalen Determinante mit

[1] A_{rs} ist das algebraische Komplement von a_{rs} in A.

dem Wert -1 sind die Elemente und ihre algebraischen Komplemente entgegengesetzt gleich.

Mit Hilfe der Relationen $a_{rs} = A_{rs} : A$ erkennt man, daß in einer orthogonalen Determinante das Produkt von zwei verschiedenen Zeilen gleich Null und das Produkt einer Zeile mit sich selbst gleich 1 ist. Man hat in der Tat

$$a_{r1}\, a_{s1} + a_{r2}\, a_{s2} + \dots + a_{rn}\, a_{sn} = \frac{a_{r1} A_{s1} + a_{r2} A_{s2} + \dots + a_{rn} A_{sn}}{A}.$$

Der Zähler dieses Bruches ist aber gleich Null oder gleich 1, je nachdem $r \gtrless s$ oder $r = s$.

Satz 44. Eine orthogonale Determinante bleibt orthogonal, wenn man sie um die Hauptdiagonale herumklappt.

§ 72. Produkt von zwei orthogonalen Determinanten.

Satz 45. Das Produkt von zwei orthogonalen Determinanten ist wieder eine orthogonale Determinante.

Multipliziert man die beiden orthogonalen Determinanten

$$\begin{vmatrix} a_{11} & a_{12} & \dots & a_{1n} \\ a_{21} & a_{22} & \dots & a_{2n} \\ \cdot & \cdot & \cdot & \cdot \\ a_{n1} & a_{n2} & \dots & a_{nn} \end{vmatrix} \quad \text{und} \quad \begin{vmatrix} b_{11} & b_{12} & \dots & b_{1n} \\ b_{21} & b_{22} & \dots & b_{2n} \\ \cdot & \cdot & \cdot & \cdot \\ b_{n1} & b_{n2} & \dots & b_{nn} \end{vmatrix}$$

nach Zeilen, so entsteht eine Determinante

$$\begin{vmatrix} c_{11} & c_{12} & \dots & c_{1n} \\ c_{21} & c_{22} & \dots & c_{2n} \\ \cdot & \cdot & \cdot & \cdot \\ c_{n1} & c_{n2} & \dots & c_{nn} \end{vmatrix},$$

in welcher

$$c_{rs} = a_{r1}\, b_{s1} + a_{r2}\, b_{s2} + \dots + a_{rn}\, b_{sn}$$

ist.

Danach wird

$$c_{rs} c_{rt} = \left(\sum_\mu a_{r\mu} b_{s\mu}\right) \left(\sum_\nu a_{r\nu} b_{t\nu}\right) = \sum_{\mu,\nu} a_{r\mu}\, a_{r\nu}\, b_{s\mu}\, b_{t\nu}.$$

Summiert man über die Werte $r = 1, 2, \dots, n$, so ergibt sich, da

$$\sum_r a_{r\mu}\, a_{r\nu} = 0 \quad (\mu \gtrless \nu), \qquad \sum_r a_{r\mu}\, a_{r\mu} = 1$$

ist,

$$\sum_r c_{rs} c_{rt} = \sum_\mu b_{s\mu} b_{t\mu}.$$

Man hat also

$$\sum_r c_{rs} c_{rt} = 0 \quad (s \gtrless t), \qquad \sum_r c_{rs} c_{rs} = 1,$$

weil

$$\sum_{\mu} b_{s\mu} b_{t\mu} = 0 \quad (s \gtreqless t), \qquad \sum_{\mu} b_{s\mu} b_{s\mu} = 1.$$

§ 73. Sätze von Brioschi und Siacci.

Die Sätze von Brioschi beziehen sich auf die Gleichung

$$D(x) = \begin{vmatrix} a_{11}+x & a_{12} & \dots & a_{1n} \\ a_{21} & a_{22}+x & \dots & a_{2n} \\ \cdot & \cdot & \cdot & \cdot \\ a_{n1} & a_{n2} & \dots & a_{nn}+x \end{vmatrix} = 0$$

unter der Voraussetzung, daß $D(0) = A$ eine orthogonale Determinante ist.

Multipliziert man $D(x)$ mit

$$D(-x) = \begin{vmatrix} a_{11}-x & a_{12} & \dots & a_{1n} \\ a_{21} & a_{22}-x & \dots & a_{2n} \\ \cdot & \cdot & \cdot & \cdot \\ a_{n1} & a_{n2} & \dots & a_{nn}-x \end{vmatrix},$$

und zwar nach Zeilen, so ergibt sich (vgl. Satz 44)

$$D(x)\,D(-x) = \begin{vmatrix} 1-x^2, & (a_{21}-a_{12})x, & \dots, & (a_{n1}-a_{1n})x \\ (a_{12}-a_{21})x, & 1-x^2, & \dots, & (a_{n2}-a_{2n})x \\ \cdot & \cdot & \cdot & \cdot \\ (a_{1n}-a_{n1})x, & (a_{2n}-a_{n2})x, & \dots, & 1-x^2 \end{vmatrix}.$$

Hieraus folgt für $x \gtreqless 0$

$$D(x)\,D(-x) = x^n \begin{vmatrix} \frac{1}{x}-x, & a_{21}-a_{12}, & \dots, & a_{n1}-a_{1n} \\ a_{12}-a_{21}, & \frac{1}{x}-x, & \dots, & a_{n2}-a_{2n} \\ \cdot & \cdot & \cdot & \cdot \\ a_{1n}-a_{n1}, & a_{2n}-a_{n2}, & \dots, & \frac{1}{x}-x \end{vmatrix}$$

oder, wenn man

$$\frac{1}{x} - x = z$$

und

$$a_{sr} - a_{rs} = \beta_{rs}$$

setzt,

$$\frac{D(x)\,D(-x)}{x^n} = \begin{vmatrix} \beta_{11}+z & \beta_{12} & \dots & \beta_{1n} \\ \beta_{21} & \beta_{22}+z & \dots & \beta_{2n} \\ \cdot & \cdot & \cdot & \cdot \\ \beta_{n1} & \beta_{n2} & \dots & \beta_{nn}+z \end{vmatrix}.$$

Da

$$\beta_{rs} = -\beta_{sr},$$

so können wir uns auf § 67 stützen. Dort sahen wir, daß die Gleichung

$$\begin{vmatrix} \beta_{11}+x & \beta_{12} & \dots & \beta_{1n} \\ \beta_{21} & \beta_{22}+x & \dots & \beta_{2n} \\ \cdot & \cdot & \cdot & \cdot \\ \beta_{n1} & \beta_{n2} & \dots & \beta_{nn}+x \end{vmatrix} = 0$$

außer etwa $x = 0$ keine reelle Wurzel haben kann.

Daraus folgt, daß die Gleichung

$$D(x) = 0$$

keine reelle Wurzel zuläßt, die von 1 und -1 verschieden ist.

Schreibt man $D(x)$ in der Form

$$D(x) = x^n + S_1 x^{n-1} + \dots + S_n,$$

so ist, wie wir wissen, S_k die Summe der k-reihigen Hauptminoren von A.

Nach Satz 43 wird aber z. B.

$$A^k \begin{vmatrix} a_{11} & a_{12} & \dots & a_{1k} \\ a_{21} & a_{22} & \dots & a_{2k} \\ \cdot & \cdot & \cdot & \cdot \\ a_{k1} & a_{k2} & \dots & a_{kk} \end{vmatrix} = \begin{vmatrix} A a_{11} & A a_{12} & \dots & A a_{1k} \\ A a_{21} & A a_{22} & \dots & A a_{2k} \\ \cdot & \cdot & \cdot & \cdot \\ A a_{k1} & A a_{k2} & \dots & A a_{kk} \end{vmatrix} = \begin{vmatrix} A_{11} & A_{12} & \dots & A_{1k} \\ A_{21} & A_{22} & \dots & A_{2k} \\ \cdot & \cdot & \cdot & \cdot \\ A_{k1} & A_{k2} & \dots & A_{kk} \end{vmatrix}.$$

Unter Anwendung von Satz 28 in § 38 ergibt sich also

$$A^k \begin{vmatrix} a_{11} & a_{12} & \dots & a_{1k} \\ a_{21} & a_{22} & \dots & a_{2k} \\ \cdot & \cdot & \cdot & \cdot \\ a_{k1} & a_{k2} & \dots & a_{kk} \end{vmatrix} = A^{k-1} \begin{vmatrix} a_{k+1,k+1} & a_{k+1,k+2} & \dots & a_{k+1,n} \\ a_{k+2,k+1} & a_{k+2,k+2} & \dots & a_{k+2,n} \\ \cdot & \cdot & \cdot & \cdot \\ a_{n,k+1} & a_{n,k+2} & \dots & a_{nn} \end{vmatrix}$$

oder, da $A = \pm 1$,

$$\begin{vmatrix} a_{11} & a_{12} & \dots & a_{1k} \\ a_{21} & a_{22} & \dots & a_{2k} \\ \cdot & \cdot & \cdot & \cdot \\ a_{k1} & a_{k2} & \dots & a_{kk} \end{vmatrix} = \pm \begin{vmatrix} a_{k+1,k+1} & a_{k+1,k+2} & \dots & a_{k+1,n} \\ a_{k+2,k+1} & a_{k+2,k+2} & \dots & a_{k+2,n} \\ \cdot & \cdot & \cdot & \cdot \\ a_{n,k+1} & a_{n,k+2} & \dots & a_{nn} \end{vmatrix}.$$

Ähnliches gilt für jeden Minor einer orthogonalen Determinante.

Jeder Minor einer orthogonalen Determinante A ist gleich seinem algebraischen Komplement, multipliziert mit A.

Die Summe der k-reihigen Hauptminoren ist hiernach gleich der mit A multiplizierten Summe der $(n-k)$-reihigen Hauptminoren, oder in Formeln:

$$S_k = \pm S_{n-k}. \qquad (A = \pm 1)$$

Man sieht hieraus, daß in der Gleichung $D(x) = 0$ gleich weit von den Enden entfernte Koeffizienten gleich oder entgegengesetzt gleich sind, je nachdem A gleich 1 oder -1 ist.

Dies läßt sich auch auf folgendem Wege erkennen. Man multipliziert $D(x)$ mit A, und zwar nach Zeilen. Dabei ergibt sich

$$(1) \qquad A\,D(x) = \begin{vmatrix} 1 + a_{11}x & a_{12}x & \dots & a_{1n}x \\ a_{21}x & 1 + a_{22}x & \dots & a_{2n}x \\ \cdot & \cdot & \cdot & \cdot \\ a_{n1}x & a_{n2}x & \dots & 1 + a_{nn}x \end{vmatrix} = x^n D\left(\frac{1}{x}\right),$$

und $D(x) = 0$ ist also eine **reziproke** Gleichung.

Wenn n ungerade ist und man setzt

$$x = -A,$$

so wird, da $A = \pm 1$,

$$\frac{1}{x} = -A \quad \text{und} \quad x^n = -A.$$

Die Identität (1) liefert dann

$$A\,D(-A) = -A\,D(-A),$$

also

$$D(-A) = 0.$$

Bei ungeradem n hat demnach die Gleichung $D(x) = 0$ die Wurzel $x = -A$.

Wenn n gerade ist und $A = -1$, so hat $D(x) = 0$ die Wurzeln $x = +1$ und $x = -1$. Im Falle $A = -1$ liefert nämlich die Identität (1) bei geradem n

$$D(\pm 1) = 0.$$

Der Satz, daß $D(x) = 0$ eine reziproke Gleichung ist, steckt als Spezialfall in einem Theorem von Siacci. Der eine Teil dieses Theorems lautet so:

$$\begin{vmatrix} a_{11} & a_{12} & \dots & a_{1n} \\ a_{21} & a_{22} & \dots & a_{2n} \\ \cdot & \cdot & \cdot & \cdot \\ a_{n1} & a_{n2} & \dots & a_{nn} \end{vmatrix} \quad \text{und} \quad \begin{vmatrix} b_{11} & b_{12} & \dots & b_{1n} \\ b_{21} & b_{22} & \dots & b_{2n} \\ \cdot & \cdot & \cdot & \cdot \\ b_{n1} & b_{n2} & \dots & b_{nn} \end{vmatrix}$$

seien zwei orthogonale Determinanten, die denselben Wert (+ 1 oder − 1) haben. Dann ist

$$\varphi(\lambda, \mu) = \begin{vmatrix} \lambda_1 a_{11} + \mu_1 b_{11}, & \lambda_2 a_{12} + \mu_2 b_{12}, & \ldots, & \lambda_n a_{1n} + \mu_n b_{1n} \\ \lambda_1 a_{21} + \mu_1 b_{21}, & \lambda_2 a_{22} + \mu_2 b_{22}, & \ldots, & \lambda_n a_{2n} + \mu_n b_{2n} \\ \cdot & \cdot & \cdot & \cdot \\ \lambda_1 a_{n1} + \mu_1 b_{n1}, & \lambda_2 a_{n2} + \mu_2 b_{n2}, & \ldots, & \lambda_n a_{nn} + \mu_n b_{nn} \end{vmatrix}$$

gleich

$$\varphi(\mu, \lambda) = \begin{vmatrix} \mu_1 a_{11} + \lambda_1 b_{11}, & \mu_2 a_{12} + \lambda_2 b_{12}, & \ldots, & \mu_n a_{1n} + \lambda_n b_{1n} \\ \mu_1 a_{21} + \lambda_1 b_{21}, & \mu_2 a_{22} + \lambda_2 b_{22}, & \ldots, & \mu_n a_{2n} + \lambda_n b_{2n} \\ \cdot & \cdot & \cdot & \cdot \\ \mu_1 a_{n1} + \lambda_1 b_{n1}, & \mu_2 a_{n2} + \lambda_2 b_{n2}, & \ldots, & \mu_n a_{nn} + \lambda_n b_{nn} \end{vmatrix}.$$

Multipliziert man $\varphi(\lambda, \mu)$ mit

$$\begin{vmatrix} b_{11} & b_{12} & \ldots & b_{1n} \\ b_{21} & b_{22} & \ldots & b_{2n} \\ \cdot & \cdot & \cdot & \cdot \\ b_{n1} & b_{n2} & \ldots & b_{nn} \end{vmatrix} = \pm 1,$$

und zwar nach Spalten, so ergibt sich

$$\pm \varphi(\lambda, \mu) = \begin{vmatrix} \lambda_1 c_{11} + \mu_1, & \lambda_1 c_{12}, & \ldots, & \lambda_1 c_{1n} \\ \lambda_2 c_{21} & \lambda_2 c_{22} + \mu_2, & \ldots, & \lambda_2 c_{2n} \\ \cdot & \cdot & \cdot & \cdot \\ \lambda_n c_{n1} & \lambda_n c_{n2}, & \ldots, & \lambda_n c_{nn} + \mu_n \end{vmatrix}.$$

Dabei ist

$$c_{rs} = a_{1r} b_{1s} + a_{2r} b_{2s} + \ldots + a_{nr} b_{ns}.$$

Multipliziert man $\varphi(\mu, \lambda)$ mit

$$\begin{vmatrix} a_{11} & a_{12} & \ldots & a_{1n} \\ a_{21} & a_{22} & \ldots & a_{2n} \\ \cdot & \cdot & \cdot & \cdot \\ a_{n1} & a_{n2} & \ldots & a_{nn} \end{vmatrix} = \pm 1$$

und zwar wieder nach Spalten, so findet man

$$\pm \varphi(\mu, \lambda) = \begin{vmatrix} \lambda_1 c_{11} + \mu_1, & \lambda_1 c_{21}, & \ldots, & \lambda_1 c_{n1} \\ \lambda_2 c_{12} & \lambda_2 c_{22} + \mu_2, & \ldots, & \lambda_2 c_{n2} \\ \cdot & \cdot & \cdot & \cdot \\ \lambda_n c_{1n} & \lambda_n c_{2n}, & \ldots, & \lambda_n c_{nn} + \mu_n \end{vmatrix}.$$

Hieraus folgt durch Entwickelung nach den μ:

$$\varphi(\lambda, \mu) = \varphi(\mu, \lambda).$$

Der andre Teil des Theorems von Siacci lautet:

Haben die orthogonalen Determinanten, aus denen $\varphi(\lambda, \mu)$ und $\varphi(\mu, \lambda)$ gebildet sind, entgegengesetzte Werte, so besteht die Identität

$$\varphi(\lambda, \mu) = - \varphi(\mu, \lambda).$$

Wenn wir aus den beiden orthogonalen Determinanten

$$A = \begin{vmatrix} a_{11} & a_{12} & \dots & a_{1n} \\ a_{21} & a_{22} & \dots & a_{2n} \\ \cdot & \cdot & \cdot & \cdot \\ a_{n1} & a_{n2} & \dots & a_{nn} \end{vmatrix} \quad \text{und} \quad \begin{vmatrix} 1 & 0 & \dots & 0 \\ 0 & 1 & \dots & 0 \\ \cdot & \cdot & \cdot & \cdot \\ 0 & 0 & \dots & 1 \end{vmatrix}$$

die Determinante

$$\begin{vmatrix} \lambda a_{11} + \mu_1, & \lambda a_{12}, & \dots, & \lambda a_{1n} \\ \lambda a_{21}, & \lambda a_{22} + \mu_2, & \dots, & \lambda a_{2n} \\ \cdot & \cdot & \cdot & \cdot \\ \lambda a_{n1}, & \lambda a_{n2}, & \dots, & \lambda a_{nn} + \mu_n \end{vmatrix}$$

zusammensetzen, so ist sie nach dem Theorem von Siacci gleich

$$A \begin{vmatrix} \mu_1 a_{11} + \lambda, & \mu_2 a_{12}, & \dots, & \mu_n a_{1n} \\ \mu_1 a_{21}, & \mu_2 a_{22} + \lambda, & \dots, & \mu_n a_{2n} \\ \cdot & \cdot & \cdot & \cdot \\ \mu_1 a_{n1}, & \mu_2 a_{n2}, & \dots, & \mu_n a_{nn} + \lambda \end{vmatrix}$$

oder gleich

$$A \mu_1 \mu_2 \dots \mu_n \begin{vmatrix} a_{11} + \frac{\lambda}{\mu_1}, & a_{12}, & \dots, & a_{1n} \\ a_{21}, & a_{22} + \frac{\lambda}{\mu_2}, & \dots, & a_{2n} \\ \cdot & \cdot & \cdot & \cdot \\ a_{n1}, & a_{n2}, & \dots, & a_{nn} + \frac{\lambda}{\mu_n} \end{vmatrix}.$$

Wir wollen nun annehmen, daß

$$\mu_1 \mu_2 \dots \mu_n = A$$

ist. Dann ergibt sich, wenn wir noch $\lambda = 1$ setzen,

$$\begin{vmatrix} a_{11} + \mu_1, & a_{12}, & \dots, & a_{1n} \\ a_{21}, & a_{22} + \mu_2, & \dots, & a_{2n} \\ \cdot & \cdot & \cdot & \cdot \\ a_{n1}, & a_{n2}, & \dots, & a_{nn} + \mu_n \end{vmatrix} = \begin{vmatrix} a_{11} + \frac{1}{\mu_1}, & a_{12}, & \dots, & a_{1n} \\ a_{21}, & a_{22} + \frac{1}{\mu_2}, & \dots, & a_{2n} \\ \cdot & \cdot & \cdot & \cdot \\ a_{n1}, & a_{n2}, & \dots, & a_{nn} + \frac{1}{\mu_n} \end{vmatrix}.$$

Hierin liegt folgender Satz von Siacci:

Addiert man zu den Hauptelementen einer orthogonalen Determinante Zahlen, deren Produkt gleich der orthogonalen Determinante ist (also gleich $+1$ bzw. -1), so bleibt die neue Determinante ungeändert, wenn jede von diesen Zahlen durch ihren reziproken Wert ersetzt wird.

Schließlich beweisen wir noch ein Theorem über die Determinante $\mathfrak{A}$, die aus der orthogonalen Determinante

$$A = \begin{vmatrix} a_{11} & a_{12} & \dots & a_{1n} \\ a_{21} & a_{22} & \dots & a_{2n} \\ \cdot & \cdot & \cdot & \cdot \\ a_{n1} & a_{n2} & \dots & a_{nn} \end{vmatrix}$$

dadurch entsteht, daß man zu den Hauptelementen 1 addiert. Die reziproke Determinante von

$$\mathfrak{A} = \begin{vmatrix} a_{11}+1, & a_{12}, & \dots, & a_{1n} \\ a_{21}, & a_{22}+1, & \dots, & a_{2n} \\ \cdot & \cdot & \cdot & \cdot \\ a_{n1}, & a_{n2}, & \dots, & a_{nn}+1 \end{vmatrix}$$

sei

$$\begin{vmatrix} \mathfrak{A}_{11} & \mathfrak{A}_{12} & \dots & \mathfrak{A}_{1n} \\ \mathfrak{A}_{21} & \mathfrak{A}_{22} & \dots & \mathfrak{A}_{2n} \\ \cdot & \cdot & \cdot & \cdot \\ \mathfrak{A}_{n1} & \mathfrak{A}_{n2} & \dots & \mathfrak{A}_{nn} \end{vmatrix}.$$

Der zu beweisende Satz bezieht sich gerade auf die Elemente $\mathfrak{A}_{rs}$ dieser Determinante.

$\mathfrak{A}_{rr}$ entsteht aus der Determinante

$$\begin{vmatrix} \lambda_1 a_{11}+\mu_1, & \lambda_2 a_{12}, & \dots, & \lambda_n a_{1n} \\ \lambda_1 a_{21}, & \lambda_2 a_{22}+\mu_2, & \dots, & \lambda_n a_{2n} \\ \cdot & \cdot & \cdot & \cdot \\ \lambda_1 a_{n1}, & \lambda_2 a_{n2}, & \dots, & \lambda_n a_{nn}+\mu_n \end{vmatrix},$$

indem man $\lambda_r = 0$ und alle andern λ gleich 1 setzt, ebenso alle μ gleich 1.

Die obige Determinante ist aber, wie wir wissen, gleich

$$A \begin{vmatrix} \mu_1 a_{11}+\lambda_1, & \mu_2 a_{12}, & \dots, & \mu_n a_{1n} \\ \mu_1 a_{21}, & \mu_2 a_{22}+\lambda_2, & \dots, & \mu_n a_{2n} \\ \cdot & \cdot & \cdot & \cdot \\ \mu_1 a_{n1} & \mu_2 a_{n2}, & \dots, & \mu_n a_{nn}+\lambda_n \end{vmatrix}.$$

Setzt man hier $\lambda_r = 0$ und alle übrigen λ sowie alle μ gleich 1, so geht die Determinante offenbar in

$$\mathfrak{A} - \mathfrak{A}_{rr}$$

über; denn sie unterscheidet sich von $\mathfrak{A}$ nur dadurch, daß a_{rr} an die Stelle von $a_{rr} + 1$ getreten ist.

Wir haben also die Gleichung

$$\mathfrak{A}_{rr} = A(\mathfrak{A} - \mathfrak{A}_{rr})$$

oder, da $A^2 = 1$ ist,

$$A\mathfrak{A}_{rr} = \mathfrak{A} - \mathfrak{A}_{rr},$$

d. h.

$$(1 + A)\mathfrak{A}_{rr} = \mathfrak{A}.$$

Wenn man in der Determinante

$$\begin{vmatrix} b_{11} & b_{12} & \dots & b_{1n} \\ b_{21} & b_{22} & \dots & b_{2n} \\ \cdot & \cdot & \cdot & \cdot \\ b_{n1} & b_{n2} & \dots & b_{nn} \end{vmatrix}$$

$b_{rr} = b_{ss} = 0$ $(r \gtrless s)$ und alle übrigen Hauptelemente gleich 1 macht, ferner $b_{rs} = b_{sr} = 1$ und alle andern Elemente außerhalb der Hauptdiagonale gleich Null, so entsteht eine orthogonale Determinante mit dem Wert -1.

Wir wollen jetzt in

$$\varphi(\lambda, \mu) = \begin{vmatrix} \lambda_1 a_{11} + \mu_1 b_{11}, & \lambda_2 a_{12} + \mu_2 b_{12}, & \dots, & \lambda_n a_{1n} + \mu_n b_{1n} \\ \lambda_1 a_{21} + \mu_1 b_{21}, & \lambda_2 a_{22} + \mu_2 b_{22}, & \dots, & \lambda_n a_{2n} + \mu_n b_{2n} \\ \cdot & \cdot & \cdot & \cdot \\ \lambda_1 a_{n1} + \mu_n b_{n1}, & \lambda_2 a_{n2} + \mu_2 b_{n2}, & \dots, & \lambda_n a_{nn} + \mu_n b_{nn} \end{vmatrix}$$

$\lambda_s = 0$ und $\mu_r = 0$ setzen, alle andern λ, μ aber gleich 1. Dann geht $\varphi(\lambda, \mu)$ in $\mathfrak{A}_{rs}$ über. Nun ist aber nach dem Theorem von Siacci

$$A\varphi(\lambda, \mu) = -\varphi(\mu, \lambda).$$

Bei $\varphi(\mu, \lambda)$ stehen in der r^{ten} Spalte lauter Nullen und nur an der s^{ten} Stelle eine 1. In der s^{ten} Spalte stehen die Glieder

$$a_{1s}, a_{2s}, \dots, a_{ns}.$$

In den übrigen Spalten hat $\varphi(\mu, \lambda)$ dieselben Glieder wie D. Daraus ergibt sich

$$\varphi(\mu, \lambda) = \mathfrak{A}_{sr},$$

und man hat daher

$$\mathfrak{A}_{rs} = -A\mathfrak{A}_{sr}.$$

Addiert man zu den Hauptelementen einer orthogonalen Determinante A die Einheit, so entsteht eine Determinante $\mathfrak{A}$, deren Reziproke im Falle $A = 1$ schief und im Falle $A = -1$ symmetrisch ist.

Im Falle $A = 1$ sind die Hauptelemente der reziproken Determinante alle gleich $\frac{1}{2}\mathfrak{A}$. Das ergibt sich aus der Formel $(1 + A)\mathfrak{A}_{rr} = \mathfrak{A}$.

Nach Satz 28 in § 38 ist

$$\begin{vmatrix} \mathfrak{A}_{rr} & \mathfrak{A}_{rs} \\ \mathfrak{A}_{sr} & \mathfrak{A}_{ss} \end{vmatrix} = \mathfrak{A}\mathfrak{A}_{\substack{rs \\ rs}},$$

wobei $\mathfrak{A}_{\substack{rs \\ rs}}$ den Minor von $\mathfrak{A}$ bezeichnet, der aus $\mathfrak{A}$ durch Streichung der Zeilen und Spalten mit den Indizes r, s entsteht. Aus der obigen Gleichung folgt wegen $\mathfrak{A}_{sr} = -A\mathfrak{A}_{rs}$

$$\mathfrak{A}_{rr}\mathfrak{A}_{ss} + A\mathfrak{A}_{rs}^2 = \mathfrak{A}\mathfrak{A}_{\substack{rs \\ rs}}$$

oder nach Multiplikation mit $(1 + A)^2$

$$\mathfrak{A}^2 + A(1 + A)^2\mathfrak{A}_{rs}^2 = \mathfrak{A}(1 + A)^2\mathfrak{A}_{\substack{rs \\ rs}},$$

d. h.

$$A(1 + A)^2\mathfrak{A}_{rs}^2 = \mathfrak{A}\{(1 + A)^2\mathfrak{A}_{\substack{rs \\ rs}} - \mathfrak{A}\}.$$

Im Falle $A = 1$ hat man also

$$2\mathfrak{A}_{rr} = \mathfrak{A},$$

$$4\mathfrak{A}_{rs}^2 = \mathfrak{A}\{4\mathfrak{A}_{\substack{rs \\ rs}} - \mathfrak{A}\}.$$

Wenn nun $\mathfrak{A} = 0$ ist, so sind auch alle $(n-1)$-reihigen Minoren von $\mathfrak{A}$ gleich Null.

§ 74. Theorem von Stieltjes.

Stieltjes betrachtet zwei dreireihige orthogonale Determinanten

$$\begin{vmatrix} a & b & c \\ a' & b' & c' \\ a'' & b'' & c'' \end{vmatrix} \quad \text{und} \quad \begin{vmatrix} A & B & C \\ A' & B' & C' \\ A'' & B'' & C'' \end{vmatrix}$$

mit dem Wert 1 und leitet aus ihnen die Determinante

$$R = \begin{vmatrix} A + a, & B + b, & C + c \\ A' + a', & B' + b', & C' + c' \\ A'' + a'', & B'' + b'', & C'' + c'' \end{vmatrix}$$

ab.

Sie genießt die Eigenschaft, daß im Falle $R = 0$ auch alle zweireihigen Minoren von R verschwinden.

Um dies zu beweisen, multiplizieren wir die Determinante R mit

$$\begin{vmatrix} a & b & c \\ a' & b' & c' \\ a'' & b'' & c'' \end{vmatrix} = 1,$$

und zwar nach Spalten. Dadurch erhalten wir

$$R = R' = \begin{vmatrix} (aA)+1 & (aB) & \dots & (aC) \\ (bA) & (bB)+1 & \dots & (bC) \\ (cA) & (cB) & \dots & (cC)+1 \end{vmatrix}.$$

Nach Satz 44 und 45 ist

$$\begin{vmatrix} (aA) & (aB) & (aC) \\ (bA) & (bB) & (bC) \\ (cA) & (cB) & (cC) \end{vmatrix} = 1$$

eine orthogonale Determinante. R' ist also eine Determinante von derselben Art wie $\mathfrak{A}$ im vorigen Paragraphen.

Wenn $R = 0$ ist, so sind nach § 73 (Schluß) alle zweireihigen Minoren von R' gleich Null. Dasselbe gilt dann von den zweireihigen Minoren der Determinante R. Denn man hat

$$R = \begin{vmatrix} a & a' & a'' \\ b & b' & b'' \\ c & c' & c'' \end{vmatrix} R',$$

wobei die Multiplikation nach Spalten auszuführen ist. Ein zweireihiger Minor in der Produktdeterminante ist aber das Produkt zweier Matrizen, die aus je zwei Spalten der Faktordeterminanten gebildet sind. Man gewinnt ihn also durch Komposition der zweireihigen Minoren dieser beiden Matrizen.

Das Theorem von Stieltjes wird ganz ebenso im Falle n-reihiger Determinanten bewiesen und lautet dann folgendermaßen:

Sind

$$\begin{vmatrix} a_{11} & a_{12} & \dots & a_{1n} \\ a_{21} & a_{22} & \dots & a_{2n} \\ \cdot & \cdot & \cdot & \cdot \\ a_{n1} & a_{n2} & \dots & a_{nn} \end{vmatrix} \quad \text{und} \quad \begin{vmatrix} b_{11} & b_{12} & \dots & b_{1n} \\ b_{21} & b_{22} & \dots & b_{2n} \\ \cdot & \cdot & \cdot & \cdot \\ b_{n1} & b_{n2} & \dots & b_{nn} \end{vmatrix}$$

orthogonale Determinanten vom Werte 1 und ist

$$R = \begin{vmatrix} a_{11}+b_{11}, & a_{12}+b_{12}, & \dots, & a_{1n}+b_{1n} \\ a_{21}+b_{21}, & a_{22}+b_{22}, & \dots, & a_{2n}+b_{2n} \\ \cdot & \cdot & \cdot & \cdot \\ a_{n1}+b_{n1}, & a_{n2}+b_{n2}, & \dots, & a_{nn}+b_{nn} \end{vmatrix} = 0,$$

so verschwinden auch alle $(n-1)$-reihigen Minoren von R.

§ 75. Die Cayleyschen Formeln.

Zwischen den n^2 Elementen einer orthogonalen Determinante

$$A = \begin{vmatrix} a_{11} & a_{12} & \dots & a_{1n} \\ a_{21} & a_{22} & \dots & a_{2n} \\ \cdot & \cdot & \cdot & \cdot \\ a_{n1} & a_{n2} & \dots & a_{nn} \end{vmatrix}$$

bestehen der Definition gemäß die Relationen

$$a_{1r}a_{1s} + a_{2r}a_{2s} + \dots + a_{nr}a_{ns} = 0, \qquad (r \gtrless s)$$
$$a_{1r}a_{1r} + a_{2r}a_{2r} + \dots + a_{nr}a_{nr} = 1.$$

Ihre Anzahl ist

$$\frac{n(n-1)}{2} + n = \frac{n(n+1)}{2}.$$

Wenn n^2 Veränderliche $\frac{n(n+1)}{2}$ Relationen unterworfen sind, so kann man vermuten, daß

$$n^2 - \frac{n(n+1)}{2} = \frac{n(n-1)}{2}$$

Veränderliche unabhängig sind.

In der Tat wird sich herausstellen, daß die Elemente einer n-reihigen orthogonalen Determinante sich als Funktionen von $\frac{1}{2}n(n-1)$ Parametern, und zwar als rationale Funktionen, darstellen lassen.

Wir wollen annehmen, daß $A = 1$ ist, und die in § 73 betrachtete Determinante

$$\mathfrak{A} = \begin{vmatrix} a_{11}+1 & a_{12} & \dots & a_{1n} \\ a_{21} & a_{22}+1 & \dots & a_{2n} \\ \cdot & \cdot & \cdot & \cdot \\ a_{n1} & a_{n2} & \dots & a_{nn}+1 \end{vmatrix}$$

bilden.

Aus § 73 läßt sich entnehmen, daß die zu $\mathfrak{A}$ reziproke Determinante

$$\overline{\mathfrak{A}} = \begin{vmatrix} \mathfrak{A}_{11} & \mathfrak{A}_{12} & \ldots & \mathfrak{A}_{1n} \\ \mathfrak{A}_{21} & \mathfrak{A}_{22} & \ldots & \mathfrak{A}_{2n} \\ \cdot & \cdot & \cdot & \cdot \\ \mathfrak{A}_{n1} & \mathfrak{A}_{n2} & \ldots & \mathfrak{A}_{nn} \end{vmatrix}$$

schief ist und alle ihre Hauptelemente gleich $\frac{1}{2}\mathfrak{A}$ sind. Es bestehen also die Relationen

$$\mathfrak{A}_{rs} = -\mathfrak{A}_{sr} \quad (r \gtreqless s), \qquad \mathfrak{A}_{rr} = \tfrac{1}{2}\mathfrak{A}.$$

Demnach gibt es in $\overline{\mathfrak{A}}$ nur

$$\tfrac{1}{2}n(n-1)+1$$

verschiedene Elemente.

Nach § 37 ist nun

$$\overline{\mathfrak{A}} = \mathfrak{A}^{n-1},$$

und für die algebraische Komplemente $\overline{\mathfrak{A}}_{rs}$ der $\mathfrak{A}_{rs}$ in $\overline{\mathfrak{A}}$ gelten die Gleichungen

$$\overline{\mathfrak{A}}_{rs} = \mathfrak{A}^{n-2}\,a_{rs} \quad (r \gtreqless s),$$
$$\overline{\mathfrak{A}}_{rr} = \mathfrak{A}^{n-2}\,(a_{rr}+1).$$

Daraus folgt, wenn $\mathfrak{A}$ von Null verschieden ist,

$$a_{rs} = \frac{\overline{\mathfrak{A}}_{rs}}{\mathfrak{A}^{n-2}} \quad (r \gtreqless s),$$

$$a_{rr} = -1 + \frac{\overline{\mathfrak{A}}_{rr}}{\mathfrak{A}^{n-2}}$$

oder

$$(1) \quad \begin{cases} a_{rs} = \dfrac{\mathfrak{A}\,\overline{\mathfrak{A}}_{rs}}{\overline{\mathfrak{A}}} \quad (r \gtreqless s), \\[2ex] a_{rr} = -1 + \dfrac{\mathfrak{A}\,\overline{\mathfrak{A}}_{rr}}{\overline{\mathfrak{A}}}. \end{cases}$$

Hiermit sind die Elemente der orthogonalen Determinante rational ausgedrückt durch die $\frac{1}{2}n(n-1)+1$ Zahlen

$$\begin{array}{lllll} \mathfrak{A}, & \mathfrak{A}_{12}, & \mathfrak{A}_{13}, & \ldots, & \mathfrak{A}_{1n}, \\ & & \mathfrak{A}_{23}, & \ldots, & \mathfrak{A}_{2n}, \\ & & \cdot & \cdot & \cdot \\ & & & & \mathfrak{A}_{n-1,n}. \end{array}$$

Dividieren wir die Brüche

$$\frac{\mathfrak{A}\,\overline{\mathfrak{A}}_{rs}}{\overline{\mathfrak{A}}} \quad \text{und} \quad \frac{\mathfrak{A}\,\overline{\mathfrak{A}}_{rr}}{\overline{\mathfrak{A}}}$$

im Zähler und Nenner durch $\mathfrak{A}^n$, so ergeben sich für die Elemente von A rationale Ausdrücke in

$$
(2)\qquad \left\{
\begin{array}{llll}
\frac{\mathfrak{A}_{12}}{\mathfrak{A}}, & \frac{\mathfrak{A}_{13}}{\mathfrak{A}}, & \ldots, & \frac{\mathfrak{A}_{1n}}{\mathfrak{A}}, \\
 & \frac{\mathfrak{A}_{23}}{\mathfrak{A}}, & \ldots, & \frac{\mathfrak{A}_{2n}}{\mathfrak{A}}, \\
 & \cdot & \cdot\ \cdot\ \cdot & \cdot \\
 & & & \frac{\mathfrak{A}_{n-1,n}}{\mathfrak{A}}.
\end{array}
\right.
$$

Wir wollen jetzt zeigen, daß die Determinante A, deren Elemente durch die Gleichungen (1) bestimmt sind, stets orthogonal ist und den Wert 1 hat, wie man auch die $\frac{1}{2}n(n-1)$ Parameter (2) wählen mag.

Wir gehen also jetzt von einer beliebigen schiefen Determinante $\overline{\mathfrak{A}}$ aus, deren Hauptelemente alle gleich und von Null verschieden sind.[1] Aus den Formeln (1) berechnen wir die Elemente von A und wollen beweisen, daß A orthogonal und gleich 1 ist.

$x_1, x_2, \ldots, x_n$ seien n Veränderliche. Zu ihnen mögen die Veränderlichen $y_1, y_2, \ldots, y_n$ in folgender Beziehung stehen:

$$
(3)\qquad \left\{
\begin{array}{l}
y_1 = \mathfrak{A}_{11} x_1 + \mathfrak{A}_{12} x_2 + \ldots + \mathfrak{A}_{1n} x_n, \\
y_2 = \mathfrak{A}_{21} x_1 + \mathfrak{A}_{22} x_2 + \ldots + \mathfrak{A}_{2n} x_n, \\
\cdot\ \cdot\ \cdot\ \cdot\ \cdot\ \cdot\ \cdot\ \cdot\ \cdot\ \cdot\ \cdot\ \cdot\ \cdot \\
y_n = \mathfrak{A}_{n1} x_1 + \mathfrak{A}_{n2} x_2 + \ldots + \mathfrak{A}_{nn} x_n.
\end{array}
\right.
$$

Die Veränderlichen $z_1, z_2, \ldots, z_n$ seien mit $x_1, x_2, \ldots, x_n$ durch die Gleichungen

$$
(4)\qquad \left\{
\begin{array}{l}
z_1 = \mathfrak{A}_{11} x_1 + \mathfrak{A}_{21} x_2 + \ldots + \mathfrak{A}_{n1} x_n, \\
z_2 = \mathfrak{A}_{12} x_1 + \mathfrak{A}_{22} x_2 + \ldots + \mathfrak{A}_{n2} x_n, \\
\cdot\ \cdot\ \cdot\ \cdot\ \cdot\ \cdot\ \cdot\ \cdot\ \cdot\ \cdot\ \cdot\ \cdot\ \cdot \\
z_n = \mathfrak{A}_{1n} x_1 + \mathfrak{A}_{2n} x_2 + \ldots + \mathfrak{A}_{nn} x_n
\end{array}
\right.
$$

verbunden.

Die $\mathfrak{A}_{rs}$ sind die Elemente von $\overline{\mathfrak{A}}$. Es ist also

$$\mathfrak{A}_{rr} = \tfrac{1}{2}\mathfrak{A} \quad \text{und} \quad \mathfrak{A}_{rs} = -\mathfrak{A}_{sr} \qquad (r \gtrless s).$$

Daraus folgt

$$(5)\qquad y_1 + z_1 = \mathfrak{A} x_1,\ y_2 + z_2 = \mathfrak{A} x_2,\ \ldots,\ y_n + z_n = \mathfrak{A} x_n.$$

Löst man die Gleichungen (3) und (4) nach der Cramerschen Regel auf, so ergibt sich

[1] Ihren gemeinsamen Wert nennen wir $\frac{1}{2}\mathfrak{A}$. Nach § 67 kann $\overline{\mathfrak{A}}$ nicht gleich Null sein.

$$(\overline{3})\quad \begin{cases} \overline{\mathfrak{A}}\, x_1 = \overline{\mathfrak{A}}_{11}\, y_1 + \overline{\mathfrak{A}}_{21}\, y_2 + \dots + \overline{\mathfrak{A}}_{n1}\, y_n, \\ \overline{\mathfrak{A}}\, x_2 = \overline{\mathfrak{A}}_{12}\, y_1 + \overline{\mathfrak{A}}_{22}\, y_2 + \dots + \overline{\mathfrak{A}}_{n2}\, y_n, \\ \dots\dots\dots\dots\dots\dots \\ \overline{\mathfrak{A}}\, x_n = \overline{\mathfrak{A}}_{1n}\, y_1 + \overline{\mathfrak{A}}_{2n}\, y_2 + \dots + \overline{\mathfrak{A}}_{nn}\, y_n \end{cases}$$

und

$$(\overline{4})\quad \begin{cases} \overline{\mathfrak{A}}\, x_1 = \overline{\mathfrak{A}}_{11}\, x_1 + \overline{\mathfrak{A}}_{12}\, x_2 + \dots + \overline{\mathfrak{A}}_{1n}\, x_n, \\ \overline{\mathfrak{A}}\, x_2 = \overline{\mathfrak{A}}_{21}\, x_1 + \overline{\mathfrak{A}}_{22}\, x_2 + \dots + \overline{\mathfrak{A}}_{2n}\, x_n, \\ \dots\dots\dots\dots\dots\dots \\ \overline{\mathfrak{A}}\, x_n = \overline{\mathfrak{A}}_{n1}\, x_1 + \overline{\mathfrak{A}}_{n2}\, x_2 + \dots + \overline{\mathfrak{A}}_{nn}\, x_n. \end{cases}$$

Unter Beachtung von (1) und (5) lassen sich die Systeme $(\overline{3})$ und $(\overline{4})$ auch so schreiben:

$$(3')\quad \begin{cases} x_1 = a_{11}\, y_1 + a_{21}\, y_2 + \dots + a_{n1}\, y_n, \\ x_2 = a_{12}\, y_1 + a_{22}\, y_2 + \dots + a_{n2}\, y_n, \\ \dots\dots\dots\dots\dots\dots \\ x_n = a_{1n}\, y_1 + a_{2n}\, y_2 + \dots + a_{nn}\, y_n \end{cases}$$

und

$$(4')\quad \begin{cases} y_1 = a_{11}\, x_1 + a_{12}\, x_2 + \dots + a_{1n}\, x_n, \\ y_2 = a_{21}\, x_1 + a_{22}\, x_2 + \dots + a_{2n}\, x_n, \\ \dots\dots\dots\dots\dots\dots \\ y_n = a_{n1}\, x_1 + a_{n2}\, x_n + \dots + a_{nn}\, x_n. \end{cases}$$

Setzt man die Werte $y_1, y_2, \dots, y_n$, wie sie durch die Gleichungen (4′) geliefert werden, in (3′) ein, so kommt

$$x_s = \sum_r a_{rs}(a_{r1}\, x_1 + a_{r2}\, x_2 + \dots + a_{rn}\, x_n) \quad (s = 1, 2, \dots, n).$$

Da man den x beliebige Werte beilegen darf (weil sich die Gleichungen (4) nach den x auflösen lassen), so folgt hieraus

$$\sum_r a_{rs}\, a_{rt} = 0 \quad (s \gtrless t), \qquad \sum_r a_{rs}\, a_{rs} = 1.$$

Die Determinante A ist also orthogonal.

Um zu beweisen, daß A den Wert 1 hat, multipliziere man

$$A = \begin{vmatrix} -1 + \frac{\mathfrak{A}\,\overline{\mathfrak{A}}_{11}}{\overline{\mathfrak{A}}}, & \frac{\mathfrak{A}\,\overline{\mathfrak{A}}_{12}}{\overline{\mathfrak{A}}}, & \dots, & \frac{\mathfrak{A}\,\overline{\mathfrak{A}}_{1n}}{\overline{\mathfrak{A}}} \\ \frac{\mathfrak{A}\,\overline{\mathfrak{A}}_{21}}{\overline{\mathfrak{A}}}, & -1 + \frac{\mathfrak{A}\,\overline{\mathfrak{A}}_{22}}{\overline{\mathfrak{A}}}, & \dots, & \frac{\mathfrak{A}\,\overline{\mathfrak{A}}_{2n}}{\overline{\mathfrak{A}}} \\ \dots & \dots & \dots & \dots \\ \frac{\mathfrak{A}\,\overline{\mathfrak{A}}_{n1}}{\overline{\mathfrak{A}}}, & \frac{\mathfrak{A}\,\overline{\mathfrak{A}}_{n2}}{\overline{\mathfrak{A}}}, & \dots, & -1 + \frac{\mathfrak{A}\,\overline{\mathfrak{A}}_{nn}}{\overline{\mathfrak{A}}} \end{vmatrix}$$

mit

$$\bar{\mathfrak{A}} = \begin{vmatrix} \mathfrak{A}_{11} & \mathfrak{A}_{12} & \ldots & \mathfrak{A}_{1n} \\ \mathfrak{A}_{21} & \mathfrak{A}_{22} & \ldots & \mathfrak{A}_{2n} \\ \cdot & \cdot & \cdot & \cdot \\ \mathfrak{A}_{n1} & \mathfrak{A}_{n2} & \ldots & \mathfrak{A}_{nn} \end{vmatrix},$$

etwa nach Zeilen. Dann ergibt sich[1]

$$A\bar{\mathfrak{A}} = \begin{vmatrix} \mathfrak{A}_{11} & \mathfrak{A}_{12} & \ldots & \mathfrak{A}_{1n} \\ \mathfrak{A}_{21} & \mathfrak{A}_{22} & \ldots & \mathfrak{A}_{2n} \\ \cdot & \cdot & \cdot & \cdot \\ \mathfrak{A}_{n1} & \mathfrak{A}_{n2} & \ldots & \mathfrak{A}_{nn} \end{vmatrix} = \bar{\mathfrak{A}}.$$

Daraus ist zu ersehen, daß A den Wert 1 hat.

§ 76. Zweireihige und dreireihige orthogonale Determinanten.

Um die Elemente einer zweireihigen orthogonalen Determinante vom Werte 1 zu finden, gehen wir nach § 75 von einer zweireihigen schiefen Determinante mit gleichen Hauptelementen aus:

$$\bar{\mathfrak{A}} = \begin{vmatrix} \lambda & \mu \\ -\mu & \lambda \end{vmatrix}.$$

Die reziproke Determinante lautet

$$\begin{vmatrix} \lambda & \mu \\ -\mu & \lambda \end{vmatrix}.$$

Die Formeln (1) in § 75 liefern dann:

$$a_{11} = -1 + \frac{2\lambda^2}{\lambda^2+\mu^2}, \quad a_{12} = \frac{2\lambda\mu}{\lambda^2+\mu^2},$$

$$a_{21} = -\frac{2\lambda\mu}{\lambda^2+\mu^2}, \quad a_{22} = -1 + \frac{2\lambda^2}{\lambda^2+\mu^2}$$

oder

$$a_{11} = \frac{\lambda^2-\mu^2}{\lambda^2+\mu^2}, \quad a_{12} = \frac{2\lambda\mu}{\lambda^2+\mu^2},$$

$$a_{21} = -\frac{2\lambda\mu}{\lambda^2+\mu^2}, \quad a_{22} = \frac{\lambda^2-\mu^2}{\lambda^2+\mu^2}.$$

Dividieren wir Zähler und Nenner durch λ^2 und setzen $\lambda/\mu = t$, so ergibt sich

$$a_{11} = \frac{1-t^2}{1+t^2}, \quad a_{12} = \frac{2t}{1+t^2},$$

$$a_{21} = -\frac{2t}{1+t^2}, \quad a_{22} = \frac{1-t^2}{1+t^2}.$$

[1] Man bedenke, daß $\mathfrak{A}_{rr} = \frac{1}{2}\mathfrak{A}$ und $\mathfrak{A}_{rs} = -\mathfrak{A}_{sr}$ ist $(r \gtrless s)$.

In dieser Form lassen sich aber nur solche orthogonale Determinanten vom Werte 1 darstellen, bei welchen

$$\mathfrak{A} = \begin{vmatrix} a_{11}+1 & a_{12} \\ a_{21} & a_{22}+1 \end{vmatrix}$$

von Null verschieden ist. Z. B. läßt sich die orthogonale Determinante

$$\begin{vmatrix} -1 & 0 \\ 0 & -1 \end{vmatrix}$$

nicht so schreiben. Man findet sie aber, wenn man t über alle Grenzen wachsen läßt.

Dies ist übrigens die einzige Determinante, die hier eine Ausnahme macht. Soll die orthogonale Determinante

$$\begin{vmatrix} a_{11} & a_{12} \\ a_{21} & a_{22} \end{vmatrix}$$

gleich 1 sein und die Eigenschaft $\mathfrak{A} = 0$ besitzen, so hat man

$$a_{11} + a_{22} = -2.$$

Nun ist aber

$$(a_{11} + a_{22})^2 + (a_{12} - a_{21})^2 = 4,$$

weil

$$a_{11}^2 + a_{12}^2 = a_{21}^2 + a_{22}^2 = 1$$

und

$$a_{11}\, a_{22} - a_{12}\, a_{21} = 1.$$

Also folgt

$$a_{12} = a_{21},$$

mithin

$$a_{11} = a_{22} = -1$$

und

$$a_{12} = a_{21} = 0.$$

Eine dreireihige orthogonale Determinante gewinnen wir, wenn wir von der schiefen Determinante

$$\overline{\mathfrak{A}} = \begin{vmatrix} \lambda & \mu & \nu \\ -\mu & \lambda & \varrho \\ -\nu & -\varrho & \lambda \end{vmatrix} = \lambda(\lambda^2 + \mu^2 + \nu^2 + \varrho^2)$$

ausgehen. Ihre Reziproke lautet

$$\begin{vmatrix} \lambda^2 + \varrho^2, & \mu\lambda - \nu\varrho, & \mu\varrho + \lambda\nu \\ -\mu\lambda - \nu\varrho, & \lambda^2 + \nu^2, & \lambda\varrho - \mu\nu \\ \mu\varrho - \lambda\nu, & -\lambda\varrho - \mu\nu, & \lambda^2 + \mu^2 \end{vmatrix}.$$

Die Formeln (1) in § 75 liefern

$$a_{11} = -1 + \frac{2(\lambda^2 + \varrho^2)}{(\lambda^2 + \mu^2 + \nu^2 + \varrho^2)},$$

$$a_{12} = \frac{2(\mu\lambda - \nu\varrho)}{\lambda^2 + \mu^2 + \nu^2 + \varrho^2},$$

$$a_{13} = \frac{2(\mu\varrho + \lambda\nu)}{\lambda^2 + \mu^2 + \nu^2 + \varrho^2},$$

$$a_{21} = -\frac{2(\mu\lambda + \nu\varrho)}{\lambda^2 + \mu^2 + \nu^2 + \varrho^2},$$

$$a_{22} = -1 + \frac{2(\lambda^2 + \nu^2)}{\lambda^2 + \mu^2 + \nu^2 + \varrho^2},$$

$$a_{23} = \frac{2(\lambda\varrho - \mu\nu)}{\lambda^2 + \mu^2 + \nu^2 + \varrho^2},$$

$$a_{31} = \frac{2(\mu\varrho - \lambda\nu)}{\lambda^2 + \mu^2 + \nu^2 + \varrho^2},$$

$$a_{32} = -\frac{2(\lambda\varrho + \mu\nu)}{\lambda^2 + \mu^2 + \nu^2 + \varrho^2},$$

$$a_{33} = -1 + \frac{2(\lambda^2 + \mu^2)}{\lambda^2 + \mu^2 + \nu^2 + \varrho^2}.$$

Setzen wir

$$\frac{\mu}{\lambda} = t, \qquad \frac{\nu}{\lambda} = s, \qquad \frac{\varrho}{\lambda} = r,$$

so lautet die dreireihige orthogonale Determinante:

$$\begin{vmatrix} \dfrac{1 + r^2 - s^2 - t^2}{1 + r^2 + s^2 + t^2}, & \dfrac{2(t - rs)}{1 + r^2 + s^2 + t^2}, & \dfrac{2(s + rt)}{1 + r^2 + s^2 + t^2} \\ \dfrac{-2(t + rs)}{1 + r^2 + s^2 + t^2}, & \dfrac{1 + s^2 - r^2 - t^2}{1 + r^2 + s^2 + t^2}, & \dfrac{2(r - st)}{1 + r^2 + s^2 + t^2} \\ \dfrac{-2(s - rt)}{1 + r^2 + s^2 + t^2}, & \dfrac{-2(r + st)}{1 + r^2 + s^2 + t^2}, & \dfrac{1 + t^2 - r^2 - s^2}{1 + r^2 + s^2 + t^2} \end{vmatrix}.$$

Auch hier sind wieder diejenigen orthogonalen Determinanten ausgeschlossen, bei welchen

$$\mathfrak{A} = \begin{vmatrix} a_{11} + 1, & a_{12}, & a_{13} \\ a_{21}, & a_{22} + 1, & a_{23} \\ a_{31}, & a_{32}, & a_{33} + 1 \end{vmatrix} = 0$$

ist, also z. B. die folgende

$$\begin{vmatrix} -1 & 0 & 0 \\ 0 & -1 & 0 \\ 0 & 0 & 1 \end{vmatrix}.$$

Elftes Kapitel.

Resultanten und Diskriminanten.

§ 77. Binäre Formen n^{ten} Grades.

Eine binäre Form n^{ten} Grades ist ein Ausdruck von folgender Gestalt:

$$a_0 x^n + a_1 x^{n-1} y + a_2 x^{n-2} y^2 + \ldots + a_n y^n. \tag{1}$$

Eine binäre Form ersten Grades

$$a_0 x + a_1 y$$

nennt man auch eine lineare und eine binäre Form zweiten Grades

$$a_0 x^2 + a_1 xy + a_2 y^2$$

eine quadratische Form.

Wir nehmen immer an, daß die Koeffizienten der Form (1) nicht alle gleich Null sind. Wenn wir also von einer binären Form n^{ten} Grades reden, so meinen wir einen Ausdruck (1), in welchem nicht alle Koeffizienten verschwinden.[1]

Aus der Algebra setzen wir folgenden Satz als bekannt voraus, den man den Fundamentalsatz der Algebra nennt.

Eine binäre Form n^{ten} Grades läßt sich als Produkt von n Linearformen darstellen:

$$a_0 x^n + a_1 x^{n-1} y + \ldots + a_n y^n =$$
$$(\alpha_1 x + \beta_1 y)(\alpha_2 x + \beta_2 y) + \ldots + (\alpha_n x + \beta_n y).$$

Diese Linearformen sind durch die Form (1) völlig bestimmt. Dabei muß man aber zwei Linearformen, die sich nur um einen konstanten Faktor unterscheiden, als nicht verschieden betrachten. Zwei Linearformen

$$\alpha x + \beta y \qquad \text{und} \qquad \gamma x + \delta y$$

gelten also nur dann als verschieden, wenn

$$\begin{vmatrix} \alpha & \beta \\ \gamma & \delta \end{vmatrix} \neq 0$$

ist.

Daß (1) sich wirklich nur auf eine Weise in Linearformen zerlegen läßt, erkennt man sofort.

[1] Die Koeffizienten betrachten wir als komplexe Zahlen.

Ist nämlich

$$(2)\qquad \begin{cases} (\alpha_1 x + \beta_1 y)(\alpha_2 x + \beta_2 y) \ldots (\alpha_n x + \beta_n y) = \\ (\alpha_1' x + \beta_1' y)(\alpha_2' x + \beta_2' y) \ldots (\alpha_n' x + \beta_n' y), \end{cases}$$

so folgt, daß für

$$x = -\beta_1', \quad y = \alpha_1'$$

die linke Seite verschwinden muß. Es muß daher ein Faktor, z. B.

$$\alpha_1 x + \beta_1 y,$$

für $x = -\beta_1'$, $y = \alpha_1'$ gleich Null sein, d. h. es muß die Gleichung

$$\alpha_1' \beta_1 - \alpha_1 \beta_1' = 0$$

gelten. Sie sagt aber aus, daß

$$\alpha_1' x + \beta_1' y \quad \text{und} \quad \alpha_1 x + \beta_1 y$$

nicht wesentlich verschieden sind.

Wählen wir α_1'', β_1'' so, daß

$$\begin{vmatrix} \alpha_1' & \beta_1' \\ \alpha_1'' & \beta_1'' \end{vmatrix} \neq 0$$

ist,[1] so wird, wenn wir

$$x = -\beta_1' + \varepsilon \beta_1'', \quad y = \alpha_1' - \varepsilon \alpha_1'' \quad (\varepsilon \gtreqless 0)$$

setzen,

$$\alpha_1' x + \beta_1' y = \varepsilon \begin{vmatrix} \alpha_1' & \beta_1' \\ \alpha_1'' & \beta_1'' \end{vmatrix}.$$

Dividieren wir nun in (2), so oft es geht, rechts und links durch ε und lassen dann ε nach Null konvergieren, so muß auf wenigstens einer Seite ein von Null verschiedener Grenzwert herauskommen,[2] also auch auf der anderen Seite. Dies bedeutet aber, daß $\alpha_1' x + \beta_1' y$ links und rechts gleich oft als Faktor vorkommt. Dasselbe gilt von $\alpha_2' x + \beta_2' y$ usw.

§ 78. Resultante von zwei binären Formen.

Wir betrachten zwei binäre Formen vom m^{ten} bzw. n^{ten} Grade:

$$f(x, y) = a_0 x^m + a_1 x^{m-1} y + \ldots + a_m y^m,$$
$$g(x, y) = b_0 x^n + b_1 x^{n-1} y + \ldots + b_n y^n.$$

Jede denken wir uns in ihre Linearfaktoren zerlegt. Es kann sein, daß ein gewisser Linearfaktor $\alpha x + \beta y$ bei beiden Formen vor-

[1] Das ist möglich, weil α_1', β_1' nicht beide Null sind.

[2] Es ist nämlich $\lim(\alpha x + \beta y) = \alpha_1' \beta - \alpha \beta_1'$.

kommt. Dies ist offenbar dann und nur dann der Fall, wenn sich x, y ($\neq 0, 0$) so wählen lassen, daß

(1) $$f(x, y) = 0 \quad \text{und} \quad g(x, y) = 0$$

wird.

Wir stellen nun die Frage:

Wann haben die beiden Formen f und g einen gemeinsamen Linearfaktor?

x und y mögen sich so wählen lassen, daß die Gleichungen (1) bestehen, ohne daß x und y beide verschwinden. Dann gelten für dieses Wertsystem x, y auch die Gleichungen

$$\begin{aligned}
0 &= x^{n-1} f = a_0 x^{m+n-1} + \ldots + a_m x^{n-1} y^m, \\
0 &= x^{n-2} y f = a_0 x^{m+n-2} y + \ldots + a_m x^{n-2} y^{m+1}, \\
&\ldots\ldots\ldots\ldots\ldots\ldots \\
0 &= y^{n-1} f = a_0 x^m y^{n-1} + \ldots + a_m y^{m+n-1}, \\
0 &= x^{m-1} g = b_0 x^{m+n-1} + \ldots + b_n x^{m-1} y^n, \\
0 &= x^{m-2} y g = b_0 x^{m+n-2} y + \ldots + b_n x^{m-2} y^{n+1}, \\
&\ldots\ldots\ldots\ldots\ldots\ldots \\
0 &= y^{m-1} g = b_0 x^n y^{m-1} + \ldots + b_n y^{m+n-1}.
\end{aligned}$$

Sie bilden ein System von $m + n$ linearen homogenen Gleichungen, das die Lösung

$$x^{m+n-1}, \quad x^{m+n-2} y, \quad \ldots, \quad y^{m+n-1}$$

zuläßt. Diese Lösung besteht, da x, y nicht beide verschwinden, nicht aus lauter Nullen. Nach Satz 20 in § 26 muß daher die Determinante des Systems gleich Null sein.

f und g haben also nur dann einen Linearfaktor gemein, wenn die Determinante

(2) $$\begin{vmatrix}
a_0 & a_1 & \ldots & a_{m+n-1} \\
0 & a_0 & \ldots & a_{m+n-2} \\
\cdot & \cdot & \cdot & \cdot \\
0 & 0 & \ldots & a_m \\
b_0 & b_1 & \ldots & b_{m+n-1} \\
0 & b_0 & \ldots & b_{m+n-2} \\
\cdot & \cdot & \cdot & \cdot \\
0 & 0 & \ldots & b_n
\end{vmatrix}$$

verschwindet. Dabei sind

$$a_{m+1}, \quad a_{m+2}, \quad \ldots, \quad a_{m+n-1}$$

und

$$b_{n+1}, \quad b_{n+2}, \quad \ldots, \quad b_{n+m-1}$$

gleich Null zu setzen.

Die Determinante (2) nennt man die Resultante von f und g.

Die Resultante einer quadratischen Form

$$a_0 x^2 + a_1 xy + a_2 y^2$$

und einer Linearform

$$b_0 x + b_1 y$$

lautet hiernach

$$\begin{vmatrix} a_0 & a_1 & a_2 \\ b_0 & b_1 & 0 \\ 0 & b_0 & b_1 \end{vmatrix},$$

die Resultante der beiden quadratischen Formen

$$a_0 x^2 + a_1 xy + a_2 y^2 \quad \text{und} \quad b_0 x^2 + b_1 xy + b_2 y^2$$

wird

$$\begin{vmatrix} a_0 & a_1 & a_2 & 0 \\ 0 & a_0 & a_1 & a_2 \\ b_0 & b_1 & b_2 & 0 \\ 0 & b_0 & b_1 & b_2 \end{vmatrix}.$$

Wir wollen jetzt zeigen, daß f und g einen Linearfaktor gemein haben, sobald die Resultante verschwindet.

Wenn die Determinante (2) gleich Null ist, so besteht (vgl. § 24) zwischen ihren Zeilen eine lineare Relation. Nun sind aber diese Zeilen nichts anderes als die Koeffizientensysteme der Formen

$$x^{n-1} f, \quad x^{n-2} y f, \quad \ldots, \quad y^{n-1} f, \quad x^{m-1} g, \quad x^{m-2} y g, \quad \ldots, \quad y^{m-1} g.$$

Es lassen sich also $m + n$ Zahlen

$$B_0, B_1, \ldots, B_{n-1}, A_0, A_1, \ldots, A_{m-1}$$

finden, die nicht alle Null sind und für alle Werte der x, y die Gleichung

$$(3) \qquad \begin{cases} (A_0 x^{m-1} + A_1 x^{m-2} y + \ldots + A_{m-1} y^{m-1}) g \\ = (B_0 x^{n-1} + B_1 x^{n-2} y + \ldots + B_{n-1} y^{n-1}) f \end{cases}$$

erfüllen.

Wären alle A gleich Null, so müßten auch alle B verschwinden. Sonst könnten wir x, y so wählen, daß die rechte Seite ungleich Null ist.[1]

Es sind also weder alle A noch alle B gleich Null.

---

[1] Das folgt aus dem oben erwähnten Fundamentalsatz.

Denken wir uns die Formen

$$F = A_0 x^{m-1} + A_1 x^{m-1} y + \ldots + A_{m-1} y^{m-1}$$

und

$$G = B_0 x^{n-1} + B_1 x^{n-1} y + \ldots + B_{n-1} y^{n-1}$$

in ihre Linearfaktoren zerlegt, ebenso f und g. Dann muß jeder Linearfaktor, der auf der linken Seite von (3) p-mal vorkommt, auch auf der rechten Seite p-mal vorkommen. Unter den Linearfaktoren von f gibt es nun sicher einen, der in F weniger oft als in f auftritt; denn der Grad von F ist niedriger als der von f. Dieser Linearfaktor muß also in g vorkommen. Er ist ein gemeinsamer Faktor von f und g.

§ 79. f und g haben mehrere gemeinsame Linearfaktoren.

f und g mögen mehr als einen, etwa $k + 1$, gemeinsame Linearfaktoren haben.

q sei das Produkt von k dieser Faktoren. Dann sind

$$\frac{f}{q} = \bar{f} \quad \text{und} \quad \frac{g}{q} = \bar{g}$$

binäre Formen vom $(m-k)^{\text{ten}}$ bzw. $(n-k)^{\text{ten}}$ Grade, die noch einen gemeinsamen Linearfaktor besitzen.

Es besteht daher nach § 78 zwischen den Formen[1]

$$\begin{gathered} x^{n-k-1}\bar{f}, \quad x^{n-k-2}y\bar{f}, \quad \ldots, \quad y^{n-k-1}\bar{f}, \\ x^{m-k-1}\bar{g}, \quad x^{m-k-2}y\bar{g}, \quad \ldots, \quad y^{m-k-1}\bar{g} \end{gathered}$$

eine lineare Relation, folglich auch zwischen den Formen

$$(1) \qquad \begin{cases} x^{n-k-1}f, \quad x^{n-k-2}yf, \quad \ldots \quad y^{n-k-1}f, \\ x^{m-k-1}g, \quad x^{m-k-2}yg, \quad \ldots, \quad y^{m-k-1}g. \end{cases}$$

Das bedeutet aber folgendes: Streicht man in der Resultante von f und g von den n ersten Zeilen die k ersten, ebenso von den m letzten Zeilen die k ersten, und außerdem die k ersten Spalten, so entsteht eine Matrix, deren Rang kleiner als $m + n - 2k$ ist, d. h. kleiner als die Anzahl ihrer Zeilen.

Umgekehrt folgt, wenn dies der Fall ist, daß zwischen den Formen (1) eine lineare Relation besteht. Die $m + n - 2k$ Zahlen

$$A_0, A_1, \ldots, A_{m-k-1}, B_0, B_1, \ldots, B_{n-k-1}$$

lassen sich nämlich so bestimmen, daß für alle Werte der x, y

[1] d. h. zwischen den Koeffizientensystemen der Formen.

$$(2)\quad \begin{cases} (A_0 x^{m-k-1} + A_1 x^{m-k-2} y + \ldots + A_{m-k-1} y^{m-k-1}) g \\ = (B_0 x^{n-k-1} + B_1 x^{n-k-2} y + \ldots + B_{n-k-1} y^{n-k-1}) f \end{cases}$$

ist, ohne daß die A, B alle verschwinden. Wären alle A gleich Null, so müßten auch alle B gleich Null sein. Es sind also weder alle A noch alle B gleich Null.

Denkt man sich nun die Formen

$$\varphi = A_0 x^{m-k-1} + A_1 x^{m-k-2} y + \ldots + A_{m-k-1} y^{m-k-1}$$

und

$$\psi = B_0 x^{n-k-1} + B_1 x^{n-k-2} y + \ldots + B_{n-k-1} y^{n-k-1}$$

in Linearfaktoren zerlegt, ebenso f und g, so müssen in (2) links und rechts dieselben Linearfaktoren stehen. Von den m Linearfaktoren der Form f können höchstens $m - k - 1$ bei F vorkommen. Wenigstens $k + 1$ von ihnen kommen also bei g vor. D. h. f und g haben wenigstens $k + 1$ gemeinsame Linearfaktoren.

Will man z. B. erkennen, wie viele Linearfaktoren die beiden Formen

$$f = a_0 x^4 + a_1 x^3 y + a_2 x^2 y^2 + a_3 x y^3 + a_4 y^4$$

und

$$g = b_0 x^3 + b_1 x^2 y + b_2 x y^2 + b_3 y^3$$

gemein haben, so muß man aus

$$(3)\quad \begin{Bmatrix} a_0 & a_1 & a_2 & a_3 & a_4 & 0 & 0 \\ 0 & a_0 & a_1 & a_2 & a_3 & a_4 & 0 \\ 0 & 0 & a_0 & a_1 & a_2 & a_3 & a_4 \\ b_0 & b_1 & b_2 & b_3 & 0 & 0 & 0 \\ 0 & b_0 & b_1 & b_2 & b_3 & 0 & 0 \\ 0 & 0 & b_0 & b_1 & b_2 & b_3 & 0 \\ 0 & 0 & 0 & b_0 & b_1 & b_2 & b_3 \end{Bmatrix}$$

die folgenden Matrizen herleiten:

$$(4)\quad \begin{Bmatrix} a_0 & a_1 & a_2 & a_3 & a_4 & 0 \\ 0 & a_0 & a_1 & a_2 & a_3 & a_4 \\ b_0 & b_1 & b_2 & b_3 & 0 & 0 \\ 0 & b_0 & b_1 & b_2 & b_3 & 0 \\ 0 & 0 & b_0 & b_1 & b_2 & b_3 \end{Bmatrix}$$

(durch Streichung der ersten a-Zeile, der ersten b-Zeile und der ersten Spalte),

$$(5) \qquad \begin{cases} a_0 & a_1 & a_2 & a_3 & a_4 \\ b_0 & b_1 & b_2 & b_3 & 0 \\ 0 & b_0 & b_1 & b_2 & b_3 \end{cases}$$

(durch Streichung der beiden ersten a-Zeilen, der beiden ersten b-Zeilen und der beiden ersten Spalten).

Dann sind folgende Fälle möglich:

1. Rang von (3) gleich 7. f und g haben keinen gemeinsamen Linearfaktor.
2. Rang von (3) kleiner als 7, Rang von (4) gleich 5. f und g haben einen gemeinsamen Linearfaktor.
3. Rang von (4) kleiner als 5, Rang von (5) gleich 3. f und g haben zwei gemeinsame Linearfaktoren.
4. Rang von (5) kleiner als 3. f und g haben drei gemeinsame Linearfaktoren.

Nehmen wir z. B. an, daß der Fall 3 vorliegt. Dann besteht zwischen den Formen

$$a_0 x^5 + a_1 x^4 y + a_2 x^3 y^2 + a_3 x^2 y^3 + a_4 x y^4,$$
$$a_0 x^4 y + a_1 x^3 y^2 + a_2 x^2 y^3 + a_3 x y^4 + a_4 y^5,$$
$$b_0 x^5 + b_1 x^4 y + b_2 x^3 y^2 + b_3 x^2 y^3,$$
$$b_0 x^4 y + b_1 x^3 y^2 + b_2 x^2 y^3 + b_3 x y^4,$$
$$b_0 x^3 y^2 + b_1 x^2 y^3 + b_2 x y^4 + b_3 y^5$$

eine lineare Relation, aber nicht zwischen den Formen

$$a_0 x^4 + a_1 x^3 y + a_2 x^2 y^2 + a_3 x y^3 + a_4 y^4,$$
$$b_0 x^4 + b_1 x^3 y + b_2 x^2 y^2 + b_3 x y,$$
$$b_0 x^3 y + b_1 x^2 y^2 + b_2 x y^3 + b_3 y^4.$$

Es besteht mit anderen Worten eine Identität von der Form

$$(6) \qquad (A_0 x^2 + A_1 x y + A_2 y^2) g = (B_0 x + B_1 y) f$$

(A, B nicht alle Null),

aber keine von der Form

$$(A_0 x + A_1 y) g = B_0 f.$$

Daraus ersehen wir, daß in (6) die Formen

$$F = A_0 x^2 + A_1 x y + A_2 y^2, \quad G = B_0 x + B_1 y$$

keinen gemeinsamen Linearfaktor haben. Es müssen daher alle Linearfaktoren von F ebenso oft in f vorkommen, d. h. f ist durch F teilbar. Setzen wir $f = qF$, so wird $g = qG$, und q ist vom zweiten Grade. Offenbar stellt q das Produkt der gemeinsamen Linearfaktoren von f und g dar.

§ 80. Resultante von Formen gleichen Grades.

Die Resultante der beiden binären Formen n^{ten} Grades

$$f = a_0 x^n + a_1 x^{n-1} y + \dots + a_n y^n,$$
$$g = b_0 x^n + b_1 x^{n-1} y + \dots + a_n y^n$$

setzt sich aus den zweireihigen Determinanten der Matrix

$$(1) \qquad \left\{ \begin{matrix} a_0 & a_1 & \dots & a_n \\ b_0 & b_1 & \dots & b_n \end{matrix} \right.$$

zusammen (durch Multiplikationen, Additionen und Subtraktionen).

Man erkennt dies, wenn man in der Determinante

$$\begin{vmatrix} a_0 & a_1 & \dots & \dots & \dots & 0 \\ 0 & a_0 & \dots & \dots & \dots & 0 \\ \cdot & \cdot & \cdot & \cdot & \cdot & \cdot \\ 0 & 0 & \dots & a_0 & a_1 \dots & a_n \\ b_0 & b_1 & \dots & \dots & \dots & 0 \\ 0 & b_0 & \dots & \dots & \dots & 0 \\ \cdot & \cdot & \cdot & \cdot & \cdot & \cdot \\ 0 & 0 & \dots & b_0 & b_1 \dots & b_n \end{vmatrix}$$

den Zeilen $1, 2, \dots, 2n$ die Reihenfolge

$$1, n+1, \quad 2, n+2, \quad \dots, \quad n, 2n$$

gibt, wobei sich die Determinante nur mit dem Faktor $(-1)^{\frac{n(n-1)}{2}}$.

Entwickelt man nun

$$(2) \qquad \begin{vmatrix} a_0 & a_1 & \dots & \dots & \dots & 0 \\ b_0 & b_1 & \dots & \dots & \dots & 0 \\ 0 & a_0 & \dots & \dots & \dots & 0 \\ 0 & b_0 & \dots & \dots & \dots & 0 \\ \cdot & \cdot & \cdot & \cdot & \cdot & \cdot \\ 0 & 0 & \dots & a_0 & a_1 \dots & a_n \\ 0 & 0 & \dots & b_0 & b_1 \dots & b_n \end{vmatrix}$$

nach den beiden ersten Zeilen, so ergibt sich

$$\sum \begin{vmatrix} a_r & a_s \\ b_r & b_s \end{vmatrix} M_{rs} \qquad (r < s)$$

und M_{rs} ist, abgesehen vom Vorzeichen, die Determinante, die aus (2) durch Streichung der Zeilen 1 und 2 sowie der Spalten $r+1$ und $s+1$ entsteht. Diese Determinante kann man wieder nach den beiden ersten Zeilen entwickeln usw.

Es ergibt sich auf diese Weise, daß die Resultante von f und g eine Summe von Produkten ist, deren jedes n zweireihige Determinanten von (1) als Faktoren enthält.

Z. B. läßt sich die Resultante zweier quadratischer Formen

$$a_0 x^2 + a_1 xy + a_2 y^2,$$
$$b_0 x^2 + b_1 xy + b_2 y^2$$

so schreiben

$$-\begin{vmatrix} a_0 & a_1 & a_2 & 0 \\ b_0 & b_1 & b_2 & 0 \\ 0 & a_0 & a_1 & a_2 \\ 0 & b_0 & b_1 & b_2 \end{vmatrix}.$$

Entwickelt man nach den beiden ersten Zeilen, so findet man

$$-\begin{vmatrix} a_0 & a_1 \\ b_0 & b_1 \end{vmatrix} \begin{vmatrix} a_1 & a_2 \\ b_1 & b_2 \end{vmatrix} + \begin{vmatrix} a_0 & a_2 \\ b_0 & b_2 \end{vmatrix}^2$$

oder, wenn man zur Abkürzung $a_r b_s - a_s b_r = p_{rs}$ setzt:

$$-p_{01} p_{12} + p_{02}^2.$$

Die Resultante der beiden quadratischen Formen ist also gleich der zweireihigen symmetrischen Determinante

$$-\begin{vmatrix} p_{01} & p_{02} \\ p_{02} & p_{12} \end{vmatrix}.$$

Bei zwei kubischen Formen

$$a_0 x^3 + a_1 x^2 y + a_2 x y^2 + a_3 y^3,$$
$$b_0 x^3 + b_1 x^2 y + b_2 x y^2 + b_3 y^3$$

lautet die Resultante

$$-\begin{vmatrix} a_0 & a_1 & a_2 & a_3 & 0 & 0 \\ b_0 & b_1 & b_2 & b_3 & 0 & 0 \\ 0 & a_0 & a_1 & a_2 & a_3 & 0 \\ 0 & b_0 & b_1 & b_2 & b_3 & 0 \\ 0 & 0 & a_0 & a_1 & a_2 & a_3 \\ 0 & 0 & b_0 & b_1 & b_2 & b_3 \end{vmatrix}$$

$$= -p_{01} \begin{vmatrix} a_1 & a_2 & a_3 & 0 \\ b_1 & b_2 & b_3 & 0 \\ a_0 & a_1 & a_2 & a_3 \\ b_0 & b_1 & b_2 & b_3 \end{vmatrix} + p_{02} \begin{vmatrix} a_0 & a_2 & a_3 & 0 \\ b_0 & b_2 & b_3 & 0 \\ 0 & a_1 & a_2 & a_3 \\ 0 & b_1 & b_2 & b_3 \end{vmatrix} - p_{03} \begin{vmatrix} a_0 & a_1 & a_3 & 0 \\ b_0 & b_1 & b_3 & 0 \\ 0 & a_0 & a_2 & a_3 \\ 0 & b_0 & b_2 & b_3 \end{vmatrix}$$

$$= -p_{01}(p_{12} p_{23} - p_{13}^2 + p_{23} p_{03}) + p_{02}(p_{02} p_{23} - p_{03} p_{13}) - p_{03}(p_{01} p_{23} - p_{03}^2).$$

Auf Grund der Identität

$$\begin{vmatrix} a_0 & a_1 & a_2 & a_3 \\ b_0 & b_1 & b_2 & b_3 \\ a_0 & a_1 & a_2 & a_3 \\ b_0 & b_1 & b_2 & b_3 \end{vmatrix} = 2(p_{01}p_{23} + p_{02}p_{31} + p_{03}p_{12}) = 0$$

kann man statt

$$p_{01}\,p_{23}$$

auch schreiben

$$p_{02}\,p_{13} - p_{03}\,p_{12}\,.$$

Dann wird die Resultante gleich

$$\begin{aligned} &-p_{01}\{(p_{12}+p_{03})\,p_{23} - p_{13}^2\} \\ &+p_{02}\{p_{02}\,p_{23} - p_{03}\,p_{13}\} \\ &-p_{03}\{p_{02}\,p_{13} - (p_{12}+p_{03})p_{03}\}. \end{aligned}$$

Dies ist aber die dreireihige symmetrische Determinante

$$-\begin{vmatrix} p_{01} & p_{02} & p_{03} \\ p_{02} & p_{12}+p_{03} & p_{13} \\ p_{03} & p_{13} & p_{23} \end{vmatrix}.$$

Man kann hiernach vermuten, daß sich die Resultante von zwei Formen n^{ten} Grades als n-reihige symmetrische Determinante schreiben läßt, deren Elemente sich additiv aus den p_{rs} zusammensetzen. Diesen allgemeinen Satz hat Cayley bewiesen.

§ 81. Resultante von f und $(-\beta x + \alpha y)g$.

Wir wollen die Resultante von

$$f = a_0 x^m + a_1 x^{m-1} y + \ldots + a_m y^m$$

und $(-\beta x + \alpha y)g$ berechnen, wobei

$$g = b_0 x^{n-1} + b_1 x^{n-2} y + \ldots + b_{n-1} y^{n-1}$$

sein möge.

Die Resultante von f und g werde mit $R_{f,g}$, die von f und $-\beta x + \alpha y = l$ mit $R_{f,l}$, endlich die von f und lg mit $R_{f,lg}$ bezeichnet. Wir gehen darauf aus, eine Beziehung zwischen $R_{f,lg}$ und $R_{f,g}$, $R_{f,l}$ herzuleiten. Für $R_{f,l}$ gilt übrigens die Formel

$$R_{f,l} = \begin{vmatrix} a_0 & a_1 & a_2 & \dots & a_m \\ -\beta & \alpha & 0 & \dots & 0 \\ 0 & -\beta & \alpha & \dots & 0 \\ . & . & . & . & . \\ 0 & 0 & 0 & \dots & \alpha \end{vmatrix}$$

$$= a_0 \alpha^m + a_1 \alpha^{m-1} \beta + \dots + a_m \beta^m = f(\alpha, \beta).$$

Man findet sie durch Entwickelung von $R_{f,l}$ nach der ersten Zeile.

Setzt man

$$l g = c_0 x^n + c_1 x^{n-1} y + \dots + c_n y^n,$$

so ist

$$c_0 = -\beta b_0, \ c_1 = -\beta b_1 + \alpha b_0, \ \dots, \ c_{n-1} = -\beta b_{n-1} + \alpha b_{n-2}, \ c_n = \alpha b_{n-1}.$$

In

$$R_{f,lg} = \begin{vmatrix} a_0 & a_1 & \dots & 0 \\ 0 & a_0 & \dots & 0 \\ . & . & . & . \\ 0 & 0 & \dots & a_m \\ c_0 & c_1 & \dots & 0 \\ 0 & c_0 & \dots & 0 \\ . & . & . & . \\ 0 & 0 & \dots & c_n \end{vmatrix}$$

sind daher die m letzten Zeilen lineare homogene Funktionen von α, β. Entwickelt man also nach den m letzten Zeilen, so ergibt sich ein Ausdruck von der Form

$$F(\alpha, \beta) = A_0 \alpha^m + A_1 \alpha^{m-1} \beta + \dots + A_m \beta^m.$$

Diese Form $F(\alpha, \beta)$ unterscheidet sich nun von $f(\alpha, \beta)$ nur um einen von α, β unabhängigen Faktor, und zwar ist

$$F(\alpha, \beta) = f(\alpha, \beta) R_{f,g},$$

d. h.

$$R_{f,lg} = R_{f,l} \cdot R_{f,g}.$$

Davon können wir uns auf folgende Weise überzeugen. Wir schreiben $f(x, y)$ als Produkt von m Linearformen:

$$f(x, y) = (x y_1 - x_1 y) \dots (x y_m - x_m y).$$[1]

Ist nun

$$\alpha = x_\mu, \ \beta = y_\mu, \qquad (\mu = 1, 2, \dots, m)$$

so haben f und lg den gemeinsamen Faktor l, so daß

[1] Die a sind homogene ganze Funktionen der Veränderlichen $x_1, y_1, x_2, y_2, \dots, x_m, y_m$. Wir setzen die Linearfaktoren als verschieden voraus. Der andere Fall erledigt sich durch eine Stetigkeitsbetrachtung.

$$R_{f,\,l g} = 0$$

sein muß oder

$$F(x_\mu,\, y_\mu) = 0.$$

Daraus ersehen wir, daß $\alpha y_\mu - \beta x_\mu$ zu den Linearfaktoren der Form $F(\alpha, \beta)$ gehört. $F(\alpha, \beta)$ ist also durch $f(\alpha, \beta)$ teilbar. Da beide Formen von gleichem Grade sind, kann sich $F(\alpha, \beta)$ von $f(\alpha, \beta)$ nur um einen konstanten Faktor unterscheiden, d. h. um einen Faktor, der von α, β frei ist. Um diesen Faktor zu finden, setzt man $\beta = 0$. Dann wird

$$F(\alpha, \beta) = a_0\,\alpha^m R_{f,\,g} \qquad \text{und} \qquad f(\alpha, \beta) = a_0\,\alpha^m.$$

Der Faktor lautet also $R_{f,\,g}$.[1]

§ 82. Zusammenhang der Resultante $R_{f,\,g}$ mit den Linearfaktoren von f und g.

Durch mehrfache Anwendung der in § 81 bewiesenen Formel finden wir, wenn

$$g = l_1\, l_2 \ldots l_n$$

ist (l_1, l_2, ..., l_n Linearformen),

$$R_{f,\,g} = R_{f,\,l_1}\; R_{f,\,l_2} \ldots R_{f,\,l_n}.$$

Nach jener Formel ist nämlich

$$\begin{aligned} R_{f,g} &= R_{f,\,l_1} R_{f,g_1}, & (g_1 &= l_2\, l_3 \ldots l_n) \\ R_{f,g_1} &= R_{f,\,l_2} R_{f,g_2}, & (g_2 &= l_3\, l_4 \ldots l_n) \\ &\cdot\;\cdot\;\cdot\;\cdot\;\cdot\;\cdot\;\cdot & & \\ R_{f,g_{n-2}} &= R_{f,\,l_{n-1}} R_{f,g_{n-1}}. & (g_{n-1} &= l_n) \end{aligned}$$

Man gelangt von $R_{f,\,g}$ zu $R_{g,\,f}$, indem man die m letzten Zeilen an erster Stelle und die n ersten Zeilen an letzter Stelle schreibt.[2] Daraus ersieht man, daß

$$R_{g,\,f} = (-1)^{mn} R_{f,\,g}$$

ist.

Insbesondere hat man hiernach

$$R_{f,\,l_\nu} = (-1)^m R_{l_\nu,\,f}.$$

Ist nun

$$f = \lambda_1\, \lambda_2 \ldots \lambda_m, \qquad (\lambda_1,\, \lambda_2,\, \ldots,\, \lambda_m \text{ Linearformen})$$

so wird nach § 81

$$R_{l_\nu,\,f} = R_{l_\nu,\,\lambda_1}\; R_{l_\nu,\,\lambda_2} \ldots R_{l_\nu,\,\lambda_m},$$

---

[1] Der Fall $a_0 = 0$ erledigt sich durch eine Stetigkeitsbetrachtung.

[2] m ist der Grad von f und n der Grad von g.

mithin

$$R_{f,\,l_\nu} = (-1)^m R_{l_\nu,\,\lambda_1}\, R_{l_\nu,\,\lambda_2} \ldots R_{l_\nu,\,\lambda_m}$$
$$= R_{\lambda_1,\,l_\nu}\, R_{\lambda_2,\,l_\nu} \ldots R_{\lambda_m,\,l_\nu}.$$

Schließlich ergibt sich also

$$\begin{aligned} R_{f,\,g} = R_{\lambda_1 l_1}\, & R_{\lambda_1 l_2} \ldots R_{\lambda_1 l_n} \\ R_{\lambda_2 l_1}\, & R_{\lambda_2 l_2} \ldots R_{\lambda_2 l_n} \\ & \cdots\cdots \\ R_{\lambda_m l_1}\, & R_{\lambda_m l_2} \ldots R_{\lambda_m l_n}. \end{aligned}$$

Setzt man

$$\lambda_\mu = \xi_\mu y - \eta_\mu x,$$
$$l_\nu = x_\nu y - y_\nu x,$$

so wird

$$R_{\lambda_\mu,\,l_\nu} = \begin{vmatrix} -\eta_\mu & \xi_\mu \\ -y_\nu & x_\nu \end{vmatrix} = \begin{vmatrix} \xi_\mu & \eta_\mu \\ x_\nu & y_\nu \end{vmatrix}.$$

Schreiben wir also kurz

$$f = \prod_{\mu=1}^{m}(\xi_\mu y - \eta_\mu x), \qquad g = \prod_{\nu=1}^{n}(x_\nu y - y_\nu x),$$

so wird

(1) $$R_{f,\,g} = \prod_{\mu,\,\nu}(\xi_\mu y_\nu - \eta_\mu x_\nu).$$

Hieraus ersehen wir weiter, daß

$$R_{f,\,g} = f(x_1,\, y_1)\, f(x_2,\, y_2) \ldots f(x_n,\, y_n)$$

und

$$R_{f,\,g} = (-1)^{mn}\, g(\xi_1,\, \eta_1)\, g(\xi_2,\, \eta_2) \ldots g(\xi_m,\, \eta_m).$$

Die Formel (1) läßt unmittelbar erkennen, daß $R_{f,\,g}$ dann und nur dann verschwindet, wenn f und g einen Linearfaktor gemein haben. Denn die rechte Seite in (1) ist dann und nur dann gleich Null, wenn eine Determinante $\xi_\mu y_\nu - \eta_\mu x_\nu$ verschwindet, oder, was dasselbe bedeutet, wenn die Linearfaktoren

$$\xi_\mu y - \eta_\mu x \quad \text{und} \quad x_\nu y - y_\nu x$$

nicht wesentlich verschieden sind.

§ 83. Invarianteneigenschaft der Resultante.

Ersetzt man in einer binären Form

$$f(x,\, y) = a_0 x^m + a_1 x^{m-1} y + \ldots + a_m y^m$$

x, y durch

$$\alpha x + \beta y \quad \text{bzw.} \quad \gamma x + \delta y$$

($\alpha, \beta, \gamma, \delta$ Konstanten), so verwandelt sie sich in eine neue Form

$$f'(x, y) = a_0' x^m + a_1' x^{m-1} y + \ldots a_m' y^m.$$

Man nennt diesen Prozeß eine **lineare Transformation**, und zwar sagt man, daß die Form f' aus der Form f durch die lineare Transformation

$$\begin{pmatrix} \alpha & \beta \\ \gamma & \delta \end{pmatrix}$$

entsteht, oder auch, daß f bei dieser linearen Transformation in f' übergeht.

Die Determinante

$$\begin{vmatrix} \alpha & \beta \\ \gamma & \delta \end{vmatrix}$$

heißt die Determinante der linearen Transformation $\begin{pmatrix} \alpha & \beta \\ \gamma & \delta \end{pmatrix}$.

Wir wollen jetzt außer $f(x, y)$ noch die Form

$$g(x, y) = b_0 x^n + b_1 x^{n-1} y + \ldots + b_n y^n$$

betrachten.

$$g'(x, y) = b_0' x^n + b_1' x^{n-1} y + \ldots + b_n' y^n$$

entstehe aus $g(x, y)$ durch die lineare Transformation $\begin{pmatrix} \alpha & \beta \\ \gamma & \delta \end{pmatrix}$.

Zwischen den Resultanten

$$R_{f, g} \quad \text{und} \quad R_{f', g'}$$

besteht dann, wie wir sehen werden, die Beziehung

$$R_{f', g'} = (\alpha \delta - \beta \gamma)^{mn} R_{f, g}.$$

Um diese Formel zu beweisen, zerlegen wir f und g in Linearfaktoren:

$$f = \prod_{\mu=1}^{m} (\xi_\mu y - \eta_\mu x), \qquad g = \prod_{\nu=1}^{n} (x_\nu y - y_\nu x).$$

Ersetzen wir x, y durch $\alpha x + \beta y$ bzw. $\gamma x + \delta y$, so verwandelt sich

$$\xi_\mu y - \eta_\mu x$$

in

$$\xi_\mu (\gamma x + \delta y) - \eta_\mu (\alpha x + \beta y) = \xi_\mu' y - \eta_\mu' x$$

und

$$x_\nu y - y_\nu x$$

in

$$x_\nu (\gamma x + \delta y) - y_\nu (\alpha x + \beta y) = x_\nu' y - y_\nu' x.$$

Dabei haben wir

$$\delta \xi_\mu - \beta \eta_\mu = \xi_\mu', \qquad -\gamma \xi_\mu + \alpha \eta_\mu = \eta_\mu'$$

und

$$\delta x_\nu - \beta y_\nu = x_\nu', \qquad -\gamma x_\nu + \alpha y_\nu = y_\nu'$$

gesetzt.

Nach § 82 ist

$$R_{f', g'} = \prod_{\mu, \nu} (\xi_\mu' y_\nu' - \eta_\mu' x_\nu').$$

Da nun

$$\begin{vmatrix} \xi_\mu' & \eta_\mu' \\ x_\nu' & y_\nu' \end{vmatrix} = \begin{vmatrix} \delta \xi_\mu - \beta \eta_\mu, & -\gamma \xi_\mu + \alpha \eta_\mu \\ \delta x_\nu - \beta y_\nu, & -\gamma x_\nu + \alpha y_\nu \end{vmatrix} = \begin{vmatrix} \delta & -\beta \\ -\gamma & \alpha \end{vmatrix} \begin{vmatrix} \xi_\mu & \eta_\mu \\ x_\nu & y_\nu \end{vmatrix},$$

d. h.

$$\xi_\mu' y_\nu' - \eta_\mu' x_\nu' = (\alpha \delta - \beta \gamma)(\xi_\mu y_\nu - \eta_\mu x_\nu),$$

so folgt

$$R_{f', g'} = (\alpha \delta - \beta \gamma)^{mn} \prod_{\mu, \nu} (\xi_\mu y_\nu - \eta_\mu x_\nu) = (\alpha \delta - \beta \gamma)^{mn} R_{f, g}.$$

Das ist aber die oben behauptete Beziehung.

Auf Grund dieser Beziehung nennt man $R_{f, g}$ eine Invariante der beiden Formen f, g.

Benutzen wir die lineare Transformation

$$\begin{pmatrix} 1 & 0 \\ 0 & t \end{pmatrix}$$

ersetzen wir also x durch x und y durch ty, so geht $f(x, y)$ offenbar über in

$$a_0 x^m + a_1 t x^{m-1} y + a_2 t^2 x^{m-2} y^2 + \dots + a_m t^m y^m.$$

Es wird also

$$a_\mu' = t^\mu a_\mu. \qquad (\mu = 0, 1, \dots, m)$$

Ebenso wird

$$b_\nu' = t^\nu b_\nu. \qquad (\nu = 0, 1, \dots, n)$$

Die Determinante unserer Transformation ist gleich t.

Die Formel $R_{f', g'} = (\alpha \delta - \beta \gamma)^{mn} R_{f, g}$ verwandelt sich also, wenn wir für $R_{f, g}$

$$R(a_0, a_1, \dots, a_m;\ b_0, b_1, \dots, b_n)$$

schreiben, in

$$R(a_0, t a_1, \dots, t^m a_m;\ b_0, t b_1, \dots, t^n b_n)$$
$$= t^{mn} R(a_0, a_1, \dots, a_m;\ b_0, b_1, \dots, b_n).$$

Rechnet man $R(a_0, a_1, \dots, a_m;\ b_0, b_1, \dots, b_n)$ aus, so ergibt sich ein Aggregat von Gliedern, die sich aus Faktoren a, b zusammensetzen. Summiert man bei jedem Glied alle Indizes (wobei alle Potenzen durch Produkte einfacher Faktoren zu ersetzen sind), so kommt auf Grund der obigen Formel überall mn heraus.

Die Glieder der Resultante haben, wenn man jedem a_μ das Gewicht ν und jedem b_ν das Gewicht ν beilegt, alle das Gewicht mn. Als Gewicht eines Gliedes betrachten wir dabei die Gewichtsumme seiner Faktoren.

Auf Grund dieser Eigenschaft nennt man die Resultante isobar vom Gewicht mn.

Z. B. haben bei der Resultante zweier quadratischer Formen

$$\begin{vmatrix} a_0 & a_1 & a_2 & 0 \\ 0 & a_0 & a_1 & a_2 \\ b_0 & b_1 & b_2 & 0 \\ 0 & b_0 & b_1 & b_2 \end{vmatrix} = (a_0 b_2 - a_2 b_0)^2 - (a_0 b_1 - b_0 a_1)(a_1 b_2 - a_2 b_1)$$

$$= a_0^2 b_2^2 + b_0^2 a_2^2 + a_1^2 b_0 b_2 + b_1^2 a_0 a_2 - 2 a_0 a_2 b_0 b_2 - a_0 a_1 b_1 b_2 - b_0 b_1 a_1 a_2$$

alle Glieder das Gewicht 4.

§ 84. Die Cayleysche Form der Resultante.

Es handelt sich um die Resultante zweier Formen von gleichem Grade

$$f(x, y) = a_0 x^n + \ldots + a_n y^n = \Pi(\xi_\nu y - \eta_\nu x),$$
$$g(x, y) = b_0 x^n + \ldots + b_n y^n = \Pi(x_\nu y - y_\nu x).$$

Die Determinante

$$\begin{vmatrix} f(x, y) & g(x, y) \\ f(\xi, \eta) & g(\xi, \eta) \end{vmatrix}$$

ist durch

$$\begin{vmatrix} x & y \\ \xi & \eta \end{vmatrix}$$

teilbar. Sie läßt sich nämlich als Produkt der beiden Matrizen

$$\begin{matrix} a_0 & a_1 & \ldots & a_n \\ b_0 & b_1 & \ldots & b_n \end{matrix}$$

und

$$\begin{matrix} x^n & x^{n-1} y & \ldots & y^n \\ \xi^n & \xi^{n-1} \eta & \ldots & \eta^n \end{matrix}$$

auffassen und ist daher gleich

$$\sum_{r,s} \begin{vmatrix} a_r & a_s \\ b_r & b_s \end{vmatrix} \begin{vmatrix} x^{n-r} y^r & x^{n-s} y^s \\ \xi^{n-r} y^r & \xi^{n-s} y^s \end{vmatrix}. \qquad (r < s)$$

Benutzen wir die Abkürzungen

$$k_r = x^{n-r} y^r, \quad \varkappa_r = \xi^{n-r} \eta^r,$$

so ist

$$\begin{vmatrix} k_r & k_s \\ \varkappa_r & \varkappa_s \end{vmatrix} = k_r \varkappa_s - k_s \varkappa_r$$

$$= (k_r \varkappa_s - k_{r+1} \varkappa_{s-1}) + (k_{r+1} \varkappa_{s-1} - k_{r+2} \varkappa_{s-2}) + \ldots + (k_{s-1} \varkappa_{r+1} - k_s \varkappa_r).$$

Nun hat man aber

$$k_\varrho \varkappa_\sigma - k_{\varrho+1} \varkappa_{\sigma-1} = \begin{vmatrix} k_\varrho & k_{\varrho+1} \\ \varkappa_{\sigma-1} & \varkappa_\sigma \end{vmatrix} = \begin{vmatrix} x^{n-\varrho} y^\varrho & x^{n-\varrho-1} y^{\varrho+1} \\ \xi^{n-\sigma+1} \eta^{\sigma-1} & \xi^{n-\sigma} \eta^\sigma \end{vmatrix}$$

$$= x^{n-\varrho-1} y^\varrho \, \xi^{n-\sigma} \eta^{\sigma-1} \begin{vmatrix} x & y \\ \xi & \eta \end{vmatrix}.$$

Also wird

$$\begin{vmatrix} k_r & k_s \\ \varkappa_r & \varkappa_s \end{vmatrix} = \begin{vmatrix} x & y \\ \xi & \eta \end{vmatrix} \sum x^{n-\varrho-1} y^\varrho \, \xi^{n-\sigma} \eta^{\sigma-1}, \quad (\varrho + \sigma = r + s)$$

und wir können schreiben

$$\begin{vmatrix} f(x, y) & g(x, y) \\ f(\xi, \eta) & g(\xi, \eta) \end{vmatrix} = \begin{vmatrix} x & y \\ \xi & \eta \end{vmatrix} F(x, y;\; \xi, \eta),$$

wo dann

$$F(x, y;\; \xi, \eta) = \sum \begin{vmatrix} a_r & a_s \\ b_r & b_s \end{vmatrix} x^{n-\varrho-1} y^\varrho \, \xi^{n-\sigma} \eta^{\sigma-1}$$

ist. $(r < s,\ \varrho + \sigma = r + s)$

Setzen wir

$$F(x, y;\; \xi, \eta) = f_0 x^{n-1} + f_1 x^{n-1} y + \ldots + f_{n-1} y^{n-1},$$

so sind $f_0, f_1, \ldots, f_{n-1}$ Formen $(n-1)^{\text{ten}}$ Grades in ξ, η, d. h. es ist

$$\begin{aligned} f_0 &= c_{00} \xi^{n-1} + c_{01} \xi^{n-2} \eta + \ldots + c_{0,n-1} \eta^{n-1}, \\ f_1 &= c_{10} \xi^{n-1} + c_{11} \xi^{n-2} \eta + \ldots + c_{1,n-1} \eta^{n-1}, \\ &\cdot\ \cdot\ \cdot\ \cdot\ \cdot\ \cdot\ \cdot\ \cdot\ \cdot\ \cdot\ \cdot\ \cdot \\ f_{n-1} &= c_{n-1,0} \xi^{n-1} + c_{n-1,1} \xi^{n-2} \eta + \ldots + c_{n-1,n-1} \eta^{n-1}. \end{aligned}$$

Die c setzen sich additiv aus den Determinanten $a_r b_s - a_s b_r$ zusammen.

Man überzeugt sich leicht, daß

$$C = \begin{vmatrix} c_{00} & c_{01} & \ldots & c_{0,n-1} \\ c_{10} & c_{11} & \ldots & c_{1,n-1} \\ \cdot & \cdot & \cdot & \cdot \\ c_{n-1,0} & c_{n-1,1} & \ldots & c_{n-1,n-1} \end{vmatrix}$$

symmetrisch ist. Vertauscht man nämlich x mit ξ und y mit η, so multiplizieren sich die Determinanten

$$\begin{vmatrix} f(x, y) & g(x, y) \\ f(\xi, \eta) & g(\xi, \eta) \end{vmatrix} \quad \text{und} \quad \begin{vmatrix} x & y \\ \xi & \eta \end{vmatrix}$$

beide mit -1. Ihr Quotient $F(x, y; \xi, \eta)$ bleibt daher ungeändert. Man hat also

$$F(x, y; \xi, \eta) = F(\xi, \eta; x, y)$$

oder

$$\sum c_{rs} x^{n-r-1} y^r \xi^{n-s-1} \eta^s = \sum c_{rs} \xi^{n-r-1} \eta^r x^{n-s-1} y^s.$$
$$(r, s = 0, 1, \ldots, n-1)$$

Daraus ersieht man aber, daß

$$c_{rs} = c_{sr}$$

ist.

Wir multiplizieren jetzt C mit der Determinante

$$\begin{vmatrix} \xi_1^{n-1} & \xi_1^{n-2} \eta_1 & \ldots & \eta_1^{n-1} \\ \xi_2^{n-1} & \xi_2^{n-2} \eta_2 & \ldots & \eta_2^{n-1} \\ \cdot & \cdot & \cdot & \cdot \\ \xi_n^{n-1} & \xi_n^{n-2} \eta_n & \ldots & \eta_n^{n-1} \end{vmatrix} = \Pi.$$

Dann ergibt sich

$$C\Pi = \begin{vmatrix} f_0(\xi_1, \eta_1) & f_0(\xi_2, \eta_2) & \ldots & f_0(\xi_n, \eta_n) \\ f_1(\xi_1, \eta_1) & f_1(\xi_2, \eta_2) & \ldots & f_1(\xi_n, \eta_n) \\ \cdot & \cdot & \cdot & \cdot \\ f_{n-1}(\xi_1, \eta_1) & f_{n-1}(\xi_2, \eta_2) & \ldots & f_{n-1}(\xi_n, \eta_n) \end{vmatrix}.$$

Multiplizieren wir diese Determinante mit

$$\begin{vmatrix} x_1^{n-1} & x_1^{n-2} y_1 & \ldots & y_1^{n-1} \\ x_2^{n-1} & x_2^{n-2} y_2 & \ldots & y_2^{n-1} \\ \cdot & \cdot & \cdot & \cdot \\ x_n^{n-1} & x_n^{n-2} y_n & \ldots & y_n^{n-1} \end{vmatrix} = P,$$

und zwar in der Weise, daß wir die Spalten der ersten mit den Zeilen der zweiten zusammensetzen, so kommt

$$C\Pi P = \begin{vmatrix} F(x_1, y_1; \xi_1, \eta_1) & F(x_1, y_1; \xi_2, \eta_2) & \ldots & F(x_1, y_1; \xi_n, \eta_n) \\ F(x_2, y_2; \xi_1, \eta_1) & F(x_2, y_2; \xi_2, \eta_2) & \ldots & F(x_2, y_2; \xi_n, \eta_n) \\ \cdot & \cdot & \cdot & \cdot \\ F(x_n, y_n; \xi_1, \eta_1) & F(x_n, y_n; \xi_2, \eta_2) & \ldots & F(x_n, y_n; \xi_n, \eta_n) \end{vmatrix}.$$

Nun ist aber

$$F(x_r, y_r;\ \xi_s, \eta_s) = \begin{vmatrix} f(x_r, y_r) & g(x_r, y_r) \\ f(\xi_s, \eta_s) & g(\xi_s, \eta_s) \end{vmatrix} : \begin{vmatrix} x_r & y_r \\ \xi_s & \eta_s \end{vmatrix}$$

$$= \frac{f(x_r, y_r)\, g(\xi_s, \eta_s)}{x_r \eta_s - y_r \xi_s},$$

weil

$$f(\xi_s, \eta_s) = 0 \quad \text{und} \quad g(x_r, y_r) = 0.$$

Nach § 82 ist ferner

$$f(x_1, y_1) \ldots f(x_n, y_n) = R_{f,g},$$

so daß

$$C\Pi P = R_{f,g} \begin{vmatrix} \frac{g(\xi_1, \eta_1)}{x_1 \eta_1 - y_1 \xi_1} & \ldots & \frac{g(\xi_n, \eta_n)}{x_1 \eta_n - y_1 \xi_n} \\ \cdot & \cdot & \cdot \\ \frac{g(\xi_1, \eta_1)}{x_n \eta_1 - y_n \xi_1} & \ldots & \frac{g(\xi_n, \eta_n)}{x_n \eta_n - y_n \xi_n} \end{vmatrix}$$

wird.

Setzt man

$$\frac{g(x, y)}{x_\nu y - y_\nu x} = b_{\nu 0} x^{n-1} + b_{\nu 1} x^{n-2} y + \ldots + b_{\nu, n-1} y^{n-1} = g_\nu(x, y),$$

so ist offenbar

$$\begin{vmatrix} \frac{g(\xi_1, \eta_1)}{x_1 \eta_1 - y_1 \xi_1} & \ldots & \frac{g(\xi_n, \eta_n)}{x_1 \eta_n - y_1 \xi_n} \\ \cdot & \cdot & \cdot \\ \frac{g(\xi_1, \eta_1)}{x_n \eta_1 - y_n \xi_1} & \ldots & \frac{g(\xi_n, \eta_n)}{x_n \eta_n - y_n \xi_n} \end{vmatrix} = \begin{vmatrix} g_1(\xi_1, \eta_1) & \ldots & g_1(\xi_n, \eta_n) \\ \cdot & \cdot & \cdot \\ g_n(\xi_1, \eta_1) & \ldots & g_n(\xi_n, \eta_n) \end{vmatrix} =$$

$$\begin{vmatrix} b_{10} & b_{11} & \ldots & b_{1,n-1} \\ b_{20} & b_{21} & \ldots & b_{2,n-1} \\ \cdot & \cdot & \cdot & \cdot \\ b_{n0} & b_{n1} & \ldots & b_{n,n-1} \end{vmatrix} \begin{vmatrix} \xi_1^{n-1} & \xi_1^{n-2}\eta_1 & \ldots & \eta_1^{n-1} \\ \xi_2^{n-1} & \xi_2^{n-2}\eta_2 & \ldots & \eta_2^{n-1} \\ \cdot & \cdot & \cdot & \cdot \\ \xi_n^{n-1} & \xi_n^{n-2}\eta_n & \ldots & \eta_n^{n-1} \end{vmatrix}.$$

Der zweite Faktor ist die mit Π bezeichnete Determinante.

Um den ersten Faktor, den wir mit B bezeichnen wollen, zu berechnen, multiplizieren wir B mit P. Dann ergibt sich

$$BP = \begin{vmatrix} g_1(x_1, y_1) & \ldots & g_1(x_n, y_n) \\ \cdot & \cdot & \cdot \\ g_n(x_1, y_1) & \ldots & g_n(x_n, y_n) \end{vmatrix}$$

oder, da im Falle $\mu \gtrless \nu$

$$g_\mu(x_\nu, y_\nu) = 0$$

ist,

$$BP = g(x_1, y_1)\, g(x_2, y_2) \dots g(x_n, y_n)$$
$$= (-1)^{\frac{n(n-1)}{2}} P^2,$$ [1]

also
$$B = (-1)^{\frac{n(n-1)}{2}} P.$$

Es besteht somit die Gleichung
$$C\Pi P = (-1)^{\frac{n(n-1)}{2}} R_{f,g}\, \Pi P,$$
woraus im Falle $\Pi P \neq 0$ folgt
$$C = (-1)^{\frac{n(n-1)}{2}} R_{f,g}.$$
Der Fall $\Pi P = 0$ erledigt sich durch eine Stetigkeitsbetrachtung.

$f(x, y)$ und $g(x, y)$ mögen im ganzen k gemeinsame Linearfaktoren besitzen. Ihr Produkt werde mit $t(x, y)$ bezeichnet. Man nennt $t(x, y)$ den **größten gemeinsamen Teiler** von f und g. Schreiben wir f und g in der Form
$$f(x, y) = t(x, y)\, \varphi(x, y),$$
$$g(x, y) = t(x, y)\, \psi(x, y),$$
so haben φ und ψ keinen gemeinsamen Linearfaktor.

Nun wird
$$\begin{vmatrix} f(x, y) & g(x, y) \\ f(\xi, \eta) & g(\xi, \eta) \end{vmatrix} = t(x, y)\, t(\xi, \eta) \begin{vmatrix} \varphi(x, y) & \psi(x, y) \\ \varphi(\xi, \eta) & \psi(\xi, \eta) \end{vmatrix},$$
also
$$F(x, y;\ \xi, \eta) = t(x, y)\, t(\xi, \eta)\ \Phi(x, y;\ \xi, \eta),$$
wobei
$$\Phi(x, y;\ \xi, \eta) = \begin{vmatrix} \varphi(x, y) & \psi(x, y) \\ \varphi(\xi, \eta) & \psi(\xi, \eta) \end{vmatrix} : \begin{vmatrix} x & y \\ \xi & \eta \end{vmatrix}$$
ist.

Ausführlich geschrieben lautet $\Phi(x, y;\ \xi, \eta)$ so:
$$\Phi(x, y;\ \xi, \eta) = \varphi_0 x^{\nu-1} + \varphi_1 x^{\nu-1} y + \dots + \varphi_{\nu-1} y^{\nu-1}.$$

Dabei ist $\nu = n - k$ und $\varphi_0, \varphi_1, \dots, \varphi_{\nu-1}$ sind Formen $(\nu - 1)^{\text{ten}}$ Grades in ξ, η, d. h. es ist

---

[1] Daß P gleich dem Produkt aller $x_\mu y_\nu - x_\nu y_\mu$ ist ($\mu < \nu$), ergibt sich sofort, wenn man aus $\frac{x_1}{y_1}, \dots, \frac{x_n}{y_n}$ die Vandermondesche Determinante bildet (vgl. § 21 und § 88).

$$\begin{aligned}
\varphi_0 &= \gamma_{00}\,\xi^{\nu-1} + \gamma_{01}\,\xi^{\nu-2}\eta + \dots + \gamma_{0,\nu-1}\,\eta^{\nu-1},\\
\varphi_1 &= \gamma_{10}\,\xi^{\nu-1} + \gamma_{11}\,\xi^{\nu-2}\eta + \dots + \gamma_{1,\nu-1}\,\eta^{\nu-1},\\
&\dots\dots\dots\dots\dots\dots\dots\dots\\
\varphi_{\nu-1} &= \gamma_{\nu-1,0}\,\xi^{\nu-1} + \gamma_{\nu-1,1}\,\xi^{\nu-2}\eta + \dots + \gamma_{\nu-1,\nu-1}\,\eta^{\nu-1}.
\end{aligned}$$

Die Determinante

$$\Gamma = \begin{vmatrix} \gamma_{00} & \gamma_{01} & \dots & \gamma_{0,\nu-1} \\ \gamma_{10} & \gamma_{11} & \dots & \gamma_{1,\nu-1} \\ \cdot & \cdot & \cdot & \cdot \\ \gamma_{\nu-1,0} & \gamma_{\nu-1,1} & \dots & \gamma_{\nu-1,\nu-1} \end{vmatrix}$$

ist abgesehen vom Vorzeichen gleich der Resultante von φ und ψ, also ungleich Null.

Die oben gefundene Beziehung zwischen $F(x, y;\ \xi, \eta)$ und $\Phi(x, y;\ \xi, \eta)$ ermöglicht es uns, zu beweisen, daß der Rang der Matrix

$$\begin{matrix} c_{00} & c_{01} & \dots & c_{0,n-1} \\ c_{10} & c_{11} & \dots & c_{1,n-1} \\ \cdot & \cdot & \cdot & \cdot \\ c_{n-1,0} & c_{n-1,1} & \dots & c_{n-1,n-1} \end{matrix}$$

gerade gleich ν, d. h. gleich $n - k$ ist.

Setzen wir

$$t(x, y) = \lambda_0 x^k + \lambda_1 x^{k-1} y + \dots + \lambda_k y^k,$$

so wird

$$\begin{aligned}
&t(x, y)\ \Phi(x, y;\ \xi, \eta)\\
&= \lambda_0 \varphi_0 x^{n-1} + (\lambda_0 \varphi_1 + \lambda_1 \varphi_0) x^{n-2} y + \dots + \lambda_k \varphi_{\nu-1} y^{n-1}.
\end{aligned}$$

Schreiben wir statt

$$\varphi_0\, t(\xi, \eta),\quad \varphi_1\, t(\xi, \eta),\ \dots,\ \varphi_{\nu-1}\, t(\xi, \eta)$$

bezüglich

$$t_0,\ t_1,\ \dots,\ t_{\nu-1},$$

so ist

$$\begin{aligned}
F(x, y;\ \xi, \eta) &= f_0 x^{n-1} + f_1 x^{n-2} y + \dots + f_{n-1} y^{n-1}\\
&= \lambda_0 t_0 x^{n-1} + (\lambda_0 t_1 + \lambda_1 t_0) x^{n-2} y + \dots + \lambda_k t_{\nu-1} y^{n-1}.
\end{aligned}$$

Hieraus entnehmen wir, daß

$$f_0 = \lambda_0 t_0,\quad f_1 = \lambda_0 t_1 + \lambda_1 t_0,\ \dots,\ f_{n-1} = \lambda_k t_{\nu-1}$$

ist.

$f_0, f_1, \dots, f_{n-1}$ sind also lineare Kombinationen von $t_0, t_1, \dots, t_{\nu-1}$. Umgekehrt lassen sich aber auch $t_0, t_1, \dots, t_{\nu-1}$ als lineare Kombinationen von $f_0, f_1, \dots, f_{n-1}$ darstellen.

Ist in der Reihe $\lambda_0, \lambda_1, \ldots, \lambda_k$ das erste von Null verschiedene Glied[1] λ_r, so hat man

$$f_r = \lambda_r t_0, \quad f_{r+1} = \lambda_r t_1 + \lambda_{r+1} t_0, \ \ldots$$

Hieraus ergeben sich, da $\lambda_r \neq 0$ ist, der Reihe nach $t_0, t_1, \ldots, t_{\nu-1}$ linear ausgedrückt durch $f_0, f_1, \ldots, f_{n-1}$.

Das Koeffizientensystem der n Formen $f_0, f_1, \ldots, f_{n-1}$ hat hiernach denselben Rang wie das der Formen $t_0, t_1, \ldots, t_{\nu-1}$. Wäre der Rang des letzteren kleiner als ν, so gäbe es ν Zahlen $A_0, A_1, \ldots, A_{\nu-1}$, die nicht alle Null sind und für alle Werte von ξ, η der Gleichung

$$A_0 t_0 + A_1 t_1 + \ldots + A_{\nu-1} t_{\nu-1} = 0$$

genügen, also auch der Gleichung[1]

$$A_0 \varphi_0 + A_1 \varphi_1 + \ldots + A_{\nu-1} \varphi_{\nu-1}.$$

Daraus würde aber folgen, daß die Determinante Γ verschwindet, während doch, wie wir wissen, $\Gamma \neq 0$ ist.

Aus dem Rang der symmetrischen Determinante

$$\begin{vmatrix} c_{00} & c_{01} & \ldots & c_{0,n-1} \\ c_{10} & c_{11} & \ldots & c_{1,n-1} \\ \cdot & \cdot & \cdot & \cdot \\ c_{n-1,0} & c_{n-1,1} & \ldots & c_{n-1,n-1} \end{vmatrix}$$

können wir also erkennen, welchen Grad der größte gemeinsame Teiler von f und g hat. Ist jener Rang gleich ν, so ist der größte gemeinsame Teiler der Formen f und g vom Grade $n - \nu$.

Wie man den Rang einer symmetrischen Determinante findet, sahen wir in § 64 (S. 147).

§ 85. Diskriminante einer binären Form.

Die Diskriminante dient zur Beantwortung der Frage, wann eine binäre Form

$$f(x, y) = a_0 x^n + a_1 x^{n-1} y + \ldots + a_n y^n$$

mehrfache Linearfaktoren hat.

Wenn $\alpha x + \beta y$ ein p-facher Linearfaktor von f ist, so läßt sich f in folgender Form schreiben

$$f = (\alpha x + \beta y)^p \varphi(x, y)$$

und $\varphi(x, y)$ ist eine Form $(n-p)^{\text{ten}}$ Grades, die den Faktor $\alpha x + \beta y$ nicht mehr enthält.

---

[1] Man bedenke, daß $t(x, y)$ nicht identisch Null ist.

Nun ergibt sich durch Differentiation nach x und y

$$\frac{\partial f}{\partial x} = p(\alpha x + \beta y)^{p-1}\alpha\varphi(x, y) + (\alpha x + \beta y)^p \frac{\partial \varphi}{\partial x},$$

$$\frac{\partial f}{\partial y} = p(\alpha x + \beta y)^{p-1}\beta\varphi(x, y) + (\alpha x + \beta y)^p \frac{\partial \varphi}{\partial y}.$$

Hiernach ist

$$f_1 = \frac{\partial f}{\partial x} = (\alpha x + \beta y)^{p-1}\psi_1,$$

$$f_2 = \frac{\partial f}{\partial y} = (\alpha x + \beta y)^{p-1}\psi_2$$

und

$$\psi_1 = p\alpha\varphi(x, y) + (\alpha x + \beta y)\frac{\partial \varphi}{\partial x},$$

$$\psi_2 = p\beta\varphi(x, y) + (\alpha x + \beta y)\frac{\partial \varphi}{\partial y}$$

enthalten sicher nicht **beide** den Faktor $\alpha x + \beta y$. Sonst müßte er nämlich in $\alpha\varphi$ und $\beta\varphi$, also wegen $\alpha, \beta \neq 0$, 0 in φ vorkommen.

Die beiden Formen f_1 und f_2 sind also durch $(\alpha x + \beta y)^{p-1}$ teilbar und wenigstens eine von ihnen durch keine höhere Potenz von $\alpha x + \beta y$.

Im Falle $p > 1$ haben f_1 und f_2 beide den Linearfaktor $\alpha x + \beta y$, so daß

$$R_{f_1, f_2} = 0$$

ist.

Wenn umgekehrt f_1 und f_2 eine verschwindende Resultante haben, so gibt es einen gemeinsamen Linearfaktor $\alpha x + \beta y$. Dieser ist dann auch in f enthalten. Es gilt nämlich die Formel

$$f = \frac{1}{n}(x f_1 + y f_2),$$

die sich unmittelbar aus

$$\begin{aligned} f_1 &= n a_0 x^{n-1} + (n-1) a_1 x^{n-2} y + \dots + a_{n-1} y^{n-1}, \\ f_2 &= \qquad\qquad a_1 x^{n-1} \quad + \dots + (n-1) a_{n-1} x y^{n-2} + n a_n y^{n-1} \end{aligned}$$

ergibt.

Ist nun $\alpha x + \beta y$ ein p-facher Faktor von f, so ist er wenigstens für eine der beiden Formen f_1, f_2 gerade $(p-1)$-fach. Da sie nun beide $\alpha x + \beta y$ enthalten, so muß $p - 1 \geqq 1$, d. h. $p \geqq 2$ sein.

Die notwendige und hinreichende Bedingung für das Auftreten eines mehrfachen Linearfaktors in f ist also das Verschwinden der Resultante von f_1 und f_2.

Man nennt diese Resultante die **Diskriminante** von f.

§ 86. Zusammenhang der Diskriminante mit den Linearfaktoren von f.

Die Resultante von zwei Formen n^{ten} Grades

$$\varphi = \alpha_0 x^n + \alpha_1 x^{n-1} y + \ldots + \alpha_n y^n,$$
$$\psi = \beta_0 x^n + \beta_1 x^{n-1} y + \ldots + \beta_n y^n$$

ist, wie wir wissen, eine Funktion der Determinanten

$$\begin{vmatrix} \alpha_r & \alpha_s \\ \beta_r & \beta_s \end{vmatrix}.$$

Diese Determinanten bleiben ungeändert, wenn man zu jedem β das entsprechende α addiert. Es ist also

$$R_{\varphi,\psi} = R_{\varphi,\varphi+\psi}.$$

Aus dieser Bemerkung folgt, wenn f_1, f_2 dieselbe Bedeutung wie in § 85 haben,

$$R_{x f_1, y f_2} = R_{x f_1, n f}.$$

Setzt man

$$n f = \prod_\nu (x_\nu y - y_\nu x),$$

so wird

$$(1) \quad \begin{cases} \dfrac{f_1}{f} = -\sum \dfrac{y_\nu}{x_\nu y - y_\nu x}, \\ \dfrac{f_2}{f} = \quad \sum \dfrac{x_\nu}{x_\nu y - y_\nu x}, \end{cases}$$

also

$$(2) \quad \begin{cases} x f_1 = -x f \sum \dfrac{y_\nu}{x_\nu y - y_\nu x}, \\ y f_2 = \quad y f \sum \dfrac{x_\nu}{x_\nu y - y_\nu x}. \end{cases}$$

Nach § 82 ist nun

$$R_{x f_1, n f} = \prod_\nu x_\nu f_1(x_\nu, y_\nu).$$

Aus der ersten Formel (2) ergibt sich aber

$$x_\nu f_1(x_\nu, y_\nu) = -\frac{x_\nu y_\nu}{n} \prod_\mu{}' (x_\mu y_\nu - y_\mu x_\nu).$$

Der Strich an dem Produktzeichen bedeutet, daß ein Wert von μ, und zwar in unserem Falle $\mu = \nu$, auszulassen ist.

Man sieht aus dem Obigen, daß

$$R_{x f_1, n f} = (-1)^{\frac{n(n+1)}{2}} \frac{x_1 y_1 \ldots x_n y_n}{n^n} D$$

wird, wobei wir unter D das Produkt

$$\prod_{\mu,\nu} (x_\mu y_\nu - y_\mu x_\nu)^2 \qquad (\mu < \nu)$$

verstehen.

Andererseits hat man (vgl. § 81)

$$R_{xf_1,\, yf_2} = R_{x,y}\, R_{x,f_2}\, R_{f_1,y}\, R_{f_1,f_2}.$$

$R_{x,y}$ ist gleich 1.

Nach § 82 hat man ferner (vgl. die Formeln (1))

$$R_{x,f_2} = (-1)^{n-1} f_2(0, -1) = x_1 x_2 \ldots x_n,$$
$$R_{f_1,y} = f_1(1, 0) = (-1)^n y_1 y_2 \ldots y_n,$$

so daß

$$R_{xf_1,\, yf_2} = (-1)^n x_1 y_1 \ldots x_n y_n R_{f_1,f_2}$$

wird.

Da $R_{xf_1,\, yf_2}$ und $R_{xf_1,\, nf}$ gleich sind, so ergibt sich

$$R_{f_1,f_2} = (-1)^{\frac{n(n-1)}{2}} \frac{D}{n^n}.$$

Der Fall $x_1 y_1 \ldots x_n y_n = 0$ erledigt sich durch eine Stetigkeitsbetrachtung.

Ist

$$f = \prod_\nu (\xi_\nu y - \eta_\nu x),$$

so können wir

$$x_\nu = n^{\frac{1}{n}} \xi_\nu \quad \text{und} \quad y_\nu = n^{\frac{1}{n}} \eta_\nu$$

setzen. Dann wird nämlich

$$\prod_\nu (x_\nu y - y_\nu x) = n \prod (\xi_\nu y - \eta_\nu x) = n f.$$

Die Formel für R_{f_1,f_2} läßt sich in folgender Form schreiben:

$$R_{f_1,f_2} = (-1)^{\frac{n(n-1)}{2}} n^{n-2} \Delta,$$

wobei

$$\Delta = \prod_{\mu,\nu} (\xi_\mu \eta_\nu - \eta_\mu \xi_\nu)^2$$

ist.

Benutzt man statt f_1, f_2 die Formen

$$\varphi_1 = \frac{1}{n} f_1, \quad \varphi_2 = \frac{1}{n} f_2,$$

so tritt an die Stelle von R_{f_1,f_2}

$$R_{\varphi_1,\varphi_2} = \frac{1}{n^{2n-2}} R_{f_1,f_2},$$

und man hat

$$R_{\varphi_1,\varphi_2} = (-1)^{\frac{n(n-1)}{2}} \frac{\Delta}{n^n}.$$

§ 87. Invarianteneigenschaft der Diskriminante.

Unterwerfen wir die Form

$$f(x, y) = \Pi(\xi_\nu y - \eta_\nu x)$$

der linearen Transformation

$$\begin{pmatrix} \alpha & \beta \\ \gamma & \delta \end{pmatrix},$$

so geht sie in

$$f'(x, y) = \Pi(\xi_\nu' y - \eta_\nu' x)$$

über, wobei

$$\xi_\nu' = \delta \xi_\nu - \beta \eta_\nu,$$
$$\eta_\nu' = -\gamma \xi_\nu + \alpha \eta_\nu$$

ist.

Hiernach wird

$$\begin{vmatrix} \xi_\mu' & \eta_\mu' \\ \xi_\nu' & \eta_\nu' \end{vmatrix} = \begin{vmatrix} \delta & -\beta \\ -\gamma & \alpha \end{vmatrix} \begin{vmatrix} \xi_\mu & \eta_\mu \\ \xi_\nu & \eta_\nu \end{vmatrix}$$

und für

$$\Delta' = \Pi_{\mu, \nu}(\xi_\mu' \eta_\nu' - \eta_\mu' \xi_\nu')^2 \qquad (\mu < \nu)$$

ergibt sich die Formel

$$\Delta' = (\alpha\delta - \beta\gamma)^{n(n-1)} \Delta.$$

Die Diskriminante der Form f' unterscheidet sich also von der Diskriminante der Form f nur um den Faktor $(\alpha\delta - \beta\gamma)^{n(n-1)}$. Auf Grund dieser Eigenschaft sagt man, die Diskriminante sei eine Invariante der Form f.

Man kann sich von der Invarianteneigenschaft auch auf folgende Weise überzeugen.

$\bar{f}_1$, $\bar{f}_2$ seien die Formen, die aus f_1 bzw. f_2 durch Anwendung der linearen Transformation $\begin{pmatrix} \alpha & \beta \\ \gamma & \delta \end{pmatrix}$ entstehen. Dann ist nach § 83

$$R_{\bar{f}_1, \bar{f}_2} = (\alpha\delta - \beta\gamma)^{(n-1)^2} R_{f_1, f_2}. \tag{1}$$

$\bar{f}_1$, $\bar{f}_2$ stehen nun in einer einfachen Beziehung zu den Ableitungen f_1', f_2' von f' nach x, y.

Ersetzt man nämlich in der Formel

$$df = f_1 dx + f_2 dy$$

x, y durch $\alpha x + \beta y$ bzw. $\gamma x + \delta y$, so findet man

$$df' = \bar{f}_1(\alpha dx + \beta dy) + \bar{f}_2(\gamma dx + \delta dy),$$

d. h.

$$df' = (\alpha \bar{f}_1 + \gamma \bar{f}_2) dx + (\beta \bar{f}_1 + \delta \bar{f}_2) dy.$$

Andererseits ist aber

$$df' = f_1' dx + f_2' dy.$$

Also folgt

$$f_1' = \alpha \bar{f}_1 + \gamma \bar{f}_2,$$
$$f_2' = \beta \bar{f}_1 + \delta \bar{f}_2.$$

Hieraus ergibt sich

(2) $$R_{f_1', f_2'} = (\alpha\delta - \beta\gamma)^{n-1} R_{\bar{f}_1, \bar{f}_2}.$$

Wenn man nämlich von zwei Formen gleichen Grades

$$\varphi = c_0 x^p + c_1 x^{p-1} + \ldots + c_p,$$
$$\psi = d_0 x^p + d_1 x^{p-1} + \ldots + d_p$$

die Resultante bildet, so ist sie eine homogene Funktion der Determinanten

$$\begin{vmatrix} c_r & c_s \\ d_r & d_s \end{vmatrix},$$

und zwar von p^{ter} Ordnung. Diese Determinanten multiplizieren sich aber alle mit $\alpha\delta - \beta\gamma$, wenn man φ, ψ durch $\alpha\varphi + \gamma\psi$ bzw. $\beta\varphi + \delta\psi$ ersetzt.

Aus (1) und (2) folgt nun

$$R_{f_1', f_2'} = (\alpha\delta - \beta\gamma)^{n-1+(n-1)^2} R_{f_1, f_2}$$

oder

$$R_{f_1', f_2'} = (\alpha\delta - \beta\gamma)^{n(n-1)} R_{f_1, f_2}.$$

§ 88. Anderer Ausdruck für die Diskriminante.

Die Diskriminante der Form

$$f = \Pi_{\nu} (\xi_\nu y - \eta_\nu x)$$

ist, abgesehen von dem Faktor

$$(-1)^{\frac{n(n-1)}{2}} n^{n-2}$$

gleich dem Produkt

$$\Delta = \Pi_{\mu,\nu} (\xi_\mu \eta_\nu - \eta_\mu \xi_\nu)^2. \qquad (\mu < \nu)$$

In § 21 betrachteten wir die VANDERMONDEsche Determinante

$$\begin{vmatrix} x_1^{n-1} & x_1^{n-2} & \ldots & 1 \\ x_2^{n-1} & x_2^{n-2} & \ldots & 1 \\ \cdot & \cdot & \cdot & \cdot \\ x_n^{n-1} & x_n^{n-2} & \ldots & 1 \end{vmatrix}$$

und fanden, daß sie den Wert

$$\begin{aligned} P = (x_1 - x_2)(x_1 - x_3) \dots (x_1 - x_n) \\ (x_2 - x_3) \dots (x_2 - x_n) \\ \dots\dots\dots\dots \\ (x_{n-1} - x_n) \end{aligned}$$

hat. Setzen wir

$$x_\nu = \frac{\xi_\nu}{\eta_\nu}, \qquad (\nu = 1, 2, \dots, n)$$

so wird

$$x_\mu - x_\nu = \frac{\xi_\mu \eta_\nu - \eta_\mu \xi_\nu}{\eta_\mu \eta_\nu}$$

und P^2 wird gleich

$$\frac{\Delta}{(\eta_1 \eta_2 \dots \eta_n)^{2(n-1)}},$$

also

$$\Delta = (\eta_1^{n-1} \eta_2^{n-1} \dots \eta_n^{n-1} P)^2.$$

Da nun

$$\eta_1^{n-1} \eta_2^{n-1} \dots \eta_n^{n-1} P = \begin{vmatrix} \xi_1^{n-1} & \xi_1^{n-2}\eta_1 & \dots & \eta_1^{n-1} \\ \xi_2^{n-1} & \xi_2^{n-2}\eta_2 & \dots & \eta_2^{n-1} \\ \cdot & \cdot & \cdot & \cdot \\ \xi_n^{n-1} & \xi_n^{n-2}\eta_n & \dots & \eta_n^{n-1} \end{vmatrix},$$

so ist

$$\Delta = \begin{vmatrix} \xi_1^{n-1} & \xi_1^{n-2}\eta_1 & \dots & \eta_1^{n-1} \\ \xi_2^{n-1} & \xi_2^{n-2}\eta_2 & \dots & \eta_2^{n-1} \\ \cdot & \cdot & \cdot & \cdot \\ \xi_n^{n-1} & \xi_n^{n-2}\eta_n & \dots & \eta_n^{n-1} \end{vmatrix}^2.$$

Wir wollen die Multiplikation nach Spalten ausführen und zur Abkürzung die Bezeichnung

$$\xi_1^k \eta_1^l + \xi_2^k \eta_2^l + \dots + \xi_n^k \eta_n^l = s_{kl}$$

benutzen. Dann erhalten wir

$$\Delta = \begin{vmatrix} s_{2n-2,0} & s_{2n-3,1} & \dots & s_{n-1,n-1} \\ s_{2n-3,1} & s_{2n-4,2} & \dots & s_{n-2,n} \\ \cdot & \cdot & \cdot & \cdot \\ s_{n-1,n-1} & s_{n-2,n} & \dots & s_{0,2n-2} \end{vmatrix}.$$

Das ist eine symmetrische Determinante von dem in § 51 betrachteten Typus, also eine Hankelsche Determinante.

§ 89. Diskriminante der quadratischen und der kubischen Form.

Um die Diskriminante der quadratischen Form

$$f = a_0 x^2 + a_1 xy + a_2 y^2$$

zu berechnen, hat man nach § 85 die Resultante von

$$f_1 = \frac{\partial f}{\partial x} = 2a_0 x + a_1 y,$$

$$f_2 = \frac{\partial f}{\partial y} = a_1 x + 2a_2 y$$

zu bilden. Diese lautet

$$\begin{vmatrix} 2a_0 & a_1 \\ a_1 & 2a_2 \end{vmatrix} = 4a_0 a_2 - a_1^2.$$

Zerlegt man f in Linearfaktoren

$$f = (\xi_1 y - \eta_1 x)(\xi_2 y - \eta_2 x),$$

so ist (vgl. § 86 Schluß)

$$4a_0 a_2 - a_1^2 = -(\xi_1 \eta_2 - \xi_2 \eta_1)^2.$$

Sind die Linearfaktoren von f reell und verschieden, so hat man

$$4a_0 a_2 - a_1^2 < 0.$$

Stimmen sie überein, so ist

$$4a_0 a_2 - a_1^2 = 0.$$

Sind sie konjugiert komplex, so wird

$$4a_0 a_2 - a_1^2 < 0.$$

Andere Fälle können, wenn man a_0, a_1, a_2 als reell vorausgesetzt, nicht eintreten.

Die Diskriminante der kubischen Form

$$f = a_0 x^3 + a_1 x^2 y + a_2 x y^2 + a_3 y^3$$

ist die Resultante der beiden quadratischen Formen

$$f_1 = \frac{\partial f}{\partial x} = 3a_0 x^2 + 2a_1 xy + a_2 y^2,$$

$$f_2 = \frac{\partial f}{\partial y} = a_1 x^2 + 2a_2 xy + 3a_3 y^2.$$

Diese lautet aber

$$\begin{vmatrix} 3a_0 & 2a_1 & a_2 & 0 \\ 0 & 3a_0 & 2a_1 & a_2 \\ a_1 & 2a_2 & 3a_3 & 0 \\ 0 & a_1 & 2a_2 & 3a_3 \end{vmatrix} = - \begin{vmatrix} 3a_0 & 2a_1 & a_2 & 0 \\ a_1 & 2a_2 & 3a_3 & 0 \\ 0 & 3a_0 & 2a_1 & a_2 \\ 0 & a_1 & 2a_2 & 3a_3 \end{vmatrix}.$$

Entwickelt man nach den beiden ersten Zeilen, so ergibt sich

$$-(6a_0a_2-2a_1^2)(6a_1a_3-2a_2^2)+(9a_0a_3-a_1a_2)^2$$

oder

$$(9a_0a_3-a_1a_2)^2-4(3a_0a_2-a_1^2)(3a_1a_3-a_2^2).$$

Zerlegt man f in Linearfaktoren

$$f=(\xi_1 y-\eta_1 x)(\xi_2 y-\eta_2 x)(\xi_3 y-\eta_3 x),$$

so läßt sich die Diskriminante auch in der Form

$$-3(\xi_2\eta_3-\eta_2\xi_3)^2(\xi_3\eta_1-\eta_3\xi_1)^2(\xi_1\eta_2-\eta_1\xi_2)^2$$

schreiben.

Sind alle Linearfaktoren von f reell und voneinander verschieden, so wird die Diskriminante negativ.

Sind zwei gleiche unter ihnen, so verschwindet die Diskriminante.

Sind zwei Linearfaktoren (z. B. $\xi_1 y-\eta_1 x$ und $\xi_2 y-\eta_2 x$) konjugiert komplex und der dritte reell, so ist die Diskriminante positiv.

Rechnet man die Diskriminante ganz aus, so findet man

$$81a_0^2a_3^2-54a_0a_1a_2a_3-3a_1^2a_2^2+12a_0a_2^3+12a_1^3a_3$$

oder

$$3(27a_0^2a_3^2-18a_0a_1a_2a_3+4a_0a_2^3+4a_1^3\cdot a_3-a_1^2a_2^2).$$

Summiert man bei jedem Glied dieses Ausdrucks die Indizes sämtlicher Faktoren, so ergibt sich immer die Summe 6. Man sagt deshalb (vgl. § 83), daß die Diskriminante isobar und vom Gewicht 6 ist. Man kann dies auch aus der Invarianteneigenschaft der Diskriminante ableiten, ähnlich wie bei der Resultante.

§ 90. Invarianten einer binären Form oder eines Systems binärer Formen.

Die lineare Transformation $\begin{pmatrix}\alpha & \beta\\ \gamma & \delta\end{pmatrix}$ führe

$$f=a_0x^m+a_1x^{m-1}y+\ldots+a_my^m$$

in

$$f'=a_0'x^m+a_1'x^{m-1}y+\ldots+a_m'y^m$$

über.

Ein homogenes Polynom $J(a_0, a_1, \ldots, a_m)$ heißt eine Invariante von f, wenn sich $J(a_0', a_1', \ldots, a_m')$ von $J(a_0, a_1, \ldots, a_m)$ nur um eine Potenz der Transformationsdeterminante unterscheidet, wenn also

$$J(a_0', a_1', \ldots, a_m')=(\alpha\delta-\beta\gamma)^p\,J(a_0, a_1, \ldots, a_m)$$

ist.

Betrachtet man außer f noch eine andere Form

$$g = b_0 x^n + b_1 x^{n-1} y + \ldots + b_n y^n,$$

die bei $\begin{pmatrix} \alpha & \beta \\ \gamma & \delta \end{pmatrix}$ in

$$g' = b_0' x^n + b_1' x^{n-1} y + \ldots + b_n' y^n$$

übergeht, so heißt ein sowohl in $a_0, a_1, \ldots, a_m$ als auch in $b_0, b_1, \ldots, b_n$ homogenes Polynom $J(a_0, a_1, \ldots, a_m; b_0, b_1, \ldots, b_n)$ eine **simultane Invariante** der Formen f, g, wenn

$$(1) \quad \begin{cases} J(a_0', a_1', \ldots, a_m'; b_0', b_1', \ldots, b_n'; \ldots) \\ \quad = (\alpha\delta - \beta\gamma)^p J(a_0, a_1, \ldots, a_m; b_0, b_1, \ldots, b_n; \ldots) \end{cases}$$

ist. In ähnlichem Sinne spricht man von Invarianten bei mehr als zwei Formen.

Wir haben in der Resultante zweier Formen f und g eine simultane Invariante kennen gelernt. Die Diskriminante einer Form f liefert ein Beispiel einer Invariante.

§ 91. Beziehung der Invarianten zu den Linearfaktoren der Formen.

Wir haben in § 82 und § 186 gesehen, daß die Resultante von f und g in einer einfachen Beziehung zu den Linearfaktoren von f und g steht. Ähnliches fanden wir bei der Diskriminante einer Form f.

Diese Ergebnisse sind spezielle Fälle eines allgemeineren Satzes über Invarianten, den wir jetzt ableiten wollen.

$J(a_0, a_1, \ldots, a_m)$ sei eine Invariante der Form

$$f = a_0 x^m + a_1 x^{m-1} y + \ldots + a_m y^m.$$

Zerlegt man f in Linearfaktoren:

$$f = (x_1 y - y_1 x) \ldots (x_m y - y_m x),$$

so hängen die a mit den x_ν, y_ν durch folgende Formeln zusammen:

$$\begin{aligned} a_0 &= (-1)^m y_1 y_2 \ldots y_m, \\ a_1 &= (-1)^{m-1} \{x_1 y_2 \ldots y_m + \ldots + y_1 \ldots y_{m-1} x_m\}, \\ &\ldots\ldots\ldots\ldots\ldots\ldots \\ a_m &= x_1 x_2 \ldots x_m. \end{aligned}$$

Da nun J ein homogenes Polynom in den a ist und die a linear und homogen von x_μ, y_μ abhängen, so wird

$$J(a_0, a_1, \ldots, a_m)$$
$$= J(x_1, y_1;\ x_2, y_2;\ \ldots;\ x_m, y_m)$$

und J ist ein Polynom, das sowohl in x_1, y_1 als auch in $x_2, y_2, \ldots$ als auch in x_m, y_m homogen ist.

Dieselbe Beziehung besteht zwischen $J(a_0', a_1', \ldots, a_m')$ und $J(x_1', y_1';\ x_2', y_2';\ \ldots;\ x_m', y_m')$, wenn wir mit $x_\mu' y - y_\mu' x$ die Linearform bezeichnen, in die sich $x_\mu y - y_\mu x$ bei der linearen Transformation $\begin{pmatrix}\alpha & \beta\\ \gamma & \delta\end{pmatrix}$ verwandelt.[1]

Die Gleichung

$$J(a_0', a_1', \ldots, a_m') = (\alpha\delta - \beta\gamma)^p\, J(a_0, a_1, \ldots, a_m),$$

die den Invariantencharakter von J ausdrückt, nimmt jetzt folgende Form an:

$$(1)\quad \begin{cases} J(x_1', y_1';\ x_2', y_2';\ \ldots;\ x_m', y_m') \\ \quad = (\alpha\delta - \beta\gamma)^p\, J(x_1, y_2;\ x_2, y_2;\ \ldots;\ x_m, y_m). \end{cases}$$

Sie sagt aus, daß J **eine simultane Invariante der Linearformen** $x_\mu y - y_\mu x$ **ist** ($\mu = 1, 2, \ldots, m$).

Hat man umgekehrt eine simultane Invariante J der Linearformen $x_\mu y - y_\mu x$ ($\mu = 1, 2, \ldots, m$) und läßt sie sich in der Form $J(a_0, a_1, \ldots, a_m)$ schreiben, so ist sie eine Invariante der Form f.

Man hat hierin ein Mittel, um Invarianten zu bilden. Bei zwei Linearformen

$$a_0 x + a_1 y, \quad b_0 x + b_1 y$$

ist nämlich die Determinante

$$\begin{vmatrix} a_0 & a_1 \\ b_0 & b_1 \end{vmatrix}$$

eine Invariante. Führt man die lineare Transformation $\begin{pmatrix}\alpha & \beta\\ \gamma & \delta\end{pmatrix}$ aus, so verwandeln sich die Linearformen in

$$a_0' x + a_1' y = (\alpha a_0 + \gamma a_1) x + (\beta a_0 + \delta a_1) y,$$
$$b_0' x + b_1' y = (\alpha b_0 + \gamma b_1) x + (\beta b_0 + \delta b_1) y.$$

Hiernach ist also

$$\begin{vmatrix} a_0' & a_1' \\ b_0' & b_1' \end{vmatrix} = \begin{vmatrix} \alpha & \beta \\ \gamma & \delta \end{vmatrix} \begin{vmatrix} a_0 & a_1 \\ b_0 & b_1 \end{vmatrix}.$$

[1] $f' = a_0' x^m + a_1' x^{m-1} y + \ldots + a_m' y^m$ ist wie in § 90 die Form, die aus f durch $\begin{pmatrix}\alpha & \beta\\ \gamma & \delta\end{pmatrix}$ entsteht.

Hat man es mit mehr als zwei Linearformen zu tun

$$a_0 x + a_1 y, \; b_0 x + b_1 y, \; c_0 x + c_1 y, \ldots,$$

so sind

$$\begin{vmatrix} a_0 & a_1 \\ b_0 & b_1 \end{vmatrix}, \quad \begin{vmatrix} a_0 & a_1 \\ c_0 & c_1 \end{vmatrix}, \quad \begin{vmatrix} b_0 & b_1 \\ c_0 & c_1 \end{vmatrix}, \ldots$$

Invarianten von ihnen. Dasselbe gilt von jeder homogenen ganzen Funktion dieser Determinanten.

Liegt nun z. B. eine quadratische Form

$$f = a_0 x^2 + a_1 xy + a_2 y^2 = (x_1 y - y_1 x)(x_2 y - y_2 x)$$

vor, so ist

$$\begin{vmatrix} -y_1 & x_1 \\ -y_2 & x_2 \end{vmatrix} = x_1 y_2 - y_2 x_1$$

eine Invariante der Linearfaktoren von f. Dasselbe gilt von

$$(x_1 y_2 - y_1 x_2)^2$$
$$= x_1^2 y_2^2 - 2 x_1 x_2 y_1 y_2 + x_2^2 y_1^2 = (x_1 y_2 + x_2 y_1)^2 - 4 x_1 x_2 y_1 y_2$$
$$= a_1^2 - 4 a_0 a_2.$$

$a_1^2 - 4 a_0 a_2$ ist also eine Invariante (und zwar die negativ genommene Diskriminante von f).

Zwölftes Kapitel.

Lineare und quadratische Formen.

§ 92. Systeme linearer Formen und lineare Transformationen.

Eine lineare Form in n Veränderlichen $x_1, x_2, \ldots, x_n$ ist ein Ausdruck von folgender Gestalt

$$a_1 x_1 + a_2 x_2 + \ldots + a_n x_n.$$

Die a sind Konstanten.

Wir wollen ein System von m linearen Formen betrachten:

$$\begin{aligned} f_1 &= a_{11} x_1 + a_{12} x_2 + \ldots + a_{1n} x_n, \\ f_2 &= a_{21} x_1 + a_{22} x_2 + \ldots + a_{2n} x_n, \\ &\cdot \quad \cdot \quad \cdot \quad \cdot \quad \cdot \quad \cdot \quad \cdot \quad \cdot \\ f_m &= a_{m1} x_1 + a_{m2} x_2 + \ldots + a_{mn} x_n. \end{aligned}$$

Der Rang der Matrix

$$(1)\qquad \left\{\begin{matrix} a_{11} & a_{12} & \dots & a_{1n} \\ a_{21} & a_{22} & \dots & a_{2n} \\ \cdot & \cdot & \cdot & \cdot \\ a_{m1} & a_{m2} & \dots & a_{mn} \end{matrix}\right.$$

heißt der **Rang** des Systems $f_1, f_2, \dots, f_m$.

Setzt man

$$(2)\qquad \left\{\begin{aligned} x_1 &= c_{11}x_1' + c_{12}x_2' + \dots + c_{1n}x_n', \\ x_2 &= c_{21}x_1' + c_{22}x_2' + \dots + c_{2n}x_n', \\ &\cdot\ \cdot\ \cdot\ \cdot\ \cdot\ \cdot\ \cdot\ \cdot \\ x_n &= c_{n1}x_1' + c_{n2}x_2' + \dots + c_{nn}x_n', \end{aligned}\right.$$

so nennt man diese Operation eine **lineare Transformation**.

Im Falle $n = 2$ haben wir bereits von linearen Transformationen gesprochen (vgl. § 83).

Die Determinante

$$(3)\qquad C = \begin{vmatrix} c_{11} & c_{12} & \dots & c_{1n} \\ c_{21} & c_{22} & \dots & c_{2n} \\ \cdot & \cdot & \cdot & \cdot \\ c_{n1} & c_{n2} & \dots & c_{nn} \end{vmatrix}$$

heißt die Determinante der Transformation. Ist sie gleich Null, so spricht man von einer **singulären** Transformation.

Unterwirft man nun die Formen $f_1, f_2, \dots, f_m$ der linearen Transformation (2), setzt man also in ihnen

$$x_\nu = c_{\nu 1}x_1' + c_{\nu 2}x_2' + \dots + c_{\nu n}x_n' \qquad (\nu = 1, 2, \dots, n),$$

so verwandeln sie sich in

$$\begin{aligned} f_1' &= a_{11}'x_1' + a_{12}'x_2' + \dots + a_{1n}'x_n', \\ f_2' &= a_{21}'x_1' + a_{22}'x_2' + \dots + a_{2n}'x_n', \\ &\cdot\ \cdot\ \cdot\ \cdot\ \cdot\ \cdot\ \cdot\ \cdot \\ f_m' &= a_{m1}'x_1' + a_{m2}'x_2' + \dots + a_{mn}'x_n'. \end{aligned}$$

Die neuen Koeffizienten hängen mit den alten durch die Formeln zusammen

$$a_{rs}' = a_{r1}c_{1s} + a_{r2}c_{2s} + \dots + a_{rn}c_{ns}.$$

a_{rs}' entsteht durch Komposition der r^{ten} Zeile von (1) mit der s^{ten} Spalte von (3).

Die Determinante

$$\begin{vmatrix} a_{r_1 s_1}' & a_{r_1 s_2}' & \dots & a_{r_1 s_\mu}' \\ a_{r_2 s_1}' & a_{r_2 s_2}' & \dots & a_{r_2 s_\mu}' \\ \cdot & \cdot & \cdot & \cdot \\ a_{r_\mu s_1}' & a_{r_\mu s_2}' & \dots & a_{r_\mu s_\mu}' \end{vmatrix}$$

ist somit das Produkt der beiden Matrizen

$$\begin{matrix} a_{r_1 1} & a_{r_1 2} & \dots & a_{r_1 n} \\ a_{r_2 1} & a_{r_2 2} & \dots & a_{r_2 n} \\ \cdot & \cdot & \cdot & \cdot \\ a_{r_\mu 1} & a_{r_\mu 2} & \dots & a_{r_\mu n} \end{matrix}$$

und

$$\begin{matrix} c_{1 s_1} & c_{2 s_1} & \dots & c_{n s_1} \\ c_{1 s_2} & c_{2 s_2} & \dots & c_{n s_2} \\ \cdot & \cdot & \cdot & \cdot \\ c_{1 s_\mu} & c_{2 s_\mu} & \dots & c_{n s_\mu}, \end{matrix}$$

also nach § 34 gleich

$$\sum \begin{vmatrix} a_{r_1 t_1} & \dots & a_{r_1 t_\mu} \\ \cdot & \cdot & \cdot \\ a_{r_\mu t_1} & \dots & a_{r_\mu t_\mu} \end{vmatrix} \begin{vmatrix} c_{t_1 s_1} & \dots & c_{t_\mu s_1} \\ \cdot & \cdot & \cdot \\ c_{t_1 s_\mu} & \dots & c_{t_\mu s_\mu} \end{vmatrix}.$$

Jede μ-reihige Determinante der Matrix

$$(4) \qquad \begin{cases} a'_{11} & a'_{12} & \dots & a'_{1n} \\ a'_{21} & a'_{22} & \dots & a'_{2n} \\ \cdot & \cdot & \cdot & \cdot \\ a'_{m1} & a'_{m2} & \dots & a'_{mn} \end{cases}$$

ist eine lineare Kombination von μ-reihigen Determinanten der Matrix (1). Daraus können wir schließen, daß der Rang von (4) nicht höher ist als der von (1). Wenn nämlich alle μ-reihigen Determinanten in (1) gleich Null sind, so gilt dasselbe von allen μ-reihigen Determinanten in (4).

Ist die Transformation (2) nicht singulär, so lassen sich die Gleichungen (2) nach x_1', x_2', ..., x_n' auflösen.

Wir bezeichnen mit C_{rs} das algebraische Komplement von c_{rs} in der Determinante C und setzen

$$\frac{C_{rs}}{C} = \gamma_{sr}.$$

Dann lautet die Auflösung von (2) nach x_1', x_2', ..., x_n'

$$(5) \qquad \begin{cases} x_1' = \gamma_{11} x_1 + \gamma_{12} x_2 + \dots + \gamma_{1n} x_n, \\ x_2' = \gamma_{21} x_1 + \gamma_{22} x_2 + \dots + \gamma_{2n} x_n, \\ \cdot \quad \cdot \quad \cdot \quad \cdot \quad \cdot \quad \cdot \quad \cdot \\ x_n' = \gamma_{n1} x_1 + \gamma_{n2} x_2 + \dots + \gamma_{nn} x_n. \end{cases}$$

Unterwirft man die Formen f_1', f_2', ..., f_n' der linearen Transformation (5), so gelangt man zu f_1, f_2, ..., f_m zurück. Der Rang der Matrix (1) ist daher nicht höher als der von (4). Keine der beiden Matrizen (1) und (4) hat also einen höheren Rang als die andre. Daraus ergibt sich folgender Satz:

Bei einer linearen Transformation, die nicht singulär ist, bleibt der Rang eines Systems linearer Formen ungeändert.

§ 93. Die Determinante als Invariante.

Wir wollen die n linearen Formen

$$\begin{aligned} f_1 &= a_{11} x_1 + a_{12} x_2 + \dots + a_{1n} x_n, \\ f_2 &= a_{21} x_1 + a_{22} x_2 + \dots + a_{2n} x_n, \\ &\dots\dots\dots\dots\dots \\ f_n &= a_{n1} x_1 + a_{n2} x_2 + \dots + a_{nn} x_n \end{aligned}$$

der linearen Transformation in § 92 unterwerfen. Sie mögen dabei in

$$\begin{aligned} f_1' &= a_{11}' x_1' + a_{12}' x_2' + \dots + a_{1n}' x_n', \\ f_2' &= a_{21}' x_1' + a_{22}' x_2' + \dots + a_{2n}' x_n', \\ &\dots\dots\dots\dots\dots \\ f_n' &= a_{n1}' x_1' + a_{n2}' x_2' + \dots + a_{nn}' x_n' \end{aligned}$$

übergehen.

Setzen wir

$$A = \begin{vmatrix} a_{11} & \dots & a_{1n} \\ \cdot & \cdot\ \cdot & \cdot \\ a_{n1} & \dots & a_{nn} \end{vmatrix} \quad \text{und} \quad A' = \begin{vmatrix} a_{11}' & \dots & a_{1n}' \\ \cdot & \cdot\ \cdot & \cdot \\ a_{n1}' & \dots & a_{nn}' \end{vmatrix},$$

so gilt die Gleichung

$$A' = A\,C.$$

Es ist nämlich (vgl. § 92)

$$a_{rs}' = a_{r1} c_{1s} + a_{r2} c_{2s} + \dots + a_{rn} c_{ns}.$$

Unterwirft man n lineare Formen in n Veränderlichen einer linearen Transformation, so multipliziert sich die Determinante der Formen mit der Transformationsdeterminante.

Man sagt auf Grund dieser Eigenschaft, daß die Determinante der n Formen eine Invariante ist, und zwar gegenüber allen linearen Transformationen.

§ 94. Bilineare Formen.

Wenn in einer linearen Form

$$a_1 x_1 + a_2 x_2 + \dots + a_n x_n$$

die Koeffizienten durch lineare Formen in den Veränderlichen y_1, $y_2, \dots, y_n$ ersetzt werden, so entsteht eine bilineare Form. Eine solche Form ist also ein Ausdruck von folgender Gestalt:

$$f = \sum a_{rs}\, x_r\, y_s. \qquad (r, s = 1, 2, \dots, n) \tag{1}$$

Die Determinante der a_{rs} heißt die Determinante von f.

Wenn man die x oder die y einer linearen Transformation unterwirft, so geht die Bilinearform wieder in eine Bilinearform über.

Um uns im folgenden bequemer ausdrücken zu können, wollen wir die quadratische Matrix

$$\begin{matrix} \alpha_{11} & \alpha_{12} & \dots & \alpha_{1n} \\ \alpha_{21} & \alpha_{22} & \dots & \alpha_{2n} \\ \cdot & \cdot & \cdot & \cdot \\ \alpha_{n1} & \alpha_{n2} & \dots & \alpha_{nn} \end{matrix}$$

das Produkt[1] von

$$\begin{matrix} \beta_{11} & \beta_{12} & \dots & \beta_{1n} \\ \beta_{21} & \beta_{22} & \dots & \beta_{2n} \\ \cdot & \cdot & \cdot & \cdot \\ \beta_{n1} & \beta_{n2} & \dots & \beta_{nn} \end{matrix} \quad \text{und} \quad \begin{matrix} \beta'_{11} & \beta'_{12} & \dots & \beta'_{1n} \\ \beta'_{21} & \beta'_{22} & \dots & \beta'_{2n} \\ \cdot & \cdot & \cdot & \cdot \\ \beta'_{n1} & \beta'_{n2} & \dots & \beta'_{nn} \end{matrix}$$

(in dieser Reihenfolge) nennen, wenn

$$\alpha_{rs} = \beta_{r1}\beta'_{1s} + \beta_{r2}\beta'_{2s} + \dots + \beta_{rn}\beta'_{ns}$$

ist $(r, s = 1, 2, \dots, n)$.

Wir drücken die Beziehung zwischen den drei Matrizen durch folgende Formel aus:

$$\begin{pmatrix} \alpha_{11} & \alpha_{12} & \dots & \alpha_{1n} \\ \alpha_{21} & \alpha_{22} & \dots & \alpha_{2n} \\ \cdot & \cdot & \cdot & \cdot \\ \alpha_{n1} & \alpha_{n2} & \dots & \alpha_{nn} \end{pmatrix} = \begin{pmatrix} \beta_{11} & \beta_{12} & \dots & \beta_{1n} \\ \beta_{21} & \beta_{22} & \dots & \beta_{2n} \\ \cdot & \cdot & \cdot & \cdot \\ \beta_{n1} & \beta_{n2} & \dots & \beta_{nn} \end{pmatrix} \begin{pmatrix} \beta'_{11} & \beta'_{12} & \dots & \beta'_{1n} \\ \beta'_{21} & \beta'_{22} & \dots & \beta'_{2n} \\ \cdot & \cdot & \cdot & \cdot \\ \beta'_{n1} & \beta'_{n2} & \dots & \beta'_{nn} \end{pmatrix}.$$

[1] In § 34 betrachteten wir eine andere Multiplikation von Matrizen. Wir sprachen dort vom inneren Produkt. Hier könnten wir also die Bezeichnung äußeres Produkt benutzen. Der Unterschied ist aber schon dadurch genügend hervorgehoben, daß das Produkt jetzt eine Matrix ist und damals eine Determinante war.

Diese Formel bedeutet also, daß die r^{te} Zeile der α-Matrix erhalten wird, indem man die r^{te} Zeile der β-Matrix der Reihe nach mit allen Spalten der β'-Matrix zusammensetzt.

Mittels einer solchen Formel läßt sich z. B. sagen, was aus n linearen Formen

$$\begin{aligned} &a_{11}\,x_1 + a_{12}\,x_2 + \dots + a_{1n}\,x_n,\\ &a_{21}\,x_1 + a_{22}\,x_2 + \dots + a_{2n}\,x_n,\\ &\dots\dots\dots\dots\\ &a_{n1}\,x_1 + a_{n2}\,x_2 + \dots + a_{nn}\,x_n \end{aligned}$$

wird, wenn man sie der linearen Transformation

$$\begin{aligned} x_1 &= c_{11}\,x_1' + c_{12}\,x_2' + \dots + c_{1n}\,x_n',\\ x_2 &= c_{21}\,x_1' + c_{22}\,x_2' + \dots + c_{2n}\,x_n',\\ &\dots\dots\dots\dots\\ x_n &= c_{n1}\,x_1' + c_{n2}\,x_2' + \dots + c_{nn}\,x_n' \end{aligned}$$

unterwirft. Gehen die Formen in

$$\begin{aligned} &a_{11}'\,x_1' + a_{12}'\,x_2' + \dots + a_{1n}'\,x_n',\\ &a_{21}'\,x_1' + a_{22}'\,x_2' + \dots + a_{2n}'\,x_n',\\ &\dots\dots\dots\dots\\ &a_{n1}'\,x_1' + a_{n2}'\,x_2' + \dots + a_{nn}'\,x_n' \end{aligned}$$

über, so besteht die Relation

$$\begin{pmatrix} a_{11}' & a_{12}' & \dots & a_{1n}' \\ a_{21}' & a_{22}' & \dots & a_{2n}' \\ \cdot & \cdot & \cdot & \cdot \\ a_{n1}' & a_{n2}' & \dots & a_{nn}' \end{pmatrix} = \begin{pmatrix} a_{11} & a_{12} & \dots & a_{1n} \\ a_{21} & a_{22} & \dots & a_{2n} \\ \cdot & \cdot & \cdot & \cdot \\ a_{n1} & a_{n2} & \dots & a_{nn} \end{pmatrix} \begin{pmatrix} c_{11} & c_{12} & \dots & c_{1n} \\ c_{21} & c_{22} & \dots & c_{2n} \\ \cdot & \cdot & \cdot & \cdot \\ c_{n1} & c_{n2} & \dots & c_{nn} \end{pmatrix}.$$

In der Tat ist (vgl. § 92)

$$a_{rs}' = a_{r1}\,c_{1s} + a_{r2}\,c_{2s} + \dots + a_{rn}\,c_{ns}.$$

Man muß also, um die Matrix des neuen Formensystems zu erhalten, die des alten rechts mit der Matrix der Transformation multiplizieren.[1]

Was wird nun aus der Bilinearform (1), wenn wir auf die y die lineare Transformation

$$\begin{aligned} y_1 &= \beta_{11}\,y_1' + \beta_{12}\,y_2' + \dots + \beta_{1n}\,y_n',\\ y_2 &= \beta_{21}\,y_1' + \beta_{22}\,y_2' + \dots + \beta_{2n}\,y_n',\\ &\dots\dots\dots\dots\\ y_n &= \beta_{n1}\,y_1' + \beta_{n2}\,y_2' + \dots + \beta_{nn}\,y_n' \end{aligned}$$

anwenden?

[1] Damit meinen wir, daß die Matrix in der Transformation den zweiten Faktor des Produkts bildet.

Schreiben wir die Bilinearform, nach den x geordnet:

$$\sum (a_{r1} y_1 + a_{r2} y_2 + \ldots + a_{rn} y_n) x_r,$$

so sind die Koeffizienten von $x_1, x_2, \ldots, x_n$ lineare Formen, die der obigen Transformation unterworfen werden.

Die Bilinearform geht also über in $\Sigma \bar{a}_{rs} x_r y_s'$, wobei die $\bar{a}$ mit den a in folgender Weise zusammenhängen:

$$\begin{pmatrix} \bar{a}_{11} & \bar{a}_{12} & \ldots & \bar{a}_{1n} \\ \bar{a}_{21} & \bar{a}_{22} & \ldots & \bar{a}_{2n} \\ \cdot & \cdot & \cdot & \cdot \\ \bar{a}_{n1} & \bar{a}_{n2} & \ldots & \bar{a}_{nn} \end{pmatrix} = \begin{pmatrix} a_{11} & a_{12} & \ldots & a_{1n} \\ a_{21} & a_{22} & \ldots & a_{2n} \\ \cdot & \cdot & \cdot & \cdot \\ a_{n1} & a_{n2} & \ldots & a_{nn} \end{pmatrix} \begin{pmatrix} \beta_{11} & \beta_{12} & \ldots & \beta_{1n} \\ \beta_{21} & \beta_{22} & \ldots & \beta_{2n} \\ \cdot & \cdot & \cdot & \cdot \\ \beta_{n1} & \beta_{n2} & \ldots & \beta_{nn} \end{pmatrix}.$$

Setzen wir in $\Sigma \bar{a}_{rs} x_r y_s'$

$$\begin{aligned} x_1 &= \alpha_{11} x_1' + \alpha_{12} x_2' + \ldots + \alpha_{1n} x_n', \\ x_2 &= \alpha_{21} x_1' + \alpha_{22} x_2' + \ldots + \alpha_{2n} x_n', \\ &\cdot\;\cdot\;\cdot\;\cdot\;\cdot\;\cdot\;\cdot\;\cdot\;\cdot\;\cdot \\ x_n &= \alpha_{n1} x_1' + \alpha_{n2} x_2' + \ldots + \alpha_{nn} x_n', \end{aligned}$$

so erhalten wir eine Bilinearform $\Sigma a_{rs}' x_r' y_s'$.

Um zu sehen, wie die a_{rs}' mit den $\bar{a}_{rs}$ zusammenhängen, ordnen wir $\Sigma \bar{a}_{rs} x_r y_s'$ nach den y'. Dann haben wir

$$\sum (\bar{a}_{1s} x_1 + \bar{a}_{2s} x_2 + \ldots + \bar{a}_{ns} x_n) y_s'$$

und die Koeffizienten von $y_1', y_2', \ldots, y_n'$ sind lineare Formen, die durch die angegebene Transformation in

$$a_{1s}' x_1' + a_{2s}' x_2' + \ldots + a_{ns}' x_n' \qquad (s = 1, 2, \ldots, n)$$

übergehen. Es ist demnach

$$\begin{pmatrix} a_{11}' & a_{21}' & \ldots & a_{n1}' \\ a_{12}' & a_{22}' & \ldots & a_{n2}' \\ \cdot & \cdot & \cdot & \cdot \\ a_{1n}' & a_{2n}' & \ldots & a_{nn}' \end{pmatrix} = \begin{pmatrix} \bar{a}_{11} & \bar{a}_{21} & \ldots & \bar{a}_{n1} \\ \bar{a}_{12} & \bar{a}_{22} & \ldots & \bar{a}_{n2} \\ \cdot & \cdot & \cdot & \cdot \\ \bar{a}_{1n} & \bar{a}_{2n} & \ldots & \bar{a}_{nn} \end{pmatrix} \begin{pmatrix} \alpha_{11} & \alpha_{12} & \ldots & \alpha_{1n} \\ \alpha_{21} & \alpha_{22} & \ldots & \alpha_{2n} \\ \cdot & \cdot & \cdot & \cdot \\ \alpha_{n1} & \alpha_{n2} & \ldots & \alpha_{nn} \end{pmatrix}$$

oder, da diese Formel nur eine Zusammenfassung der Relationen

$$a_{rs}' = \bar{a}_{1s} \alpha_{1r} + \bar{a}_{2s} \alpha_{2r} + \ldots + \bar{a}_{ns} \alpha_{nr} \qquad (r, s = 1, 2, \ldots, n)$$

darstellt,

$$\begin{pmatrix} a_{11}' & a_{12}' & \ldots & a_{1n}' \\ a_{21}' & a_{22}' & \ldots & a_{2n}' \\ \cdot & \cdot & \cdot & \cdot \\ a_{n1}' & a_{n2}' & \ldots & a_{nn}' \end{pmatrix} = \begin{pmatrix} \alpha_{11} & \alpha_{21} & \ldots & \alpha_{n1} \\ \alpha_{12} & \alpha_{22} & \ldots & \alpha_{n2} \\ \cdot & \cdot & \cdot & \cdot \\ \alpha_{1n} & \alpha_{2n} & \ldots & \alpha_{nn} \end{pmatrix} \begin{pmatrix} \bar{a}_{11} & \bar{a}_{12} & \ldots & \bar{a}_{1n} \\ \bar{a}_{21} & \bar{a}_{22} & \ldots & \bar{a}_{2n} \\ \cdot & \cdot & \cdot & \cdot \\ \bar{a}_{n1} & \bar{a}_{n2} & \ldots & \bar{a}_{nn} \end{pmatrix}.$$

Die a'_{rs} stehen also zu den a_{rs} in folgender Beziehung:

$$
(2)\quad \left\{
\begin{aligned}
&\begin{pmatrix} a'_{11} & a'_{12} & \dots & a'_{1n} \\ a'_{21} & a'_{22} & \dots & a'_{2n} \\ . & . & . & . \\ a'_{n1} & a'_{n2} & \dots & a'_{nn} \end{pmatrix} \\
&= \begin{pmatrix} \alpha_{11} & \alpha_{21} & \dots & \alpha_{n1} \\ \alpha_{12} & \alpha_{22} & \dots & \alpha_{n2} \\ . & . & . & . \\ \alpha_{1n} & \alpha_{2n} & \dots & \alpha_{nn} \end{pmatrix}
\begin{pmatrix} a_{11} & a_{12} & \dots & a_{1n} \\ a_{21} & a_{22} & \dots & a_{2n} \\ . & . & . & . \\ a_{n1} & a_{n2} & \dots & a_{nn} \end{pmatrix}
\begin{pmatrix} \beta_{11} & \beta_{12} & \dots & \beta_{1n} \\ \beta_{21} & \beta_{22} & \dots & \beta_{2n} \\ . & . & . & . \\ \beta_{n1} & \beta_{n2} & \dots & \beta_{nn} \end{pmatrix}.
\end{aligned}
\right.
$$

Wir müßten eigentlich die beiden letzten Faktoren in Klammern einschließen. Wir können diese Klammern aber auch fortlassen, weil hier das assoziative Gesetz gilt. Sind $\mathfrak{A}$, $\mathfrak{B}$, $\mathfrak{C}$ drei solche Matrizen, so hat man immer

$$\mathfrak{A}(\mathfrak{B}\,\mathfrak{C}) = (\mathfrak{A}\,\mathfrak{B})\,\mathfrak{C}.$$ [1]

Man schreibt deshalb statt $\mathfrak{A}(\mathfrak{B}\,\mathfrak{C})$ und $(\mathfrak{A}\,\mathfrak{B})\,\mathfrak{C}$ einfach $\mathfrak{A}\,\mathfrak{B}\,\mathfrak{C}$.

Aus Formel (2) ist zu entnehmen, daß jede m-reihige Determinante von

$$
\begin{matrix} a'_{11} & a'_{12} & \dots & a'_{1n} \\ a'_{21} & a'_{22} & \dots & a'_{2n} \\ . & . & . & . \\ a'_{n1} & a'_{n2} & \dots & a'_{nn} \end{matrix}
$$

sich linear und homogen durch die m-reihigen Determinanten von

$$
\begin{matrix} a_{11} & a_{12} & \dots & a_{1n} \\ a_{21} & a_{22} & \dots & a_{2n} \\ . & . & . & . \\ a_{n1} & a_{n2} & \dots & a_{nn} \end{matrix}
$$

ausdrückt.

Bei linearer Transformation der x und der y erhöht sich also der **Rang** der Bilinearform[2] nicht.

Sind die linearen Transformationen nicht singulär, so kann man von der neuen Form zu der alten durch lineare Transformation der x und der y zurückgelangen. In diesem Falle ist daher der Rang der alten Form nicht höher als der der neuen. Es gilt also folgender Satz:

[1] Im vorliegenden Falle hat dies folgende Bedeutung: Anstatt zuerst die x und dann die y kann man zuerst die y und dann die x linear transformieren.

[2] d. h. der Rang ihrer Determinante.

Wenn man die x und die y nichtsingulären linearen Transformationen unterwirft, so bleibt der Rang der Bilinearform $\sum a_{rs}\, x_r\, y_s$ ungeändert.

§ 95. Symmetrische Bilinearformen und quadratische Formen.

Die Bilinearform $\sum a_{rs}\, x_r y_s$ heißt symmetrisch, wenn ihre Determinante symmetrisch, wenn also $a_{rs} = a_{sr}$ ist ($r, s = 1, 2, \ldots, n$).

Unterwirft man die x und die y derselben linearen Transformation, setzt man also

$$\begin{aligned} x_r &= \beta_{r1}\, x_1' + \beta_{r2}\, x_2' + \cdots + \beta_{rn}\, x_n', \\ y_r &= \beta_{r1}\, y_1' + \beta_{r2}\, y_2' + \cdots + \beta_{rn}\, y_n', \end{aligned} \qquad (r = 1, 2, \ldots, n)$$

so geht die symmetrische Bilinearform wieder in eine solche über. Für die Koeffizienten a_{rs}' der neuen Form gilt nämlich nach § 94 die Formel

$$(1) \quad \left\{ \begin{aligned} &\begin{pmatrix} a_{11}' & a_{12}' & \ldots & a_{1n}' \\ a_{21}' & a_{22}' & \ldots & a_{2n}' \\ \cdot & \cdot & \cdot & \cdot \\ a_{n1}' & a_{n2}' & \ldots & a_{nn}' \end{pmatrix} \\ &= \begin{pmatrix} \beta_{11} & \beta_{21} & \ldots & \beta_{n1} \\ \beta_{12} & \beta_{22} & \ldots & \beta_{n2} \\ \cdot & \cdot & \cdot & \cdot \\ \beta_{1n} & \beta_{2n} & \ldots & \beta_{nn} \end{pmatrix} \begin{pmatrix} a_{11} & a_{12} & \ldots & a_{1n} \\ a_{21} & a_{22} & \ldots & a_{2n} \\ \cdot & \cdot & \cdot & \cdot \\ a_{n1} & a_{n2} & \ldots & a_{nn} \end{pmatrix} \begin{pmatrix} \beta_{11} & \beta_{12} & \ldots & \beta_{1n} \\ \beta_{21} & \beta_{22} & \ldots & \beta_{2n} \\ \cdot & \cdot & \cdot & \cdot \\ \beta_{n1} & \beta_{n2} & \ldots & \beta_{nn} \end{pmatrix}. \end{aligned} \right.$$

Sie sagt aus, daß

$$a_{rs}' = \sum_{\mu,\nu} a_{\mu\nu}\, \beta_{\mu r}\, \beta_{\nu s}.$$

μ und ν durchlaufen beide die Werte $1, 2, \ldots, n$. Wir dürfen sie also vertauschen und schreiben:

$$a_{rs}' = \sum_{\mu,\nu} a_{\nu\mu}\, \beta_{\nu r}\, \beta_{\mu s}$$

oder, da $a_{\mu\nu} = a_{\nu\mu}$ ist,

$$a_{rs}' = \sum_{\mu,\nu} a_{\mu\nu}\, \beta_{\mu s}\, \beta_{\nu r} = a_{sr}'.$$

Setzt man in einer Bilinearform die y gleich dem x, so entsteht eine quadratische Form in den x. Eine solche Form ist also eine lineare Kombination von

$$x_1^2,\; x_2^2,\; \ldots,\; x_n^2,\; x_1 x_2,\; x_1 x_3,\; \ldots,\; x_{n-1} x_n.$$

Sie enthält

$$n + \frac{n(n-1)}{2} = \frac{n(n+1)}{2}$$

Glieder. Man kann immer eine symmetrische Bilinearform angeben, die sich in die quadratische Form verwandelt, wenn man die y gleich den x setzt. Bezeichnet man den Koeffizienten von x_r^2 mit a_{rr}, den von $x_r x_s$ $(r < s)$ mit $2a_{rs}$ und setzt man noch $a_{sr} = a_{rs}$, so läßt sich die quadratische Form so schreiben

$$\sum_{r,s} a_{rs} x_r x_s. \qquad (r,\ s = 1,\ 2,\ \ldots,\ n)$$

Sie geht aus der symmetrischen Bilinearform

$$\sum_{r,s} a_{rs} x_r y_s$$

dadurch hervor, daß man die y gleich den x setzt.

Unterwirft man die x und die y derselben linearen Transformation, so wird

$$\sum a_{rs} x_r y_s = \sum a'_{rs} x'_r y'_s.$$

Im Falle $y_s = x_s (s = 1,\ 2,\ \ldots,\ n)$ ist auch $y'_s = x'_s$ und daher

$$\sum a_{rs} x_r x_s = \sum a'_{rs} x'_r x'_s.$$

Man nennt $\Sigma a_{rs} x_r y_s$ die Polare der quadratischen Form $\Sigma a_{rs} x_r x_s$. Wendet man auf die x und die y dieselbe lineare Transformation an, so geht die Polare von $\Sigma a_{rs} x_r x_s$ in die Polare von $\Sigma a'_{rs} x'_r x'_s$, d. h. in die Polare der transformierten Form über. Auf Grund dieser Eigenschaft heißt die Polare eine Kovariante der quadratischen Form, und zwar eine absolute Kovariante.

Aus der Relation (1) ist zu entnehmen, daß

$$\begin{vmatrix} a'_{11} & a'_{12} & \ldots & a'_{1n} \\ a'_{21} & a'_{22} & \ldots & a'_{2n} \\ \cdot & \cdot & \cdot & \cdot \\ a'_{n1} & a'_{n2} & \ldots & a'_{nn} \end{vmatrix} = \begin{vmatrix} a_{11} & a_{12} & \ldots & a_{1n} \\ a_{21} & a_{22} & \ldots & a_{2n} \\ \cdot & \cdot & \cdot & \cdot \\ a_{n1} & a_{n2} & \ldots & a_{nn} \end{vmatrix} \begin{vmatrix} \beta_{11} & \beta_{12} & \ldots & \beta_{1n} \\ \beta_{21} & \beta_{22} & \ldots & \beta_{2n} \\ \cdot & \cdot & \cdot & \cdot \\ \beta_{n1} & \beta_{n2} & \ldots & \beta_{nn} \end{vmatrix}^2.$$

Die Determinante

$$\begin{vmatrix} a_{11} & a_{12} & \ldots & a_{1n} \\ a_{21} & a_{22} & \ldots & a_{2n} \\ \cdot & \cdot & \cdot & \cdot \\ a_{n1} & a_{n2} & \ldots & a_{nn} \end{vmatrix},$$

die man die Diskriminante der quadratischen Form $\Sigma a_{rs} x_r x_s$ nennt, multipliziert sich also, wenn man die x linear transformiert, mit dem Quadrat der Transformationsdeterminante. Sie heißt deshalb eine Invariante der quadratischen Form.

§ 96. Reduktion einer quadratischen Form auf möglichst wenig Veränderliche.

Die quadratische Form

$$\sum a_{rs} x_r x_s \qquad (a_{rs} = a_{sr})$$

heißt vom Range m, wenn ihre Diskriminante den Rang m hat.

Wenn man die x einer nicht singulären linearen Transformation unterwirft, so bleibt der Rang der Form ungeändert (vgl. § 94).

Wir wollen jetzt zeigen, daß sich eine quadratische Form vom Range $m (< n)$ auf m Veränderliche reduzieren läßt, und zwar durch eine nicht singuläre lineare Transformation.

Das Gleichungssystem

$$\begin{aligned} a_{11} x_1 + a_{12} x_2 + \ldots + a_{1n} x_n &= 0, \\ a_{21} x_1 + a_{22} x_2 + \ldots + a_{2n} x_n &= 0, \\ \cdots\cdots\cdots\cdots & \\ a_{n1} x_1 + a_{n2} x_2 + \ldots + a_{nn} x_n &= 0 \end{aligned}$$

hat nach § 26 $n - m$ unabhängige Lösungen, aus denen sich alle andern Lösungen linear zusammensetzen.

Wir bezeichnen diese $n - m$ Lösungen mit

$$\begin{matrix} \beta_{1,m+1}, & \beta_{2,m+1}, & \ldots, & \beta_{n,m+1} \\ \cdot & \cdot & \cdot & \cdot \\ \beta_{1n}, & \beta_{2n}, & \ldots, & \beta_{nn} \end{matrix}$$

und wählen die m Zeilen

$$\begin{matrix} \beta_{11}, & \beta_{21}, & \ldots, & \beta_{n1} \\ \cdot & \cdot & \cdot & \cdot \\ \beta_{1m}, & \beta_{2m}, & \ldots, & \beta_{nm} \end{matrix}$$

so, daß die Determinante

$$\begin{vmatrix} \beta_{11} & \beta_{12} & \cdots & \beta_{1n} \\ \beta_{21} & \beta_{22} & \cdots & \beta_{2n} \\ \cdot & \cdot & \cdot & \cdot \\ \beta_{n1} & \beta_{n2} & \cdots & \beta_{nn} \end{vmatrix}$$

von Null verschieden ist.

Nun führen wir die lineare Transformation

$$\begin{aligned} x_1 &= \beta_{11} x_1' + \beta_{12} x_2' + \ldots + \beta_{1n} x_n', \\ x_2 &= \beta_{21} x_1' + \beta_{22} x_2' + \ldots + \beta_{2n} x_n', \\ &\cdots\cdots\cdots\cdots \\ x_n &= \beta_{n1} x_1' + \beta_{n2} x_2' + \ldots + \beta_{nn} x_n' \end{aligned}$$

aus und fragen, was dabei aus der quadratischen Form $\sum a_{rs} x_r x_s$ wird.

Da

$$\begin{pmatrix} a_{11} & a_{12} & \dots & a_{1n} \\ a_{21} & a_{22} & \dots & a_{2n} \\ \cdot & \cdot & \cdot & \cdot \\ a_{n1} & a_{n2} & \dots & a_{nn} \end{pmatrix} \begin{pmatrix} \beta_{11} & \beta_{12} & \dots & \beta_{1n} \\ \beta_{21} & \beta_{22} & \dots & \beta_{2n} \\ \cdot & \cdot & \cdot & \cdot \\ \beta_{n1} & \beta_{n2} & \dots & \beta_{nn} \end{pmatrix} = \begin{pmatrix} \bar{a}_{11} & \dots & \bar{a}_{1m} & 0 & \dots & 0 \\ \bar{a}_{21} & \dots & \bar{a}_{2m} & 0 & \dots & 0 \\ \cdot & \cdot & \cdot & \cdot & \cdot & \cdot \\ \bar{a}_{n1} & \dots & \bar{a}_{nm} & 0 & \dots & 0 \end{pmatrix}$$

wird, so ergibt sich, daß in

$$\begin{pmatrix} a'_{11} & a'_{12} & \dots & a'_{1n} \\ a'_{21} & a'_{22} & \dots & a'_{2n} \\ \cdot & \cdot & \cdot & \cdot \\ a'_{n1} & a'_{n2} & \dots & a'_{nn} \end{pmatrix}$$

oder

$$\begin{pmatrix} \beta_{11} & \beta_{21} & \dots & \beta_{n1} \\ \beta_{12} & \beta_{22} & \dots & \beta_{n2} \\ \cdot & \cdot & \cdot & \cdot \\ \beta_{1n} & \beta_{2n} & \dots & \beta_{nn} \end{pmatrix} \begin{pmatrix} \bar{a}_{11} & \dots & \bar{a}_{1m} & 0 & \dots & 0 \\ \bar{a}_{21} & \dots & \bar{a}_{2m} & 0 & \dots & 0 \\ \cdot & \cdot & \cdot & \cdot & \cdot & \cdot \\ \bar{a}_{n1} & \dots & \bar{a}_{nm} & 0 & \dots & 0 \end{pmatrix}$$

die $n - m$ letzten Spalten, also (wegen $a'_{rs} = a'_{sr}$) auch die $n - m$ letzten Zeilen aus Nullen bestehen. $\sum a'_{rs} x'_r x'_s$ enthält also nur die m Veränderlichen

$$x'_1, x'_2, \dots, x'_m$$

und die Determinante

$$\begin{vmatrix} a'_{11} & a'_{12} & \dots & a'_{1m} \\ a'_{21} & a'_{22} & \dots & a'_{2m} \\ \cdot & \cdot & \cdot & \cdot \\ a'_{m1} & a'_{m2} & \dots & a'_{mm} \end{vmatrix}$$

ist ungleich Null, weil der Rang von $\sum a'_{rs} x'_r x'_s$ gleich m sein muß.

Es ist offenbar unmöglich, durch eine nichtsinguläre lineare Transformation $\sum a_{rs} x_r x_s$ auf weniger als m Veränderliche zu reduzieren, weil der Rang der transformierten Form sonst kleiner wäre als der Rang der ursprünglichen Form.

Der Rang einer quadratischen Form ist also die Minimalzahl von Veränderlichen, auf die man die Form durch eine nichtsinguläre lineare Transformation reduzieren kann.

§ 97. Transformation einer quadratischen Form in eine Summe von Quadraten.

$f = \sum a_{rs} x_r x_s$ sei eine quadratische Form mit nicht verschwindender Diskriminante. Dann sind zwei Fälle möglich.

Entweder sind in

$$A = \begin{vmatrix} a_{11} & a_{12} & \dots & a_{1n} \\ a_{21} & a_{22} & \dots & a_{2n} \\ \cdot & \cdot & \cdot & \cdot \\ a_{n1} & a_{n2} & \dots & a_{nn} \end{vmatrix}$$

nicht alle $(n-1)$-reihigen Hauptminoren gleich Null oder es sind zwar alle $(n-1)$-reihigen, nicht aber alle $(n-2)$-reihigen Hauptminoren gleich Null.

Es kann nämlich, da die Determinante symmetrisch ist, nicht passieren, daß alle $(n-1)$-reihigen und alle $(n-2)$-reihigen Hauptminoren verschwinden. Sonst hätte man nach Satz 28 in § 38

$$\begin{vmatrix} A_{rr} & A_{rs} \\ A_{sr} & A_{ss} \end{vmatrix} = 0,$$

mithin

$$A_{rs} = 0.$$ [1]

Es wären also überhaupt alle $(n-1)$-reihigen Minoren gleich Null, während wir doch annehmen, daß die Diskriminante von Null verschieden ist.

Wenn nicht alle $(n-1)$-reihigen Hauptminoren der Diskriminante gleich Null sind, so läßt sich durch geeignete Numerierung der Veränderlichen x erreichen, daß gerade

$$A_{nn} = \begin{vmatrix} a_{11} & a_{12} & \dots & a_{1,n-1} \\ a_{21} & a_{22} & \dots & a_{2,n-1} \\ \cdot & \cdot & \cdot & \cdot \\ a_{n-1,1} & a_{n-1,2} & \dots & a_{n-1,n-1} \end{vmatrix} \neq 0$$

ist.

Wir wollen jetzt statt f die quadratische Form

$$\varphi = f - \lambda x_n^2$$

betrachten. Ihre Diskriminante lautet

$$\begin{vmatrix} a_{11} & \dots & a_{1,n-1} & a_{1n} \\ a_{21} & \dots & a_{2,n-1} & a_{2n} \\ \cdot & \cdot & \cdot & \cdot \\ a_{n-1,1} & \dots & a_{n-1,n-1} & a_{n-1,n} \\ a_{n1} & \dots & a_{n,n-1} & a_{nn}-\lambda \end{vmatrix} = A - \lambda A_{nn}$$

und ist gleich Null, wenn wir

---

[1] Man bedenke, daß $A_{rs} = A_{sr}$ ist. Wir bezeichnen mit A_{rs} wie gewöhnlich das algebraische Komplement von a_{rs}.

$$\lambda = \frac{A}{A_{nn}}$$

annehmen.

Die Form φ läßt sich, da ihre Diskriminante vom Range $n-1$ ist, durch eine nichtsinguläre lineare Transformation auf $n-1$ Veränderliche reduzieren.

Um eine nichtsinguläre lineare Transformation zu finden, die diese Reduktion leistet, muß man nach § 96 die Gleichungen

$$\begin{aligned} a_{11}\quad & x_1 + \dots + a_{1,n-1}x_{n-1} + a_{1n}x_n = 0, \\ & \dots\dots\dots\dots\dots\dots \\ a_{n-1,1}\, & x_1 + \dots + a_{n-1,n-1}x_{n-1} + a_{n-1,n}x_n = 0, \\ a_{n1}\quad & x_1 + \dots + a_{n,n-1}x_{n-1} + (a_{nn} - \lambda)x_n = 0 \end{aligned}$$

lösen.

Die Determinante dieses Gleichungssystems ist vom Range $n-1$. Es gibt daher nur eine unabhängige Lösung, und wir können

$$A_{n1},\ A_{n2},\ \dots,\ A_{nn}$$

als solche benutzen. Die in § 96 mit

$$\beta_{1n},\ \beta_{2n},\ \dots,\ \beta_{nn}$$

sind also bezüglich gleich $A_{n1}, A_{n2}, \dots, A_{nn}$ oder, was dasselbe ist, gleich $A_{1n}, A_{2n}, \dots, A_{nn}$. Da nun

$$\begin{vmatrix} 1 & 0 & \dots & 0 & 0 \\ 0 & 1 & \dots & 0 & 0 \\ . & . & . & . & . \\ 0 & 0 & \dots & 1 & 0 \\ A_{1n} & A_{2n} & \dots & A_{n-1,n} & A_{nn} \end{vmatrix} = A_{nn} \neq 0,$$

so ist nach § 96 die lineare Transformation

$$(1)\qquad \begin{cases} x_1 = x_1' + A_{1n}x_n' \\ x_2 = x_2' + A_{2n}x_n' \\ \dots\dots\dots\dots \\ x_{n-1} = x_{n-1}' + A_{n-1,n}x_n' \\ x_n = x_n' \end{cases}$$

eine solche, wie wir sie suchen. Sie verwandelt φ in eine quadratische Form der Veränderlichen $x_1', x_2' \dots, x_{n-1}'$.

Es ist also vermöge dieser Transformation

$$\sum_{r,s}^{1,\dots,n} a_{rs}x_r x_s - \lambda x_n^2 = \sum_{r,s}^{1,\dots,n-1} a_{rs}' x_r' x_s'.$$

Setzt man $x_n' = 0$, so wird

$$x_r = x_r' \; (r = 1, \ldots, n-1) \text{ und } x_n = 0,$$

und die obige Formel geht über in

$$\sum a_{rs} x_r x_s = \sum a'_{rs} x_r x_s. \qquad (r, s = 1, \ldots, n-1)$$

Daraus können wir entnehmen, daß

$$a_{rs} = a'_{rs}$$

ist $(r, s = 1, \ldots, n-1)$.

Die Transformation (1) führt also die quadratische Form f in

$$\lambda x_n^{2\prime} + \sum_{r,s}^{1,\ldots,n-1} a_{rs} x_r' x_s'$$

über.

Wir wollen jetzt die zweite Möglichkeit besprechen, wo in der Diskriminante von f alle $(n-1)$-reihigen Hauptminoren gleich Null sind. Dann gibt es, wie wir gesehen haben, einen $(n-2)$-reihigen Hauptminor, der von Null verschieden ist. Durch geeignete Numerierung der x läßt sich bewirken, daß gerade

$$A_{\substack{n-1,n \\ n-1,n}} = \begin{vmatrix} a_{11} & a_{12} & \ldots & a_{1,n-2} \\ a_{21} & a_{22} & \ldots & a_{2,n-2} \\ \cdot & \cdot & \cdot & \cdot \\ a_{n-2,1} & a_{n-2,2} & \ldots & a_{n-2,n-2} \end{vmatrix}$$

nicht verschwindet.

Betrachten wir statt f die quadratische Form

$$\psi = f + 2\lambda x_{n-1} x_n,$$

so lautet ihre Diskriminante

$$D = \begin{vmatrix} a_{11} & \ldots a_{1,n-1}, & a_{1n} \\ a_{21} & \ldots a_{2,n-1}, & a_{2n} \\ \cdot & \cdot & \cdot \\ a_{n-1,1} & \ldots a_{n-1,n-1}, & a_{n-1,n} + \lambda \\ a_{n1} & \ldots a_{n,n-1} + \lambda, & a_{nn} \end{vmatrix} = \begin{vmatrix} a_{11} & \ldots a_{1,n-1} + 0, & a_{1n} + 0 \\ a_{21} & \ldots a_{2,n-1} + 0, & a_{2n} + 0 \\ \cdot & \cdot & \cdot \\ a_{n-1,1} & \ldots a_{n-1,n-1} + 0, & a_{n-1,n} + \lambda \\ a_{n1} & \ldots a_{n,n-1} + \lambda, & a_{nn} + 0 \end{vmatrix}$$

Sie zerlegt sich nach Satz 6 (§ 14) in vier Determinanten und hat den Wert

$$A - \lambda A_{n-1,n} - \lambda A_{n,n-1} - \lambda^2 A_{\substack{n-1,n \\ n-1,n}}$$
$$= A - 2\lambda A_{n-1,n} - \lambda^2 A_{\substack{n-1,n \\ n-1,n}}.$$

Nach Satz 28 in § 38 ist aber

$$\begin{vmatrix} A_{n-1,n-1} & A_{n-1,n} \\ A_{n,n-1} & A_{nn} \end{vmatrix} = -A_{n-1,n}^2 = A\,A_{\substack{n-1,n\\n-1,n}},$$

so daß

$$A D = A^2 - 2\lambda A A_{n-1,n} + \lambda^2 A_{n-1,n}^2 = (A - \lambda A_{n-1,n})^2.$$

Setzt man

$$\lambda = \frac{A}{A_{n-1,n}},$$

so wird der Rang von D gleich $n-2$. Die Komplemente von $a_{n-1,n-1}$ und a_{nn} in D sind dieselben wie in A, also gleich Null. Die Komplemente von $a_{n-1,n} + \lambda$ und $a_{n,n-1} + \lambda$ sind ebenfalls gleich Null, weil die reziproke Determinante von D symmetrisch ist und in ihr alle zweireihigen Minoren verschwinden. Da hiernach die $(n-1)$-reihigen Superdeterminanten von $A_{\substack{n-1,n\\n-1,n}}$ alle verschwinden, so ist der Rang von D wirklich gleich $n-2$ (vgl. § 24).

Die Form ψ läßt sich nach § 96 auf $n-2$ Veränderliche reduzieren. Um eine nichtsinguläre lineare Transformation zu finden, die diese Reduktion leistet, müssen wir nach § 96 die linearen Gleichungen

$$\begin{array}{l} a_{11} x_1 \quad + \dots + a_{1,n-1} x_{n-1} + a_{1n} x_n = 0, \\ a_{21} x_1 \quad + \dots + a_{2,n-1} x_{n-1} + a_{2n} x_n = 0, \\ \dots\dots\dots\dots\dots\dots\dots\dots \\ a_{n-1,1} x_1 + \dots + a_{n-1,n-1} x_{n-1} + (a_{n-1,n} + \lambda) a_{nn} = 0, \\ a_{n1} x_1 \quad + \dots + (a_{n-1,n} + \lambda) x_{n-1} + a_{nn} x_n = 0 \end{array}$$

auflösen. Ihre Determinante ist vom Range $n-2$, und es gibt zwei unabhängige Lösungen von folgender Gestalt

$$\begin{array}{l} \beta_1, \dots, \beta_{n-2}, 1, 0, \\ \gamma_1, \dots, \gamma_{n-2}, 0, 1. \end{array}$$

Da nun

$$\begin{vmatrix} 1 & 0 & \dots & 0 & 0 & 0 \\ 0 & 1 & \dots & 0 & 0 & 0 \\ \cdot & \cdot & \cdot & \cdot & \cdot & \cdot \\ 0 & 0 & \dots & 1 & 0 & 0 \\ \beta_1 & \beta_2 & \dots & \beta_{n-2} & 1 & 0 \\ \gamma_1 & \gamma_2 & \dots & \gamma_{n-2} & 0 & 1 \end{vmatrix} = 1,$$

so ist nach § 96 die lineare Transformation

$$\begin{aligned}
x_1 &= x_1' + \beta_1 x_{n-1}' + \gamma_1 x_n', \\
x_2 &= x_2' + \beta_2 x_{n-1}' + \gamma_2 x_n', \\
&\dots\dots\dots\dots\dots \\
x_{n-2} &= x_{n-2}' + \beta_{n-2} x_{n-1}' + \gamma_{n-2} x_n', \\
x_{n-1} &= x_{n-1}', \\
x_n &= x_n'
\end{aligned}$$

eine solche, wie wir sie suchen. Sie verwandelt ψ in eine quadratische Form der Veränderlichen $x_1', x_2', \dots, x_{n-2}'$.

Es ist also vermöge dieser Transformation

$$f + 2\lambda x_{n-1} x_n = \sum_{r,s}^{1,\dots,n-2} a_{rs}' x_r' x_s'.$$

Setzt man in dieser Formel

$$x_{n-1}' = 0 \qquad \text{und} \qquad x_n' = 0,$$

so geht sie in

$$\sum_{r,s}^{1,\dots,n-2} a_{rs} x_r x_s = \sum_{r,s}^{1,\dots,n-2} a_{rs}' x_r x_s$$

über. Es ist also

$$a_{rs} = a_{rs}', \qquad (r, s = 1, \dots, n-2)$$

und die obige Formel lautet daher

$$f = -2\lambda x_{n-1}' x_n' + \sum_{r,s}^{1,\dots,n-2} a_{rs} x_r' x_s'.$$

Setzt man jetzt noch

$$\begin{aligned}
x_r' &= \bar{x}_r \qquad (r = 1, \dots, n-2), \\
x_{n-1}' &= \bar{x}_{n-1} + \bar{x}_n, \\
x_n' &= \bar{x}_{n-1} - \bar{x}_n,
\end{aligned}$$

so wird vermöge der Transformation

$$\begin{aligned}
x_1 &= \bar{x}_1 + (\beta_1 + \gamma_1)\bar{x}_{n-1} + (\beta_1 - \gamma_1)\bar{x}_n, \\
x_2 &= \bar{x}_2 + (\beta_2 + \gamma_2)\bar{x}_{n-1} + (\beta_2 - \gamma_2)\bar{x}_n, \\
&\dots\dots\dots\dots\dots \\
x_{n-2} &= \bar{x}_{n-2} + (\beta_{n-2} + \gamma_{n-2})\bar{x}_{n-1} + (\beta_{n-2} - \gamma_{n-2})\bar{x}_n, \\
x_{n-1} &= \bar{x}_{n-1} + \bar{x}_n, \\
x_n &= \bar{x}_{n-1} - \bar{x}_n,
\end{aligned}$$

die offenbar nicht singulär ist,

$$f = 2\lambda(\bar{x}_n^2 - \bar{x}_{n-1}^2) + \sum_{r,s}^{1,\dots,n-2} a_{rs} \bar{x}_r \bar{x}_s.$$

Durch wiederholte Anwendung des obigen Verfahrens gelingt es, der Form f die Gestalt

$$c_1 x_1^2 + c_2 x_2^2 + \ldots + c_n x_n^2$$

zu geben, wo die c alle ungleich Null sind. Die linearen Transformationen, die man dabei anzuwenden hat, lassen sich durch eine einzige ersetzen, die direkt von f zu $c_1 x_1^2 + c_2 x_2^2 + \ldots + c_n x_n^2$ führt und nicht singulär ist. Wenn man nämlich zuerst die lineare Transformation

$$x_r = \beta_{r1} x_1' + \beta_{r2} x_2' + \ldots + \beta_{rn} x_n' \qquad (r = 1, 2, \ldots, n)$$

oder die lineare Transformation

$$\begin{pmatrix} \beta_{11} & \beta_{12} & \cdots & \beta_{1n} \\ \beta_{21} & \beta_{22} & \cdots & \beta_{2n} \\ \cdot & \cdot & \cdot & \cdot \\ \beta_{n1} & \beta_{n2} & \cdots & \beta_{nn} \end{pmatrix}$$

ausführt und dann die lineare Transformation

$$x_r' = \beta_{r1}' x_1'' + \beta_{r2}' x_2'' + \ldots + \beta_{rn}' x_n'' \qquad (r = 1, 2, \ldots, n)$$

oder

$$\begin{pmatrix} \beta_{11}' & \beta_{12}' & \cdots & \beta_{1n}' \\ \beta_{21}' & \beta_{22}' & \cdots & \beta_{2n}' \\ \cdot & \cdot & \cdot & \cdot \\ \beta_{n1}' & \beta_{n2}' & \cdots & \beta_{nn}' \end{pmatrix},$$

so gelangt man von den x direkt zu den x'', indem man die lineare Transformation

$$\begin{aligned} x_r &= \sum_\nu (\beta_{r\nu} \beta_{\nu 1}' x_1'' + \beta_{r\nu} \beta_{\nu 2}' x_2'' + \ldots + \beta_{r\nu} \beta_{\nu n}' x_n'') \\ &= \gamma_{r1} x_1'' + \gamma_{r2} x_2'' + \ldots + \gamma_{rn} x_n'' \\ &\qquad (r = 1, 2, \ldots, n) \end{aligned}$$

vornimmt, und zwar ist offenbar

$$\begin{pmatrix} \gamma_{11} & \gamma_{12} & \cdots & \gamma_{1n} \\ \gamma_{21} & \gamma_{22} & \cdots & \gamma_{2n} \\ \cdot & \cdot & \cdot & \cdot \\ \gamma_{n1} & \gamma_{n2} & \cdots & \gamma_{nn} \end{pmatrix} = \begin{pmatrix} \beta_{11} & \beta_{12} & \cdots & \beta_{1n} \\ \beta_{21} & \beta_{22} & \cdots & \beta_{2n} \\ \cdot & \cdot & \cdot & \cdot \\ \beta_{n1} & \beta_{n2} & \cdots & \beta_{nn} \end{pmatrix} \begin{pmatrix} \beta_{11}' & \beta_{12}' & \cdots & \beta_{1n}' \\ \beta_{21}' & \beta_{22}' & \cdots & \beta_{2n}' \\ \cdot & \cdot & \cdot & \cdot \\ \beta_{n1}' & \beta_{n2}' & \cdots & \beta_{nn}' \end{pmatrix}.$$

Setzt man noch

$$x_1 = \frac{1}{\sqrt{c_1}} y_1, \quad x_2 = \frac{1}{\sqrt{c_2}} y_2, \ldots, x_n = \frac{1}{\sqrt{c_n}} y_n,$$

was wieder eine nicht singuläre lineare Transformation ist, so hat man f auf die Form

$$y_1^2 + y_2^2 + \dots + y_n^2$$

gebracht.

Eine quadratische Form

$$f = \sum_{r,s}^{1,\dots,n} a_{rs}\, x_r\, x_s$$

mit nicht verschwindender Diskriminante läßt sich also durch eine nicht singuläre lineare Transformation

$$x_r = c_{r1}\, y_1 + c_{r2}\, y_2 + \dots + c_{rn}\, y_n \qquad (r = 1, 2, \dots, n)$$

in

$$y_1^2 + y_2^2 + \dots + y_n^2$$

überführen.

Sind die a_{rs} reell, so wird die lineare Transformation nicht notwendig reell sein. Wünscht man nur reelle Transformationen, so muß man, nachdem f durch eine reelle Transformation auf die Form $c_1 z_1^2 + c_2 z_2^2 + \dots + c_n z_n^2$ gebracht ist,

$$z_1 = \frac{1}{\sqrt{|c_1|}} y_1, \quad z_2 = \frac{1}{\sqrt{|c_2|}} y_2, \dots, z_n = \frac{1}{\sqrt{|c_n|}} y_n$$

setzen, wobei $|c_r|$ den absoluten Betrag von c_r bedeutet. Dann verwandelt sich f in

$$\varepsilon_1 y_1^2 + \varepsilon_2 y_2^2 + \dots + \varepsilon_n y_n^2,$$

und die ε sind gleich ± 1. Man hat nämlich $\varepsilon_\nu = 1$, wenn $c_\nu > 0$ ist, und $\varepsilon_\nu = -1$, wenn $c_\nu < 0$ ist.

Wir haben bisher angenommen, daß die Form f eine nichtverschwindende Diskriminante hat. Ist der Rang von f kleiner als n und gleich m, so gibt es in der Diskriminante einen von Null verschiedenen Hauptminor. Wir können durch geeignete Numerierung[1] der Veränderlichen erreichen, daß gerade

$$\begin{vmatrix} a_{11} & a_{12} & \dots & a_{1m} \\ a_{21} & a_{22} & \dots & a_{2m} \\ \cdot & \cdot & \cdot & \cdot \\ a_{m1} & a_{m2} & \dots & a_{mm} \end{vmatrix}$$

ungleich Null ist.

Wie wir aus § 96 wissen, läßt sich f durch eine nicht singuläre lineare Transformation auf m Veränderliche $x_1', x_2', \dots, x_m'$ redu-

[1] Eine Umnumerierung der x läßt sich als eine (nicht singuläre) lineare Transformation ansehen.

zieren. Um eine solche Transformation zu finden, muß man für die linearen Gleichungen

$$\begin{aligned} a_{11} x_1 + a_{12} x_2 + \ldots + a_{1n} x_n &= 0, \\ a_{21} x_1 + a_{22} x_2 + \ldots + a_{2n} x_n &= 0, \\ \cdots & \\ a_{n1} x_1 + a_{n2} x_2 + \ldots + a_{nn} x_n &= 0 \end{aligned}$$

ein Fundamentalsystem von Lösungen bestimmen. Da man sich auf die m ersten Gleichungen beschränken kann, so gibt es ein Fundamentalsystem von folgender Form:

$$\begin{array}{llllll} \beta_{1,m+1}, \ldots, \beta_{m,m+1} & 1 & 0 & \ldots & 0 \\ \beta_{1,m+2}, \ldots, \beta_{m,m+2} & 0 & 1 & \ldots & 0 \\ \cdots \\ \beta_{1,n} \quad \ldots, \beta_{m,n} & 0 & 0 & \ldots & 1. \end{array}$$

Nach § 96 verwandelt dann die lineare Transformation

$$\begin{aligned} x_1 &= x_1' + \beta_{1,m+1} x_{m+1}' + \ldots + \beta_{1n} x_n', \\ &\cdots \\ x_m &= x_m' + \beta_{m,m+1} x_{m+1}' + \ldots + \beta_{mn} x_n', \\ x_{m+1} &= x_{m+1}', \\ &\cdots \\ x_n &= x_n' \end{aligned}$$

f in eine Form in $x_1', x_2', \ldots, x_m'$. Es wird also vermöge dieser Transformation

$$f = \sum_{r,s}^{1,\ldots,m} a_{rs}' x_r' x_s'.$$

Setzt man

$$x_{m+1}' = \ldots = x_n' = 0,$$

so geht diese Formel in folgende über:

$$\sum_{r,s}^{1,\ldots,m} a_{rs} x_r x_s = \sum_{r,s}^{1,\ldots,m} a_{rs}' x_r x_s.$$

Daraus folgt

$$a_{rs}' = a_{rs}. \qquad (r, s = 1, 2, \ldots, m)$$

Die oben angegebene lineare Transformation bringt also f auf die Form

$$\sum_{r,s}^{1,\ldots,m} a_{rs} x_r' x_s'.$$

Diese Form in $x_1', x_2', \ldots, x_m'$ hat eine nicht verschwindende Diskriminante, kann also durch eine nichtsinguläre lineare Transformation in

$$\varepsilon_1 y_1^2 + \varepsilon_2 y_2^2 + \cdots + \varepsilon_m y_m^2 \qquad (\varepsilon_r = \pm 1)$$

verwandelt werden, und die lineare Transformation ist im Falle reeller a_{rs} reell.

§ 98. Ausgezeichnete Numerierung der Veränderlichen in einer quadratischen Form.

Wenn die quadratische Form

$$f = \sum a_{rs} x_r x_s$$

den Rang m ($\leqq n$) hat, so lassen sich die Veränderlichen $x_1, x_2, \ldots, x_n$ so umnumerieren, daß

$$A_m = \begin{vmatrix} a_{11} & a_{12} & \ldots & a_{1m} \\ a_{21} & a_{22} & \ldots & a_{2m} \\ \cdot & \cdot & \cdot & \cdot \\ a_{m1} & a_{m2} & \ldots & a_{mm} \end{vmatrix}$$

von Null verschieden ist.

Ferner kann man $x_1, x_2, \ldots, x_m$ so umnumerieren, daß

$$A_{m-1} = \begin{vmatrix} a_{11} & a_{12} & \ldots & a_{1,m-1} \\ a_{21} & a_{22} & \ldots & a_{2,m-1} \\ \cdot & \cdot & \cdot & \cdot \\ a_{m-1,1} & a_{m-1,2} & \ldots & a_{m-1,m-1} \end{vmatrix} \neq 0$$

oder, wenn dies nicht geht, so, daß

$$A_{m-2} = \begin{vmatrix} a_{11} & a_{12} & \ldots & a_{1,m-2} \\ a_{21} & a_{22} & \ldots & a_{2,m-2} \\ \cdot & \cdot & \cdot & \cdot \\ a_{m-2,1} & a_{m-2,2} & \ldots & a_{m-2,m-2} \end{vmatrix} \neq 0$$

ist.

A_m enthält eben entweder einen von Null verschiedenen $(m-1)$-reihigen Hauptminor oder, wenn das nicht der Fall ist, wenigstens einen von Null verschiedenen $(m-2)$-reihigen Hauptminor.

Auf A_{m-1} bzw. A_{m-2} kann man dieselbe Betrachtung anwenden und gelangt schließlich zu

$$A_1 = a_{11} \neq 0$$

oder zu

$$A_2 = \begin{vmatrix} a_{11} & a_{12} \\ a_{21} & a_{22} \end{vmatrix} \neq 0. \qquad (a_{11} = a_{22} = 0)$$

Setzt man $A_0 = 1$, so geht es noch einen Schritt weiter.

Eine Numerierung der x, wie sie sich bei dem obigen Verfahren ergibt, nennen wir eine a u s g e z e i c h n e t e N u m e r i e r u n g.

Bei einer solchen Numerierung hat die Reihe

$$A_0, A_1, \ldots, A_m$$

folgende Eigenschaften.

$A_0 = 1$ und A_m sind von Null verschieden. Nie sind zwei benachbarte Glieder der Reihe beide gleich Null. Ist $A_r = 0$ $(0 < r < m)$, so verschwinden alle r-reihigen Hauptminoren von A_{r+1}. Das Produkt aus A_{r-1} und A_{r+1} ist (auch im Falle $r = 1$) gleich einem zweireihigen Hauptminor der reziproken Determinante von A_{r+1} (vgl. Satz 28 in § 38). Da ein Minor dieser Art die Form

$$\begin{vmatrix} 0 & a \\ a & 0 \end{vmatrix}$$

hat, ist

$$A_{r-1} A_{r+1} < 0.$$

Wenn also in der Reihe $A_0, A_1, \ldots, A_m$ ein Glied verschwindet, so haben die beiden Nachbarglieder entgegengesetzte Zeichen.[1]

Erinnern wir uns an das Verfahren in § 96, so wird danach die Form f zunächst in eine quadratische Form in $x_1, x_2, \ldots, x_m$ mit der Diskriminante A_m verwandelt.[2] Von dieser Form spaltet sich im Falle $A_{m-1} \neq 0$ ein Glied $c_m x_m^2$ ab und c_m ist gleich $A_m : A_{m-1}$. Im Falle $A_{m-1} = 0$ spalten sich zwei Glieder ab $c_m x_m^2 + c_{m-1} x_{m-1}^2$, und c_{m-1}, c_m sind entgegengesetzt gleich.

Schließlich erhalten wir

$$c_1 x_1^2 + c_2 x_2^2 + \ldots + c_m x_m^2.$$

Je zwei Gliedern A_{r-1}, A_r in der Reihe $A_0, A_1, \ldots, A_m$, die beide von Null verschieden sind, entspricht ein Glied $c_r x_r^2$ und c_r ist positiv oder negativ, je nachdem A_{r-1}, A_r beide dasselbe oder entgegengesetzte Zeichen haben. Je drei Gliedern A_{r-1}, A_r, A_{r+1}, von denen das mittelste gleich Null ist, entsprechen zwei Glieder $c_{r+1} x_{r+1}^2 + c_r x_r^2$, deren Koeffizienten entgegengesetzte Zeichen haben, ebenso wie A_{r-1} und A_r. Hieraus ergibt sich folgender Satz.

In der kanonischen Form $c_1 x_1^2 + c_2 x_2^2 + \ldots + c_m x_m^2$, die das in § 97 geschilderte Verfahren liefert, sind so viele negative Koeffizienten vorhanden, als es in der Reihe $A_0, A_1, \ldots, A_m$ **Zeichenwechsel** gibt, und so viele positive Koeffizienten als es in dieser Reihe **Zeichenfolgen** gibt.[3] Dabei ist es gleichgültig, ob man die Null als positive oder als negative Zahl gelten läßt.

[1] Wir setzen hierbei die a_{rs} als reell voraus.

[2] Die neuen Veränderlichen bezeichnen wir hier ebenso wie die alten.

[3] Ein Zeichenwechsel findet statt, wenn ein positives neben einem negativen Glied steht, eine Zeichenfolge, wenn zwei positive oder zwei negative Glieder nebeneinander stehen.

§ 99. Das Trägheitsgesetz der quadratischen Formen.

Wir betrachten eine quadratische Form mit reellen Koeffizienten. Ist ihr Rang gleich m, so läßt sie sich durch eine lineare Transformation, die reell und nicht singulär ist, auf die kanonische Gestalt

$$c_1 y_1^2 + c_2 y_2^2 + \ldots + c_m y_m^2$$

bringen.

Wenn man diese Reduktion auf verschiedene Weisen ausführt, so ergibt sich immer dieselbe Anzahl positiver c, also auch immer dieselbe Anzahl negativer c.

Das ist das Trägheitsgesetz der quadratischen Formen.

Es ergebe sich bei der linearen Transformation

$$(1) \qquad x_r = \beta_{r1} y_1 + \beta_{r2} y_2 + \ldots + \beta_{rn} y_n \qquad (r = 1, 2, \ldots, n)$$

aus f die Form $c_1 y_1^2 + c_2 y_2^2 + \ldots + c_m y_m^2$ und bei der linearen Transformation

$$(2) \qquad x_r = \gamma_{r1} z_1 + \gamma_{r2} z_2 + \ldots + \gamma_{rn} z_n \qquad (r = 1, 2, \ldots, n)$$

die Form $c_1' z_1^2 + c_2' z_2^2 + \ldots + c_m' z_m^2$. Die linearen Transformationen sind beide reell und nichtsingulär.

Die Gleichungen (1) lassen sich also nach den y auflösen. Die Auflösung laute[1]

$$(3) \qquad y_r = \bar\beta_{r1} x_1 + \bar\beta_{r2} x_2 + \ldots + \bar\beta_{rn} x_n \qquad (r = 1, 2, \ldots, n)$$

Unterwirft man nun die quadratische Form $c_1 y_1^2 + c_2 y_2^2 + \ldots + c_m y_m^2$ der linearen Transformation (3), so geht sie in f über und f verwandelt sich bei der linearen Transformation (2) in $c_1' z_1^2 + c_2' z_2^2 + \ldots + c'_m z_m^2$. Daraus entnehmen wir, daß $c_1 y_1^2 + c_2 y_2^2 + \ldots + c_m y_m^2$ direkt in $c'_1 z_1^2 + c'_2 z_2^2 + \ldots + c'_m z_m^2$ übergeht, wenn man die lineare Transformation

$$\begin{pmatrix} \bar\beta_{11} & \bar\beta_{12} & \cdots & \bar\beta_{1n} \\ \bar\beta_{21} & \bar\beta_{22} & \cdots & \bar\beta_{2n} \\ \cdot & \cdot & \cdot & \cdot \\ \bar\beta_{n1} & \bar\beta_{n2} & \cdots & \bar\beta_{nn} \end{pmatrix} \begin{pmatrix} \gamma_{11} & \gamma_{12} & \cdots & \gamma_{1n} \\ \gamma_{21} & \gamma_{22} & \cdots & \gamma_{2n} \\ \cdot & \cdot & \cdot & \cdot \\ \gamma_{n1} & \gamma_{n2} & \cdots & \gamma_{nn} \end{pmatrix} = \begin{pmatrix} \delta_{11} & \delta_{12} & \cdots & \delta_{1n} \\ \delta_{21} & \delta_{22} & \cdots & \delta_{2n} \\ \cdot & \cdot & \cdot & \cdot \\ \delta_{n1} & \delta_{n2} & \cdots & \delta_{nn} \end{pmatrix}$$

anwendet. Vermöge dieser Transformation ist also

$$c_1 y_1^2 + c_2 y_2^2 + \ldots + c_m y_m^2 = c'_1 z_1^2 + c'_2 z_2^2 + \ldots + c'_m z_m^2.$$

Wir wollen jetzt annehmen, daß auf der linken Seite mehr positive Koeffizienten vorkommen als auf der rechten. Links gebe es p

[1] Man nennt (3) die zu (1) inverse Transformation.

und rechts $p'(<p)$ solche Koeffizienten. Durch eine passende Umnumerierung der y und z läßt sich erreichen, daß gerade

$$c_1 > 0,\; c_2 > 0,\; \ldots,\; c_p > 0$$

und

$$c_1' > 0,\; c_2' > 0,\; \ldots,\; c'_{p'} > 0$$

ist.

Da $p' < p$, so ist die Anzahl der Gleichungen

$$(4)\quad \begin{cases} y_{p+1} = \delta_{p+1,1} z_1 + \delta_{p+1,2} z_2 + \ldots + \delta_{p+1,n} z_n = 0, \\ \cdot\;\cdot\;\cdot\;\cdot\;\cdot\;\cdot\;\cdot\;\cdot\;\cdot\;\cdot\;\cdot\;\cdot\;\cdot\;\cdot\;\cdot\;\cdot\;\cdot\;\cdot \\ y_m = \delta_{m1} z_1 + \delta_{m2} z_2 + \ldots + \delta_{mn} z_n = 0, \\ z_1 = 0, \\ \cdot\;\cdot\;\cdot\;\cdot\;\cdot \\ z_{p'} = 0 \end{cases}$$

kleiner als m. Das System (4) hat also wenigstens $n - m + 1$ unabhängige reelle Lösungen (vgl. § 25). Dagegen hat das System

$$(5)\qquad z_1 = 0,\; z_2 = 0,\; \ldots,\; z_m = 0$$

genau $n - m$ reelle unabhängige Lösungen. Daraus geht hervor, daß es reelle Lösungen von (4) gibt, die nicht zugleich Lösungen von (5) sind.

Ist $\bar{z}_1, \bar{z}_2, \ldots, \bar{z}_n$ eine solche und setzt man

$$\bar{y}_r = \delta_{r1} \bar{z}_1 + \delta_{r2} \bar{z}_2 + \ldots + \delta_{rn} \bar{z}_n, \qquad (r = 1, 2, \ldots, n)$$

so wird

$$c_1 \bar{y}_1^2 + c_2 \bar{y}_2^2 + \ldots + c_m \bar{y}_m^2 \geqq 0,$$

weil die Glieder mit negativen Koeffizienten verschwinden. Dagegen hat man

$$c_1' \bar{z}_1^2 + c_2' \bar{z}_2^2 + \ldots + c'_m \bar{z}_m^2 < 0,$$

weil alle Glieder mit positiven Koeffizienten gleich Null sind, aber nicht alle Glieder mit negativen Koeffizienten.

Es kann also unmöglich

$$c_1 \bar{y}_1^2 + c_2 \bar{y}_2^2 + \ldots + c_m \bar{y}_m^2 = c_1' \bar{z}_1^2 + c_2' \bar{z}_2^2 + \ldots + c'_m \bar{z}_m^2$$

sein, und es gibt daher mindestens ebenso viele positive c' wie positive c. Das Umgekehrte gilt aber auch, weil wir auch von $c_1' z_1^2 + c_2' z_2^2 + \ldots + c'_m z_m^2$ zu $c_1 y_1^2 + c_2 y_2^2 + \ldots + c_m y_m^2$ durch eine reelle lineare Transformation gelangen können. Mithin ist $p = p'$.

q sei die Anzahl der negativen c. Dann ist $p + q = m$, also gleich dem Rang der quadratischen Form.

Die Differenz $p - q$ pflegt man die Signatur der Form zu nennen.

Wenn eine reelle quadratische Form den Rang m und die Signatur s hat, so läßt sie sich durch eine reelle und nichtsinguläre lineare Transformation in

$$(6) \qquad y_1^2 + \cdots + y^2_{\frac{m+s}{2}} - y^2_{\frac{m+s}{2}+1} - \cdots - y_m^2$$

überführen.

Die Formen $f = \sum a_{rs} x_r x_s$ und $f' = \sum a'_{rs} x'_r x'_s$ mögen beide den Rang m und die Signatur s haben. Dann gibt es eine lineare Transformation T, die f in (6) verwandelt, ebenso eine lineare Transformation T', die f' in (6) verwandelt.[1] Die zu T inverse Transformation, die wir mit T^{-1} bezeichnen wollen, führt (6) in f über. Wendet man nun auf f' zuerst T' an und dann T^{-1}, so geht f' in (6) und dann in f über. Die lineare Transformation $T' T^{-1}$, d. h. die lineare Transformation, die mit der Reihenfolge von T' und T^{-1} gleichwertig ist, verwandelt also die Form f' in f.

Wir wollen zwei reelle quadratische Formen, die sich durch reelle und nichtsinguläre lineare Transformation ineinander überführen lassen, **äquivalent** nennen. Dann können wir sagen, daß Formen von gleichem Rang und gleicher Signatur äquivalent sind.

Umgekehrt haben zwei äquivalente Formen gleichen Rang und gleiche Signatur. Gibt es nämlich eine lineare Transformation S (reell und nichtsingulär), die f in f' verwandelt, so führt die lineare Transformation $S T'$ die Form f in (3) über. f hat also denselben Rang und dieselbe Signatur wie f'.

Demnach gilt folgender Satz:

Zwei reelle quadratische Formen sind dann und nur dann äquivalent, wenn sie denselben Rang und dieselbe Signatur haben.

§ 100. Bestimmung der Signatur einer quadratischen Form aus den Hauptminoren der Diskriminante.

Wenn wir eine **ausgezeichnete Numerierung** der Veränderlichen vorgenommen haben (vgl. § 98), so läßt sich aus der Reihe

$$(1) \qquad A_0 = 1,\ A_1 = a_{11},\ A_2 = \begin{vmatrix} a_{11} & a_{12} \\ a_{21} & a_{22} \end{vmatrix}, \ldots, A_m = \begin{vmatrix} a_{11} & a_{12} & \ldots & a_{1m} \\ a_{21} & a_{22} & \ldots & a_{2m} \\ \cdot & \cdot & \cdot & \cdot \\ a_{m1} & a_{m2} & \ldots & a_{mm} \end{vmatrix}$$

die Signatur der Form $\sum a_{rs} x_r x_s$ erkennen.

---

[1] T, T' sind reell und nichtsingulär.

Die Form sei äquivalent mit

$$c_1 y_1^2 + c_2 y_2^2 + \ldots + c_m y_m^2.$$

Es gibt dann nach § 98 unter den c so viele positive (negative), als Zeichenfolgen (Zeichenwechsel) in der Reihe (1) auftreten. Dabei ist es gleichgültig, ob die Null als positive oder negative Zahl angesehen wird.

Wir wollen unter dem Symbol

$$\operatorname{sgn} x \qquad (\text{signum } x)$$

1 oder -1 oder 0 verstehen, je nachdem x positiv, negativ oder gleich Null ist.

Dann wird, falls A_{r-1} und A_r in der Reihe (1) eine Zeichenfolge liefern und nicht Null sind,

$$\operatorname{sgn}(A_{r-1} A_r) = 1.$$

Liefern sie einen Zeichenwechsel, ohne daß A_{r-1} oder A_r verschwindet, so wird

$$\operatorname{sgn}(A_{r-1} A_r) = -1.$$

Der Zeichenfolge entspricht ein positives c, dem Zeichenwechsel ein negatives c.

Ist $A_r = 0$, so haben wir in A_{r-1}, A_r, A_{r+1} einen Zeichenwechsel und eine Zeichenfolge. Ihnen entsprechen ein negatives und ein positives c.

Handelt es sich nur um die Differenz zwischen der Anzahl der positiven und der Anzahl der negativen c, also um die Signatur s der Form, so kann man bei der Zählung der Zeichenwechsel und Zeichenfolgen diejenigen fortlassen, an denen ein verschwindendes A beteiligt ist. Um s zu finden, bildet man also die Produkte $A_{r-1} A_r$ und streicht die verschwindenden. Nun zählt man, wie viele positive und wie viele negative dastehen und bildet die Differenz zwischen der Anzahl der positiven und der der negativen Produkte. Diese Differenz ist gleich

$$\sum \operatorname{sgn}(A_{r-1} A_r),$$

wobei sich die Summation über alle stehen gebliebenen Produkte $A_{r-1} A_r$ erstreckt. Man kann die Summation aber ebensogut über alle Produkte $A_{r-1} A_r$ erstrecken. Wenn nämlich $A_r = 0$ ist, so hat man

$$\operatorname{sgn}(A_{r-1} A_r) = \operatorname{sgn}(A_r A_{r+1}) = 0.$$

Für die Signatur der quadratischen Form gilt demnach die Formel

$$s = \sum_{r=1}^{m} \operatorname{sgn}(A_{r-1} A_r).$$

Wir können aber auch schreiben

$$s = \sum_{r=1}^{n} \operatorname{sgn}(A_{r-1} A_r),$$

weil im Falle $m < n$ $A_{m+1}, \ldots A_n$ gleich Null sind.

§ 101. Klassifikation der reellen quadratischen Formen.

Wir nennen wie in § 99 zwei reelle quadratische Formen f und f' äquivalent, wenn es eine lineare Transformation S gibt (reell und nichtsingulär), die f in f' verwandelt. Die inverse Transformation S^{-1} verwandelt dann f' in f.

In § 99 sahen wir, daß zwei reelle quadratische Formen dann und nur dann äquivalent sind, wenn sie denselben Rang und dieselbe Signatur haben.

Alle Formen, die denselben Rang und dieselbe Signatur haben, wollen wir zu einer Klasse rechnen. Dann besteht diese Klasse aus paarweise äquivalenten Formen und Formen, die verschiedenen Klassen angehören, sind nicht äquivalent.

Wie viele solche Klassen gibt es im Falle von n Veränderlichen? In jeder Klasse existiert eine Form von folgender Gestalt

$$x_1^2 + \ldots + x_p^2 - x_{p+1}^2 - \ldots - x_m^2.$$

m ist der Rang und $2p - m$ die Signatur der betreffenden Klasse. m kann, wenn wir die identisch verschwindende Form mitrechnen, jeden der Werte $0, 1, \ldots, n$ haben und p jeden der Werte $0, 1, \ldots, m$. Es gibt also $m + 1$ Klassen, bei denen der Rang gleich m ist, folglich im ganzen

$$1 + 2 + \ldots + n + 1 = \frac{(n+1)(n+2)}{2}$$

Klassen.

Greift man aus jeder Klasse einen Repräsentanten heraus, so hat man $\frac{(n+1)(n+2)}{2}$ Formen

$$f_1, f_2, \ldots, f_{1/2(n+1)(n+2)}$$

von solcher Art, daß jede reelle quadratische Form mit einer und nur einer von ihnen äquivalent ist.

Wird die identisch verschwindende Form nicht mitgerechnet, so gibt es nur $\frac{n(n+3)}{2}$ Klassen und $\frac{n(n+3)}{2}$ Repräsentanten. Jede reelle quadratische Form, deren Koeffizienten nicht alle gleich Null sind, ist mit einem und nur mit einem von diesen Repräsentanten äquivalent.

Im Falle $n = 1$ kann man

$$x_1^2 \quad \text{und} \quad -x_1^2$$

als Repräsentanten benutzen, im Falle $n = 2$

$$x_1^2 + x_2^2, \quad x_1^2 - x_2^2, \quad -x_1^2 - x_2^2, \quad x_1^2, \quad -x_1^2,$$

im Falle $n = 3$

$$x_1^2 + x_2^2 + x_3^2, \quad x_1^2 + x_2^2 - x_3^2, \quad x_1^2 - x_2^2 - x_3^2, \quad -x_1^2 - x_2^2 - x_3^2,$$
$$x_1^2 + x_2^2, \quad x_1^2 - x_2^2, \quad -x_1^2 - x_2^2, \quad x_1^2, \quad -x_1^2$$

usw.

Quadratische Formen mit nicht verschwindender Diskriminante bezeichnet man als **nichtsingulär.**

In n Veränderlichen gibt es $n + 1$ Klassen nichtsingulärer Formen.

Wir wollen hier noch eine andere Klassifikation der reellen quadratischen Formen erwähnen, bei der zwei Formen f und g dann und nur dann zu derselben Klasse gerechnet werden, wenn f und g oder f und $-g$ äquivalent sind.

Das Repräsentantenverzeichnis wird in diesem Falle kleiner. Beschränken wir uns auf nichtsinguläre Formen, so gibt es für $n = 1$ nur einen Repräsentanten:

$$x_1^2,$$

für $n = 2$ zwei Repräsentanten:

$$x_1^2 + x_2^2, \quad x_1^2 - x_2^2,$$

für $n = 3$ zwei Repräsentanten:

$$x_1^2 + x_2^2 + x_3^2, \quad x_1^2 + x_2^2 - x_3^2,$$

für $n = 4$ drei Repräsentanten

$$x_1^2 + x_2^2 + x_3^2 + x_4^2,$$
$$x_1^2 + x_2^2 + x_3^2 - x_4^2,$$
$$x_1^2 + x_2^2 - x_3^2 - x_4^2,$$

für $n = 5$ drei Repräsentanten

$$x_1^2 + x_2^2 + x_3^2 + x_4^2 + x_5^2,$$
$$x_1^2 + x_2^2 + x_3^2 + x_4^2 - x_5^2,$$
$$x_1^2 + x_2^2 + x_3^2 - x_4^2 - x_5^2.$$

Bei n Veränderlichen gibt es

$$\frac{n+1}{2} \quad \text{oder} \quad \frac{n+2}{2}$$

Repräsentanten, je nachdem n ungerade oder gerade ist.

§ 102. Definite quadratische Formen.

Eine reelle quadratische Form vom Range m heißt **definit**, wenn ihre Signatur gleich m oder gleich $-m$ ist. Eine solche Form ist also entweder mit

$$x_1^2 + x_2^2 + \ldots + x_m^2$$

oder mit

$$-x_1^2 - x_2^2 - \ldots - x_m^2$$

äquivalent. Im ersten Falle spricht man von einer positiven quadratischen Form, im zweiten von einer negativen.

Wenn f eine definite Form ist, so hat man immer $f \geqq 0$ oder immer $f \leqq 0$, wie auch die reellen x gewählt werden.

Durch diese Eigenschaft sind die definiten Formen charakterisiert. Ist nämlich eine quadratische Form vom Range m nicht definit oder, wie man sagt, **indefinit**, so ist sie mit einer Form von folgender Gestalt äquivalent

$$x_1^2 + \ldots + x_p^2 - x_{p+1}^2 - \ldots - x_m^2. \qquad (0 < p < m)$$

Eine solche Form ist sowohl positiver als auch negativer Werte fähig. Sie wird z. B. positiv, wenn man $x_1 = 1$ und alle andern x gleich Null macht, und negativ, wenn man $x_{p+1} = 1$ und alle andern x gleich Null macht.

Wenn man bei einer definiten Form $\Sigma a_{rs} x_r x_s$, deren Rang gleich m ist, eine ausgezeichnete Numerierung der x eingeführt hat, so kann es in der Reihe

$$A_0 = 1,\ A_1 = a_{11},\ A_2 = \begin{vmatrix} a_{11} & a_{12} \\ a_{21} & a_{22} \end{vmatrix}, \ldots, A_m = \begin{vmatrix} a_{11} & a_{12} & \ldots & a_{1m} \\ a_{21} & a_{22} & \ldots & a_{2m} \\ \cdot & \cdot & \cdot & \cdot \\ a_{m1} & a_{m2} & \ldots & a_{mm} \end{vmatrix}$$

entweder nur Zeichenfolgen oder nur Zeichenwechsel geben.

Im Falle einer positiven Form sind alle A positiv, im Falle einer negativen Form sind sie abwechselnd positiv und negativ.

Eine **nichtsinguläre** definite Form in n Veränderlichen ist entweder mit

$$x_1^2 + x_2^2 + \ldots + x_n^2$$

oder mit

$$-x_1^2 - x_2^2 - \ldots - x_n^2$$

äquivalent. Sie ist offenbar nur dann gleich Null, wenn alle Veränderlichen gleich Null sind.

Ist $f = \sum_{r,s}^{1,\ldots,n} a_{rs} x_r x_s$ eine nichtsinguläre definite Form, so sind in ihrer Diskriminante alle Hauptminoren ungleich Null. Setzt man nämlich in f alle x außer

$$x_{r_1}, x_{r_2}, \ldots, x_{r_p} \qquad (r_1 < r_2 < \ldots < r_p)$$

gleich Null, so ergibt sich eine Form in $x_{r_1}, x_{r_2}, \ldots, x_{r_p}$, deren Diskriminante

$$D = \begin{vmatrix} a_{r_1 r_1} & a_{r_1 r_2} & \ldots & a_{r_1 r_p} \\ a_{r_2 r_1} & a_{r_2 r_2} & \ldots & a_{r_2 r_p} \\ \cdot & \cdot & \cdot & \cdot \\ a_{r_p r_1} & a_{r_p r_2} & \ldots & a_{r_p r_p} \end{vmatrix}$$

ein p-reihiger Hauptminor der Diskriminante von f ist.

Wäre nun $D = 0$, so ließen sich $x_{r_1}, x_{r_2}, \ldots, x_{r_p}$ so wählen, daß

$$\begin{aligned} a_{r_1 r_1} x_{r_1} + a_{r_1 r_2} x_{r_2} + \ldots + a_{r_1 r_p} x_{r_p} &= 0, \\ a_{r_2 r_1} x_{r_1} + a_{r_2 r_2} x_{r_2} + \ldots + a_{r_2 r_p} x_{r_p} &= 0, \\ \cdot \quad \cdot \quad \cdot \quad \cdot \quad \cdot \quad \cdot \quad \cdot \quad \cdot \quad \cdot \\ a_{r_p r_1} x_{r_1} + a_{r_p r_2} x_{r_2} + \ldots + a_{r_p r_p} x_{r_p} &= 0 \end{aligned}$$

ist, ohne daß $x_{r_1}, x_{r_2}, \ldots, x_{r_p}$ alle verschwinden. Dann hätte man aber, wenn wir die übrigen x gleich Null lassen, $f = 0$, ohne daß alle x gleich Null sind.

Für eine definite quadratische Form mit nicht verschwindender Diskriminante ist also jede Numerierung der x eine ausgezeichnete Die Glieder der Reihe

$$1, \; a_{11}, \; \begin{vmatrix} a_{11} & a_{12} \\ a_{21} & a_{22} \end{vmatrix}, \; \ldots, \; \begin{vmatrix} a_{11} & a_{12} & \ldots & a_{1n} \\ a_{21} & a_{22} & \ldots & a_{2n} \\ \cdot & \cdot & \cdot & \cdot \\ a_{n1} & a_{n2} & \ldots & a_{nn} \end{vmatrix}$$

sind entweder alle positiv oder abwechselnd positiv und negativ. Im ersten Falle haben wir eine Form, die nur für $x_1 = x_2 = \ldots = x_n = 0$ verschwindet und sonst immer positiv ist. Im zweiten Falle verschwindet die Form auch nur für $x_1 = x_2 = \ldots = x_n = 0$, ist aber sonst immer negativ.

§ 103. Reziproke einer quadratischen Form.

$f = \Sigma a_{rs} x_r x_s$ sei eine nichtsinguläre quadratische Form in $x_1, x_2, \ldots, x_n$.

A_{rs} bezeichne wie gewöhnlich das algebraische Komplement von a_{rs} in der Determinante

$$A = \begin{vmatrix} a_{11} & a_{12} & \dots & a_{1n} \\ a_{21} & a_{22} & \dots & a_{2n} \\ \cdot & \cdot & \cdot & \cdot \\ a_{n1} & a_{n2} & \dots & a_{nn} \end{vmatrix}.$$

Wir wollen die Form f der folgenden Transformation unterwerfen:

$$\begin{aligned} x_1 &= \frac{A_{11}}{A} x_1' + \frac{A_{12}}{A} x_2' + \dots + \frac{A_{1n}}{A} x_n', \\ x_2 &= \frac{A_{21}}{A} x_1' + \frac{A_{22}}{A} x_2' + \dots + \frac{A_{2n}}{A} x_n', \\ &\dots\dots\dots\dots\dots\dots \\ x_n &= \frac{A_{n1}}{A} x_1' + \frac{A_{n2}}{A} x_2' + \dots + \frac{A_{nn}}{A} x_n'. \end{aligned}$$

Sie geht dabei über in $f' = \sum a'_{rs} x'_r x'_s$, und man hat (vgl. § 95)

$$\begin{pmatrix} a'_{11} & a'_{12} & \dots & a'_{1n} \\ a'_{21} & a'_{22} & \dots & a'_{2n} \\ \cdot & \cdot & \cdot & \cdot \\ a'_{n1} & a'_{n2} & \dots & a'_{nn} \end{pmatrix}$$

$$= \begin{pmatrix} \frac{A_{11}}{A} & \frac{A_{21}}{A} & \dots & \frac{A_{n1}}{A} \\ \frac{A_{12}}{A} & \frac{A_{22}}{A} & \dots & \frac{A_{n2}}{A} \\ \cdot & \cdot & \cdot & \cdot \\ \frac{A_{1n}}{A} & \frac{A_{2n}}{A} & \dots & \frac{A_{nn}}{A} \end{pmatrix} \begin{pmatrix} a_{11} & a_{12} & \dots & a_{1n} \\ a_{21} & a_{22} & \dots & a_{2n} \\ \cdot & \cdot & \cdot & \cdot \\ a_{n1} & a_{n2} & \dots & a_{nn} \end{pmatrix} \cdot \begin{pmatrix} \frac{A_{11}}{A} & \frac{A_{12}}{A} & \dots & \frac{A_{1n}}{A} \\ \frac{A_{21}}{A} & \frac{A_{22}}{A} & \dots & \frac{A_{2n}}{A} \\ \cdot & \cdot & \cdot & \cdot \\ \frac{A_{n1}}{A} & \frac{A_{n2}}{A} & \dots & \frac{A_{nn}}{A} \end{pmatrix}.$$

Nun ist aber

$$\begin{pmatrix} \frac{A_{11}}{A} & \frac{A_{21}}{A} & \dots & \frac{A_{n1}}{A} \\ \frac{A_{12}}{A} & \frac{A_{22}}{A} & \dots & \frac{A_{n2}}{A} \\ \cdot & \cdot & \cdot & \cdot \\ \frac{A_{1n}}{A} & \frac{A_{2n}}{A} & \dots & \frac{A_{nn}}{A} \end{pmatrix} \begin{pmatrix} a_{11} & a_{12} & \dots & a_{1n} \\ a_{21} & a_{22} & \dots & a_{2n} \\ \cdot & \cdot & \cdot & \cdot \\ a_{n1} & a_{n2} & \dots & a_{nn} \end{pmatrix} = \begin{pmatrix} 1 & 0 & \dots & 0 \\ 0 & 1 & \dots & 0 \\ \cdot & \cdot & \cdot & \cdot \\ 0 & 0 & \dots & 1 \end{pmatrix}.$$

Also wird[1]

$$\begin{pmatrix} a'_{11} & a'_{12} & \dots & a'_{1n} \\ a'_{21} & a'_{22} & \dots & a'_{2n} \\ \cdot & \cdot & \cdot & \cdot \\ a'_{n1} & a'_{n2} & \dots & a'_{nn} \end{pmatrix} = \begin{pmatrix} \frac{A_{11}}{A} & \frac{A_{12}}{A} & \dots & \frac{A_{1n}}{A} \\ \frac{A_{21}}{A} & \frac{A_{22}}{A} & \dots & \frac{A_{2n}}{A} \\ \cdot & \cdot & \cdot & \cdot \\ \frac{A_{n1}}{A} & \frac{A_{n2}}{A} & \dots & \frac{A_{nn}}{A} \end{pmatrix}.$$

[1] Man bedenke, daß $A_{rs} = A_{sr}$ ist.

Daraus ergibt sich

$$f' = \sum \frac{A_{rs}}{A} x_r' x_s'.$$

Man nennt diese Form die **Reziproke** von f. Bildet man von f' wieder die Reziproke, so ergibt sich f. In der Tat ist das algebraische Komplement von $\frac{A_{rs}}{A}$ in der Determinante

$$\begin{vmatrix} \frac{A_{11}}{A} & \frac{A_{12}}{A} & \dots & \frac{A_{1n}}{A} \\ \frac{A_{21}}{A} & \frac{A_{22}}{A} & \dots & \frac{A_{2n}}{A} \\ \cdot & \cdot & \cdot & \cdot \\ \frac{A_{n1}}{A} & \frac{A_{n2}}{A} & \dots & \frac{A_{nn}}{A} \end{vmatrix}$$

nach § 38 gleich $a_{rs} : A$. Die Determinante selbst ist gleich $\frac{1}{A}$. Die Reziproke der Form f' lautet also wirklich $\sum a_{rs} x_r x_s$.

Die Transformation, die f' in f verwandelt, ist folgende:

$$\begin{aligned} x_1' &= a_{11} x_1 + a_{12} x_2 + \dots + a_{1n} x_n, \\ x_2' &= a_{21} x_1 + a_{22} x_2 + \dots + a_{2n} x_n, \\ &\dots\dots\dots\dots \\ x_n' &= a_{n1} x_1 + a_{n2} x_2 + \dots + a_{nn} x_n. \end{aligned}$$

Bilden wir zu einer reellen nichtsingulären Form f die Reziproke, so ist sie mit f äquivalent, hat also auch dieselbe Signatur wie f. Die Reziproke einer definiten Form f ist wieder definit, und zwar positiv oder negativ, je nachdem f positiv oder negativ ist.

§ 104. Eine Invariante einer quadratischen und einer linearen Form.

Wir betrachten eine quadratische Form

$$f = \sum a_{rs} x_r x_s$$

und eine Linearform

$$l = \sum a_r x_r$$

in den n Veränderlichen x.

Unterwerfen wir beide der linearen Transformation

(1) $$x_r = \beta_{r1} x_1' + \beta_{r2} x_2' + \dots + \beta_{rn} x_n',$$

$$(r = 1, 2, \dots, n)$$

so geht f in

$$f' = \sum a'_{rs} x'_r x'_s$$

und l in

$$l' = \sum a_r' x_r'$$

über.

Die lineare Transformation

$$(2) \quad \begin{cases} x_r = \beta_{r1} x_1' + \beta_{r2} x_2' + \ldots + \beta_{rn} x_n' & (r = 1, 2, \ldots, n) \\ x_{n+1} = x'_{n+1} \end{cases}$$

verwandelt also die quadratische Form

$$f + 2 l x_{n+1}$$

in

$$f' + 2 l' x'_{n+1}.$$

Die Diskriminante von $f + 2 l x_{n+1}$ lautet

$$(3) \qquad \begin{vmatrix} a_{11} & a_{12} & \ldots & a_{1n} & a_1 \\ a_{21} & a_{22} & \ldots & a_{2n} & a_2 \\ \cdot & \cdot & \cdot & \cdot & \cdot \\ a_{n1} & a_{n2} & \ldots & a_{nn} & a_n \\ a_1 & a_2 & \ldots & a_n & 0 \end{vmatrix}$$

und nach § 95 besteht zwischen ihr und der Diskriminante von $f' + 2 l' x'_{n+1}$ die Beziehung

$$(4) \qquad \begin{vmatrix} a'_{11} & a'_{12} & \ldots & a'_{1n} & a'_1 \\ a'_{21} & a'_{22} & \ldots & a'_{2n} & a'_2 \\ \cdot & \cdot & \cdot & \cdot & \cdot \\ a'_{n1} & a'_{n2} & \ldots & a'_{nn} & a'_n \\ a'_1 & a'_2 & \ldots & a'_n & 0 \end{vmatrix} = \begin{vmatrix} a_{11} & a_{12} & \ldots & a_{1n} & a_1 \\ a_{21} & a_{22} & \ldots & a_{2n} & a_2 \\ \cdot & \cdot & \cdot & \cdot & \cdot \\ a_{n1} & a_{n2} & \ldots & a_{nn} & a_n \\ a_1 & a_2 & \ldots & a_n & 0 \end{vmatrix} B^2,$$

wobei

$$B = \begin{vmatrix} \beta_{11} & \beta_{12} & \ldots & \beta_{1n} \\ \beta_{21} & \beta_{22} & \ldots & \beta_{1n} \\ \cdot & \cdot & \cdot & \cdot \\ \beta_{n1} & \beta_{n2} & \ldots & \beta_{nn} \end{vmatrix}$$

die Determinante der Transformation (2) und zugleich der Transformation (1) ist.

Der Ausdruck (3) multipliziert sich also, wenn man auf f und l dieselbe lineare Transformation anwendet, mit dem Quadrat der Transformationsdeterminante. Auf Grund dieser Eigenschaft nennt man ihn eine Invariante von f und l.

Bezeichnet man mit A_{rs} das algebraische Komplement von a_{rs} in der Diskriminante von f, so ist (3) nach § 42 gleich

$$- \sum A_{rs} a_r a_s.$$

Wir wollen jetzt zu f und l noch eine zweite Linearform hinzunehmen

$$l_1 = \sum b_r x_r .$$

Um eine Invariante von f, l, l_1 zu erhalten, bilden wir die Bilinearform

$$\sum a_{rs} x_r y_s + x_{n+1} \sum b_r y_r + y_{n+1} \sum a_r x_r .$$

Unterwerfen wir sowohl die x als auch die y der linearen Transformation

$$\begin{pmatrix} \beta_{11} & \beta_{12} & \dots & \beta_{1n} & 0 \\ \beta_{21} & \beta_{22} & \dots & \beta_{2n} & 0 \\ \cdot & \cdot & \cdot & \cdot & \cdot \\ \beta_{n1} & \beta_{n2} & \dots & \beta_{nn} & 0 \\ 0 & 0 & \dots & 0 & 1 \end{pmatrix},$$

so geht die Bilinearform in

$$\sum a'_{rs} x'_r y'_s + x'_{n+1} \sum b'_r y'_r + y'_{n+1} \sum a'_r x'_r$$

über, und nach § 94 multipliziert sich dabei die Determinante der Bilinearform mit dem Quadrat der Transformationsdeterminante, d. h. mit B^2. Es ist also

$$(5)\qquad \begin{vmatrix} a'_{11} & a'_{12} & \dots & a'_{1n} & a'_1 \\ a'_{21} & a'_{22} & \dots & a'_{2n} & a'_2 \\ \cdot & \cdot & \cdot & \cdot & \cdot \\ a'_{n1} & a'_{n2} & \dots & a'_{nn} & a'_n \\ b'_1 & b'_2 & \dots & b'_n & 0 \end{vmatrix} = \begin{vmatrix} a_{11} & a_{12} & \dots & a_{1n} & a_1 \\ a_{21} & a_{22} & \dots & a_{2n} & a_2 \\ \cdot & \cdot & \cdot & \cdot & \cdot \\ a_{n1} & a_{n2} & \dots & a_{nn} & a_n \\ b_1 & b_2 & \dots & b_n & 0 \end{vmatrix}$$

oder

$$\sum A'_{rs} a'_r b'_s = B^2 \sum A_{rs} a_r b_s .$$

Dies läßt sich auch direkt aus der oben konstatierten Eigenschaft

$$\sum A'_{rs} a'_r a'_s = B^2 \sum A_{rs} a_r a_s$$

entnehmen. Ersetzt man hier nämlich die Form l durch $l + \lambda l_1$, so tritt an die Stelle von l' die Form $l' + \lambda l_1'$. Unter λ verstehen wir eine beliebige Konstante. Ordnet man nun in der Gleichung

$$\sum A'_{rs} (a'_r + \lambda b'_r)(a'_s + \lambda b'_s) = B^2 \sum A_{rs} (a_r + \lambda b_r)(a_s + \lambda b_s)$$

auf beiden Seiten nach Potenzen von λ, so ergibt sich

$$\sum A'_{rs} a'_r a'_s + 2\lambda \sum A'_{rs} a'_r b'_s + \lambda^2 \sum A'_{rs} b'_r b'_s \\ = B^2 \sum A_{rs} a_r a_s + 2\lambda B^2 \sum A_{rs} a_r b_s + \lambda^2 B^2 \sum A_{rs} b_r b_s .$$

Hier müssen nun die entsprechenden Koeffizienten links und rechts gleich sein, und dadurch erhalten wir auch die Formel (5).

Ganz ähnlich beweist man, daß

$$(6)\qquad \begin{vmatrix} a_{11} & a_{12} & \ldots & a_{1n} & a_1 & b_1 \\ a_{21} & a_{22} & \ldots & a_{2n} & a_2 & b_2 \\ \cdot & \cdot & \cdot & \cdot & \cdot & \cdot \\ a_{n1} & a_{n2} & \ldots & a_{nn} & a_n & b_n \\ c_1 & c_2 & \ldots & c_n & 0 & 0 \\ d_1 & d_2 & \ldots & d_n & 0 & 0 \end{vmatrix}$$

eine Invariante der quadratischen Form f und der vier Linearformen $\Sigma a_r x_r$, $\Sigma b_r x_r$, $\Sigma c_r x_r$, $\Sigma d_r x_r$ ist. Sie multipliziert sich, wenn man die fünf Formen derselben linearen Transformation unterwirft, mit dem Quadrat der Transformationsdeterminante.

Ebenso ist

$$(7)\qquad \begin{vmatrix} a_{11} & a_{12} & \ldots & a_{1n} & a_1 & b_1 & c_1 \\ a_{21} & a_{22} & \ldots & a_{2n} & a_2 & b_2 & c_2 \\ \cdot & \cdot & \cdot & \cdot & \cdot & \cdot & \cdot \\ a_{n1} & a_{n2} & \ldots & a_{nn} & a_n & b_n & c_n \\ d_1 & d_2 & \ldots & d_n & 0 & 0 & 0 \\ e_1 & e_2 & \ldots & e_n & 0 & 0 & 0 \\ g_1 & g_2 & \ldots & g_n & 0 & 0 & 0 \end{vmatrix}$$

eine Invariante der quadratischen Form f und der Linearformen $\Sigma a_r x_r$, $\Sigma b_r x_r$, $\Sigma c_r x_r$, $\Sigma d_r x_r$, $\Sigma e_r x_r$, $\Sigma g_r x_r$. Usw.

Nach § 42 ist die Determinante (6) gleich

$$\sum \begin{vmatrix} a_{r_1} & b_{r_1} \\ a_{r_2} & b_{r_2} \end{vmatrix} \begin{vmatrix} c_{s_1} & c_{s_2} \\ d_{s_1} & d_{s_2} \end{vmatrix} A_{\substack{r_1 r_2 \\ s_1 s_2}}. \qquad (r_1 < r_2,\ s_1 < s_2)$$

Dabei bedeutet $A_{\substack{r_1 r_2 \\ s_1 s_2}}$ das algebraische Komplement von

$$\begin{vmatrix} a_{r_1 s_1} & a_{r_1 s_2} \\ a_{r_2 s_1} & a_{r_2 s_2} \end{vmatrix}$$

in der Diskriminante A von f.

Ferner ist die Determinante (7) gleich

$$-\sum \begin{vmatrix} a_{r_1} & b_{r_1} & c_{r_1} \\ a_{r_2} & b_{r_2} & c_{r_2} \\ a_{r_3} & b_{r_3} & c_{r_3} \end{vmatrix} \begin{vmatrix} d_{s_1} & d_{s_2} & d_{s_3} \\ e_{s_1} & e_{s_2} & e_{s_3} \\ g_{s_1} & g_{s_2} & g_{s_3} \end{vmatrix} A_{\substack{r_1 r_2 r_3 \\ s_1 s_2 s_3}},$$

wobei unter $A_{\substack{r_1 r_2 r_3 \\ s_1 s_2 s_3}}$ das algebraische Komplement von

$$\begin{vmatrix} a_{r_1 s_1} & a_{r_1 s_2} & a_{r_1 s_3} \\ a_{r_2 s_1} & a_{r_2 s_2} & a_{r_2 s_3} \\ a_{r_3 s_1} & a_{r_3 s_2} & a_{r_3 s_3} \end{vmatrix}$$

in A zu verstehen ist.

§ 105. Invarianten von zwei quadratischen Formen.

Die beiden quadratischen Formen

$$f = \sum a_{rs} x_r x_s, \quad g = \sum b_{rs} x_r x_s$$

mögen bei der linearen Transformation

$$x_r = \beta_{r1} x_1' + \beta_{r2} x_2' + \ldots + \beta_{rn} x_n'$$
$$(r = 1, 2, \ldots, n)$$

in

$$f' = \sum a'_{rs} x_r' x_s', \quad g' = \sum b'_{rs} x_r' x_s'$$

übergehen. Dann wird aus $f + \lambda g$, wobei λ eine beliebige Konstante ist, $f' + \lambda g'$.

Die Diskriminante von $f' + \lambda g'$ unterscheidet sich daher von der Diskriminante der Form $f + \lambda g$ um den Faktor B^2 (Quadrat der Transformationsdeterminante). Es ist also

$$\begin{vmatrix} a'_{11} + \lambda b'_{11}, & a'_{12} + \lambda b'_{12}, & \ldots, & a'_{1n} + \lambda b'_{1n} \\ a'_{21} + \lambda b'_{21}, & a'_{22} + \lambda b'_{22}, & \ldots, & a'_{2n} + \lambda b'_{2n} \\ \cdot & \cdot & \cdot & \cdot \\ a'_{n1} + \lambda b'_{n1}, & a'_{n2} + \lambda b'_{n2}, & \ldots, & a'_{nn} + \lambda b'_{nn} \end{vmatrix}$$

$$= B^2 \begin{vmatrix} a_{11} + \lambda b_{11}, & a_{12} + \lambda b_{12}, & \ldots, & a_{1n} + \lambda b_{1n} \\ a_{21} + \lambda b_{21}, & a_{22} + \lambda b_{22}, & \ldots, & a_{2n} + \lambda b_{2n} \\ \cdot & \cdot & \cdot & \cdot \\ a_{n1} + \lambda b_{n1}, & a_{n2} + \lambda b_{n2}, & \ldots, & a_{nn} + \lambda b_{nn} \end{vmatrix}.$$

Entwickelt man rechts und links nach Potenzen von λ, so lautet die obige Gleichung

$$J_0' + J_1' \lambda + J_2' \lambda^2 + \ldots + J_n' \lambda^n$$
$$= B^2 (J_0 + J_1 \lambda + J_2 \lambda^2 + \ldots + J_n \lambda^n).$$

Hieraus folgt, da λ ganz beliebig ist,

$$J_0' = B^2 J_0, \quad J_1' = B^2 J_1, \ldots, J_n' = B^2 J_n.$$

$J_0, J_1, \ldots, J_n$ sind **Invarianten** von f und g.

J_0 und J_n kennen wir schon. J_0 ist nämlich die Diskriminante von f und J_n die von g.

Im Falle zweier binärer Formen

$$f = a_0 x^2 + 2 a_1 x y + a_2 y^2,$$
$$g = b_0 x^2 + 2 b_1 x y + b_2 y^2$$

ist die Diskriminante von $f + \lambda g$

$$\begin{vmatrix} a_0 + \lambda b_0 & a_1 + \lambda b_1 \\ a_1 + \lambda b_1 & a_2 + \lambda b_2 \end{vmatrix} =$$

$$\begin{vmatrix} a_0 & a_1 \\ a_1 & a_2 \end{vmatrix} + \lambda \begin{vmatrix} b_0 & a_1 \\ b_1 & a_2 \end{vmatrix} + \lambda \begin{vmatrix} a_0 & b_1 \\ a_1 & b_2 \end{vmatrix} + \lambda^2 \begin{vmatrix} b_0 & b_1 \\ b_1 & b_2 \end{vmatrix}.$$

Hier hat man

$$J_1 = a_0 b_2 - 2a_1 b_1 + a_2 b_0.$$

Dies ist also eine Invariante von f und g.

§ 106. Andre Methode, eine quadratische Form in eine Summe von Quadraten zu transformieren.

$f = \Sigma a_{rs} x_r x_s$ sei eine quadratische Form in $x_1, x_2, \ldots, x_n$. Wir wissen aus § 104, daß

$$(1) \qquad \begin{vmatrix} a_{11} & a_{12} & \ldots & a_{1n} & u_1 \\ a_{21} & a_{22} & \ldots & a_{2n} & u_2 \\ . & . & . & . & . \\ a_{n1} & a_{n2} & \ldots & a_{nn} & u_n \\ u_1 & u_2 & \ldots & u_n & 0 \end{vmatrix} = -\sum A_{rs} u_r u_s$$

eine Invariante der quadratischen Form f und der Linearform $l = \Sigma u_r x_r$ ist.

Wenn man die x einer nichtsingulären linearen Transformation unterwirft:

$$x_r = \beta_{r1} x_1' + \beta_{r2} x_2' + \ldots + \beta_{rn} x_n',$$
$$(r = 1, 2, \ldots, n)$$

so erleiden auch die u eine solche Transformation. Aus

$$\sum u_r' x_r' = \sum u_s x_s = \sum \beta_{sr} u_s x_r'$$

ergibt sich nämlich:

$$u_r' = \beta_{1r} u_1 + \beta_{2r} u_2 + \ldots + \beta_{nr} u_n.$$
$$(r = 1, 2, \ldots, n)$$

Diese Gleichungen lassen sich nach den u auflösen und lauten dann

$$u_r = \bar{\beta}_{r1} u_1' + \bar{\beta}_{r2} u_2' + \ldots + \bar{\beta}_{rn} u_n'.$$
$$(r = 1, 2, \ldots, n)$$

$\bar{\beta}_{rs}$ ist das algebraische Komplement von β_{rs}, dividiert durch die Determinante der β.

In genau derselben Weise findet man die lineare Transformation in den x, wenn die in den u gegeben ist.

Man sagt, daß die x und die u kontragredient transformiert werden.

Wir wollen annehmen, daß die Diskriminante A von f nicht verschwindet. Dann ist (1) eine quadratische Form in den u, deren Diskriminante ebenfalls nicht verschwindet.

Wir werden jetzt (1) in $\Sigma C_r u'^2_r$ transformieren. Die kontragrediente Transformation verwandelt dann f in $\Sigma c_r x'^2_r$.

Setzen wir $R_0 = A$ und

$$R_p = \begin{vmatrix} a_{11} & a_{12} & \dots & a_{1n} & u_{11} & \dots & u_{1p} \\ a_{21} & a_{22} & \dots & a_{2n} & u_{21} & \dots & u_{2p} \\ \cdot & \cdot & \cdot & \cdot & \cdot & \cdot & \cdot \\ a_{n1} & a_{n2} & \dots & a_{nn} & u_{n1} & \dots & u_{np} \\ u_{11} & u_{21} & \dots & u_{n1} & 0 & \dots & 0 \\ \cdot & \cdot & \cdot & \cdot & \cdot & \cdot & \cdot \\ u_{1p} & u_{2p} & \dots & u_{np} & 0 & \dots & 0 \end{vmatrix},$$

so lassen sich die $u_{\nu\pi}$ $(\nu = 1, \dots, n;\ \pi = 1, \dots, p)$ so wählen, daß

$$R_0, R_1, \dots, R_n$$

ungleich Null sind. $R_{n+1}, R_{n+2}, \dots$ sind dagegen immer gleich Null (vgl. § 19).

Nehmen wir an, daß R_{p-1} von Null verschieden ist. Dann läßt sich $-R_p$ als quadratische Form in

$$u_{1p}, u_{2p}, \dots, u_{np}$$

auffassen. Ihre Koeffizienten sind die algebraischen Komplemente der a_{rs} in R_{p-1}. Wären sie alle gleich Null, so hätte man in den n ersten Zeilen der Reziproken von R_{p-1} nur $p-1$ $(< n)$ Spalten, die nicht aus lauter Nullen bestehen. Die Reziproke von R_{p-1} müßte verschwinden, was aber wegen $R_{p-1} \neq 0$ nicht der Fall ist. Man kann also durch passende Wahl von $u_{1p}, u_{2p}, \dots, u_{np}$ bewirken, daß $R_p \neq 0$ wird.[1] Da nun $R_0 \neq 0$ ist, so läßt sich erreichen, daß $R_1 \neq 0$ wird, ferner $R_2 \neq 0$ usw. bis zu $R_n \neq 0$.

Ersetzt man bei R_p in der letzten Zeile oder in der letzten Spalte $u_{1p}, u_{2p}, \dots, u_{np}$ durch $u_1, u_2, \dots, u_n$, so entsteht eine lineare Form in $u_1, u_2, \dots, u_n$, die L_p heißen möge.

Schreibt man in R_p statt $u_{1p}, u_{2p}, \dots, u_{np}$ überall (d. h. sowohl in der letzten Zeile als auch in der letzten Spalte) $u_1, u_2, \dots, u_n$,

[1] Bei einer quadratischen Form, deren Koeffizienten nicht alle gleich Null sind, lassen sich die Veränderlichen so wählen, daß die Form ungleich Null wird.

so ergibt sich eine quadratische Form in $u_1, u_2, \ldots, u_n$, die wir mit Q_{p-1} bezeichnen.

Offenbar ist

$$\begin{vmatrix} Q_{p-1} & -L_p \\ -L_p & R_p \end{vmatrix}$$

ein zweireihiger Minor in der reziproken Determinante von Q_p. Nach Satz 28 in § 38 hat man daher

$$Q_{p-1} R_p - L_p^2 = R_{p-1} Q_p. \qquad (p = 1, 2, \ldots, n)$$

Daraus folgt, da R_{p-1}, R_p ungleich Null sind,

$$\frac{Q_{p-1}}{R_{p-1}} - \frac{Q_p}{R_p} = \frac{L_p^2}{R_{p-1} R_p}.$$

Addiert man die Gleichungen

$$\frac{Q_0}{R_0} - \frac{Q_1}{R_1} = \frac{L_1^2}{R_0 R_1},$$

$$\frac{Q_1}{R_1} - \frac{Q_2}{R_2} = \frac{L_2^2}{R_1 R_1},$$

$$\cdots\cdots\cdots$$

$$\frac{Q_{n-1}}{R_{n-1}} - \frac{Q_n}{R_n} = \frac{L_n^2}{R_{n-1} R_n}$$

und bedenkt, daß Q_n (aus demselben Grunde wie R_{n+1}) verschwindet, so findet man

$$\frac{Q_0}{R_0} = \frac{L_1^2}{R_0 R_1} + \frac{L_2^2}{R_1 R_2} + \ldots + \frac{L_n^2}{R_{n-1} R_n}.$$

$L_1, L_2, \ldots, L_n$ sind n unabhängige Linearformen in $u_1, u_2, \ldots, u_n$. Sonst könnte man nämlich Q_0, d. h. die Form (1), auf weniger als n Veränderliche reduzieren, während sie doch nichtsingulär ist.

Setzt man also

$$u_1' = L_1 = \beta_{11} u_1 + \beta_{21} u_2 + \ldots + \beta_{n1} u_n,$$
$$u_2' = L_2 = \beta_{12} u_1 + \beta_{22} u_2 + \ldots + \beta_{n2} u_n,$$
$$\cdots\cdots\cdots\cdots$$
$$u_n' = L_n = \beta_{1n} u_1 + \beta_{2n} u_2 + \ldots + \beta_{nn} u_n,$$

so ist durch diese Gleichungen eine nichtsinguläre Transformation bestimmt, die Q_0 in

$$C_1 u_1'^2 + C_2 u_2'^2 + \ldots + C_n u_n'^2$$

verwandelt $\left(C_\nu = \frac{R_0}{R_{\nu-1} R_\nu}\right)$.

Die kontragrediente Transformation in den x lautet

$$\begin{aligned} x_1 &= \beta_{11} x_1' + \beta_{12} x_2' + \dots + \beta_{1n} x_n', \\ x_2 &= \beta_{21} x_1' + \beta_{22} x_2' + \dots + \beta_{2n} x_n', \\ &\dots \\ x_n &= \beta_{n1} x_1' + \beta_{n2} x_2' + \dots + \beta_{nn} x_n'. \end{aligned}$$

Verwandelt sie f in $f' = \Sigma a_{rs}' x_r' x_s$, so ist nach § 95

$$\begin{vmatrix} a_{11}' & a_{12}' & \dots & a_{1n}' & u_1' \\ a_{21}' & a_{22}' & \dots & a_{2n}' & u_2' \\ \cdot & \cdot & \cdot & \cdot & \cdot \\ a_{n1}' & a_{n2}' & \dots & a_{nn}' & u_n' \\ u_1' & u_2' & \dots & u_n' & 0 \end{vmatrix} = B^2 (C_1 u_1'^2 + C_2 u_2'^2 + \dots + C_n u_n'^2).$$

B bedeutet dabei die Determinante β. Hieraus ersehen wir, daß

$$A_{rs}' = 0 \quad (r \gtrless s), \qquad A_{rr}' = -B^2 C_r$$

ist. Daraus folgt aber

$$a_{rs}' = 0 \quad (r \gtrless s),$$

so daß

$$f' = \sum c_r x_r'^2$$

wird. Zur Bestimmung der c_r dienen die Gleichungen

$$A_{rr}' = \frac{C}{c_r} = -B^2 C_r. \qquad (C = c_1 c_2 \dots c_r)$$

Beachtet man, daß

$$C = B^2 R_0$$

und

$$C_r = \frac{R_0}{R_{r-1} R_r}$$

ist, so ergibt sich

$$c_r = -R_{r-1} R_r,$$

mithin

$$f' = -\sum R_{r-1} R_r x_r'^2.$$

Die obige Methode hat den Vorteil, daß man deutlich sieht, wie die Koeffizienten der Transformation von den Koeffizienten der Form f abhängen. L_{p-1} hängt (ebenso wie R_p) linear ab von den $(n-p)$-reihigen Minoren der Diskriminante (vgl. § 42). $\beta_{1p}, \beta_{2p}, \dots, \beta_{np}$ sind also lineare Kombinationen dieser $(n-p)$-reihigen Minoren.

Man überzeugt sich leicht, daß man die $u_{\nu\pi}$, die in den R_p vorkommen, ganzzahlig annehmen kann. Dann setzen sich β_{1p}, $\beta_{2p}, \dots, \beta_{np}$ aus den $(n-p)$-reihigen Minoren der Diskriminante durch Additionen und Subtraktionen zusammen.

Die geränderten Determinanten $R_1, R_2, \ldots, R_n$ lassen, wenn f reell ist, die Signatur von f erkennen, und zwar ist diese offenbar gleich

$$-\sum_{\nu=1}^{n} \operatorname{sgn}(R_{\nu-1} R_\nu).$$

Bei einer positiven Form sind also

$$R_0, R_1, \ldots, R_n$$

abwechselnd positiv und negativ, bei einer negativen Form sind $R_0, R_1, \ldots, R_n$ alle positiv.

Zum Schluß wollen wir noch den Fall einer singulären Form besprechen. Wir nehmen also an, daß f den Rang $m (< n)$ hat.

Dann setzen wir $n - m = p$ und wählen p Linearformen

$$\begin{aligned} l_1 &= u_{11} x_1 + u_{21} x_2 + \ldots + u_{n1} x_n, \\ l_2 &= u_{12} x_1 + u_{22} x_2 + \ldots + u_{n2} x_n, \\ &\ldots\ldots\ldots\ldots \\ l_p &= u_{1p} x_1 + u_{2p} x_2 + \ldots + u_{np} x_n \end{aligned}$$

so, daß die oben mit R_p bezeichnete Determinante von Null verschieden ist. Ist

$$\begin{vmatrix} a_{r_1 r_1} & a_{r_1 r_2} & \ldots & a_{r_1 r_m} \\ a_{r_2 r_1} & a_{r_2 r_2} & \ldots & a_{r_2 r_m} \\ \cdot & \cdot & \cdot & \cdot \\ a_{r_m r_1} & a_{r_m r_2} & \ldots & a_{r_m r_m} \end{vmatrix} \neq 0$$

und sind $\varrho_1, \varrho_2, \ldots, \varrho_p$ die Zahlen, die in der Reihe $1, 2, \ldots, n$ nach Streichung von $r_1, r_2, \ldots, r_m$ übrig bleiben, so genügt es

$$l_1 = x_{\varrho_1}, \; l_2 = x_{\varrho_2}, \; \ldots, \; l_p = x_{\varrho_p}$$

anzunehmen.

Nachdem man erreicht hat, daß $R_p \neq 0$ ist, läßt sich wie oben bewirken, daß auch $R_{p+1}, \ldots, R_n$ ungleich Null sind.

Dann gelten die Formeln

$$\begin{aligned} \frac{Q_p}{R_p} - \frac{Q_{p+1}}{R_{p+1}} &= \frac{L_{p+1}^2}{R_p R_{p+1}}, \\ \frac{Q_{p+1}}{R_{p+1}} - \frac{Q_{p+2}}{R_{p+2}} &= \frac{L_{p+2}^2}{R_{p+1} R_{p+2}}, \\ &\ldots\ldots\ldots \\ \frac{Q_{n-1}}{R_{n-1}} - \frac{Q_n}{R_n} &= \frac{L_n^2}{R_{n-1} R_n}. \end{aligned}$$

Aus ihnen ergibt sich durch Addition (da $Q_n = 0$):

$$\frac{Q_p}{R_p} = \frac{L_{p+1}^2}{R_p R_{p+1}} + \frac{L_{p+2}^2}{R_{p+1} R_{p+2}} + \ldots + \frac{L_n^2}{R_{n-1} R_n}.$$

$L_{p+1}, L_{p+2}, \ldots, L_n$ sind $n-p=m$ unabhängige Linearformen in $u_1, u_2, \ldots, u_n$. Sonst ließe sich nämlich die quadratische Form Q_p auf weniger als m Veränderliche reduzieren. Ihr Rang ist aber gleich m. Denn die Diskriminante von $-Q_p$ besteht aus den algebraischen Komplementen der a_{rs} in R_p. Jeder r-reihige Hauptminor von ihr geht, abgesehen von einer Potenz von R_p, aus R_p hervor, indem man die Zeilen und Spalten des homologen Minors streicht. Es kommt dabei immer eine verschwindende Determinante heraus, solange $n-r<p$, dagegen nicht immer, wenn $n-r=p$, d. h. $r=m$ ist.

Man wähle nun p lineare Formen $L_1, L_2, \ldots, L_p$ so, daß $L_1, L_2, \ldots, L_n$ unabhängig sind und setze

$$u_1' = L_1,\ u_2' = L_2,\ \ldots,\ u_n' = L_n.$$

Dann hat man eine nichtsinguläre Transformation, bei der

$$Q_p = C_{p+1} u_{p+1}'^2 + C_{p+2} u_{p+2}'^2 + \ldots + C_n u_n'^2$$

wird, wobei

$$C_{p+1} = \frac{R_p}{R_p R_{p+1}},\ C_{p+2} = \frac{R_p}{R_{p+1} R_{p+2}},\ \ldots,\ C_n = \frac{R_p}{R_{n-1} R_n}$$

gesetzt ist.

Die kontragrediente Transformation in den x möge f in $f' = \Sigma a_{rs}' x_r' x_s'$ verwandeln und die Formen $l_1, l_2, \ldots, l_p$ in

$$l_1' = \sum u_{r1}' x_r',\ l_2' = \sum u_{r2}' x_r',\ \ldots,\ l_p' = \sum u_{rp}' x_r'.$$

Bezeichnen wir mit B die Determinante dieser Transformation, so ist nach § 104

$$Q_p' = B^2 Q_p = B^2 (C_{p+1} u_{p+1}'^2 + \ldots + C_n u_n'^2).$$

Q_p' entsteht aus Q_p, indem man alle Elemente von Q_p mit Strichen versieht.

Aus der obigen Formel ergibt sich, daß die reziproke Determinante von R_p' so lautet:

$$\begin{vmatrix}
0 & \ldots & 0 & 0 & \ldots & 0 & U_{11}' & \ldots & U_{1p}' \\
\cdot & \cdot & \cdot & \cdot & \cdot & \cdot & \cdot & \cdot & \cdot \\
0 & \ldots & 0 & 0 & \ldots & 0 & U_{p1}' & \ldots & U_{pp}' \\
0 & \ldots & 0 & -B^2 C_{p+1} & \ldots & 0 & U_{p+1,1}' & \ldots & U_{p+1,p}' \\
\cdot & \cdot & \cdot & \cdot & \cdot & \cdot & \cdot & \cdot & \cdot \\
0 & \ldots & 0 & 0 & \ldots & -B^2 C_n & U_{n1}' & \ldots & U_{np}' \\
U_{11}' & \ldots & U_{p1}' & U_{p+1,1}' & \ldots & U_{n1}' & 0 & \ldots & 0 \\
\cdot & \cdot & \cdot & \cdot & \cdot & \cdot & \cdot & \cdot & \cdot \\
U_{1p}' & \ldots & U_{pp}' & U_{p+1,p}' & \ldots & U_{np}' & 0 & \ldots & 0
\end{vmatrix}.$$

Bildet man hiervon wieder die Reziproke, so erhält man, abgesehen von einem Faktor, die Elemente von R_p'. Man erkennt auf diese Weise, daß die Diskriminante von f' folgendes Aussehen hat:

$$\begin{vmatrix} a'_{11} & \dots a'_{1p} & a'_{1,p+1} \dots a'_{1n} \\ \cdot & \cdot & \cdot \\ a'_{p1} & \dots a'_{pp} & a'_{p,p+1} \dots a'_{pn} \\ a'_{p+1,1} & \dots a'_{p+1,p} & c_{p+1} \quad \dots 0 \\ \cdot & \cdot & \cdot \\ a'_{n1} & \dots a'_{np} & 0 \quad \dots c_n \end{vmatrix}.$$

Die c sind alle von Null verschieden. Ferner ist $u'_{rs} = 0$, sobald $r > p$.

Da die Diskriminante von f' den Rang $m = n - p$ hat, so bestehen die Relationen

$$a'_{rs} = \frac{a'_{r,p+1}\, a'_{s,p+1}}{c_{p+1}} + \dots + \frac{a'_{rn}\, a'_{sn}}{c_n}. \qquad (r, s = 1, 2, \dots, p)$$

Hieraus ergibt sich

$$f' = c_{p+1}\left(x'_{p+1} + \sum_{r=1}^{p} \frac{a'_{r,p+1}\, x_r'}{c_{p+1}}\right)^2 + \dots + c_n\left(x_n' + \sum_{r=1}^{p} \frac{a'_{rn}\, x_r'}{c_n}\right)^2$$

oder, wenn man noch

$$X_1 = x_1', \dots, X_p = x_p',$$
$$X_{p+1} = x'_{p+1} + \frac{a'_{1,p+1}\, x_1' + \dots + a'_{p,p+1}\, x_n'}{c_{p+1}},$$
$$\dots\dots\dots\dots\dots$$
$$X_n = x_n' + \frac{a'_{1n}\, x_1' + \dots + a'_{pn}\, x_n'}{c_n}$$

setzt,

$$f' = c_{p+1} X_{p+1}^2 + \dots + c_n X_n^2.$$

Da

$$-B^2 C_{p+\mu} = (-1)^p \begin{vmatrix} u'_{11} \dots u'_{1p} \\ \cdot \quad \cdot \quad \cdot \\ u'_{p1} \dots u'_{pp} \end{vmatrix}^2 \frac{C}{c_{p+\mu}},$$
$$(C = c_{p+1} \dots c_n)$$

und

$$B^2 R_p = R_p' = (-1)^p \begin{vmatrix} u'_{11} \dots u'_{1p} \\ \cdot \quad \cdot \quad \cdot \\ u'_{p1} \dots u'_{pp} \end{vmatrix}^2 C,$$

so hat man

$$-\frac{R_p}{C_{p+\mu}} = c_{p+\mu}$$

oder

$$c_{p+\mu} = -R_{p+\mu-1}\, R_{p+\mu}. \qquad (\mu = 1, \dots, m)$$

Für f' ergibt sich also

$$f' = - R_p R_{p+1} X_{p+1}^2 - R_{p+1} R_{p+2} X_{p+2}^2 - \ldots - R_{n-1} R_n X_n^2.$$

Im Falle einer reellen Form kann man aus $R_p, R_{p+1}, \ldots R_n$ ablesen, welche Signatur die Form hat.

Dreizehntes Kapitel.

Einiges aus der Elementarteilertheorie.

§ 107. Büschel von Bilinearformen.

Wenn f und g zwei Bilinearformen sind, so nennt man den Inbegriff der Formen $\lambda f + \mu g$ ein Büschel von Bilinearformen.

Wir schließen den Fall aus, daß das Büschel eine Form enthält, deren Koeffizienten sämtlich verschwinden. Zu diesem Zweck müssen wir verlangen, daß λ, μ nicht beide Null sind und daß die Formen f und g, die Grundformen des Büschels, sich nicht bloß um einen konstanten Faktor unterscheiden.

Ist

$$f = \sum a_{rs} x_r y_s, \quad g = \sum b_{rs} x_r y_s,$$

so lautet die Determinante der Form $\lambda f + \mu g$

$$\begin{vmatrix} \lambda a_{11} + \mu b_{11}, & \lambda a_{12} + \mu b_{12}, & \ldots, & \lambda a_{1n} + \mu b_{1n} \\ \lambda a_{21} + \mu b_{21}, & \lambda a_{22} + \mu b_{22}, & \ldots, & \lambda a_{2n} + \mu b_{2n} \\ \cdot & \cdot & \cdot & \cdot \\ \lambda a_{n1} + \mu b_{n1}, & \lambda a_{n2} + \mu b_{n2}, & \ldots, & \lambda a_{nn} + \mu b_{nn} \end{vmatrix} = D_n(\lambda, \mu).$$

Wir wollen uns auf solche Büschel beschränken, bei denen $D_n(\lambda, \mu)$ nicht identisch Null ist. Man nennt derartige Büschel nichtsingulär oder ordinär.

§ 108. Die Elementarteiler des Büschels.

Da $D_n(\lambda, \mu)$ nicht identisch verschwindet, können auch die p-reihigen Minoren von $D_n(\lambda, \mu)$ nicht alle identisch verschwinden. Es dürfen nämlich von den p-reihigen Minoren, die in p bestimmten Zeilen (oder Spalten) von $D_n(\lambda, \mu)$ enthalten sind, nicht alle identisch Null sein, damit nicht $D_n(\lambda, \mu)$ identisch verschwindet (vgl. Satz 12 in § 19).

Man denke sich nun die p-reihigen Minoren von $D_n(\lambda, \mu)$, soweit sie nicht identisch Null sind, in ihre Linearfaktoren zerlegt. Da sie binäre Formen p^{ten} Grades in λ, μ sind, so hat jeder p Linearfaktoren.

Das Produkt derjenigen Linearfaktoren, die in allen p-reihigen Minoren vorkommen, wollen wir mit $D_p(\lambda, \mu)$ bezeichnen. Dabei ist jeder Linearfaktor mit der richtigen Vielfachheit anzusetzen. Kommt er z. B. in allen p-reihigen Minoren doppelt und wenigstens in einem gerade nur zweimal vor, so muß er auch in $D_p(\lambda, \mu)$ zweimal stehen.[1]

$D_p(\lambda, \mu)$ ist der größte gemeinsame Teiler der p-reihigen Minoren. Gibt es keinen Linearfaktor, der in allen p-reihigen Minoren vorkommt, so setzen wir $D_p(\lambda, \mu) = 1$.

$D_1(\lambda, \mu)$ ist sicher gleich 1, weil wir annehmen, daß f und g sich nicht nur um einen konstanten Faktor unterscheiden.

In der Reihe

$$D_n(\lambda, \mu), \quad D_{n-1}(\lambda, \mu), \ldots, D_1(\lambda, \mu)$$

ist $D_n(\lambda, \mu)$ durch $D_{n-1}(\lambda, \mu)$ teilbar, $D_{n-1}(\lambda, \mu)$ durch $D_{n-2}(\lambda, \mu)$, ..., $D_2(\lambda, \mu)$ durch $D_1(\lambda, \mu)$. Dies beruht darauf, daß jeder $(p+1)$-reihige Minor von $D_n(\lambda, \mu)$ sich, nach einer Zeile entwickelt, als lineare Kombination p-reihiger Minoren darstellt.

Es lassen sich also $n-1$ binäre Formen

$$E_1(\lambda, \mu), \; E_2(\lambda, \mu), \ldots, E_{n-1}(\lambda, \mu)$$

so wählen, daß die folgenden Gleichungen gelten:

$$\begin{aligned} D_n(\lambda, \mu) &= D_{n-1}(\lambda, \mu)\, E_1(\lambda, \mu), \\ D_{n-1}(\lambda, \mu) &= D_{n-2}(\lambda, \mu)\, E_2(\lambda, \mu), \\ &\cdots\cdots\cdots \\ D_2(\lambda, \mu) &= D_1(\lambda, \mu)\, E_{n-1}(\lambda, \mu). \end{aligned}$$

Aus diesen Gleichungen ergibt sich, da $D_1(\lambda, \mu) = 1$ ist,

$$D_n(\lambda, \mu) = E_1(\lambda, \mu)\, E_2(\lambda, \mu) \ldots E_{n-1}(\lambda, \mu).$$

$E_1(\lambda, \mu)$, $E_2(\lambda, \mu)$, ..., $E_{n-1}(\lambda, \mu)$ nennt man die Elementarteiler des hier betrachteten Formenbüschels.

§ 109. Invarianteneigenschaft der Elementarteiler.

Wenn man die x der nichtsingulären linearen Transformation

$$(1) \qquad \begin{pmatrix} \beta_{11} & \beta_{12} & \cdots & \beta_{1n} \\ \beta_{21} & \beta_{22} & \cdots & \beta_{2n} \\ \cdot & \cdot & \cdot & \cdot \\ \beta_{n1} & \beta_{n2} & \cdots & \beta_{nn} \end{pmatrix}$$

[1] Linearfaktoren, die sich nur um eine Konstante unterscheiden, gelten als nicht verschieden.

unterwirft und die y der nichtsingulären linearen Transformation

$$\begin{pmatrix} \gamma_{11} & \gamma_{12} & \cdots & \gamma_{1n} \\ \gamma_{21} & \gamma_{22} & \cdots & \gamma_{2n} \\ \cdot & \cdot & \cdot & \cdot \\ \gamma_{n1} & \gamma_{n2} & \cdots & \gamma_{nn} \end{pmatrix}, \tag{2}$$

so geht

$$\lambda f + \mu g = \lambda \sum a_{rs} x_r y_s + \mu \sum b_{rs} x_r y_s$$

über in

$$\lambda f' + \mu g' = \lambda \sum a'_{rs} x'_r y'_s + \mu \sum b'_{rs} x'_r y'_s,$$

und man hat (vgl. § 94)

$$\begin{pmatrix} \lambda a'_{11} + \mu b'_{11}, & \lambda a'_{12} + \mu b'_{12}, & \ldots, & \lambda a'_{1n} + \mu b'_{1n} \\ \lambda a'_{21} + \mu b'_{21}, & \lambda a'_{22} + \mu b'_{22}, & \ldots, & \lambda a'_{2n} + \mu b'_{2n} \\ \cdot & \cdot & \cdot & \cdot \\ \lambda a'_{n1} + \mu b'_{n1}, & \lambda a'_{n2} + \mu b'_{n2}, & \ldots, & \lambda a'_{nn} + \mu b'_{nn} \end{pmatrix}$$

$$= \begin{pmatrix} \beta_{11} & \beta_{21} & \cdots & \beta_{n1} \\ \beta_{12} & \beta_{22} & \cdots & \beta_{n2} \\ \cdot & \cdot & \cdot & \cdot \\ \beta_{1n} & \beta_{2n} & \cdots & \beta_{nn} \end{pmatrix} \begin{pmatrix} \lambda a_{11} + \mu b_{11}, & \lambda a_{12} + \mu b_{12}, & \ldots, & \lambda a_{1n} + \mu b_{1n} \\ \lambda a_{21} + \mu b_{21}, & \lambda a_{22} + \mu b_{22}, & \ldots, & \lambda a_{2n} + \mu b_{2n} \\ \cdot & \cdot & \cdot & \cdot \\ \lambda a_{n1} + \mu b_{n1}, & \lambda a_{n2} + \mu b_{n2}, & \ldots, & \lambda a_{nn} + \mu b_{nn} \end{pmatrix} \begin{pmatrix} \gamma_{11} & \gamma_{12} & \cdots & \gamma_{1n} \\ \gamma_{21} & \gamma_{22} & \cdots & \gamma_{2n} \\ \cdot & \cdot & \cdot & \cdot \\ \gamma_{n1} & \gamma_{n2} & \cdots & \gamma_{nn} \end{pmatrix}.$$

Nun sei

$$\begin{pmatrix} \bar\beta_{11} & \bar\beta_{12} & \cdots & \bar\beta_{1n} \\ \bar\beta_{21} & \bar\beta_{22} & \cdots & \bar\beta_{2n} \\ \cdot & \cdot & \cdot & \cdot \\ \bar\beta_{n1} & \bar\beta_{n2} & \cdots & \bar\beta_{nn} \end{pmatrix}$$

die zu (1) inverse Transformation (vgl. § 99) und

$$\begin{pmatrix} \bar\gamma_{11} & \bar\gamma_{12} & \cdots & \bar\gamma_{1n} \\ \bar\gamma_{21} & \bar\gamma_{22} & \cdots & \bar\gamma_{2n} \\ \cdot & \cdot & \cdot & \cdot \\ \bar\gamma_{n1} & \bar\gamma_{n2} & \cdots & \bar\gamma_{nn} \end{pmatrix}$$

die zu (2) inverse Transformation. Dann ist

$$\begin{pmatrix} \lambda a_{11} + \mu b_{11}, & \lambda a_{12} + \mu b_{12}, & \ldots, & \lambda a_{1n} + \mu b_{1n} \\ \lambda a_{21} + \mu b_{21}, & \lambda a_{22} + \mu b_{22}, & \ldots, & \lambda a_{2n} + \mu b_{2n} \\ \cdot & \cdot & \cdot & \cdot \\ \lambda a_{n1} + \mu b_{n1}, & \lambda a_{n2} + \mu b_{n2}, & \ldots, & \lambda a_{nn} + \mu b_{nn} \end{pmatrix}$$

$$= \begin{pmatrix} \beta_{11} & \beta_{21} & \cdots & \beta_{n1} \\ \beta_{12} & \bar\beta_{22} & \cdots & \bar\beta_{n2} \\ \cdot & \cdot & \cdot & \cdot \\ \beta_{1n} & \beta_{2n} & \cdots & \bar\beta_{nn} \end{pmatrix} \begin{pmatrix} \lambda a'_{11} + \mu b'_{11}, & \lambda a'_{12} + \mu b'_{12}, & \ldots, & \lambda a'_{1n} + \mu b'_{1n} \\ \lambda a'_{21} + \mu b'_{21}, & \lambda a'_{22} + \mu b'_{22}, & \ldots, & \lambda a'_{2n} + \mu b'_{2n} \\ \cdot & \cdot & \cdot & \cdot \\ \lambda a'_{n1} + \mu b'_{n1}, & \lambda a'_{n2} + \mu a'_{n2}, & \ldots, & \lambda a'_{nn} + \mu b'_{nn} \end{pmatrix} \begin{pmatrix} \bar\gamma_{11} & \bar\gamma_{12} & \cdots & \bar\gamma_{1n} \\ \bar\gamma_{21} & \bar\gamma_{22} & \cdots & \bar\gamma_{2n} \\ \cdot & \cdot & \cdot & \cdot \\ \bar\gamma_{n1} & \bar\gamma_{n2} & \cdots & \bar\gamma_{nn} \end{pmatrix}.$$

Aus (3) geht hervor, daß die p-reihigen Minoren von

$$D_n'(\lambda, \mu) = \begin{vmatrix} \lambda a'_{11} + \mu b'_{11}, & \lambda a'_{12} + \mu b'_{12}, & \ldots, & \lambda a'_{1n} + \mu b'_{1n} \\ \lambda a'_{21} + \mu b'_{21}, & \lambda a'_{22} + \mu b'_{22}, & \ldots, & \lambda a'_{2n} + \mu b'_{2n} \\ \cdot & \cdot & \cdot & \cdot \\ \lambda a'_{n1} + \mu b'_{n1}, & \lambda a'_{n2} + \mu b'_{n2}, & \ldots, & \lambda a'_{nn} + \mu b'_{nn} \end{vmatrix}$$

sich linear durch die p-reihigen Minoren von $D_n(\lambda, \mu)$ ausdrücken. Die Formel (4) läßt erkennen, daß auch umgekehrt die p-reihigen Minoren von $D_n(\lambda, \mu)$ sich linear aus den p-reihigen Minoren von $D_n'(\lambda, \mu)$ zusammensetzen. Daraus folgt, daß der größte gemeinsame Teiler $D_p'(\lambda, \mu)$ aller p-reihigen Minoren von $D_n'(\lambda, \mu)$ und der größte gemeinsame Teiler aller p-reihigen Minoren von $D_n(\lambda, \mu)$ nicht verschieden sind.

Demnach hat das Büschel $\lambda f' + \mu g'$ auch dieselben Elementarteiler wie das Büschel $\lambda f + \mu g$.

$\lambda f + \mu g$ behält also bei allen nichtsingulären linearen Transformationen der x und der y dieselben Elementarteiler.

§ 110. Reduktion von $\lambda f + \mu g$ auf eine kanonische Form.

Wenn man in dem Büschel $\lambda f + \mu g$ zwei Formen

$$F = \alpha f + \beta g$$
$$G = \gamma f + \delta g$$

auswählt, die sich nicht bloß um einen konstanten Faktor unterscheiden ($\alpha\delta - \beta\gamma \neq 0$), so wird

$$\lambda' F + \mu' G = (\alpha\lambda' + \gamma\mu') f + (\beta\lambda' + \delta\mu') g.$$

Dasselbe findet man, wenn man in $\lambda f + \mu g$

$$\lambda = \alpha\lambda' + \gamma\mu', \quad \mu = \beta\lambda' + \delta\mu'$$

setzt, also λ, μ linear transformiert.

Man kann es immer so einrichten, daß die Determinante von F nicht Null ist. Es genügt nämlich, α und β so zu wählen, daß $D_n(\alpha, \beta) \neq 0$, und dann γ und δ so, daß $\alpha\delta - \beta\gamma \neq 0$ wird.

Aus dem Obigen geht hervor, daß wir keine wesentliche Beschränkung einführen, wenn wir annehmen, in unserm Büschel $\lambda f + \mu g$ habe die Form f eine von Null verschiedene Determinante. Betrachten wir zwei Formen, die sich nur um einen konstanten Faktor unterscheiden, als nicht verschieden, so erhalten wir alle Formen des Büschels mit Ausnahme von f, indem wir in

$$\omega f - g$$

dem ω alle möglichen Werte beilegen.

$D_p(\lambda, \mu)$ verwandelt sich, wenn wir $\omega f - g$ zugrunde legen, in $D_p(\omega, -1)$, also in eine ganze rationale Funktion von ω. Dasselbe gilt von den Elementarteilern. Wir wollen statt $D_p(\omega, -1)$ und $E_p(\omega, -1)$ kurz D_p und E_p schreiben. Ferner setzen wir zur Abkürzung

$$\omega f - g = \sum c_{rs} x_r y_s,$$

so daß

$$c_{rs} = \omega a_{rs} - b_{rs}$$

ist.

Im vorliegenden Falle leisten die geränderten Determinanten

$$R_p = \begin{vmatrix} c_{11} & c_{12} & \ldots & c_{1n} & u_{11} & u_{12} & \ldots & u_{1p} \\ c_{21} & c_{22} & \ldots & c_{2n} & u_{21} & u_{22} & \ldots & u_{2p} \\ \cdot & \cdot & \cdot & \cdot & \cdot & \cdot & \cdot & \cdot \\ c_{n1} & c_{n2} & \ldots & c_{nn} & u_{n1} & u_{n2} & \ldots & u_{np} \\ v_{11} & v_{21} & \ldots & v_{n1} & 0 & 0 & \ldots & 0 \\ v_{12} & v_{22} & \ldots & v_{n2} & 0 & 0 & \ldots & 0 \\ \cdot & \cdot & \cdot & \cdot & \cdot & \cdot & \cdot & \cdot \\ v_{1p} & v_{2p} & \ldots & v_{np} & 0 & 0 & \ldots & 0 \end{vmatrix} \qquad (p = 1, 2, \ldots, n)$$

ähnliche Dienste wie die Determinanten R_p in § 106.

Entwickelt man R_p nach den p letzten Zeilen und den p letzten Spalten (vgl. § 42), so treten als Koeffizienten die $(n-p)$-reihigen Minoren von D_n auf. Alle Koeffizienten sind also durch D_{n-p} teilbar. D_0 setzen wir gleich 1.

Es läßt sich nun durch passende Wahl der u, v erreichen, daß

$$\frac{R_p}{D_{n-p}} = \mathfrak{R}_p(\omega)$$

gegen D_n teilerfremd ist. $(p = 1, 2, \ldots, n)$

Sind $\omega_1, \omega_2, \ldots$ die Wurzeln von[1] $D_n = 0$, so müssen wir zeigen, daß bei geeigneter Wahl der u, v

$$\mathfrak{R}_p(\omega_1), \quad \mathfrak{R}_p(\omega_2), \ldots \qquad (p = 1, 2, \ldots, n)$$

alle von Null verschieden sind.

Wir haben es hier mit einer endlichen Anzahl von Polynomen zu tun, die nicht identisch verschwinden, d. h. in keinem der Polynome sind alle Koeffizienten gleich Null.

---

[1] Dies ist eine Gleichung n^{ten} Grades. Der Koeffizient von ω^n ist nämlich die Diskriminante von f.

Das Produkt aller dieser Polynome ist wieder ein Polynom, das nicht identisch verschwindet.

Es genügt also, wenn wir folgenden Satz beweisen:

Ein Polynom $\mathfrak{P}$ in $x_1, x_2, \ldots, x_N$, das nicht identisch verschwindet, läßt sich durch passende Wahl der x von Null verschieden machen.

Wir wollen annehmen, daß der Satz für $N-1$ Veränderliche bereits bewiesen ist. Ordnen wir dann $\mathfrak{P}$ nach Potenzen von x_1, so ist der Koeffizient der höchsten Potenz ein Polynom in $x_2, \ldots, x_N$, das nicht identisch verschwindet. Bei passender Wahl von $x_2, \ldots, x_N$ wird also dieser Koeffizient ungleich Null sein. Die Gleichung $\mathfrak{P} = 0$ ist dann nur für eine endliche Anzahl von Werten x_1 erfüllt. Ist x_1 von diesen Werten verschieden, so hat man $\mathfrak{P} \neq 0$.

Wir kehren nunmehr zu den geränderten Determinanten R_p zurück. Wir denken uns die u, v so gewählt, daß $\mathfrak{R}_p$ gegen D_n relativ prim ist, daß also R_p mit D_n den größten gemeinsamen Teiler D_{n-p} hat ($p = 1, 2, \ldots, n$).

Ersetzt man in der letzten Spalte von R_p

$$u_{1p}, u_{2p}, \ldots, u_{np}$$

durch

$$u_1, u_2, \ldots, u_n,$$

so entsteht eine Linearform in $u_1, u_2, \ldots, u_n$, die wir mit U_p bezeichnen. Werden in der letzten Spalte von R_p

$$v_{1p}, v_{2p}, \ldots, v_{np}$$

durch

$$v_1, v_2, \ldots, v_n$$

ersetzt, so ergibt sich eine Linearform V_p in $v_1, v_2, \ldots, v_n$.

Ersetzt man in R_p

$$u_{1p}, u_{2p}, \ldots, u_{np} \quad \text{durch} \quad u_1, u_2, \ldots, u_n$$

und

$$v_{1p}, v_{2p}, \ldots, v_{np} \quad \text{durch} \quad v_1, v_2, \ldots, v_n,$$

so gewinnt man eine Bilinearform in $u_1, u_2, \ldots, u_n$ und $v_1, v_2, \ldots, v_n$, die W_{p-1} heißen möge.

Die $(n+p)$-reihigen Superdeterminanten von R_{p-1} in W_p lauten offenbar

$$\begin{matrix} R_p, & U_p, \\ V_p, & W_{p-1}. \end{matrix}$$

Ihre Determinante ist nach dem Sylvesterschen Satz (vgl. § 41) gleich $W_p R_{p-1}$. Man hat also

(1) $$R_p W_{p-1} - U_p V_p = R_{p-1} W_p,$$

und zwar für $p = 1, 2, \ldots, n$, wenn unter R_0 die Determinante D_n verstanden wird. W_n ist ebenso wie R_{n+1} gleich Null.

Ersetzt man unter der Annahme $p < n$ in (1)

$$u_1, u_2, \ldots, u_n \quad \text{durch} \quad u_{1,p+1}, u_{2,p+1}, \ldots, u_{n,p+1},$$

so verwandelt sich die rechte Seite in $R_{p-1} R_{p+1}$ und hat mit D_n den größten gemeinsamen Teiler

$$D_{n-p+1} D_{n-p-1}.$$

Da die linke Seite durch D_{n-p}^2 teilbar ist, so muß

$$D_{n-p+1} D_{n-p-1} \quad \text{durch} \quad D_{n-p}^2$$

teilbar sein, also auch

$$\frac{D_{n-p+1}}{D_{n-p}} \quad \text{durch} \quad \frac{D_{n-p}}{D_{n-p-1}},$$

d. h.

$$E_p \quad \text{durch} \quad E_{p+1}.$$

Damit haben wir eine wichtige Eigenschaft der Elementarteiler gefunden. In der Reihe der Elementarteiler

$$E_1, E_2, \ldots, E_{n-1}$$

ist jeder durch den folgenden teilbar. Damit dies auch für E_{n-1} gilt, kann man $E_n = 1$ als n^{ten} Elementarteiler einführen.

Setzt man in (1) der Reihe nach $p = 1, 2, \ldots, n$, so ergeben sich folgende Gleichungen:

$$\frac{W_0}{R_0} - \frac{W_1}{R_1} = \frac{U_1 V_1}{R_0 R_1},$$
$$\frac{W_1}{R_1} - \frac{W_2}{R_2} = \frac{U_2 V_2}{R_1 R_2},$$
$$\cdots\cdots\cdots$$
$$\frac{W_{n-1}}{R_{n-1}} - \frac{W_n}{R_n} = \frac{U_n V_n}{R_{n-1} R_n}.$$

Durch Addition findet man hieraus, weil $W_n = 0$ ist,

(2) $$\frac{W_0}{R_0} = \frac{U_1 V_1}{R_0 R_1} + \frac{U_2 V_2}{R_1 R_2} + \cdots + \frac{U_n V_n}{R_{n-1} R_n}.$$

U_p, V_p und W_{p-1} sind durch D_{n-p} teilbar. Wir schreiben daher

$$U_p = D_{n-p}\, \mathfrak{U}_p,$$
$$V_p = D_{n-p}\, \mathfrak{V}_p,$$
$$W_{p-1} = D_{n-p}\, \mathfrak{W}_{p-1}.$$

Dadurch verwandelt sich (2) in

$$\frac{W_0}{R_0} = \frac{D_{n-1}^2}{D_n D_{n-1}} \frac{\mathfrak{U}_1 \mathfrak{V}_1}{\mathfrak{R}_0 \mathfrak{R}_1} + \frac{D_{n-2}^2}{D_{n-1} D_{n-2}} \frac{\mathfrak{U}_2 \mathfrak{V}_2}{\mathfrak{R}_1 \mathfrak{R}_2} + \dots + \frac{D_0^2}{D_1 D_0} \frac{\mathfrak{U}_n \mathfrak{V}_n}{\mathfrak{R}_{n-1} \mathfrak{R}_n}$$

oder

$$(3) \qquad \frac{W_0}{R_0} = \frac{\mathfrak{U}_1 \mathfrak{V}_1}{E_1 \mathfrak{R}_0 \mathfrak{R}_1} + \frac{\mathfrak{U}_2 \mathfrak{V}_2}{E_2 \mathfrak{R}_1 \mathfrak{R}_2} + \dots + \frac{\mathfrak{U}_n \mathfrak{V}_n}{E_n \mathfrak{R}_{n-1} \mathfrak{R}_n}.$$

Wenn man jetzt

$$u_r = a_{r1} y_1 + a_{r2} y_2 + \dots + a_{rn} y_n,$$
$$v_r = a_{1r} x_1 + a_{2r} x_2 + \dots + a_{nr} x_n$$

setzt ($r = 1, 2, \dots, n$), so verwandeln sich $\mathfrak{U}_p$, $\mathfrak{V}_p$ in $\mathfrak{Y}_p$, $\mathfrak{X}_p$, und $\mathfrak{X}_p$ ist eine Linearform in den x, $\mathfrak{Y}_p$ eine Linearform in den y.

W_0 geht über in

$$\begin{vmatrix} \omega a_{11} - b_{11}, & \dots, & \omega a_{1n} - b_{1n}, & \sum a_{1\nu} y_\nu \\ \cdot & \cdot & \cdot & \cdot \\ \omega a_{n1} - b_{n1}, & \dots, & \omega a_{nn} - b_{nn}, & \sum a_{n\nu} y_\nu \\ \sum a_{\nu 1} x_\nu, & \dots, & \sum a_{\nu n} x_\nu, & 0 \end{vmatrix}.$$

Addiert man zur letzten Zeile die mit $-\frac{x_1}{\omega}, -\frac{x_2}{\omega}, \dots, -\frac{x_n}{\omega}$ multiplizierten n ersten Zeilen, so ergibt sich

$$\begin{vmatrix} \omega a_{11} - b_{11}, & \dots, & \omega a_{1n} - b_{1n}, & \sum a_{1\nu} y_\nu \\ \cdot & \cdot & \cdot & \cdot \\ \omega a_{n1} - b_{n1}, & \dots, & \omega a_{nn} - b_{nn}, & \sum a_{n\nu} y_\nu \\ \frac{1}{\omega}\sum b_{\nu 1} x_\nu, & \dots, & \frac{1}{\omega}\sum b_{\nu n} x_\nu, & -\frac{f}{\omega} \end{vmatrix}.$$

Addiert man in dieser Determinante zur letzten Spalte die mit $-\frac{y_1}{\omega}, -\frac{y_2}{\omega}, \dots, -\frac{y_n}{\omega}$ multiplizierten n ersten Spalten, so findet man

$$\begin{vmatrix} \omega a_{11} - b_{11}, & \dots, & \omega a_{1n} - b_{1n}, & \frac{1}{\omega}\sum b_{1\nu} y_\nu \\ \cdot & \cdot & \cdot & \cdot \\ \omega a_{n1} - b_{n1}, & \dots, & \omega a_{nn} - b_{nn}, & \frac{1}{\omega}\sum b_{n\nu} y_\nu \\ \frac{1}{\omega}\sum b_{\nu 1} x_\nu, & \dots, & \frac{1}{\omega}\sum b_{\nu n} x_\nu, & -\frac{f}{\omega} - \frac{g}{\omega^2} \end{vmatrix}.$$

Für W_0 / R_0 erhält man also folgenden Ausdruck:

$$\frac{W_0}{R_0} = -\frac{f}{\omega} - \frac{g}{\omega^2} + \frac{\overline{W}_0}{\omega^2 R_0}.$$

Dabei hat $\overline{W}_0$ folgende Bedeutung:

$$\overline{W}_0 = \begin{vmatrix} \omega a_{11} - b_{11}, & \ldots, & \omega a_{1n} - b_{1n}, & \sum b_{1\nu} y_\nu \\ \cdot & \cdot & \cdot & \cdot \\ \omega a_{n1} - b_{n1}, & \ldots, & \omega a_{nn} - b_{nn}, & \sum b_{n\nu} y_\nu \\ \sum b_{\nu 1} x_\nu, & \ldots, & \sum b_{\nu n} x_\nu, & 0 \end{vmatrix}.$$

$\overline{W}_0$ ist in ω höchstens vom $(n-1)^{\text{ten}}$ Grade. Da R_0 den Grad n hat, so wird

$$-\frac{\overline{W}_0}{R_0} = \frac{h}{\omega} + \ldots,$$

also

$$-\frac{W_0}{R_0} = \frac{f}{\omega} + \frac{g}{\omega^2} + \frac{h}{\omega^3} + \ldots,$$

wobei die Punkte Glieder mit höheren Potenzen von $1/\omega$ andeuten.

f und g sind demnach in der Entwickelung von $-W_0/R_0$ nach Potenzen von $1/\omega$ die Koeffizienten von $1/\omega$ bzw. $1/\omega^2$.

Wir wollen nun auch die rechte Seite von (3) nach Potenzen von $1/\omega$ entwickeln. Sie lautet jetzt $\Sigma(\mathfrak{X}_p \mathfrak{Y}_p : E_p \mathfrak{R}_{p-1} \mathfrak{R}_p)$.

$l = \omega - \varrho$ sei ein Linearfaktor von R_0. Er sei e_p-mal in E_p enthalten. l kann in keinem $\mathfrak{R}$ vorkommen, weil die $\mathfrak{R}$ gegen R_0 relativ prim sind. Daher ist $E_p \mathfrak{R}_{p-1} \mathfrak{R}_p$ gerade e_p-mal durch l teilbar.

Man findet nun die zu l gehörigen Partialbrüche von

$$\frac{\mathfrak{X}_p \mathfrak{Y}_p}{E_p \mathfrak{R}_{p-1} \mathfrak{R}_p},$$

indem man

$$\frac{l^{e_p} \mathfrak{X}_p \mathfrak{Y}_p}{E_p \mathfrak{R}_{p-1} \mathfrak{R}_p}$$

nach Potenzen von l entwickelt. Die $e_p - 1$ ersten Glieder dieser Entwickelung, dividiert durch l^{e_p}, sind gerade die zu l gehörigen Partialbrüche.

Um nicht zu viele Indizes schreiben zu müssen, lassen wir den Index p fort und bezeichnen $\mathfrak{R}_{p-1}$ mit $\overline{\mathfrak{R}}$.

Dann sind zunächst

$$\frac{l^e \mathfrak{X}}{E} \quad \text{und} \quad \frac{\mathfrak{Y}}{\overline{\mathfrak{R}} \mathfrak{R}}$$

in folgender Weise entwickelbar:

$$\frac{l^e \mathfrak{X}}{E} = X_1 + l X_2 + \ldots + l^{e-1} X_e + \ldots,$$

$$\frac{\mathfrak{Y}}{\overline{\mathfrak{R}} \mathfrak{R}} = Y_1 + l Y_2 + \ldots + l^{e-1} Y_e + \ldots$$

Daraus ergibt sich durch Multiplikation

$$\frac{l^e \mathfrak{X} \mathfrak{Y}}{E \overline{\mathfrak{R}} \mathfrak{R}} = X_1 Y_1 + l(X_1 Y_2 + X_2 Y_1) + \dots$$
$$+ l^{e-2}(X_1 Y_{e-1} + X_2 Y_{e-2} + \dots + X_{e-1} Y_1)$$
$$+ l^{e-1}(X_1 Y_e + X_2 Y_{e-1} + \dots + X_e Y_1) + \dots$$

Die gesuchten Partialbrüche sind also folgende:

$$\frac{X_1 Y_1}{l^e}, \qquad \frac{X_1 Y_2 + X_2 Y_1}{l^{e-1}},$$
$$\cdot \quad \cdot \quad \cdot \quad \cdot \quad \cdot \quad \cdot \quad \cdot \quad \cdot \quad \cdot \quad \cdot \quad \cdot$$
$$\frac{X_1 Y_{e-1} + X_2 Y_{e-2} + \dots + X_{e-1} Y_0}{l^2},$$
$$\frac{X_1 Y_e + X_2 Y_{e-1} + \dots + X_e Y_1}{l}.$$

Hier bezeichnen die X, Y Linearformen in $x_1, x_2, \dots, x_n$ bzw. $y_1, y_2, \dots, y_n$, und die Koeffizienten dieser Formen sind frei von ω.

Da

$$\frac{1}{l^r} = \frac{1}{(\omega - \varrho)^r} = \frac{1}{\omega^r} + \frac{r\varrho}{\omega^{r+1}} + \dots$$

ist, so liefern, wenn man nach Potenzen von $1/\omega$ entwickelt, nur die beiden letzten Partialbrüche Glieder mit $1/\omega$ und $1/\omega^2$. Und zwar erhält man von dem vorletzten Partialbruch nur

$$\frac{X_1 Y_{e-1} + X_2 Y_{e-2} + \dots + X_{e-1} Y_1}{\omega^2}$$

und von dem letzten Partialbruch, weil

$$\frac{1}{l} = \frac{1}{\omega - \varrho} = \frac{1}{\omega} + \frac{\varrho}{\omega^2} + \dots$$

ist,

$$\frac{X_1 Y_e + X_2 Y_{e-1} + \dots + X_e Y_1}{\omega}$$

und

$$\frac{\varrho(X_1 Y_e + X_2 Y_{e-1} + \dots + X_e Y_1)}{\omega^2}.$$

Es kommen nun bei der Partialbruchzerlegung von

$$\sum \frac{\mathfrak{X} \mathfrak{Y}}{E \overline{\mathfrak{R}} \mathfrak{R}}$$

nur die Partialbrüche in Frage, die von den Linearfaktoren der E herrühren. Alles übrige hebt sich fort, weil die obige Summe gleich

$$\frac{W_0}{R_0} = \frac{D_{n-1} \mathfrak{W}_0}{D_n} = \frac{\mathfrak{W}_0}{E_1}$$

ist, also eine echt gebrochene Funktion mit dem Nenner E_1.

Die Entwickelung von $\Sigma(\mathfrak{X}\,\mathfrak{Y} : E\bar{\mathfrak{R}}\,\mathfrak{R})$ nach Potenzen von $1/\omega$ hat daher folgendes Aussehen:

$$\frac{1}{\omega}\sum(X_1\,Y_e + \ldots + X_e\,Y_1)$$

$$+\frac{1}{\omega^2}\sum\{(X_1\,Y_{e-1} + \ldots + X_{e-1}\,Y_1) + \varrho(X_1\,Y_e + \ldots + X_e\,Y_1)\} + \ldots$$

Andererseits fanden wir aber

$$\frac{W_0}{R_0} = -\frac{f}{\omega} - \frac{g}{\omega^2} + \ldots$$

Daher ist

$$-f = \sum(X_1\,Y_e + \ldots + X_e\,Y_1)$$

$$-g = \sum\{(X_1\,Y_{e-1} + \ldots + X_{e-1}\,Y_1) + \varrho(X_1\,Y_e + \ldots + X_e\,Y_1)\}.$$

Die Summation erstreckt sich über alle verschiedenen ϱ und für jedes ϱ über alle E.

Setzen wir bei festgehaltenem ϱ

$$\sum e = \varepsilon,$$

so ist offenbar

$$\sum \varepsilon = n.$$

Es gibt also n Linearformen X und n Linearformen Y.

Die X sowohl wie die Y sind unabhängig. Wären z. B. die X nicht unabhängig, so gäbe es ein von 0, 0, . . ., 0 verschiedenes Wertsystem $x_1, x_2, \ldots, x_n$, das alle X zum Verschwinden bringt. Für dieses Wertsystem $x_1, x_2, \ldots, x_n$ wäre dann $f = 0$, wie man auch die y wählt. D. h. es beständen die Gleichungen

$$a_{1r}\,x_1 + a_{2r}\,x_2 + \ldots + a_{nr}\,x_n = 0. \qquad (r = 1, 2, \ldots, n)$$

Das ist aber unmöglich, weil die Determinante von f nicht verschwindet.

Der Übergang von den X zu den x ist also eine nichtsinguläre lineare Transformation, ebenso der Übergang von den Y zu den y. Die inversen Transformationen führen von den x zu den X bzw. von den y zu den Y. Sie verwandeln

$$\omega f - g$$

in

$$\sum\{(X_1\,Y_{e-1} + \ldots + X_{e-1}\,Y_1) + (\varrho - \omega)(X_1\,Y_e + \ldots + X_e\,Y_1)\}.$$

Diese kanonische Form hängt, wie man sieht, nur von den Elementarteilern

$$E_1,\; E_2,\; \ldots,\; E_n$$

ab.

Wir wollen die kanonische Form von $\omega f - g$ noch auf eine andere Gestalt bringen, indem wir statt

$$Y_1, Y_2, \ldots, Y_e$$

bezüglich

$$-Y_e, -Y_{e-1}, \ldots, -Y_1$$

schreiben. Dann lautet sie

$$\sum\{(\omega - \varrho)(X_1 Y_1 + \ldots + X_e Y_e) - (X_1 Y_2 + \ldots + X_{e-1} Y_e)\}.$$

§ 111. Äquivalenz von zwei Büscheln bilinearer Formen.

Wir nennen zwei Büschel von Bilinearformen

$$\lambda f + \mu g \quad \text{und} \quad \lambda \bar{f} + \mu \bar{g}$$

äquivalent, wenn es zwei nichtsinguläre lineare Transformationen gibt, eine in den x und die andre in den y, die jede Form des einen Büschels in die entsprechende Form des andern Büschels verwandeln.

Setzen wir

$$f = \sum a_{rs} x_r y_s, \quad g = \sum b_{rs} x_r y_s,$$
$$\bar{f} = \sum \bar{a}_{rs} x_r y_s, \quad \bar{g} = \sum \bar{b}_{rs} x_r y_s,$$

so bedeutet die Äquivalenz von $\lambda f + \mu g$ und $\lambda \bar{f} + \mu \bar{g}$ folgendes. Es gibt zwei nichtsinguläre Matrizen

$$\begin{pmatrix} \beta_{11} & \beta_{12} & \cdots & \beta_{1n} \\ \beta_{21} & \beta_{22} & \cdots & \beta_{2n} \\ \cdot & \cdot & \cdot & \cdot \\ \beta_{n1} & \beta_{n2} & \cdots & \beta_{nn} \end{pmatrix} \quad \text{und} \quad \begin{pmatrix} \gamma_{11} & \gamma_{12} & \cdots & \gamma_{1n} \\ \gamma_{21} & \gamma_{22} & \cdots & \gamma_{2n} \\ \cdot & \cdot & \cdot & \cdot \\ \gamma_{1n} & \gamma_{n2} & \cdots & \gamma_{nn} \end{pmatrix},$$

welche die Relation

$$\begin{pmatrix} \beta_{11} & \cdots & \beta_{n1} \\ \cdot & \cdot & \cdot \\ \beta_{1n} & \cdots & \beta_{nn} \end{pmatrix} \begin{pmatrix} \lambda a_{11} + \mu b_{11} & \cdots & \lambda a_{1n} + \mu b_{1n} \\ \cdot & \cdot & \cdot \\ \lambda a_{n1} + \mu b_{n1} & \cdots & \lambda a_{nn} + \mu b_{nn} \end{pmatrix} \begin{pmatrix} \gamma_{11} & \cdots & \gamma_{1n} \\ \cdot & \cdot & \cdot \\ \gamma_{n1} & \cdots & \gamma_{nn} \end{pmatrix}$$
$$= \begin{pmatrix} \lambda \bar{a}_{11} + \mu \bar{b}_{11} & \cdots & \lambda \bar{a}_{1n} + \mu \bar{b}_{1n} \\ \cdot & \cdot & \cdot \\ \lambda \bar{a}_{n1} + \mu \bar{b}_{n1} & \cdots & \lambda \bar{a}_{nn} + \mu \bar{b}_{nn} \end{pmatrix}$$

erfüllen, wie man auch λ, μ wählen mag.

Aus § 109 ist zu entnehmen, daß bei zwei äquivalenten **ordinären** Büscheln die Elementarteiler übereinstimmen. Diese Bedingung ist aber zugleich hinreichend.

Zunächst läßt sich immer erreichen, daß f und $\bar{f}$ nichtsingulär sind. Setzt man nämlich

$$\lambda = \alpha\lambda' + \beta\mu', \quad \mu = \gamma\lambda' + \delta\mu', \qquad (\alpha\delta - \beta\gamma \neq 0)$$

so wird

$$\lambda f + \mu g = \lambda' F + \mu' G,$$
$$\lambda \bar{f} + \mu \bar{g} = \lambda' \bar{F} + \mu' \bar{G}.$$

Dabei ist

$$F = \alpha f + \gamma g, \quad \bar{F} = \alpha \bar{f} + \gamma \bar{g}.$$

Bezeichnen wir die Determinante von $\lambda f + \mu g$ mit $D(\lambda, \mu)$ und die von $\lambda \bar{f} + \mu \bar{g}$ mit $\bar{D}(\lambda, \mu)$, so haben F und $\bar{F}$ die Determinanten $D(\alpha, \gamma)$ bzw. $\bar{D}(\alpha, \gamma)$. Da es sich um ordinäre Büschel handelt, ist weder $D(\lambda, \mu)$ noch $\bar{D}(\lambda, \mu)$ identisch Null. Daher können wir α, γ $(\neq 0, 0)$ so wählen, daß

$$D(\alpha, \gamma) \neq 0 \quad \text{und} \quad \bar{D}(\alpha, \gamma) \neq 0$$

wird. Dann sind aber F und $\bar{F}$ beide nichtsingulär. β, δ muß man so annehmen, daß $\alpha\delta - \beta\gamma \neq 0$ ist.

Offenbar haben nun, wenn die Elementarteiler von $\lambda f + \mu g$ mit denen von $\lambda \bar{f} + \mu \bar{g}$ übereinstimmen, auch $\omega F - G$ und $\omega \bar{F} - \bar{G}$ dieselben Elementarteiler. Beide Büschel sind also (vgl. § 110) mit demselben kanonischen Büschel äquivalent. Mithin sind sie auch miteinander äquivalent.

Es gibt also zwei nichtsinguläre lineare Transformationen, eine in den x, die andere in den y, derart, daß $\omega F - G$ in $\omega \bar{F} - \bar{G}$ übergeht, wie auch ω gewählt werden mag. Dann geht aber $\lambda f + \mu g$ in $\lambda \bar{f} + \mu \bar{g}$ über.

Zwei ordinäre Büschel von Bilinearformen sind also dann und nur dann äquivalent, wenn ihre Elementarteiler übereinstimmen.

Weierstrass, der die Elementarteilertheorie begründet hat, nennt nicht $E_1, E_2, \ldots, E_n$ die Elementarteiler des Büschels $\lambda f + \mu g$, sondern er zerlegt die E noch in Linearfaktoren. Sind

$$\omega - \varrho_1, \ \omega - \varrho_2, \ \ldots, \ \omega - \varrho_k$$

die verschiedenen Linearfaktoren von D_n und kommt $\omega - \varrho_\varkappa$ gerade $e_{\varkappa\nu}$-mal in E_ν vor, so lauten Weierstrass' Elementarteiler

$$(\omega - \varrho_\varkappa)^{e_{\varkappa\nu}}. \qquad (\varkappa = 1, \ldots, k; \ \nu = 1, \ldots, n)$$

Da E_ν durch $E_{\nu+1}$ teilbar ist, hat man $e_{\varkappa\nu} \geqq e_{\varkappa,\nu+1}$.

Zwei ordinäre Büschel von Bilinearformen sind dann und nur dann äquivalent, wenn ihre Weierstrassschen Elementarteiler übereinstimmen. Denn die Elementarteiler $E_1, E_2, \ldots, E_n$ und die Weierrtsassschen Elementarteiler bestimmen sich gegenseitig.

§ 112. Büschel von reellen Bilinearformen.

f und g seien jetzt zwei reelle Bilinearformen, d. h. Bilinearformen mit reellen Koeffizienten. f habe eine nicht verschwindende Determinante.

Offenbar können wir auch die u, v, die in § 110 benutzt wurden, als reell voraussetzen.

Bis zu den Entwickelungen nach Potenzen von l (S. 261) ist also alles reell. Aber die X, Y brauchen nicht mehr reell zu sein.

Wenn nun $(\omega - \varrho)^e$ ein WEIERSTRASSscher Elementarteiler ist, so ist auch $(\omega - \bar{\varrho})^e$ ein solcher (ϱ, $\bar{\varrho}$ konjugiert komplex).

In der kanonischen Form, die am Schluß von § 110 angegeben wurde, kommen also die beiden Bestandteile vor

$$(\omega - \varrho)(X_1 Y_1 + \ldots + X_e Y_e) - (X_1 Y_2 + \ldots + X_{e-1} Y_e)$$

und

$$(\omega - \bar{\varrho})(\bar{X}_1 \bar{Y}_1 + \ldots + \bar{X}_e \bar{Y}_e) - (\bar{X}_1 \bar{Y}_2 + \ldots + \bar{X}_{e-1} \bar{Y}_e).$$

Zerlegen wir ϱ, X_ν, Y_ν in ihre reellen und imaginären Teile, setzen wir also[1]

$$\varrho = \varrho' + i\varrho'',$$
$$X_\nu = X_\nu' + i X_\nu'',$$
$$Y_\nu = Y_\nu' + i Y_\nu'',$$

so erhalten wir für die Summe jener beiden Bestandteile:

$$\begin{aligned}2(\omega - \varrho')(X_1' Y_1' - X_1'' Y_1'' + \ldots + X_e' Y_e' - X_e'' Y_e'')\\ + 2\varrho''(X_1' Y_1'' + X_1'' Y_1' + \ldots + X_e' Y_e'' + X_e'' Y_e')\\ - 2(X_1' Y_2' - X_1'' Y_2'' + \ldots + X_e' Y_e' - X_e'' Y_e'').\end{aligned}$$

Hier ist alles reell. Wenn wir statt der X_ν, Y_ν, $\bar{X}_\nu$, $\bar{Y}_\nu$

$$X_\nu', \; X_\nu'', \; Y_\nu', \; Y_\nu''$$

nehmen, so bleiben die X, Y unabhängig.

Man sieht auf diese Weise, daß zwei reelle ordinäre Büschel von Bilinearformen, wenn sie übereinstimmende Elementarteiler haben, in reeller Weise auf dieselbe kanonische Form gebracht werden können.

Sie sind also auch reell äquivalent. D. h. es gibt zwei nichtsinguläre lineare Transformationen, eine in den x, eine in den y, beide mit reellen Koeffizienten, so daß jede Form des einen Büschels in die entsprechende des andern Büschels übergeht.

[1] Diese Betrachtung ist nur im Falle $\varrho'' \neq 0$ anzustellen.

§ 113. Büschel von quadratischen Formen.

$f = \Sigma a_{rs} x_r x_s$ sei eine quadratische Form in $x_1, x_2, \ldots, x_n$ und $g = \Sigma b_{rs} x_r x_s$ eine quadratische Form in denselben Veränderlichen.[1] Beide Formen sollen sich nicht bloß um einen konstanten Faktor unterscheiden.

Der Inbegriff der Formen $\lambda f + \mu g$ (λ, μ Konstanten) heißt ein Büschel von quadratischen Formen.

Wir beschränken uns auf ordinäre Büschel, d. h. wir nehmen an, daß die Diskriminante $D_n(\lambda, \mu)$ von $\lambda f + \mu g$ nicht identisch verschwindet.

Den größten gemeinsamen Teiler der p-reihigen Minoren von $D_n(\lambda, \mu)$ bezeichnen wir wieder mit $D_p(\lambda, \mu)$ und nennen den Quotienten $D_{p+1}(\lambda, \mu) : D_p(\lambda, \mu) = E_{n-p}(\lambda, \mu)$ einen Elementarteiler des Büschels.

Zwei Büschel $\lambda f + \mu g$ und $\lambda \bar{f} + \mu \bar{g}$ heißen äquivalent, wenn es eine nichtsinguläre lineare Transformation gibt, die jede Form des einen Büschels in die entsprechende des andern überführt.

Zwei ordinäre Büschel von quadratischen Formen sind dann und nur dann äquivalent, wenn ihre Elementarteiler übereinstimmen.

Wir wollen annehmen[2], daß f eine von Null verschiedene Diskriminante hat, und das Büschel in der Form $\omega f - g$ schreiben.

An die Stelle der Determinanten R_p in § 110 treten jetzt die folgenden symmetrischen Determinanten:

$$R_p = \begin{vmatrix} c_{11} & c_{12} & \ldots & c_{1n} & u_{11} & u_{12} & \ldots & u_{1p} \\ c_{21} & c_{22} & \ldots & c_{2n} & u_{21} & u_{22} & \ldots & u_{2p} \\ \cdot & \cdot & \cdot & \cdot & \cdot & \cdot & \cdot & \cdot \\ c_{n1} & c_{n2} & \ldots & c_{nn} & u_{n1} & u_{n2} & \ldots & u_{np} \\ u_{11} & u_{21} & \ldots & u_{n1} & 0 & 0 & \ldots & 0 \\ u_{12} & u_{22} & \ldots & u_{n2} & 0 & 0 & \ldots & 0 \\ \cdot & \cdot & \cdot & \cdot & \cdot & \cdot & \cdot & \cdot \\ u_{1p} & u_{2p} & \ldots & u_{np} & 0 & 0 & \ldots & 0 \end{vmatrix}. \qquad (p = 1, 2, \ldots, n)$$

Dabei ist $c_{rs} = \omega a_{rs} - b_{rs}$.

Durch passende Wahl der u kann man bewirken, daß die Funktionen

$$\frac{R_p}{D_{n-p}} = \Re_p \qquad (p = 1, 2, \ldots, n)$$

gegen die Diskriminante D_n von $\omega f - g$ teilerfremd sind.

---

[1] $a_{rs} = a_{sr}$, $b_{rs} = b_{sr}$.

[2] Dies läßt sich durch lineare Transformation von λ, μ erreichen. Vgl. S. 265.

Ersetzen wir in der letzten Spalte oder in der letzten Zeile von R_p

$$u_{1p},\ u_{2p},\ \ldots,\ u_{np} \text{ durch } u_1,\ u_2,\ \ldots,\ u_n,$$

so entsteht eine Linearform U_p, deren Koeffizienten durch D_{n-p} teilbar sind.

Schreiben wir sowohl in der letzten Zeile als auch in der letzten Spalte von R_p statt $u_{1p}, u_{2p}, \ldots, u_{np}$ bezüglich $u_1, u_2, \ldots, u_n$, so ergibt sich eine quadratische Form Q_{p-1}.

Betrachten wir nun die $(n+p+1)$-reihige Determinante Q_p, so lauten die $(n+p)$-reihigen Superdeterminanten von R_{p-1}

$$R_p,\ U_p,$$
$$U_p,\ Q_{p-1},$$

und nach § 41 ist

$$R_p Q_{p-1} - U_p^2 = R_{p-1} Q_p$$

oder

$$\frac{Q_{p-1}}{R_{p-1}} - \frac{Q_p}{R_p} = \frac{U_p^2}{R_{p-1} R_p}.$$

Diese Formel gilt für $p = 1, 2, \ldots, n$. Dabei ist R_0 nichts anderes als D_n und Q_n ebenso wie R_{n+1} gleich Null.

Man hat also

$$\frac{Q_0}{R_0} - \frac{Q_1}{R_1} = \frac{U_1^2}{R_0 R_1}$$
$$\frac{Q_1}{R_1} - \frac{Q_2}{R_2} = \frac{U_2^2}{R_1 R_2},$$
$$\cdot\ \cdot\ \cdot\ \cdot\ \cdot\ \cdot\ \cdot\ \cdot$$
$$\frac{Q_{n-1}}{R_{n-1}} - \frac{Q_n}{R_n} = \frac{U_n^2}{R_{n-1} R_n},$$
$$\frac{Q_n}{R_n} = 0.$$

Durch Addition ergibt sich hieraus

$$\frac{Q_0}{R_0} = \frac{U_1^2}{R_0 R_1} + \frac{U_2^2}{R_1 R_2} + \cdots + \frac{U_n^2}{R_{n-1} R_n}.$$

Da U_p, R_p durch D_{n-p} teilbar sind, wollen wir

$$U_p = D_{n-p}\,\mathfrak{U}_p, \quad R_p = D_{n-p}\,\mathfrak{R}_p,$$

setzen. Dann erhalten wir

$$\frac{Q_0}{R_0} = \frac{\mathfrak{U}_1^2}{E_1 \mathfrak{R}_0 \mathfrak{R}_1} + \frac{\mathfrak{U}_2^2}{E_2 \mathfrak{R}_1 \mathfrak{R}_2} + \cdots + \frac{\mathfrak{U}_n^2}{E_n \mathfrak{R}_{n-1} \mathfrak{R}_n}. \tag{1}$$

$\mathfrak{R}_0, \mathfrak{R}_1, \ldots, \mathfrak{R}_n$ sind gegen R_0 teilerfremd.

Jetzt verfahren wir ähnlich wie in § 110. Wir führen die lineare Transformation

$$u_r = a_{r1} x_1 + a_{r2} x_2 + \ldots + a_{rn} x_n \qquad (r = 1, 2, \ldots, n)$$

aus. Dadurch verwandelt sich Q_0 / R_0 in

$$-\frac{f}{\omega} - \frac{g}{\omega^2} + \ldots,$$

wo die Punkte Glieder mit höheren Potenzen von $1/\omega$ andeuten.

$\mathfrak{U}_p$ wird eine Linearform $\mathfrak{X}_p$ in $x_1, x_2, \ldots, x_n$. Die rechte Seite von (1) lautet also jetzt

$$\sum \frac{\mathfrak{X}^2}{E \overline{\mathfrak{R}} \mathfrak{R}}.$$

Wir haben den Index p fortgelassen und $\mathfrak{R}$ statt $\overline{\mathfrak{R}}_{p-1}$ geschrieben.

$l = \omega - \varrho$ sei ein Linearfaktor von R_0 und möge in E genau e-mal vorkommen. Dann finden wir die zu l gehörigen Partialbrüche von

$$\frac{\mathfrak{X}^2}{E \overline{\mathfrak{R}} \mathfrak{R}},$$

indem wir

$$\frac{l^e \mathfrak{X}^2}{E \overline{\mathfrak{R}} \mathfrak{R}}$$

nach Potenzen von l entwickeln. Die e ersten Glieder dieser Entwickelung liefern, wenn man sie durch l^e dividiert, gerade die gewünschten Partialbrüche.

Entwickeln wir

$$\frac{E}{l^e} \overline{\mathfrak{R}} \mathfrak{R}$$

nach Potenzen von l, so ergibt sich, weil $\frac{E}{l^e}$, $\overline{\mathfrak{R}}$, $\mathfrak{R}$ den Linearfaktor l nicht enthalten,

$$\frac{E}{l^e} \overline{\mathfrak{R}} \mathfrak{R} = C + C_1 l + C_2 l^2 + \ldots$$

und C ist von Null verschieden, so daß wir auch schreiben können

$$\frac{E}{l^e} \overline{\mathfrak{R}} \mathfrak{R} = C(1 + \gamma_1 l + \gamma_2 l^2 + \ldots).$$

Nun gibt es eine Potenzreihe von der Form

$$\mathfrak{P} = 1 + \mathfrak{g}_1 l + \mathfrak{g}_2 l^2 + \ldots,$$

deren Quadrat gleich

$$1 + \gamma_1 l + \gamma_2 l^2 + \ldots$$

ist.[1]

[1] $|l|$ muß dabei unterhalb einer gewissen Grenze liegen.

Verstehen wir unter $\sqrt{-C}$ eine der beiden Quadratwurzeln von $-C$, so ist

$$\frac{E}{l^e}\overline{\mathfrak{R}}\,\mathfrak{R} = -(\mathfrak{P}\sqrt{-C})^2$$

und

$$\frac{l^e\mathfrak{X}^2}{E\overline{\mathfrak{R}}\,\mathfrak{R}} = -\frac{\mathfrak{X}}{\mathfrak{P}\sqrt{-C}}\cdot\frac{\mathfrak{X}}{\mathfrak{P}\sqrt{-C}}.$$

$1:\mathfrak{P}$ läßt sich wieder als Potenzreihe schreiben. Daher gilt für $\mathfrak{X}:\mathfrak{P}\sqrt{-C}$ eine Entwickelung von folgender Form:

$$\frac{\mathfrak{X}}{\mathfrak{P}\sqrt{-C}} = X_1 + X_2\,l + \ldots + X_e\,l^{e-1} + \ldots,$$

und das Quadrat hiervon lautet

$$\begin{gathered}X_1{}^2 + (X_1\,X_2 + X_2\,X_1)\,l + \ldots\\ + (X_1\,X_{e-1} + X_2\,X_{e-2} + \ldots + X_{e-1}\,X_1)\,l^{e-2}\\ + (X_1\,X_e + X_2\,X_{e-1} + \ldots + X_e\,X_1)\,l^{e-1} + \ldots\end{gathered}$$

Die e ersten Glieder dieser Potenzreihe geben, dividiert durch $-l^e$, die gesuchten Partialbrüche.

In der Partialbruchzerlegung von

$$\sum\frac{\mathfrak{X}^2}{E\overline{\mathfrak{R}}\,\mathfrak{R}}$$

brauchen wir nur diejenigen Partialbrüche zu beachten, die von den Linearfaktoren von R_0 herrühren. Alles andere hebt sich fort, da die obige Summe gleich Q_0/R_0 ist, also eine echtgebrochene Funktion mit dem Nenner R_0.

Um nun die Entwickelung von $\sum(\mathfrak{X}^2:E\overline{\mathfrak{R}}\,\mathfrak{R})$ nach Potenzen von $1/\omega$ zu erhalten, müssen wir die einzelnen Partialbrüche nach Potenzen von $1/\omega$ entwickeln.

Glieder mit $1/\omega$ und $1/\omega^2$ kommen nur bei

$$-\frac{X_1\,X_{e-1} + X_2\,X_{e-2} + \ldots + X_{e-1}\,X_1}{l^2}$$

und

$$-\frac{X_1\,X_e + X_2\,X_{e-1} + \ldots + X_e\,X_1}{l}$$

vor, und zwar lauten sie, da

$$\frac{1}{l} = \frac{1}{\omega} + \frac{\varrho}{\omega^2} + \ldots,\quad \frac{1}{l^2} = \frac{1}{\omega^2} + \ldots$$

ist,

$$-(X_1\,X_e + \ldots + X_e\,X_1)\frac{1}{\omega}$$

bzw.

$$-\{\varrho(X_1 X_e + \dots + X_e X_1) + (X_1 X_{e-1} + X_{e-1} X_1)\}\frac{1}{\omega^2}\,.$$

Da andererseits in der Entwickelung von Q_0/R_0 die beiden ersten Glieder

$$-\frac{f}{\omega} \quad \text{und} \quad -\frac{g}{\omega^2}$$

waren, so ist

$$f = \sum(X_1 X_e + \dots + X_e X_1)$$
$$g = \sum\{\varrho(X_1 X_e + \dots + X_e X_1) + (X_1 X_{e-1} + \dots + X_{e-1} X_1)\}.$$

Die Summation erstreckt sich über alle verschiedenen ϱ und für jedes ϱ über alle E.

Die Anzahl der X, die zu demselben ϱ gehören, ist gleich Σe und die Gesamtzahl der X gleich n. Die n Linearformen X sind unabhängig. Wären sie es nicht, so könnten wir f durch eine nichtsinguläre lineare Transformation auf weniger als n Veränderliche reduzieren. Wir brauchten nur unter den X möglichst viele unabhängige herauszugreifen und sie mit andern passend gewählten Linearformen als neue Veränderliche einzuführen. Nun hat aber f eine von Null verschiedene Diskriminante. Deshalb müssen die X unabhängig sein.

Der Übergang von den x zu den X ist also eine nichtsinguläre lineare Transformation. Sie verwandelt $\omega f - g$ in

$$\sum\{(\omega - \varrho)(X_1 X_2 + \dots + X_e X_1) - (X_1 X_{e-1} + \dots + X_{e-1} X_1)\}.$$

Diese kanonische Form hängt nur von den Elementarteilern E ab.

Daraus können wir ähnlich wie in § 111 schließen, daß zwei ordinäre Büschel von quadratischen Formen $\lambda f + \mu g$ und $\lambda \bar{f} + \mu \bar{g}$ dann und nur dann äquivalent sind, wenn ihre Elementarteiler übereinstimmen.

§ 114. Büschel von quadratischen Formen mit linearen Weierstrassschen Elementarteilern.

$\lambda f + \mu g$ sei ein ordinäres Büschel von quadratischen Formen, und die Weierstrassschen Elementarteiler seien sämtlich linear.

Durch lineare Transformation der λ, μ läßt sich erreichen, daß f nichtsingulär ist.

Wenn wir nun das in § 113 dargelegte Verfahren anwenden, so sind die dort mit e bezeichneten Zahlen alle gleich 1. Die kanonische Form für $\omega f - g$ lautet also

$$\sum(\omega - \varrho)X^2.$$

Es gibt also eine lineare Transformation, die

$$f \text{ in } \sum x_\nu^2$$

und zugleich

$$g \text{ in } \sum \varrho_\nu x_\nu^2$$

verwandelt, also

$$\lambda f + \mu g \text{ in } \sum (\lambda + \mu \varrho_\nu) x_\nu^2.$$

Wenn $\varrho_1, \varrho_2, \ldots, \varrho_n$ irgendwelche Zahlen sind, so hat das Büschel

$$\omega \sum x_\nu^2 - \sum \varrho_\nu x_\nu^2$$

die Elementarteiler

$$\omega - \varrho_1, \ \omega - \varrho_2, \ \ldots, \ \omega - \varrho_n.$$

In der Tat sei ϱ eine Zahl, die p-mal in der Reihe $\varrho_1, \varrho_2, \ldots, \varrho_n$ vorkommt. Dann ist die Determinante

$$\begin{vmatrix} \omega - \varrho_1 & 0 & \ldots & 0 \\ 0 & \omega - \varrho_2 & \ldots & 0 \\ \cdot & \cdot & \cdot & \cdot \\ 0 & 0 & \ldots & \omega - \varrho_n \end{vmatrix}$$

p-mal durch $\omega - \varrho$ teilbar. Alle $(n - k)$-reihigen Minoren[1] sind, solange $k \leqq p$ ist, durch $(\omega - \varrho)^{p-k}$ teilbar und einer von ihnen durch keine höhere Potenz von $\omega - \varrho$. Daraus geht hervor, daß D_{n-k} gerade $(p - k)$-mal durch $\omega - \varrho$ teilbar ist, mithin E_{k+1} genau einmal $(k = 0, 1, \ldots, p - 1)$. Die WEIERSTRASSschen Elementarteiler sind also alle linear.

Damit ist folgender Satz gewonnen:

Ein ordinäres Büschel von quadratischen Formen $\lambda f + \mu g$ läßt sich dann und nur dann durch eine nichtsinguläre lineare Transformation auf die Gestalt

$$\lambda \sum \alpha_\nu x_\nu^2 + \mu \sum \beta_\nu x_\nu^2$$

bringen, wenn die WEIERSTRASSschen Elementarteiler sämtlich linear sind.

§ 115. Büschel von reellen quadratischen Formen mit einer definiten Form.

$\lambda f + \mu g$ sei ein Büschel von reellen quadratischen Formen, in welchem eine nichtsinguläre definite Form vorkommt.

---

[1] Es kommen nur die Hauptminoren in Frage, da alle andern identisch Null sind.

Wir wollen annehmen, daß f eine nichtsinguläre positive Form ist. Durch eine reelle lineare Transformation läßt sich dann f auf die Gestalt

$$x_1^2 + x_2^2 + \ldots + x_n^2$$

bringen. (Vgl. § 102.) g möge dabei in $\Sigma a_{rs} x_r x_s$ übergehen. Die Koeffizienten a_{rs} sind reell.

Nun läßt sich leicht zeigen, daß die WEIERSTRASSschen Elementarteiler von

$$\omega \sum x_\nu^2 - \sum a_{rs} x_r x_s \tag{1}$$

sämtlich linear sind.

ϱ sei eine Wurzel der Diskriminante der Form (1). Multiplizieren wir die Determinante

$$f(u) = \begin{vmatrix} a_{11} - \varrho + u, & a_{12}, & \ldots, & a_{1n} \\ a_{21}, & a_{22} - \varrho + u, & \ldots, & a_{2n} \\ \cdot & \cdot & \cdot & \cdot \\ a_{n1}, & a_{n2}, & \ldots, & a_{nn} - \varrho + u \end{vmatrix}$$

mit

$$f(-u) = \begin{vmatrix} a_{11} - \varrho - u, & a_{12}, & \ldots, & a_{1n} \\ a_{21}, & a_{22} - \varrho - u, & \ldots, & a_{2n} \\ \cdot & \cdot & \cdot & \cdot \\ a_{n1}, & a_{n2}, & \ldots, & a_{nn} - \varrho - u \end{vmatrix},$$

so ergibt sich

$$f(u)\,f(-u) = \begin{vmatrix} c_{11} - u^2, & c_{12}, & \ldots, & c_{1n} \\ c_{21}, & c_{22} - u^2, & \ldots, & c_{2n} \\ \cdot & \cdot & \cdot & \cdot \\ c_{n1}, & c_{n2}, & \ldots, & c_{nn} - u^2 \end{vmatrix}.$$

Dabei ist

$$c_{rs} = \bar{a}_{r1}\,\bar{a}_{s1} + \bar{a}_{r2}\,\bar{a}_{s2} + \ldots + \bar{a}_{rn}\,\bar{a}_{sn},$$
$$(r,\ s = 1,\ 2,\ \ldots,\ n)$$

und die $\bar{a}_{rs}$ sind die Elemente der Determinante

$$\begin{vmatrix} a_{11} - \varrho, & a_{12}, & \ldots, & a_{1n} \\ a_{21}, & a_{22} - \varrho, & \ldots, & a_{2n} \\ \cdot & \cdot & \cdot & \cdot \\ a_{n1}, & a_{n2}, & \ldots, & a_{nn} - \varrho \end{vmatrix}. \tag{2}$$

Entwickelt man $f(u)\,f(-u)$ nach Potenzen von u, so ergibt sich

$$f(u)\,f(-u) = S_n - S_{n-1} u^2 + S_{n-2} u^4 - \ldots + (-1)^n u^{2n}$$

und S_{n-k} $(k = 0, 1, \ldots, n-1)$ ist die Summe der $(n-k)$-reihigen Hauptminoren in

$$\begin{vmatrix} c_{11} & c_{12} & \ldots & c_{1n} \\ c_{21} & c_{22} & \ldots & c_{2n} \\ \cdot & \cdot & \cdot & \cdot \\ c_{n1} & c_{n2} & \ldots & c_{nn} \end{vmatrix},$$

also die Quadratsumme aller $(n-k)$-reihigen Minoren in der Determinante (2).

ϱ ist offenbar dann und nur dann eine p-fache Wurzel der Diskriminante unseres Formenbüschels, wenn $u = 0$ eine p-fache Wurzel von $f(u) = 0$, also eine $2p$-fache von $f(u) f(-u) = 0$ ist. Dies tritt aber dann und nur dann ein, wenn

$$S_n = S_{n-1} = \ldots = S_{n-p+1} = 0,$$

aber

$$S_{n-p} > 0$$

ist.

Eine p-fache Wurzel gibt also der Diskriminante des Büschels gerade den Rang $n - p$.

Ist $\omega - \varrho$ in dem Elementarteiler E_p gerade e_p-mal enthalten, so hat man, da sich jedes E durch das folgende E teilen läßt,

$$e_1 \geqq e_2 \geqq \ldots \geqq e_p.$$

Nun ist $\omega - \varrho$ in D_{n-p} nicht mehr enthalten, während es in D_{n-p+1} vorkommt. Also ist $e_p \geqq 1$, und daher sind auch $e_1, e_2, \ldots, e_{p-1}$ mindestens gleich 1. In D_n, also in der Diskriminante des Büschels, tritt aber $\omega - \varrho$ genau p-mal auf. Andererseits sieht man aus

$$D_n = \frac{D_n}{D_{n-1}} \cdot \frac{D_{n-1}}{D_{n-2}} \cdots \frac{D_{n-p+1}}{D_{n-p}} \cdot D_{n-p} = E_1 E_2 \ldots E_p D_{n-p},$$

daß es in D_n

$$(e_1 + e_2 + \ldots + e_p)\text{-mal}$$

vorkommt.

Demnach ist

$$e_1 + e_2 + \ldots e_p = p$$

und

$$e_1 \geqq 1, \; e_2 \geqq 1, \ldots, e_p \geqq 1.$$

Daraus folgt aber

$$e_1 = e_2 = \ldots = e_p = 1.$$

Damit ist bewiesen, daß hier alle Weierstrassschen Elementarteiler linear sind.

Wenn ein Büschel reeller quadratischer Formen eine nichtsinguläre definite Form enthält, so sind seine WEIERSTRASSschen Elementarteiler alle reell und linear.

Daß sie reell sind, ergibt sich aus § 53.

Wenden wir nun auf das Büschel (1) die Betrachtung aus § 113 an, so reduziert es sich auf die kanonische Form

$$\sum (\omega - \varrho) X^2.$$

Was die Realität der linearen Transformation anbetrifft, die diese Reduktion leistet, so ist folgendes zu bemerken.

Wir können die in § 113 mit u bezeichneten Größen als reell voraussetzen. Als einzige Quelle des Imaginären blieben dann die Quadratwurzeln $\sqrt{-C}$ übrig, die in § 113 vorkommen. Wäre nun ein C positiv, so wäre das zugehörige X rein imaginär. Für jedes solche X könnten wir $i\bar{X}$ schreiben. Dann hätten wir eine reelle Transformation, die $f = \Sigma x_\nu^2$ nicht mehr in ΣX^2, sondern in eine Form von anderer Signatur verwandelt, weil eben an die Stelle eines X^2, das einem imaginären X entspricht, $-X^2$ tritt. Dies widerspricht aber dem Trägheitsgesetz (vgl. § 99). Also sind alle C positiv und die aus § 113 gewonnene lineare Transformation ist reell.

Es gibt eine nichtsinguläre und reelle lineare Transformation, die die reelle quadratische Form $\Sigma a_{rs} x_r x_s$ in $\Sigma \varrho_\nu x_\nu^2$ überführt und zugleich Σx_ν^2 ungeändert läßt.

Wenn eine reelle lineare Transformation Σx_ν^2 in Σx_ν^2 verwandelt, so hat sie eine orthogonale Determinante (vgl. § 70). Man nennt sie eine orthogonale Transformation.

Eine reelle quadratische Form läßt sich also durch eine orthogonale Transformation auf die Gestalt $\Sigma \varrho_\nu x_\nu^2$ bringen.

§ 116. Orthogonale Transformation einer reellen quadratischen Form auf die Gestalt $\Sigma \varrho_\nu x_\nu^2$.

Wir wollen die Zahl ϱ einen p-fachen Eigenwert der reellen quadratischen Form $\Sigma a_{rs} x_r x_s$ nennen, wenn sie eine p-fache Wurzel der charakteristischen Gleichung der Form ist, d. h. eine p-fache Wurzel der Gleichung

$$D(\omega) = \begin{vmatrix} a_{11} - \omega & a_{12} & \dots & a_{1n} \\ a_{21} & a_{22} - \omega & \dots & a_{2n} \\ \cdot & \cdot & \cdot & \cdot \\ a_{n1} & a_{n2} & \dots & a_{nn} - \omega \end{vmatrix} = 0.$$

Die Gleichungen

$$(1)\qquad \begin{cases} (a_{11}-\varrho)x_1 + a_{12}x_2 + \dots + a_{1n}x_n = 0, \\ a_{21}x_1 + (a_{22}-\varrho)x_2 + \dots + a_{2n}x_n = 0, \\ \dots\dots\dots\dots\dots\dots \\ a_{n1}x_1 + a_{n2}x_2 + \dots + (a_{nn}-\varrho)x_n = 0 \end{cases}$$

haben dann p unabhängige Lösungen. Wir wissen nämlich, daß die Determinante $D(\varrho)$ den Rang $n-p$ hat (vgl. § 115).

Da auch ϱ reell ist, können wir die Lösungen des Systems (1) reell annehmen.

Wir zeigen jetzt, daß sich p unabhängige reelle Lösungen von (1) so wählen lassen, daß je zwei das innere Produkt Null geben. Man sagt von zwei solchen Lösungen, daß sie zueinander orthogonal sind.

Ist

$$(2)\qquad x_1, x_2, \dots, x_n$$

eine von 0, 0, . . ., 0 verschiedene reelle Lösung von (1), so hat man

$$(x\,x) = x_1^2 + x_2^2 + \dots + x_n^2 > 0 .$$

Nun sei

$$x_1', x_2', \dots, x_n'$$

eine von (2) unabhängige reelle Lösung des Systems (1). Dann ist auch

$$(3)\qquad x_1' + \lambda x_1,\; x_2' + \lambda x_2,\; \dots,\; x_n' + \lambda x_n \quad \text{oder} \quad y_1, y_2, \dots, y_n$$

eine solche Lösung, und man kann λ so wählen, daß sie zu (2) orthogonal ist.[1] Man braucht nur zu bewirken, daß

$$(x' + \lambda x, x) = (x'x) + \lambda(x\,x)$$

wird. Das tritt aber ein für

$$\lambda = -\frac{(x'x)}{(x\,x)}.$$

Ist nun

$$x_1'', x_2'', \dots, x_n''$$

eine von (2) und (3) unabhängige reelle Lösung des Systems (1), so gilt dasselbe von

$$x_1'' + \lambda x_1 + \mu y_1,\; x_2'' + \lambda x_2 + \mu y_2,\; \dots,\; x_n'' + \lambda x_n + \mu y_n,$$

und bei passender Wahl von λ, μ ist sie zu (2) und (3) orthogonal. Man muß es nur so einrichten, daß

$$(x'' + \lambda x + \mu y, x) = (x''x) + \lambda(x\,x) + \mu(y\,x) = 0,$$
$$(x'' + \lambda x + \mu y, y) = (x''y) + \lambda(x\,y) + \mu(y\,y) = 0$$

[1] λ und μ sollen reell sein.

wird. Da

$$(y\,x) = 0$$

und $(y\,y)$ ebenso wie $(x\,x)$ positiv ist, so ergibt sich aus diesen beiden Gleichungen

$$\lambda = -\frac{(x''\,x)}{(x\,x)},$$

$$\mu = -\frac{(x''\,y)}{(y\,y)}.$$

Fährt man in dieser Weise fort, so erhält man p reelle Lösungen von (1), die paarweise orthogonal sind. Jede von diesen Lösungen können wir noch mit einem solchen Faktor multiplizieren, daß sie mit sich selbst das innere Produkt 1 liefert. Z. B. genügt es bei $x_1, x_2, \ldots, x_n$ alle x durch $\sqrt{(x\,x)}$ zu dividieren.

p reelle Lösungen von (1), die paarweise orthogonal sind und mit sich selbst das innere Produkt 1 liefern, wollen wir ein zu dem Eigenwert ϱ gehöriges normiertes Orthogonalsystem nennen.

p solche Lösungen sind von selbst unabhängig. Hätte man nämlich

$$\lambda x_r + \mu y_r + \nu z_r + \ldots = 0, \qquad (r = 1, 2, \ldots, n)$$

so würde daraus folgen

$$(\lambda x + \mu y + \nu z + \ldots, x) = 0,$$
$$(\lambda x + \mu y + \nu z + \ldots, y) = 0,$$
$$(\lambda x + \mu y + \nu z + \ldots, z) = 0,$$
$$\cdots\cdots\cdots\cdots,$$

d. h.

$$\lambda(x, x) = 0, \quad \mu(y\,y) = 0, \quad \nu(z\,z) = 0, \ldots$$

oder

$$\lambda = 0, \quad \mu = 0, \quad \nu = 0, \ldots$$

Wir denken uns jetzt für jeden Eigenwert von $\Sigma a_{rs} x_r x_s$ ein normiertes Orthogonalsystem gebildet. Schreiben wir diese Systeme untereinander, so entsteht eine quadratische Matrix

$$(4) \qquad \left\{\begin{array}{llll} \beta_{11} & \beta_{12} & \ldots & \beta_{1n} \\ \beta_{21} & \beta_{22} & \ldots & \beta_{2n} \\ \cdot & \cdot & \cdot & \cdot \\ \beta_{n1} & \beta_{n2} & \ldots & \beta_{nn}. \end{array}\right.$$

Diese Matrix hat die Eigenschaft, daß jede Zeile mit sich selbst das innere Produkt 1 liefert, während das innere Produkt von zwei verschiedenen Zeilen gleich Null ist. Sobald die beiden Zeilen zu demselben Eigenwert gehören, geht dies daraus hervor, daß wir für jeden Eigenwert ein normiertes Orthogonalsystem aufgeschrieben haben. Sind

$$\beta_1, \beta_2, \ldots, \beta_n \quad \text{und} \quad \beta_1', \beta_2', \ldots, \beta_n'$$

zwei Zeilen von (4), die zu den Eigenwerten ϱ und $\varrho' (\gtrless \varrho)$ gehören, so hat man

$$\begin{aligned} (a_{11} - \varrho)\beta_1 + a_{12}\beta_2 + \ldots + a_{1n}\beta_n &= 0, \\ a_{21}\beta_1 + (a_{22} - \varrho)\beta_2 + \ldots + a_{2n}\beta_n &= 0, \\ \cdots\cdots\cdots\cdots\cdots\cdots\cdots\cdots \\ a_{n1}\beta_1 + a_{n2}\beta_2 + \ldots + (a_{nn} - \varrho)\beta_n &= 0 \end{aligned}$$

und

$$\begin{aligned} (a_{11} - \varrho')\beta_1' + a_{12}\beta_2' + \ldots + a_{1n}\beta_n' &= 0, \\ a_{21}\beta_1' + (a_{22} - \varrho')\beta_2' + \ldots + a_{2n}\beta_n' &= 0, \\ \cdots\cdots\cdots\cdots\cdots\cdots\cdots\cdots \\ a_{n1}\beta_1' + a_{n2}\beta_2' + \ldots + (a_{nn} - \varrho')\beta_n' &= 0 \end{aligned}$$

oder, anders geschrieben,

$$\sum_s a_{rs}\beta_s = \varrho\beta_r, \qquad \sum_s a_{rs}\beta_s' = \varrho'\beta_r'.$$
$$(r = 1, 2, \ldots, n)$$

Daraus folgt aber

$$(5) \qquad \left\{ \begin{aligned} \sum_{r,s} a_{rs}\beta_r'\beta_s &= \varrho\sum_r \beta_r\beta_r', \\ \sum_{r,s} a_{rs}\beta_r\beta_s' &= \varrho'\sum_r \beta_r\beta_r'. \end{aligned} \right.$$

Da $a_{rs} = a_{sr}$ ist, hat man

$$\sum a_{rs}\beta_r'\beta_s = \sum a_{sr}\beta_r'\beta_s = \sum a_{rs}\beta_s'\beta_r.$$

Man darf nämlich in $\sum a_{sr}\beta_r'\beta_s$ die beiden gleichberechtigten Indizes r, s vertauschen.

Durch Subtraktion ergibt sich also aus (5)

$$0 = (\varrho - \varrho')\sum_r \beta_r\beta_r'$$

oder, da $\varrho \gtrless \varrho'$ angenommen wird,

$$\sum_r \beta_r\beta_r' = 0.$$

Die Transformation

$$x_r = \beta_{1r}x_1' + \beta_{2r}x_2' + \ldots + \beta_{nr}x_n' \qquad (r = 1, 2, \ldots, n)$$

ist also orthogonal. In der Tat folgt aus den Relationen, die zwischen den β bestehen,

$$x_1^2 + x_2^2 + \ldots + x_n^2 = x_1'^2 + x_2'^2 + \ldots + x_n'^2.$$

Wenden wir diese orthogonale Transformation auf die Form $\Sigma a_{rs} x_r x_s$ an, so geht sie in $\Sigma a'_{rs} x'_r x'_s$ über und die a'_{rs} hängen mit den a_{rs} in folgender Weise zusammen:

$$\begin{pmatrix} a'_{11} & \dots & a'_{1n} \\ \cdot & \cdot & \cdot \\ a'_{n1} & \dots & a'_{nn} \end{pmatrix}$$

$$= \begin{pmatrix} \beta_{11} & \dots & \beta_{1n} \\ \cdot & \cdot & \cdot \\ \beta_{n1} & \dots & \beta_{nn} \end{pmatrix} \begin{pmatrix} a_{11} & \dots & a_{1n} \\ \cdot & \cdot & \cdot \\ a_{n1} & \dots & a_{nn} \end{pmatrix} \begin{pmatrix} \beta_{11} & \dots & \beta_{n1} \\ \cdot & \cdot & \cdot \\ \beta_{1n} & \dots & \beta_{nn} \end{pmatrix}.$$

Die beiden letzten Faktoren der rechten Seite geben das Produkt

$$\begin{pmatrix} \varrho_1 \beta_{11} & \dots & \varrho_n \beta_{n1} \\ \cdot & \cdot & \cdot \\ \varrho_1 \beta_{1n} & \dots & \varrho_n \beta_{nn} \end{pmatrix}.$$

Dabei sind $\varrho_1, \dots, \varrho_n$ die Eigenwerte von $\Sigma a_{rs} x_r x_s$, und zwar ist jeder so oft aufgeschrieben, als seine Vielfachheit verlangt.

Auf Grund der Relationen zwischen den β ist nun weiter

$$\begin{pmatrix} \beta_{11} & \dots & \beta_{1n} \\ \cdot & \cdot & \cdot \\ \beta_{n1} & \dots & \beta_{nn} \end{pmatrix} \begin{pmatrix} \varrho_1 \beta_{11} & \dots & \varrho_n \beta_{n1} \\ \cdot & \cdot & \cdot \\ \varrho_1 \beta_{1n} & \dots & \varrho_n \beta_{nn} \end{pmatrix} = \begin{pmatrix} \varrho_1 & \dots & 0 \\ \cdot & \cdot & \cdot \\ 0 & \dots & \varrho_n \end{pmatrix},$$

so daß man hat

$$\sum a'_{rs} x'_r x'_s = \sum \varrho_s x_s'^2.$$

Hiermit ist aufs neue bewiesen, daß jede reelle quadratische Form durch eine orthogonale Transformation auf die Gestalt $\Sigma \varrho_s x_s'^2$ gebracht werden kann.

§ 117. Hermitesche Formen.

$h = \Sigma a_{rs} x_r \bar{x}_s$ sei eine Bilinearform, bei der a_{rs} und a_{sr} konjugiert komplex sind ($r, s = 1, 2, \dots, n$). x_r und $\bar{x}_r$ mögen ebenfalls konjugiert komplex sein.

Eine solche Bilinearform nennt man eine Hermitesche Form.

Wir wollen die Betrachtungen des § 116 auf diese Formen übertragen.

Die Gleichung

$$D(\omega) = \begin{vmatrix} a_{11} - \omega & a_{12} & \dots & a_{1n} \\ a_{21} & a_{22} - \omega & \dots & a_{2n} \\ \cdot & \cdot & \cdot & \cdot \\ a_{n1} & a_{n2} & \dots & a_{nn} - \omega \end{vmatrix} = 0$$

heißt die charakteristische Gleichung der Form h. Ihre Wurzeln sind sämtlich reell, wie wir aus § 55 wissen.

Ist $\omega = \varrho$ eine p-fache Wurzel dieser Gleichung, so hat, wie wir jetzt zeigen wollen, die Determinante $D(\varrho)$ den Rang $n-p$.

Wir bezeichnen mit $\bar{a}$ die zu a konjugierte komplexe Zahl und bilden

$$\bar{D}(\omega) = \begin{vmatrix} \bar{a}_{11} - \omega & \bar{a}_{12} & \dots & \bar{a}_{1n} \\ \bar{a}_{21} & \bar{a}_{22} - \omega & \dots & \bar{a}_{2n} \\ \cdot & \cdot & \cdot & \cdot \\ \bar{a}_{n1} & \bar{a}_{n2} & \dots & \bar{a}_{nn} - \omega \end{vmatrix}.$$

$\bar{D}(\omega)$ entsteht aus $D(\omega)$ durch Vertauschung der Zeilen mit den Spalten. $D(\omega)$ und $\bar{D}(\omega)$ sind also miteinander identisch.

Wenn nun ϱ eine p-fache Wurzel von $D(\omega)$ ist, so hat die Gleichung

$$D(\varrho + u)\,\bar{D}(\varrho - u) \cdot = 0$$

die $2p$-fache Wurzel $u = 0$. Daher müssen in dieser Gleichung die Koeffizienten von

$$u^0, \quad u^2, \quad \dots, \quad u^{2(p-1)}$$

gleich Null sein, während der Koeffizient von u^{2p} ungleich Null ist.

Der Koeffizient von u^{2k} ist aber gleich

$$\pm \sum M_{n-k}\,\bar{M}_{n-k}.$$

Dabei ist M_{n-k} ein $(n-k)$-reihiger von $D(\varrho)$ und $\bar{M}_{n-k}$ der entsprechende Minor in $\bar{D}(\varrho)$. Die Summation erstreckt sich über alle derartigen Minoren. Da $M_{n-k}\,\bar{M}_{n-k}$ das Produkt von zwei konjugierten Zahlen ist, so ist es positiv und nur dann gleich Null, wenn M_{n-k} verschwindet. Aus

$$\sum M_{n-k}\,\bar{M}_{n-k} = 0 \qquad (k = 0, 1, \dots, p-1)$$

folgt also, daß in $D(\varrho)$ alle mehr als $(n-p)$-reihigen Minoren gleich Null sind. Soll aber

$$\sum M_{n-p}\,\bar{M}_{n-p} \neq 0$$

sein, so dürfen in $D(\varrho)$ nicht alle $(n-p)$-reihigen Minoren verschwinden. Die Determinante $D(\varrho)$ hat demnach den Rang $n-p$.

Das Gleichungssystem

$$(1) \qquad \begin{cases} (a_{11} - \varrho)x_1 + a_{12}\,x_2 + \dots + a_{1n}\,x_n = 0, \\ a_{21}\,x_1 + (a_{22} - \varrho)x_2 + \dots + a_{2n}\,x_n = 0, \\ \cdot \quad \cdot \quad \cdot \quad \cdot \quad \cdot \quad \cdot \quad \cdot \quad \cdot \\ a_{n1}\,x_1 + a_{n2}\,x_2 + \dots + (a_{nn} - \varrho)x_n = 0 \end{cases}$$

läßt p unabhängige Lösungen zu.

Ist

(2) $$x_1, x_2, \ldots, x_n$$

eine von 0, 0, ..., 0 verschiedene Lösung von (1), so wird

$$(x\bar{x}) = x_1\bar{x}_1 + x_2\bar{x}_2 + \ldots + x_n\bar{x}_n > 0$$

sein. Dividiert man $x_1, x_2, \ldots, x_n$ durch $\sqrt{(x\bar{x})}$, so entsteht ein Wertsystem, das mit dem konjugierten das innere Produkt 1 liefert.

Wir können also erreichen, daß die Lösung (2) die Eigenschaft

$$(x\bar{x}) = 1$$

hat.

Nun sei

$$x_1', x_2', \ldots, x_n'$$

eine von (2) unabhängige Lösung von (1). Dasselbe gilt dann von

(3) $$x_1' + \lambda x_1, x_2' + \lambda x_2, \ldots, x_n' + \lambda x_n \quad \text{oder} \quad y_1, y_2, \ldots, y_n,$$

und bei geeigneter Wahl von λ ist

$$(y\bar{x}) = 0.$$

Man braucht nämlich nur zu bewirken, daß

$$(x'\bar{x}) + \lambda(x\bar{x}) = 0,$$

d. h.

$$\lambda = -(x'\bar{x})$$

wird.

Durch Multiplikation mit $1 : \sqrt{(y\bar{y})}$ läßt sich erreichen, daß die Lösung (3) die Eigenschaft

$$(y\bar{y}) = 1$$

hat.

Gibt es eine von (2) und (3) unabhängige Lösung des Systems (1), etwa

$$x_1'', x_2'', \ldots, x_n'',$$

so ist auch

$$x_1'' + \lambda x_1 + \mu y_1, x_2'' + \lambda x_2 + \mu y_2, \ldots, x_n'' + \lambda x_n + \mu y_n$$

oder

(4) $$z_1, z_2, \ldots, z_n.$$

eine solche. λ, μ lassen sich in der Weise wählen, daß

$$(z\bar{x}) = 0, \quad (z\bar{y}) = 0$$

ist. Diese Gleichungen lauten nämlich, ausführlich geschrieben,

$$(x''\bar{x}) + \lambda(x\bar{x}) + \mu(y\bar{x}) = 0,$$
$$(x''\bar{y}) + \lambda(x\bar{y}) + \mu(y\bar{y}) = 0$$

oder

$$(x''\bar{x}) + \lambda = 0, \quad (x''\bar{y}) + \mu = 0.$$

Durch Multiplikation mit $1 : \sqrt{(x\bar{z})}$ gewinnt (4) die Eigenschaft

$$(x\bar{z}) = 1.$$

In dieser Weise kann man fortfahren, bis man p Lösungen von (1) hat.

Wir wollen diese p Lösungen ein zu ϱ gehöriges **normiertes Orthogonalsystem** nennen.[1] ϱ selbst bezeichnen wir als einen **p-fachen Eigenwert** der Hermiteschen Form.

Jetzt denken wir uns zu jedem Eigenwert der Form ein normiertes Orthogonalsystem gebildet. Schreiben wir diese Systeme untereinander, so entsteht eine quadratische Matrix

$$\begin{matrix} \beta_{11} & \beta_{12} & \cdots & \beta_{1n} \\ \beta_{21} & \beta_{22} & \cdots & \beta_{2n} \\ \cdot & \cdot & \cdot & \cdot \\ \beta_{n1} & \beta_{n2} & \cdots & \beta_{nn} \end{matrix}$$

in der je zwei Zeilen zueinander orthogonal sind und jede Zeile mit dem zu ihr konjugierten Wertsystem das innere Produkt 1 liefert. Es zeigt sich nämlich, daß zwei zu verschiedenen Eigenwerten gehörige Zeilen von selbst zueinander orthogonal sind. Man kann diese Beziehungen auch in folgender Weise zusammenfassen.

Setzt man

$$x_r = \beta_{1r} y_1 + \beta_{2r} y_2 + \cdots + \beta_{nr} y_n, \qquad (5)$$
$$(r = 1, 2, \ldots, n)$$

so ist

$$(x\bar{x}) = (y\bar{y}).$$

Wir wollen die Transformation (5) auf Grund dieser Eigenschaft **orthogonal** nennen. Im Falle reeller β haben wir dann eine orthogonale Transformation im bisherigen Sinne, nämlich eine Transformation mit der Eigenschaft

$$(x x) = (y y).$$

Jetzt wenden wir auf die Hermitesche Form $\Sigma a_{rs} x_r \bar{x}_s$ die Transformation

$$x_r = \bar{\beta}_{1r} z_1 + \bar{\beta}_{2r} z_2 + \cdots + \beta_{nr} z_n \qquad (6)$$
$$(r = 1, 2, \ldots, n)$$

an. Wir müssen dann, da x_r und $\bar{x}_r$ konjugiert komplex sind,

[1] Zwei komplexe Wertsysteme $x_1, x_2, \ldots, x_n$ und $y_1, y_2, \ldots, y_n$ heißen zueinander orthogonal, wenn eins mit dem konjugierten des andern das innere Produkt Null liefert: $(x\bar{y}) = 0$. Dann ist auch $(\bar{x} y) = 0$.

$$\bar{x}_r = \beta_{1r}\bar{z}_1 + \beta_{2r}\bar{z}_2 + \dots + \beta_{nr}\bar{z}_n$$

setzen.

Dabei geht $\Sigma a_{rs} x_r \bar{x}_s$ in $\Sigma c_{rs} x_r \bar{z}_s$ über, und man hat nach § 94

$$\begin{pmatrix} c_{11} & \dots & c_{1n} \\ \cdot & \cdot & \cdot \\ c_{n1} & \dots & c_{nn} \end{pmatrix}$$

$$= \begin{pmatrix} \bar{\beta}_{11} & \dots & \bar{\beta}_{1n} \\ \cdot & \cdot & \cdot \\ \bar{\beta}_{n1} & \dots & \bar{\beta}_{nn} \end{pmatrix} \begin{pmatrix} a_{11} & \dots & a_{1n} \\ \cdot & \cdot & \cdot \\ a_{n1} & \dots & a_{nn} \end{pmatrix} \begin{pmatrix} \beta_{11} & \dots & \beta_{n1} \\ \cdot & \cdot & \cdot \\ \beta_{1n} & \dots & \beta_{nn} \end{pmatrix}.$$

Nun ist aber

$$\begin{pmatrix} a_{11} & \dots & a_{1n} \\ \cdot & \cdot & \cdot \\ a_{n1} & \dots & a_{nn} \end{pmatrix} \begin{pmatrix} \beta_{11} & \dots & \beta_{n1} \\ \cdot & \cdot & \cdot \\ \beta_{1n} & \dots & \beta_{nn} \end{pmatrix} = \begin{pmatrix} \varrho_1 \beta_{11} & \dots & \varrho_n \beta_{n1} \\ \cdot & \cdot & \cdot \\ \varrho_1 \beta_{1n} & \dots & \varrho_n \beta_{nn} \end{pmatrix}.$$

Dabei sind $\varrho_1, \varrho_2, \dots, \varrho_n$ die Eigenwerte von $\sum a_{rs} x_r \bar{x}_s$, jeder mit der entsprechenden Vielfachheit geschrieben.

Ferner hat man

$$\begin{pmatrix} \bar{\beta}_{11} & \dots & \bar{\beta}_{1n} \\ \cdot & \cdot & \cdot \\ \bar{\beta}_{n1} & \dots & \bar{\beta}_{nn} \end{pmatrix} \begin{pmatrix} \varrho_1 \beta_{11} & \dots & \varrho_n \beta_{n1} \\ \cdot & \cdot & \cdot \\ \varrho_1 \beta_{1n} & \dots & \varrho_n \beta_{nn} \end{pmatrix} = \begin{pmatrix} \varrho_1 & \dots & 0 \\ \cdot & \cdot & \cdot \\ 0 & \dots & \varrho_n \end{pmatrix}.$$

Die orthogonale Transformation (6) verwandelt also

$$\sum a_{rs} x_r \bar{x}_s \quad \text{in} \quad \sum \varrho_s z_s \bar{z}_s.$$

Die zu (6) inverse Transformation lautet

$$x_r = \beta_{r1} x_1 + \beta_{r2} x_2 + \dots + \beta_{rn} x_n.$$ [1]

$$(r = 1, 2, \dots, n)$$

Sie ist ebenfalls orthogonal und verwandelt $\Sigma \varrho_s z_s \bar{z}_s$ in $\Sigma a_{rs} x_r \bar{x}_s$.

§ 118. Definite Hermitesche Formen.

Eine Hermitesche Form $\Sigma a_{rs} x_r \bar{x}_s$ hat stets einen reellen Wert. Die zu

$$\sum a_{rs} x_r \bar{x}_s$$

konjugierte komplexe Zahl lautet nämlich

$$\sum \bar{a}_{rs} \bar{x}_r x_s = \sum a_{sr} x_s \bar{x}_r,$$

weil $\bar{a}_{rs} = a_{sr}$ ist.

[1] Man kann hieraus entnehmen, daß die Determinante der β mit der Determinante der $\bar{\beta}$ das Produkt 1 gibt. Der Betrag einer orthogonalen Determinante ist also auch hier gleich 1 (vgl. § 70).

r und s sind aber gleichberechtigte Indizes. Es ist also

$$\sum a_{sr} x_s \bar{x}_r = \sum a_{rs} x_r \bar{x}_s,$$

mithin

$$\sum a_{rs} x_r \bar{x}_s = \sum \bar{a}_{rs} \bar{x}_r x_s.$$

Es gibt HERMITEsche Formen, die niemals negativ sind, und ebenso solche, die niemals positiv sind. Man nennt diese Formen positive bzw. negative HERMITEsche Formen und beide zusammen definite HERMITEsche Formen. Die andern HERMITEschen Formen heißen indefinit. Die letzteren haben sowohl positive als auch negative Werte.

Durch eine orthogonale Transformation läßt sich, wie wir wissen, erreichen, daß

$$\sum a_{rs} x_r \bar{x}_s = \sum \varrho_s z_s \bar{z}_s$$

wird. Die beiden HERMITEschen Formen

$$\sum a_{rs} x_r \bar{x}_s \quad \text{und} \quad \sum \varrho_s z_s \bar{z}_s$$

sind also entweder beide definit oder beide indefinit.

Soll nun

$$\sum \varrho_s z_s \bar{z}_s$$

z. B. positiv sein, so darf kein ϱ negativ sein. Wäre z. B. $\varrho_s < 0$, so setze man $z_s = 1$ und alle übrigen z gleich Null. Dann wird die obige HERMITEsche Form gleich ϱ_s, also negativ, gegen die Voraussetzung. Sind aber alle ϱ positiv oder Null, so sind die Glieder $\varrho_s z_s \bar{z}_s$ jedenfalls nicht negativ. Die HERMITEsche Form ist also in diesem Falle sicher definit.

Es gilt demnach folgender Satz:

Eine HERMITEschen Form ist dann und nur dann positiv, wenn keiner ihrer Eigenwerte negativ ist und dann und nur dann negativ, wenn keiner ihrer Eigenwerte positiv ist.

Sie ist also dann und nur dann definit, wenn alle ihre Eigenwerte dasselbe Zeichen haben.[1]

§ 119. Anderes Kriterium für definite HERMITEsche Formen.

Die Betrachtungen des § 106 lassen sich ebenfalls auf HERMITEsche Formen übertragen.

Wenn $\sum a_{rs} x_r \bar{x}_s$ eine HERMITEsche Form mit von Null verschiedener Determinante ist, so lassen sich die Zahlen

[1] Dies gilt also auch für reelle quadratische Formen, die ja ein Spezialfall für HERMITEsche Formen sind.

$$\begin{matrix} u_{11} & u_{12} & \dots & u_{1n}, \\ u_{21} & u_{22} & \dots & u_{2n}, \\ . & . & . & . \\ u_{n1} & u_{n2} & \dots & u_{nn} \end{matrix}$$

so wählen, daß die Determinanten

$$R_p = \begin{vmatrix} a_{11} & a_{12} & \dots & a_{1n} & u_{11} & u_{12} & \dots & u_{1p} \\ a_{21} & a_{22} & \dots & a_{2n} & u_{21} & u_{22} & \dots & u_{2p} \\ . & . & . & . & . & . & . & . \\ a_{n1} & a_{n2} & \dots & a_{nn} & u_{n1} & u_{n2} & \dots & u_{np} \\ \bar{u}_{11} & \bar{u}_{21} & \dots & \bar{u}_{n1} & 0 & 0 & \dots & 0 \\ \bar{u}_{12} & \bar{u}_{22} & \dots & \bar{u}_{n2} & 0 & 0 & \dots & 0 \\ . & . & . & . & . & . & . & . \\ \bar{u}_{1p} & \bar{u}_{2p} & \dots & \bar{u}_{np} & 0 & 0 & \dots & 0 \end{vmatrix} \qquad (p = 1, 2, \dots, n)$$

alle von Null verschieden sind. u_{rs} und $\bar{u}_{rs}$ sollen konjugiert komplexe Zahlen sein.

Wir brauchen uns, um dies einzusehen, nur auf folgenden Hilfssatz zu stützen.

Wenn in einer Hermiteschen Form nicht alle Koeffizienten Null sind, so lassen sich die Veränderlichen so wählen, daß die Form nicht verschwindet.

Ist z. B. in $\Sigma a_{rs} x_r \bar{x}_s$ der Koeffizient $a_{rr} \neq 0$, so setze man $x_r = 1$ (also auch $\bar{x}_r = 1$) und alle andern x (und $\bar{x}$) gleich Null. Sind alle a_{rr} gleich Null ($r = 1, 2, \dots, n$) und ist $a_{rs} \neq 0$, so setze man etwa

$$x_r = \bar{x}_r = 1, \quad x_s = a_{rs}, \quad \bar{x}_s = \bar{a}_{rs}$$

und alle übrigen x, $\bar{x}$ gleich Null. Dann wird die Form gleich $2 a_{rs} \bar{a}_{rs}$.

— R_1 ist eine Hermitesche Form in $u_{11}, u_{21}, \dots, u_{n1}$ und $\bar{u}_{11}, \bar{u}_{21}, \dots, \bar{u}_{n1}$, deren Koeffizienten die algebraischen Komplemente der a in der Determinante

$$R_0 = \begin{vmatrix} a_{11} & a_{12} & \dots & a_{1n} \\ a_{21} & a_{22} & \dots & a_{2n} \\ . & . & . & . \\ a_{n1} & a_{n2} & \dots & a_{nn} \end{vmatrix}$$

sind. Diese Komplemente können nicht alle Null sein, da sonst R_0 gleich Null wäre, während wir doch annehmen, daß $\Sigma a_{rs} x_r \bar{x}_s$ eine von Null verschiedene Determinante hat. Wir können also bewirken, daß $R_1 \neq 0$ wird.

Es sei nun bereits erreicht, daß $R_{p-1} \neq 0$ ist ($p \leqq n$). Dann ist R_p eine Hermitesche Form in $u_{1p}, u_{2p}, \ldots, u_{np}$ und $\bar{u}_{1p}, \bar{u}_{2p}, \ldots, \bar{u}_{np}$, deren Koeffizienten nicht alle Null sind.

Diese Koeffizienten sind nämlich die algebraischen Komplemente der a in R_{p-1}. Wären sie alle gleich Null, so gäbe es in den n ersten Zeilen der Reziproken von R_{p-1} nur $p-1$ Spalten, die nicht aus lauter Nullen bestehen. Es würde also, da $p-1 < n$ ist, bei der Entwickelung nach den n ersten Zeilen Null herauskommen. Die Reziproke von R_{p-1} kann aber nicht verschwinden, weil $R_{p-1} \neq 0$ ist.

Es lassen sich demnach $u_{1p}, u_{2p}, \ldots, u_{np}$ so wählen, daß $R_p \neq 0$ wird.

L_p entstehe aus R_p dadurch, daß man in der letzen Spalte

$$u_{1p}, u_{2p}, \ldots, u_{np} \quad \text{durch} \quad u_1, u_2, \ldots, u_n$$

ersetzt, und $\bar{L}_p$ dadurch, daß man in der letzten Zeile

$$\bar{u}_{1p}, \bar{u}_{2p}, \ldots, \bar{u}_{np} \quad \text{durch} \quad \bar{u}_1, \bar{u}_2, \ldots, \bar{u}_n$$

ersetzt. $\bar{L}_p$ und L_p sind konjugiert komplex. Macht man in $\bar{L}_p$ die Zeilen zu Spalten und bedenkt, daß $a_{rs} = \bar{a}_{sr}$, so sieht man, daß $\bar{L}_p$ die konjugiert komplexe Zahl zu L_p ist.

Unter H_{p-1} wollen wir die Hermitesche Form verstehen, die aus R_p hervorgeht, wenn $u_{1p}, u_{2p}, \ldots, u_{np}$ durch $u_1, u_2, \ldots, u_n$ und zugleich $\bar{u}_{1p}, \bar{u}_{2p}, \ldots, \bar{u}_{np}$ durch $\bar{u}_1, \bar{u}_2, \ldots, \bar{u}_n$ ersetzt werden.

In der Determinante H_p lauten die $(n+p)$-reihigen Superdeterminanten von R_{p-1}:

$$\begin{matrix} R_p, & L_p, \\ \bar{L}_p, & H_{p-1}. \end{matrix}$$

Nach § 41 ist also

$$R_p H_{p-1} - L_p \bar{L}_p = R_{p-1} H_p$$

oder

$$\frac{H_{p-1}}{R_{p-1}} - \frac{H_p}{R_p} = \frac{L_p \bar{L}_p}{R_{p-1} R_p}.$$

Setzt man hier $p = 1, 2, \ldots, n$, so ergeben sich folgende Gleichungen:

$$\frac{H_0}{R_0} - \frac{H_1}{R_1} = \frac{L_1 \bar{L}_1}{R_0 R_1},$$

$$\frac{H_1}{R_1} - \frac{H_2}{R_2} = \frac{L_2 \bar{L}_2}{R_1 R_2},$$

$$\cdots\cdots\cdots$$

$$\frac{H_{n-1}}{R_{n-1}} - \frac{H_n}{R_n} = \frac{L_n \bar{L}_n}{R_{n-1} R_n}.$$

Hieraus folgt, da H_n ebenso wie R_{n+1} gleich Null ist,

$$\frac{H_0}{R_0} = \frac{L_1 \bar{L}_1}{R_0 R_1} + \frac{L_2 \bar{L}_2}{R_1 R_2} + \dots + \frac{L_n \bar{L}_n}{R_{n-1} R_n}.$$

Es sei

$$L_r = \beta_{r1} u_1 + \beta_{r2} u_2 + \dots + \beta_{rn} u_n = v_r,$$

also

$$\bar{L}_r = \bar{\beta}_{r1} \bar{u}_1 + \bar{\beta}_{r2} \bar{u}_2 + \dots + \bar{\beta}_{rn} \bar{u}_n = \bar{v}_r.$$

Wenden wir auf die HERMITEsche Form $\Sigma a_{rs} x_r \bar{x}_s$ die Transformation

$$x_r = \beta_{1r} y_1 + \beta_{2r} y_2 + \dots + \beta_{nr} y_n \qquad (r = 1, 2, \dots, n)$$

an, so geht $\Sigma a_{rs} x_r \bar{x}_s$ über in $\Sigma b_{rs} y_r \bar{y}_s$. Da sich außerdem

$$u_1 x_1 + \dots + u_n x_n \quad \text{in} \quad v_1 y_1 + \dots + v_n y_n$$

und

$$\bar{u}_1 \bar{x}_1 + \dots + \bar{u}_n \bar{x}_n \quad \text{in} \quad \bar{v}_1 \bar{y}_1 + \dots + \bar{v}_n \bar{y}_n$$

verwandelt, so führt die Transformation

$$x_r = \beta_{1r} y_1 + \beta_{2r} y_2 + \dots + \beta_{nr} y_n, \qquad (r = 1, 2, \dots, n)$$
$$x_{n+1} = y_{n+1}$$

die Form

$$\sum a_{rs} x_r \bar{x}_s + x_{n+1} \sum \bar{u}_r \bar{x}_r + \bar{x}_{n+1} \sum u_r x_r$$

in

$$\sum b_{rs} y_r \bar{y}_s + y_{n+1} \sum \bar{v}_r \bar{y}_r + \bar{y}_{n+1} \sum v_r y_r$$

über.

Es besteht daher zwischen den Determinanten dieser beiden Formen die Beziehung

$$\begin{vmatrix} b_{11} & \dots & b_{1n} & v_1 \\ \cdot & \cdot & \cdot & \cdot \\ b_{n1} & \dots & b_{nn} & v_n \\ \bar{v}_1 & \dots & \bar{v}_n & 0 \end{vmatrix} = \mathsf{B}^2 \begin{vmatrix} a_{11} & \dots & a_{1n} & u_1 \\ \cdot & \cdot & \cdot & \cdot \\ a_{n1} & \dots & a_{nn} & u_n \\ \bar{u}_1 & \dots & \bar{u}_n & 0 \end{vmatrix}$$
$$= \mathsf{B}^2 R_0 \left(\frac{v_1 \bar{v}_1}{R_0 R_1} + \frac{v_2 \bar{v}_2}{R_1 R_2} + \dots + \frac{v_n \bar{v}_n}{R_{n-1} R_n} \right).$$

B ist die Determinante der β.

Hieraus ersieht man, daß die Reziproke der Determinante

$$\begin{vmatrix} b_{11} & b_{12} & \dots & b_{1n} \\ b_{21} & b_{22} & \dots & b_{2n} \\ \cdot & \cdot & \cdot & \cdot \\ b_{n1} & b_{n2} & \dots & b_{nn} \end{vmatrix}$$

so lautet:

$$\begin{vmatrix} -\frac{\mathsf{B}^2 R_0}{R_0 R_1} & 0 & & 0 \\ 0 & -\frac{\mathsf{B}^2 R_0}{R_1 R_2} & \dots & 0 \\ \cdot & \cdot & \cdot & \cdot \\ 0 & 0 & \dots & -\frac{\mathsf{B}^2 R_0}{R_{n-1} R_n} \end{vmatrix}.$$

Demnach sind alle b_{rs} mit ungleichen Indizes gleich Null, und man hat

$$\sum b_{rs} x_r \bar{x}_s = \sum c_r x_r \bar{x}_r.$$

Die c bestimmen sich in den Gleichungen

$$\frac{C}{c_r} = -\frac{\mathsf{B}^2 R_0}{R_{r-1} R_r}. \qquad (r = 1, 2, \dots, n)$$

Dabei ist $C = c_1 c_2 \dots c_n$ die Determinante von $\sum b_{rs} y_r \bar{y}_s$. Bedenkt man, daß

$$C = \mathsf{B}^2 R_0$$

ist, so ergibt sich

$$c_r = -R_{r-1} R_r.$$

Wir haben also $\Sigma a_{rs} x_r \bar{x}_s$ durch lineare Transformation auf folgende Gestalt gebracht:

$$-R_0 R_1 y_1 \bar{y}_1 - R_1 R_2 y_2 \bar{y}_2 - \dots - R_{n-1} R_n y_n \bar{y}_n.$$

Diese Hermitesche Form ist aber nur dann definit, wenn in der Reihe

$$R_0, R_1, \dots, R_n$$

entweder kein Zeichenwechsel oder keine Zeichenfolge vorkommt.

Gibt es in der genannten Reihe n Zeichenwechsel, so sind die Koeffizienten

$$-R_0 R_1, -R_1 R_2, \dots, -R_{n-1} R_n$$

alle positiv, die Hermitesche Form also auch positiv.

Gibt es in der Reihe keinen Zeichenwechsel, so ist die Hermitesche Form negativ.

Auch das in § 100 entwickelte Kriterium für definite quadratische Formen läßt sich auf Hermitesche Formen übertragen. Wir wollen diese Übertragung dem Leser überlassen.

§ 120. Trägheitsgesetz der Hermiteschen Formen.

Wir wissen, daß sich eine Hermitesche Form $\Sigma a_{rs} x_r \bar{x}_s$ immer auf die Gestalt

$$\sum c_r x_r \bar{x}_r$$

bringen läßt, und zwar durch eine nichtsinguläre lineare Transformation.

Wenn die HERMITEsche Form den Rang m hat[1], so sind m Koeffizienten c ungleich Null.

Unter diesen nichtverschwindenden c möge es nun p positive und q negative geben.[2] Es stellt sich dann heraus, daß $p - q$ immer denselben Wert hat, wie man auch die Reduktion auf $\Sigma c_r x_r \bar{x}_r$ ausführt. $p - q$ heißt die Signatur der HERMITEschen Form.

Der Beweis wird ähnlich wie in § 99 geführt.

Nennt man zwei HERMITEsche Formen äquivalent, wenn sie sich durch eine lineare nichtsinguläre Transformation ineinander überführen lassen, so gilt folgender Satz:

Zwei HERMITEsche Formen sind dann und nur dann äquivalent, wenn sie denselben Rang und dieselbe Signatur haben.

Vierzehntes Kapitel.

Funktionaldeterminanten.

§ 121. Funktionalmatrix.

Wir betrachten m Funktionen von n reellen Veränderlichen:

$$u_1(x_1, x_2, \ldots, x_n),\ u_2(x_1, x_2, \ldots, x_n), \ldots, u_m(x_1, x_2, \ldots, x_m)$$

und bilden aus ihren ersten Ableitungen die folgende Matrix

$$\begin{matrix} \frac{\partial u_1}{\partial x_1} & \frac{\partial u_1}{\partial x_2} & \ldots & \frac{\partial u_1}{\partial x_n} \\ \frac{\partial u_2}{\partial x_1} & \frac{\partial u_2}{\partial x_2} & \ldots & \frac{\partial u_2}{\partial x_n} \\ \cdot & \cdot & \cdot & \cdot \\ \frac{\partial u_m}{\partial x_1} & \frac{\partial u_m}{\partial x_2} & \ldots & \frac{\partial u_m}{\partial x_n} \end{matrix}.$$

Man nennt sie die Funktionalmatrix von $u_1, u_2, \ldots, u_n$ nach $x_1, x_2, \ldots, x_n$.

Im Falle $m = n$ ist die Matrix quadratisch. Ihre Determinante heißt dann die Funktionaldeterminante oder die JACOBIsche Determinante von $u_1, u_2, \ldots, u_n$ nach $x_1, x_2, \ldots, x_n$.

---

[1] D. h. wenn die Determinante der Form vom Range m ist.

[2] Die c sind alle reell.

Man bezeichnet die Funktionaldeterminante, weil sie sich als Verallgemeinerung eines Differentialquotienten auffassen läßt, mit

$$\frac{d(u_1, u_2, \ldots, u_n)}{d(x_1, x_2, \ldots, x_n)}\text{.}^1$$

Eine andere häufig benutzte Bezeichnung ist diese:

$$\begin{pmatrix} u_1, & u_2, & \ldots, & u_n \\ x_1, & x_2, & \ldots, & x_n \end{pmatrix}$$

Man hat also

$$\frac{d(u_1, u_2, \ldots, u_n)}{d(x_1, x_2, \ldots, x_n)} = \begin{pmatrix} u_1, & u_2, & \ldots, & u_n \\ x_1, & x_2, & \ldots, & x_n \end{pmatrix}$$

$$= \begin{vmatrix} \frac{\partial u_1}{\partial x_1} & \frac{\partial u_1}{\partial x_2} & \ldots & \frac{\partial u_1}{\partial x_n} \\ \frac{\partial u_2}{\partial x_1} & \frac{\partial u_2}{\partial x_2} & \ldots & \frac{\partial u_2}{\partial x_n} \\ \cdot & \cdot & \cdot & \cdot \\ \frac{\partial u_n}{\partial x_1} & \frac{\partial u_n}{\partial x_2} & \ldots & \frac{\partial u_n}{\partial x_n} \end{vmatrix}.$$

In der r-ten Zeile stehen die Ableitungen von u_r, in der r-ten Spalte die Ableitungen nach x_r.

Sind $u_1, u_2, \ldots, u_n$ lineare Formen in $x_1, x_2, \ldots, x_n$, so ist die Funktionaldeterminante nichts anderes als die Determinante dieser Linearformen. Man hat nämlich, wenn

$$u_r = a_{r1} x_1 + a_{r2} x_2 + \ldots + a_{rn} x_n$$

ist ($r = 1, 2, \ldots, n$),

$$\frac{d(u_1, u_2, \ldots, u_n)}{d(x_1, x_2, \ldots, x_n)} = \begin{vmatrix} a_{11} & a_{12} & \ldots & a_{1n} \\ a_{21} & a_{22} & \ldots & a_{2n} \\ \cdot & \cdot & \cdot & \cdot \\ a_{n1} & a_{n2} & \ldots & a_{nn} \end{vmatrix}.$$

§ 122. Die Funktionaldeterminante als Quotient von zwei Differentialdeterminanten.

Wir betrachten n Systeme von Differentialen der unabhängigen Veränderlichen $x_1, x_2, \ldots, x_n$:

$$\begin{matrix} d_1 x_1, & d_1 x_2, & \ldots, & d_1 x_n \\ d_2 x_1, & d_2 x_2, & \ldots, & d_2 x_n \\ \cdot & \cdot & \cdot & \cdot \\ d_n x_1, & d_n x_2, & \ldots, & d_n x_n \end{matrix} \quad . \tag{1}$$

[1] Manche Autoren schreiben ∂ oder D statt d.

Ersetzen wir in dem Differential von u_s

$$du_s = \frac{\partial u_s}{\partial x_1} dx_1 + \frac{\partial u_s}{\partial x_2} dx_2 + \dots + \frac{\partial u_s}{\partial x_n} dx_n$$

$dx_1, dx_2, \dots, dx_n$ durch

$$d_r x_1, \; d_r x_2, \; \dots, \; d_r x_n,$$

so verwandelt sich du_s in

$$d_r u_s = \frac{\partial u_s}{\partial x_1} d_r x_1 + \frac{\partial u_s}{\partial x_2} d_r x_2 + \dots + \frac{\partial u_s}{\partial x_n} d_r x_n.$$

Ist nun die Determinante der Matrix (1) ungleich Null, so hat man

$$\begin{vmatrix} d_1 u_1 & d_1 u_2 & \dots & d_1 u_n \\ d_2 u_1 & d_2 u_2 & \dots & d_2 u_n \\ \cdot & \cdot & \cdot & \cdot \\ d_n u_1 & d_n u_2 & \dots & d_n u_n \end{vmatrix} : \begin{vmatrix} d_1 x_1 & d_1 x_2 & \dots & d_1 x_n \\ d_2 x_1 & d_2 x_2 & \dots & d_2 x_n \\ \cdot & \cdot & \cdot & \cdot \\ d_n x_1 & d_n x_2 & \dots & d_n x_n \end{vmatrix}$$

$$= \frac{d(u_1, u_2, \dots, u_n)}{d(x_1, x_2, \dots, x_n)}.$$

Die Funktionaldeterminante ist hiermit als Quotient zweier Differentialdeterminanten dargestellt, d. h. zweier Determinanten, deren Elemente Differentiale sind.

Eine Funktion u, die in einer gewissen Umgebung des Wertsystems $x_1, x_2, \dots, x_n$ definiert ist, kann so beschaffen sein, daß der Quotient

$$\frac{\Delta u - du}{|dx_1| + \dots + |dx_n|}$$

gleichzeitig mit

$$|dx_1| + \dots + |dx_n|$$

nach Null konvergiert. Dabei soll

$$\Delta u = u(x_1 + dx_1, \dots, x_n + dx_n) - u(x_1, \dots, x_n),$$

$$du = \frac{\partial u}{\partial x_1} dx_1 + \dots + \frac{\partial u}{\partial x_n} dx_n$$

und

$$|dx_1| + \dots + |dx_n| > 0$$

sein.

Wir wollen von einer solchen Funktion u sagen, daß sie an der Stelle $x_1, x_2, \dots, x_n$ ein e i g e n t l i c h e s D i f f e r e n t i a l besitzt oder e i g e n t l i c h d i f f e r e n z i e r b a r ist.

Wenn $u_1, u_2, \dots, u_n$ an der Stelle $x_1, x_2, \dots, x_n$ e i g e n t l i c h d i f f e r e n z i e r b a r sind, so läßt sich zeigen, daß der Quotient[1]

[1] $\Delta_r u_s = u_s(x_1 + d_r x_1, \dots, x_n + d_r x_n) - u_s(x_1, \dots, x_n)$.

$$\begin{vmatrix} \Delta_1 u_1 & \Delta_1 u_2 & \ldots & \Delta_1 u_n \\ \Delta_2 u_1 & \Delta_2 u_2 & \ldots & \Delta_2 u_n \\ \cdot & \cdot & \cdot & \cdot \\ \Delta_n u_1 & \Delta_n u_2 & \ldots & \Delta_n u_n \end{vmatrix} : \begin{vmatrix} d_1 x_1 & d_1 x_2 & \ldots & d_1 x_n \\ d_2 x_1 & d_2 x_2 & \ldots & d_2 x_n \\ \cdot & \cdot & \cdot & \cdot \\ d_n x_1 & d_n x_2 & \ldots & d_n x_n \end{vmatrix}$$

bei nach Null konvergierenden dx dem Grenzwert

$$\frac{d(u_1, u_2, \ldots, u_n)}{d(x_1, x_2, \ldots, x_n)}$$

zustrebt.

Dabei müssen aber die dx noch einer Bedingung unterworfen werden. Daß der Satz nicht allgemein gilt, sieht man an folgendem Beispiel, das sich auf den Fall $n = 2$ bezieht.

$$u_1 = x_1, \quad u_2 = x_2^2,$$
$$d_1 x_1 = \delta, \quad d_1 x_2 = \delta,$$
$$d_2 x_1 = -\delta, \quad d_2 x_2 = -\delta + \delta^2.$$

Hier ist

$$\frac{d(u_1, u_2)}{d(x_1, x_2)} = \begin{vmatrix} 1 & 0 \\ 0 & 2x_2 \end{vmatrix} = 2x_2,$$

ferner

$$\begin{vmatrix} \Delta_1 u_1 & \Delta_1 u_2 \\ \Delta_2 u_1 & \Delta_2 u_2 \end{vmatrix} = \begin{vmatrix} \delta, & 2x_2\delta + \delta^2 \\ -\delta, & 2x_2(-\delta + \delta^2) + (-\delta + \delta^2)^2 \end{vmatrix}$$
$$= 2x_2\delta^3 + \delta^3(2 - 2\delta + \delta^2)$$

und

$$\begin{vmatrix} d_1 x_1 & d_1 x_2 \\ d_2 x_1 & d_2 x_2 \end{vmatrix} = \delta^3,$$

also

$$\begin{vmatrix} \Delta_1 u_1 & \Delta_1 u_2 \\ \Delta_2 u_1 & \Delta_2 u_2 \end{vmatrix} : \begin{vmatrix} d_1 x_1 & d_1 x_2 \\ d_2 x_1 & d_2 x_2 \end{vmatrix} = 2x_2 + 2 - 2\delta + \delta^2.$$

Lassen wir δ nach Null konvergieren, so strebt dieser Quotient nicht dem Grenzwert $\frac{d(u_1, u_2)}{d(x_1, x_2)} = 2x_2$ zu, sondern dem Grenzwert

$$2x_2 + 2.$$

Eine erste Bedingung, die wir den dx auferlegen müssen, ist die, daß

$$\begin{vmatrix} d_1 x_1 & d_1 x_2 & \ldots & d_1 x_n \\ d_2 x_1 & d_2 x_2 & \ldots & d_2 x_n \\ \cdot & \cdot & \cdot & \cdot \\ d_n x_1 & d_n x_2 & \ldots & d_n x_n \end{vmatrix} \neq 0$$

ist.

Die Summen

$$\sigma_r = |d_r x_1| + \dots + |d_r x_n|,$$

sind also alle positiv.

Wir wollen jetzt den dx noch die weitere Bedingung vorschreiben, daß die Determinante

$$\begin{vmatrix} \frac{d_1 x_1}{\sigma_1} & \frac{d_1 x_2}{\sigma_1} & \dots & \frac{d_1 x_n}{\sigma_1} \\ \frac{d_2 x_1}{\sigma_2} & \frac{d_2 x_2}{\sigma_2} & \dots & \frac{d_2 x_2}{\sigma_2} \\ \cdot & \cdot & \cdot & \cdot \\ \frac{d_n x_1}{\sigma_n} & \frac{d_n x_2}{\sigma_n} & \dots & \frac{d_n x_n}{\sigma_n} \end{vmatrix} = \frac{1}{\sigma_1 \sigma_2 \dots \sigma_n} \begin{vmatrix} d_1 x_1 & d_1 x_2 & \dots & d_1 x_n \\ d_2 x_1 & d_2 x_2 & \dots & d_2 x_n \\ \cdot & \cdot & \cdot & \cdot \\ d_n x_1 & d_n x_2 & \dots & d_n x_n \end{vmatrix}$$

ihrem Betrage nach größer bleibt als eine feste positive Zahl K, daß also während des Grenzüberganges, den wir vorzunehmen haben

$$\begin{vmatrix} d_1 x_1 & d_1 x_2 & \dots & d_1 x_n \\ d_2 x_1 & d_2 x_2 & \dots & d_2 x_n \\ \cdot & \cdot & \cdot & \cdot \\ d_n x_1 & d_n x_2 & \dots & d_n x_n \end{vmatrix}$$

absolut genommen größer bleibt als $K \sigma_1 \sigma_2 \dots \sigma_n$.

Wenn diese Forderung erfüllt ist und die Funktionen u an der Stelle $x_1, x_2, \dots, x_n$ eigentlich differenzierbar sind, so wird

$$\lim \left\{ \begin{vmatrix} \Delta_1 u_1 & \Delta_1 u_2 & \dots & \Delta_1 u_n \\ \Delta_2 u_1 & \Delta_2 u_2 & \dots & \Delta_2 u_n \\ \cdot & \cdot & \cdot & \cdot \\ \Delta_n u_1 & \Delta_n u_2 & \dots & \Delta_n u_n \end{vmatrix} : \begin{vmatrix} d_1 x_1 & d_1 x_2 & \dots & d_1 x_n \\ d_2 x_1 & d_2 x_2 & \dots & d_2 x_n \\ \cdot & \cdot & \cdot & \cdot \\ d_n x_1 & d_n x_2 & \dots & d_n x_n \end{vmatrix} \right\} = \frac{d(u_1, u_2, \dots, u_n)}{d(x_1, x_2, \dots, x_n)}.$$

Setzen wir nämlich

$$\Delta_r u_s = d_r u_s + \frac{\Delta_r u_s - d_r u_s}{\sigma_r} \cdot \sigma_r,$$

so zerlegt sich

$$(1) \qquad \begin{vmatrix} \Delta_1 u_1 & \Delta_1 u_2 & \dots & \Delta_1 u_n \\ \Delta_2 u_1 & \Delta_2 u_2 & \dots & \Delta_2 u_n \\ \cdot & \cdot & \cdot & \cdot \\ \Delta_n u_1 & \Delta_n u_2 & \dots & \Delta_n u_n \end{vmatrix}$$

in 2^n Determinanten; denn jedes Element $\Delta_r u_s$ ist ein Binom, nämlich die Summe von

$$d_r u_s \quad \text{und} \quad \frac{\Delta_r u_s - d_r u_s}{\sigma_r} \cdot \sigma_r.$$

Wir können hier also wiederholt den Satz 6 aus § 14 anwenden. Eine der 2^n Determinanten lautet

$$\begin{vmatrix} d_1 u_1 & d_1 u_2 & \dots & d_1 u_n \\ d_2 u_1 & d_2 u_2 & \dots & d_2 u_n \\ \cdot & \cdot & \cdot & \cdot \\ d_n u_1 & d_n u_2 & \dots & d_n u_n \end{vmatrix}.$$

Sie liefert durch

$$(2) \qquad \begin{vmatrix} d_1 x_1 & d_1 x_2 & \dots & d_1 x_n \\ d_2 x_1 & d_2 x_2 & \dots & d_2 x_n \\ \cdot & \cdot & \cdot & \cdot \\ d_n x_1 & d_n x_2 & \dots & d_n x_n \end{vmatrix}$$

dividiert,

$$\frac{d(u_1, u_2, \dots, u_n)}{d(x_1, x_2, \dots, x_n)}.$$

Unter den 2^n Determinanten, in die wir (1) zerlegt haben, kommt auch die folgende vor

$$\begin{vmatrix} \frac{\Delta_1 u_1 - d_1 u_1}{\sigma_1} \cdot \sigma_1 & \dots & \frac{\Delta_1 u_n - d_1 u_n}{\sigma_1} \cdot \sigma_1 \\ \cdot & \cdot & \cdot \\ \frac{\Delta_n u_1 - d_n u_1}{\sigma_n} \cdot \sigma_n & \dots & \frac{\Delta_n u_n - d_n u_n}{\sigma_n} \cdot \sigma_2 \end{vmatrix}.$$

Dividieren wir sie durch die Determinante (2), so ergibt sich

$$\begin{vmatrix} \frac{\Delta_1 u_1 - d_1 u_1}{\sigma_1} & \dots & \frac{\Delta_1 u_n - d_1 u_n}{\sigma_1} \\ \cdot & \cdot & \cdot \\ \frac{\Delta_n u_1 - d_n u_1}{\sigma_n} & \dots & \frac{\Delta_n u_n - d_n u_n}{\sigma_n} \end{vmatrix} : \begin{vmatrix} \frac{d_1 x_1}{\sigma_1} & \dots & \frac{d_1 x_n}{\sigma_1} \\ \cdot & \cdot & \cdot \\ \frac{d_n x_1}{\sigma_n} & \dots & \frac{d_n x_n}{\sigma_n} \end{vmatrix}.$$

Der Nenner dieses Bruches ist seinem Betrage nach größer als die positive Zahl K. Die Elemente des Zählers konvergieren alle nach Null. Also konvergiert auch der Zähler selbst nach Null (vgl. § 15), und dasselbe gilt von dem Bruch.

Jetzt bleiben von unseren 2^n Determinanten nur noch diejenigen übrig, deren Zeilen in zwei Arten zerfallen, solche von der Form

$$\frac{\Delta_r u_1 - d_r u_1}{\sigma_r} \cdot \sigma_r, \dots, \frac{\Delta_r u_n - d_r u_n}{\sigma_r} \cdot \sigma_r$$

und solche von der Form

$$d_r u_1, \dots, d_r u_n.$$

Wenn wir eine solche Determinante durch (2) dividieren und dem so entstehenden Bruch den Nenner

$$\begin{vmatrix} \frac{d_1 x_1}{\sigma_1} & \dots & \frac{d_1 x_n}{\sigma_1} \\ \cdot & \cdot & \cdot \\ \frac{d_n x_1}{\sigma_1} & \dots & \frac{d_n x_n}{\sigma_n} \end{vmatrix}$$

geben, so ist der Zähler eine Determinante, die teils Zeilen von der Form

$$\frac{\Delta_r u_1 - d_r u_1}{\sigma_r}, \dots, \frac{\Delta_r u_n - d_r u_n}{\sigma_r}$$

enthält, teils solche von der Form

$$\frac{d_r u_1}{\sigma_r}, \dots, \frac{d_r u_n}{\sigma_r}.$$

Es möge p Zeilen von der ersten und q Zeilen von der zweiten Art geben.

Entwickelt man diese Determinante nach den Zeilen erster Art, so ergibt sich eine Summe von Produkten. Der eine Faktor eines solchen Produktes ist eine p-reihige Determinante, deren Elemente von der Form

$$\frac{\Delta_r u_s - d_r u_s}{\sigma_r}$$

sind. Dieser Faktor hat also den Grenzwert Null. Der andere Faktor ist eine q-reihige Determinante, deren Elemente von der Form

$$\frac{d_r u_s}{\sigma_r} = \frac{\partial u_s}{\partial x_1} \frac{d_r x_1}{\sigma_r} + \dots + \frac{\partial u_s}{\partial x_r} \frac{d_r x_r}{\sigma_r}.$$

Ist M die absolut größte unter den Ableitungen $\frac{\partial u}{\partial x}$, so wird

$$\left| \frac{d_r u_s}{\sigma_r} \right| < \frac{M}{\sigma_r} \{ | d_r x_1 | + \dots + | d_r x_n | \} = M.$$

Alle Elemente unserer q-reihigen Determinante sind ihrem Betrage nach kleiner als M. Die Determinante selbst ist daher absolut genommen kleiner als $q!\, M^q$.

Die betrachtete Zählerdeterminante konvergiert also nach Null.

Der obige Beweis gestaltet sich einfacher, wenn die $d_r x_s$ beim Grenzübergange ihre gegenseitigen Verhältnisse und ihre Zeichen nicht ändern. Dann genügt es

$$\begin{vmatrix} \Delta_1 u_1 \dots \Delta_1 u_n \\ \cdot \quad \cdot \quad \cdot \quad \cdot \\ \Delta_n u_1 \dots \Delta_n u_n \end{vmatrix} : \begin{vmatrix} d_1 x_1 \dots d_1 x_n \\ \cdot \quad \cdot \quad \cdot \quad \cdot \\ d_n x_1 \dots d_n x_n \end{vmatrix}$$

in der Form

$$\begin{vmatrix} \frac{\Delta_1 u_1}{\sigma_1} & \dots & \frac{\Delta_1 u_n}{\sigma_1} \\ \cdot & \cdot & \cdot \\ \frac{\Delta_n u_1}{\sigma_n} & \dots & \frac{\Delta_n u_n}{\sigma_n} \end{vmatrix} : \begin{vmatrix} \frac{d_1 x_1}{\sigma_1} & \dots & \frac{d_1 x_n}{\sigma_1} \\ \cdot & \cdot & \cdot \\ \frac{d_n x_1}{\sigma_n} & \dots & \frac{d_n x_n}{\sigma_n} \end{vmatrix}$$

zu schreiben.

Der Nenner hat jezt einen konstanten Wert und der Zähler strebt wegen

$$\lim \left(\frac{\Delta_r u_s}{\sigma_r} - \frac{d_r u_s}{\sigma_r} \right) = 0$$

dem Grenzwert

$$\begin{vmatrix} \frac{d_1 u_1}{\sigma_1} & \dots & \frac{d_1 u_n}{\sigma_1} \\ \cdot & \cdot & \cdot \\ \frac{d_n u_1}{\sigma_n} & \dots & \frac{d_n u_n}{\sigma_n} \end{vmatrix}$$

zu.[1]

§ 123. Der Multiplikationssatz.

Wir betrachten n zusammengesetzte Funktionen

$$\begin{gathered} u_1\bigl(v_1(x_1, \dots, x_n), \dots, v_n(x_1, \dots, x_n)\bigr), \\ u_2\bigl(v_1(x_1, \dots, x_n), \dots, v_n(x_1, \dots, x_n)\bigr), \\ \dots\dots\dots\dots\dots \\ u_n\bigl(v_1(x_1, \dots, x_n), \dots, v_n(x_1, \dots, x_n)\bigr). \end{gathered}$$

Es sind also die u Funktionen der v und die v Funktionen der x.

Wenn die Ableitungen $\frac{\partial v_r}{\partial x_s}$ an der Stelle $x_1, x_2, \dots, x_n$ existieren und die Ableitungen $\frac{\partial u_r}{\partial v_s}$ an der entsprechenden Stelle $v_1, v_2, \dots, v_n$ stetig sind,[2] so gelten, wie in der Differentialrechnung bewiesen wird,[3] die Formeln

$$\frac{\partial u_r}{\partial x_s} = \frac{\partial u_r}{\partial v_1}\frac{\partial v_1}{\partial x_s} + \dots + \frac{\partial u_r}{\partial v_n}\frac{\partial v_n}{\partial x_s}.$$
$$(r, s = 1, 2, \dots, n)$$

Aus ihnen folgt auf Grund des Multiplikationssatzes (vgl. § 32)

---

[1] Die $\frac{d_r u_s}{\sigma_r}$ sind ebenso wie die $\frac{d_r x_s}{\sigma_r}$ konstant.

[2] Wir nehmen an, daß diese Ableitungen in einer gewissen Umgebung von $v_1, v_2, \dots, v_n$ existieren.

[3] Vgl. meine „Grundzüge der Infinitesimalrechnung" S. 130.

$$\begin{vmatrix} \frac{\partial u_1}{\partial x_1} & \frac{\partial u_1}{\partial x_2} & \cdots & \frac{\partial u_1}{\partial x_n} \\ \frac{\partial u_2}{\partial x_1} & \frac{\partial u_2}{\partial x_2} & \cdots & \frac{\partial u_2}{\partial x_n} \\ \cdot & \cdot & \cdot & \cdot \\ \frac{\partial u_n}{\partial x_1} & \frac{\partial u_n}{\partial x_2} & \cdots & \frac{\partial u_n}{\partial x_n} \end{vmatrix} = \begin{vmatrix} \frac{\partial u_1}{\partial v_1} & \frac{\partial u_1}{\partial v_2} & \cdots & \frac{\partial u_1}{\partial v_n} \\ \frac{\partial u_2}{\partial v_1} & \frac{\partial u_2}{\partial v_2} & \cdots & \frac{\partial u_2}{\partial v_n} \\ \cdot & \cdot & \cdot & \cdot \\ \frac{\partial u_n}{\partial v_1} & \frac{\partial u_n}{\partial v_2} & \cdots & \frac{\partial u_n}{\partial v_n} \end{vmatrix} \begin{vmatrix} \frac{\partial v_1}{\partial x_1} & \frac{\partial v_1}{\partial x_2} & \cdots & \frac{\partial v_1}{\partial x_n} \\ \frac{\partial v_2}{\partial x_1} & \frac{\partial v_2}{\partial x_2} & \cdots & \frac{\partial v_2}{\partial x_n} \\ \cdot & \cdot & \cdot & \cdot \\ \frac{\partial v_n}{\partial x_1} & \frac{\partial v_n}{\partial x_2} & \cdots & \frac{\partial v_n}{\partial x_n} \end{vmatrix}.$$

Man setze bei Ausführung der Multiplikation, die Zeilen der ersten mit den Spalten der zweiten Determinante zusammen.

Die obige Formel läßt sich auch so schreiben:

(1) $$\frac{d(u_1, u_2, \ldots, u_n)}{d(x_1, x_2, \ldots, x_n)} = \frac{d(u_1, u_2, \ldots, u_n)}{d(v_1, v_2, \ldots, v_n)} \frac{d(v_1, v_2, \ldots, v_n)}{d(x_1, x_2, \ldots, x_n)}.$$

Sie besagt, daß die Funktionaldeterminante der u nach den x erhalten wird, indem man zuerst die Funktionaldeterminante der u nach den v bildet und sie dann mit der Funktionaldeterminante der v nach den x multipliziert.

Im Falle $n = 1$ ist dies die bekannte Regel für die Differentiation einer zusammengesetzten Funktion.

Man kann die Formel (1) auch so beweisen: Nach dem Multiplikationssatz der Determinanten ist

$$\begin{vmatrix} d_1 v_1 & \ldots & d_1 v_n \\ \cdot & \cdot & \cdot \\ d_n v_1 & \ldots & d_n v_n \end{vmatrix} = \frac{d(v_1, \ldots, v_n)}{d(x_1, \ldots, x_n)} \begin{vmatrix} d_1 x_1 & \ldots & d_1 x_n \\ \cdot & \cdot & \cdot \\ d_n x_1 & \ldots & d_n x_n \end{vmatrix}$$

und

$$\begin{vmatrix} d_1 u_1 & \ldots & d_1 u_n \\ \cdot & \cdot & \cdot \\ d_n u_1 & \ldots & d_n u_n \end{vmatrix} = \frac{d(u_1, \ldots, u_n)}{d(v_1, \ldots, v_n)} \begin{vmatrix} d_1 v_1 & \ldots & d_1 v_n \\ \cdot & \cdot & \cdot \\ d_n v_1 & \ldots & d_n v_n \end{vmatrix},$$

also

$$\begin{vmatrix} d_1 u_1 & \ldots & d_1 u_n \\ \cdot & \cdot & \cdot \\ d_n u_1 & \ldots & d_n u_n \end{vmatrix} = \frac{d(u_1, \ldots, u_n)}{d(v_1, \ldots, v_n)} \frac{d(v_1, \ldots, v_n)}{d(u_1, \ldots, u_n)} \begin{vmatrix} d_1 x_1 & \ldots & d_1 x_n \\ \cdot & \cdot & \cdot \\ d_n x_1 & \ldots & d_n x_n \end{vmatrix}.$$

Andererseits hat man aber

$$\begin{vmatrix} d_1 u_1 & \ldots & d_1 u_n \\ \cdot & \cdot & \cdot \\ d_n u_1 & \ldots & d_n u_n \end{vmatrix} = \frac{d(u_1, \ldots, u_n)}{d(x_1, \ldots, x_n)} \begin{vmatrix} d_1 x_1 & \ldots & d_1 x_n \\ \cdot & \cdot & \cdot \\ d_n x_1 & \ldots & d_n x_n \end{vmatrix}.$$

Mithin gilt die Formel (1).

Es wird bei dem obigen Beweis benutzt, daß das Differential von du

$$\frac{\partial u}{\partial v_1} d v_1 + \ldots + \frac{\partial u}{\partial v_n} d v_n$$

lautet, ob nun $v_1, \ldots, v_n$ oder $x_1, \ldots, x_n$ die unabhängigen Veränderlichen sind.

§ 124. Eine Anwendung des Multiplikationssatzes der Funktionaldeterminanten.

Die Determinante D der Bilinearform

$$f = \sum a_{rs} x_r y_s$$

ist (vgl. den Schluß von § 121) gleich der Funktionaldeterminante der Linearformen

$$Y_r = a_{r1} y_1 + a_{r2} y_2 + \ldots + a_{rn} y_n. \qquad (r = 1, 2, \ldots, n)$$

Wir wollen jetzt auf f die linearen Transformationen

$$x_r = \beta_{r1} x_1' + \beta_{r2} x_2' + \ldots + \beta_{rn} x_n',$$
$$y_r = \gamma_{r1} y_1' + \gamma_{r2} y_2' + \ldots + \gamma_{rn} y_n'$$
$$(r = 1, 2, \ldots, n)$$

anwenden.

Dabei gehe f in

$$f' = \sum a_{rs}' x_r' y_s'$$

über.

Wir können den Übergang von f zu f' auch in zwei Schritten ausführen, nämlich so, daß wir zuerst die x und dann erst die y linear transformieren.

Schreiben wir f in der Form

$$f = \sum Y_r x_r,$$

so verwandelt es sich bei der linearen Transformation

$$x_r = \beta_{r1} x_1' + \beta_{r2} x_2' + \ldots + \beta_{rn} x_n' \qquad (r = 1, 2, \ldots, n)$$

in

$$\sum Y_r' x_r',$$

und dabei ist

$$Y_r' = \beta_{1r} Y_1 + \beta_{2r} Y_2 + \ldots + \beta_{nr} Y_n. \qquad (r = 1, 2, \ldots, n)$$

Jetzt brauchen wir, um zu f' zu gelangen, nur noch

$$y_r = \gamma_{r1} y_1' + \gamma_{r2} y_2' + \ldots + \gamma_{rn} y_n' \qquad (r = 1, 2, \ldots, n)$$

zu setzen.

Um die Determinante D' von f' zu finden, benutze man, daß

$$D' = \frac{d(Y_1', Y_2', \ldots, Y_n')}{d(y_1', y_2', \ldots, y_n')}$$

ist.

Nach § 124 hat man

$$\frac{d(Y_1', \ldots, Y_n')}{d(y_1', \ldots, y_n')} = \frac{d(Y_1', \ldots, Y_n')}{d(y_1, \ldots, y_n)} \begin{vmatrix} \gamma_{11} & \cdots & \gamma_{1n} \\ \cdot & \cdot & \cdot \\ \gamma_{n1} & \cdots & \gamma_{nn} \end{vmatrix},$$

und

$$\frac{d(Y_1', \ldots, Y_n')}{d(y_1, \ldots, y_n)} = \frac{d(Y_1', \ldots, Y_n')}{d(Y_1, \ldots, Y_n)} \frac{d(Y_1, \ldots, Y_n)}{d(y_1, \ldots, y_n)}$$

$$= \begin{vmatrix} \beta_{11} & \cdots & \beta_{n1} \\ \cdot & \cdot & \cdot \\ \beta_{1n} & \cdots & \beta_{nn} \end{vmatrix} D.$$

Demnach ist

$$\begin{vmatrix} a_{11}' & \cdots & a_{1n}' \\ \cdot & \cdot & \cdot \\ a_{n1}' & \cdots & a_{nn}' \end{vmatrix} = \begin{vmatrix} \beta_{11} & \cdots & \beta_{n1} \\ \cdot & \cdot & \cdot \\ \beta_{1n} & \cdots & \beta_{nn} \end{vmatrix} \begin{vmatrix} a_{11} & \cdots & a_{1n} \\ \cdot & \cdot & \cdot \\ a_{n1} & \cdots & a_{nn} \end{vmatrix} \begin{vmatrix} \gamma_{11} & \cdots & \gamma_{1n} \\ \cdot & \cdot & \cdot \\ \gamma_{n1} & \cdots & \gamma_{nn} \end{vmatrix}.$$

§ 125. Andere Auffassung des Multiplikationssatzes.

In § 123 haben wir im Grunde genommen noch mehr bewiesen, als nur die Formel

$$(1) \qquad \frac{d(u_1, \ldots, u_n)}{d(x_1, \ldots, x_n)} = \frac{d(u_1, \ldots, u_n)}{d(v_1, \ldots, v_n)} \frac{d(v_1, \ldots, v_n)}{d(x_1, \ldots, x_n)}.$$

Wir haben nämlich auch bewiesen, daß

$$(2) \qquad \begin{pmatrix} \frac{\partial u_1}{\partial x_1} & \cdots & \frac{\partial u_1}{\partial x_n} \\ \cdot & \cdot & \cdot \\ \frac{\partial u_n}{\partial x_1} & \cdots & \frac{\partial u_n}{\partial x_n} \end{pmatrix} = \begin{pmatrix} \frac{\partial u_1}{\partial v_1} & \cdots & \frac{\partial u_1}{\partial v_n} \\ \cdot & \cdot & \cdot \\ \frac{\partial u_n}{\partial v_1} & \cdots & \frac{\partial u_n}{\partial v_n} \end{pmatrix} \begin{pmatrix} \frac{\partial v_1}{\partial x_1} & \cdots & \frac{\partial v_1}{\partial x_n} \\ \cdot & \cdot & \cdot \\ \frac{\partial v_n}{\partial x_1} & \cdots & \frac{\partial v_n}{\partial x_n} \end{pmatrix}$$

ist (vgl. § 94).

In der Tat ergibt sich auf den rechten Seiten durch Zusammensetzung der r^{ten} Zeile des ersten mit der s^{ten} Spalte des zweiten Faktors gerade $\frac{\partial u_r}{\partial x_s}$.

Die Formel (1) behält also ihre Gültigkeit, wenn wir die Symbole

$$\frac{d(u_1, \ldots, u_n)}{d(x_1, \ldots, x_n)}, \quad \frac{d(u_1, \ldots, u_n)}{d(v_1, \ldots, v_n)}, \quad \frac{d(v_1, \ldots, v_n)}{d(x_1, \ldots, x_n)}$$

nicht mehr als Funktionaldeterminanten, sondern als Funktionalmatrizen auffassen, und zwar als die drei Funktionalmatrizen, die in Formel (2) stehen.

Die Schlußformel in § 125 lautet bei dieser Auffassung:

$$\begin{pmatrix} \alpha'_{11} & \dots & \alpha'_{1n} \\ . & . & . \\ \alpha'_{n1} & \dots & \alpha'_{nn} \end{pmatrix} = \begin{pmatrix} \beta_{11} & \dots & \beta_{n1} \\ . & . & . \\ \beta_{1n} & \dots & \beta_{nn} \end{pmatrix} \begin{pmatrix} \alpha_{11} & \dots & \alpha_{1n} \\ . & . & . \\ \alpha_{n1} & \dots & \alpha_{nn} \end{pmatrix} \begin{pmatrix} \gamma_{11} & \dots & \gamma_{1n} \\ . & . & . \\ \gamma_{n1} & \dots & \gamma_{nn} \end{pmatrix}.$$

§ 126. Funktionen mit nichtverschwindender Funktionaldeterminante.

Wir beschränken uns der größeren Deutlichkeit halber auf den Fall $n = 2$.

Die beiden unabhängigen Veränderlichen x, y wollen wir als rechtwinklige Punktkoordinaten in einer Ebene E betrachten.[1]

$u(x, y)$, $v(x, y)$ mögen in dem Quadrat

$$|x - x_0| \leqq a, \quad |y - y_0| \leqq a$$

stetige erste Ableitungen besitzen. Wir bezeichnen diese Ableitungen in folgender Weise:

$$\frac{\partial u}{\partial x} = u_1(x, y), \quad \frac{\partial u}{\partial y} = u_2(x, y),$$

$$\frac{\partial v}{\partial x} = v_1(x, y), \quad \frac{\partial v}{\partial y} = v_2(x, y).$$

Außerdem machen wir noch die Annahme, daß an der Stelle (x_0, y_0) die Funktionaldeterminante

$$\frac{d(u, v)}{d(x, y)}$$

ungleich Null ist. Wir setzen also voraus

$$\begin{vmatrix} u_1(x_0, y_0) & u_2(x_0, y_0) \\ v_1(x_0, y_0) & v_2(x_0, y_0) \end{vmatrix} \neq 0.$$

Wegen der Stetigkeit von u_1, u_2, v_1, v_2, läßt sich dann in dem Quadrat (1) ein anderes

$$(Q) \qquad |x - x_0| \leqq b, \quad |y - y_0| \leqq b$$

so wählen, daß die Determinante

$$(2) \qquad \begin{vmatrix} u_1(x, y) & u_2(x, y) \\ v_1(x', y') & v_2(x', y') \end{vmatrix}$$

von Null verschieden ist, wie man auch die Punkte (x, y) und (x', y') in dem Quadrat Q wählen mag.

---

[1] Dies tun wir nur, um uns anschaulicher ausdrücken zu können. Veränderliche und Funktionen sollen hier reell sein.

Wir wollen jetzt

(3) $$\mathfrak{x} = u(x, y), \quad \mathfrak{y} = v(x, y)$$

als rechtwinklige Punktkoordinaten in einer Ebene $\mathfrak{E}$ betrachten.

Durch die Gleichungen (3) wird dann jedem Punkt (x, y) von Q ein bestimmter Punkt $(\mathfrak{x}, \mathfrak{y})$ in der Ebene $\mathfrak{E}$ zugeordnet. $(\mathfrak{x}, \mathfrak{y})$ möge der Bildpunkt von (x, y) heißen.

Es läßt sich zeigen, daß verschiedene Punkte von Q verschiedene Bildpunkte haben.

Hätten (x_1, y_1) und (x_2, y_2) denselben Bildpunkt, so wäre

$$u(x_2, y_2) - u(x_1, y_1) = 0,$$
$$v(x_2, y_2) - v(x_1, y_1) = 0.$$

Nach einem Satze der Differentialrechnung ist aber

(4) $$\begin{cases} u(x_2, y_2) - u(x_1, y_1) = (x_2 - x_1)u_1(x, y) + (y_2 - y_1)u_2(x, y), \\ v(x_2, y_2) - v(x_1, y_1) = (x_2 - x_1)v_1(x', y') + (y_2 - y_1)v_2(x', y'). \end{cases}$$

Dabei sind (x, y) und (x', y') Punkte auf der Verbindungsstrecke von (x_1, y_1) und (x_2, y_2). Liegen also (x_1, y_1), (x_2, y_2) beide in Q, so gilt dasselbe von (x, y), (x', y'). Die Determinante (2) ist aber von Null verschieden. Es folgt also aus

$$(x_2 - x_1)u_1(x, y) + (y_2 - y_1)u_2(x, y) = 0,$$
$$(x_2 - x_1)v_1(x', y') + (y_2 - y_1)v_2(x', y') = 0$$

nach § 22

$$x_2 - x_1 = 0, \quad y_2 - y_1 = 0.$$

D. h. die Punkte (x_1, y_1), (x_2, y_2) sind nicht verschieden.

Wenn wir zu jedem Punkt von Q den Bildpunkt suchen, so entsteht in $\mathfrak{E}$ eine Menge von lauter verschiedenen Punkten. Wir wollen sie mit $\mathfrak{Q}$ bezeichnen.

Jedem Punkt $(\mathfrak{x}, \mathfrak{y})$ von $\mathfrak{Q}$ entspricht ein und nur ein Punkt (x, y) von Q, nämlich derjenige, dessen Bildpunkt $(\mathfrak{x}, \mathfrak{y})$ ist.

Auf Grund unserer Voraussetzungen sind die Funktionen $u(x, y)$, $v(x, y)$ in Q stetig. Ist also

$$(x_1, y_1), (x_2, y_2), (x_3, y_3), \ldots$$

eine konvergente Punktfolge[1] in Q, so ist die Folge der Bildpunkte

$$(\mathfrak{x}_1, \mathfrak{y}_1), (\mathfrak{x}_2, \mathfrak{y}_2), (\mathfrak{x}_3, \mathfrak{y}_3), \ldots$$

eine konvergente Punktfolge in $\mathfrak{Q}$.

Das Umgekehrte gilt aber auch. Jeder konvergenten Punktfolge in $\mathfrak{Q}$ entspricht eine konvergente Punktfolge in Q.

[1] Damit meinen wir, daß $\lim x_n$ und $\lim y_n$ existieren.

Ist $(\mathfrak{x}_1, \mathfrak{y}_1)$, $(\mathfrak{x}_2, \mathfrak{y}_2)$, $(\mathfrak{x}_3, \mathfrak{y}_3)$, ... eine beliebige Punktfolge in $\mathfrak{Q}$, so entspricht ihr eine Punktfolge (x_1, y_1), (x_2, y_2), (x_3, y_3), ... in Q. Nun hat jede beschränkte Punktfolge, d. h. jede Punktfolge, die sich ganz in ein Quadrat einschließen läßt, mindestens einen Häufungspunkt.[1] Ist (x, y) ein Häufungspunkt für (x_1, y_1), (x_2, y_2), (x_3, y_3), ..., so läßt sich aus dieser Folge eine Teilfolge (x_1', y_1'), (x_2', y_2'), (x_3', y_3'), ... herausgreifen, die nach (x, y) konvergiert.[2] Die zugehörigen Bildpunkte $(\mathfrak{x}_1', \mathfrak{y}_1')$, $(\mathfrak{x}_2', \mathfrak{y}_2')$, $(\mathfrak{x}_3', \mathfrak{y}_3')$, ... konvergieren dann nach $(\mathfrak{x}, \mathfrak{y})$, dem Bildpunkt von (x, y). Wenn also $(\mathfrak{x}_1, \mathfrak{y}_1)$, $(\mathfrak{x}_2, \mathfrak{y}_2)$, $(\mathfrak{x}_3, \mathfrak{y}_3)$, ... eine konvergente Punktfolge ist, so muß sie gerade nach $(\mathfrak{x}, \mathfrak{y})$ konvergieren. Daraus können wir schließen, daß die Folge (x_1, y_1), (x_2, y_2), (x_3, y_3), ... nur einen Häufungspunkt hat; denn sein Bildpunkt ist ein ganz bestimmter, nämlich der Punkt, nach welchem die Folge $(\mathfrak{x}_1, \mathfrak{y}_1)$, $(\mathfrak{x}_2, \mathfrak{y}_2)$, $(\mathfrak{x}_3, \mathfrak{y}_3)$, ..., konvergiert.

Eine beschränkte Punktfolge mit einem einzigen Häufungspunkt ist nichts anderes als eine konvergente Punktfolge. Also ist (x_1, y_1), (x_2, y_2), (x_3, y_3), ... konvergent.

Wir sehen aus der obigen Betrachtung zugleich, daß der Punkt $(\mathfrak{x}, \mathfrak{y})$, nach welchem die Folge $(\mathfrak{x}_1, \mathfrak{y}_1)$, $(\mathfrak{x}_2, \mathfrak{y}_2)$, $(\mathfrak{x}_3, \mathfrak{y}_3)$, ... konvergiert, mit zu $\mathfrak{Q}$ gehört. Auf Grund dieser Eigenschaft nennt man $\mathfrak{Q}$ eine abgeschlossene Punktmenge.

Jetzt sei $\overline{Q}$ der Inbegriff der Randpunkte von Q und $\overline{\mathfrak{Q}}$ der Inbegriff ihrer Bildpunkte. Ferner sei (x, y) ein beliebiger Punkt im Innern von Q und $(\mathfrak{x}, \mathfrak{y})$ sein Bildpunkt. Dann läßt sich um $(\mathfrak{x}, \mathfrak{y})$ ein Kreis $\mathfrak{K}$ beschreiben, in welchem kein Punkt von $\overline{\mathfrak{Q}}$ liegt. $\mathfrak{K}_n$ sei der Kreis, der um $(\mathfrak{x}, \mathfrak{y})$ mit dem Radius $1/n$ beschrieben ist ($n = 1, 2, 3, \ldots$). Gäbe es in jedem $\mathfrak{K}_n$ einen Punkt $(\bar{\mathfrak{x}}_n, \bar{\mathfrak{y}}_n)$ von $\overline{\mathfrak{Q}}$, so hätte man

$$\lim \bar{\mathfrak{x}}_n = \mathfrak{x}, \quad \lim \bar{\mathfrak{y}}_n = \mathfrak{y}.$$

Dann wäre auch

$$\lim \bar{x}_n = x, \quad \lim \bar{y}_n = y,$$

was offenbar unmöglich ist, weil (x, y) im Innern und $(\bar{x}_n, \bar{y}_n)$ auf dem Rande von Q liegt.

Es gibt also einen Kreis $\mathfrak{K}$ von der gewünschten Beschaffenheit. $\mathfrak{r}$ sei der Radius von $\mathfrak{K}$ und $\mathfrak{K}'$ ein konzentrischer Kreis mit dem Radius $\mathfrak{r}/2$.

[1] In jedem um einen Häufungspunkt beschriebenen Kreis liegen unendlich viele Glieder der Folge.

[2] K_n sei ein Kreis, der um (x, y) mit dem Radius $1/n$ beschrieben ist. (x_1', y_1') sei der erste Punkt der Folge, der in K_1 liegt, (x_2', y_2') der erste auf hn folgende Punkt, der in K_2 liegt, usw. Dann ist $\lim x_n' = x$, $\lim y_n' = y$.

Ist dann $(\mathfrak{x}', \mathfrak{y}')$ ein Punkt in $\mathfrak{K}'$, so liegt er näher an $(\mathfrak{x}, \mathfrak{y})$, als an irgend einem Punkt von $\bar{\mathfrak{Q}}$.

Dies bedeutet aber, daß die Funktion[1]

$$\omega(X, Y) = \{u(X, Y) - \mathfrak{x}'\}^2 + \{v(X, Y) - \mathfrak{y}'\}^2$$

an der Stelle (x, y) im Innern von Q kleiner ist als auf dem Rande von Q. Daraus können wir aber folgern, daß der kleinste Wert dieser Funktion im Innern von Q, etwa an der Stelle (x', y') eintritt. An dieser Stelle müssen aber die Ableitungen

$$\frac{1}{2}\frac{\partial \omega}{\partial X} = \{u(X, Y) - \mathfrak{x}'\} u_1(X, Y) + \{v(X, Y) - \mathfrak{y}'\} v_1(X, Y),$$

$$\frac{1}{2}\frac{\partial \omega}{\partial Y} = \{u(X, Y) - \mathfrak{x}'\} u_2(X, Y) + \{v(X, Y) - \mathfrak{y}'\} v_2(X, Y)$$

verschwinden, d. h. es müssen die Gleichungen gelten

$$\{u(x', y') - \mathfrak{x}'\} u_1(x', y') + \{v(x', y') - \mathfrak{y}'\} v_1(x', y') = 0,$$
$$\{u(x', y') - \mathfrak{x}'\} u_2(x', y') + \{v(x', y') - \mathfrak{y}'\} v_2(x', y') = 0.$$

Da nun

$$\begin{vmatrix} u_1(x', y') & v_1(x', y') \\ u_2(x', y') & v_2(x', y') \end{vmatrix} \neq 0$$

ist, so folgt aus diesen Gleichungen

$$\mathfrak{x}' = u(x', y'), \quad \mathfrak{y}' = v(x', y').$$

$(\mathfrak{x}', \mathfrak{y}')$ ist also der Bildpunkt von (x', y'), d. h. $(\mathfrak{x}', \mathfrak{y}')$ gehört zu $\mathfrak{Q}$.

$(\mathfrak{x}', \mathfrak{y}')$ war ein beliebiger Punkt in dem Kreise $\mathfrak{K}'$, den wir um $(\mathfrak{x}, \mathfrak{y})$ beschrieben hatten. Dieser Kreis $\mathfrak{K}'$ enthält also nur Punkte von $\mathfrak{Q}$.

Damit haben wir bewiesen, daß jedem inneren Punkt von Q ein innerer Punkt von $\mathfrak{Q}$ entspricht. Ein innerer Punkt einer Punktmenge ist dadurch charakterisiert, daß sich um ihn ein Kreis beschreiben läßt, der nur Punkte der Menge enthält.

Da zu jedem Punkt $(\mathfrak{x}, \mathfrak{y})$ von $\mathfrak{Q}$ ein ganz bestimmter Punkt (x, y) von Q gehört, so können wir x und y als Funktionen von $(\mathfrak{x}, \mathfrak{y})$ betrachten, die in $\mathfrak{Q}$ definiert sind. Wir wollen demgemäß schreiben

$$x = \mathfrak{u}(\mathfrak{x}, \mathfrak{y}), \quad y = \mathfrak{v}(\mathfrak{x}, \mathfrak{y}).$$

Durch diese Gleichungen wird jedem Punkt $(\mathfrak{x}, \mathfrak{y})$ von $\mathfrak{Q}$ gerade derjenige Punkt (x, y) von Q zugeordnet, dessen Bildpunkt $(\mathfrak{x}, \mathfrak{y})$ ist.

---

[1] Mit X, Y bezeichnen wir veränderliche Koordinaten.

Nach unsern obigen Feststellungen sind die Funktionen $\mathfrak{u}$, $\mathfrak{v}$ in $\mathfrak{Q}$ **stetig**, d. h. aus

$$\lim \mathfrak{x}_n = \mathfrak{x}, \quad \lim \mathfrak{y}_n = \mathfrak{y}$$

folgt, wenn die Punkte $(\mathfrak{x}_n, \mathfrak{y}_n)$ zu $\mathfrak{Q}$ gehören,

$$\lim \mathfrak{u}(\mathfrak{x}_n, \mathfrak{y}_n) = \mathfrak{u}(\mathfrak{x}, \mathfrak{y}), \quad \lim \mathfrak{v}(\mathfrak{x}_n, \mathfrak{y}_n) = \mathfrak{v}(\mathfrak{x}, \mathfrak{y}).$$

Dasselbe gilt, wie wir jetzt zeigen werden, von den Ableitungen

$$\frac{\partial \mathfrak{u}}{\partial \mathfrak{x}}, \quad \frac{\partial \mathfrak{u}}{\partial \mathfrak{y}}, \quad \frac{\partial \mathfrak{v}}{\partial \mathfrak{x}}, \quad \frac{\partial \mathfrak{v}}{\partial \mathfrak{y}}.$$

$(\mathfrak{x}, \mathfrak{y})$ und $(\mathfrak{x} + \mathfrak{h}, \mathfrak{y} + \mathfrak{k})$ seien zwei **verschiedene** Punkte von $\mathfrak{Q}$ und (x, y) bzw. $(x + h, y + k)$ die entsprechenden Punkte von Q. Dann hat man (vgl. die Formeln 4 auf S. 301)

$$\mathfrak{h} = u_1(x', y')\, h + u_2(x', y')\, k,$$
$$\mathfrak{k} = v_1(x'', y'')\, h + v_2(x'', y'')\, k,$$

wobei (x', y') und (x'', y'') auf der Verbindungsstrecke von (x, y) und $(x + h, y + k)$ liegen, also jedenfalls in Q. Daher ist

$$\begin{vmatrix} u_1(x', y') & u_2(x', y') \\ v_1(x'', y'') & v_2(x'', y'') \end{vmatrix} \neq 0,$$

und wir können die obigen Gleichungen nach h und k auflösen. Dadurch finden wir (vgl. § 22)

$$h = \frac{\begin{vmatrix} \mathfrak{h} & u_2(x', y') \\ \mathfrak{k} & v_2(x'', y'') \end{vmatrix}}{\begin{vmatrix} u_1(x', y') & u_2(x', y') \\ v_1(x'', y'') & r_2(x'', y'') \end{vmatrix}},$$

$$k = \frac{\begin{vmatrix} u_1(x', y') & \mathfrak{h} \\ v_1(x'', y'') & \mathfrak{k} \end{vmatrix}}{\begin{vmatrix} u_1(x', y') & u_2(x', y') \\ v_1(x'', y'') & v_2(x'', y'') \end{vmatrix}}.$$

Lassen wir $\mathfrak{h}$ und $\mathfrak{k}$ nach Null konvergieren, so wird

$$\lim h = \lim k = 0,$$

folglich

$$\lim x' = \lim x'' = x,$$
$$\lim y' = \lim y'' = y.$$

Wegen der Stetigkeit von u_1, u_2, v_1, v_2 wird ferner

$$\lim \frac{v_2(x'', y'')}{\begin{vmatrix} u_1(x', y') & u_2(x', y') \\ v_1(x'', y'') & v_2(x'', y'') \end{vmatrix}} = \frac{v_2(x, y)}{\dfrac{d(u, v)}{d(x, y)}},$$

$$\lim \frac{-u_2(x', y')}{\begin{vmatrix} u_1(x', y') & u_2(x', y') \\ v_1(x'', y'') & v_2(x'', y'') \end{vmatrix}} = \frac{-u_2(x, y)}{\dfrac{d(u, v)}{d(x, y)}},$$

$$\lim \frac{-v_1(x'', y'')}{\begin{vmatrix} u_1(x', y') & u_2(x', y') \\ v_1(x'', y'') & v_2(x'', y'') \end{vmatrix}} = \frac{-v_1(x, y)}{\dfrac{d(u, v)}{d(x, y)}},$$

$$\lim \frac{u_1(x', y')}{\begin{vmatrix} u_1(x', y') & u_2(x', y') \\ v_1(x'', y'') & v_2(x'', y'') \end{vmatrix}} = \frac{u_1(x, y)}{\dfrac{d(u, v)}{d(x, y)}}.$$

Setzen wir in diesen Grenzwerten $x = \mathfrak{u}(\mathfrak{x}, \mathfrak{y})$, $y = \mathfrak{v}(\mathfrak{x}, \mathfrak{y})$, so verwandeln sie sich in Funktionen von $\mathfrak{x}, \mathfrak{y}$, die wir der Reihe nach mit

$$\mathfrak{u}_1(\mathfrak{x}, \mathfrak{y}), \quad \mathfrak{u}_2(\mathfrak{x}, \mathfrak{y}), \quad \mathfrak{v}_1(\mathfrak{x}, \mathfrak{y}), \quad \mathfrak{v}_2(\mathfrak{x}, \mathfrak{y})$$

bezeichnen wollen.

Diese Funktionen sind offenbar in $\mathfrak{Q}$ stetig. Denn wir haben sie aus Funktionen von x, y erhalten, die in Q stetig sind, und x, y sind in $\mathfrak{Q}$ stetige Funktionen von $\mathfrak{x}, \mathfrak{y}$.

Die Funktionen $\mathfrak{u}_1, \mathfrak{u}_2, \mathfrak{v}_1, \mathfrak{v}_2$ haben folgende Eigenschaft. Wenn man den Punkt $(\mathfrak{x} + \mathfrak{h}, \mathfrak{y} + \mathfrak{k})$ derart in $\mathfrak{Q}$ variieren läßt, daß

$$\lim \mathfrak{h} = \lim \mathfrak{k} = 0$$

wird,[1] so ergibt sich

$$\lim \frac{h - \mathfrak{u}_1 \mathfrak{h} - \mathfrak{u}_2 \mathfrak{k}}{|\mathfrak{h}| + |\mathfrak{k}|} = 0,$$

$$\lim \frac{k - \mathfrak{v}_1 \mathfrak{h} - \mathfrak{v}_2 \mathfrak{k}}{|\mathfrak{h}| + |\mathfrak{k}|} = 0.$$

Es ist nämlich

$$h = (\mathfrak{u}_1 + \varepsilon_1)\mathfrak{h} + (\mathfrak{u}_2 + \varepsilon_2)\mathfrak{k},$$
$$k = (\mathfrak{v}_1 + \eta_1)\mathfrak{h} + (\mathfrak{v}_2 + \eta_2)\mathfrak{k}$$

und

$$\lim \varepsilon_1 = \lim \varepsilon_2 = \lim \eta_1 = \lim \eta_2 = 0.$$

Wenn $(\mathfrak{x}, \mathfrak{y})$ ein innerer Punkt von $\mathfrak{Q}$ ist, so können wir $\mathfrak{h}$ oder $\mathfrak{k}$ gleich Null setzen. Dann finden wir

---

[1] Nimmt man in Q eine Folge von Punkten, die von (x, y) verschieden sind, aber nach (x, y) konvergieren, so sind ihre Bildpunkte von $(\mathfrak{x}, \mathfrak{y})$ verschieden und konvergieren nach $(\mathfrak{x}, \mathfrak{y})$.

$$\mathfrak{u}_1 = \frac{\partial \mathfrak{u}}{\partial \mathfrak{x}}, \quad \mathfrak{u}_2 = \frac{\partial \mathfrak{u}}{\partial \mathfrak{y}},$$

$$\mathfrak{v}_1 = \frac{\partial \mathfrak{v}}{\partial \mathfrak{x}}, \quad \mathfrak{v}_2 = \frac{\partial \mathfrak{v}}{\partial \mathfrak{y}},$$

so daß

$$\frac{d(\mathfrak{u}, \mathfrak{v})}{d(\mathfrak{x}, \mathfrak{y})} = \frac{1}{\left(\frac{d(u, v)}{d(x, y)}\right)^2} \begin{vmatrix} v_2(x, y) & -u_2(x, y) \\ -v_1(x, y) & u_1(x, y) \end{vmatrix} = \frac{1}{\frac{d(u, v)}{d(x, y)}}$$

ist, also sicher von Null verschieden.

Konstruieren wir um $(\mathfrak{x}, \mathfrak{y})$ als Mittelpunkt ein Quadrat, dessen Seiten parallel zu den Achsen sind und das nur Punkte von $\mathfrak{Q}$ enthält, so erfüllen $\mathfrak{u}, \mathfrak{v}$ in diesem Quadrat genau dieselben Bedingungen, die wir am Anfang dieses Paragraphen den Funktionen u, v auferlegten.

Wir können also sicher sein, daß dem Punkt $(\mathfrak{x}, \mathfrak{y})$ ein innerer Punkt von Q entspricht.

Früher sahen wir, daß die Bildpunkte der inneren Punkte von Q innere Punkte von $\mathfrak{Q}$ sind. Jetzt wissen wir, daß auch umgekehrt jedem inneren Punkt von $\mathfrak{Q}$ ein innerer Punkt von Q entspricht.

§ 127. Der Rang der Funktionalmatrix.

Die m Funktionen

$$u_1(x_1, \ldots, x_n), \ldots, u_m(x_1, \ldots, x_n)$$

mögen in dem Bereich[1]

(1) $$a_1 \leqq x_1 \leqq b_1, \ldots, a_n \leqq x_n \leqq b_n$$

stetige erste Ableitungen haben.

An jeder Stelle des Bereichs (1) wird die Funktionalmatrix

(2) $$\left\{\begin{matrix} \frac{\partial u_1}{\partial x_1} & \frac{\partial u_1}{\partial x_2} & \cdots & \frac{\partial u_1}{\partial x_n} \\ \frac{\partial u_2}{\partial x_1} & \frac{\partial u_2}{\partial x_2} & \cdots & \frac{\partial u_2}{\partial x_n} \\ \cdot & \cdot & \cdot & \cdot \\ \frac{\partial u_m}{\partial x_1} & \frac{\partial u_m}{\partial x_2} & \cdots & \frac{\partial u_m}{\partial x_n} \end{matrix}\right.,$$

einen bestimmten Rang haben (vgl. § 23). Dieser Rang braucht nicht an allen Stellen des Bereichs der gleiche zu sein. So hat z. B. die Funktionalmatrix von

$$x_1^2, x_2^2, \ldots, x_n^2,$$

[1] $a_1 < b_1, \ldots, a_n < b_n$.

wenn alle x von Null verschieden sind, den Rang n. Wenn dagegen p von den x verschwinden, hat sie nur den Rang $n-p$.

Wir wollen nun den höchsten Rang, den die Matrix (2) in dem Bereich (1) annimmt, als ihren Rang in (1) bezeichnen. Eine Stelle $x_1, x_2, \ldots, x_n$, wo dieser höchste Rang nicht eintritt, soll eine singuläre Stelle von (1) heißen.

Wenn der Rang von (2) in (1) gleich Null ist, so sind alle Ableitungen $\partial u / \partial x$ gleich Null. Daraus folgt, daß alle u Konstanten sind.

Was bedeutet es nun, wenn der Rang von (2) in (1) gleich p ist $(p > 0)$?

Die singulären Stellen in (1) bilden eine abgeschlossene Menge. Denn jede Häufungsstelle von Stellen, an denen der Rang von (2) kleiner als p ist, muß wegen der Stetigkeit der $\partial u / \partial x$ wieder eine solche Stelle sein. Daraus ist zu entnehmen, daß im Innern[1] von (1) nichtsinguläre Stellen vorhanden sind.

$x_1^0, x_2^0, \ldots, x_n^0$ sei eine nichtsinguläre Stelle im Innern von (1). Dann gibt es also in der Matrix (1) eine p-reihige Determinante, die an der Stelle $x_1^0, x_2^0, \ldots, x_n^0$ einen von Null verschiedenen Wert hat. Wir können durch passende Numerierung der x und der u bewirken, daß gerade

$$\begin{vmatrix} \frac{\partial u_1}{\partial x_1} & \frac{\partial u_1}{\partial x_2} & \cdots & \frac{\partial u_1}{\partial x_p} \\ \frac{\partial u_2}{\partial x_1} & \frac{\partial u_2}{\partial x_2} & \cdots & \frac{\partial u_2}{\partial x_p} \\ \cdot & \cdot & \cdot & \cdot \\ \frac{\partial u_p}{\partial x_1} & \frac{\partial u_p}{\partial x_2} & \cdots & \frac{\partial u_p}{\partial x_p} \end{vmatrix} = D(x_1, x_2, \ldots, x_n)$$

eine solche Determinante ist.

Die n Funktionen

$$u_1, \ldots, u_p, x_{p+1}, \ldots, x_n,$$

die wir der Reihe nach mit

$$v_1, v_2, \ldots, v_n$$

bezeichnen wollen, haben an der Stelle $x_1^0, x_2^0, \ldots, x_n$ eine von Null verschiedene Funktionaldeterminante. Es ist nämlich

[1] Das Innere von (1) ist definiert durch die Ungleichungen

$$a_1 < x_1 < b_1, \ldots, a_n < x_n < b_n.$$

Jeder Punkt von (1) ist eine Häufungsstelle von inneren Punkten.

$$\frac{d(v_1, \ldots, v_n)}{d(x_1, \ldots, x_n)} = \begin{vmatrix} \frac{\partial u_1}{\partial x_1} & \ldots & \frac{\partial u_1}{\partial x_p} & \frac{\partial u_1}{\partial x_{p+1}} & \ldots & \frac{\partial u_1}{\partial x_n} \\ \cdot & \cdot & \cdot & \cdot & \cdot & \cdot \\ \frac{\partial u_p}{\partial x_1} & \ldots & \frac{\partial u_p}{\partial x_p} & \frac{\partial u_p}{\partial x_{p+1}} & \ldots & \frac{\partial u_p}{\partial x_n} \\ 0 & \ldots & 0 & 1 & \ldots & 0 \\ \cdot & \cdot & \cdot & \cdot & \cdot & \cdot \\ 0 & \ldots & 0 & 0 & \ldots & 0 \end{vmatrix},$$

d. h.

$$\frac{d(v_1, \ldots, v_n)}{d(x_1, \ldots, x_n)} = D(x_1, x_2, \ldots, x_n).$$

Auf die Funktionen $v_1, v_2, \ldots, v_n$ lassen sich nun die Betrachtungen anwenden, die wir in § 126 für $n = 2$ durchgeführt haben.

Man konstruiert um $x_1^0, x_2^0, \ldots, x_n^0$ ein Gebiet

$$(Q) \qquad x_1^0 - \delta \leqq x_1 \leqq x_1^0 + \delta, \ldots, x_n^0 - \delta \leqq x_n \leqq x_n^0 + \delta,$$

das in (1) enthalten ist und zudem folgende Eigenschaft hat.

Wie man auch die Stellen

$$x_1^{(\nu)}, \quad x_2^{(\nu)}, \ldots, x_n^{(\nu)} \qquad (\nu = 1, 2, \ldots, n)$$

in Q wählen mag, immer ist die Determinante[1]

$$\begin{vmatrix} v_{11}(x_1^{(1)}, \ldots, x_n^{(1)}) & \ldots & v_{1n}(x_1^{(1)}, \ldots, x_n^{(1)}) \\ \cdot & \cdot & \cdot \\ v_{n1}(x_1^{(n)}, \ldots, x_n^{(n)}) & \ldots & v_{nn}(x_1^{(n)}, \ldots, x_n^{(n)}) \end{vmatrix}$$

von Null verschieden.

Dem Gebiet Q entspricht vermöge der Gleichungen

$$\mathfrak{x}_1 = v_1(x_1, \ldots, x_n), \ldots, \mathfrak{x}_n = v_n(x_1, \ldots, x_n)$$

ein Gebiet $\mathfrak{Q}$, und zwar gehören zu verschiedenen Punkten[2] von Q verschiedene Punkte von $\mathfrak{Q}$, so daß $x_1, x_2, \ldots, x_n$ Funktionen von $\mathfrak{x}_1, \mathfrak{x}_2, \ldots, \mathfrak{x}_n$ in $\mathfrak{Q}$ sind:

$$x_1 = \mathfrak{v}_1(\mathfrak{x}_1, \ldots, \mathfrak{x}_n), \ldots, x_n = \mathfrak{v}_n(\mathfrak{x}_1, \ldots, \mathfrak{x}_n).$$

Den inneren Punkten von Q, d. h. den Punkten, die den Ungleichungen

$$x_1^0 - \delta < x_1 < x_1^0 + \delta, \ldots, x_n^0 - \delta < x_n < x_n^0 + \delta$$

genügen, entsprechen innere Punkte von $\mathfrak{Q}$, und damit sind die inneren Punkte von $\mathfrak{Q}$ erschöpft.

---

[1] v_{rs} ist die Ableitung von v_r nach x_s.

[2] „Punkt" ist wie „Stelle" ein geometrischer Ausdruck für „Wertsystem".

Insbesondere ist $\mathfrak{x}_1^0, \mathfrak{x}_2^0, \ldots, \mathfrak{x}_n^0$, der Bildpunkt von $x_1^0, x_2^0, \ldots, x_n^0$, ein innerer Punkt von $\mathfrak{Q}$. Es läßt sich also um $\mathfrak{x}_1^0, \mathfrak{x}_2^0, \ldots, \mathfrak{x}_n^0$ ein Gebiet

$$(\mathfrak{Q}') \qquad \mathfrak{x}_1^0 - \varepsilon \leqq \mathfrak{x}_1 \leqq \mathfrak{x}_1^0 + \varepsilon, \ldots, \mathfrak{x}_n^0 - \varepsilon \leqq \mathfrak{x}_n \leqq \mathfrak{x}_n^0 + \varepsilon$$

konstruieren, das nur Punkte von $\mathfrak{Q}$ enthält.

Die Funktionen $\mathfrak{v}$ haben in $\mathfrak{Q}'$ stetige erste Ableitungen, wie ebenfalls aus § 126 zu ersehen ist.

$u_1, u_2, \ldots, u_n$ lassen sich nun als Funktionen von $\mathfrak{x}_1, \mathfrak{x}_2, \ldots, \mathfrak{x}_n$ in $\mathfrak{Q}'$ auffassen, und zwar ist

$$u_r = u_r\left(\mathfrak{v}_1(\mathfrak{x}_1, \ldots, \mathfrak{x}_n), \ldots, \mathfrak{v}_n(\mathfrak{x}_1, \ldots, \mathfrak{x}_n)\right)$$
$$(r = 1, 2, \ldots, m)$$

$u_1, u_2, \ldots, u_p$ sind bezüglich gleich $\mathfrak{x}_1, \mathfrak{x}_2, \ldots, \mathfrak{x}_p$. Aber auch aus den übrigen u, wenn es deren gibt, fallen $\mathfrak{x}_{p+1}, \ldots, \mathfrak{x}_n$ ganz heraus. Um dies zu erkennen, bemerke man, daß für $s > p$

$$\left\|\begin{matrix} \frac{\partial u_1}{\partial x_1} & \ldots & \frac{\partial u_1}{\partial x_n} \\ \cdot & \cdot & \cdot \\ \frac{\partial u_p}{\partial x_1} & \ldots & \frac{\partial u_p}{\partial x_n} \\ \frac{\partial u_r}{\partial x_1} & \ldots & \frac{\partial u_r}{\partial x_n} \end{matrix}\right\| \cdot \left\|\begin{matrix} \frac{\partial x_1}{\partial \mathfrak{x}_1} & \ldots & \frac{\partial x_n}{\partial \mathfrak{x}_1} \\ \cdot & \cdot & \cdot \\ \frac{\partial x_1}{\partial \mathfrak{x}_p} & \ldots & \frac{\partial x_n}{\partial \mathfrak{x}_p} \\ \frac{\partial x_1}{\partial \mathfrak{x}_s} & \ldots & \frac{\partial x_n}{\partial \mathfrak{x}_s} \end{matrix}\right\| = \left|\begin{matrix} 1 & \ldots & 0 & 0 \\ \cdot & \cdot & \cdot & \cdot \\ 0 & \ldots & 1 & 0 \\ \frac{\partial u_r}{\partial \mathfrak{x}_1} & \ldots & \frac{\partial u_r}{\partial \mathfrak{x}_p} & \frac{\partial u_r}{\partial \mathfrak{x}_s} \end{matrix}\right| = \frac{\partial u_r}{\partial \mathfrak{x}_s}$$

ist (vgl. § 31). Da nämlich die Ableitungen $\partial u / \partial x$ in Q stetig sind und die Ableitungen $\partial x / \partial \mathfrak{x}$ in $\mathfrak{Q}'$ überall existieren, so sind alle Bedingungen erfüllt, unter denen man in der Differentialrechnung die Formel

$$\frac{\partial u}{\partial \mathfrak{x}} = \frac{\partial u}{\partial x_1}\frac{\partial x_1}{\partial \mathfrak{x}} + \ldots + \frac{\partial u}{\partial x_n}\frac{\partial x_n}{\partial \mathfrak{x}}$$

beweist.

Andererseits ist das obige Matrizenprodukt gleich dem innern Produkt der $(p+1)$-reihigen Determinanten der beiden Matrizen (vgl. § 34). Da nun die Funktionalmatrix (2) den Rang p hat, so verschwinden in der einen Matrix alle $(p+1)$-reihigen Determinanten. Das Produkt wird also gleich Null, und man hat

$$\frac{\partial u_r}{\partial \mathfrak{x}_s} = 0. \qquad (r = p+1, \ldots, m;\ s = p+1, \ldots, n)$$

Dies gilt für das ganze Gebiet $\mathfrak{Q}'$, und man sieht hieraus, daß $u_1, u_2, \ldots, u_n$ bei festgehaltenen $\mathfrak{x}_1, \mathfrak{x}_2, \ldots, \mathfrak{x}_p$ Konstanten sind.

Wir können also, ohne daß die u sich ändern, $\mathfrak{x}_{p+1}, \ldots, \mathfrak{x}_n$ durch $\mathfrak{x}_{p+1}^0, \ldots, \mathfrak{x}_n^0$ ersetzen. Dadurch erhalten wir

$$u_r = u_r\left(\mathfrak{v}_1(\mathfrak{x}_1, \ldots, \mathfrak{x}_p, \mathfrak{x}_{p+1}^0, \ldots, \mathfrak{x}_n^0), \ldots, \mathfrak{v}_n(\mathfrak{x}_1, \ldots, \mathfrak{x}_p, \mathfrak{x}_{p+1}^0, \ldots, \mathfrak{x}_n^0)\right)$$
$$= \varphi_r(\mathfrak{x}_1, \ldots, \mathfrak{x}_p). \qquad (r = p+1, \ldots, m)$$

Da nun

$$u_1 = \mathfrak{x}_1, \; u_2 = \mathfrak{x}_2, \; \ldots, \; u_p = \mathfrak{x}_p$$

ist, so bestehen folgende Relationen:

$$u_r(x_1, \ldots, x_n) = \varphi_r\left(u_1(x_1, \ldots, x_n), \ldots, u_p(x_1, \ldots, x_n)\right).$$
$$(r = p+1, \ldots, m)$$

Sie gelten für alle Punkte $x_1, x_2, \ldots, x_n$, deren Bildpunkte in $\mathfrak{Q}'$ liegen. Bezeichnen wir den Inbegriff dieser Punkte $x_1, x_2, \ldots, x_n$ mit Q', so ist $x_1^0, x_2^0, \ldots, x_n^0$ ein innerer Punkt von Q', weil $\mathfrak{x}_1^0, \mathfrak{x}_2^0, \ldots, \mathfrak{x}_n^0$ ein innerer Punkt von $\mathfrak{Q}'$ ist.

Bei passender Wahl der positiven Zahl δ' gelten also die obigen Relationen in dem ganzen Gebiet, das durch die Ungleichungen

$$x_1^0 - \delta' \leqq x_1 \leqq x_1^0 + \delta', \; \ldots, \; x_n^0 - \delta' \leqq x_n \leqq x_n^0 + \delta'$$

definiert ist. Die Funktionen $\varphi_r(u_1, \ldots, u_p)$ haben in dem Bereich

$$u_1(x_1^0, \ldots, x_n^0) - \varepsilon \leqq u_1 \leqq u_1(x_1^0, \ldots, x_n^0) + \varepsilon,$$
$$\ldots \ldots \ldots \ldots \ldots \ldots \ldots$$
$$u_p(x_1^0, \ldots, x_n^0) - \varepsilon \leqq u_p \leqq u_p(x_1^0, \ldots, x_n^0) + \varepsilon$$

stetige erste Ableitungen. Dies kann man daraus entnehmen, daß

$$\varphi_r(\mathfrak{x}_1, \ldots, \mathfrak{x}_p)$$
$$= u_r\left(\mathfrak{v}_1(\mathfrak{x}_1, \ldots, \mathfrak{x}_p, \mathfrak{x}_{p+1}^0, \ldots, \mathfrak{x}_n^0), \ldots, \mathfrak{v}_n(\mathfrak{x}_1, \ldots, \mathfrak{x}_p, \mathfrak{x}_{p+1}^0, \ldots, \mathfrak{x}_n^0)\right)$$

ist.

In einer gewissen Umgebung von $x_1^0, x_2^0, \ldots, x_n^0$ sind also

$$u_{p+1}, \ldots, u_n$$

Funktionen von

$$u_1, u_2, \ldots, u_p.$$

Dagegen ist unter den Funktionen $u_1, u_2, \ldots, u_p$ keine eine Funktion der übrigen. Denn sonst hätten wir eine Relation zwischen den unabhängigen Veränderlichen $\mathfrak{x}_1, \ldots, \mathfrak{x}_p$.

Wir können unser Resultat in folgendem Satz aussprechen:

$u_1(x_1, \ldots, x_n), \ldots, u_m(x_1, \ldots, x_n)$ mögen in der Umgebung[1] von $x_1^0, \ldots, x_n^0$ stetige erste Ableitungen besitzen und die Funktional-

[1] „In der Umgebung von $x_1^0, \ldots, x_n^0$" bedeutet „in einem passend gewählten Bereich $x_1^0 - \delta \leqq x_1 \leqq x_1^0 + \delta, \ldots, x_n^0 - \delta \leqq x_n \leqq x_n^0 + \delta$." $(\delta > 0)$

matrix habe sowohl an der Stelle $x_1^0, \ldots, x_n^0$ als auch in ihrer Umgebung den Rang p.

Dann lassen sich in der Umgebung von $x_1^0, \ldots, x_n^0$ $m-p$ von den u als Funktionen der p übrigen ausdrücken, die ihrerseits durch keine Relation verbunden sind.

Es gibt, wie man kurz sagt, in der Umgebung von $x_1^0, \ldots, x_n^0$ unter den Funktionen u genau p unabhängige.

Der Rang der Funktionalmatrix ist also gleich der Anzahl der unabhängigen Funktionen.

Die notwendige und hinreichende Bedingung für die Unabhängigkeit der m Funktionen u in der Umgebung von $x_1^0, \ldots, x_n^0$ besteht darin, daß die Funktionalmatrix an der Stelle $x_1^0, \ldots, x_n^0$ den Rang m hat. Im Falle $m = n$ sind also die Funktionen u dann und nur dann in der Umgebung von $x_1^0, \ldots, x_n^0$ unabhängig, wenn die Funktionaldeterminante an der Stelle $x_1^0, \ldots, x^0_n$ von Null verschieden ist.

Man darf nicht außer acht lassen, daß $x_1^0, \ldots, x_n^0$ eine nichtsinguläre Stelle ist, daß also die Funktionalmatrix in der Umgebung von $x_1^0, \ldots, x_n^0$ nirgends von höherem Range wird als an dieser Stelle selbst.

Wenn $x_1^0, \ldots, x_n^0$ eine singuläre Stelle ist, so sind die letzten Sätze über die Unabhängigkeit der u nicht richtig. Z. B. sind x^2 und y in der Umgebung von $x = 0$, $y = 0$ durch keine Relation verbunden und doch ist an dieser Stelle die Funktionaldeterminante gleich Null. In diesem Fall ist aber die Stelle $0, 0$ singulär. Die Funktionaldeterminante verschwindet nämlich nur für $x = 0$.

§ 128. Die Funktionaldeterminanten inverser Funktionssysteme.

$u_1(x_1, \ldots, x_n), \ldots, u_n(x_1, \ldots, x_n)$ mögen in der Umgebung von $x_1^0, \ldots, x_n^0$ stetige erste Ableitungen haben. Außerdem sei

$$\frac{d(u_1, \ldots, u_n)}{d(x_1, \ldots, x_n)}$$

an der Stelle $x_1^0, \ldots, x_n^0$ von Null verschieden.

Setzen wir

$$\mathfrak{x}_1 = u_1(x_1, \ldots, x_n), \ldots, \mathfrak{x}_n = u_n(x_1, \ldots, x_n)$$

und

$$\mathfrak{x}_1^0 = u_1(x_1^0, \ldots, x_n^0), \ldots, \mathfrak{x}_n^0 = u_n(x_1^0, \ldots, x_n^0),$$

so sind (vgl. § 127) in der Umgebung von $\mathfrak{x}_1^0, \ldots, \mathfrak{x}_n^0$ die x Funktionen der $\mathfrak{x}$:

$$x_1 = \mathfrak{u}_1(\mathfrak{x}_1, \ldots, \mathfrak{x}_n), \ldots, x_n = \mathfrak{u}_n(\mathfrak{x}_1, \ldots, \mathfrak{x}_n).$$

Diese Funktionen $\mathfrak{u}$ haben in der Umgebung von $\mathfrak{x}_1^0, \dots, \mathfrak{x}_n^0$ stetige erste Ableitungen.

Man nennt $\mathfrak{u}_1, \dots, \mathfrak{u}_n$ das zu $u_1, \dots, u_n$ **inverse Funktionssystem.** Offenbar ist auch $u_1, \dots, u_n$ zu $\mathfrak{u}_1, \dots, \mathfrak{u}_n$ invers.

Wir können, da

$$\mathfrak{x}_r = u_r\left(\mathfrak{u}_1(\mathfrak{x}_1, \dots, \mathfrak{x}_n), \dots, \mathfrak{u}_n(\mathfrak{x}_1, \dots, \mathfrak{x}_n)\right)$$

ist ($r = 1, 2, \dots, n$), die $\mathfrak{x}$ als zusammengesetzte Funktionen betrachten und den Multiplikationssatz aus § 123 anwenden. Danach haben wir in der Umgebung von $\mathfrak{x}_1^0, \dots, \mathfrak{x}_n^0$

$$\frac{d(\mathfrak{x}_1, \dots, \mathfrak{x}_n)}{d(\mathfrak{x}_1, \dots, \mathfrak{x}_n)} = \frac{d(\mathfrak{x}_1, \dots, \mathfrak{x}_n)}{d(x_1, \dots, x_n)} \cdot \frac{d(x_1, \dots, x_n)}{d(\mathfrak{x}_1, \dots, \mathfrak{x}_n)}.$$

Nun ist aber

$$\frac{d(\mathfrak{x}_1, \dots, \mathfrak{x}_n)}{d(\mathfrak{x}_1, \dots, \mathfrak{x}_n)} = \begin{vmatrix} 1 & 0 & \dots & 0 \\ 0 & 1 & \dots & 0 \\ . & . & . & . \\ 0 & 0 & \dots & 1 \end{vmatrix} = 1,$$

mithin

$$1 = \frac{d(\mathfrak{x}_1, \dots, \mathfrak{x}_n)}{d(x_1, \dots, x_n)} \cdot \frac{d(x_1, \dots, x_n)}{d(\mathfrak{x}_1, \dots, \mathfrak{x}_n)}.$$

Das Produkt aus den Funktionaldeterminanten der $\mathfrak{x}$ nach den x und der x nach den $\mathfrak{x}$ ist also gleich 1.

Dies ist eine Verallgemeinerung des Satzes, daß inverse Funktionen Ableitungen mit dem Produkt 1 haben.

§ 129. Implizite Funktionen.

$u_1(x_1, x_2, \dots, x_n)$, $u_2(x_1, x_2, \dots, x_n)$, $\dots$, $u_p(x_1, x_2, \dots, x_n)$ mögen in der Umgebung von $x_1^0, x_1^0, \dots, x_n^0$ stetige erste Ableitungen haben.

Die Funktionalmatrix der u sei an der Stelle $x_1^0, x_2^0, \dots, x_n^0$ vom Range p. Endlich sei

$$u_1(x_1^0, x_2^0, \dots, x_n^0) = 0, \dots, u_p(x_1^0, x_2^0, \dots, x_n^0) = 0.$$

Wir wollen die x so numeriert annehmen, daß an der Stelle $x_1^0, x_2^0, \dots, x_n^0$ gerade

$$\frac{d(u_1, u_2, \dots, u_p)}{d(x_1, x_2, \dots, x_p)}$$

einen von Null verschiedenen Wert hat.

Dann ist an dieser Stelle auch

$$\frac{d(u_1, \dots, u_p, x_{p+1}, \dots, x_n)}{d(x_1, \dots\dots\dots, x_n)}$$

ungleich Null.

Bei passender Wahl der positiven Zahl δ ordnen die Gleichungen

$$\begin{aligned}
\mathfrak{x}_1 &= u_1(x_1, x_2, \ldots, x_n),\\
&\cdots\cdots\cdots\\
\mathfrak{x}_p &= u_p(x_1, x_2, \ldots, x_m),\\
\mathfrak{x}_{p+1} &= x_{p+1},\\
&\cdots\cdots\\
\mathfrak{x}_n &= x_n
\end{aligned}$$

verschiedenen Punkten des Gebiets

$$(Q) \qquad x_1{}^0 - \delta \leqq x_1 \leqq x_1{}^0 + \delta, \ldots, x_n{}^0 - \delta \leqq x_n \leqq x_n{}^0 + \delta$$

stets verschiedene Bildpunkte $\mathfrak{x}_1, \mathfrak{x}_2, \ldots, \mathfrak{x}_n$ zu, und unter ihnen ist $0, \ldots, 0, x_{p+1}^0, \ldots, x_n^0$, der Bildpunkt von $x_1{}^0, x_2{}^0, \ldots, x_n{}^0$, ein innerer Punkt (vgl. § 127). Es läßt sich also um ihn ein Gebiet

$$(\mathfrak{Q}') \qquad -\delta' \leqq \mathfrak{x}_1 \leqq \delta', \ldots, -\delta' \leqq \mathfrak{x}_p \leqq \delta',$$
$$x_{p+1}^0 - \delta' \leqq \mathfrak{x}_{p+1} \leqq x_{p+1}^0 + \delta', \ldots, x_n{}^0 - \delta' \leqq \mathfrak{x}_n \leqq x_n{}^0 + \delta'$$

konstruieren, so daß jeder Punkt von $\mathfrak{Q}'$ der Bildpunkt eines und nur eines Punktes von Q oder, genauer gesagt, von

$$(Q') \qquad x_1{}^0 - \delta \leqq x_1 \leqq x_1{}^0 + \delta, \ldots, x_p{}^0 - \delta \leqq x_p \leqq x_p{}^0 + \delta,$$
$$x_{p+1}^0 - \delta' \leqq x_{p+1} \leqq x_{p+1}^0 + \delta', \ldots, x_n{}^0 - \delta' \leqq x_n \leqq x_n{}^0 + \delta',$$

denn es ist ja

$$x_{p+1} = \mathfrak{x}_{p+1}, \ldots, x_n = \mathfrak{x}_n.$$

Insbesondere wird daher jeder Punkt

$$0, 0, \ldots, 0, \mathfrak{x}_{p+1}, \ldots, \mathfrak{x}_n,$$

der den Bedingungen

$$x_{p+1}^0 - \delta' \leqq \mathfrak{x}_{p+1} \leqq x_{p+1}^0 + \delta', \ldots, x_n{}^0 - \delta' \leqq x_n \leqq x_n{}^0 + \delta'$$

genügt, der Bildpunkt eines und nur eines Punktes von Q' sein. Dies läßt sich auch in folgender Weise ausdrücken:

Wählt man $x_{p+1}, \ldots, x_n$ so, daß die Ungleichungen

$$(B) \qquad x_{p+1}^0 - \delta' \leqq x_{p+1} \leqq x_{p+1}^0 + \delta', \ldots, x_n{}^0 - \delta' \leqq x_n \leqq x_n{}^0 + \delta'$$

erfüllt sind, so gibt es ein und nur ein Wertsystem $x_1, \ldots, x_p$, das den Ungleichungen

$$x_1{}^0 - \delta \leqq x_1 \leqq x_1{}^0 + \delta, \ldots, x_p{}^0 - \delta \leqq x_p \leqq x_p{}^0 + \delta$$

genügt und die Gleichungen

$$u_1(x_1, x_2, \ldots, x_n) = 0, \ldots, u_p(x_1, x_2, \ldots, x_n) = 0$$

befriedigt.

Man kann also $x_1, x_2, \ldots, x_p$ als Funktionen von $x_{p+1}, \ldots, x_n$ betrachten:

$$x_1 = \varphi_1(x_{p+1}, \ldots, x_n), \ \ldots, \ x_p = \varphi_p(x_{p+1}, \ldots, x_n).$$

Diese Funktionen sind in dem Bereich B durch die beiden Eigenschaften charakterisiert, daß sie erstens die Gleichungen

$$u_1(\varphi_1, \ldots, \varphi_p, x_{p+1}, \ldots, x_n) = 0, \ \ldots, \ u_p(\varphi_1, \ldots, \varphi_p, x_{p+1}, \ldots, x_n) = 0$$

erfüllen und zweitens den Ungleichungen

$$x_1{}^0 - \delta \leqq \varphi_1 \leqq x_1{}^0 + \delta, \ \ldots, \ x_p{}^0 - \delta \leqq \varphi_p \leqq x_p{}^0 + \delta$$

genügen.

Wegen der Art, wie sie gegeben sind, nennt man $x_1, x_2, \ldots, x_p$ **implizite Funktionen** von $x_{p+1}, \ldots, x_n$.

Aus § 127 ist zu entnehmen, daß $\varphi_1, \varphi_2, \ldots, \varphi_p$ in dem Bereich B stetige erste Ableitungen haben.

Um die Differentiale $\varphi_1, \varphi_2, \ldots, \varphi_p$ zu berechnen, benutzt man die Gleichungen

$$d u_1 = \frac{\partial u_1}{\partial x_1} d x_1 + \ldots + \frac{\partial u_1}{\partial x_p} d x_p + \frac{\partial u_1}{\partial x_{p+1}} d x_{p+1} + \ldots + \frac{\partial u_1}{\partial x_n} d x_n = 0,$$

$$d u_2 = \frac{\partial u_2}{\partial x_1} d x_1 + \ldots + \frac{\partial u_2}{\partial x_p} d x_p + \frac{\partial u_2}{\partial x_{p+1}} d x_{p+1} + \ldots + \frac{\partial u_2}{\partial x_n} d x_n = 0,$$

$$\cdots\cdots\cdots\cdots\cdots\cdots\cdots\cdots$$

$$d u_p = \frac{\partial u_p}{\partial x_1} d x_1 + \ldots + \frac{\partial u_p}{\partial x_p} d x_p + \frac{\partial u_p}{\partial x_{p+1}} d x_{p+1} + \ldots + \frac{\partial u_p}{\partial x_n} d x_n = 0.$$

Da in (Q)

$$\frac{d(u_1, u_2, \ldots, u_p)}{d(x_1, x_2, \ldots, x_p)} \neq 0$$

ist, so lassen sich aus den obigen Gleichungen nach der CRAMERschen Regel (vgl. § 22) $dx_1, dx_2, \ldots, dx_p$ berechnen. Man kann das Resultat in Determinantenform schreiben, wenn man die Gleichungen

$$d u_1 = 0, \ d u_2 = 0, \ \ldots, \ d u_p = 0,$$

$$\lambda_1 d x_1 + \ldots + \lambda_p d x_p - d(\lambda_1 x_1 + \ldots \lambda_p x_p) = 0$$

als lineare homogene Gleichungen für

$$d x_1, \ d x_2, \ \ldots, \ d x_p, \ 1$$

auffasst und Satz 16 aus § 22 anwendet. Danach ist

$$\begin{vmatrix} \frac{\partial u_1}{\partial x_1} \cdots \frac{\partial u_1}{\partial x_p}, & \frac{\partial u_1}{\partial x_{p+1}} d x_{p+1} + \ldots + \frac{\partial u_1}{\partial x_n} d x_n \\ \cdots\cdots & \cdots\cdots \\ \frac{\partial u_p}{\partial x_1} \cdots \frac{\partial u_p}{\partial x_p}, & \frac{\partial u_p}{\partial x_{p+1}} d x_{p+1} + \ldots + \frac{\partial u_p}{\partial x_n} d x_n \\ \lambda_1 \ \ldots \ \lambda_p, & -d(\lambda_1 x_1 + \ldots + \lambda_p x_p) \end{vmatrix} = 0.$$

§ 130. Minoren einer Funktionaldeterminante.

Um das algebraische Komplement von $\partial u_r / \partial x_s$ in der Funktionaldeterminante

$$\frac{d(u_1, u_2, \ldots, u_n)}{d(x_1, x_2, \ldots, x_n)} = \begin{vmatrix} \frac{\partial u_1}{\partial x_1} & \frac{\partial u_1}{\partial x_2} & \cdots & \frac{\partial u_1}{\partial x_n} \\ \frac{\partial u_2}{\partial x_1} & \frac{\partial u_2}{\partial x_2} & \cdots & \frac{\partial u_2}{\partial x_n} \\ \cdot & \cdot & \cdot & \cdot \\ \frac{\partial u_n}{\partial x_1} & \frac{\partial u_n}{\partial x_2} & \cdots & \frac{\partial u_n}{\partial x_n} \end{vmatrix}$$

zu erhalten, müssen wir in der r^{ten} Zeile $\partial u_r / \partial x_s$ durch 1 und alle andern Elemente durch Null ersetzen.

Dies findet von selbst statt, wenn wir u_r durch x_s ersetzen.

Das gesuchte algebraische Komplement ist also gleich

$$\frac{d(u_1, \ldots, u_{r-1}, x_s, u_{r+1}, \ldots, u_n)}{d(x_1, \ldots\ldots\ldots, x_n)}.$$

Man kann zu diesem Resultat auch in folgender Weise gelangen. Streicht man in der Funktionaldeterminante die r^{te} Zeile und die s^{te} Spalte, so bleibt

$$\frac{d(u_1, \ldots, u_{r-1}, u_{r+1}, \ldots, u_n)}{d(x_1, \ldots, x_{s-1}, x_{s+1}, \ldots, x_n)}$$

übrig. Diese Determinante ist aber gleich

$$\frac{d(x_s, u_1, \ldots, u_{r-1}, u_{r+1}, \ldots, u_n)}{d(x_s, x_1, \ldots, x_{s-1}, x_{s+1}, \ldots, x_n)}.$$

Denn die erste Zeile dieser neuen Funktionaldeterminante lautet 1, 0, ..., 0 und das Komplement von 1 ist gerade die frühere Determinante.

Nun ergibt sich aber durch Vertauschung der ersten Zeile mit den $r-1$ folgenden

$$\frac{d(x_s, u_1, \ldots, u_{r-1}, u_{r+1}, \ldots, u_n)}{d(x_s, x_1, \ldots, x_{s-1}, x_{s+1}, \ldots, x_n)} = (-1)^{r-1} \frac{d(u_1, \ldots, u_{r-1}, x_s, u_{r+1}, \ldots, u_n)}{d(x_s, x_1, \ldots, x_{s-1}, x_{s+1}, \ldots, x_n)}$$

und hieraus durch Vertauschung der ersten Spalte mit den $s-1$ folgenden:

$$\frac{d(u_1, \ldots, u_{r-1}, x_s, u_{r+1}, \ldots, u_n)}{d(x_s, x_1, \ldots, x_{s-1}, x_{s+1}, \ldots, x_n)} = (-1)^{s-1} \frac{d(u_1, \ldots, u_{r-1}, x_s, u_{r+1}, \ldots, u_n)}{d(x_1, \ldots\ldots\ldots, x_n)}.$$

Man hat also

$$\frac{d(x_s, u_1, \ldots, u_{r-1}, u_{r+1}, \ldots, u_n)}{d(x_s, x_1, \ldots, x_{s-1}, x_{s+1}, \ldots, x_n)} = (-1)^{r+s} \frac{d(u_1, \ldots, u_{r-1}, x_s, u_{r+1}, \ldots, u_n)}{d(x_1, \ldots\ldots\ldots, x_n)}.$$

Das algebraische Komplement gewinnt man nun durch Multiplikation des Komplements mit $(-1)^{r+s}$.

Auch das algebraische Komplement eines beliebigen Minors der Funktionaldeterminante läßt sich als n-reihige Funktionaldeterminante schreiben. Soll z. B. das algebraische Komplement von

$$\begin{vmatrix} \frac{\partial u_{r_1}}{\partial x_{s_1}} & \frac{\partial u_{r_1}}{\partial x_{s_2}} & \cdots & \frac{\partial u_{r_1}}{\partial x_{s_p}} \\ \frac{\partial u_{r_2}}{\partial x_{s_1}} & \frac{\partial u_{r_2}}{\partial x_{s_2}} & \cdots & \frac{\partial u_{r_2}}{\partial x_{s_p}} \\ \cdot & \cdot & \cdot & \cdot \\ \frac{\partial u_{r_p}}{\partial x_{s_1}} & \frac{\partial u_{r_p}}{\partial x_{s_2}} & \cdots & \frac{\partial u_{r_p}}{\partial x_{s_p}} \end{vmatrix}$$

gefunden werden $(r_1 < r_2 < \ldots < r_p,\ s_1 < s_2 < \ldots < s_p)$, so ersetze man in der Funktionaldeterminante $\frac{d(u_1, u_2, \ldots, u_n)}{d(x_1, x_2, \ldots, x_n)}$

$$\begin{array}{ccc} u_{r_1} & \text{durch} & x_{s_1}, \\ u_{r_2} & \text{durch} & x_{s_2}, \\ \cdot & \cdot & \cdot \\ u_{r_p} & \text{durch} & x_{s_p}. \end{array}$$

Dabei wird in der r_1^{ten} Zeile $\partial u_{r_1}/\partial x_{s_1} = 1$ und alles übrige gleich Null, in der r_2^{ten} Zeile $\partial u_{r_2}/\partial x_{s_2} = 1$ und alles übrige gleich Null, ..., in der r_p^{ten} Zeile $\partial u_{r_p}/\partial x_{s_p} = 1$ und alles übrige gleich Null. Entwickelt man nach den Zeilen $r_1, r_2, \ldots, r_p$ (vgl. § 19), so kommt als einziges Glied gerade das gesuchte algebraische Komplement heraus. Dieses ist also gleich

$$\frac{d(u_1, \ldots, u_{r_1-1}, x_{s_1}, u_{r_1+1}, \ldots, u_{r_p-1}, x_{s_p}, u_{r_p+1}, \ldots, u_n)}{d(x_1, \ldots\ldots\ldots\ldots\ldots\ldots\ldots\ldots\ldots, x_n)}.$$

Man kann auch in diesem Falle von der Berechnung des Komplements ausgehen. Das Komplement ergibt sich aus $\frac{d(u_1, u_2, \ldots, u_n)}{d(x_1, x_2, \ldots, x_n)}$ durch Streichung der Zeilen $r_1, r_2, \ldots, r_p$ und der Spalten $s_1, s_2, \ldots, s_p$, ist also gleich

$$\frac{d(u_1, \ldots, u_{r_1-1}, u_{r_1+1}, \ldots, u_{r_p-1}, u_{r_p+1}, \ldots, u_n)}{d(x_1, \ldots, x_{s_1-1}, x_{s_1+1}, \ldots, x_{s_p-1}, x_{s_p+1}, \ldots, x_n)}.$$

Diese Determinante läßt sich aber auch n-reihig schreiben:

$$\frac{d(x_{s_1}, \ldots, x_{s_p}, u_1, \ldots, u_{r_1-1}, u_{r_1+1}, \ldots, u_{r_p-1}, u_{r_p+1}, \ldots, u_n)}{d(x_{s_1}, \ldots, x_{s_p}, x_1, \ldots, x_{s_1-1}, x_{s_1+1}, \ldots, x_{s_p-1}, x_{s_p+1}, \ldots, x_n)}.$$

Vertauscht man die p^{te} Zeile mit den $r_p - p$ folgenden, darauf die $(p-1)^{\text{te}}$ Zeile mit den $r_{p-1} - (p-1)$ folgenden usw., schließlich die erste Zeile mit den $r_1 - 1$ folgenden, so ergibt sich

$$(-1)^{\sum\limits_1^p (r_k - k)} \frac{d(u_1, \ldots, u_{r_1-1}, x_{s_1}, u_{r_1+1}, \ldots, u_{r_p-1}, x_{s_p}, u_{r_p+1}, \ldots, u_n)}{d(x_{s_1}, \ldots, x_{s_p}, x_1, \ldots, x_{s_1-1}, x_{s_1+1}, \ldots, x_{s_p-1}, x_{s_p+1}, \ldots, x_n)}.$$

Vertauscht man jetzt noch die p^{te} Spalte mit den $s_p - p$ folgenden, darauf die $(p-1)^{\text{te}}$ Spalte mit den $s_{p-1} - (p-1)$ folgenden usw., schließlich die erste Spalte mit den $s_1 - 1$ folgenden, so erhält man

$$(-1)^{\sum\limits_1^p (r_k + s_k)} \frac{d(u_1, \ldots, u_{r_1-1}, x_{s_1}, u_{r_1+1}, \ldots, u_{r_p-1}, x_{s_p}, u_{r_p+1}, \ldots, u_n)}{d(x_1, \ldots \ldots \ldots \ldots \ldots, x_n)}.$$

Das algebraische Komplement findet man durch Multiplikation mit (vgl. § 18)

$$(-1)^{\sum\limits_1^p (r_k + s_k)}.$$

$\sigma_1, \sigma_2, \ldots, \sigma_p$ sei eine Permutation von $s_1, s_2, \ldots, s_p$ und entstehe aus $s_1, s_2, \ldots, s_p$ durch α Vertauschungen je zweier s. Dann kommt in dem Minor

$$\frac{d(u_{r_1}, u_{r_2}, \ldots, u_{r_p})}{d(x_{s_1}, x_{s_2}, \ldots, x_{s_p})}$$

das Glied

$$\frac{\partial u_{r_1}}{\partial x_{\sigma_1}} \frac{\partial u_{r_2}}{\partial x_{\sigma_2}} \cdots \frac{\partial u_{r_p}}{\partial u_{\sigma_p}}$$

mit dem Faktor $(-1)^\alpha$ vor. In der Funktionaldeterminante $\frac{d(u_1, u_2, \ldots, u_n)}{d(x_1, x_2, \ldots, x_n)}$ wird daher $\frac{\partial u_{r_1}}{\partial x_{\sigma_1}} \frac{\partial u_{r_2}}{\partial x_{\sigma_2}} \cdots \frac{\partial u_{r_p}}{\partial x_{\sigma_p}}$ mit

$$(-1)^\alpha \frac{d(u_1, \ldots, u_{r_1-1}, x_{s_1}, u_{r_1+1}, \ldots, u_{r_p-1}, x_{s_p}, u_{r_p+1}, \ldots, u_n)}{d(x_1, \ldots \ldots \ldots \ldots \ldots, x_n)}.$$

multipliziert sein. Durch α Vertauschungen je zweier Zeilen entsteht hieraus

$$\frac{d(u_1, \ldots, u_{r_1-1}, x_{\sigma_1}, u_{r_1+1}, \ldots, u_{r_p-1}, x_{\sigma_p}, u_{r_p+1}, \ldots, u_n)}{d(x_1, \ldots \ldots \ldots \ldots \ldots, x_n)}.$$

Dies läßt sich auch direkt erkennen. Man erhält den Faktor, mit dem $\frac{\partial u_{r_1}}{\partial x_{\sigma_1}} \frac{\partial u_{r_2}}{\partial x_{\sigma_2}} \cdots \frac{\partial u_{r_p}}{\partial x_{\sigma_p}}$ multipliziert ist, indem man u_{r_1} durch x_{σ_1}, u_{r_2} durch $x_{\sigma_2}, \ldots, u_{r_p}$ durch x_{σ_p} ersetzt. Dabei werden nämlich alle Determinantenglieder, in denen nicht $\frac{\partial u_{r_1}}{\partial x_{\sigma_1}} \frac{\partial u_{r_2}}{\partial x_{\sigma_2}} \cdots \frac{\partial u_{r_p}}{\partial x_{\sigma_p}}$ enthalten ist, gleich Null, und $\frac{\partial u_{r_1}}{\partial x_{\sigma_1}} \frac{\partial u_{r_2}}{\partial x_{\sigma_2}} \cdots \frac{\partial u_{r_p}}{\partial x_{\sigma_p}}$ selbst wird gleich 1.

§ 131. Eine Eigenschaft der Reziproken einer Funktionaldeterminante.

Das algebraische Komplement von $\partial u_r / \partial x_s$ in der Funktionaldeterminante

$$\frac{d(u_1, u_2, \ldots, u_n)}{d(x_1, x_2, \ldots, x_n)} = U$$

sei U_{rs}. Dann ist

$$\begin{vmatrix} U_{11} & U_{12} & \ldots & U_{1n} \\ U_{21} & U_{22} & \ldots & U_{2n} \\ \cdot & \cdot & \cdot & \cdot \\ U_{n1} & U_{n2} & \ldots & U_{nn} \end{vmatrix}$$

die Reziproke der Funktionaldeterminante.

Wir wollen über diese reziproke Determinante folgenden Satz beweisen:

Differentiiert man die Elemente einer Zeile, also

$$U_{r1}, U_{r2}, \ldots, U_{rn}$$

bezüglich nach $x_1, x_2, \ldots, x_n$, so ist die Summe dieser Ableitungen gleich Null, d. h. es ist

$$(1) \qquad \frac{\partial U_{r1}}{\partial x_1} + \frac{\partial U_{r2}}{\partial x_2} + \ldots + \frac{\partial U_{rn}}{\partial x_n} = 0.$$

U_{rs} setzt sich aus gewissen Ableitungen $\partial u_\varrho / \partial x_\sigma$ zusammen, und zwar aus allen, bei denen ϱ von r und σ von s verschieden ist. Es wird also nach der Regel für die Differentiation zusammengesetzter Funktionen

$$\frac{\partial U_{rs}}{\partial x_s} = \sum \frac{\partial U_{rs}}{\partial \left(\frac{\partial u_\varrho}{\partial x_\sigma}\right)} \frac{\partial \left(\frac{\partial u_\varrho}{\partial x_\sigma}\right)}{\partial x_s}.$$

$\partial U_{rs} / \partial \left(\frac{\partial u_\varrho}{\partial x_\sigma}\right)$ ist nichts anderes als der Faktor, mit dem $\partial u_\varrho / \partial x_\sigma$ in U_{rs} auftritt. U_{rs} ist aber der Faktor von $\partial u_r / \partial x_s$ in U, also $\partial U_{rs} / \partial \left(\frac{\partial u_\varrho}{\partial x_\sigma}\right)$ der Faktor von $\frac{\partial u_r}{\partial x_s} \frac{\partial u_\varrho}{\partial x_\sigma}$ in U. Wir wollen ihn mit $U_{r\varrho \atop s\sigma}$ bezeichnen. Dann können wir schreiben

$$\frac{\partial U_{rs}}{\partial x_s} = \sum_{\varrho, \sigma} U_{r\varrho \atop s\sigma} \frac{\partial^2 u_\varrho}{\partial x_s \partial x_\sigma}, \qquad (\varrho \neq r, \quad \sigma \neq s)$$

und die Summe (1) lautet

$$\sum_{\varrho}\sum_{s,\sigma} U_{r\varrho \atop s\sigma}\frac{\partial^2 u_\varrho}{\partial x_s\,\partial x_\sigma}. \qquad (\varrho \neq r,\quad \sigma \neq s)$$

Wenn nun, wie gewöhnlich,

$$\frac{\partial^2 u_\varrho}{\partial x_s\,\partial x_\sigma} = \frac{\partial^2 u_\varrho}{\partial x_\sigma\,\partial x_s}$$

ist, so wird

(2)
$$\sum_{s,\sigma} U_{r\varrho \atop s\sigma}\frac{\partial^2 u_\varrho}{\partial x_s\,\partial x_\sigma} = 0.$$

Denn man hat

$$U_{r\varrho \atop s\sigma} = -\,U_{r\varrho \atop \sigma s},$$

weil

$$\frac{\partial u_r}{\partial x_s}\,\frac{\partial u_\varrho}{\partial x_\sigma} \quad \text{und} \quad -\frac{\partial u_r}{\partial x_\sigma}\,\frac{\partial u_\varrho}{\partial x_s}$$

in U beide mit demselben Faktor multipliziert sind (vgl. § 130). Die Glieder der Summe (2) heben sich also paarweise fort. Damit ist die Gleichung (1) bewiesen.

Wir wollen den Beweis für den Fall $r = 1$ in einer andern Form wiederholen. Nach § 130 ist

$$U_{1s} = \frac{d(x_s, u_2, \ldots, u_n)}{d(x_1, x_2, \ldots, x_n)},$$

also nach der Regel für die Differentiation zusammengesetzter Funktionen

$$\frac{\partial U_{1s}}{\partial x_s} = \sum \frac{d(x_s, u_2, \ldots, u_{p-1}, x_t, u_{p+1}, \ldots, u_n)}{d(x_1, x_2, \ldots\ldots\ldots\ldots, x_n)}\,\frac{\partial^2 u_p}{\partial x_t\,\partial x_s}.$$
$$(p = 2, \ldots, n;\quad t = 1, 2, \ldots, n)$$

Wir können den Wert $t = s$ mitnehmen, weil die zugehörigen Glieder doch verschwinden.

Bilden wir nun

$$\sum\frac{\partial U_{1s}}{\partial x_s} = \sum \frac{d(x_s, u_2, \ldots, u_{p-1}, x_t, u_{p+1}, \ldots, u_n)}{d(x_1, x_2, \ldots\ldots\ldots\ldots, x_n)}\,\frac{\partial^2 u_p}{\partial x_t\,\partial x_s}$$
$$(p = 2, \ldots, n;\quad s, t = 1, 2, \ldots, n)$$

und beachten, daß

$$\frac{d(x_s, u_2, \ldots, u_{p-1}, x_t, u_{p+1}, \ldots, u_n)}{d(x_1, x_2, \ldots\ldots\ldots\ldots, x_n)} = -\frac{d(x_t, u_2, \ldots, u_{p-1}, x_s, u_{p+1}, \ldots, u_n)}{d(x_1, x_2, \ldots\ldots\ldots\ldots, x_n)}$$

ist, so ergibt sich im Falle $\partial^2 u/\partial x_t\,\partial x_s = \partial^2 u/\partial x_s\,\partial x_t$ $(s, t = 1, 2, \ldots, n)$

$$\sum\frac{\partial U_{1s}}{\partial x_s} = 0.$$

Fünfzehntes Kapitel.

Wronskische und Gramsche Determinanten.

§ 132. Lineare Abhängigkeit von Funktionen einer reellen Veränderlichen.

$f_1(x), f_2(x), \ldots, f_m(x)$ seien m reelle Funktionen in dem Intervall (a, b).

Man sagt von diesen Funktionen, daß sie linear abhängig sind, wenn sich m Konstanten $c_1, c_2, \ldots, c_m$ so wählen lassen, daß in dem ganzen Intervall (a, b) die Gleichung

$$c_1 f_1(x) + c_2 f_2(x) + \ldots + c_m f_m(x) = 0$$

gilt, ohne daß alle c verschwinden. Andernfalls heißen die Funktionen linear unabhängig. Es handelt sich hier um einen ähnlichen Begriff wie in § 24.

Wir stellen uns die Aufgabe, ein Kriterium für die lineare Unabhängigkeit zu suchen, und zwar beschränken wir uns dabei auf stetige Funktionen.

§ 133. Inneres Produkt von zwei reellen Funktionen.

$f(x), g(x)$ seien reelle Funktionen, die in dem Intervall (a, b) integrierbar sind.[1] Als inneres Produkt dieser beiden Funktionen definieren wir das Integral

$$\int_a^b f(x)\, g(x)\, dx.$$

Wir bezeichnen dieses Produkt mit (fg).

Das innere Produkt zweier Funktionen und das innere Produkt zweier Wertsysteme $x_1, x_2, \ldots, x_n$ und $y_1, y_2, \ldots, y_n$ (vgl. § 30) sind zwei verwandte Begriffe.

Wenn $(fg) = 0$ ist, so sagen wir, daß f und g zueinander orthogonal sind.

---

[1] Vgl. meine „Grundzüge der Infinitesimalrechnung", S. 206.

§ 134. Gramsches Kriterium für reelle stetige Funktionen.

Wir wissen, daß m Wertsysteme

$$(1)\qquad \begin{cases} x_{11}, & x_{12}, & \ldots, & x_{1n} \\ x_{21}, & x_{22}, & \ldots, & x_{2n} \\ \cdot & \cdot & \cdot & \cdot \\ x_{m1}, & x_{m2}, & \ldots, & x_{mn} \end{cases}$$

dann und nur dann linear unabhängig sind, wenn ihre Matrix den Rang m hat.

Nun ist das Produkt dieser Matrix mit sich selbst (vgl. § 31) gleich der Quadratsumme ihrer m-reihigen Determinanten (vgl. § 34). Wenn also die Wertsysteme (1) reell sind, so gibt uns jenes Produkt ein Mittel, um die lineare Unabhängigkeit festzustellen.

Die reellen Wertsysteme (1) sind dann und nur dann linear unabhängig, wenn

$$\left\| \begin{matrix} x_{11} & x_{12} & \ldots & x_{1n} \\ x_{21} & x_{22} & \ldots & x_{2n} \\ \cdot & \cdot & \cdot & \cdot \\ x_{m1} & x_{m2} & \ldots & x_{mn} \end{matrix} \right\|^2 = \left| \begin{matrix} (x_1\, x_1) & (x_1\, x_2) & \ldots & (x_1\, x_m) \\ (x_2\, x_1) & (x_2\, x_2) & \ldots & (x_2\, x_m) \\ \cdot & \cdot & \cdot & \cdot \\ (x_m\, x_1) & (x_m\, x_2) & \ldots & (x_m\, x_m) \end{matrix} \right|$$

positiv ist.

Wir wollen diese Determinante die Determinante der inneren Produkte nennen oder die Gramsche Determinante der Wertsysteme (1).

Die Determinante der inneren Produkte von m reellen Wertsystemen ist also positiv, solange die Wertsysteme linear unabhängig sind, und verschwindet, wenn sie linear abhängig sind.

Auf Grund von § 132 und § 133 kann man vermuten, daß über die lineare Unabhängigkeit von reellen stetigen Funktionen folgendes Theorem gelten wird:

Die Determinante der inneren Produkte von m reellen stetigen Funktionen

$$(2)\qquad f_1(x),\ f_2(x),\ \ldots,\ f_m(x) \qquad (a \leqq x \leqq b)$$

ist positiv, solange die Funktionen linear unabhängig sind, und verschwindet, wenn sie linear abhängig sind.

Die notwendige und hinreichende Bedingung für die lineare Unabhängigkeit der reellen stetigen Funktionen (2) lautet also

$$\begin{vmatrix} (f_1 f_1) & (f_1 f_2) & \dots & (f_1 f_m) \\ (f_2 f_1) & (f_2 f_2) & \dots & (f_2 f_m) \\ \cdot & \cdot & \cdot & \cdot \\ (f_m f_1) & (f_m f_2) & \dots & (f_m f_m) \end{vmatrix} > 0 .$$

Dies ist das GRAMsche Kriterium.

Um das Kriterium zu beweisen, wollen wir die GRAMsche Determinante

$$G = \begin{vmatrix} (f_1 f_1) & (f_1 f_2) & \dots & (f_1 f_m) \\ (f_2 f_1) & (f_2 f_2) & \dots & (f_2 f_m) \\ \cdot & \cdot & \cdot & \cdot \\ (f_m f_1) & (f_m f_2) & \dots & (f_m f_m) \end{vmatrix}$$

mit der Determinante

$$A = \begin{vmatrix} a_{11} & a_{12} & \dots & a_{1m} \\ a_{21} & a_{22} & \dots & a_{2m} \\ \cdot & \cdot & \cdot & \cdot \\ a_{m1} & a_{m2} & \dots & a_{mm} \end{vmatrix}$$

multiplizieren, die reelle Elemente hat und ungleich Null ist.

Setzen wir

$$(3) \qquad \begin{cases} \varphi_1 = a_{11} f_1 + a_{12} f_2 + \dots + a_{1m} f_m, \\ \varphi_2 = a_{21} f_1 + a_{22} f_2 + \dots + a_{2m} f_m, \\ \cdot \quad \cdot \quad \cdot \quad \cdot \quad \cdot \quad \cdot \quad \cdot \\ \varphi_m = a_{m1} f_1 + a_{m2} f_2 + \dots + a_{mm} f_m, \end{cases}$$

so wird

$$G A = \begin{vmatrix} (f_1 \varphi_1) & (f_1 \varphi_2) & \dots & (f_1 \varphi_m) \\ (f_2 \varphi_1) & (f_2 \varphi_2) & \dots & (f_2 \varphi_m) \\ \cdot & \cdot & \cdot & \cdot \\ (f_m \varphi_1) & (f_m \varphi_2) & \dots & (f_m \varphi_m) \end{vmatrix} .$$

In der Tat ist

$$\begin{aligned} & a_{s1}(f_r f_1) + a_{s2}(f_r f_2) + \dots + a_{sm}(f_r f_m) \\ & = a_{s1}\int_a^b f_r f_1 \, dx + a_{s2}\int_a^b f_r f_2 \, dx + \dots + a_{sm}\int_a^b f_r f_m \, dx \\ & = \int_a^b f_r (a_{s1} f_1 + a_{s2} f_2 + \dots + a_{sm} f_m) \, dx = \int_a^b f_r \varphi_s \, dx = (f_r \varphi_s) . \end{aligned}$$

Multiplizieren wir $G A$ noch einmal mit A, so kommt

$$(4) \qquad G A^2 = \begin{vmatrix} (\varphi_1 \varphi_1) & (\varphi_1 \varphi_2) & \cdots & (\varphi_1 \varphi_m) \\ (\varphi_2 \varphi_1) & (\varphi_2 \varphi_2) & \cdots & (\varphi_2 \varphi_m) \\ \cdot & \cdot & \cdot & \cdot \\ (\varphi_m \varphi_1) & (\varphi_m \varphi_2) & \cdots & (\varphi_m \varphi_m) \end{vmatrix}.$$

Die Gramsche Determinante der Funktionen φ unterscheidet sich also von der Gramschen Determinante der Funktionen f nur um den Faktor A^2.

Wenn die Funktionen f linear abhängig sind, können wir $a_{11}, a_{12}, \ldots, a_{1m}$ unbeschadet der Bedingung $A \neq 0$ so wählen, daß $\varphi_1 = 0$ wird. Dann ist aber die Gramsche Determinante der Funktionen φ gleich Null.

Die Gramsche Determinante der f ist demnach Null, sobald diese Funktionen linear abhängig sind.

Es bleibt nur noch zu zeigen, daß sie positiv ist, sobald die Funktionen f linear unabhängig sind.

Wenn $f_1, f_2, \ldots, f_m$ linear unabhängig sind, so ist f_1 sicher nicht durchweg gleich Null. Man hat also

$$(f_1 f_1) = \int_a^b f_1^{\,2} dx > 0.$$

Das Integral einer stetigen und nicht negativen Funktion ist nämlich nur dann gleich Null, wenn die Funktion in dem ganzen Integrationsintervall verschwindet.

Setzen wir

$$\varphi_1 = \frac{f_1}{\sqrt{(f_1 f_1)}},$$

so wird

$$(\varphi_1 \varphi_1) = 1.$$

Es läßt sich nun λ so wählen, daß

$$(f_2 + \lambda \varphi_1, \varphi_1) = (f_2 \varphi_1) + \lambda = 0$$

ist. Man braucht nur

$$\lambda = -(f_2 \varphi_1)$$

zu setzen.

$\widehat{f_2} = f_2 + \lambda \varphi_1$ kann nicht in dem ganzen Intervall (a, b) verschwinden. Sonst wären die Funktionen f linear abhängig. Es ist daher

$$(\widehat{f_2}\widehat{f_2}) > 0$$

und, wenn wir

$$\varphi_2 = \frac{\hat{f}_2}{\sqrt{(\hat{f}_2 \hat{f}_2)}}$$

setzen,

$$(\varphi_2 \varphi_2) = 1, \quad (\varphi_2 \varphi_1) = 0.$$

Jetzt lassen sich λ, μ so wählen, daß

$$(f_3 + \lambda \varphi_1 + \mu \varphi_2, \varphi_1) = 0$$

und

$$(f_3 + \lambda \varphi_1 + \mu \varphi_2, \varphi_2) = 0$$

wird.

Diese Gleichungen reduzieren sich nämlich wegen

$$(\varphi_1 \varphi_1) = 1, \quad (\varphi_1 \varphi_2) = 0, \quad (\varphi_2 \varphi_2) = 1$$

auf

$$(f_3 \varphi_1) + \lambda = 0, \quad (f_3 \varphi_2) + \mu = 0.$$

$\hat{f}_3 = f_3 + \lambda \varphi_1 + \mu \varphi_2$ kann nicht durchweg Null sein, da die f linear unabhängig sind. Daher ist

$$(\hat{f}_3 \hat{f}_3) > 0$$

und, wenn man

$$\varphi_3 = \frac{\hat{f}_3}{\sqrt{(\hat{f}_3 \hat{f}_3)}}$$

setzt,

$$(\varphi_3 \varphi_3) = 1, \quad (\varphi_3 \varphi_1) = (\varphi_3 \varphi_2) = 0.$$

So kann man fortfahren.

Man gewinnt auf diese Weise m Funktionen φ, die sich durch die f in der Form (1) mit reellen a_{rs} ausdrücken und folgende Relationen erfüllen:

(5) $$(\varphi_\mu \varphi_\mu) = 1, \quad (\varphi_\mu \varphi_\nu) = 0. \qquad (\mu, \nu = 1, 2, \ldots, m;\ \mu \gtrless \nu)$$

Die Formel (4) lautet in diesem Falle

$$G A^2 = 1,$$

und wir ersehen aus ihr, daß $G > 0$ ist.

Ein Funktionssystem, das die Bedingungen (5) erfüllt, soll ein normiertes Orthogonalsystem heißen (vgl. den analogen Begriff in § 116).

Wir haben im obigen die linear unabhängigen Funktionen $f_1, f_2, \ldots, f_m$ in ein normiertes Orthogonalsystem verwandelt, und zwar dadurch, daß wir statt der f reelle lineare Verbindungen φ einführten. Da wegen $G A^2 = 1$ die Determinante A ungleich Null ist, so lassen sich auch die f als reelle lineare Verbindungen der φ schreiben. Zwei solche Funktionensysteme wollen wir hier als äquivalent bezeichnen. Dann können wir sagen, daß ein System von m reellen stetigen Funktionen, dessen GRAMsche Determinante positiv ist, mit einem m-gliedrigen normierten Orthogonalsystem äquivalent ist. Umgekehrt folgt aus einer solchen Äquivalenz, daß die GRAMsche Determinante positiv ist.

§ 135. Komponenten einer Funktion in bezug auf m linear unabhängige Funktionen.

$f_1, f_2, \ldots, f_m$ seien in (a, b) reell, stetig und linear unabhängig. $\varphi_1, \varphi_2, \ldots, \varphi_m$ sei ein äquivalentes normiertes Orthogonalsystem.

Nehmen wir irgend eine Funktion F, die in (a, b) reell und stetig ist, so läßt sie sich in zwei Summanden zerlegen, von denen der eine sich linear durch die f ausdrückt, während der andere zu allen f orthogonal ist (d. h. mit jedem f das innere Produkt Null bildet).

Offenbar können wir ebensogut sagen, daß der eine Summand sich linear durch die φ ausdrückt, während der andere zu allen φ orthogonal ist.

Der eine Summand hat also die Form

$$\lambda_1 \varphi_1 + \lambda_2 \varphi_2 + \cdots + \lambda_m \varphi_m,$$

der andre lautet

$$G = F - \lambda_1 \varphi_1 - \lambda_2 \varphi_2 - \cdots - \lambda_m \varphi_m$$

und soll zu allen φ orthogonal sein. Es sollen also die Gleichungen

$$(G\varphi_1) = 0, \quad (G\varphi_2) = 0, \ldots, (G\varphi_m) = 0$$

bestehen.

Sie reduzieren sich, da die φ ein normiertes Orthogonalsystem bilden, auf

$$(F\varphi_1) - \lambda_1 = 0, \; (F\varphi_2) - \lambda_2 = 0, \ldots, (F\varphi_m) - \lambda_m = 0.$$

Setzt man also

$$F = (F\varphi_1)\varphi_1 + \cdots + (F\varphi_m)\varphi_m + G,$$

so ist G zu allen φ orthogonal, und man hat die gewünschte Zerlegung gewonnen.

G und $(F\varphi_1)\varphi_1 + \cdots + (F\varphi_m)\varphi_m$ mögen die Komponenten von F in bezug auf $f_1, f_2, \ldots, f_m$ heißen.

Man kann die Zerlegung von F auch ohne Zuhilfenahme eines normierten Orthogonalsystems finden.

Die eine Komponente von F soll die Form

$$\lambda_1 f_1 + \lambda_2 f_2 + \cdots + \lambda_m f_m$$

haben und die andere

$$F - \lambda_1 f_1 - \lambda_2 f_2 - \dots - \lambda_m f_m = G$$

soll zu den f orthogonal sein. Wir haben also die Gleichungen

$$\begin{array}{l} -\lambda_1 (f_1 f_1) - \dots - \lambda_m (f_1 f_m) + (f_1 F) = 0 \\ \dots\dots\dots\dots\dots\dots \\ -\lambda_1 (f_m f_1) - \dots - \lambda_m (f_m f_m) + (f_m F) = 0, \\ -\lambda_1 f_1 \quad - \dots - \lambda_m f_m + F - G = 0. \end{array}$$

Das sind $m + 1$ lineare homogene Gleichungen für

$$-\lambda_1, \dots, -\lambda_m, 1.$$

Es muß also (vgl. Satz 16 in § 22)

$$\begin{vmatrix} (f_1 f_1) \dots (f_1 f_m) & (f_1 F) \\ \dots\dots\dots & \\ (f_m f_1) \dots (f_m f_m) & (f_m F) \\ f_1 \quad \dots \quad f_m & F - G \end{vmatrix} = 0$$

sein oder

$$-G \begin{vmatrix} (f_1 f_1) \dots (f_1 f_m) \\ \dots\dots\dots \\ (f_m f_1) \dots (f_m f_m) \end{vmatrix} + \begin{vmatrix} (f_1 f_1) \dots (f_1 f_m) & (f_1 F) \\ \dots\dots\dots & \\ (f_m f_1) \dots (f_m f_m) & (f_m F) \\ f_1 \quad \dots \quad f_m & F \end{vmatrix} = 0,$$

d. h.

$$G = \frac{\begin{vmatrix} (f_1 f_1) \dots (f_1 f_m) & (f_1 F) \\ \dots\dots\dots & \\ (f_m f_1) \dots (f_m f_m) & (f_m F) \\ f_1 \quad \dots \quad f_m & F \end{vmatrix}}{\begin{vmatrix} (f_1 f_1) \dots (f_1 f_m) \\ \dots\dots\dots \\ (f_m f_1) \dots (f_m f_m) \end{vmatrix}}.$$

Dies ist die zu $f_1, f_2, \dots, f_m$ orthogonale Komponente von F.

Die andre Komponente lautet

$$\frac{\begin{vmatrix} (f_1 f_1) \dots (f_1 f_m) & (f_1 F) \\ \dots\dots\dots & \\ (f_m f_1) \dots (f_m f_m) & (f_m F) \\ -f_1 \quad \dots \quad -f_m & 0 \end{vmatrix}}{\begin{vmatrix} (f_1 f_1) \dots (f_1 f_m) \\ \dots\dots\dots \\ (f_m f_1) \dots (f_m f_m) \end{vmatrix}}.$$

Wenn $G = 0$ ist, und auch nur dann, läßt sich F linear durch die f ausdrücken, und zwar wird es gleich der andern Komponente.

§ 136. Wronskische Determinanten.

Die Funktionen $f_1, f_2, \ldots, f_m$ seien im Sinne von § 132 linear abhängig, es gebe also m Konstanten $c_1, c_2, \ldots, c_m$, die nicht alle Null sind und für $a \leqq x \leqq b$ die Gleichung

$$c_1 f_1(x) + c_2 f_2(x) + \ldots + c_m f_m(x) = 0 \tag{1}$$

erfüllen.

Lassen sich die Funktionen in (a, b) $(m-1)$-mal differenzieren, so folgt aus (1)

$$c_1 f_1'(x) + c_2 f_2'(x) + \ldots + c_m f_m'(x) = 0,$$
$$c_1 f_1''(x) + c_2 f_2''(x) + \ldots + c_m f_m''(x) = 0$$

usw.

Die Konstanten c genügen also den Gleichungen

$$\begin{gathered} c_1 f_1(x) + c_2 f_2(x) + \ldots + c_m f_m(x) = 0, \\ c_1 f_1'(x) + c_2 f_2'(x) + \ldots + c_m f_m'(x) = 0, \\ \cdots\cdots\cdots\cdots\cdots\cdots \\ c_1 f_1^{(m-1)}(x) + c_2 f_2^{(m-1)}(x) + \ldots + c_m f_m^{(m-1)}(x) = 0, \end{gathered}$$

und zwar in dem ganzen Intervall (a, b).

Da die c nicht alle Null sind, so muß für $a \leqq x \leqq b$ die Determinante

$$\begin{vmatrix} f_1 & f_2 & \ldots f_m \\ f_1' & f_2' & \ldots f_m' \\ \cdot & \cdot & \cdot \\ f_1^{(m-1)} & f_2^{(m-1)} & \ldots f_m^{(m-1)} \end{vmatrix} \tag{2}$$

verschwinden. Man nennt sie die Wronskische Determinante von $f_1, f_2, \ldots, f_m$.

Das Verschwinden der Wronskischen Determinante ist zwar eine notwendige aber keine hinreichende Bedingung für die lineare Abhängigkeit in (a, b). Davon kann man sich durch ein Beispiel überzeugen.

Wir setzen fest, daß

$$\text{für } x \geqq 0 \quad f_1(x) = x^2,$$
$$\text{für } x \leqq 0 \quad f_1(x) = 0$$

sein soll. Ferner soll

$$\text{für } x \geqq 0 \quad f_2(x) = 0,$$
$$\text{für } x \leqq 0 \quad f_2(x) = x^2$$

sein.

Nehmen wir nun ein Intervall (a, b), das die Null umschließt $(a < 0 < b)$, so sind f_1 und f_2 in (a, b) differenzierbar und ihre WRONSKIsche Determinante lautet

$$\text{für } x \geqq 0: \quad \begin{vmatrix} x^2 & 0 \\ 2x & 0 \end{vmatrix},$$

$$\text{für } x \leqq 0: \quad \begin{vmatrix} 0 & x^2 \\ 0 & 2x \end{vmatrix}.$$

Sie ist also in dem ganzen Intervall (a, b) gleich Null.

Trotzdem sind die Funktionen f_1 und f_2 in (a, b) linear unabhängig. Wäre nämlich für $a \leqq x \leqq b$

$$c_1 f_1(x) + c_2 f_2(x) = 0,$$

so hätte man insbesondere

$$c_1 f_1(a) + c_2 f_2(a) = 0, \quad \text{d. h. } c_2 a^2 = 0$$

und

$$c_1 f_1(b) + c_2 f_2(b) = 0, \quad \text{d. h. } c_2 b^2 = 0.$$

Es wäre also $c_1 = c_2 = 0$.

Wenn in dem Intervall (a, b) die WRONSKIsche Determinante von $f_1, f_2, \ldots, f_{m-1}$ nirgends Null ist $(m > 1)$, während die WRONSKIsche Determinante von $f_1, f_2, \ldots, f_m$ überall verschwindet, so sind $f_1, f_2, \ldots, f_m$ linear abhängig, und zwar ist

$$f_m = c_1 f_1 + \cdots + c_{m-1} f_{m-1}. \qquad (c_1, \ldots, c_{m-1} \text{ Konstanten})$$

Die Gleichungen

$$(3) \qquad \begin{cases} \varphi_1 f_1 + \varphi_2 f_2 + \cdots + \varphi_{m-1} f_{m-1} = f_m, \\ \varphi_1 f_1' + \varphi_2 f_2' + \cdots + \varphi_{m-1} f_{m-1}' = f_m', \\ \dots\dots\dots\dots\dots\dots \\ \varphi_1 f_1^{(m-2)} + \varphi_2 f_2^{(m-2)} + \cdots + \varphi_{m-1} f_{m-1}^{(m-2)} = f_m^{(m-2)} \end{cases}$$

haben, wie man auch x in (a, b) wählen mag, eine von Null verschiedene Determinante. Diese ist nämlich die WRONSKIsche Determinante von $f_1, f_2, \ldots, f_{m-1}$, von der wir vorausgesetzt haben, daß sie in (a, b) nirgends verschwindet.

Durch die Gleichungen (3) sind also $\varphi_1, \varphi_2, \ldots, \varphi_{m-1}$ als Funktionen von x definiert. Die CRAMERsche Regel (§ 22) gestattet, diese Funktionen anzugeben. Sie sind Brüche mit dem Nenner

$$(4) \qquad \begin{vmatrix} f_1 & f_2 & \cdots f_{m-1} \\ f_1' & f_2' & \cdots f_{m-1}' \\ \dots & \dots & \dots \\ f_1^{(m-2)} & f_2^{(m-2)} & \cdots f_{m-1}^{(m-2)} \end{vmatrix}$$

und die Zähler entstehen aus diesem Nenner dadurch, daß man eine der Funktionen $f_1, f_2, \ldots, f_{m-1}$ durch f_m ersetzt.

Da wir von $f_1, f_2, \ldots, f_m$ annehmen, daß sie sich in (a, b) $(m-1)$-mal differenzieren lassen, so existieren in (a, b) die Ableitungen $\varphi_1', \varphi_2', \ldots, \varphi_m'$.

Die Funktionen φ erfüllen außer den Gleichungen (3) auch noch die Gleichung

$$(5) \qquad \varphi_1 f_1^{(m-1)} + \varphi_2 f_2^{(m-1)} + \cdots + \varphi_{m-1} f_{m-1}^{(m-1)} = f_m^{(m-1)};$$

denn die Determinante (2) ist gleich Null, also die Gleichung (4) eine Folge der Gleichungen (3).

Differenziert man nun die Gleichungen (3) unter Beobachtung von (3) und (5), so findet man:

$$\begin{aligned} \varphi_1' f_1 + \varphi_2' f_2 + \cdots + \varphi_{m-1}' f_{m-1} &= 0, \\ \varphi_1' f_1' + \varphi_2' f_2' + \cdots + \varphi_{m-1}' f_{m-1}' &= 0, \\ \cdots\cdots\cdots\cdots\cdots\cdots & \\ \varphi_1' f_1^{(m-2)} + \varphi_2' f_2^{(m-2)} + \cdots + \varphi_{m-1}' f_{m-1}^{(m-2)} &= 0. \end{aligned}$$

Die Determinante (4) ist aber von Null verschieden. Daher folgt

$$\varphi_1' = 0, \quad \varphi_2' = 0, \ldots, \varphi_{m-1}' = 0.$$

Die Ableitungen der Funktionen φ sind demnach in (a, b) gleich Null, die Funktionen selbst also Konstanten. Die erste der Gleichungen (3) sagt dann aus, daß f_m eine lineare Kombination von $f_1, f_2, \ldots, f_{m-1}$ ist. Die übrigen entstehen aus ihr durch Differentiation.

Wir wollen jetzt annehmen, daß in der Umgebung von x_0 je $k+1$ der Funktionen $f_1, f_2, \ldots, f_m$ eine verschwindende Wronskische Determinante haben, daß dagegen die Wronskischen Determinanten, zu denen je k dieser Funktionen Veranlassung geben, an der Stelle x_0 nicht sämtlich Null sind $(k \leqq m-1)$.

Denken wir uns die f so numeriert, daß gerade $f_1, f_2, \ldots, f_k$ an der Stelle x_0 eine von Null verschiedene Wronskische Determinante geben, so wird bei passender Wahl von $\varepsilon (> 0)$ in dem Intervall $(x_0 - \varepsilon, x_0 + \varepsilon)$ die Wronskische Determinante von $f_1, f_2, \ldots, f_k$ nirgends Null sein,[1] während die von $f_1, f_2, \ldots, f_k, f_q$ $(q = k+1, \ldots, m)$ überall verschwindet. Daher ist f_q in $(x_0 - \varepsilon, x_0 + \varepsilon)$ eine lineare Kombination von $f_1, f_2, \ldots, f_k$. Dagegen sind

[1] Diese Wronskische Determinante ist an der Stelle x_0 stetig, weil die Funktionen f sich k-mal differenzieren lassen.

$f_1, f_2, \ldots, f_k$ linear unabhängig, weil ihre WRONSKIsche Determinante ungleich Null ist.

Wir sehen, daß in der Umgebung von x_0 gerade $m-k$ von den Funktionen $f_1, f_2, \ldots, f_m$ sich als lineare Kombinationen der übrigen darstellen lassen.

Die WRONSKIsche ist spezieller als die GRAMsche Methode, weil sie sich auf Funktionen bezieht, die eine gewisse Anzahl von Malen differenzierbar sind, während die GRAMsche Methode nur die Stetigkeit fordert.

Bei der WRONSKIschen Methode brauchen die Funktionen $f_1, f_2, \ldots, f_m$ nicht reell zu sein, während wir uns bei der GRAMschen Methode auf reelle Funktionen beschränkt haben. Von dieser Beschränkung können wir uns aber, wie jetzt noch gezeigt werden soll, befreien.

§ 137. GRAMsches Kriterium für komplexe stetige Funktionen einer reellen Veränderlichen.

$f(x)$ sei eine komplexe Funktion von x, die in (a, b) stetig ist. Es sei also

$$f(x) = \varphi(x) + i\,\psi(x),$$

und φ, ψ seien reelle stetige Funktionen.

Mit $\bar{f}(x)$ wollen wir immer die zu f konjugierte Funktion bezeichnen:

$$\bar{f}(x) = \varphi(x) - i\,\psi(x).$$

Wenn zwei komplexe stetige Funktionen in (a, b) vorliegen, so bezeichnen wir

$$\int_a^b f(x)\,\bar{g}(x)\,dx \quad \text{mit} \quad (f\bar{g}),$$

wie wenn f und $\bar{g}$ reell wären.

Nun lautet das GRAMsche Kriterium folgendermaßen:

m komplexe stetige Funktionen in (a, b)

$$f_1(x),\ f_2(x),\ \ldots,\ f_m(x)$$

sind dann und nur dann linear abhängig, wenn die Determinante

$$(1)\qquad \begin{vmatrix} (f_1\bar{f}_1) & (f_1\bar{f}_2) & \ldots & (f_1\bar{f}_m) \\ (f_2\bar{f}_1) & (f_2\bar{f}_2) & \ldots & (f_2\bar{f}_m) \\ \cdot & \cdot & \cdot & \cdot \\ (f_m\bar{f}_1) & (f_m\bar{f}_2) & \ldots & (f_m\bar{f}_m) \end{vmatrix}$$

verschwindet.

Der eine Teil des Satzes ist sehr leicht zu beweisen. Ist z. B.

$$f_m = c_1 f_1 + \dots + c_{m-1} f_{m-1},$$

so bekommt die Determinante (1), wenn man die mit $c_1, \dots, c_{m-1}$ multiplizierten $m-1$ ersten Zeilen von der letzten subtrahiert, in der letzten Zeile lauter Nullen.

Den andern Teil des Satzes erledigen wir durch ein ähnliches Verfahren wie in § 134. Dabei brauchen wir eine Verallgemeinerung des Begriffs der Orthogonalität.

Wir nennen f und g zueinander orthogonal, wenn

$$(f\bar{g}) = 0$$

ist. Dann ist offenbar auch

$$(\bar{f}g) = 0.$$

Sind nun die stetigen Funktionen $f_1, f_2, \dots, f_m$ in (a, b) linear unabhängig, so ist sicher

$$(f_1 \bar{f}_1) > 0,$$

weil sonst in dem ganzen Intervall (a, b)

$$f_1 = 0$$

wäre,[1] was der linearen Unabhängigkeit der f widerspricht.

Setzen wir

$$\varphi_1 = \frac{f_1}{\sqrt{(f_1 \bar{f}_1)}},$$

so wird

$$(\varphi_1 \bar{\varphi}_1) = 1.$$

Jetzt läßt sich λ so wählen, daß

$$\psi_2 = f_2 + \lambda \varphi_1$$

zu φ_1 orthogonal ist. Man braucht nur zu bewirken, daß

$$(f_2 + \lambda \varphi_1, \bar{\varphi}_1) = (f_2 \bar{\varphi}_1) + \lambda = 0$$

wird, also $\lambda = -(f_2 \bar{\varphi}_1)$ zu machen.

$(\psi_2 \bar{\psi}_2)$ ist sicher größer als Null, weil sonst $\psi_2 = 0$ wäre, was der linearen Unabhängigkeit der f widerspricht. Setzen wir

$$\varphi_2 = \frac{\psi_2}{\sqrt{(\psi_2 \bar{\psi}_2)}},$$

so ist

$$(\varphi_1 \bar{\varphi}_2) = 0, \quad (\varphi_2 \bar{\varphi}_2) = 1.$$

---

[1] $(f\bar{f}) = 0$ bedeutet, wenn $f = \varphi + i\psi$ ist, $\int_a^b (\varphi^2 + \psi^2)\, dx = 0$, und daraus folgt $\varphi = \psi = 0$, sobald man f als stetig voraussetzt.

In dieser Weise kann man fortfahren, bis man m Funktionen $\varphi_1, \varphi_2, \ldots, \varphi_m$ gewonnen hat, die paarweise orthogonal und außerdem normiert[1] sind.

Sie drücken sich offenbar linear durch die f aus:

$$\varphi_r = c_{r1} f_1 + c_{r2} f_2 + \cdots + c_{rm} f_m. \qquad (2)$$
$$(r = 1, 2, \ldots, m)$$

Die c_{rs} sind komplexe Konstanten. Bezeichnen wir wie gewöhnlich mit $\bar{c}_{rs}$ die zu c_{rs} konjugierte Zahl, so ist

$$\bar{\varphi}_r = \bar{c}_{r1} \bar{f}_1 + \bar{c}_{r2} \bar{f}_2 + \cdots + \bar{c}_{rm} \bar{f}_m.$$

Nun ergibt sich durch Multiplikation nach Zeilen

$$\begin{vmatrix} (f_1 \bar{f}_1) & (f_1 \bar{f}_2) & \cdots & (f_1 \bar{f}_m) \\ (f_2 \bar{f}_1) & (f_2 \bar{f}_2) & \cdots & (f_2 \bar{f}_m) \\ \cdot & \cdot & \cdot & \cdot \\ (f_m \bar{f}_1) & (f_m \bar{f}_2) & \cdots & (f_m \bar{f}_m) \end{vmatrix} \begin{vmatrix} \bar{c}_{11} & \bar{c}_{12} & \cdots & \bar{c}_{1m} \\ \bar{c}_{21} & \bar{c}_{22} & \cdots & \bar{c}_{2m} \\ \cdot & \cdot & \cdot & \cdot \\ \bar{c}_{m1} & \bar{c}_{m2} & \cdots & \bar{c}_{mm} \end{vmatrix}$$
$$= \begin{vmatrix} (f_1 \bar{\varphi}_1) & (f_1 \bar{\varphi}_2) & \cdots & (f_1 \bar{\varphi}_m) \\ (f_2 \bar{\varphi}_1) & (f_2 \bar{\varphi}_2) & \cdots & (f_2 \bar{\varphi}_m) \\ \cdot & \cdot & \cdot & \cdot \\ (f_m \bar{\varphi}_1) & (f_m \bar{\varphi}_2) & \cdots & (f_m \bar{\varphi}_m) \end{vmatrix},$$

und durch Multiplikation nach Spalten findet man

$$\begin{vmatrix} (f_1 \bar{\varphi}_1) & (f_1 \bar{\varphi}_2) & \cdots & (f_1 \bar{\varphi}_m) \\ (f_2 \bar{\varphi}_1) & (f_2 \bar{\varphi}_2) & \cdots & (f_2 \bar{\varphi}_m) \\ \cdot & \cdot & \cdot & \cdot \\ (f_m \bar{\varphi}_1) & (f_m \bar{\varphi}_2) & \cdots & (f_m \bar{\varphi}_m) \end{vmatrix} \begin{vmatrix} c_{11} & c_{21} & \cdots & c_{m1} \\ c_{12} & c_{22} & \cdots & c_{m2} \\ \cdot & \cdot & \cdot & \cdot \\ c_{1m} & c_{2m} & \cdots & c_{mm} \end{vmatrix}$$
$$= \begin{vmatrix} (\varphi_1 \bar{\varphi}_1) & (\varphi_2 \bar{\varphi}_1) & \cdots & (\varphi_m \bar{\varphi}_1) \\ (\varphi_1 \bar{\varphi}_2) & (\varphi_2 \bar{\varphi}_2) & \cdots & (\varphi_m \bar{\varphi}_2) \\ \cdot & \cdot & \cdot & \cdot \\ (\varphi_1 \bar{\varphi}_m) & (\varphi_2 \bar{\varphi}_m) & \cdots & (\varphi_m \bar{\varphi}_m) \end{vmatrix} = 1.$$

Setzen wir also

$$\begin{vmatrix} c_{11} & c_{12} & \cdots & c_{1m} \\ c_{21} & c_{22} & \cdots & c_{2m} \\ \cdot & \cdot & \cdot & \cdot \\ c_{m1} & c_{m2} & \cdots & c_{mm} \end{vmatrix} = C,$$

so ist

[1] Wir nennen f normiert, wenn $(f \bar{f}) = 1$ ist.

$$\begin{vmatrix} (f_1 \bar f_1) & (f_1 \bar f_2) & \dots & (f_1 \bar f_m) \\ (f_2 \bar f_1) & (f_2 \bar f_2) & \dots & (f_2 \bar f_m) \\ \cdot & \cdot & \cdot & \cdot \\ (f_m \bar f_1) & (f_m \bar f_2) & \dots & (f_m \bar f_m) \end{vmatrix} C \bar C = 1.$$

Hieraus sehen wir, daß $C \neq 0$ ist,[1] also $C \bar C > 0$, und daher auch

$$\begin{vmatrix} (f_1 \bar f_1) & (f_1 \bar f_2) & \dots & (f_1 \bar f_m) \\ (f_2 \bar f_1) & (f_2 \bar f_2) & \dots & (f_2 \bar f_m) \\ \cdot & \cdot & \cdot & \cdot \\ (f_m \bar f_1) & (f_m \bar f_2) & \dots & (f_m \bar f_m) \end{vmatrix} > 0.$$

Auch die Betrachtungen des § 135 lassen sich auf komplexe Funktionen übertragen.

$f_1, f_2, \dots, f_m$ seien komplexe Funktionen, die in (a, b) stetig und linear unabhängig sind. $\varphi_1, \varphi_2, \dots, \varphi_m$ sei ein äquivalentes normiertes Orthogonalsystem, wie es z. B. die Gleichungen (2) darstellen, deren Auflösung nach den f so lauten möge:

$$f_r = \gamma_{r1} \varphi_1 + \gamma_{r2} \varphi_2 + \dots + \gamma_{rm} \varphi_m.$$
$$(r = 1, 2, \dots, m)$$

Jede komplexe Funktion F, die in (a, b) stetig ist, läßt sich in zwei Summanden zerlegen, von denen der eine eine lineare Kombination der f und der andere zu allen f orthogonal ist.

Wir müssen, um diese Zerlegung zu finden, die komplexen Konstanten $\lambda_1, \lambda_2, \dots, \lambda_m$ so wählen, daß

$$F - \lambda_1 \varphi_1 - \lambda_2 \varphi_2 - \dots - \lambda_m \varphi_m$$

zu allen f oder, was auf dasselbe hinauskommt, zu allen φ orthogonal ist.

Das führt zu den Gleichungen

$$\lambda_1 = (F \bar\varphi_1), \quad \lambda_2 = (F \bar\varphi_2), \dots, \lambda_m = (F \bar\varphi_m).$$

Die gewünschte Zerlegung von F ist also möglich, und zwar nur auf eine Weise.

Man kann die beiden Summanden, in die wir F zerlegt haben, als die **Komponenten** von F in bezug auf $f_1, f_2, \dots, f_m$ bezeichnen.

Die Komponenten von F lassen sich natürlich auch durch die f selbst ausdrücken. Man kann zu diesen Ausdrücken entweder auf dem in § 135 eingeschlagenen Wege finden oder auch in folgender Weise:

---

[1] Die Gleichungen (2) lassen sich also nach den f auflösen.

Die zu den f orthogonale Komponente

$$F - (F\overline{\varphi}_1)\varphi_1 - (F\overline{\varphi}_2)\varphi_2 - \ldots - (F\overline{\varphi}_m)\varphi_m = G$$

läßt sich in Form einer geränderten Determinante schreiben. Sie ist nämlich gleich

$$\begin{vmatrix} 1 & 0 & \ldots & 0 & \varphi_1 \\ 0 & 1 & \ldots & 0 & \varphi_2 \\ \cdot & \cdot & \cdot & \cdot & \cdot \\ 0 & 0 & \ldots & 1 & \varphi_m \\ (F\overline{\varphi}_1) & (F\overline{\varphi}_2) & \ldots & (F\overline{\varphi}_m) & F \end{vmatrix},$$

d. h. gleich

$$\begin{vmatrix} (\varphi_1\overline{\varphi}_1) & (\varphi_1\overline{\varphi}_2) & \ldots & (\varphi_1\overline{\varphi}_m) & \varphi_1 \\ (\varphi_2\overline{\varphi}_1) & (\varphi_2\overline{\varphi}_2) & \ldots & (\varphi_2\overline{\varphi}_m) & \varphi_2 \\ \cdot & \cdot & \cdot & \cdot & \cdot \\ (\varphi_m\overline{\varphi}_1) & (\varphi_m\overline{\varphi}_2) & \ldots & (\varphi_m\overline{\varphi}_m) & \varphi_m \\ (F\overline{\varphi}_1) & (F\overline{\varphi}_2) & \ldots & (F\overline{\varphi}_m) & F \end{vmatrix}$$

oder auch gleich

$$\begin{vmatrix} (\varphi_1\overline{\varphi}_1) & \ldots & (\varphi_1\overline{\varphi}_m) & \varphi_1 \\ \cdot & \cdot & \cdot & \cdot \\ (\varphi_m\overline{\varphi}_1) & \ldots & (\varphi_m\overline{\varphi}_m) & \varphi_m \\ (F\overline{\varphi}_1) & \ldots & (F\overline{\varphi}_m) & F \end{vmatrix} : \begin{vmatrix} (\varphi_1\overline{\varphi}_1) & (\varphi_1\overline{\varphi}_2) & \ldots & (\varphi_1\overline{\varphi}_m) \\ (\varphi_2\overline{\varphi}_1) & (\varphi_2\overline{\varphi}_2) & \ldots & (\varphi_2\overline{\varphi}_m) \\ \cdot & \cdot & \cdot & \cdot \\ (\varphi_m\overline{\varphi}_1) & (\varphi_m\overline{\varphi}_2) & \ldots & (\varphi_m\overline{\varphi}_m) \end{vmatrix}.$$

Nun wollen wir den Zähler und den Nenner dieses Bruches mit Γ multiplizieren und dabei bedenken, daß wir Γ, die Determinante der γ_{rs}, auch als $(m+1)$-reihige Determinante schreiben können:

$$\Gamma = \begin{vmatrix} \gamma_{11} & \gamma_{21} & \ldots & \gamma_{m1} & 0 \\ \gamma_{12} & \gamma_{22} & \ldots & \gamma_{m2} & 0 \\ \cdot & \cdot & \cdot & \cdot & \cdot \\ \gamma_{1m} & \gamma_{2m} & \ldots & \gamma_{mm} & 0 \\ 0 & 0 & \ldots & 0 & 1 \end{vmatrix}.$$

Dann finden wir, daß der Bruch gleich

$$\begin{vmatrix} (f_1\overline{\varphi}_1) & \ldots & (f_1\overline{\varphi}_m) & f_1 \\ \cdot & \cdot & \cdot & \cdot \\ (f_m\overline{\varphi}_1) & \ldots & (f_m\overline{\varphi}_m) & f_m \\ (F\overline{\varphi}_1) & \ldots & (F\overline{\varphi}_m) & F \end{vmatrix} : \begin{vmatrix} (f_1\overline{\varphi}_1) & (f_1\overline{\varphi}_2) & \ldots & (f_1\overline{\varphi}_m) \\ (f_2\overline{\varphi}_1) & (f_2\overline{\varphi}_2) & \ldots & (f_2\overline{\varphi}_m) \\ \cdot & \cdot & \cdot & \cdot \\ (f_m\overline{\varphi}_1) & (f_m\overline{\varphi}_2) & \ldots & (f_m\overline{\varphi}_m) \end{vmatrix}$$

ist. Multiplizieren wir Zähler und Nenner mit $\overline{\Gamma}$, so ergibt sich

$$(3) \qquad G = \frac{\begin{vmatrix} (f_1 \bar{f}_1) & \dots & (f_1 \bar{f}_m) & f_1 \\ \cdot & \cdot & \cdot & \cdot \\ (f_m \bar{f}_1) & \dots & (f_m \bar{f}_m) & f_m \\ (F \bar{f}_1) & \dots & (F \bar{f}_m) & F \end{vmatrix}}{\begin{vmatrix} (f_1 \bar{f}_1) & \dots & (f_1 \bar{f}_m) \\ \cdot & \cdot & \cdot \\ (f_m \bar{f}_1) & \dots & (f_m \bar{f}_m) \end{vmatrix}}.$$

Die andere Komponente von F, d. h. die Komponente

$$(F \bar{\varphi}_1) \varphi_1 + \dots + (F \bar{\varphi}_m) \varphi_m,$$

die sich auch in der Form

$$(4) \qquad \frac{\begin{vmatrix} (f_1 \bar{f}_1) & \dots & (f_1 \bar{f}_m), & -f_1 \\ \cdot & \cdot & \cdot & \cdot \\ (f_m \bar{f}_1) & \dots & (f_m \bar{f}_m), & -f_m \\ (F \bar{f}_1) & \dots & (F \bar{f}_m), & 0 \end{vmatrix}}{\begin{vmatrix} (f_1 \bar{f}_1) & \dots & (f_1 \bar{f}_m) \\ \cdot & \cdot & \cdot \\ (f_m \bar{f}_1) & \dots & (f_m \bar{f}_m) \end{vmatrix}}$$

schreiben läßt, hat in bezug auf F folgende Eigenschaft. Sie ist unter den linearen Kombinationen L der f diejenige, welche das Integral

$$(F - L, \bar{F} - \bar{L}) = \int_a^b (F - L)(\bar{F} - \bar{L})\, dx$$

zu einem Minimum macht.[1]

Da jede lineare Kombination der f eine solche der φ ist und umgekehrt, so dürfen wir

$$L = \lambda_1 \varphi_1 + \dots + \lambda_m \varphi_m$$

setzen. Dann wird aber $(F - L, \bar{F} - \bar{L})$ gleich

$$\begin{aligned}(F\bar{F}) &- \sum \{\bar{\lambda}_r (\varphi_r \bar{F}) + \lambda_r (\bar{\varphi}_r F)\} + \sum \lambda_r \bar{\lambda}_r \\ &= (F\bar{F}) - \sum (\varphi_r \bar{F})(\bar{\varphi}_r F) + \sum \{\lambda_r - (\bar{\varphi}_r F)\}\{\bar{\lambda}_r - (\varphi_r \bar{F})\}.\end{aligned}$$

Die letzte Summe, deren Glieder als Produkte konjugiert komplexer Zahlen nicht negativ sind, wird am kleinsten, wenn sie Null ist, d. h. für

$$\lambda_r = (\bar{\varphi}_r F). \qquad (r = 1, 2, \dots, m)$$

[1] Dieses Integral nennt man die Norm von $F - L$.

Wir wollen hier noch bemerken, wie man die Norm von G berechnet. Um diese Norm zu finden, muß man G mit $\bar{G}$ multiplizieren und dann von a bis b integrieren. Da

$$(G\bar{f}_1) = \ldots = (G\bar{f}_m) = 0$$

ist, so kann man statt $\bar{G}$ auch

$$\frac{\begin{vmatrix} (\bar{f}_1 f_1) & \ldots & (\bar{f}_1 f_m) & 0 \\ \cdot & \cdot & \cdot & \cdot \\ (\bar{f}_m f_1) & \ldots & (\bar{f}_m f_m) & 0 \\ (\bar{F} f_1) & \ldots & (\bar{F} f_m) & \bar{F} \end{vmatrix}}{\begin{vmatrix} (\bar{f}_1 f_1) & \ldots & (\bar{f}_1 f_m) \\ \cdot & \cdot & \cdot \\ (\bar{f}_m f_1) & \ldots & (\bar{f}_m f_m) \end{vmatrix}},$$

d. h. $\bar{F}$, benutzen. Man findet dann

$$(G\bar{G}) = \frac{\begin{vmatrix} (f_1 \bar{f}_1) & \ldots & (f_1 \bar{f}_m) & (f_1 \bar{F}) \\ \cdot & \cdot & \cdot & \cdot \\ (f_m \bar{f}_1) & \ldots & (f_m \bar{f}_m) & (f_m \bar{F}) \\ (F\bar{f}_1) & \ldots & (F\bar{f}_m) & (F\bar{F}) \end{vmatrix}}{\begin{vmatrix} (f_1 \bar{f}_1) & \ldots & (f_1 \bar{f}_m) \\ \cdot & \cdot & \cdot \\ (f_m \bar{f}_1) & \ldots & (f_m \bar{f}_m) \end{vmatrix}}.$$

Wenn $(G\bar{G}) > 0$, so ist $G : \sqrt{(G\bar{G})}$ eine Funktion mit der Norm 1. Für diese Funktion gilt nach dem Obigen die Formel

$$(5)\qquad \frac{G}{\sqrt{(G\bar{G})}} = \frac{\begin{vmatrix} (f_1 \bar{f}_1) & \ldots & (f_1 \bar{f}_m) & f_1 \\ \cdot & \cdot & \cdot & \cdot \\ (f_m \bar{f}_1) & \ldots & (f_m \bar{f}_m) & f_m \\ (F\bar{f}_1) & \ldots & (F\bar{f}_m) & F \end{vmatrix}}{\begin{vmatrix} (f_1 \bar{f}_1) & \ldots & (f_1 \bar{f}_m) \\ \cdot & \cdot & \cdot \\ (f_m \bar{f}_1) & \ldots & (f_m \bar{f}_m) \end{vmatrix}^{1/2} \begin{vmatrix} (f_1 \bar{f}_1) & \ldots & (f_1 \bar{f}_m) & (f_1 \bar{F}) \\ \cdot & \cdot & \cdot & \cdot \\ (f_m \bar{f}_1) & \ldots & (f_m \bar{f}_m) & (f_m \bar{F}) \\ (F\bar{f}_1) & \ldots & (F\bar{f}_m) & (F\bar{F}) \end{vmatrix}^{1/2}}.$$

Formel (5) ermöglicht es uns, zu m linear unabhängigen Funktionen $f_1, f_2, \ldots, f_m$ ein äquivalentes normiertes Orthogonalsystem hinzuschreiben. Setzen wir zur Abkürzung

$$\begin{vmatrix} (f_1 \bar{f}_1) & \ldots & (f_1 \bar{f}_p) \\ \cdot & \cdot & \cdot \\ (f_p \bar{f}_1) & \ldots & (f_p \bar{f}_p) \end{vmatrix} = D_p \qquad (p = 1, 2, \ldots, m)$$

und außerdem $D_0 = 1$, so bilden die Funktionen

(6) $$\frac{f_1}{\sqrt{D_0 D_1}}, \quad \frac{\begin{vmatrix} (f_1 \bar{f}_1) & f_1 \\ (f_2 \bar{f}_1) & f_2 \end{vmatrix}}{\sqrt{D_1 D_2}}, \quad \ldots, \quad \frac{\begin{vmatrix} (f_1 \bar{f}_1) & \ldots & (f_1 \bar{f}_{m-1}) & f_1 \\ \cdot & \cdot & \cdot & \cdot \\ (f_m \bar{f}_1) & \ldots & (f_m \bar{f}_{m-1}) & f_m \end{vmatrix}}{\sqrt{D_{m-1} D_m}}$$

ein normiertes Orthogonalsystem. Jede Funktion ist nämlich zu zu den vorhergehenden orthogonal und hat die Norm 1. Jedes f_p läßt sich offenbar linear aus den p ersten Funktionen der Reihe (6) zusammensetzen. (6) ist also ein mit $f_1, f_2, \ldots, f_m$ äquivalentes normiertes Orthogonalsystem.

Sechzehntes Kapitel.

Einige geometrische Anwendungen der Determinanten.

§ 138. Gleichung der Geraden, die durch zwei gegebene Punkte hindurchgeht. Inhalt des Dreiecks.

x, y seien Punktkoordinaten in bezug auf ein rechtwinkliges Achsensystem.[1]

Wir setzen es als bekannt voraus, daß die Gleichung einer Geraden die Form

(1) $$ax + by + c = 0$$

hat, a, b, c sind Konstanten und a, b nicht beide gleich Null. Umgekehrt stellt jede Gleichung von der Form (1) eine Gerade dar, sobald a, b nicht beide verschwinden. D. h. die Punkte (x, y), die der Gleichung (1) genügen, sind die Punkte einer Geraden.

Wenn zwei verschiedene Punkte

$$(x_1, y_1) \quad \text{und} \quad (x_2, y_2)$$

gegeben sind, so ist es leicht, die Gleichung ihrer Verbindungsgeraden aufzuschreiben. Sie lautet

(2) $$\begin{vmatrix} x & y & 1 \\ x_1 & y_1 & 1 \\ x_2 & y_2 & 1 \end{vmatrix} = 0.$$

[1]) Wir beschränken uns in diesem Kapitel auf reelle Gebilde.

Diese Gleichung ist von der Form (1), wie man durch Entwickelung der Determinante nach der ersten Zeile erkennt, und zwar ist

(3) $$a = y_1 - y_2, \quad b = x_2 - x_1,$$

so daß a und b nicht beide Null sind.

Die Gleichung (2) stellt also eine Gerade dar. Diese Gerade geht aber durch die beiden Punkte (x_1, y_1), (x_2, y_2). Setzt man nämlich $x = x_1$, $y = y_1$ oder $x = x_2$, $y = y_2$, so steht auf der linken Seite eine Determinante mit zwei übereinstimmenden Zeilen. Die Gleichung wird also durch (x_1, y_1) und (x_2, y_2) erfüllt.

In der analytischen Geometrie wird gezeigt, daß der Abstand eines Punktes (x_0, y_0) von der Geraden (1) gleich

$$\frac{a x_0 + b y_0 + c}{\sqrt{a^2 + b^2}}$$

ist. Handelt es sich um die Gerade (2), so lautet dieser Abstand, wenn man die Formeln (3) beachtet,

$$h = \frac{\begin{vmatrix} x_0 & y_0 & 1 \\ x_1 & y_1 & 1 \\ x_2 & y_2 & 1 \end{vmatrix}}{\sqrt{(x_1 - x_2)^2 + (y_1 - y_2)^2}}.$$

Nun ist

$$g = \sqrt{(x_1 - x_2)^2 + (y_1 - y_2)^2}$$

die Entfernung der beiden Punkte (x_1, y_1), (x_2, y_2), also

(3) $$\frac{1}{2}\begin{vmatrix} x_0 & y_0 & 1 \\ x_1 & y_1 & 1 \\ x_2 & y_2 & 1 \end{vmatrix} = \frac{1}{2} g h$$

der Inhalt des Dreiecks, das die Punkte (x_0, y_0), (x_1, y_1), (x_2, y_2) bestimmen. Dabei ist aber dieser Dreiecksinhalt mit einem bestimmten Vorzeichen versehen, weil h nicht positiv zu sein braucht.

Wir müssen noch ermitteln, wann die Determinante (3) positiv und wann sie negativ ist.

Wenn wir das Dreieck (x_0, y_0), (x_1, y_1), $x_2, y_2)$ in seiner Ebene verschieben und seine Ecken dabei die neuen Lagen (x_0', y_0'), (x_1', y_1'), (x_2', y_2') annehmen, so ist, wie in der analytischen Geometrie gezeigt wird,

$$x_r' = x_r \cos\varphi - y_r \sin\varphi + \alpha,$$
$$y_r' = x_r \sin\varphi + y_r \cos\varphi + \beta$$
$$(r = 0, 1, 2).$$

φ, α, β sind Konstanten.

Nach dem Multiplikationssatz der Determinanten ist nun

$$\begin{vmatrix} x_0' & y_0' & 1 \\ x_1' & y_1' & 1 \\ x_2' & y_2' & 1 \end{vmatrix} = \begin{vmatrix} x_0 & y_0 & 1 \\ x_1 & y_1 & 1 \\ x_2 & y_2 & 1 \end{vmatrix} \begin{vmatrix} \cos\varphi, & -\sin\varphi, & \alpha \\ \sin\varphi, & \cos\varphi, & \beta \\ 0 & 0 & 1 \end{vmatrix} = \begin{vmatrix} x_0 & y_0 & 1 \\ x_1 & y_1 & 1 \\ x_2 & y_2 & 1 \end{vmatrix}.$$

Der Inhalt mit Vorzeichen bleibt also bei allen Verschiebungen des Dreiecks in seiner Ebene ungeändert.

Wir können durch eine solche Verschiebung bewirken, daß (x_0, y_0) in den Anfangspunkt und (x_1, y_1) auf die positive x-Achse fällt, daß also

$$x_0' = y_0' = 0, \qquad x_1' > 0, \qquad y_1' = 0$$

wird. Dann ist aber

$$\begin{vmatrix} x_0' & y_0' & 1 \\ x_1' & y_1' & 1 \\ x_2' & y_2' & 1 \end{vmatrix} = \begin{vmatrix} 0 & 0 & 1 \\ x_1' & 0 & 1 \\ x_2' & y_2' & 1 \end{vmatrix} = x_1' y_2'.$$ [1]

Da $x_1' > 0$, so ist diese Determinante positiv oder negativ, je nachdem $y_2' > 0$ oder $y_2' < 0$ ist.

Daraus können wir folgendes entnehmen:

Die Determinante (3) ist positiv, wenn die Punkte (x_0, y_0), (x_1, y_1), (x_2, y_2) in ähnlicher Weise liegen wie die Punkte (0, 0), (0, 1), (1, 0), und negativ, wenn sie liegen wie (0, 0), (0, 1), (− 1, 0).

Wir wollen uns einen Beobachter denken, der auf der Ebene herumwandert. Befindet er sich auf einer geeigneten Seite der Ebene, so wird, wenn er im Anfangspunkt steht und nach der positiven Richtung der x-Achse blickt, die positive y-Achse zur Linken liegen. Der Beobachter soll beständig auf dieser Seite der Ebene bleiben.

Wenn er nun in (x_0, y_0) stehend nach (x_1, y_1) hinschaut, so liegt (x_2, y_2) zur Linken oder zur Rechten, je nachdem die Determinante (3) positiv oder negativ ist.

Die Formel (3) gibt den Inhalt eines Dreiecks ausgedrückt durch die Koordinaten der Ecken.

Wir wollen jetzt aus den Gleichungen der Dreiecksseiten den Inhalt zu berechnen suchen.

$$a_0 x + b_0 y + c_0 = 0,$$
$$a_1 x + b_1 y + c_1 = 0,$$
$$a_2 x + b_2 y + c_2 = 0$$

[1] Da $\frac{1}{2} x_1' y_2'$ der Inhalt des Dreiecks (mit einem gewissen Vorzeichen) ist, so zeigt die obige Betrachtung aufs neue, daß auch (3) diese Bedeutung hat.

seien die Gleichungen der Dreiecksseiten und (x_0, y_0), (x_1, y_1), (x_2, y_2) die gegenüberliegenden Ecken, so daß man hat

$$\begin{aligned} a_1 x_0 + b_1 y_0 + c_1 &= 0, \\ a_2 x_0 + b_2 y_0 + c_2 &= 0; \\ a_2 x_1 + b_2 y_1 + c_2 &= 0, \\ a_0 x_1 + b_0 y_1 + c_0 &= 0; \\ a_0 x_2 + b_0 y_2 + c_0 &= 0, \\ a_1 x_2 + b_1 y_2 + c_1 &= 0. \end{aligned}$$

Bezeichnen wir mit

$$A_r, \quad B_r, \quad C_r$$

die algebraischen Komplemente von

$$a_r, \quad b_r, \quad c_r$$

in der Determinante

$$\begin{vmatrix} a_0 & b_0 & c_0 \\ a_1 & b_1 & c_1 \\ a_2 & b_2 & c_2 \end{vmatrix},$$

so ergibt sich aus den obigen Gleichungen

$$x_r = \frac{A_r}{C_r}, \qquad y_r = \frac{B_r}{C_r}. \qquad (r = 0, 1, 2)$$

Der Inhalt des Dreiecks (x_0, y_0), (x_1, y_1), (x_2, y_2) ist also gleich

$$\frac{1}{2}\begin{vmatrix} \frac{A_0}{C_0} & \frac{B_0}{C_0} & 1 \\ \frac{A_1}{C_1} & \frac{B_1}{C_1} & 1 \\ \frac{A_2}{C_2} & \frac{B_2}{C_2} & 1 \end{vmatrix} = \frac{1}{2\, C_0 C_1 C_2}\begin{vmatrix} A_0 & B_0 & C_0 \\ A_1 & B_1 & C_1 \\ A_2 & B_2 & C_2 \end{vmatrix}$$

oder (vgl. Satz 27 in § 37) gleich

$$\frac{1}{2}\,\frac{\begin{vmatrix} a_0 & b_0 & c_0 \\ a_1 & b_1 & c_1 \\ a_2 & b_2 & c_2 \end{vmatrix}^2}{\begin{vmatrix} a_1 & b_1 \\ a_2 & b_2 \end{vmatrix}\begin{vmatrix} a_2 & b_2 \\ a_0 & b_0 \end{vmatrix}\begin{vmatrix} a_0 & b_0 \\ a_1 & b_1 \end{vmatrix}}.$$

§ 139. Produkt zweier Dreiecksinhalte.

Wir betrachten zwei Dreiecke

$$(x_0, y_0), \qquad (x_1, y_1), \qquad (x_2, y_2)$$

und

$$(x_0', y_0'), \qquad (x_1', y_1'), \qquad (x_2', y_2').$$

Ihre doppelten Inhalte $2J$, $2J'$ sind einschließlich des Vorzeichens gleich

$$\begin{vmatrix} x_0 & y_0 & 1 \\ x_1 & y_1 & 1 \\ x_2 & y_2 & 1 \end{vmatrix} \quad \text{bzw.} \quad \begin{vmatrix} x_0' & y_0' & 1 \\ x_1' & y_1' & 1 \\ x_2' & y_2' & 1 \end{vmatrix}.$$

Wir wollen sie in Form vierreihiger Determinanten schreiben, und zwar so:

$$2J = \begin{vmatrix} x_0 & y_0 & 1 & 0 \\ x_1 & y_1 & 1 & 0 \\ x_2 & y_2 & 1 & 0 \\ 0 & 0 & 0 & 1 \end{vmatrix},$$

$$2J' = -\begin{vmatrix} x_0' & y_0' & 0 & 1 \\ x_1' & y_1' & 0 & 1 \\ x_2' & y_2' & 0 & 1 \\ 0 & 0 & 1 & 0 \end{vmatrix}.$$

Durch Multiplikation nach Zeilen erhalten wir nun

$$-4JJ' = \begin{vmatrix} x_0 x_0' + y_0 y_0', & x_0 x_1' + y_0 y_1', & x_0 x_2' + y_0 y_2', & 1 \\ x_1 x_0' + y_1 y_0', & x_1 x_1' + y_1 y_1', & x_1 x_2' + y_1 y_2', & 1 \\ x_2 x_0' + y_2 y_0', & x_2 x_1' + y_2 y_1', & x_2 x_2' + y_2 y_2', & 1 \\ 1 \quad , & 1 \quad , & 1 & 0 \end{vmatrix}.$$

Setzen wir

$$d_{rs}^2 = (x_r - x_s')^2 + (y_r - y_s')^2, \qquad (d_{rs} \geqq 0)$$

so ist d_{rs} die Entfernung der beiden Punkte (x_r, y_r) und (x_s', y_s'). Durch diese d_{rs} läßt sich die Determinante $-4JJ'$ ausdrücken.

Es ist nämlich

$$x_r x_s' + y_r y_s' = -\tfrac{1}{2} d_{rs}^2 + \tfrac{1}{2}(x_r^2 + y_r^2) + \tfrac{1}{2}(x_s'^2 + y_s'^2).$$

Subtrahiert man nun in der Determinante $-4JJ'$ von der $(r+1)^{\text{ten}}$ Zeile (für $r = 0, 1, 2$) die letzte, multipliziert mit $\frac{1}{2}(x_r^2 + y_r^2)$, und von der $(s+1)^{\text{ten}}$ Spalte (für $s = 0, 1, 2$) die letzte, multipliziert mit $\frac{1}{2}(x_s'^2 + y_s'^2)$, so ergibt sich

$$-4JJ' = \begin{vmatrix} -\frac{1}{2} d_{00}^2, & -\frac{1}{2} d_{01}^2, & -\frac{1}{2} d_{02}^2, & 1 \\ -\frac{1}{2} d_{10}^2, & -\frac{1}{2} d_{11}^2, & -\frac{1}{2} d_{12}^2, & 1 \\ -\frac{1}{2} d_{20}^2, & -\frac{1}{2} d_{21}^2, & -\frac{1}{2} d_{22}^2, & 1 \\ 1 \quad , & 1 \quad , & 1 \quad , & 0 \end{vmatrix}.$$

Multipliziert man die drei ersten Zeilen mit -2 und dann die letzte Spalte mit $-\frac{1}{2}$, so hat man die Determinante mit dem Faktor 4 versehen. Es ist daher

(1) $$-16JJ' = \begin{vmatrix} d_{00}^2 & d_{01}^2 & d_{02}^2 & 1 \\ d_{10}^2 & d_{11}^2 & d_{12}^2 & 1 \\ d_{20}^2 & d_{21}^2 & d_{22}^2 & 1 \\ 1 & 1 & 1 & 0 \end{vmatrix}.$$

Läßt man die beiden Dreiecke zusammenfallen, setzt man also

$$x_r = x_r', \quad y_r = y_r', \qquad (r = 0, 1, 2)$$

so werden d_{00}, d_{11}, d_{22} gleich Null und

$$d_{12} = d_{21} = a_0,$$
$$d_{20} = d_{02} = a_1,$$
$$d_{01} = d_{10} = a_2$$

die drei Seiten des Dreiecks. Die Formel (1) verwandelt sich in

$$-16J^2 = \begin{vmatrix} 0 & a_2^2 & a_1^2 & 1 \\ a_2^2 & 0 & a_0^2 & 1 \\ a_1^2 & a_0^2 & 0 & 1 \\ 1 & 1 & 1 & 0 \end{vmatrix}.$$

Wir wollen von der zweiten und dritten Spalte die erste abziehen. Dann erhalten wir

$$-16J^2 = \begin{vmatrix} 0 & a_2^2 & a_1^2 & 1 \\ a_2^2 & -a_2^2 & a_0^2 - a_2^2 & 1 \\ a_1^2 & a_0^2 - a_1^2 & -a_1^2 & 1 \\ 1 & 0 & 0 & 0 \end{vmatrix},$$

d. h.

$$16J^2 = \begin{vmatrix} a_2^2 & a_1^2 & 1 \\ -a_2^2 & a_0^2 - a_2^2 & 1 \\ a_0^2 - a_1^2 & -a_1^2 & 1 \end{vmatrix}.$$

Ziehen wir hier von der zweiten und dritten Zeile die erste ab, so kommt

$$16J^2 = \begin{vmatrix} a_2^2 & a_1^2 & 1 \\ -2a_2^2 & a_0^2 - a_1^2 - a_2^2 & 0 \\ a_0^2 - a_1^2 - a_2^2 & -2a_1^2 & 0 \end{vmatrix} = \begin{vmatrix} -2a_2^2 & a_0^2 - a_1^2 - a_2^2 \\ a_0^2 - a_1^2 - a_2^2 & -2a_1^2 \end{vmatrix}$$

oder

$$16J^2 = 4a_1^2a_2^2 - (a_1^2 + a_2^2 - a_0^2)^2$$
$$= (2a_1a_2 - a_1^2 - a_2^2 + a_0^2)(2a_1a_2 + a_1^2 + a_2^2 - a_0^2)$$
$$= \{a_0^2 - (a_1 - a_2)^2\}\{(a_1 + a_2)^2 - a_0^2\}$$

oder endlich

$$16J^2 = (a_0 + a_1 + a_2)(-a_0 + a_1 + a_2)(a_0 - a_1 + a_2)(a_0 + a_1 - a_2).$$

Unter Benutzung von

$$\frac{a_0 + a_1 + a_2}{2} = s$$

schreibt sich diese Formel so:

$$J^2 = s(s - a_0)(s - a_1)(s - a_2).$$

§ 140. Der Radius des einem Dreieck umbeschriebenen Kreises.

Der Leser kennt aus der Trigonometrie eine Formel, wonach der Inhalt eines Dreiecks dem Produkt der drei Seiten, dividiert durch den vierfachen Radius des umbeschriebenen Kreises, gleich ist:

$$J = \frac{a_0 a_1 a_2}{4r}.$$

Wir wollen diese Formel mit Hilfe von Determinanten beweisen. Zu diesem Zweck betrachten wir zwei Dreiecke

$$(x_0, y_0),\ (x_1, y_1),\ (x_2, y_2)$$

und

$$(x_0', y_0'),\ (x_1', y_1'),\ x_2', y_2'),$$

die dem Kreise

$$x^2 + y^2 = r^2$$

einbeschrieben sind. J und J' seien ihre Inhalte. Dann hat man

$$2J = \begin{vmatrix} x_0 & y_0 & 1 \\ x_1 & y_1 & 1 \\ x_2 & y_2 & 1 \end{vmatrix} = \frac{1}{r} \begin{vmatrix} x_0 & y_0 & r \\ x_1 & y_1 & r \\ x_2 & y_2 & r \end{vmatrix}.$$

Ebenso ist

$$2J' = \frac{1}{r} \begin{vmatrix} x_0' & y_0' & r \\ x_1' & y_1' & r \\ x_2' & y_2' & r \end{vmatrix} = \frac{1}{r} \begin{vmatrix} -x_0' & -y_0' & r \\ -x_1' & -y_1' & r \\ -x_2' & -y_2' & r \end{vmatrix}.$$

Hieraus folgt

$$4JJ' = \frac{1}{r^2} \begin{vmatrix} r^2 - x_0 x_0' - y_0 y_0', & r^2 - x_0 x_1' - y_0 y_1', & r^2 - x_0 x_2' - y_0 y_2' \\ r^2 - x_1 x_0' - y_1 y_0', & r^2 - x_1 x_1' - y_1 y_1', & r^2 - x_1 x_2' - y_1 y_2' \\ r^2 - x_2 x_0' - y_2 y_0', & r^2 - x_2 x_1' - y_2 y_1', & r^2 - x_2 x_2' - y_2 y_2' \end{vmatrix}.$$

Nun gilt für die Entfernung d_{rs} zwischen (x_r, y_r) und (x_s', y_s') die Gleichung

$$d_{rs}^2 = (x_r - x_s')^2 + (y_r - y_s')^2 = 2(r^2 - x_r x_s' - y_r y_s'),$$

so daß

$$r^2 - x_r x_s' - y_r y_s' = \frac{d_{rs}^2}{2}$$

ist und

$$4JJ' = \frac{1}{8r^2}\begin{vmatrix} d_{00}^2 & d_{01}^2 & d_{02}^2 \\ d_{10}^2 & d_{11}^2 & d_{12}^2 \\ d_{20}^2 & d_{21}^2 & d_{22}^2 \end{vmatrix}.$$

Fallen die beiden Dreiecke zusammen, so reduziert sich diese Formel auf

$$4J^2 = \frac{1}{8r^2}\begin{vmatrix} 0 & a_2^2 & a_1^2 \\ a_2^2 & 0 & a_0^2 \\ a_1^2 & a_0^2 & 0 \end{vmatrix} = \frac{a_0^2 a_1^2 a_2^2}{4r^2},$$

d. h.

$$16J^2 = \frac{a_0^2 a_1^2 a_2^2}{r},$$

also

$$4J = \frac{a_0 a_1 a_2}{r}.$$

§ 141. Inhalt des Tetraeders.

x, y, z seien Punktkoordinaten in bezug auf ein rechtwinkliges Achsensystem.

Wir betrachten vier Punkte

$$(x_0, y_0, z_0), \quad (x_1, y_1, z_1), \quad (x_2, y_2, z_2), \quad (x_3, y_3, z_3)$$

und wollen den Wert der Determinante

$$(1) \qquad \begin{vmatrix} x_0 & y_0 & z_0 & 1 \\ x_1 & y_1 & z_1 & 1 \\ x_2 & y_2 & z_2 & 1 \\ x_3 & y_3 & z_3 & 1 \end{vmatrix}$$

berechnen.

Denken wir uns einen starren Körper $\mathfrak{K}$, der die vier Punkte enthält, und bewegen wir diesen irgendwie im Raume, so geht jeder Punkt (x, y, z) von $\mathfrak{K}$ in eine neue Lage (x', y', z') über, und zwar ist

$$x' = \alpha_1 x + \beta_1 y + \gamma_1 z + \delta_1,$$
$$y' = \alpha_2 x + \beta_2 y + \gamma_2 z + \delta_2,$$
$$z' = \alpha_3 x + \beta_3 y + \gamma_3 z + \delta_3.$$

$\alpha, \beta, \gamma, \delta$ sind Konstanten, und

$$\begin{vmatrix} \alpha_1 & \beta_1 & \gamma_1 \\ \alpha_2 & \beta_2 & \gamma_2 \\ \alpha_3 & \beta_3 & \gamma_3 \end{vmatrix}$$

ist eine orthogonale Determinante mit dem Wert 1.

Das setzen wir aus der analytischen Geometrie als bekannt voraus.

Ist (x_r', y_r', z_r') die neue Lage von (x_r, y_r, z_r), so ergibt sich aus dem Multiplikationssatz der Determinanten

$$\begin{vmatrix} x_0' & y_0' & z_0' & 1 \\ x_1' & y_1' & z_1' & 1 \\ x_2' & y_2' & z_2' & 1 \\ x_3' & y_3' & z_3' & 1 \end{vmatrix} = \begin{vmatrix} x_0 & y_0 & z_0 & 1 \\ x_1 & y_1 & z_1 & 1 \\ x_2 & y_2 & z_2 & 1 \\ x_3 & y_3 & z_3 & 1 \end{vmatrix} \begin{vmatrix} \alpha_1 & \beta_1 & \gamma_1 & \delta_1 \\ \alpha_2 & \beta_2 & \gamma_2 & \delta_2 \\ \alpha_3 & \beta_3 & \gamma_3 & \delta_3 \\ 0 & 0 & 0 & 1 \end{vmatrix} = \begin{vmatrix} x_0 & y_0 & z_0 & 1 \\ x_1 & y_1 & z_1 & 1 \\ x_2 & y_2 & z_2 & 1 \\ x_3 & y_3 & z_3 & 1 \end{vmatrix}.$$

Die Determinante (1) bleibt also bei jeder Bewegung des Körpers $\mathfrak{K}$ ungeändert.

Nun läßt sich erreichen, daß (x_0', y_0', z_0') mit dem Anfangspunkt zusammenfällt, daß ferner (x_1', y_1', z_1') auf der positiven x-Achse und (x_2', y_2', z_2') in der (x, y)-Ebene auf der positiven Seite der x-Achse liegt. Es läßt sich mit andern Worten bewirken, daß die Gleichungen und Ungleichungen

$$x_0' = y_0' = z_0' = 0,$$
$$x_1' > 0, \quad y_1' = z_1' = 0,$$
$$y_2' > 0, \quad z_2' = 0$$

gelten. Dann wird aber

$$\begin{vmatrix} x_0' & y_0' & z_0' & 1 \\ x_1' & y_1' & z_1' & 1 \\ x_2' & y_2' & z_2' & 1 \\ x_3' & y_3' & z_3' & 1 \end{vmatrix} = \begin{vmatrix} 0 & 0 & 0 & 1 \\ x_1' & 0 & 0 & 1 \\ x_2' & y_2' & 0 & 1 \\ x_3' & y_3' & z_3' & 1 \end{vmatrix} = -x_1' y_2' z_3'.$$

$x_1' y_2'$ ist der doppelte Inhalt des Dreiecks[1] 0′, 1′, 2′ und der Betrag von z_3' die Höhe der Pyramide mit der Basis 0′, 1′, 2′ und der Spitze 3′. Abgesehen vom Vorzeichen ist daher die Determinante (1) der sechsfache Inhalt des Tetraeders mit den Ecken 0, 1, 2, 3.

Die Determinante (1) ist positiv oder negativ, je nachdem z_3' negativ oder positiv ist, je nachdem also der Punkt 3 zu den Punkten 0, 1, 2 anders oder ebenso liegt, wie der Punkt (0, 0, 1) zu den Punkten (0, 0, 0), (1, 0, 0), (0, 1, 0).

Man denke sich einen Beobachter $\mathfrak{B}$ im Punkte 3 und einen Beobachter $\overline{\mathfrak{B}}$ in (0, 0, 1). $\mathfrak{B}$ betrachtet einen Punkt, der von 0 nach 1, von 1 nach 2 und von 2 nach 1 geht.[2] $\overline{\mathfrak{B}}$ fasse einen

[1] Statt (x_r', y_r', z_r') sagen wir kurz r'.

[2] Die Bewegung möge auf dem umbeschriebenen Kreise des Dreiecks vor sich gehen.

Punkt ins Auge, der von (0, 0, 0) nach (1, 0, 0), von dort nach (0, 1, 0) und von dort nach (0, 0, 0) wandert.[1] Umkreisen die Punkte die betreffenden Dreiecke für die beiden Beobachter in entgegengesetztem (in demselben) Sinne, so ist die Determinante (1) der positive (negative) sechsfache Inhalt des Tetraeders 0, 1, 2, 3.

Ist das Tetraeder durch die Gleichungen seiner Seitenebenen gegeben, so kann man verlangen, den Tetraederinhalt durch die Koeffizienten dieser Gleichungen auszudrücken.

Die Gleichungen der Seitenebenen seien

$$a_r x + b_r y + c_r z + d_r = 0 \qquad (r = 0, 1, 2, 3)$$

und die Ebene $a_r x + b_r y + c_r z + d_r = 0$ möge der Ecke (x_r, y_r, z_r) gegenüberliegen.

Bezeichnet man die algebraischen Komplemente von

$$a_r,\ b_r,\ c_r,\ d_r$$

in der Determinante

$$\begin{vmatrix} a_0 & b_0 & c_0 & d_0 \\ a_1 & b_1 & c_1 & d_1 \\ a_2 & b_2 & c_2 & d_2 \\ a_3 & b_3 & c_3 & d_3 \end{vmatrix}$$

mit

$$A_r,\ B_r,\ C_r,\ D_r,$$

so ist

$$x_r = \frac{A_r}{D_r}, \quad y_r = \frac{B_r}{D_r}, \quad z_r = \frac{C_r}{D_r},$$

mithin

$$\begin{vmatrix} x_0 & y_0 & z_0 & 1 \\ x_1 & y_1 & z_1 & 1 \\ x_2 & y_2 & z_2 & 1 \\ x_3 & y_3 & z_3 & 1 \end{vmatrix} = \frac{1}{D_0 D_1 D_2 D_3} \begin{vmatrix} A_0 & B_0 & C_0 & D_0 \\ A_1 & B_1 & C_1 & D_1 \\ A_2 & B_2 & C_2 & D_2 \\ A_3 & B_3 & C_3 & D_3 \end{vmatrix}$$

$$= \frac{\begin{vmatrix} a_0 & b_0 & c_0 & d_0 \\ a_1 & b_1 & c_1 & d_1 \\ a_2 & b_2 & c_2 & d_2 \\ a_3 & b_3 & c_3 & d_3 \end{vmatrix}^3}{\begin{vmatrix} a_1 & b_1 & c_1 \\ a_2 & b_2 & c_2 \\ a_3 & b_3 & c_3 \end{vmatrix} \begin{vmatrix} a_0 & b_0 & c_0 \\ a_2 & b_2 & c_2 \\ a_3 & b_3 & c_3 \end{vmatrix} \begin{vmatrix} a_0 & b_0 & c_0 \\ a_1 & b_1 & c_1 \\ a_3 & b_3 & c_3 \end{vmatrix} \begin{vmatrix} a_0 & b_0 & c_0 \\ a_1 & b_1 & c_1 \\ a_2 & b_2 & c_2 \end{vmatrix}}.$$

[1] Vgl. Anm. 2 S. 345.

§ 142. Produkt zweier Tetraederinhalte.

T sei der Inhalt des Tetraeders

$$(x_0, y_0, z_0),\quad (x_1, y_1, z_1),\quad (x_2, y_2, z_2),\quad (x_3, y_3, z_3)$$

und T' der eines andern Tetraeders

$$(x_0', y_0', z_0'),\quad (x_1', y_1', z_1'),\quad (x_2', y_2', z_2'),\quad (x_3', y_3', z_3').$$

Die Tetraederinhalte sind mit den zugehörigen Vorzeichen versehen.

Multiplizieren wir

$$6\,T = \begin{vmatrix} x_0 & y_0 & z_0 & 1 \\ x_1 & y_1 & z_1 & 1 \\ x_2 & y_2 & z_2 & 1 \\ x_3 & y_3 & z_3 & 1 \end{vmatrix} = \begin{vmatrix} x_0 & y_0 & z_0 & 1 & 0 \\ x_1 & y_1 & z_1 & 1 & 0 \\ x_2 & y_2 & z_2 & 1 & 0 \\ x_3 & y_3 & z_3 & 1 & 0 \\ 0 & 0 & 0 & 0 & 1 \end{vmatrix}$$

mit

$$6\,T' = \begin{vmatrix} x_0' & y_0' & z_0' & 1 \\ x_1' & y_1' & z_1' & 1 \\ x_2' & y_2' & z_2' & 1 \\ x_3' & y_3' & z_3' & 1 \end{vmatrix} = -\begin{vmatrix} x_0' & y_0' & z_0' & 0 & 1 \\ x_1' & y_1' & z_1' & 0 & 1 \\ x_2' & y_2' & z_2' & 0 & 1 \\ x_3' & y_3' & z_3' & 0 & 1 \\ 0 & 0 & 0 & 1 & 0 \end{vmatrix},$$

so ergibt sich

$$-36\,TT' = \begin{vmatrix} x_0x_0' + \ldots, & x_0x_1' + \ldots, & x_0x_2' + \ldots, & x_0x_3' + \ldots, & 1 \\ x_1x_0' + \ldots, & x_1x_1' + \ldots, & x_1x_2' + \ldots, & x_1x_3' + \ldots, & 1 \\ x_2x_0' + \ldots, & x_2x_1' + \ldots, & x_2x_2' + \ldots, & x_2x_3' + \ldots, & 1 \\ x_3x_0' + \ldots, & x_3x_1' + \ldots, & x_3x_2' + \ldots, & x_3x_3' + \ldots, & 1 \\ 1 \quad , & 1 \quad , & 1 \quad , & 1 \quad , & 0 \end{vmatrix}$$

Dabei ist

$$x_r x_s' + \ldots$$

eine Abkürzung für

$$x_r x_s' + y_r y_s' + z_r z_s'.$$

Versteht man unter d_{rs} die Entfernung zwischen den Punkten (x_r, y_r, z_r) und (x_s', y_s', z_s'), so ist

$$\begin{aligned} d_{rs}^2 &= (x_r - x_s')^2 + (y_r - y_s')^2 + (z_r - z_s')^2 \\ &= (x_r^2 + \ldots) + (x_s'^2 + \ldots) - 2(x_r x_s' + \ldots). \end{aligned}$$

$$-\frac{d_{rs}^2}{2} = (x_r x_s' + \ldots) - \tfrac{1}{2}(x_r^2 + \ldots) - \tfrac{1}{2}(x_s'^2 + \ldots).$$

Wir wollen jetzt in der Determinante $-36TT'$ von der $(r+1)^{\text{ten}}$ Zeile (für $r = 0, 1, 2, 3$) die mit $x_r^2 + \ldots$ multiplizierte letzte Zeile abziehen und dann von der $(s+1)^{\text{ten}}$ Spalte (für $s = 0, 1, 2, 3$) die mit $x_s'^2 + \ldots$ multiplizierte letzte Spalte. Dann erhalten wir

$$-36\,TT' = \begin{vmatrix} -\frac{d_{00}^2}{2} & -\frac{d_{01}^2}{2} & -\frac{d_{02}^2}{2} & -\frac{d_{03}^2}{2} & 1 \\ -\frac{d_{10}^2}{2} & -\frac{d_{11}^2}{2} & -\frac{d_{12}^2}{2} & -\frac{d_{13}^2}{2} & 1 \\ -\frac{d_{20}^2}{2} & -\frac{d_{21}^2}{2} & -\frac{d_{22}^2}{2} & -\frac{d_{23}^2}{2} & 1 \\ -\frac{d_{30}^2}{2} & -\frac{d_{31}^2}{2} & -\frac{d_{32}^2}{2} & -\frac{d_{33}^2}{2} & 1 \\ 1 & 1 & 1 & 1 & 0 \end{vmatrix}$$

Multiplizieren wir hier die vier ersten Zeilen mit -2 und dann die letzte Spalte mit $-\frac{1}{2}$, so haben wir die Determinante mit $(-2)^3 = -8$ multipliziert. Demnach ist

$$288\,TT' = \begin{vmatrix} d_{00}^2 & d_{01}^2 & d_{02}^2 & d_{03}^2 & 1 \\ d_{10}^2 & d_{11}^2 & d_{12}^2 & d_{13}^2 & 1 \\ d_{20}^2 & d_{21}^2 & d_{22}^2 & d_{23}^2 & 1 \\ d_{30}^2 & d_{31}^2 & d_{32}^2 & d_{33}^2 & 1 \\ 1 & 1 & 1 & 1 & 0 \end{vmatrix}.$$

Wenn die beiden Tetraeder zusammenfallen, wenn also

$$x_r = x_r', \quad y_r = y_r', \quad z_r = z_r'$$

ist ($r = 0, 1, 2, 3$), so werden

$$d_{00}, \quad d_{11}, \quad d_{22}, \quad d_{33}$$

gleich Null und

$$d_{01} = d_{10} = a_1, \quad d_{23} = d_{32} = b_1,$$
$$d_{02} = d_{20} = a_2, \quad d_{13} = d_{31} = b_2,$$
$$d_{03} = d_{30} = a_3, \quad d_{12} = d_{21} = b_3$$

die sechs Kanten des Tetraeders. Für das Volumen T des Tetraeders ergibt sich die Formel

$$288\,T^2 = \begin{vmatrix} 0 & a_1^2 & a_2^2 & a_3^2 & 1 \\ a_1^2 & 0 & b_3^2 & b_2^2 & 1 \\ a_2^2 & b_3^2 & 0 & b_1^2 & 1 \\ a_3^2 & b_2^2 & b_1^2 & 0 & 1 \\ 1 & 1 & 1 & 1 & 0 \end{vmatrix}.$$

§ 143. Der Radius der einem Tetraeder umbeschriebenen Kugel.

Wir wollen jetzt die Betrachtungen des § 140 auf den Raum übertragen.

$$(x_0, y_0, z_0),\quad (x_1, y_1, z_1),\quad (x_2, y_2, z_2),\quad (x_3, y_3, z_3)$$

seien vier Punkte auf der Kugel

$$x^2 + y^2 + z^2 = r^2.$$

Sie bestimmen ein der Kugel einbeschriebenes Tetraeder, dessen Inhalt (einschließlich des Vorzeichens) T sei.

Dann ist

$$6\,T = \begin{vmatrix} x_0 & y_0 & z_0 & 1 \\ x_1 & y_1 & z_1 & 1 \\ x_2 & y_2 & z_2 & 1 \\ x_3 & y_3 & z_3 & 1 \end{vmatrix} = \frac{1}{r} \begin{vmatrix} x_0 & y_0 & z_0 & r \\ x_1 & y_1 & z_1 & r \\ x_2 & y_2 & z_2 & r \\ x_3 & y_3 & z_3 & r \end{vmatrix},$$

Neben diesem Tetraeder betrachten wir noch ein zweites, das derselben Kugel einbeschrieben ist.

$$(x_0', y_0', z_0'),\quad (x_1', y_1', z_1'),\quad (x_2', y_2', z_2'),\quad (x_3', y_3', z_3')$$

seien die Ecken dieses Tetraeders und T' sein Inhalt. Wir schreiben

$$6\,T' = \begin{vmatrix} x_0' & y_0' & z_0' & 1 \\ x_1' & y_1' & z_1' & 1 \\ x_2' & y_2' & z_2' & 1 \\ x_3' & y_3' & z_3' & 1 \end{vmatrix}$$

in der Form

$$6\,T' = -\frac{1}{r} \begin{vmatrix} -x_0' & -y_0' & -z_0' & r \\ -x_1' & -y_1' & -z_1' & r \\ -x_2' & -y_2' & -z_2' & r \\ -x_3' & -y_3' & -z_3' & r \end{vmatrix}.$$

Dann ergibt sich

$$-36\,r^2\,T\,T' =$$

$$\begin{vmatrix} r^2 - x_0 x_0' - \ldots, & r^2 - x_0 x_1' - \ldots, & r^2 - x_0 x_2' - \ldots, & r^2 - x_0 x_3' - \ldots \\ r^2 - x_1 x_0' - \ldots, & r^2 - x_1 x_1' - \ldots, & r^2 - x_1 x_2' - \ldots, & r^2 - x_1 x_3' - \ldots \\ r^2 - x_2 x_0' - \ldots, & r^2 - x_2 x_1' - \ldots, & r^2 - x_2 x_2' - \ldots, & r^2 - x_2 x_3' - \ldots \\ r^2 - x_3 x_0' - \ldots, & r^2 - x_3 x_1' - \ldots, & r^2 - x_3 x_2' - \ldots, & r^2 - x_3 x_3' - \ldots \end{vmatrix}.$$

Für die Entfernung d_{rs} zwischen (x_r, y_r, z_r) und (x_s', y_s', z_s') gilt die Formel

$$\begin{aligned} d_{rs}^2 &= (x_r - x_s')^2 + (y_r - y_s')^2 + (z_r - z_s')^2 \\ &= 2(r^2 - x_r x_s' - y_r y_s' - z_r z_s'), \end{aligned}$$

so daß

$$r^2 - x_r x_s' - \ldots = \frac{d_{rs}^2}{2}$$

ist.

Hiernach wird

$$36 \cdot 16\, T T' = -\frac{1}{r^2} \begin{vmatrix} d_{00}^2 & d_{01}^2 & d_{02}^2 & d_{03}^2 \\ d_{10}^2 & d_{11}^2 & d_{12}^2 & d_{13}^2 \\ d_{20}^2 & d_{21}^2 & d_{22}^2 & d_{23}^2 \\ d_{30}^2 & d_{31}^2 & d_{32}^2 & d_{33}^2 \end{vmatrix}.$$

Läßt man die beiden Tetraeder zusammenfallen und benutzt für die Kanten dieselben Bezeichnungen wie in § 142, so ergibt sich

$$36 \cdot 16\, T^2 = -\frac{1}{r^2} \begin{vmatrix} 0 & a_1^2 & a_2^2 & a_3^2 \\ a_1^2 & 0 & b_3^2 & b_2^2 \\ a_2^2 & b_3^2 & 0 & b_1^2 \\ a_3^2 & b_2^2 & b_1^2 & 0 \end{vmatrix}.$$

Nun findet man durch Ausrechnen

$$\begin{aligned} \begin{vmatrix} 0 & a_1^2 & a_2^2 & a_3^2 \\ a_1^2 & 0 & b_3^2 & b_2^2 \\ a_2^2 & b_3^2 & 0 & b_1^2 \\ a_3^2 & b_2^2 & b_1^2 & 0 \end{vmatrix} &= a_1^4 b_1^4 + a_2^4 b_2^4 + a_3^4 b_3^4 \\ &\quad - 2a_2^2 b_2^2 a_3^2 b_3^2 - 2a_3^2 b_3^2 a_1^2 b_1^2 - 2a_1^2 b_1^2 a_2^2 b_2^2. \\ &= (a_1^2 b_1^2 + a_2^2 b_2^2 - a_3^2 b_3^2)^2 - 4a_1^2 b_1^2 a_2^2 b_2^2 \\ &= \{(a_1 b_1 + a_2 b_2)^2 - a_3^2 b_3^2\}\{(a_1 b_1 - a_2 b_2)^2 - a_3^2 b_3^2\} \\ &= -(a_1 b_1 + a_2 b_2 + a_3 b_3)(a_2 b_2 + a_3 b_3 - a_1 b_1)(a_3 b_3 + a_1 b_1 - a_2 b_2) \\ &\qquad \times (a_1 b_1 + a_2 b_2 - a_3 b_3). \end{aligned}$$

Setzt man

$$a_1 b_1 + a_2 b_2 + a_3 b_3 = 2q,$$

so wird

$$36\, T^2 = \frac{1}{r^2} q(q - a_1 b_1)(q - a_2 b_2)(q - a_3 b_3),$$

also

$$r^2 = \frac{q(q - a_1 b_1)(q - a_2 b_2)(q - a_3 b_3)}{36\, T^2}.$$

§ 144. Vier Punkte auf einem Kreis.

Die Gleichung eines Kreises lautet in rechtwinkligen Koordinaten

$$(1) \qquad a_0(x^2+y^2)+2a_1 x+2a_2 y+a_3=0.$$

Die a sind Konstanten und a_0, a_1, a_2 nicht alle drei gleich Null.

Die Gerade wollen wir auch als Kreis betrachten (mit unendlich großem Radius). Dann dürfen wir für a_0 auch den Wert Null zulassen.

Wenn nun vier Punkte

$$(x_0, y_0), \quad (x_1, y_1), \quad (x_2, y_2), \quad (x_3, y_3)$$

auf einem Kreise liegen, dessen Gleichung (1) ist, so sind folgende Gleichungen erfüllt:

$$(2) \qquad a_0(x_r^2+y_r^2)+2a_1 x_r+2a_2 y_r+a_3=0. \qquad (r=0,1,2,3)$$

Da die a nicht alle verschwinden, so folgt, daß die Determinante

$$D=\begin{vmatrix} x_0^2+y_0^2, & x_0, & y_0, & 1 \\ x_1^2+y_1^2, & x_1, & y_1, & 1 \\ x_2^2+y_2^2, & x_2, & y_2, & 1 \\ x_3^2+y_3^2, & x_3, & y_3, & 1 \end{vmatrix}$$

gleich Null ist.

Umgekehrt läßt sich, wenn $D=0$ ist, durch die vier Punkte (x_r, y_r) ein Kreis legen.

Läßt sich durch die vier Punkte eine Gerade ziehen, so brauchen wir nichts weiter zu machen, da die Geraden als Kreise gelten.

Liegen z. B. (x_0, y_0), (x_1, y_1), (x_2, y_2) nicht in gerader Linie, so sind in D die drei ersten Zeilen unabhängig und die letzte ist eine lineare Kombination von ihnen. Denn es ist

$$\begin{vmatrix} x_0 & y_0 & 1 \\ x_1 & y_1 & 1 \\ x_2 & y_2 & 1 \end{vmatrix} \neq 0$$

und $D=0$.

Stellt nun (1) den unbeschriebenen Kreis des Dreiecks (x_0, y_0), (x_1, y_1), (x_2, y_2) dar, so liegt auch (x_3, y_3) auf diesem Kreise. Denn die vierte der Gleichungen (2) ist eine Folge der drei ersten.

$D=0$ ist also die notwendige und hinreichende Bedingung dafür, daß die vier Punkte (x_r, y_r) auf einem Kreise liegen.

Wir wollen jetzt D mit

$$-4D = \begin{vmatrix} 1, & -2x_0, & -2y_0, & x_0^2+y_0^2 \\ 1, & -2x_1, & -2y_1, & x_1^2+y_1^2 \\ 1, & -2x_2, & -2y_2, & x_2^2+y_2^2 \\ 1, & -2x_3, & -2y_3, & x_3^2+y_3^2 \end{vmatrix}$$

multiplizieren. Die $(r+1)^{\text{te}}$ Zeile von D liefert mit der $(s+1)^{\text{ten}}$ Zeile von $-4D$ das Produkt

$$x_r^2 + y_r^2 - 2x_r x_s - 2y_r y_s + x_s^2 + y_s^2$$
$$= (x_r - x_s)^2 + (y_r - y_s)^2 = d_{rs}^2.$$

Dabei bedeutet d_{rs} die Entfernung der Punkte (x_r, y_r) und (x_s, y_s).

Wir finden also, wenn wir

$$d_{01} = d_{10} = a_1,$$
$$d_{02} = d_{20} = a_2,$$
$$d_{03} = d_{30} = a_3,$$
$$d_{23} = d_{32} = b_1,$$
$$d_{13} = d_{31} = b_2,$$
$$d_{12} = d_{21} = b_3,$$

setzen,

$$-4D^2 = \begin{vmatrix} 0 & a_1^2 & a_2^2 & a_3^2 \\ a_1^2 & 0 & b_3^2 & b_2^2 \\ a_2^2 & b_3^2 & 0 & b_1^2 \\ a_3^2 & b_2^2 & b_1^2 & 0 \end{vmatrix}$$

oder (vgl. § 143)

$$4D^2 = (a_1 b_1 + a_2 b_2 + a_3 b_3)(a_2 b_2 + a_3 b_3 - a_1 b_1)$$
$$\times (a_3 b_3 + a_1 b_1 - a_2 b_2)(a_1 b_1 + a_2 b_2 - a_3 b_3).$$

Soll nun $D = 0$ sein, so muß wenigstens einer der vier Faktoren, in die wir $4D^2$ zerlegt haben, verschwinden. Wir können aber auch sagen, daß wenigstens einer der drei letzten Faktoren Null sein muß. Wenn nämlich

$$a_1 b_1 + a_2 b_2 + a_3 b_3 = 0$$

ist, so ist

$$a_1 b_1 = a_2 b_2 = a_3 b_3 = 0.$$

Dann sind also überhaupt alle Faktoren gleich Null.

In dem Viereck, das die vier Punkte (x_r, y_r) bestimmen, gibt es drei Paare von Gegenseiten,[1]

$$a_1, b_1; \quad a_2, b_2; \quad a_3, b_3.$$

$a_1 b_1, a_2 b_2, a_3 b_3$ sind die Produkte der Gegenseiten. Von diesen Produkten ist also eins gleich der Summe der beiden andern. Das ist die notwendige und hinreichende Bedingung dafür, daß die vier Punkte auf einem Kreise liegen.

Solange man vier verschiedene Punkte hat, kann nur einer der vier Faktoren von $4D^2$ gleich Null sein. Unter den drei Produkten von Gegenseiten ist also nur eins gleich der Summe der beiden andern.

Dies ist der Satz von Ptolemaeus, den der Leser aus der Elementargeometrie kennt.

Für den Fall, daß die vier Punkte in gerader Linie liegen, ist er identisch mit der sogenannten Eulerschen Identität.

§ 145. Fünf Punkte auf einer Kugel.

Die Gleichung einer Kugel lautet in rechtwinkligen Koordinaten

(1) $$a_0(x^2 + y^2 + z^2) + 2a_1 x + 2a_2 y + 2a_3 z + a_4 = 0.$$

Die a sind Konstanten und a_0, a_1, a_2, a_3 nicht alle Null.

Die Ebene wollen wir hier auch als Kugel ansehen (mit unendlich großem Radius).

Wenn fünf Punkte

$$(x_0, y_0, z_0), \ldots, (x_4, y_4, z_4)$$

auf der Kugel (1) liegen, so gelten die fünf Gleichungen

(2) $$a_0(x_r^2 + y_r^2 + z_r^2) + 2a_1 x_r + 2a_2 y_r + 2a_3 z_r + a_4 = 0.$$

$$(r = 0, 1, 2, 3, 4)$$

Aus ihnen folgt, da a_0, a_1, a_2, a_3 nicht alle Null sind,

$$D = \begin{vmatrix} x_0^2 + y_0^2 + z_0^2, & x_0, & y_0, & z_0, & 1 \\ x_1^2 + y_1^2 + z_1^2, & x_1, & y_1, & z_1, & 1 \\ x_2^2 + y_2^2 + z_2^2, & x_2, & y_2, & z_2, & 1 \\ x_3^2 + y_3^2 + z_3^2, & x_3, & y_3, & z_3, & 1 \\ x_4^2 + y_4^2 + z_4^2, & x_4, & y_4, & z_4, & 1 \end{vmatrix} = 0.$$

Umgekehrt läßt sich, wenn $D = 0$ ist, durch die fünf Punkte (x_r, y_r, z_r) eine Kugel legen.

[1] Ein Viereck hat sechs Seiten. Man kann nämlich auf sechs Arten zwei der vier Punkte geradlinig verbinden.

Befinden sich diese Punkte alle in einer Ebene, so ist sie die gewünschte Kugel.

Liegen z. B. die vier ersten Punkte nicht in einer Ebene, so ist

$$\begin{vmatrix} x_0 & y_0 & z_0 & 1 \\ x_1 & y_1 & z_1 & 1 \\ x_2 & y_2 & z_2 & 1 \\ x_3 & y_3 & z_3 & 1 \end{vmatrix} \neq 0 .$$

Dann läßt sich die letzte Zeile von D als lineare Kombination der vier ersten Zeilen darstellen, und von den Gleichungen (2) ist die letzte eine Folge der vier ersten.

Wenn also (1) die dem Tetraeder

$$(x_0, y_0, z_0), \ldots, (x_3, y_3, z_3)$$

umschriebene Kugel darstellt, so liegt auf dieser Kugel auch der Punkt (x_4, y_4, z_4).

$D = 0$ ist also die notwendige und hinreichende Bedingung dafür, daß die fünf Punkte (x_r, y_r, z_r) auf einer Kugel liegen.

Wir wollen diese Bedingung so umformen, daß in ihr nur die gegenseitigen Entfernungen der fünf Punkte vorkommen.

Zu diesem Zweck bemerken wir, daß

$$8D = \begin{vmatrix} 1, & -2x_0, & -2y_0, & -2z_0, & x_0^2 + y_0^2 + z_0^2 \\ 1, & -2x_1, & -2y_1, & -2z_1, & x_1^2 + y_1^2 + z_1^2 \\ 1, & -2x_2, & -2y_2, & -2z_2, & x_2^2 + y_2^2 + z_2^2 \\ 1, & -2x_3, & -2y_3, & -2z_3, & x_3^2 + y_3^2 + z_3^3 \\ 1, & -2x_4, & -2y_4, & -2z_4, & x_4^2 + y_4^2 + z_4^2 \end{vmatrix}$$

ist.

Die $(r+1)^{\text{te}}$ Zeile der Determinante D liefert mit der $(s+1)^{\text{ten}}$ Zeile der Determinante $8D$ das Produkt

$$\begin{aligned} & x_r^2 + y_r^2 + z_r^2 - 2x_r x_s - 2y_r y_s - 2z_r z_s + (x_s^2 + y_s^2 + z_s^2) \\ & = (x_r - x_s)^2 + (y_r - y_s)^2 + (z_r - z_s)^2 = d_{rs}^2 . \end{aligned}$$

$d_{rs} = d_{sr}$ ist der Abstand der beiden Punkte (x_r, y_r, z_r), (x_s, y_s, z_s).

Es wird hiernach

$$8D^2 = \begin{vmatrix} 0 & d_{01}^2 & d_{02}^2 & d_{03}^2 & d_{04}^2 \\ d_{10}^2 & 0 & d_{12}^2 & d_{13}^2 & d_{14}^2 \\ d_{20}^2 & d_{21}^2 & 0 & d_{23}^2 & d_{24}^2 \\ d_{30}^2 & d_{31}^2 & d_{32}^2 & 0 & d_{34}^2 \\ d_{40}^2 & d_{41}^2 & d_{42}^2 & d_{43}^2 & 0 \end{vmatrix} .$$

Das Verschwinden dieser Determinante ist die notwendige und hinreichende Bedingung dafür, daß die fünf Punkte auf einer Kugel liegen.

§ 146. Lineare Abbildungen.

x, y seien rechtwinklige Punktkoordinaten in der Ebene E und $\mathfrak{x}$, $\mathfrak{y}$ ebensolche Koordinaten in der Ebene $\mathfrak{E}$.

Setzen wir

$$(1) \qquad \begin{cases} \mathfrak{x} = \alpha_1 x + \beta_1 y + \gamma_1, \\ \mathfrak{y} = \alpha_2 x + \beta_2 y + \gamma_2 \end{cases}$$

und unterwerfen die Konstanten α, β, γ der Bedingung

$$(2) \qquad \begin{vmatrix} \alpha_1 & \beta_1 \\ \alpha_2 & \beta_2 \end{vmatrix} \neq 0,$$

so wird durch die Gleichungen (1) eine **Paarung** zwischen den Punkten der Ebene E und den Punkten der Ebene $\mathfrak{E}$ bewirkt.

Jedem Punkt (x, y) wird nämlich durch die Gleichungen (1) ein Punkt $(\mathfrak{x}, \mathfrak{y})$ zugeordnet, und zwar der, dessen Koordinaten gleich $\alpha_1 x + \beta_1 y + \gamma_1$ bzw. $\alpha_2 x + \beta_2 y + \gamma_2$ sind. Umgekehrt gibt es zu jedem Punkt $(\mathfrak{x}, \mathfrak{y})$ einen Punkt (x, y), dem er vermöge der Gleichungen (1) entspricht. Wegen der Bedingung (2) sind bei gegebenen $\mathfrak{x}$, $\mathfrak{y}$ die Gleichungen (1) nach x, y auflösbar.

Man nennt eine solche Paarung zwischen den Punkten zweier Ebenen, wie sie durch die Gleichungen (1) vermittelt wird, eine **lineare Abbildung**.

Die Abbildung (1) bewirkt auch eine Paarung zwischen den **Geraden** der Ebene E und den Geraden der Ebene $\mathfrak{E}$.

Den Punkten $(\mathfrak{x}, \mathfrak{y})$ der Geraden

$$\mathfrak{a}\mathfrak{x} + \mathfrak{b}\mathfrak{y} + \mathfrak{c} = 0 \qquad (\mathfrak{a}, \mathfrak{b} \neq 0, 0)$$

entsprechen die Punkte der Geraden

$$ax + by + c = 0,$$

wobei

$$(3) \qquad \begin{cases} a = \alpha_1 \mathfrak{a} + \alpha_2 \mathfrak{b}, \\ b = \beta_1 \mathfrak{a} + \beta_2 \mathfrak{b}, \\ c = \gamma_1 \mathfrak{a} + \gamma_2 \mathfrak{b} + \mathfrak{c} \end{cases}$$

ist. Offenbar können a und b nicht beide Null sein, da aus

$$\alpha_1 \mathfrak{a} + \alpha_2 \mathfrak{b} = 0,$$
$$\beta_1 \mathfrak{a} + \beta_2 \mathfrak{b} = 0$$

wegen (2)

$$\mathfrak{a} = \mathfrak{b} = 0$$

folgen würde.

Sind a, b, c gegeben, so lassen sich die Gleichungen (3) nach $\mathfrak{a}$, $\mathfrak{b}$, $\mathfrak{c}$ auflösen, da die Determinante

$$\begin{vmatrix} \alpha_1 & \alpha_2 & 0 \\ \beta_1 & \beta_2 & 0 \\ \gamma_1 & \gamma_2 & 1 \end{vmatrix} = \begin{vmatrix} \alpha_1 & \beta_1 \\ \alpha_2 & \beta_2 \end{vmatrix}$$

von Null verschieden ist. Wenn a, b nicht beide verschwinden, so können auch $\mathfrak{a}$, $\mathfrak{b}$ nicht beide Null sein.

Die Abbildung (1) bewirkt also wirklich eine Paarung zwischen den Geraden von E und denen von $\mathfrak{E}$. Sie ist, wie man sagt, eine Kollineation.

Diese Kollineation hat aber noch eine besondere Eigenschaft. Parallelen Geraden entsprechen parallele Geraden.

Zwei Parallelen in der Ebene E lassen sich in der Form

$$ax + by + c = 0, \qquad ax + by + c' = 0$$

schreiben. a und b haben beidemal dieselben Werte. Aus (3) ersieht man, daß dann auch $\mathfrak{a}$ und $\mathfrak{b}$ beidemal dieselben Werte haben. Die entsprechenden Geraden in $\mathfrak{E}$ sind also parallel. Ebenso ergibt sich, daß zu Parallelen in $\mathfrak{E}$ Parallelen in E gehören.

P_1, P_2 seien zwei verschiedene Punkte in E und $\mathfrak{P}_1$, $\mathfrak{P}_2$ die entsprechenden Punkte in $\mathfrak{E}$. Der Punkt P liege auf der Geraden $P_1 P_2$ und teile die Strecke $P_1 P_2$ nach dem Teilverhältnis

$$\frac{P_1 P}{P P_2} = t.$$

Dann teilt der entsprechende Punkt $\mathfrak{P}$ die Strecke $\mathfrak{P}_1 \mathfrak{P}_2$ nach demselben Teilverhältnis, d. h. es ist

$$\frac{\mathfrak{P}_1 \mathfrak{P}}{\mathfrak{P} \mathfrak{P}_2} = t.$$

Die Koordinaten x, y von P drücken sich durch die Koordinaten x_1, y_1 und x_2, y_2 von P_1 und P_2 in folgender Weise aus:

$$x = \frac{x_1 + t x_2}{1 + t}, \qquad y = \frac{y_1 + t y_2}{1 + t}.$$

Hieraus folgt

$$\alpha_r x + \beta_r y + \gamma_r = \frac{\alpha_r x_1 + \beta_r y_1 + \gamma_r + t(\alpha_r x_2 + \beta_r y_2 + \gamma_r)}{1 + t}, \quad (r = 1, 2)$$

d. h.

$$\mathfrak{x} = \frac{\mathfrak{x}_1 + t \mathfrak{x}_2}{1 + t}, \qquad \mathfrak{y} = \frac{\mathfrak{y}_1 + t \mathfrak{y}_2}{1 + t}.$$

Das Teilverhältnis bleibt also bei linearen Abbildungen erhalten, es ist eine Invariante bei diesen Abbildungen.

Die Punkte P, die auf der Geraden $P_1 P_2$ zwischen P_1 und P_2 liegen, sind dadurch charakterisiert, daß für sie

$$\frac{P_1 P}{P P_2} > 0$$

ist. $P_1 P$ und $P P_2$ sind nämlich, wenn P zwischen P_1 und P_2 liegt und auch nur dann, gleich gerichtet. Diesen Punkten entsprechen also Punkte $\mathfrak{P}$ auf der Geraden $\mathfrak{P}_1 \mathfrak{P}_2$, für die

$$\frac{\mathfrak{P}_1 \mathfrak{P}}{\mathfrak{P} \mathfrak{P}_2} > 0$$

ist, die also zwischen $\mathfrak{P}_1$ und $\mathfrak{P}_2$ liegen.

Aus einer Strecke wird also bei einer linearen Abbildung wieder eine Strecke.

Daraus kann man folgern, daß ein Dreieck bei einer solchen Abbildung ein Dreieck gibt. Man denke sich alle Punkte einer Seite mit der gegenüberliegenden Ecke verbunden. Jeder Punkt des Dreiecks gehört einer von diesen Strecken an.

Wenn die Ecken des Dreiecks in E

$$(x_1, y_1), \quad (x_2, y_2), \quad (x_3, y_3)$$

sind und die Ecken des entsprechenden Dreiecks in $\mathfrak{E}$

$$(\mathfrak{x}_1, \mathfrak{y}_1), \quad (\mathfrak{x}_2, \mathfrak{y}_2), \quad (\mathfrak{x}_3, \mathfrak{y}_3),$$

so gelten für die Inhalte (einschließlich Vorzeichen) folgende Formeln:

$$D = \frac{1}{2}\begin{vmatrix} x_1 & y_1 & 1 \\ x_2 & y_2 & 1 \\ x_3 & y_3 & 1 \end{vmatrix}, \qquad \mathfrak{D} = \frac{1}{2}\begin{vmatrix} \mathfrak{x}_1 & \mathfrak{y}_1 & 1 \\ \mathfrak{x}_2 & \mathfrak{y}_2 & 1 \\ \mathfrak{x}_3 & \mathfrak{y}_3 & 1 \end{vmatrix}.$$

Nun ist aber

$$\begin{vmatrix} \mathfrak{x}_1 & \mathfrak{y}_1 & 1 \\ \mathfrak{x}_2 & \mathfrak{y}_2 & 1 \\ \mathfrak{x}_3 & \mathfrak{y}_3 & 1 \end{vmatrix} = \begin{vmatrix} x_1 & y_1 & 1 \\ x_2 & y_2 & 1 \\ x_3 & y_3 & 1 \end{vmatrix} \begin{vmatrix} \alpha_1 & \beta_1 & \gamma_1 \\ \alpha_2 & \beta_2 & \gamma_2 \\ 0 & 0 & 1 \end{vmatrix},$$

mithin

$$\mathfrak{D} = D(\alpha_1 \beta_2 - \alpha_2 \beta_1).$$

Bei einer linearen Abbildung multiplizieren sich alle Dreiecksinhalte mit der Determinante $\alpha_1 \beta_2 - \alpha_2 \beta_1$, der Determinante der Abbildung.

§ 147. Inhalt einer beschränkten Punktmenge in der Ebene.

Eine Punktmenge in der Ebene E nennt man beschränkt, wenn sich ein Dreieck ABC konstruieren läßt, das alle Punkte der Menge enthält.

Sind die Dreiecke

$$A_1 B_1 C_1, \quad A_2 B_2 C_2, \ldots, A_p B_p C_p \tag{1}$$

so beschaffen, daß jeder Punkt der Punktmenge wenigstens in einem von ihnen enthalten ist, so soll (1) ein äußeres Dreiecksystem der Punktmenge heißen.

Wenn die Dreiecke (1) mit ihren sämtlichen Punkten der betrachteten Punktmenge angehören und nicht übereinander greifen,[1] so wollen wir sie als ein inneres Dreiecksystem dieser Punktmenge bezeichnen.

Die Inhaltsumme eines äußeren Dreiecksystems nennen wir eine äußere Dreiecksumme, die Inhaltsumme eines inneren Dreiecksystems eine innere Dreiecksumme der Punktmenge. Dabei ist zu bemerken, daß wir hier alle Dreiecksinhalte positiv rechnen.

Äußere Dreiecksysteme gibt es, wenn eine beschränkte Punktmenge vorliegt, immer. Z. B. ist ABC, das Dreieck, das alle Punkte der Punktmenge enthält, ein äußeres Dreiecksystem. Innere Dreiecksysteme sind stets vorhanden. Nehmen wir z. B. irgend einen Punkt der Punktmenge und lassen mit ihm die drei Ecken eines Dreiecks zusammenfallen, so bildet dieses verschwindende Dreieck ein inneres Dreiecksystem.

Die untere Grenze aller äußeren Dreiecksummen nennt man den äußeren Inhalt, und die obere Grenze aller inneren Dreiecksummen den inneren Inhalt der Punktmenge.

Da eine äußere Dreiecksumme offenbar nie kleiner sein kann als eine innere Dreiecksumme, so ist der äußere Inhalt entweder gleich dem innern Inhalt oder größer als dieser.

Wenn der innere und äußere Inhalt gleich sind, so bezeichnet man ihren gemeinsamen Wert als den Inhalt der Punktmenge und nennt die Punktmenge quadrierbar.

M sei eine beschränkte Punktmenge in der Ebene E und sie liege ganz in dem Dreieck ABC. Wenn wir die in § 146 be-

[1] D. h. je zwei von diesen Dreiecken sollen höchstens Randpunkte gemein haben. Bei den äußeren Dreiecksystemen erlauben wir, daß sie übereinander greifen.

trachtete lineare Abbildung anwenden, so entspricht der Punktmenge M eine Punktmenge $\mathfrak{M}$ und dem Dreieck ABC ein Dreieck $\mathfrak{A}\mathfrak{B}\mathfrak{C}$ in $\mathfrak{E}$. Da $\mathfrak{M}$ in $\mathfrak{A}\mathfrak{B}\mathfrak{C}$ enthalten ist, so ist $\mathfrak{M}$ beschränkt. Eine beschränkte Punktmenge wird also bei einer linearen Abbildung wieder eine beschränkte Punktmenge.

Da einem äußern Dreiecksystem von M ein äußeres Dreiecksystem von $\mathfrak{M}$ entspricht, ebenso einem innern Dreiecksystem von M ein inneres Dreiecksystem von $\mathfrak{M}$, so ist

$$|\alpha_1 \beta_2 - \alpha_2 \beta_1| s \qquad \text{und} \qquad |\alpha_1 \beta_2 - \alpha_2 \beta_1| S$$

eine innere und eine äußere Dreiecksumme von $\mathfrak{M}$, wenn s und S eine innere und eine äußere Dreiecksumme von M bedeuten.

Ist $\bar{s}$ der innere Inhalt von M, also die obere Grenze der Summen s, und $\underline{S}$ der äußere Inhalt von M, also die untere Grenze der Summen S, so wird

$$|\alpha_1 \beta_2 - \alpha_2 \beta_1| \bar{s} \quad \text{der innere Inhalt}$$

und

$$|\alpha_1 \beta_2 - \alpha_2 \beta_1| \underline{S} \quad \text{der äußere Inhalt}$$

von $\mathfrak{M}$ sein.

Bei einer linearen Abbildung multipliziert sich also der innere und auch der äußere Inhalt einer beschränkten Punktmenge mit dem absoluten Betrag der Determinante der Abbildung.

Daraus können wir schließen, daß eine quadrierbare Punktmenge bei einer linearen Abbildung quadrierbar bleibt, und daß sich ihr Inhalt mit dem absoluten Betrag der Determinante multipliziert.

Bei einer linearen Abbildung multiplizieren sich also alle Flächeninhalte mit demselben konstanten Faktor, nämlich mit dem absoluten Betrag der Determinante.

Die Determinante

$$\begin{vmatrix} \alpha_1 & \beta_1 \\ \alpha_2 & \beta_2 \end{vmatrix}$$

läßt sich als die Funktionaldeterminante der beiden Funktionen

$$\alpha_1 x + \beta_1 y + \gamma_1, \quad \alpha_2 x + \beta_2 y + \gamma_2$$

ansehen. Der Betrag dieser Funktionaldeterminante ist nach dem Obigen der Quotient von zwei Flächeninhalten.

Dieses Resultat werden wir im folgenden verallgemeinern.

§ 148. Geometrische Bedeutung der Funktionaldeterminante von $f(x, y)$ und $g(x, y)$.

$f(x, y)$ und $g(x, y)$ mögen in der Umgebung der Stelle (x_0, y_0) stetige erste Ableitungen

$$\frac{\partial f}{\partial x} = f_1(x, y), \quad \frac{\partial f}{\partial y} = f_2(x, y),$$
$$\frac{\partial g}{\partial x} = g_1(x, y), \quad \frac{\partial g}{\partial y} = g_2(x, y)$$

besitzen.[1] Außerdem sei an der genannten Stelle die Funktionaldeterminante

$$D(x, y) = \begin{vmatrix} f_1(x, y) & f_2(x, y) \\ g_1(x, y) & g_2(x, y) \end{vmatrix}$$

von Null verschieden.

Wie wir aus § 126 wissen, läßt sich um (x_0, y_0) als Mittelpunkt parallel zu den Achsen ein Quadrat Q konstruieren, so daß f_1, f_2, g_1, g_2 in Q stetig sind und außerdem

$$(1) \qquad \begin{vmatrix} f_1(x, y) & f_2(x, y) \\ g_1(x', y') & g_2(x', y') \end{vmatrix}$$

von Null verschieden ist, wo auch (x, y) und (x', y') in Q liegen mögen.

Durch die Gleichungen

$$\mathfrak{x} = f(x, y), \quad \mathfrak{y} = g(x, y)$$

wird jedem Punkt von Q ein Punkt $(\mathfrak{x}, \mathfrak{y})$ zugeordnet.[2] Verschiedenen Punkten von Q entsprechen stets verschiedene Punkte $(\mathfrak{x}, \mathfrak{y})$. Den Inbegriff der Punkte $(\mathfrak{x}, \mathfrak{y})$, die wir auf diese Weise erhalten, bezeichnen wir mit $\mathfrak{Q}$.

Wir sahen in § 126, daß jedem innern Punkt von Q ein innerer Punkt von $\mathfrak{Q}$ zugeordnet ist und umgekehrt.

(x_1, y_1) sei ein innerer Punkt von Q und $(\mathfrak{x}_1, \mathfrak{y}_1)$ sein Bildpunkt. Ebenso sei $(x_1 + h, y_1 + k)$ ein innerer Punkt von Q und $(\mathfrak{x}_1 + \mathfrak{h}, \mathfrak{y}_1 + \mathfrak{k})$ sein Bildpunkt. Dann gelten Gleichungen von folgender Gestalt

$$\mathfrak{h} = f_1(x, y)\, h + f_2(x, y)\, k,$$
$$\mathfrak{k} = g_1(x', y')\, h + g_2(x', y')\, k,$$

wobei (x, y), (x', y') Punkte in Q sind.

---

[1] x, y betrachten wir als rechtwinklige Koordinaten in einer Ebene E.

[2] $\mathfrak{x}$, $\mathfrak{y}$ betrachten wir als rechtwinklige Koordinaten in einer Ebene $\mathfrak{E}$.

Hieraus folgt, wenn wir

$$\mathfrak{H} = \quad g_2(x_1, y_1)\,\mathfrak{h} - f_2(x_1, y_1)\,\mathfrak{k},$$
$$\mathfrak{K} = -g_1(x_1, y_1)\,\mathfrak{h} + f_1(x_1, y_1)\,\mathfrak{k}$$

setzen,

$$\mathfrak{H} = \begin{vmatrix} f_1(x, y) & f_2(x_1, y_1) \\ g_1(x', y') & g_2(x_1, y_1) \end{vmatrix} h + \begin{vmatrix} f_2(x, y) & f_2(x_1, y_1) \\ g_2(x', y') & g_2(x_1, y_1) \end{vmatrix} k,$$

$$\mathfrak{K} = \begin{vmatrix} f_1(x_1, y_1) & f_1(x, y) \\ g_1(x_1, y_1) & g_1(x', y') \end{vmatrix} h + \begin{vmatrix} f_1(x_1, y_1) & f_2(x, y) \\ g_1(x_1, y_1) & g_2(x', y') \end{vmatrix} k$$

oder

$$(2) \qquad \begin{cases} \mathfrak{H} = D(x_1, y_1)\,h + \alpha, \\ \mathfrak{K} = D(x_1, y_1)\,k + \beta. \end{cases}$$

Dabei haben α, β folgende Bedeutung:

$$\alpha = \begin{vmatrix} f_1(x, y) - f_1(x_1, y_1), & f_2(x_1, y_1) \\ g_1(x', y') - g_1(x_1, y_1), & g_2(x_1, y_1) \end{vmatrix} h$$
$$+ \begin{vmatrix} f_2(x, y) - f_2(x_1, y_1), & f_2(x_1, y_1) \\ g_2(x', y') - g_2(x_1, y_1), & g_2(x_1, y_1) \end{vmatrix} k = \alpha_1 h + \alpha_2 k,$$

$$\beta = \begin{vmatrix} f_1(x_1, y_1), & f_1(x, y) - f_1(x_1, y_1) \\ g_1(x_1, y_1), & g_1(x', y') - g_1(x_1, y_1) \end{vmatrix} h$$
$$+ \begin{vmatrix} f_1(x_1, y_1), & f_2(x, y) - f_2(x_1, y_1) \\ g_1(x_1, y_1), & g_2(x', y') - g_2(x_1, y_1) \end{vmatrix} k = \beta_1 h + \beta_2 k.$$

Wir wollen jetzt durch Parallelen zu den Achsen das Quadrat Q in n^2 gleiche Quadrate zerlegen und mit σ die Maximalschwankung der Funktionen f_1, f_2, g_1, g_2 in den Teilquadraten bezeichnen.

Wenn wir dann eine von diesen Funktionen in einem der n^2 Teilquadrate betrachten, so differieren die Funktionswerte paarweise höchstens um σ. Aber in wenigstens einem Teilquadrat kommen bei wenigstens einer der betrachteten Funktionen Werte vor, die gerade um σ voneinander abweichen.

Wegen der Stetigkeit von f_1, f_2, g_1, g_2 können wir die Zerlegung so einrichten, daß σ beliebig klein wird.

Es läßt sich ferner eine Zahl M so wählen, daß in dem ganzen Quadrat Q die Ungleichungen

$$|f_1(x, y)| \leqq M, \quad |f_2(x, y)| \leqq M,$$
$$|g_1(x, y)| \leqq M, \quad |g_2(x, y)| \leqq M$$

gelten.

Wenn nun (x_1, y_1) der Mittelpunkt des Teilquadrats T ist und $(x_1 + h, y_1 + k)$ ein anderer Punkt von T, so sind die Determinanten $\alpha_1, \alpha_2, \beta_1, \beta_2$ ihrem Betrage nach höchstens gleich $2M\sigma$. α und β sind also ihrem Betrage nach höchstens gleich $4M\sigma\delta$, wenn wir unter 2δ die Seitenlänge von T verstehen.

Jetzt sei $(x + h, y + k)$ ein Punkt auf dem Rande von T, d. h. es sei

$$|h| = \delta, \quad |k| \leqq \delta$$

oder

$$|h| \leqq \delta, \quad |k| = \delta.$$

Im ersten Falle ist

$$\{|D(x_1, y_1)| - 4M\sigma\}\delta \leqq |\mathfrak{H}| \leqq \{|D(x_1, y_1)| + 4M\sigma\}\delta$$

und

$$|\mathfrak{K}| \leqq \{|D(x_1, y_1)| + 4M\sigma\}\delta,$$

im zweiten Falle

$$|\mathfrak{H}| \leqq \{|D(x_1, y_1)| + 4M\sigma\}\delta$$

und

$$\{|D(x_1, y_1)| - 4M\sigma\}\delta \leqq |\mathfrak{K}| \leqq \{|D(x_1, y_1)| + 4M\sigma\}\delta.$$

Hieraus ersehen wir, daß der Punkt $(\mathfrak{x} + \mathfrak{h}, \mathfrak{y} + \mathfrak{k})$ sicher nicht innerhalb des Parallelogramms liegt, das durch die Ungleichungen

$$(3) \qquad \begin{cases} |\mathfrak{H}| \leqq \{|D(x_1, y_1)| - 4M\sigma\}\delta, \\ |\mathfrak{K}| \leqq \{|D(x_1, y_1)| - 4M\sigma\}\delta \end{cases}$$

definiert wird,[1] und sicher nicht außerhalb des Parallelogramms, das durch die Ungleichungen

$$(4) \qquad \begin{cases} |\mathfrak{H}| \leqq \{|D(x_1, y_1)| + 4M\sigma\}\delta, \\ |\mathfrak{K}| \leqq \{|D(x_1, y_1)| + 4M\sigma\}\delta \end{cases}$$

definiert wird.

Deutet man $\mathfrak{H}, \mathfrak{K}$ als rechtwinklige Koordinaten in einer neuen Ebene, so definieren die Ungleichungen (3) und (4) zwei Quadrate. Anderseits multiplizieren sich bei der linearen Abbildung

$$\begin{aligned} \mathfrak{H} &= \quad g_2(x_1, y_1)\mathfrak{h} - f_2(x_1, y_1)\mathfrak{k}, \\ \mathfrak{K} &= -g_1(x_1, y_1)\mathfrak{h} + f_1(x_1, y_1)\mathfrak{k} \end{aligned}$$

alle Flächeninhalte mit dem absoluten Betrag der Determinante der Transformation, also mit $|D(x_1, y_1)|$.

Daraus können wir schließen, daß der Inhalt des Parallelogramms (3) gleich

[1] D sei der kleinste Wert von $|D(x, y)|$ in Q. Auf Grund der zu Anfang gemachten Voraussetzungen ist $D > 0$. Wählen wir die Zerlegung so, daß $4M\sigma$ kleiner als D ist, dann ist die rechte Seite der Ungleichungen (3) positiv.

$$4\delta^2 \left(|D(x_1, y_1)| - 4M\sigma\right)^2 : |D(x_1, y_1)|$$

ist und der Inhalt des Parallelogramms (4) gleich

$$4\delta^2 \left(|D(x_1, y_1)| + 4M\sigma\right)^2 : |D(x_1, y_1)|.$$

Bezeichnen wir mit $\mathfrak{T}$ die Punktmenge, die bei unserer Abbildung dem Quadrat T entspricht, so läßt sich leicht zeigen, daß alle Punkte des Parallelogramms (3) zu $\mathfrak{T}$ gehören, und daß kein Punkt von $\mathfrak{T}$ außerhalb des Parallelogramms (4) liegt.

Dies ergibt sich aus folgender Bemerkung:

Wenn der Anfangspunkt einer Strecke zu $\mathfrak{T}$ gehört, der Endpunkt der Strecke aber nicht, so gibt es auf der Strecke einen Punkt, der auf dem Rande von $\mathfrak{T}$ liegt.

Um dies zu beweisen, kann man das Bolzanosche Halbierungsverfahren benutzen. Man zerlegt die Strecke in zwei Strecken von gleicher Länge. Eine von diesen beiden beginnt mit einem Punkt, der zu $\mathfrak{T}$ gehört, und endigt mit einem Punkt, der nicht zu $\mathfrak{T}$ gehört. Diese Strecke halbiert man wieder usf. Man gelangt auf diese Weise zu einer Folge von Strecken, wo die $(k+1)^{\text{te}}$ immer eine Hälfte der k^{ten} ist. Es gibt dann einen und nur einen Punkt, der allen Strecken der Folge angehört. Dieser Punkt ist sicher ein Punkt von $\mathfrak{T}$ und kann anderseits kein innerer Punkt von $\mathfrak{T}$ sein.

In dem Parallelogramm (3) gibt es einen Punkt, der zu $\mathfrak{T}$ gehört, nämlich $(\mathfrak{x}_1, \mathfrak{y}_1)$. Wäre nun $(\mathfrak{x}_2, \mathfrak{y}_2)$ ein Punkt von (3), der nicht zu $\mathfrak{T}$ gehört, so müßte es auf der Verbindungsstrecke der Punkte $(\mathfrak{x}_1, \mathfrak{y}_1)$ und $(\mathfrak{x}_2, \mathfrak{y}_2)$ einen Punkt geben, der auf dem Rande von $\mathfrak{T}$ liegt. Dieser Punkt wäre von $(\mathfrak{x}_1, \mathfrak{y}_1)$ und von $(\mathfrak{x}_2, \mathfrak{y}_2)$ verschieden. Denn $(\mathfrak{x}_1, \mathfrak{y}_1)$ ist ein innerer Punkt von $\mathfrak{T}$ und $(\mathfrak{x}_2, \mathfrak{y}_2)$ gehört nicht zu $\mathfrak{T}$. Es müßte also im Innern des Parallelogramms (3) einen Randpunkt von $\mathfrak{T}$ geben. Dies ist aber, wie wir wissen, nicht der Fall.

Daß es außerhalb des Parallelogramms (4) keinen Punkt $(\mathfrak{x}, \mathfrak{y})$ gibt, der zu $\mathfrak{T}$ gehört, ergibt sich daraus, daß die Ungleichungen (4) immer gelten, sobald nur $(x+h,\ y+k)$ ein Punkt von T ist (nicht nur für die Randpunkte von T).

Man denke sich jetzt für jedes der n^2 Teilquadrate T die Parallelogramme (3) und (4) konstruiert. Dann ist jeder Punkt von $\mathfrak{O}$ in einem der Parallelogramme (4) enthalten. Denkt man sich also jedes solche Parallelogramm durch eine Diagonale in zwei Dreiecke zerlegt, so hat man ein äußeres Dreiecksystem der Punktmenge $\mathfrak{O}$ (vgl. § 147).

Anderseits bestehen die Parallelogramme (3) aus lauter Punkten von $\mathfrak{Q}$ und je zwei von ihnen haben keinen inneren Punkt gemein, weil zwei Teilquadrate T keinen inneren Punkt gemein haben und das Parallelogramm (3) ganz aus Punkten von $\mathfrak{T}$ besteht. Denkt man sich also jedes Parallelogramm (3) durch eine Diagonale in zwei Dreiecke zerlegt, so hat man ein inneres Dreiecksystem der Punktmenge $\mathfrak{Q}$.

Wenn wir die Inhalte aller Parallelogramme (3) addieren, so entsteht eine innere Dreiecksumme, wenn wir die Inhalte der Parallelogramme (4) addieren, eine äußere Dreiecksumme von $\mathfrak{Q}$. Die innere Dreiecksumme lautet

$$s = \sum \frac{4\delta^2 \{|D(x_1, y_1)| - 4M\sigma\}^2}{|D(x_1, y_1)|},$$

die äußere

$$S = \sum \frac{4\delta^2 \{|D(x_1, y_1)| + 4M\sigma\}^2}{|D(x_1, y_1)|}.$$

Für die Differenz beider Summen findet man

$$S - s = 16\, M\sigma \sum \frac{4\delta^2 |D(x_1, y_1)|}{|D(x_1, y_1)|} = 16\, M\sigma \cdot 4n^2\delta^2 = 16\, M\sigma q.$$

$4n^2\delta^2 = q$ ist der Inhalt des Quadrats Q. Da wir durch passende Wahl von n die Zahl σ beliebig klein machen können, so läßt sich auch die Differenz $S - s$ beliebig verkleinern.

Eine äußere Dreiecksumme ist nie kleiner als der äußere Inhalt, und eine innere Dreiecksumme nie größer als der innere Inhalt (vgl. § 147). Daher ist die Differenz zwischen dem äußeren und inneren Inhalt kleiner als $S - s$, also kleiner als eine Zahl, die sich beliebig herabdrücken läßt. Daraus folgt, daß der innere und der äußere Inhalt einander gleich.

Bezeichnen wir den Inhalt von $\mathfrak{Q}$ mit $\mathfrak{q}$, so ist

$$s \leqq \mathfrak{q} \leqq S.$$

Lassen wir n unbegrenzt zunehmen, so wird $\lim \sigma = 0$, also

$$\lim (S - s) = 0$$

und daher

$$\lim s = \lim S = \mathfrak{q}.$$

Nun ist offenbar

$$\sum 4\,\delta^2 \,|\, D(x_1, y_1)\,| = \sum \frac{4\delta^2 |D(x_1, y_1)|^2}{|D(x_1, y_1)|}$$

eine Zahl, die zwischen s und S liegt. Infolgedessen ist bei unendlich zunehmendem n auch

$$\lim \sum 4\,\delta^2 \,|\, D(x_1, y_1)\,| = \mathfrak{q}.$$

Die linke Seite dieser Formel ist das über Q erstreckte Integral von $|D(x,y)|$ und wird in der Integralrechnung mit

$$\iint\limits_{Q} |D(x,y)|\, dx\, dy$$

bezeichnet.

Wir sind also zu folgendem Resultat gelangt:

Um den Inhalt $\mathfrak{q}$ der Punktmenge $\mathfrak{Q}$ zu finden, hat man den absoluten Betrag der Funktionaldeterminante $D(x,y)$ über Q zu integrieren.

Nun ist aber nach dem sogenannten Mittelwertsatz für Doppelintegrale

$$\iint\limits_{Q} |D(x,y)|\, dx\, dy = q\, |D(\xi,\eta)|,$$

und (ξ, η) liegt dabei in dem Quadrat Q.

Wir können also schreiben

$$\frac{\mathfrak{q}}{q} = |D(\xi, \eta)|.$$

Lassen wir die Seite des Quadrats Q nach Null konvergieren, so wird

$$\lim \xi = x_0, \quad \lim \eta = y_0$$

und daher

$$\lim \frac{\mathfrak{q}}{q} = |D(x_0, y_0)|.$$

In Worten läßt sich dieses Ergebnis so ausdrücken:

Man konstruiere um (x_0, y_0) als Mittelpunkt parallel zu den Achsen ein Quadrat Q und unterwerfe es der Abbildung

$$\mathfrak{x} = f(x,y), \quad \mathfrak{y} = g(x,y).$$

Dadurch erhält man eine Punktmenge $\mathfrak{Q}$. Dividiert man den Inhalt[1] von $\mathfrak{Q}$ durch den Inhalt von Q und läßt dann Q auf seinen Mittelpunkt zusammenschrumpfen, so konvergiert jener Quotient nach $|D(x_0, y_0)|$.

Vorausgesetzt wird dabei, daß $D(x_0, y_0) \gtrless 0$ ist und daß die abbildenden Funktionen f, g in der Umgebung von (x_0, y_0) stetige erste Ableitungen besitzen.

Man kann den obigen Satz noch etwas verallgemeinern, indem man Q durch eine beliebige quadrierbare Punktmenge P ersetzt, die den Punkt (x_0, y_0) enthält und die man nachher auf (x_0, y_0) zusammenschrumpfen läßt. Der Beweis wird ganz ähnlich geführt.

[1] Dieser Inhalt existiert, wie wir sahen, sobald Q genügend klein ist.

Q sei das kleinste Quadrat, das um den Mittelpunkt (x_0, y_0) parallel zu den Achsen konstruiert ist und die Punktmenge P enthält.[1] Man zerlege wie oben Q in n^2 gleiche Teilquadrate T. Zu jedem Teilquadrat T, das mit allen seinen Punkten zu P gehört, bilde man das zugehörige Parallelogramm (3). Teilt man diese Parallelogramme in Dreiecke, so entsteht ein inneres Dreiecksystem von $\mathfrak{P}$, der Bildmenge von P. Ferner suche man zu jedem Teilquadrat T, das wenigstens einen Punkt von P enthält, das zugehörige Parallelogramm (4) auf. Zerlegt man diese Parallelogramme in Dreiecke, so gewinnt man ein äußeres Dreiecksystem von $\mathfrak{P}$. Es bleibt dann nur noch zu zeigen, daß die Differenz zwischen dem äußeren und dem inneren Dreiecksystem bei unendlich zunehmendem n nach Null konvergiert. Für den Inhalt $\mathfrak{p}$ von $\mathfrak{P}$ ergibt sich zugleich die Formel

$$\mathfrak{p} = \iint_P |D(x,y)|\, dx\, dy = p\, |D(\xi,\eta)|\,.$$

(ξ, η) ist ein Punkt, der sicher in Q liegt.

Wenn nun P auf (x_0, y_0) zusammenschrumpft, so tut Q dasselbe. Es wird also

$$\lim \xi = x_0\,, \quad \lim \eta = y_0$$

und

$$\lim \frac{\mathfrak{p}}{p} = |D(x_0, y_0)|\,.$$

Bei dem hier angedeuteten Beweise muß man folgenden Hilfssatz benutzen, von dessen Richtigkeit man sich sehr leicht überzeugen kann:

Die Summe der Teilquadrate T, die ganz in P liegen, und die Summe der Teilquadrate T, die wenigstens einen Punkt von P enthalten, konvergieren, wenn n unbegrenzt zunimmt, beide nach dem Inhalt der (als quadrierbar vorausgesetzten) Punktmenge P.

§ 149. Flächentreue Abbildungen.

Wir machen über $f(x,y)$ und $g(x,y)$ dieselben Voraussetzungen wie in § 148 und wollen untersuchen, wann die Abbildung

$$\mathfrak{x} = f(x,y)\,, \quad \mathfrak{y} = g(x,y)$$

(in Q) flächentreu ist.

Damit meinen wir folgendes.

[1] Das Folgende gilt, sobald P schon genügend zusammengeschrumpft ist.

Es soll jeder quadrierbaren Punktmenge P in dem Quadrat Q (vgl. § 148) eine Punktmenge $\mathfrak{P}$ **mit demselben Inhalt** entsprechen.

Lassen wir P auf einen Punkt (x, y) im Innern von Q zusammenschrumpfen, so wird

$$\lim \frac{\mathfrak{p}}{p} = |D(x,y)|.$$

Dabei ist p der Inhalt von P und $\mathfrak{p}$ der Inhalt von $\mathfrak{P}$.

Da wir fordern, daß $\mathfrak{p} = p$ sein soll, so folgt

$$|D(x,y)| = 1.$$

Es ist also in Q entweder überall

$$D(x,y) = 1 \quad \text{oder} \quad D(x,y) = -1;$$

denn $D(x,y)$ verschwindet in Q nirgends und kann daher nicht etwa an einer Stelle 1, an einer andern -1 sein.

Wenn umgekehrt in Q überall $D(x, y) = 1$ oder überall $D(x,y) = -1$ ist, so wird

$$\mathfrak{p} = \iint\limits_P |D(x,y)|\,dx\,dy = p.$$

Die Abbildung ist also flächentreu.

§ 150. Übertragung auf den Raum.

Es macht keine Schwierigkeiten, die Betrachtungen des § 147 auf den Raum zu übertragen.

Um den Inhalt einer beschränkten Punktmenge $\mathfrak{P}$ im Raume zu definieren, muß man mit Tetraedern operieren.

Ein System von k Tetraedern, in denen alle Punkte von $\mathfrak{P}$ eingeschlossen sind, heiße ein **äußeres Tetraedersystem** von $\mathfrak{P}$.

Ein System von k Tetraedern, die mit allen ihren Punkten zu $\mathfrak{P}$ gehören und nicht ineinander eindringen[1], heiße ein **inneres Tetraedersystem** von $\mathfrak{P}$.

Die Summe der Volumina eines äußeren Tetraedersystems wollen wir eine **äußere Tetraedersumme**, die Summe der Volumina eines inneren Tetraedersystems eine **innere Tetraedersumme** von $\mathfrak{P}$ nennen. Dabei rechnen wir alle Tetraederinhalte positiv.

Eine innere Tetraedersumme kann, wie man sich leicht überzeugt, nie größer sein als eine äußere Tetraedersumme.

[1] D. h. je zwei Tetraeder sollen keinen inneren Punkt gemein haben.

Die obere Grenze aller inneren Tetraedersummen von $\mathfrak{P}$ bezeichnen wir als den **inneren Inhalt**, die untere Grenze aller äußeren Tetraedersummen als den **äußeren Inhalt** von $\mathfrak{P}$. Der innere Inhalt ist nie größer als der äußere Inhalt. Sind beide gleich, so heißt ihr gemeinsamer Wert der **Inhalt** von $\mathfrak{P}$.

x, y, z seien rechtwinklige Koordinaten in einem Raume R, und $\mathfrak{x}, \mathfrak{y}, \mathfrak{z}$ ebensolche Koordinaten in einem Raume $\mathfrak{R}$. Dann wird durch die Gleichungen

$$\mathfrak{x} = \alpha_1 x + \beta_1 y + \gamma_1 z + \delta_1,$$
$$\mathfrak{y} = \alpha_2 x + \beta_2 y + \gamma_2 z + \delta_2,$$
$$\mathfrak{z} = \alpha_3 x + \beta_3 y + \gamma_3 z + \delta_3,$$

falls die Determinante

$$(1) \qquad \begin{vmatrix} \alpha_1 & \beta_1 & \gamma_1 \\ \alpha_2 & \beta_2 & \gamma_2 \\ \alpha_3 & \beta_3 & \gamma_1 \end{vmatrix}$$

nicht verschwindet, eine **lineare Abbildung** von R auf $\mathfrak{R}$ vermittelt.

Einer beschränkten Punktmenge P in R, die einen Inhalt hat, entspricht bei einer solchen Abbildung eine beschränkte Punktmenge $\mathfrak{P}$ in $\mathfrak{R}$, die ebenfalls einen Inhalt hat, und zwar ergibt sich der Inhalt von $\mathfrak{P}$ aus dem Inhalt von P durch Multiplikation mit dem absoluten Betrag der Abbildungsdeterminante, d. h. der Determinante (1).

$f(x, y, z)$, $g(x, y, z)$, $h(x, y, z)$ mögen in einem Würfel W, der um (x_0, y_0, z_0) als Mittelpunkt parallel zu den Achsen konstruiert ist, stetige erste Ableitungen besitzen. Außerdem sei an der Stelle (x_0, y_0, z_0) die Funktionaldeterminante

$$D(x, y, z) = \begin{vmatrix} \frac{\partial f}{\partial x} & \frac{\partial f}{\partial y} & \frac{\partial f}{\partial z} \\ \frac{\partial g}{\partial x} & \frac{\partial g}{\partial y} & \frac{\partial g}{\partial z} \\ \frac{\partial h}{\partial x} & \frac{\partial h}{\partial y} & \frac{\partial h}{\partial z} \end{vmatrix} = \begin{vmatrix} f_1 & f_2 & f_3 \\ g_1 & g_2 & g_3 \\ h_1 & h_2 & h_3 \end{vmatrix}$$

von Null verschieden. Dann läßt sich der Würfel W so verkleinern, daß die Determinante

$$\begin{vmatrix} f_1(x, y, z) & f_2(x, y, z) & f_3(x, y, z) \\ g_1(x', y', z') & g_2(x', y', z') & g_3(x', y', z') \\ h_1(x'', y'', z'') & h_2(x'', y'', z'') & h_3(x'', y'', z'') \end{vmatrix}$$

von Null verschieden ist, wie auch die Punkte

$$(x, y, z), \quad (x', y', z'), \quad (x'', y'', z'')$$

in W liegen mögen.

Hat man dies erreicht, so werden verschiedenen Punkten von W durch die Gleichungen

$$\mathfrak{x} = f(x, y, z), \quad \mathfrak{y} = g(x, y, z), \quad \mathfrak{z} = h(x, y, z)$$

stets verschiedene Punkte $(\mathfrak{x}, \mathfrak{y}, \mathfrak{z})$ zugeordnet.

Nun sei P eine Punktmenge, die in W enthalten ist und einen Inhalt hat, den wir mit p bezeichnen wollen. Ihr entspricht vermöge unserer Abbildung eine Punktmenge $\mathfrak{P}$, die ebenfalls einen Inhalt hat. Nennen wir ihn $\mathfrak{p}$, so ist

$$\mathfrak{p} = \iiint\limits_P |D(x, y, z)|\, dx\, dy\, dz\,.$$

Der Beweis wird nach dem Muster von § 148 geführt.

Lassen wir P auf einen Punkt (x, y, z) zusammenschrumpfen, der im Innern von W liegt, so wird

$$\lim \frac{\mathfrak{p}}{p} = |D(x, y, z)|\,.$$

Die Abbildung ist volumentreu, wenn

$$|D(x, y, z)| = 1$$

ist.

Siebzehntes Kapitel.

Determinanten von unendlicher Ordnung.

§ 151. Definition und allgemeine Eigenschaften.

Wir betrachten ein doppelt unendliches Schema von folgender Art:

$$(1) \qquad \begin{cases} a_{11} & a_{12} & a_{13} & \cdots \\ a_{21} & a_{22} & a_{23} & \cdots \\ a_{31} & a_{32} & a_{33} & \cdots \\ \cdot & \cdot & \cdot & \cdot \end{cases}$$

Wenn die Determinante

$$A_n = \begin{vmatrix} a_{11} & a_{12} & \cdots & a_{1n} \\ a_{21} & a_{22} & \cdots & a_{2n} \\ \cdot & \cdot & \cdot & \cdot \\ a_{n1} & a_{n2} & \cdots & a_{nn} \end{vmatrix}$$

bei unendlich zunehmendem n einem Grenzwert A zustrebt, so schreiben wir

$$A = \begin{vmatrix} a_{11} & a_{12} & a_{13} & \dots \\ a_{21} & a_{22} & a_{23} & \dots \\ a_{31} & a_{32} & a_{33} & \dots \\ \cdot & \cdot & \cdot & \cdot \end{vmatrix}$$

und nennen A eine Determinante von unendlicher Ordnung oder kurz eine unendliche Determinante. Natürlich braucht $\lim A_n$ nicht zu existieren. Das sieht man an den Beispielen

$$\begin{matrix} 1 & 0 & 0 & \dots \\ 0 & 2 & 0 & \dots \\ 0 & 0 & 3 & \dots \\ \cdot & \cdot & \cdot & \cdot \end{matrix} \quad \text{und} \quad \begin{matrix} -1 & 0 & 0 & \dots \\ 0 & -1 & 0 & \dots \\ 0 & 0 & -1 & \dots \\ \cdot & \cdot & \cdot & \cdot \end{matrix}$$

wo $A_n = n!$ bzw. $A_n = (-1)^n$ ist.

Wir wollen jetzt annehmen, daß A existiert und einige Eigenschaften feststellen, die sie mit den endlichen Determinanten teilt.

1. Die Determinante A ist gleich

$$\begin{vmatrix} a_{11} & a_{21} & a_{31} & \dots \\ a_{12} & a_{22} & a_{32} & \dots \\ a_{13} & a_{23} & a_{33} & \dots \\ \cdot & \cdot & \cdot & \cdot \end{vmatrix},$$

d. h. man darf die Zeilen zu Spalten machen, ohne daß sie ihren Wert ändert.

2. Wenn man in A zwei Zeilen vertauscht, so multipliziert sich A mit -1.

Geht das Schema

$$(2) \qquad \left\{ \begin{matrix} b_{11} & b_{12} & b_{13} & \dots \\ b_{21} & b_{22} & b_{23} & \dots \\ b_{31} & b_{32} & b_{33} & \dots \\ \cdot & \cdot & \cdot & \cdot \end{matrix} \right.$$

aus (1) durch Vertauschung zweier Zeilen hervor, so ist bei genügend großem n

$$B_n = \begin{vmatrix} b_{11} & b_{12} & \dots & b_{1n} \\ b_{21} & b_{22} & \dots & b_{2n} \\ \cdot & \cdot & \cdot & \cdot \\ b_{n1} & b_{n2} & \dots & b_{nn} \end{vmatrix} = - \begin{vmatrix} a_{11} & a_{12} & \dots & a_{1n} \\ a_{21} & a_{22} & \dots & a_{2n} \\ \cdot & \cdot & \cdot & \cdot \\ a_{n1} & a_{n2} & \dots & a_{nn} \end{vmatrix} = -A_n$$

und daher

$$\lim B_n = -A.$$

F o l g e r u n g. Wenn in A zwei Zeilen übereinstimmen, so ist $A = 0$.

3. Multipliziert man in A alle Elemente einer Zeile mit λ, so multipliziert sich A mit λ.

Entsteht (2) aus (1) dadurch, daß man alle Elemente einer Zeile mit dem Faktor λ versieht, so wird bei genügend großem n

$$B_n = \lambda A_n.$$

also

$$\lim B_n = \lambda A,$$

Wenn in dem Schema (1) eine ganze Zeile aus Nullen besteht, so ist bei genügend großem n

$$A_n = 0,$$

mithin auch

$$\lim A_n = A = 0.$$

Eine unendliche Determinante mit einer Zeile Nullen existiert also immer und ist gleich Null.

4. Multipliziert man in A die Glieder der ersten Zeile mit λ_1, die der zweiten mit λ_2, die der dritten mit λ_3 usf., so multipliziert sich A mit dem Faktor

$$\lambda_1 \lambda_2 \lambda_3 \ldots = \lim (\lambda_1 \lambda_2 \ldots \lambda_n),$$

vorausgesetzt, daß dieser Grenzwert existiert.

Nehmen wir an, daß die r^{te} Zeile von (2) aus der r^{ten} Zeile von (1) entsteht, indem man überall den Faktor λ_r hinzufügt, so ergibt sich

$$B_n = \lambda_1 \lambda_2 \ldots \lambda_n A_n,$$

also

$$\lim B_n = A \lim (\lambda_1 \lambda_2 \ldots \lambda_n) = A \lambda_1 \lambda_2 \lambda_3 \ldots$$

5. Addiert man zu den Elementen einer Zeile die mit λ multiplizierten entsprechenden Elemente einer anderen Zeile, so bleibt A ungeändert.

Bei genügend großem n ist nämlich

$$B_n = A_n.$$

Die Sätze 2—5 gelten wegen Satz 1 auch für die Spalten.

H. v. Koch hat eine Klasse von Determinanten unendlicher Ordnung bezeichnet, die existieren.

Um uns bequemer ausdrücken zu können, schreiben wir das Schema (1) in der Form

$$(1') \qquad \begin{cases} 1+c_{11} & c_{12} & c_{13} & \cdots \\ c_{21} & 1+c_{22} & c_{23} & \cdots \\ c_{31} & c_{32} & 1+c_{33} & \cdots \\ \cdot & \cdot & \cdot & \cdot \end{cases}$$

und bezeichnen die Determinante, deren Elemente in den n ersten Zeilen und Spalten von (1′) stehen, mit D_n.
Dann gilt folgendes Theorem:

Wenn die unendliche Reihe

$$(3) \qquad c_{11} + c_{12} + c_{21} + c_{13} + c_{22} + c_{31} + \cdots$$

absolut konvergent ist, so existiert

$$(4) \qquad \begin{vmatrix} 1+c_{11} & c_{12} & c_{13} & \cdots \\ c_{21} & 1+c_{22} & c_{23} & \cdots \\ c_{31} & c_{32} & 1+c_{33} & \cdots \\ \cdot & \cdot & \cdot & \cdot \end{vmatrix} = \lim D_n.$$

H. von Koch nennt solche unendlichen Determinanten Normaldeterminanten.

In der unendlichen Reihe (3) kommen alle c_{rs} vor $(r, s = 1, 2, \ldots)$ und jedes nur einmal. Wir haben sie so aufgeschrieben, daß zuerst die Indizes die Summe 2, dann die Summe 3, dann die Summe 4 haben usf. Es kommt aber auf die Reihenfolge der c nicht an, da wir fordern, daß die Reihe (3) absolut konvergent sein soll.

Um den obigen Satz zu beweisen, betrachten wir das Schema

$$(5) \qquad \begin{cases} c_{11} & c_{12} & c_{13} & \cdots \\ c_{21} & c_{22} & c_{23} & \cdots \\ c_{31} & c_{32} & c_{33} & \cdots \\ \cdot & \cdot & \cdot & \cdot \end{cases}$$

Eine Determinante wie

$$(6) \qquad \begin{vmatrix} c_{k_1 k_1} & c_{k_1 k_2} & \cdots & c_{k_1 k_n} \\ c_{k_2 k_1} & c_{k_2 k_2} & \cdots & c_{k_2 k_n} \\ \cdot & \cdot & \cdot & \cdot \\ c_{k_n k_1} & c_{k_n k_2} & \cdots & c_{k_n k_n} \end{vmatrix} \qquad (k_1 < k_2 < \cdots < k_n)$$

soll ein n-reihiger Hauptminor von (5) heißen.

Die 1 wollen wir als den nullreihigen Hauptminor von (5) betrachten.

Wir werden sehen, daß die sämtlichen Hauptminoren von (5) gerade die Summe $\lim D_n$ haben, so daß also die Determinante (4) gleich der Summe aller Hauptminoren von (5) wird.

Um zu erkennen, daß die Hauptminoren von (5) überhaupt eine Summe haben, betrachte man einen n-reihigen Hauptminor wie (6). Er ist eine Summe von $n!$ Gliedern der Form

$$\pm c_{k_1 \varkappa_1} c_{k_2 \varkappa_2} \ldots c_{k_n \varkappa_n},$$

wobei $\varkappa_1, \varkappa_2, \ldots, \varkappa_n$ eine Permutation von $k_1, k_2, \ldots, k_n$ bedeutet. Der absolute Betrag von (6) ist also nicht größer als

$$(7) \qquad \sum |c_{k_1 \varkappa_1}| |c_{k_2 \varkappa_2}| \ldots |c_{k_n \varkappa_n}|.$$

Die Summation erstreckt sich über alle Permutationen von $k_1, k_2, \ldots, k_n$. Setzt man

$$s_N = \sum |c_{rs}| \qquad (r + s \leqq N)$$

und nimmt N genügend groß an, so kommen in der ausgerechneten n^{ten} Potenz von s_N alle Glieder der Summe (7) vor, und zwar multipliziert mit dem Faktor $n!$, wie man aus dem polynomischen Lehrsatz entnehmen kann.

Die Summe (7) ist also ein Bestandteil von

$$s_N^n : n!$$

Die Summen (7), die zu zwei verschiedenen n-reihigen Hauptminoren gehören, haben offenbar keinen gemeinsamen Summanden.

Nehmen wir daher irgend eine Anzahl von solchen Hauptminoren, so wird die Summe ihrer absoluten Beträge nicht größer als $s_N^n : n!$ sein, falls wir nur N hinreichend groß wählen. Nun ist aber nach Voraussetzung die Reihe

$$|c_{11}| + |c_{12}| + |c_{21}| + \ldots,$$

deren Glieder die sämtlichen $|c_{rs}|$ sind, konvergent. Nennen wir ihre Summe s, so haben wir

$$s_N \leqq s.$$

Die Beträge beliebig vieler n-reihiger Hauptminoren sind daher zusammen nicht größer als $s^n : n!$ Die Beträge aller n-reihigen Hauptminoren von (5) bilden also eine konvergente Reihe, deren Summe nicht größer als $s^n : n!$ sein kann.

Da nun die Reihe

$$1 + \frac{s}{1!} + \frac{s^2}{2!} + \frac{s^3}{3!} + \ldots$$

konvergiert, so ist die Reihe, die man aus allen Hauptminoren von (5) herstellen kann, absolut konvergent.

Diese Reihe der Hauptminoren von (5) lautet aber, wenn wir gewisse Zusammenfassungen unter ihren Gliedern vornehmen, so:

$$(8) \qquad D_0 + (D_1 - D_0) + (D_2 - D_1) + \ldots$$

Nach § 53 ist nämlich

$$D_n = \begin{vmatrix} 1+c_{11} & c_{12} & \dots & c_{1n} \\ c_{21} & 1+c_{22} & \dots & c_{2n} \\ \cdot & \cdot & \cdot & \cdot \\ c_{n1} & c_{n2} & \dots & 1+c_{nn} \end{vmatrix}$$

gleich der Summe aller Hauptminoren der Determinante

$$C_n = \begin{vmatrix} c_{11} & c_{12} & \dots & c_{1n} \\ c_{21} & c_{22} & \dots & c_{2n} \\ \cdot & \cdot & \cdot & \cdot \\ c_{n1} & c_{n2} & \dots & c_{nn} \end{vmatrix},$$

wobei 1 und C_n selbst mitgerechnet werden müssen, 1 als nullreihiger und C_n als n-reihiger Hauptminor.

$D_n - D_{n-1}$ ist also die Summe der Hauptminoren, die in C_n, aber nicht in C_{n-1} vorkommen. Ausführlich geschrieben lautet also die Reihe (8) so:

$$1 + c_{11} + \left(c_{22} + \begin{vmatrix} c_{11} & c_{12} \\ c_{21} & c_{22} \end{vmatrix}\right)$$

$$+ \left(c_{33} + \begin{vmatrix} c_{11} & c_{13} \\ c_{31} & c_{33} \end{vmatrix} + \begin{vmatrix} c_{22} & c_{23} \\ c_{32} & c_{33} \end{vmatrix} + \begin{vmatrix} c_{11} & c_{12} & c_{13} \\ c_{21} & c_{22} & c_{23} \\ c_{31} & c_{32} & c_{33} \end{vmatrix}\right) + \cdots$$

Die Summe der $n+1$ ersten Glieder in (8) ist gerade D_n. Da die Reihe konvergiert, so existiert $\lim D_n$, und wir erkennen zugleich, daß $\lim D_n$ gleich der Summe aller Hauptminoren von (5) ist.

Wenn man überhaupt alle Minoren von (5) betrachtet, nicht nur die Hauptminoren, so bilden auch sie eine absolut konvergente Reihe. Die Beträge irgend einer endlichen Anzahl von n-reihigen Minoren sind nämlich zusammen kleiner als $s^n : n!$, wobei s dieselbe Bedeutung hat wie oben. Daraus und aus der Konvergenz der Reihe $\Sigma(s^n : n!)$ folgt aber, daß die Reihe aller Minoren von (5) absolut konvergent ist.

Ersetzt man in einer Normaldeterminante die Glieder einer Zeile durch Zahlen, deren Beträge unterhalb einer festen Grenze liegen, so hört die Determinante nicht auf zu existieren.

Handelt es sich z. B. um die r^{te} Zeile, so vertausche man zunächst die r^{te} Zeile mit der ersten und zugleich die r^{te} Spalte mit der ersten. Dabei bleibt die Normaldeterminante offenbar eine Normaldeterminante und man hat den obigen Satz für die erste Zeile der neuen Normaldeterminante zu beweisen.

Wir wollen also in der Normaldeterminante

$$\begin{vmatrix} 1+c_{11} & c_{12} & c_{13} & \dots \\ c_{21} & 1+c_{22} & c_{23} & \dots \\ c_{31} & c_{32} & 1+c_{33} & \dots \\ . & . & . & . \end{vmatrix}$$

die erste Zeile durch

$$1+a_1, \; a_2, \; a_3, \; \dots$$

ersetzen und dabei annehmen, daß alle a_n ihrem Betrage nach kleiner als a sind.

Es kommt darauf an zu zeigen, daß die Determinante

$$B_n = \begin{vmatrix} 1+a_1 & a_2 & \dots & a_n \\ c_{21} & 1+c_{22} & \dots & c_{2n} \\ . & . & . & . \\ c_{n1} & c_{n2} & \dots & 1+c_{nn} \end{vmatrix}$$

einem Grenzwert zustrebt. B_n ist aber gleich der Summe aller Hauptminoren von

$$\begin{vmatrix} a_1 & a_2 & \dots & a_n \\ c_{21} & c_{22} & \dots & c_{2n} \\ . & . & . & . \\ c_{n1} & c_{n2} & \dots & c_{nn} \end{vmatrix}.$$

Diese Hauptminoren zerfallen in zwei Klassen:

1. Solche, die zugleich Minoren von

$$\begin{vmatrix} c_{22} & c_{23} & \dots & c_{2n} \\ c_{32} & c_{33} & \dots & c_{3n} \\ . & . & . & . \\ c_{n2} & c_{n3} & \dots & c_{nn} \end{vmatrix}$$

sind. Ihre Summe heiße B_n'.

2. Solche, die das Element a_1 enthalten. Ihre Summe heiße B_n''.

Wir wissen nun aus dem Obigen, daß die Hauptminoren von

$$\begin{matrix} c_{11}, & c_{12}, & c_{13}, & \dots \\ c_{21}, & c_{22}, & c_{23}, & \dots \\ c_{31}, & c_{32}, & c_{33}, & \dots \\ . & . & . & . \end{matrix}$$

eine absolut konvergente Reihe bilden. Daraus folgt, daß $\lim B_n'$ existiert.

Betrachten wir anderseits alle p-reihigen Hauptminoren der zweiten Klasse, so ist leicht zu erkennen, daß die Summe ihrer Beträge kleiner als

$$\frac{a\,s^{p-1}}{(p-1)!}$$

ist, wobei s wie oben die Summe aller $|c_{rs}|$ bedeutet.

Da die Reihe

$$a + \frac{a\,s}{1!} + \frac{a\,s^2}{2!} + \cdots$$

konvergent ist, so folgt, daß $\lim B_n''$ existiert.

Es existiert also auch

$$\lim B_n = \lim B_n' + \lim B_n''.$$

Der oben bewiesene Satz läßt sich noch verallgemeinern. Man darf in einer Normaldeterminante, ohne daß sie zu existieren aufhört, die Elemente von p Zeilen durch Zahlen ersetzen, deren Beträge unterhalb einer endlichen Grenze liegen. Dasselbe gilt für die Spalten.[1]

§ 152. Beispiel einer Normaldeterminante.

Eine Normaldeterminante, die sich berechnen läßt, ist z. B. die folgende:

$$\begin{vmatrix} 1+\frac{1}{1^2\cdot 1^2} & \frac{1}{1^2\cdot 2^2} & \frac{1}{1^2\cdot 3^2} & \cdots \\ \frac{1}{2^2\cdot 1^2} & 1+\frac{1}{2^2\cdot 2^2} & \frac{1}{2^2\cdot 3^2} & \cdots \\ \frac{1}{3^2\cdot 1^2} & \frac{1}{3^2\cdot 2^2} & 1+\frac{1}{3^2\cdot 3^2} & \cdots \\ \cdot & \cdot & \cdot & \cdot \end{vmatrix}.$$

Daß es wirklich eine Normaldeterminante ist, folgt aus der Konvergenz von $\Sigma|c_{rs}|$. Man hat hier nämlich

$$c_{rs} = \frac{1}{r^2\,s^2}$$

und Σc_{rs} entsteht durch Multiplikation der konvergenten Reihe $\Sigma 1/r^2$ mit sich selbst.

Nach § 151 ist die obige Normaldeterminante gleich der Summe aller Hauptminoren von

[1] Die in diesem und den folgenden Paragraphen bewiesenen Sätze finden sich in einer Arbeit von CAZZANIGA (Annali di matematica 1897).

$$\frac{1}{1^2\cdot 1^2},\quad \frac{1}{1^2\cdot 2^2},\quad \frac{1}{1^2\cdot 3^2},\ \ldots,$$
$$\frac{1}{2^2\cdot 1^2},\quad \frac{1}{2^2\cdot 2^2},\quad \frac{1}{2^2\cdot 3^2},\ \ldots,$$
$$\frac{1}{3^2\cdot 1^2},\quad \frac{1}{3^2\cdot 2^2},\quad \frac{1}{3^2\cdot 3^2},\ \ldots,$$
$$\cdot\ \cdot\ \cdot\ \cdot\ \cdot\ \cdot\ \cdot\ \cdot\ \cdot\ \cdot\ \cdot\ \cdot$$

Nun sind aber alle mehr als einreihigen Hauptminoren gleich Null. Also wird die Determinante gleich

$$1+\frac{1}{1^2\cdot 1^2}+\frac{1}{2^2\cdot 2^2}+\ldots=1+\frac{1}{1^4}+\frac{1}{2^4}+\ldots=1+\frac{\pi^4}{90}.$$

§ 153. Die Minoren der Normaldeterminanten.

Wir wollen in der Normaldeterminante

$$(1)\qquad \begin{vmatrix} 1+c_{11} & c_{12} & c_{13} & \ldots \\ c_{21} & 1+c_{22} & c_{23} & \ldots \\ c_{31} & c_{32} & 1+c_{33} & \ldots \\ \cdot & \cdot & \cdot & \cdot \end{vmatrix}$$

p Zeilen und p Spalten streichen. Es läßt sich zeigen, daß dadurch die Existenz der Determinante nicht zerstört wird. Die neue Determinante möge ein p^{ter} Minor oder eine p^{te} Unterdeterminante von (1) heißen.

Sind $r_1, r_2, \ldots, r_p$ die Indizes der unterdrückten Zeilen und $s_1, s_2, \ldots, s_p$ die der unterdrückten Spalten (beide der Größe nach geordnet), so soll der betrachtete Minor kurz mit

$$(2)\qquad \begin{pmatrix} r_1 & r_2 & \ldots & r_p \\ s_1 & s_2 & \ldots & s_p \end{pmatrix}$$

bezeichnet werden.

Ersetzen wir in der r_k^{ten} Zeile von (1) alle Elemente durch Null und nur das Element, das der s_k^{ten} Spalte angehört, durch 1, so entsteht, wenn wir dies für $k=1, 2, \ldots, p$ machen, eine Determinante, die nach § 151 (Schluß) existiert. Sie ist aber nichts anderes als der Minor (2), multipliziert mit $(-1)^{r_1+\cdots+r_p+s_1+\cdots+s_p}$. Damit ist die Existenz dieser Minoren bewiesen. Dies kann aber auch ohne Zuhilfenahme der Schlußbemerkung in § 151 geschehen. Die p^{ten} Minoren einer Normaldeterminante sind, wie man ohne weiteres sieht, wieder Normaldeterminanten. Die Hauptelemente von (1) sind nämlich mit einer endlichen Anzahl von Ausnahmen auch Hauptelemente des Minors (2). Man muß aber, um zu prüfen, ob (2) eine

Normaldeterminante ist, von allen Hauptelementen der Determinante (2) die Einheit abziehen und zusehen, ob die Elemente der neuen Determinante eine absolut konvergente Reihe bilden. Diese Reihe ist, abgesehen von einer endlichen Anzahl von Gliedern, in der Reihe Σc_{rs} enthalten.

Außer den unendlichen Minoren von (1) werden auch endliche Minoren betrachtet, wie z. B. der Minor, dessen Elemente in den Zeilen $r_1, r_2, \ldots, r_p$ und in den Spalten $s_1, s_2, \ldots, s_p$ stehen. Ein solcher Minor heißt ein Minor p^{ter} Ordnung, und man bezeichnet ihn überdies als das Komplement von $\begin{pmatrix} r_1 & r_2 & \ldots & r_p \\ s_1 & s_2 & \ldots & s_p \end{pmatrix}$ und nennt auch $\begin{pmatrix} r_1 & r_2 & \ldots & r_p \\ s_1 & s_2 & \ldots & s_p \end{pmatrix}$ das Komplement jenes Minors p^{ter} Ordnung.

Man muß also unterscheiden zwischen einem p^{ten} Minor und einem Minor p^{ter} Ordnung.

§ 154. Darstellung einer Normaldeterminante als Summe unendlicher Produkte.

$r_1, r_2, r_3, \ldots$ seien die Zahlen $1, 2, 3, \ldots$ in einer andern Anordnung. Wenn die beiden Folgen von einer bestimmten Stelle an übereinstimmen, so soll $r_1, r_2, r_3, \ldots$ eine Permutation von $1, 2, 3, \ldots$ heißen. Man erhält also alle Permutationen von $1, 2, 3, \ldots$, indem man die n ersten Glieder in $1, 2, 3, \ldots$ permutiert und dies für $n = 1, 2, 3, \ldots$ macht. Dabei sind für $n > 1$ die Permutationen auszulassen, bei denen n an der n^{ten} Stelle steht.

Die Permutationen von $1, 2, 3, \ldots$ ergeben sich bei diesem Verfahren in einer bestimmten Reihenfolge:

$$(1) \qquad \left\{ \begin{array}{l} 1,\ 2,\ 3,\ 4,\ 5, \ldots, \\ 2,\ 1,\ 3,\ 4,\ 5, \ldots, \\ 1,\ 3,\ 2,\ 4,\ 5, \ldots, \\ 2,\ 3,\ 1,\ 4,\ 5, \ldots, \\ 3,\ 1,\ 2,\ 4,\ 5, \ldots, \\ 3,\ 2,\ 1,\ 4,\ 5, \ldots, \\ .\ \ .\ \ .\ \ .\ \ .\ \ .\ \ . \end{array} \right.$$

Dabei haben wir die Permutationen von $1, 2, \ldots, n$ lexikographisch geordnet, d. h. zuerst nach dem ersten Element, dann in jeder Gruppe mit demselben ersten Element nach dem zweiten usw.

Bei der obigen Definition ist z. B.

$$2,\ 1,\ 4,\ 3,\ 6,\ 5,\ \ldots$$

keine Permutation. Denn diese Folge stimmt nicht von einer bestimmten Stelle ab mit 1, 2, 3, ... überein.

Jede Permutation von 1, 2, 3, ... entsteht aus 1, 2, 3, ... durch eine endliche Anzahl von Transpositionen, d. h. von Vertauschungen zweier Elemente. Die Anzahl dieser Transpositionen ist entweder immer gerade oder immer ungerade, je nachdem die Permutation eine gerade oder ungerade Anzahl von Derangements aufweist (vgl. § 6). Dementsprechend zerfallen die Permutationen von 1, 2, 3, ... in zwei Klassen, in gerade und ungerade.

Jetzt sei

$$A = \begin{vmatrix} a_{11} & a_{12} & a_{13} & \ldots \\ a_{21} & a_{22} & a_{23} & \ldots \\ a_{31} & a_{32} & a_{33} & \ldots \\ \cdot & \cdot & \cdot & \cdot \end{vmatrix}$$

eine Normaldeterminante (vgl. § 151) und

$$r_1,\ r_2,\ r_3,\ \ldots$$

eine Permutation von 1, 2, 3, ... Dann läßt sich zunächst zeigen, daß das unendliche Produkt

$$a_{1r_1}\ a_{2r_2}\ a_{3r_3}\ \ldots$$

absolut konvergent ist.

Es gibt nämlich einen Index p, so daß für $n > p$

$$r_n = n, \quad \text{also} \quad a_{nr_n} = a_{nn}$$

ist.

Da A eine Normaldeterminante sein soll, so konvergiert, wenn wir

$$a_{rr} = 1 + c_{rr} \quad \text{und} \quad a_{rs} = c_{rs} (r \gtreqless s)$$

setzen, die Reihe c absolut. Dasselbe gilt also von der Reihe $c_{11} + c_{22} + c_{33} + \ldots$ und von dem Produkt

$$(1 + c_{11})(1 + c_{22})(1 + c_{33}) + \ldots,$$ [1]

ebenso von

$$(1 + c_{p+1,\,p+1})(1 + c_{p+2,\,p+2}) \ldots$$

und von

$$a_{1r_1}\ a_{2r_2}\ a_{3r_3}\ \ldots$$

Wir wollen unter

$$\operatorname{sgn}(r_1, r_2, r_3, \ldots)$$

[1] Vgl. meine „Grundzüge der Differential- und Integralrechnung", S. 313.

die positive oder die negative Einheit verstehen, je nachdem $r_1, r_2, r_3, \ldots$ eine gerade oder ungerade Permutation ist, und das mit $\operatorname{sgn}(r_1, r_2, r_3, \ldots)$ multiplizierte Produkt $a_{1r_1}\, a_{2r_2}\, a_{3r_3} \ldots$ mit $\mathfrak{P}(r_1, r_2, r_3, \ldots)$ bezeichnen.

Bilden wir nun alle $\mathfrak{P}(r_1, r_2, r_3, \ldots)$, wie sie den Permutationen (1) entsprechen, so ist ihre Summe gleich der Determinante A. Die $\mathfrak{P}(r_1, r_2, r_3, \ldots)$ bilden nämlich eine absolut konvergente Reihe mit der Summe A.

Um dies zu beweisen greifen wir auf § 151 zurück. Dort sahen wir, daß A die Summe aller endlichen Hauptminoren von

$$(2) \qquad \left\{\begin{matrix} c_{11}, & c_{12}, & c_{13}, & \ldots \\ c_{21}, & c_{22}, & c_{23}, & \ldots \\ c_{31}, & c_{32}, & c_{33}, & \ldots \\ . & . & . & . \end{matrix}\right.$$

ist (die 1 mitgerechnet). Diese Hauptminoren bilden, wie sich zeigte, eine absolut konvergente Reihe, und aus § 151 geht hervor, daß diese Reihe auch dann noch absolut konvergent bleibt, wenn wir jeden Hauptminor in seine Glieder auflösen.

Betrachten wir nun alle $\mathfrak{P}(r_1, r_2, r_3, \ldots)$, bei denen die Folge $r_{p+1}, r_{p+2}, \ldots$ mit $p+1, p+2, \ldots$ identisch ist, so lautet ihre Summe

$$a_{p+1,p+1}\, a_{p+2,p+2} \ldots \sum \operatorname{sgn}(r_1, r_2, \ldots, r_p)\, a_{1r_1}\, a_{2r_2} \ldots a_{pr_p}.$$

Sie ist also gleich

$$A_p\, a_{p+1,p+1}\, a_{p+2,p+2} \ldots,$$

wobei wir

$$A_p = \begin{vmatrix} a_{11} & a_{12} & \ldots & a_{1p} \\ a_{21} & a_{22} & \ldots & a_{2p} \\ . & . & . & . \\ a_{p1} & a_{p2} & \ldots & a_{pp} \end{vmatrix}$$

gesetzt haben.

Da Σc_{rr} absolut konvergent ist, so wird bei unendlich zunehmendem p

$$\lim (a_{p+1,p+1}\, a_{p+2,p+2} \ldots) = 1,$$

also

$$\lim \{A_p\, a_{p+1,p+1}\, a_{p+2,p+2} \ldots\} = \lim A_p = A.$$

Um zu erkennen, daß die $\mathfrak{P}(r_1, r_2, r_3, \ldots)$ eine **absolut** konvergente Reihe bilden, daß sie also in beliebiger Reihenfolge die Summe A geben, bedenke man, daß

$$a_{p+1,p+1}\, a_{p+2,p+2} \ldots$$

seinem Betrage nach nicht größer ist als

$$P = (1 + |c_{11}|)(1 + |c_{22}|)(1 + |c_{33}|) \ldots$$

Die Reihe der endlichen Hauptminoren von (2) bleibt, wie wir wissen, auch dann noch absolut konvergent, wenn jeder solche Minor in seine Glieder aufgelöst wird. Ersetzen wir jedes dieser Glieder durch seinen absoluten Betrag, so entsteht also eine konvergente Reihe, deren Summe wir S nennen wollen. Die oben betrachteten $\mathfrak{P}(r_1, r_2, r_3, \ldots)$, d. h. diejenigen, bei welchen für $n > p$ immer $r_n = n$ ist, haben dann eine Betragsumme, die kleiner als PS ist. Man sieht das sofort, wenn man beachtet, daß

$$\sum |a_{1r_1} a_{2r_2} \ldots a_{pr_p}| < S$$

ist.

Damit haben wir die Formel

$$A = \sum \operatorname{sgn}(r_1, r_2, r_3, \ldots) a_{1r_1} a_{2r_2} a_{3r_3} \ldots$$

bewiesen, die uns zeigt, daß eine Normaldeterminante sich in ähnlicher Weise als Summe von Produkten der Elemente darstellen läßt, wie eine endliche Determinante. Aus Satz 1 in § 151 geht hervor, daß auch

$$A = \sum \operatorname{sgn}(r_1, r_2, r_3, \ldots)\, a_{r_1 1} a_{r_2 2} a_{r_3 3} \ldots$$

ist. Beide Male erstreckt sich die Summation über alle Permutationen von 1, 2, 3, ...

Wenn man in einer Normaldeterminante alle Elemente einer Zeile oder alle Elemente von p Zeilen (oder p Spalten) durch Zahlen ersetzt, deren Beträge unterhalb einer endlichen Grenze liegen, so entsteht, wie wir aus § 151 wissen, eine unendliche Determinante, die existiert.

Es ist nicht schwer, den obigen Beweis auf diese Determinante zu übertragen.

§ 155. Entwickelung einer Normaldeterminante nach den Elementen einer Zeile.

Die in § 154 definierten Glieder $\mathfrak{P}(r_1, r_2, r_3, \ldots)$ einer Normaldeterminante bilden, wie wir sahen, eine absolut konvergente Reihe. Bei einer absolut konvergenten Reihe darf man aber die Glieder beliebig gruppieren und die Glieder jeder Gruppe zu einem einzigen Gliede zusammenfassen, ohne daß die absolute Konvergenz aufhört und die Summe der Reihe sich ändert. Die einzelnen Gruppen dürfen auch unendlich viele Glieder enthalten. Es muß nur dafür gesorgt werden, daß jedes Glied der ursprünglichen Reihe in einer und nur einer Gruppe vorkommt.

Diese Bemerkung wollen wir auf die Reihe

$$A = \sum \mathfrak{P}(r_1, r_2, r_3, \ldots)$$

anwenden, um A nach der k^{ten} Zeile zu entwickeln. Jedes $\mathfrak{P}$ enthält, wie man an dem Ausdruck

$$\mathfrak{P}(r_1, r_2, r_3, \ldots) = \operatorname{sgn}(r_1, r_2, r_3, \ldots)\, a_{1 r_1} a_{2 r_2} a_{3 r_3} \ldots$$

sieht, ein und nur ein Glied aus der k^{ten} Zeile, nämlich $a_{k r_k}$. Wir können also die $\mathfrak{P}$ in der Weise gruppieren, daß wir alle $\mathfrak{P}$, die aus der k^{ten} Zeile dasselbe Glied enthalten, in eine Gruppe werfen. Jedes $\mathfrak{P}$ gehört dabei einer und nur einer Gruppe an. Da wir die Permutation $r_1, r_2, r_3, \ldots$ stets so wählen können, daß $r_k = l$ ist ($l = 1, 2, \ldots$), so gibt es zu jedem Element der k^{ten} Zeile eine Gruppe.

Die Glieder der zu a_{kl} gehörigen Gruppe bilden wegen der absoluten Konvergenz von $\sum \mathfrak{P}(r_1, r_2, r_3, \ldots)$ eine absolut konvergente Reihe. Da die Determinante A eine Normaldeterminante bleibt, wenn man ein einziges Glied modifiziert, also z. B. durch 1 ersetzt, so können wir sicher sein, daß die betrachtete Gruppe von Gliedern auch nach Streichung des Faktors a_{kl} noch eine absolut konvergente Reihe gibt. Die Summe dieser Reihe heiße A_{kl}.

Dann ist

$$A = a_{k1} A_{k1} + a_{k2} A_{k2} + \cdots$$

und die Reihe rechts konvergiert absolut.

Dies ist die Entwickelung von A nach der k^{ten} Zeile. Nach Satz 1 in § 151 gibt es eine ähnliche Entwickelung nach der k^{ten} Spalte.

A_{kl} ist, wie man leicht erkennt, das mit $(-1)^{k+l}$ multiplizierte Komplement von a_{kl} in A. A_{kl} entsteht nämlich aus A, indem man alle Glieder der k^{ten} Zeile außer a_{kl} durch Null und a_{kl} durch 1 ersetzt (vgl. § 151). Wir wollen A_{kl} das algebraische Komplement von a_{kl} nennen.

Um die Normaldeterminante A zu berechnen, hat man also jedes Glied der k^{ten} Zeile mit seinem algebraischen Komplement zu multiplizieren und diese Produkte zu summieren, gerade so wie bei einer endlichen Determinante.

Auch der allgemeine Laplacesche Entwickelungssatz (vgl. § 19) überträgt sich auf Normaldeterminanten.

$k_1, k_2, \ldots, k_p$ seien p bestimmte Zeilenindizes ($k_1 < k_2 < \ldots < k_p$).

Multipliziert man jeden Minor

$$\begin{vmatrix} a_{k_1 l_1} & a_{k_1 l_2} & \dots & a_{k_1 l_p} \\ a_{k_2 l_1} & a_{k_2 l_2} & \dots & a_{k_2 l_p} \\ \cdot & \cdot & \cdot & \cdot \\ a_{k_p l_1} & a_{k_p l_2} & \dots & a_{k_p l_p} \end{vmatrix}, \quad (l_1 < l_2 < \dots < l_p)$$

der sich aus den Zeilen $k_1, k_2, \dots, k_p$ bilden läßt mit seinem algebraischen Komplement, so bilden diese Produkte eine absolut konvergente Reihe mit der Summe A. Das algebraische Komplement des obigen Minors entsteht aus dem Komplement durch Multiplikation mit

$$(-1)^{k_1 + \dots + k_p + l_1 + \dots + l_p}$$

Ersetzt man in der Normaldeterminante A die Elemente der l^{ten} Zeile durch die entsprechenden Elemente der k^{ten} Zeile ($k \gtrless l$), so entsteht eine Normaldeterminante mit zwei übereinstimmenden Zeilen, die nach § 151 gleich Null ist. Entwickelt man sie nach der l^{ten} Zeile, so ergibt sich

$$a_{k1} A_{l1} + a_{k2} A_{l2} + \dots = 0 .$$

Ersetzt man in A die Elemente der l^{ten} Zeile durch beliebige Zahlen $u_1, u_2, u_3, \dots$, deren Beträge unterhalb einer endlichen Grenze liegen, so ergibt sich (vgl. den Schluß von § 154)

$$u_1 A_{l1} + u_2 A_{l2} + \dots$$

Machen wir u_s gleich 0, 1 oder -1, je nachdem A_{ls} gleich Null, größer als Null oder kleiner als Null ist, so wird die obige Reihe

$$|A_{l1}| + |A_{l2}| + \dots$$

und wir können sicher sein, daß sie konvergiert.

§ 156. Lineare Gleichungen mit nicht verschwindender Normaldeterminante.

Wir betrachten ein Gleichungssystem von folgender Art:

$$(1) \quad \begin{cases} a_{11} x_1 + a_{12} x_2 + a_{13} x_3 + \dots = b_1 , \\ a_{21} x_1 + a_{22} x_2 + a_{23} x_3 + \dots = b_2 , \\ a_{31} x_1 + a_{32} x_2 + a_{33} x_3 + \dots = b_3 , \\ \dots \dots \dots \dots \dots \end{cases}$$

Es besteht aus unendlich vielen Gleichungen und bezieht sich auf unendlich viele Unbekannte $x_1, x_2, x_3, \dots$

Wir nehmen an, daß

$$(2) \qquad \begin{vmatrix} a_{11} & a_{12} & a_{13} & \dots \\ a_{21} & a_{22} & a_{23} & \dots \\ a_{31} & a_{32} & a_{33} & \dots \\ . & . & . & . & . & . \end{vmatrix}$$

eine von Null verschiedene Normaldeterminante ist.

Außerdem setzen wir voraus, daß alle b ihrem Betrage nach unter einer endlichen Grenze liegen, oder mit andern Worten, daß $b_1, b_2, b_3, \dots$ eine beschränkte Zahlenfolge ist.

Derselben Bedingung unterwerfen wir die Folge $x_1, x_2, x_3, \dots$ Dann sind die linken Seiten von (1) absolut konvergente Reihen.

Wenn nun die beschränkte Zahlenfolge $x_1, x_2, x_3, \dots$ alle Gleichungen (1) erfüllt und A_{rs} das algebraische Komplement von a_{rs} in (2) bedeutet, so ist nach (1)

$$A_{rs} a_{r1} x_1 + A_{rs} a_{r2} x_2 + A_{rs} a_{r3} x_4 + \dots = b_r A_{rs}.$$

Wir wollen s festhalten und r die Werte 1, 2, 3, ... durchlaufen lassen, und die unendliche Reihe

$$\sum_{r,t} A_{rs} a_{rt} x_t$$

betrachten. Sie ist absolut konvergent. Da die x eine beschränkte Folge bilden, so genügt es, die absolute Konvergenz von

$$\sum_{r,t} A_{rs} a_{rt}$$

zu beweisen. Setzt man aber

$$a_{rr} = 1 + c_{rr}, \qquad a_{rs} = c_{rs} (r \gtrless s),$$

so ist

$$|a_{rr}| < 1 + |c_{rr}|, \qquad |a_{rs}| = |c_{rs}|,$$

und aus der Konvergenz von $\sum\limits_{\mu,\nu} |c_{\mu\nu}|$ folgt, daß

$$\sum_t |a_{rt}|$$

konvergent ist. Außerdem ergibt sich

$$\sum_t |a_{rt}| < 1 + C. \qquad \left(C = \sum_{\mu,\nu} |c_{\mu\nu}|\right)$$

Zieht man jetzt noch in Betracht, daß

$$|A_{1s}| + |A_{2s}| + |A_{3s}| + \dots$$

konvergiert (vgl. § 155), so ist die absolute Konvergenz von $\sum\limits_{rt} A_{rs} a_{rt}$ bewiesen.

Bei einer absolut konvergenten Reihe bleibt, wie wir wissen, die Konvergenz und die Summe erhalten, wenn die Glieder irgendwie gruppiert werden.

Fassen wir in $\sum\limits_{rt} A_{rs} a_{rt} x_t$ alle Glieder zu einer Gruppe zusammen, die demselben Index r entsprechen, so ergibt sich

$$\sum_r \left(\sum_t a_{rt} x_t\right) A_{rs} = \sum b_r A_{rs}.$$

Fassen wir dagegen alle Glieder zu einer Gruppe zusammen, die den Index t gemein haben, so finden wir

$$\sum_t \left(\sum_r A_{rs} a_{rt}\right) x_t.$$

Nun ist aber nach § 155

$$\sum_r A_{rs} a_{rt} = 0 \quad (\text{für } s \gtrless t)$$

und

$$\sum_r A_{rs} a_{rs} = A,$$

wobei A den Wert von (2) bezeichnet.

Wir finden also

$$\sum_t \left(\sum_r A_{rs} a_{rt}\right) x_t = A x_s$$

und wissen jetzt, daß

$$A x_s = \sum_r b_r A_{rs}$$

ist, woraus wegen $A \neq 0$ folgt

$$x_s = \frac{\sum\limits_r b_r A_{rs}}{A}. \qquad (s = 1, 2, 3, \ldots) \tag{3}$$

Das System (1) hat demnach höchstens eine Lösung. Daß es wirklich eine Lösung hat, erkennen wir dadurch, daß wir die Werte (3) in die Gleichungen (1) einsetzen.

Vorher betrachten wir die unendliche Reihe

$$\sum_{r,s} a_{ks} b_r A_{rs}$$

und überzeugen uns, daß sie absolut konvergent ist. Da die b eine beschränkte Folge bilden, so genügt es zu wissen, daß die Reihe $\sum\limits_{r,s} a_{ks} A_{rs}$ absolut konvergiert. Aus § 151 (Schluß) kann man aber ersehen, daß die Summen $\sum\limits_r |A_{rs}|$ $(s = 1, 2, 3, \ldots)$ ihrem Betrage nach unterhalb einer endlichen Grenze liegen. $\sum\limits_r |A_{rs}|$ entsteht ja aus A, indem man jedes Element der r^{ten} Zeile durch $0, 1, -1$ ersetzt, je nachdem A_{rs} gleich 0, größer als Null, kleiner als Null ist. Da $\sum_s |a_{ks}|$ konvergiert, so ist die absolute Konvergenz von $\sum_{r,s} a_{ks} A_{rs}$ bewiesen.

Wir dürfen also in

$$\sum_{r,s} a_{ks} b_r A_{rs}$$

die Glieder beliebig gruppieren, ohne daß die Konvergenz aufhört und die Summe sich ändert. Insbesondere ist

$$\sum_r \left(\sum_s a_{ks} A_{rs}\right) b_r = \sum_s \left(\sum_r b_r A_{rs}\right) a_{ks},$$

mithin

$$\sum_s a_{ks} x_s = \frac{1}{A} \sum_r \left(\sum_s a_{ks} A_{rs}\right) b_r = b_s. \qquad (s = 1, 2, 3, \ldots)$$

Die Folge $x_1, x_2, x_3, \ldots$ erfüllt also die sämtlichen Gleichungen (1). Daß sie beschränkt ist, ergibt sich daraus, daß die Summen $\sum_r |A_{rs}|$ $(s = 1, 2, 3, \ldots)$ unterhalb einer endlichen Grenze liegen.

Der Ausdruck

$$\sum_r b_r A_{rs}$$

entsteht offenbar aus A, indem man die s^{te} Spalte durch $b_1, b_2, b_3, \ldots$ ersetzt (vgl. § 155). Wir wollen diese neue Determinante mit A_s bezeichnen. Dann können wir folgenden Satz aussprechen:

Das System (1) hat eine und nur eine Lösung, die durch

$$x_1 = \frac{A_1}{A}, \qquad x_2 = \frac{A_2}{A}, \qquad x_3 = \frac{A_3}{A}, \ldots$$

dargestellt wird.

Dies ist offenbar das genaue Analogon der Cramerschen Regel (vgl. § 22).

§ 157. Der Multiplikationssatz für Normaldeterminanten.

Wir betrachten zwei Normaldeterminanten

$$A = \begin{vmatrix} a_{11} & a_{12} & a_{13} & \cdots \\ a_{21} & a_{22} & a_{23} & \cdots \\ a_{31} & a_{32} & a_{33} & \cdots \\ \cdot & \cdot & \cdot & \cdot \end{vmatrix}$$

und

$$B = \begin{vmatrix} b_{11} & b_{12} & b_{13} & \cdots \\ b_{21} & b_{22} & b_{23} & \cdots \\ b_{31} & b_{32} & b_{33} & \cdots \\ \cdot & \cdot & \cdot & \cdot\ \cdot\ \cdot \end{vmatrix}$$

und wollen zeigen, daß sich das Produkt beider wieder als Normaldeterminante schreiben läßt.

Da die Reihen

$$a_{r1} + a_{r2} + a_{r3} + \cdots$$

und

$$b_{s1} + b_{s2} + b_{s3} + \cdots$$

absolut konvergieren, so gilt dasselbe von der Reihe

$$a_{r1} b_{s1} + a_{r2} b_{s2} + a_{r3} b_{s3} + \cdots$$

Ihre Summe werde mit p_{rs} bezeichnet.

Zunächst wollen wir beweisen, daß

$$\begin{vmatrix} p_{11} & p_{12} & p_{13} & \cdots \\ p_{21} & p_{22} & p_{23} & \cdots \\ p_{31} & p_{32} & p_{33} & \cdots \\ \cdot & \cdot & \cdot & \cdot\ \cdot\ \cdot \end{vmatrix}$$

eine Normaldeterminante ist, daß also eine Normaldeterminante herauskommt, wenn man zwei Normaldeterminanten so zusammensetzt, wie es bei der Multiplikation endlicher Determinanten geschieht.

Setzen wir

$$a_{rr} = 1 + c_{rr}, \quad b_{rr} = 1 + d_{rr}, \quad p_{rr} = 1 + q_{rr}.$$
$$a_{rs} = c_{rs}, \quad b_{rs} = d_{rs}, \quad p_{rs} = q_{rs}, \qquad (r \gtrless s)$$

so bilden die c und die d absolut konvergente Reihen, und es soll gezeigt werden, daß auch die q dies tun.

Nun ist aber

$$p_{rr} = 1 + q_{rr} = \sum_t a_{rt} b_{rt} = 1 + c_{rr} + d_{rr} + \sum_t c_{rt} d_{rt}$$

und

$$p_{rs} = q_{rs} = \sum_t a_{rt} b_{st} = c_{rs} + d_{sr} + \sum_t c_{rt} d_{st}. \qquad (r \gtrless s)$$

Es gilt also allgemein die Formel

$$q_{\mu\nu} = c_{\mu\nu} + d_{\nu\mu} + \sum_t c_{\mu t} d_{\nu t}.$$

Da die c und die d absolut konvergente Reihen bilden, so ist auch die Reihe der Produkte eines c mit einem d absolut konvergent, also auch

$$\sum_{\mu,\nu,t} c_{\mu t} d_{\nu t}$$

und ebenso die Reihe

$$\sum_{\mu,\nu} q_{\mu\nu}.$$

Jetzt wollen wir noch beweisen, daß

$$P = \begin{vmatrix} p_{11} & p_{12} & p_{13} & \cdots \\ p_{21} & p_{22} & p_{23} & \cdots \\ p_{31} & p_{32} & p_{33} & \cdots \\ \cdot & \cdot & \cdot & \cdot \end{vmatrix} = AB$$

ist.

Wir setzen

$$\bar{p}_{\mu\nu} = \sum_{t=1}^{n} a_{\mu t} b_{\nu t} = p_{\mu\nu} + r_{\mu\nu},$$

ferner

$$A_n = \begin{vmatrix} a_{11} & \cdots & a_{1n} \\ \cdot & \cdot & \cdot \\ a_{n1} & \cdots & a_{nn} \end{vmatrix}, \qquad B_n = \begin{vmatrix} b_{11} & \cdots & b_{1n} \\ \cdot & \cdot & \cdot \\ b_{n1} & \cdots & b_{nn} \end{vmatrix},$$

$$P_n = \begin{vmatrix} p_{11} & \cdots & p_{1n} \\ \cdot & \cdot & \cdot \\ p_{n1} & \cdots & p_{nn} \end{vmatrix}, \qquad \bar{P}_n = \begin{vmatrix} \bar{p}_{11} & \cdots & \bar{p}_{1n} \\ \cdot & \cdot & \cdot \\ \bar{p}_{n1} & \cdots & \bar{p}_{nn} \end{vmatrix}.$$

Dann ist bei unendlich zunehmendem n

$$\lim A_n = A, \qquad \lim B_n = B, \qquad \lim P_n = P.$$

Ferner ist

$$\lim \bar{P}_n = \lim (A_n B_n) = AB.$$

Wenn es also gelingt, zu zeigen, daß

$$\lim \bar{P}_n = \lim P_n$$

wird, so ist die Formel $P = AB$ bewiesen.

Nun hat man aber

$$\bar{P}_n = \begin{vmatrix} p_{11} + r_{11} & \cdots & p_{1n} + r_{1n} \\ \cdot & \cdot & \cdot \\ p_{n1} + r_{n1} & \cdots & p_{nn} + r_{nn} \end{vmatrix}.$$

Diese Determinante zerlegt sich nach Satz 6 des § 14 in 2^n Summanden. Jeder solche Summand entsteht aus $\bar{P}_n$, indem man in gewissen Spalten die p und in den übrigen Spalten die r streicht.

Bezeichnen wir mit R_k einen k-reihigen Minor von

$$\begin{vmatrix} r_{11} & \dots & r_{1n} \\ \cdot & \cdot & \cdot \\ r_{n1} & \dots & r_{nn} \end{vmatrix}$$

und mit S_k den entsprechenden Minor von P_n, ferner mit T_{n-k} dessen algebraisches Komplement, so ist auf Grund jener Zerlegung

$$\bar{P}_n = P_n + \sum R_1 T_{n-1} + \dots + \sum R_{n-1} T_1 + R_n .$$

Hieraus folgt

$$|\bar{P}_n - P_n| < \sum |R_1 T_{n-1}| + \dots + \sum |R_{n-1} T_1| + |R_n| .$$

Setzt man

$$\sum |R_1| = r_n ,$$

so wird

$$\sum |R_2| < \frac{r_n^2}{2!}, \quad \sum |R_3| < \frac{r_n^3}{3!}, \quad \dots, \quad |R_n| < \frac{r_n^n}{n!} .$$

Andrerseits ersehen wir aus § 151, daß die Minoren einer Normaldeterminante eine beschränkte Wertmenge bilden. Da P eine Normaldeterminante ist, so liegen die Beträge ihrer Minoren unterhalb einer Zahl M und es ist also

$$1, \ |T_1|, \ \dots, \ |T_{n-1}| < M,$$

mithin

$$|\bar{P}_n - P_n| < M\left(\frac{r_n}{1!} + \frac{r_n^2}{2!} + \dots\right) = M(e^{r_n} - 1) .$$

Es genügt jetzt zu zeigen, daß

$$\lim r_n = 0$$

ist. Dies ergibt sich leicht, wenn man bedenkt, daß für $\mu, \nu \leqq n$

$$r_{\mu\nu} = \sum_{t=n+1}^{\infty} a_{\mu t} b_{\nu t} = \sum_{t=n+1}^{\infty} c_{\mu t} d_{\nu t}$$

ist, also

$$r_n = \sum_{\mu, \nu}^{1, \dots, n} |r_{\mu\nu}| < \sum_{t=n+1}^{\infty} \sum_{\mu, \nu}^{1, \dots, n} |c_{\mu t}| \, |d_{\nu t}| .$$

Hiernach ist sicher

$$r_n < \sum_{\mu, \nu, t}^{1, \dots, \infty} |c_{\mu t}| \, |d_{\nu t}| - \sum_{\mu, \nu, t}^{1, \dots, n} |c_{\mu t}| \, |d_{\nu t}| .$$

Da aber bei unendlich zunehmendem n

$$\lim \sum_{\mu,\nu,t}^{1,\ldots,n} |c_{\mu t}|\,|d_{\nu t}| = \sum_{\mu,\nu,t}^{1,\ldots,\infty} |c_{\mu t}|\,|d_{\nu t}|$$

wird, so folgt

$$\lim r_n = 0\,.$$

Damit ist bewiesen, daß man Normaldeterminanten genau ebenso multiplizieren kann wie endliche Determinanten.

Vertauscht man vor der Multiplikation bei einem der Faktoren A, B oder auch bei beiden die Zeilen mit den Spalten, so ergeben sich (wie bei endlichen Determinanten) noch drei andre Arten A und B miteinander zu multiplizieren.

§ 158. Multiplikation unendlicher Matrizen mit endlicher Zeilenzahl.

Als eine *m*-zeilige unendliche Matrix wollen wir ein Schema von folgender Art bezeichnen

$$(1)\qquad \left\{\begin{matrix} a_{11} & a_{12} & a_{13} & \cdots \\ a_{21} & a_{22} & a_{23} & \cdots \\ \cdot & \cdot & \cdot & \cdot \\ a_{m1} & a_{m2} & a_{mn} & \cdots \end{matrix}\right.$$

Eine solche Matrix soll eine *m*-zeilige Normalmatrix heißen, wenn ihre Elemente eine absolut konvergente Reihe bilden.

Setzen wir

$$s = \sum |a_{\mu\nu}| \qquad (\mu = 1, 2, \ldots, m;\ \nu = 1, 2, \ldots)$$

und betrachten k verschiedene m-reihige Determinanten von (1), so ist die Summe ihrer Beträge kleiner als $s^m : m!$ Dies gilt für $k = 1, 2, 3, \ldots$, und wir sehen daraus, daß die m-reihigen Determinanten einer m-zeiligen Normalmatrix eine absolut konvergente Reihe bilden.

Wenn

$$(2)\qquad \left\{\begin{matrix} b_{11} & b_{12} & b_{13} & \cdots \\ b_{21} & b_{22} & b_{23} & \cdots \\ \cdot & \cdot & \cdot & \cdot \\ b_{m1} & b_{m2} & b_{m3} & \cdots \end{matrix}\right.$$

ebenso wie (1) eine Normalmatrix ist und man multipliziert jede m-reihige Determinante A von (1) mit der entsprechenden Determinante B von (2), so bilden diese Produkte ebenfalls eine absolut konvergente Reihe.

Es zeigt sich nun, daß

$$(3)\qquad \sum AB = \begin{vmatrix} p_{11} & p_{12} & \cdots & p_{1m} \\ p_{21} & p_{22} & \cdots & p_{2m} \\ \cdot & \cdot & \cdot & \cdot \\ p_{m1} & p_{m2} & \cdots & p_{mm} \end{vmatrix}$$

ist, wobei

$$p_{rs} = a_{r1} b_{s1} + a_{r2} b_{s2} + \dots$$ [1]

sein soll. Dieser Satz ist das Analogon von Satz 26 in § 34. Definiert man

$$\begin{vmatrix} p_{11} & p_{12} & \cdots & p_{1m} \\ p_{21} & p_{22} & \cdots & p_{2m} \\ \cdot & \cdot & \cdot & \cdot \\ p_{m1} & p_{m2} & \cdots & p_{mm} \end{vmatrix}$$

als das Produkt der beiden Matrizen (1) und (2), so ergibt sich dieses Produkt, indem man jede m-reihige Determinante von (1) mit der entsprechenden Determinante von (2) multipliziert und die so erhaltenen Produkte summiert.

Der Beweis liegt auf der Hand. Man setze

$$\bar{p}_{rs} = a_{r1} b_{s1} + \dots + a_{rn} b_{sn}. \qquad (n > m)$$

Dann ist

$$\begin{vmatrix} \bar{p}_{11} & \bar{p}_{12} & \cdots & \bar{p}_{1m} \\ \bar{p}_{21} & \bar{p}_{22} & \cdots & \bar{p}_{2m} \\ \cdot & \cdot & \cdot & \cdot \\ \bar{p}_{m1} & \bar{p}_{m2} & \cdots & \bar{p}_{mm} \end{vmatrix}$$

das Produkt der beiden Matrizen

$$\begin{vmatrix} a_{11} & a_{12} & \cdots & a_{1n} \\ a_{21} & a_{22} & \cdots & a_{2n} \\ \cdot & \cdot & \cdot & \cdot \\ a_{m1} & a_{m2} & \cdots & a_{mn} \end{vmatrix}$$

und

$$\begin{vmatrix} b_{11} & b_{12} & \cdots & b_{1n} \\ b_{21} & b_{22} & \cdots & b_{2n} \\ \cdot & \cdot & \cdot & \cdot \\ b_{m1} & b_{m2} & \cdots & b_{mn} \end{vmatrix}$$

im Sinne von § 31. Dieses Produkt ist aber nach Satz 26 in § 34 eine Partialsumme von $\sum AB$ und man kann durch geeignete

---

[1] Diese Reihe ist absolut konvergent, weil die a und die b absolut konvergente Reihen bilden.

Vergrößerung von n bewirken, daß p beliebige Glieder von ΣAB in jener Partialsumme vorkommen ($p = 1, 2, \ldots$). Da nun ΣAB konvergent ist, so folgt für unendlich zunehmendes n

$$\lim \begin{vmatrix} \bar{p}_{11} & \bar{p}_{12} & \cdots & \bar{p}_{1m} \\ \bar{p}_{21} & \bar{p}_{22} & \cdots & \bar{p}_{2m} \\ \cdot & \cdot & \cdot & \cdot \\ \bar{p}_{m1} & \bar{p}_{m2} & \cdots & \bar{p}_{mm} \end{vmatrix} = \sum AB.$$

Andrerseits hat man aber (vgl. § 15)

$$\lim \begin{vmatrix} \bar{p}_{11} & \bar{p}_{12} & \cdots & \bar{p}_{1m} \\ \bar{p}_{21} & \bar{p}_{21} & \cdots & \bar{p}_{2m} \\ \cdot & \cdot & \cdot & \cdot \\ \bar{p}_{m1} & \bar{p}_{m2} & \cdots & \bar{p}_{mm} \end{vmatrix} = \begin{vmatrix} p_{11} & p_{12} & \cdots & p_{1m} \\ p_{21} & p_{22} & \cdots & p_{2m} \\ \cdot & \cdot & \cdot & \cdot \\ p_{m1} & p_{m2} & \cdots & p_{mm} \end{vmatrix}.$$

Damit ist die Formel (3) bewiesen. Sie gilt übrigens auch dann noch, wenn nur eine der beiden Matrizen eine Normalmatrix ist und die Elemente der andern zwischen endlichen Grenzen liegen.

Wenn man zwei Normaldeterminanten A und B nach Zeilen multipliziert, so ist jeder m-reihige Minor der Produktdeterminante das Produkt von zwei m-zeiligen Normalmatrizen. Die eine besteht aus m Zeilen von A, die andere aus m Zeilen von B. Man erhält den Minor, indem man jede m-reihige Determinante der einen Matrix mit der entsprechenden Determinante der andern Matrix multipliziert und diese Produkte summiert.

§ 159. Die m^{ten} Minoren der Produktdeterminante zweier Normaldeterminanten.

Wenn man zwei Normaldeterminanten A und B nach Zeilen multipliziert, so setzt sich jeder Minor m^{ter} Ordnung der Produktdeterminante bilinear aus den Minoren m^{ter} Ordnung von A und denen von B zusammen, wie wir in § 158 sahen.

Man kann fragen, ob für die m^{ten} Minoren der Produktdeterminante eine ähnliche Eigenschaft besteht.

Betrachten wir in der Determinante $P = AB$ den Minor

$$P\begin{pmatrix} r_1 & r_2 & \cdots & r_m \\ s_1 & s_2 & \cdots & s_m \end{pmatrix}. \quad (r_1 < \cdots < r_m,\ s_1 < \cdots < s_m)$$

Er entsteht durch Unterdrückung der Zeilen mit den Indizes r_1, $r_2, \ldots, r_m$ und der Spalten mit den Indizes $s_1, s_2, \ldots, s_m$.

Streichen wir in A die Zeilen $r_1, r_2, \ldots, r_m$ und die Spalten $t_1, t_2, \ldots, t_m$, in B die Zeilen $s_1, s_2, \ldots, s_m$ und wieder die Spalten $t_1, t_2, \ldots, t_m$, so ergeben sich die Minoren

$$A\begin{pmatrix} r_1 & r_2 & \ldots & r_m \\ t_1 & t_2 & \ldots & t_m \end{pmatrix}, \qquad B\begin{pmatrix} s_1 & s_2 & \ldots & s_m \\ t_1 & t_2 & \ldots & t_m \end{pmatrix}.$$

Wir werden nun beweisen, daß

$$(1) \quad P\begin{pmatrix} r_1 & r_2 & \ldots & r_m \\ s_1 & s_2 & \ldots & s_m \end{pmatrix} = \sum A\begin{pmatrix} r_1 & r_2 & \ldots & r_m \\ t_1 & t_2 & \ldots & t_m \end{pmatrix} B\begin{pmatrix} s_1 & s_2 & \ldots & s_m \\ t_1 & t_2 & \ldots & t_m \end{pmatrix}$$

ist.[1] Dabei erstreckt sich die Summation über alle Kombinationen $t_1, t_2, \ldots, t_m$ der Zahlen 1, 2, 3, ... zur m^{ten} Klasse, und jedesmal ist $t_1 < t_2 < \cdots < t_m$.

Die obige Formel zeigt, daß die m^{ten} Minoren von AB sich bilinear aus den m^{ten} Minoren von A und denen von B zusammensetzen.

Zunächst wollen wir uns überzeugen, daß diejenigen m^{ten} Minoren einer Normaldeterminante, in denen die Zeilen mit den Indizes $r_1, r_2, \ldots, r_m$ fehlen, eine absolut konvergente Reihe bilden. Daraus folgt dann sofort die absolute Konvergenz der Reihe

$$\sum A\begin{pmatrix} r_1 & r_2 & \ldots & r_m \\ t_1 & t_2 & \ldots & t_m \end{pmatrix} B\begin{pmatrix} s_1 & s_2 & \ldots & s_m \\ t_1 & t_2 & \ldots & t_m \end{pmatrix}.$$

Wir sahen in § 154, daß die Normaldeterminante

$$A = \begin{vmatrix} a_{11} & a_{12} & a_{13} & \ldots \\ a_{21} & a_{22} & a_{23} & \ldots \\ a_{31} & a_{32} & a_{33} & \ldots \\ . & . & . & . \end{vmatrix}$$

sich als Summe unendlicher Produkte darstellen läßt, und zwar fanden wir

$$A = \sum \operatorname{sgn}(k_1, k_2, k_3, \ldots)\, a_{1k_1}\, a_{2k_2}\, a_{3k_3} \ldots,$$

wobei sich die Summation über alle Permutationen (vgl. § 154) von 1, 2, 3, ... erstreckte. Diese Reihe unendlicher Produkte ist **absolut konvergent** und sie bleibt es auch (vgl. die Bemerkung am Schluß von § 154), wenn man die Elemente

---

[1] Formel (1) bleibt richtig, wenn man jeden Minor mit dem Vorzeichen versieht, das ihn aus einem Komplement zu einem algebraischen Komplement macht.

$$\begin{matrix} a_{r_1 1}, & a_{r_1 2}, & a_{r_1 3}, & \ldots \\ a_{r_2 1}, & a_{r_2 2}, & a_{r_2 3}, & \ldots \\ \cdot & \cdot & \cdot & \cdot \\ a_{r_m 1}, & a_{r_m 2}, & a_{r_m 3}, & \ldots \end{matrix}$$

durch irgendwelche Zahlen ersetzt, die alle zwischen denselben endlichen Grenzen liegen, wenn man sie also z. B. alle durch 1 ersetzt. Wir wollen nun vor dieser Ersetzung alle Glieder der Reihe, die den Faktor

$$A\begin{pmatrix} r_1 & r_2 & \ldots & r_m \\ t_1 & t_2 & \ldots & t_m \end{pmatrix}$$

gemein haben, zu einer Gruppe vereinigen. Wir erhalten dabei ebenso viele Gruppen, als es Kombinationen $t_1, t_2, \ldots, t_m$ der Zahlen 1, 2, 3, ... zur m^{ten} Klasse gibt.

Machen wir die angegebene Ersetzung, so liefern die Beträge aller Glieder der zu $t_1, t_2, \ldots, t_m$ gehörigen Gruppe gerade die Summe

$$S(t_1, t_2, \ldots, t_m) = m! \left| A\begin{pmatrix} r_1 & r_2 & \ldots & r_m \\ t_1 & t_2 & \ldots & t_m \end{pmatrix} \right|.$$

Da nun

$$\sum | S(t_1, t_2, \ldots, t_m) |$$

eine konvergente Reihe ist, so gilt dasselbe von

$$\sum \left| A\begin{pmatrix} r_1 & r_2 & \ldots & r_m \\ t_1 & t_2 & \ldots & t_m \end{pmatrix} \right|.$$

Jetzt müssen wir noch die Formel (1) beweisen. Wir wollen dies zunächst für den Fall $m = 1$ tun. Dabei können wir $r_1 = s_1 = 1$ annehmen. Wenn $r_1 > 1$ sein sollte, so vertausche man in A die $r_1{}^{\text{te}}$ Zeile mit den vorhergehenden, und, wenn $s_1 > 1$ sein sollte, in B die $s_1{}^{\text{te}}$ Zeile mit den vorhergehenden.[1] Dadurch kommt in der Produktdeterminante $P = AB$ das Element $c_{r_1 s_1}$ in die erste Zeile und erste Spalte.

Was wir zu zeigen haben, ist also folgendes:

$$P_{11} = \sum_t A_{1t} B_{1t}. \tag{2}$$

Dabei ist A_{1t} das algebraische Komplement von a_{1t} in A, und B_{1t} das von b_{1t} in B, ferner P_{11} das von p_{11} in P. Wir können aber ebensogut statt der algebraischen Komplemente überall die Komplemente nehmen.

[1] Bei Vertauschung zweier Zeilen wird aus einer Normaldeteminante wieder eine Normaldeterminante.

Da die Reihe ΣA_{1t} absolut konvergiert, so ist

$$D = \begin{vmatrix} A_{11} & A_{12} & A_{13} & \cdots \\ b_{21} & b_{22} & b_{23} & \cdots \\ b_{31} & b_{32} & b_{33} & \cdots \\ \cdot & \cdot & \cdot & \cdot \end{vmatrix}$$

eine Normaldeterminante wie B. Entwickelt man sie nach der ersten Zeile, so kommt

$$D = \sum A_{1t} B_{1t}.$$

Multipliziert man D mit A, so ergibt sich (vgl. § 157)

$$AD = \begin{vmatrix} a_{11} & a_{12} & a_{13} & \cdots \\ a_{21} & a_{22} & a_{23} & \cdots \\ a_{31} & a_{32} & a_{33} & \cdots \\ \cdot & \cdot & \cdot & \cdot \end{vmatrix} \begin{vmatrix} A_{11} & A_{12} & A_{13} & \cdots \\ b_{21} & b_{22} & b_{23} & \cdots \\ b_{31} & b_{32} & b_{33} & \cdots \\ \cdot & \cdot & \cdot & \cdot \end{vmatrix}$$

$$= \begin{vmatrix} A & p_{12} & p_{13} & \cdots \\ 0 & p_{22} & p_{23} & \cdots \\ 0 & p_{32} & p_{33} & \cdots \\ \cdot & \cdot & \cdot & \cdot \end{vmatrix} = A P_{11}.$$

Im Falle $A \neq 0$ folgt hieraus

$$D = P_{11},$$

also gerade die Formel (2).

Um den Fall $A = 0$ zu erledigen, wenden wir eine Stetigkeitsbetrachtung an.

Zunächst beweisen wir folgenden Hilfssatz:

In einer verschwindenden Normaldeterminante A gibt es immer einen k^{ten} Minor ($p = 1, 2, 3, \ldots$), der von Null vorschieden ist.

Wenn wir in A den Hauptminor

$$M = \begin{vmatrix} 1 + c_{k+1,k+1} & \cdots & c_{k+1,k+l} \\ \cdot & \cdot & \cdot \\ c_{k+l,k+1} & \cdots & 1 + c_{k+l,k+l} \end{vmatrix},$$

betrachten, so ist er seinem Betrage nach größer als $1 - S_k$, wenn wir unter S_k die Summe der Beträge aller Hauptminoren von

$$\begin{matrix} c_{k+1,k+1}, & c_{k+1,k+2}, & c_{k+1,k+3}, & \cdots \\ c_{k+2,k+1}, & c_{k+2,k+2}, & c_{k+2,k+3}, & \cdots \\ c_{k+3,k+1}, & c_{k+3,k+2}, & c_{k+3,k+3}, & \cdots \\ \cdot & \cdot & \cdot & \cdot \end{matrix}$$

verstehen. Da die Hauptminoren von

$$\begin{matrix} c_{11}, & c_{12}, & c_{13}, & \dots \\ c_{21}, & c_{22}, & c_{23}, & \dots \\ c_{31}, & c_{32}, & c_{33}, & \dots \\ . & . & . & . \end{matrix}$$

eine absolut konvergente Reihe bilden, so ist

$$\lim S_k = 0\,,$$

k läßt sich also in der Weise wählen, daß $S_k < \frac{1}{2}$ wird. Dann ist aber für $l = 1, 2, \dots$

$$|M| > \tfrac{1}{2}.$$

Läßt man l unbegrenzt zunehmen, so ergibt sich

$$\left|A\begin{pmatrix} 1 & 2 & \dots & k \\ 1 & 2 & \dots & k \end{pmatrix}\right| \geqq \tfrac{1}{2}.$$

Damit ist der Hilfssatz bewiesen.

Nachdem wir in der verschwindenden Normaldeterminante k so gewählt haben, daß $A\begin{pmatrix} 1 & 2 & \dots & k \\ 1 & 2 & \dots & k \end{pmatrix}$ ungleich Null ist, wollen wir aus ihr dadurch eine neue Normaldeterminante A' ableiten, daß wir $a_{11}, a_{22}, \dots, a_{kk}$ bezüglich durch $a_{11} + \varepsilon$, $a_{22} + \varepsilon, \dots, a_{kk} + \varepsilon$ ersetzen. Entwickelt man A' nach den k ersten Zeilen (vgl. das Analogon des LAPLACEschen Satzes in § 155) und ordnet nach Potenzen von ε, so findet man

$$A' = \varepsilon^k A\begin{pmatrix} 1 & 2 & \dots & k \\ 1 & 2 & \dots & k \end{pmatrix} + \dots$$

Die Punkte deuten niedrigere Potenzen von ε an.

Da $A' = 0$, als Gleichung für ε betrachtet, vom k^{ten} Grade ist, gibt es höchstens k reelle Wurzeln. Ist ε_0 die kleinste positive Wurzel, so wird für $0 < \varepsilon < \varepsilon_0$ immer $A' \neq 0$ sein. Ist keine positive Wurzel vorhanden, so können wir für ε_0 jede positive Zahl setzen.

Nun gilt für die beiden Determinanten A' $(0 < \varepsilon < \varepsilon_0)$ und B die Formel

(3) $$P'_{11} = \sum A'_{1\iota} B_{1\iota}$$

oder, ausführlich geschrieben,

(3)' $$\begin{vmatrix} p_{22} + \varepsilon b_{22}, & p_{23} + \varepsilon b_{32}, & \dots \\ . & . & . \\ p_{k2} + \varepsilon b_{2k}, & p_{k3} + \varepsilon b_{3k}, & \dots \\ p_{k+1,2}\;, & p_{k+1,3}\;, & \dots \\ . & . & . \end{vmatrix} = \begin{vmatrix} B_{11} & B_{12} & \dots & B_{1k} & \dots \\ a_{21} & a_{22} + \varepsilon & \dots & a_{2k} & \dots \\ . & . & . & . & . \\ a_{k1} & a_{k2} & \dots & a_{kk} + \varepsilon & \dots \\ . & . & . & . & . \end{vmatrix}$$

In der ersten Determinante sind die Zeilen $1, 2, \ldots, k-1$, in der zweiten die Zeilen $2, 3, \ldots, k$ Binome von der Form $\lambda + \mu\varepsilon$, und sowohl die ersten als auch die zweiten Bestandteile der Binome bilden absolut konvergente Reihen.

Jede der beiden Determinanten zerlegt sich also in 2^{k-1} Summanden, deren jeder dadurch entsteht, daß man bei gewissen Zeilen die ersten, bei gewissen die zweiten Bestandteile streicht.[1] Dadurch nehmen beide Seiten von (3') die Form von Polynomen in ε an.

Läßt man ε nach Null konvergieren, so ergibt sich die Formel (2).

Um die allgemeine Formel (1) zu beweisen, brauchen wir einen Hilfssatz über die Determinanten von der Form

$$\begin{vmatrix} A_{r_1 t_1} & A_{r_1 t_2} & \ldots & A_{r_1 t_m} \\ A_{r_2 t_1} & A_{r_2 t_2} & \ldots & A_{r_2 t_m} \\ \cdot & \cdot & \cdot & \cdot \\ A_{r_m t_1} & A_{r_m t_2} & \ldots & A_{r_m t_m} \end{vmatrix}.$$

Dieser Hilfssatz besagt, daß die obige Determinante gleich A^{p-1} ist multipliziert mit dem algebraischen Komplement von

$$\begin{vmatrix} a_{r_1 t_1} & a_{r_1 t_2} & \ldots & a_{r_1 t_m} \\ a_{r_2 t_1} & a_{r_2 t_2} & \ldots & a_{r_2 t_m} \\ \cdot & \cdot & \cdot & \cdot \\ a_{r_m t_1} & a_{r_m t_2} & \ldots & a_{r_m t_m} \end{vmatrix}$$

in A, also mit

$$(-1)^{r_1 + \ldots + r_m + t_1 + \ldots + t_m} A\begin{pmatrix} r_1 & r_2 & \ldots & r_m \\ t_1 & t_2 & \ldots & t_m \end{pmatrix}.$$

Der Beweis des Hilfssatzes gestaltet sich besonders einfach, wenn $A \neq 0$ ist. Man ersetze in A die Zeilen $r_1, r_2, \ldots r_m$ durch

$$\begin{matrix} A_{r_1 1} & A_{r_1 2} & A_{r_1 3} & \ldots \\ A_{r_2 1} & A_{r_2 2} & A_{r_2 3} & \ldots \\ \cdot & \cdot & \cdot & \cdot \\ A_{r_m 1} & A_{r_m 2} & A_{r_m 3} & \ldots, \end{matrix}$$

ferner die Elemente von $A\begin{pmatrix} r_1 & r_2 \ldots r_m \\ t_1 & t_2 \ldots t_m \end{pmatrix}$, soweit sie nicht Hauptelemente dieser Minors sind, durch 0, die Hauptelemente von $A\begin{pmatrix} r_1 & r_2 \ldots r_m \\ t_1 & t_2 \ldots t_m \end{pmatrix}$ aber durch 1. Die so aus A hergeleitete Determinante ist eine Normaldeterminante und hat den Wert

[1] Dieser Zerlegungssatz folgt unmittelbar aus der Entwickelung nach den Elementen einer Zeile (vgl. § 155).

$$\begin{vmatrix} A_{r_1 t_1} & A_{r_1 t_2} & \dots & A_{r_1 t_m} \\ A_{r_2 t_1} & A_{r_2 t_2} & \dots & A_{r_2 t_m} \\ \cdot & \cdot & \cdot & \cdot \\ A_{r_m t_1} & A_{r_m t_2} & \dots & A_{r_m t_m} \end{vmatrix}$$

multipliziert mit

$$(-1)^\varrho = (-1)^{r_1 + \dots + r_m + t_1 + \dots + t_m}.$$

Multipliziert man sie mit A, so entsteht eine Normaldeterminante, die gleich $A^p A\begin{pmatrix} r_1 & r_2 & \dots & r_m \\ t_1 & t_2 & \dots & t_m \end{pmatrix}$ wird. Daraus folgt, da $A \neq 0$ ist,

$$(4) \qquad \begin{vmatrix} A_{r_1 t_1} & A_{r_1 t_2} & \dots & A_{r_1 t_m} \\ A_{r_2 t_1} & A_{r_2 t_2} & \dots & A_{r_2 t_m} \\ \cdot & \cdot & \cdot & \cdot \\ A_{r_m t_1} & A_{r_m t_2} & \dots & A_{r_m t_m} \end{vmatrix} = A^{p-1}(-1)^\varrho A\begin{pmatrix} r_1 & r_2 & \dots & r_m \\ t_1 & t_2 & \dots & t_m \end{pmatrix}.$$

Der Fall $A = 0$ erledigt sich, ähnlich wie oben, durch eine Stetigkeitsbetrachtung.

Den Satz (4) benutzen wir nun zum Beweise der Formel (1), wobei wir zunächst wieder $A \neq 0$ annehmen.

$$A^{p-1}\sum(-1)^\varrho A\begin{pmatrix} r_1 & r_2 & \dots & r_m \\ t_1 & t_2 & \dots & t_m \end{pmatrix}(-1)^\sigma B\begin{pmatrix} s_1 & s_2 & \dots & s_m \\ t_1 & t_2 & \dots & t_m \end{pmatrix}$$

läßt sich auf Grund von (4) so schreiben[1]:

$$\sum \begin{vmatrix} A_{r_1 t_1} & A_{r_1 t_2} & \dots & A_{r_1 t_m} \\ A_{r_2 t_1} & A_{r_2 t_2} & \dots & A_{r_2 t_m} \\ \cdot & \cdot & \cdot & \cdot \\ A_{r_m t_1} & A_{r_m t_2} & \dots & A_{r_m t_m} \end{vmatrix} (-1)^\sigma B\begin{pmatrix} s_1 & s_2 & \dots & s_m \\ t_1 & t_2 & \dots & t_m \end{pmatrix}.$$

Diese Reihe stellt aber die Determinante $\bar{B}$ dar, die aus B entsteht, wenn man darin die Zeilen $s_1, s_2, \dots, s_m$ durch

$$\begin{matrix} A_{r_1 1} & A_{r_1 2} & A_{r_1 3} & \dots \\ A_{r_2 1} & A_{r_2 2} & A_{r_2 3} & \dots \\ \cdot & \cdot & \cdot & \cdot \\ A_{r_m 1} & A_{r_m 2} & A_{r_m 3} & \dots \end{matrix}$$

ersetzt. Da die eingesetzten A eine absolut konvergente Reihe bilden, so ist $\bar{B}$ eine Normaldeterminante.

---

[1] ϱ, σ, τ haben folgende Bedeutung:

$$\varrho = r_1 + \dots + r_m + t_1 + \dots + t_m, \quad \sigma = s_1 + \dots + s_m + t_1 + \dots + t_m,$$
$$\tau = r_1 + \dots + r_m + s_1 + \dots + s_m.$$

Multiplizieren wir nun B mit A, so ergibt sich gerade

$$A^p(-1)^\tau P\begin{pmatrix} r_1 & r_2 & \dots & r_m \\ s_1 & s_2 & \dots & s_m \end{pmatrix}.$$

Es gilt also die Gleichung

$$A^{p-1}\sum(-1)^\varrho A\begin{pmatrix} r_1 & r_2 & \dots & r_m \\ t_1 & t_2 & \dots & t_m \end{pmatrix}(-1)^\sigma B\begin{pmatrix} s_1 & s_2 & \dots & s_m \\ t_1 & t_2 & \dots & t_m \end{pmatrix}$$

$$= A^p(-1)^\tau P\begin{pmatrix} r_1 & r_2 & \dots & r_m \\ s_1 & s_2 & \dots & s_m \end{pmatrix}.$$

Sie reduziert sich, da $A \neq 0$ ist und

$$\varrho + \sigma \equiv \tau \pmod 2,$$

auf die Formel (1).

Den Fall $A = 0$ erledigt man wieder durch eine Stetigkeitsbetrachtung.

§ 160. Der Rang einer Normaldeterminante.

Wenn eine Normaldeterminante A von Null verschieden ist, so sagen wir, daß sie den **Rang** Null hat.

Ist A gleich Null, gibt es aber unter ihren ersten Minoren einen von Null verschiedenen, so heißt A vom Range 1.

Sind alle ersten Minoren gleich Null, aber nicht alle zweiten, so schreiben wir A den Rang 2 zu usw.

Wir wissen aus § 159, daß es bei passender Wahl von k unter den k^{ten} Minoren einer Normaldeterminante einen von Null verschiedenen gibt. Der kleinste Wert von k ist der **Rang** der Normaldeterminante.

Zur Bestimmung des Ranges einer Normaldeterminante läßt sich ein ähnliches Verfahren angeben, wie wir es in § 24 bei endlichen Determinanten kennen lernten.

Man nehme irgend einen von Null verschiedenen unendlichen Minor von A. Es sei etwa ein p^{ter} Minor M_p. Unter den $(p-1)^{\text{ten}}$ Minoren von A, in denen M_p steckt, suche man einen von Null verschiedenen auf, M_{p-1}, alsdann unter den $(p-2)^{\text{ten}}$ Minoren von A, die M_{p-1} enthalten, einen von Null verschiedenen usw., so lange es geht. Ist der letzte Minor ein r^{ter}, so hat A den Rang r.

Dieses Verfahren beruht auf folgendem Satze:

M_r sei ein von Null verschiedener r^{ter} Minor der Normaldeterminante A. Wenn dann alle $(r-1)^{\text{ten}}$ Minoren von A, die M_r enthalten, gleich Null sind, so hat A den Rang r.

Da eine Vertauschung von zwei Zeilen oder zwei Spalten den Rang von A nicht ändert und auch die k^{ten} Minoren (abgesehen vom Vorzeichen) dabei erhalten bleiben ($k = 0, 1, 2 \ldots$), so dürfen wir annehmen, daß M_r gerade der Minor

$$\begin{pmatrix} 1 & 2 & \ldots & r \\ 1 & 2 & \ldots & r \end{pmatrix}$$

ist.

Dieser Minor soll also von Null verschieden sein, während alle $(r-1)^{\text{ten}}$ Minoren gleich Null sind, die $\begin{pmatrix} 1 & 2 & \ldots & r \\ 1 & 2 & \ldots & r \end{pmatrix}$ enthalten.

Wir haben zu beweisen, daß dann überhaupt alle $(r-1)^{\text{ten}}$ Minoren von A verschwinden.

Zunächst bemerken wir, daß unter den gemachten Voraussetzungen die r ersten Zeilen lineare Kombinationen der übrigen sind. Um dies für die Zeile

$$a_{\varrho 1},\ a_{\varrho 2},\ a_{\varrho 3},\ \ldots$$

zu beweisen, betrachte man die Normaldeterminante

$$\begin{vmatrix} a_{\varrho \sigma} & a_{\varrho, r+1} & a_{\varrho, r+2} & \ldots \\ a_{r+1, \sigma} & a_{r+1, r+1} & a_{r+1, r+2} & \ldots \\ a_{r+2, \sigma} & a_{r+2, r+1} & a_{r+2, r+2} & \ldots \\ \cdot & \cdot & \cdot & \cdot \end{vmatrix}.$$

Sie ist, wenn $\sigma < r + 1$, deshalb gleich Null, weil alle $(r-1)^{\text{ten}}$ Minoren von A, in denen M_r steckt, verschwinden sollen. Im Falle $\sigma \geqq r + 1$ hat sie zwei übereinstimmende Spalten und ist also auch dann gleich Null.

Entwickelt man sie nach der ersten Spalte, so findet man eine Formel von folgender Gestalt:

$$a_{\varrho \sigma} M_r + a_{r+1, \sigma} M_{\varrho 1} + a_{r+2, \sigma} M_{\varrho 2} + \ldots = 0.$$

Hiernach ist

$$(1) \qquad a_{\varrho \sigma} = -\frac{M_{\varrho 1} a_{r+1, \sigma} + M_{\varrho 2} a_{r+2, \sigma} + \ldots}{M_r} \qquad (\sigma = 1, 2, 3, \ldots).$$

Da die Faktoren

$$M_{\varrho 1},\ M_{\varrho 2},\ M_{\varrho 3},\ \ldots$$

von σ gar nicht abhängen, sind wirklich die r ersten Zeilen von A lineare Kombinationen der Zeilen $r + 1$, $r + 2$, $r + 3$, ... Die Faktoren $M_{\varrho 1}$, $M_{\varrho 2}$, $M_{\varrho 3}$, ... bilden übrigens eine absolut konvergente Reihe.

Wenn man nun irgend einen $(r-1)^{ten}$ Minor M_{r-1} von A betrachtet, so entsteht er aus A durch Unterdrückung von $r-1$ Zeilen und $r-1$ Spalten. Da in A nur $r-1$ Zeilen unterdrückt sind, ist wenigstens eine von den r ersten stehen geblieben. Auf sie können wir die Formeln (1) anwenden. Mit ihrer Hilfe zerlegt sich M_{r-1} in eine Summe von der Form

$$\lambda' M'_{r-1} + \lambda'' M''_{r-1} + \dots$$

Dabei sind M'_{r-1}, M''_{r-1}, ... $(r-1)^{te}$ Minoren von A, die mit einer endlichen Anzahl von Ausnahmen gleich Null sind, weil sie zwei übereinstimmende Zeilen enthalten. Jedenfalls enthalten diese Minoren weniger von den r ersten Zeilen der Determinante A als M_{r-1}. Unterwirft man sie demselben Verfahren usf., so kommt man nach einer endlichen Anzahl von Schritten zu lauter verschwindenden Determinanten und kann also schließen, daß M_{r-1} gleich Null ist.

§ 161. Die r^{ten} Minoren einer Normaldeterminante vom Range r.

Wenn eine endliche Determinante den Rang r hat, so sind in der Matrix ihrer r-reihigen Minoren alle zweireihigen Determinanten gleich Null (vgl. § 52).

Diesen Satz wollen wir hier auf Normaldeterminanten übertragen.

Wir betrachten eine Normaldeterminante A vom Range r und bilden aus ihren r^{ten} Minoren eine Matrix in folgender Weise. C_1, C_2, C_3, ... seien in irgend einer Reihenfolge die verschiedenen Kombinationen der Zahlen 1, 2, 3, ... zur r^{ten} Klasse. Dann können wir einen r^{ten} Minor von A durch das Symbol

$$\begin{pmatrix} C_m \\ C_n \end{pmatrix}$$

darstellen, wobei die Indizes der gestrichenen Zeilen die Kombination C_m, die der gestrichenen Spalten die Kombination C_n bilden.

$$\begin{matrix} \begin{pmatrix} C_1 \\ C_1 \end{pmatrix} & \begin{pmatrix} C_1 \\ C_2 \end{pmatrix} & \begin{pmatrix} C_1 \\ C_3 \end{pmatrix} & \dots, \\ \begin{pmatrix} C_2 \\ C_1 \end{pmatrix} & \begin{pmatrix} C_2 \\ C_2 \end{pmatrix} & \begin{pmatrix} C_2 \\ C_3 \end{pmatrix} & \dots, \\ \begin{pmatrix} C_3 \\ C_1 \end{pmatrix} & \begin{pmatrix} C_3 \\ C_2 \end{pmatrix} & \begin{pmatrix} C_3 \\ C_3 \end{pmatrix} & \dots \\ \cdot & \cdot & \cdot & \cdot \end{matrix}$$

ist die Matrix der r^{ten} Minoren von A.

Sie hat, wie wir sehen werden, die Eigenschaft, lauter verschwindende zweireihige Minoren zu besitzen, d. h. es ist

$$\begin{vmatrix} \begin{pmatrix} C_{p_1} \\ C_{q_1} \end{pmatrix} & \begin{pmatrix} C_{p_1} \\ C_{q_2} \end{pmatrix} \\ \begin{pmatrix} C_{p_2} \\ C_{q_1} \end{pmatrix} & \begin{pmatrix} C_{p_2} \\ C_{q_2} \end{pmatrix} \end{vmatrix} = 0. \qquad (p_1, p_2, q_1, q_2 = 1, 2, 3, \ldots)$$

Wir können annehmen, daß in der Determinante A, deren Rang gleich r sein soll, gerade der Minor

$$\begin{pmatrix} 1 & 2 & \ldots & r \\ 1 & 2 & \ldots & r \end{pmatrix}$$

von Null verschieden ist. Dann sind die r ersten Zeilen von A lineare Kombinationen der Zeilen $r+1$, $r+2$, $r+3$, ...

Hieraus ergibt sich leicht, daß

$$\begin{pmatrix} k_1 & k_2 & \ldots & k_r \\ l_1 & l_2 & \ldots & l_r \end{pmatrix} = \lambda_{k_1, k_2, \ldots, k_r} \begin{pmatrix} 1 & 2 & \ldots & r \\ l_1 & l_2 & \ldots & l_r \end{pmatrix}$$

ist[1], wobei der Faktor λ nur von k_1, k_2, ..., k_r abhängt.

Hiernach wird nun

$$\begin{pmatrix} C_{p_1} \\ C_{q_1} \end{pmatrix} = \lambda_{C_{p_1}} \begin{pmatrix} C_1 \\ C_{q_1} \end{pmatrix}, \qquad \begin{pmatrix} C_{p_1} \\ C_{q_2} \end{pmatrix} = \lambda_{C_{p_1}} \begin{pmatrix} C_1 \\ C_{q_2} \end{pmatrix},$$

$$\begin{pmatrix} C_{p_2} \\ C_{q_1} \end{pmatrix} = \lambda_{C_{p_2}} \begin{pmatrix} C_1 \\ C_{q_1} \end{pmatrix}, \qquad \begin{pmatrix} C_{p_2} \\ C_{q_2} \end{pmatrix} = \lambda_{C_{p_2}} \begin{pmatrix} C_1 \\ C_{q_2} \end{pmatrix},$$

also

$$\begin{vmatrix} \begin{pmatrix} C_{p_1} \\ C_{q_1} \end{pmatrix} & \begin{pmatrix} C_{p_1} \\ C_{q_2} \end{pmatrix} \\ \begin{pmatrix} C_{p_2} \\ C_{q_1} \end{pmatrix} & \begin{pmatrix} C_{p_2} \\ C_{q_2} \end{pmatrix} \end{vmatrix} = \lambda_{C_{p_1}} \lambda_{C_{p_2}} \begin{vmatrix} \begin{pmatrix} C_1 \\ C_{q_1} \end{pmatrix} & \begin{pmatrix} C_1 \\ C_{q_2} \end{pmatrix} \\ \begin{pmatrix} C_1 \\ C_{q_1} \end{pmatrix} & \begin{pmatrix} C_1 \\ C_{q_2} \end{pmatrix} \end{vmatrix} = 0.$$

§ 162. Symmetrische Normaldeterminanten.

Wir nennen eine Normaldeterminante

$$\begin{vmatrix} a_{11} & a_{12} & a_{13} & \cdots \\ a_{21} & a_{22} & a_{23} & \cdots \\ a_{31} & a_{33} & a_{33} & \cdots \\ \cdot & \cdot & \cdot & \cdot \end{vmatrix}$$

symmetrisch, wenn immer

$$a_{rs} = a_{sr}$$

ist ($r, s = 1, 2, 3, \ldots$).

[1] $k_1 < k_2 < \ldots < k_r$; $l_1 < l_2 < \ldots < l_r$.

Wenn eine symmetrische Normaldeterminante den Rang r hat, so gibt es in ihr einen r^{ten} Hauptminor, der von Null verschieden ist.

C und C' seien Kombinationen der Zahlen 1, 2, 3, ... zur r^{ten} Klasse. Dann ist nach § 161

$$\begin{vmatrix} \begin{pmatrix} C \\ C \end{pmatrix} & \begin{pmatrix} C \\ C' \end{pmatrix} \\ \begin{pmatrix} C' \\ C \end{pmatrix} & \begin{pmatrix} C' \\ C' \end{pmatrix} \end{vmatrix} = 0 .$$

Nun geht aber

$$\begin{pmatrix} C' \\ C \end{pmatrix} \text{ in } \begin{pmatrix} C \\ C' \end{pmatrix}$$

über, wenn man die Zeilen als Spalten schreibt. Also ist

$$\begin{pmatrix} C' \\ C \end{pmatrix} = \begin{pmatrix} C \\ C' \end{pmatrix}$$

und daher besagt die obige Gleichung, daß

$$\begin{pmatrix} C \\ C \end{pmatrix} \begin{pmatrix} C' \\ C' \end{pmatrix} = \begin{pmatrix} C \\ C' \end{pmatrix}^2$$

ist.

C und C' lassen sich so wählen, daß

$$\begin{pmatrix} C \\ C' \end{pmatrix} \neq 0$$

ist. Dann folgt aber, daß auch die r^{ten} Hauptminoren

$$\begin{pmatrix} C \\ C \end{pmatrix}, \quad \begin{pmatrix} C' \\ C' \end{pmatrix}$$

nicht verschwinden.

Bei einer symmetrischen Normaldeterminante gilt folgender Satz, dessen Analogon bei einer endlichen symmetrischen Determinante wir im § 64 kennen lernten.

Wenn alle $(r-1)^{\text{ten}}$ und alle $(r-2)^{\text{ten}}$ Hauptminoren gleich Null sind, die einen gewissen von Null verschiedenen r^{ten} Hauptminor enthalten ($r \geqq 2$), so ist der Rang der symmetrischen Normaldeterminante gleich r.

$\begin{pmatrix} C \\ C \end{pmatrix}$ sei der von Null verschiedene r^{te} Hauptminor. Nehmen wir zu den Zeilen C noch die Zeile k und zu den Spalten C noch die Spalte l hinzu, so entsteht ein $(r-1)^{\text{ter}}$ Minor A_{kl}, der $\begin{pmatrix} C \\ C \end{pmatrix}$ enthält. Nehmen wir zu den Zeilen und Spalten C noch die Zeilen k, l und die Spalten k, l hinzu, so erhalten wir einen

$(r-2)^{\text{ten}}$ Minor N. Offenbar sind A_{kk}, A_{kl}, A_{lk}, A_{ll} erste Minoren von N. Nach § 159 ist aber

$$\begin{vmatrix} A_{kk} & A_{kl} \\ A_{lk} & A_{ll} \end{vmatrix} = \binom{C}{C} N.$$

Da nach Voraussetzung

$$A_{kk} = A_{ll} = 0 \quad \text{und} \quad N = 0$$

ist, so folgt

$$A_{kl} A_{lk} = A^2_{kl} = 0.$$

Es verschwinden also alle $(r-1)^{\text{ten}}$ Minoren, die $\binom{C}{C}$ enthalten. Daraus können wir nach § 160 schließen, daß der Rang der betrachteten Normaldeterminante gleich r ist.

§ 163. Lineare Gleichungen mit verschwindender Normaldeterminante.

Wir betrachten wie in § 156 ein unendliches System linearer Gleichungen

$$(1) \qquad \begin{cases} a_{11} x_1 + a_{12} x_2 + a_{13} x_3 + \ldots = b_1, \\ a_{21} x_1 + a_{22} x_2 + a_{23} x_3 + \ldots = b_2, \\ a_{31} x_1 + a_{32} x_2 + a_{33} x_3 + \ldots = b_3, \\ \ldots\ldots\ldots\ldots\ldots\ldots \end{cases}$$

mit unendlich vielen Unbekannten.

Wir nehmen wie in § 156 an, daß die Determinante des Systems, also

$$A = \begin{vmatrix} a_{11} & a_{12} & a_{13} & \cdots \\ a_{21} & a_{22} & a_{23} & \cdots \\ a_{31} & a_{32} & a_{33} & \cdots \\ \cdot & \cdot & \cdot & \cdot \end{vmatrix}$$

eine Normaldeterminante ist. Die b und die x sollen beschränkte Zahlenfolgen bilden.

Damals behandelten wir den Fall $A \neq 0$. Jetzt wollen wir $A = 0$ voraussetzen.

Der Rang der Determinante sei r. Dann gibt es also in A einen r^{ten} Minor, der von Null verschieden ist. Er möge aus A durch Unterdrückung der Zeilen $k_1, k_2, \ldots, k_r$ und der Spalten $l_1, l_2, \ldots, l_r$ entstehen. Ist m eine Zahl, die alle diese k und l übertrifft, so kann man durch Vertauschung der m ersten Gleichungen des Systems und durch Umnumerierung der m ersten x erreichen, daß gerade

$$K = \begin{vmatrix} a_{r+1,\, r+1} & a_{r+1,\, r+2} & \dots \\ a_{r+2,\, r+1} & a_{r+2,\, r+2} & \dots \\ \cdot & \cdot & \cdot \end{vmatrix} \neq 0$$

ist.

Schreiben wir die Gleichungen $r+1$, $r+2$, $r+3, \dots$ des Systems (1) in der Form

$$(2)\quad \begin{cases} a_{r+1,r+1}\, x_{r+1} + a_{r+1,r+2}\, x_{r+2} + \dots = b_{r+1} - \sum_{\varrho=1}^{r} a_{r+1,\varrho}\, x_\varrho = b'_{r+1}, \\ a_{r+2,r+1}\, x_{r+1} + a_{r+2,r+2}\, x_{r+2} + \dots = b_{r+2} - \sum_{\varrho=1}^{r} a_{r+2,\varrho}\, x_\varrho = b'_{r+2}, \\ \dots\dots\dots\dots\dots\dots\dots, \end{cases}$$

so haben wir gerade den in § 156 behandelten Fall vor uns.

Die b' bilden eine beschränkte Folge.

Wir wissen aus § 156, daß die Gleichungen (2), falls wir $x_1, x_2, \dots, x_r$ bestimmte Werte beilegen, eine und nur eine Lösung $x_{r+1}, x_{r+2}, \dots$ zulassen.

Setzen wir insbesondere $x_1, x_2, \dots, x_r$ alle gleich Null, so nehmen $x_{r+1}, x_{r+2}, \dots$ gewisse Werte an, die wir mit $x^{(0)}_{r+1}, x^{(0)}_{r+2}, \dots$ bezeichnen wollen.

Jede Lösung von (2) läßt sich nun in der Form schreiben:

$$(3)\quad x_1 = u_1, \dots, x_r = u_r, \; x_{r+1} = x^0_{r+1} + u_{r+1}, \; x_{r+2} = x^{(0)}_{r+2} + u_{r+2}, \dots$$

und $u_1, u_2, u_3, \dots$ ist dann eine Lösung des Systems

$$(4)\quad \begin{cases} a_{r+1,1}\, u_1 + a_{r+1,2}\, u_2 + \dots = 0, \\ a_{r+2,1}\, u_1 + a_{r+2,2}\, u_2 + \dots = 0, \\ \dots\dots\dots\dots \end{cases}$$

Wenn umgekehrt $u_1, u_2, u_3, \dots$ eine Lösung von (4) ist, so ist (3) eine Lösung von (2).

In der Determinante A sind die r ersten Zeilen lineare Kombinationen der andern mit Koeffizienten, die absolut konvergente Reihe bilden (vgl. § 160). Daraus folgt, daß jede Lösung von (4) auch eine Lösung von

$$(5)\quad \begin{cases} a_{11}\, u_1 + a_{12}\, u_2 + a_{13}\, u_3 + \dots = 0, \\ a_{21}\, u_1 + a_{22}\, u_2 + a_{23}\, u_3 + \dots = 0, \\ a_{31}\, u_1 + a_{32}\, u_2 + a_{33}\, u_3 + \dots = 0, \\ \dots\dots\dots\dots \end{cases}$$

ist.

Die Lösung (3) des Systems (2) wird also dann und nur dann eine Lösung von (1) sein, wenn die folgenden Bedingungen erfüllt sind:

$$(6)\qquad a_{\varrho,r+1}x_{r+1}^0 + a_{\varrho,r+2}x_{r+2}^0 + \cdots = b_\varrho . \quad (\varrho = 1, 2, \ldots, r)$$

Bezeichnen wir mit $K_{\mu\nu}$ das algebraische Komplement von $a_{\mu\nu}$ in K, so können wir schreiben

$$x_{r+1}^0 = \frac{1}{K}(K_{r+1,r+1}b_{r+1} + K_{r+2,r+1}b_{r+2} + \cdots),$$
$$x_{r+2}^0 = \frac{1}{K}(K_{r+1,r+2}b_{r+1} + K_{r+2,r+2}b_{r+2} + \cdots),$$
$$\cdots\cdots\cdots\cdots,$$

und die Bedingungen (6) verwandeln sich in

$$\begin{aligned} Kb_\varrho = {} & (a_{\varrho,r+1}K_{r+1,r+1} + a_{\varrho,r+2}K_{r+1,r+2} + \cdots)b_{r+1} \\ & + (a_{\varrho,r+1}K_{r+2,r+1} + a_{\varrho,r+2}K_{r+2,r+2} + \cdots)b_{r+2} \\ & \cdots\cdots\cdots\cdots \end{aligned}$$
$$(\varrho = 1, 2, \ldots, r)$$

Sie lassen sich auch in Determinantenform darstellen, und zwar lauten sie dann

$$(6')\qquad \begin{vmatrix} b_\varrho & a_{\varrho,r+1} & a_{\varrho,r+2} & \cdots \\ b_{r+1} & a_{r+1,r+1} & a_{r+1,r+2} & \cdots \\ b_{r+2} & a_{r+2,r+1} & a_{r+2,r+2} & \cdots \\ \cdot & \cdot & \cdot & \cdot \end{vmatrix} = 0. \quad (\varrho = 1, 2, \ldots, r)$$

Diese Gleichungen stellen die notwendigen und hinreichenden Bedingungen für die Lösbarkeit des Systems (1) dar.

Wenn wir in der Matrix

$$(7)\qquad \left\{ \begin{matrix} b_1 & a_{11} & a_{12} & a_{13} & \cdots \\ b_2 & a_{21} & a_{22} & a_{23} & \cdots \\ b_3 & a_{31} & a_{32} & a_{33} & \cdots \\ \cdot & \cdot & \cdot & \cdot & \cdot \end{matrix} \right.$$

eine Spalte unterdrücken, so entsteht eine Normaldeterminante vom Range r oder von einem höheren Range.

Unterdrücken wir nämlich die erste Spalte, so entsteht die Determinante A, deren Rang nach Voraussetzung gleich r ist. Unterdrücken wir eine der Spalten $2, 3, \ldots, r+1$, so entsteht wieder eine Determinante vom Range r. Sie enthält in der Tat den von Null verschiedenen r^{ten} Minor K, und alle $(r-1)^{\text{ten}}$ Minoren, in denen K steckt, sind gleich Null.

Unterdrücken wir in (7) eine der Spalten $r+2$, $r+3, \ldots$, so entsteht eine Determinante, die vom Range r oder von höherem Range ist. Wäre ihr Rang nämlich kleiner als r, etwa gleich r', so gäbe es in ihr einen r'^{ten} Minor, der ungleich Null ist. Dieser Minor muß eine Spalte mit Elementen b enthalten, weil in A alle r'^{ten} Minoren verschwinden. Entwickeln wir ihn nach den b, so können nicht alle Koeffizienten dieser Entwickelung gleich Null sein. Da sie $(r'+1)^{\text{te}}$ Minoren von A sind, so ist $r' = r-1$. Machen wir durch Vertauschung der Gleichungen und Unbekannten einen von ihnen, und zwar einen nicht verschwindenden, zu dem Hauptminor $\begin{pmatrix} 1 & 2 & \ldots & r \\ 1 & 2 & \ldots & r \end{pmatrix}$, so wären die Gleichungen (6′) nicht alle erfüllt, das System (1) also nicht lösbar.

Wenn die Gleichungen (6′) bestehen, hat also von allen Determinanten, die aus (7) durch Unterdrückung einer Spalte entstehen, keine einen niedrigeren Rang als A. Die Umkehrung gilt offenbar auch.

Die notwendige und hinreichende Bedingung dafür, daß das System (1) sich lösen läßt, ist hiernach folgende:

Durch Unterdrückung einer Spalte in der Matrix (7) darf nie eine Determinante herauskommen, die einen niedrigeren Rang als A hat.

Derselbe Satz gilt, wie wir wissen (vgl. § 29), für n lineare Gleichungen mit n Unbekannten, nur daß der Rang einer endlichen Determinante anders definiert ist als der einer unendlichen.

Wenn alle b gleich Null sind, wenn also ein System von linearen homogenen Gleichungen vorliegt, so sind die Bedingungen (6′) von selbst erfüllt. Es gibt also immer Lösungen, und zwar r unabhängige, aus denen sich alle andern linear zusammensetzen lassen. Wenn die Determinante des Systems nicht gleich Null ist, dann gibt es nur die triviale Lösung, die aus lauter Nullen besteht.

§ 164. Vorbereitende Betrachtungen zu E. Schmidts Theorie der linearen Gleichungssysteme.

In § 30 betrachten wir Systeme von n Zahlen und definierten das innere Produkt zweier Systeme.

Jetzt wollen wir Systeme betrachten, die aus einer Folge von reellen Zahlen bestehen, also Systeme von folgender Gestalt

$$x_1,\ x_2,\ x_3,\ \ldots$$

Zwei solche Systeme

$$x_1, x_2, x_3, \ldots \text{ und } y_1, y_2, y_3, \ldots$$

gelten als verschieden, sobald wenigstens eine von den Gleichungen

$$x_n = y_n \qquad (n = 1, 1, 3, \ldots) \tag{1}$$

nicht erfüllt ist.

Wir beschränken uns hier auf die Betrachtung von Systemen $x_1, x_2, x_3, \ldots$, bei denen die Reihe

$$x_1^2 + x_2^2 + x_3^2 + \ldots$$

konvergent ist. Ein solches System nennen wir einen Vektor und $x_1, x_2, x_3, \ldots$ seine Komponenten. Die Summe der Reihe $x_1^2 + x_2^2 + x_3^2 + \ldots$ heißt die Norm des Vektors, die positive Quadratwurzel daraus seine Länge.

Zur Bezeichnung des Vektors $x_1, x_2, x_3, \ldots$ benutzen wir den Buchstaben x.

Wenn x und y zwei Vektoren sind, so ist die Reihe

$$x_1 y_1 + x_2 y_2 + x_3 y_3 + \ldots$$

konvergent.

Man hat nämlich, wenn $u_1, u_2, \ldots, u_n$ und $v_1, v_2, \ldots, v_n$ beliebige reelle Zahlen sind

$$\left\| \begin{matrix} u_1 & u_2 & \ldots & u_n \\ v_1 & v_2 & \ldots & v_n \end{matrix} \right\|^2 = \left| \begin{matrix} \sum u_\nu^2 & \sum u_\nu v_\nu \\ \sum u_\nu v_\nu & \sum v_\nu^2 \end{matrix} \right|$$

$$= \sum_{\varrho < \sigma} \left| \begin{matrix} u_\varrho & u_\sigma \\ v_\varrho & v_\sigma \end{matrix} \right|^2 \geqq 0,$$

also

$$(\sum u_\nu v_\nu)^2 \leqq (\sum u_\nu^2)(\sum v_\nu^2).$$

Wendet man diese Ungleichung auf den Fall

$$u_\nu = |x_\nu|, \quad v_\nu = |y_\nu|$$

an, so ergibt sich

$$\sum |x_\nu y_\nu| \leqq \sqrt{\sum x_\nu^2} \sqrt{\sum y_\nu^2}. \qquad (\nu = 1, 2, \ldots, n)$$

Nun ist aber $\sum x_\nu^2$ nicht größer als die Summe der Reihe $x_1^2 + x_2^2 + x_3^2 + \ldots$ und $\sum y_\nu^2$ nicht größer als die Summe der Reihe $y_1^2 + y_2^2 + y_3^2 + \ldots$ Daraus folgt, daß $\sum_{\nu=1}^{n} |x_\nu y_\nu|$ bei unendlich zunehmendem n unterhalb einer endlichen Grenze bleibt. Damit ist aber die Konvergenz der Reihe $|x_1 y_1| + |x_2 y_2| + |x_3 y_3| + \ldots$ bewiesen, also die absolute Konvergenz von $x_1 y_1 + x_2 y_2 + x_3 y_3 + \ldots$

Wir definieren nun die Summe der Reihe $x_1 y_1 + x_2 y_2 + x_3 y_3 + \dots$ als das **innere Produkt** der beiden Vektoren x und y und bezeichnen es mit $(x y)$.

Wenn a eine beliebige reelle Zahl ist, so soll das Symbol $a x$ zur Bezeichnung des Vektors $a x_1, a x_2, a x_3, \dots$ dienen.

Als **Summe** der beiden Vektoren x und y definieren wir den Vektor, dessen Komponenten $x_1 + y_1, x_2 + y_2, x_3 + y_3, \dots$ lauten. Da die Reihen

$$x_1^2 + x_2^2 + x_3^2 + \dots, \quad y_1^2 + y_2^2 + y_3^2 + \dots,$$
$$2 x_1 y_1 + 2 x_2 y_2 + 2 x_3 y_3 + \dots$$

konvergieren, so ist auch die Reihe

$$(x_1 + y_1)^2 + (x_2 + y_2)^2 + (x_3 + y_3)^2 + \dots$$

konvergent, die aus ihnen durch Addition entsteht.

Wir bezeichnen die Summe von x und y mit $x + y$.

Wenn x, y, z Vektoren sind, so gilt die Formel

$$(x + y, z) = (x z) + (y z). \tag{2}$$

Zwei Vektoren x und y sollen **orthogonal** heißen, wenn

$$(x y) = 0$$

ist, wenn sie also das innere Produkt Null geben.

Für n paarweise orthogonale Vektoren $x^{(1)}, x^{(2)}, \dots, x^{(n)}$ gilt, wie sich durch wiederholte Anwendung von (2) ergibt, die Formel

$$\left(\sum x^{(\nu)}, \sum x^{(\nu)}\right) = \sum \left(x^{(\nu)} x^{(\nu)}\right),$$

d. h. **die Norm der Summe ist gleich der Summe der Normen.** Dieser Satz ist das Analogon des **pythagoreischen Lehrsatzes.** Man erhält den pythagoreischen Lehrsatz der Ebene, wenn man $n = 2$ setzt und unter $x^{(1)}, x^{(2)}$ zwei orthogonale Vektoren in der Ebene versteht.

Den Vektor, dessen Komponenten alle gleich Null sind, nennen wir den **Nullvektor** und bezeichnen ihn mit 0. Die Gleichung $x = 0$ bedeutet also, daß alle Komponenten von x verschwinden oder, was auf dasselbe hinauskommt, daß die Norm von x gleich Null ist.

Sind $a_1, a_2, \dots, a_n$ reelle Zahlen, aber nicht alle gleich Null, und $x^{(1)}, x^{(2)}, \dots, x^{(n)}$ n Vektoren, so heißt der Vektor

$$a_1 x^{(1)} + a_2 x^{(2)} + \dots + a_n x^{(n)}$$

eine lineare Kombination von $x^{(1)}, x^{(2)}, \dots, x^{(n)}$. Die Vektoren $x^{(1)}, x^{(2)}, \dots, x^{(n)}$ nennt man **linear abhängig,** wenn unter ihren linearen Kombinationen der Vektor 0 vorkommt. Andernfalls heißen sie **linear unabhängig**.

Sind $x^{(1)}, x^{(2)}, \ldots, x^{(n)}$ paarweise orthogonal, so folgt aus

$$a_1 x^{(1)} + a_2 x^{(2)} + \ldots + a_n x^{(n)} = 0$$

nach dem pythagoreischen Lehrsatz

$$a_1^2 (x^{(1)} x^{(1)}) + a_2^2 (x^{(2)} x^{(2)}) + \ldots + a_n^2 (x^{(n)} x^{(n)}) = 0.$$

Ist keiner der Vektoren $x^{(\nu)}$ gleich Null, so können wir schließen, daß

$$a_1 = a_2 = \ldots = a_n = 0$$

ist. D. h. n paarweise orthogonale Vektoren, die alle von Null verschieden sind, können nicht linear abhängig sein.

Einen Vektor mit der Norm 1 wollen wir einen **Einheitsvektor** oder eine **Achse** nennen. Jeder von 0 verschiedene Vektor läßt sich durch Multiplikation mit einer reellen Zahl in einen Einheitsvektor verwandeln. Man nennt diesen Prozeß das **Normieren** des Vektors.

Will man z. B. den Vektor x $(\neq 0)$ normieren, so muß die Zahl a so gewählt werden, daß

$$(a x, a x) = a^2 (x x) = 1$$

wird. Es muß also

$$a = \pm \frac{1}{\sqrt{(x x)}}$$

gesetzt werden.

Ein **orthogonales Achsensystem** ist nichts anderes als ein System von Einheitsvektoren, die paarweise orthogonal sind. Ein solches System kann aus einer endlichen Anzahl von Vektoren bestehen oder aus unendlich vielen. Z. B. bilden die Vektoren

$$\begin{array}{l} 1, 0, 0, \ldots, \\ 0, 1, 0, \ldots, \\ 0, 0, 1, \ldots, \\ \cdot\ \cdot\ \cdot\ \cdot\ \cdot \end{array}$$

ein orthogonales Achsensystem mit unendlich vielen Achsen.

Von Wichtigkeit ist die Zerlegung eines Vektors y in bezug auf ein orthogonales Achsensystem. $x^{(1)}, x^{(2)}, \ldots, x^{(n)}$ seien n Achsen, die ein solches System bilden. Dann heißen die Vektoren

$$(y x^{(1)}) x^{(1)}, (y x^{(2)}) x^{(2)}, \ldots, (y x^{(n)}) x^{(n)}$$

die **Projektionen** von y auf die Achsen $x^{(1)}, x^{(2)}, \ldots, x^{(n)}$.

Setzen wir

(3) $$y = (y\,x^{(1)})\,x^{(1)} + \ldots + (y\,x^{(n)})\,x^{(n)} + z\,,$$

so ist

$$(z\,x^{(1)}) = (z\,x^{(2)}) = \ldots = (z\,x^{(n)}) = 0\,.$$

Die $n+1$ Summanden, in die wir y zerlegt haben, sind also paarweise orthogonal, und der pythagoreische Lehrsatz liefert

$$(y\,y) = (y\,x^{(1)})^2 + \ldots + (y\,x^{(n)})^2 + (z\,z),$$

so daß immer

(4) $$(y\,x^{(1)})^2 + \ldots + (y\,x^{(n)})^2 \leqq (y\,y)$$

ist, wie man auch das orthogonale Achsensystem $x^{(1)}, x^{(2)}, \ldots, x^{(n)}$ wählen mag.

Die Formel (3) enthält die Zerlegung des Vektors y in bezug auf die Achsen oder nach den Achsen $x^{(1)}, x^{(2)}, \ldots, x^{(n)}$. Der Vektor $(y\,x^{(\nu)})\,x^{(\nu)}$ heiße die $x^{(\nu)}$-Komponente von y, und z der Rest von y modulis $x^{(1)}, x^{(2)}, \ldots x^{(n)}$.

Die Formel (4) nennen wir die pythagoreische Ungleichung.

Wenn ein unendliches orthogonales Achsensystem vorliegt, so bilden diejenigen Achsen x, die der Ungleichung

$$(y\,x)^2 > 0$$

genügen, eine abzählbare Menge. y ist ein beliebiger von Null verschiedener Vektor.

Sind $x^{(1)}, x^{(2)}, \ldots, x^{(n)}$ n Achsen des Systems, deren innere Produkte mit y zum Quadrat erhoben größer als δ sind ($\delta > 0$), so folgt aus (4)

$$n\,\delta < (y\,y), \quad \text{d. h.} \quad n < \frac{(y\,y)}{\delta}.$$

Es gibt also nur eine endliche Anzahl solcher Achsen.

Nun setze man der Reihe nach δ gleich $1, \frac{1}{2}, \frac{1}{3}, \ldots$ Dann bekommt man zuerst n_1 Achsen x, für die

$$(y\,x)^2 > 1$$

ist, dann n_2 Achsen x, für die

$$1 \geqq (y\,x)^2 > \tfrac{1}{2}$$

ist, dann n_3 Achsen x, für die

$$\tfrac{1}{2} \geqq (y\,x)^2 > \tfrac{1}{3}$$

ist, usw.

Es ergibt sich auf diese Weise eine Folge

$$x^{(1)}, x^{(2)}, x^{(3)}, \ldots,$$

in der jede Achse des betrachteten Systems vorkommt, die mit y ein von Null verschiedenes inneres Produkt gibt, d. h. zu y *nicht orthogonal* ist. Diese Achsen bilden also eine abzählbare Teilmenge in dem System.

Nun wollen wir y der Reihe nach mit den Achsen

$$\begin{array}{l} 1,\ 0,\ 0,\ 0,\ \ldots, \\ 0,\ 1,\ 0,\ 0,\ \ldots, \\ 0,\ 0,\ 1,\ 0,\ \ldots, \\ .\quad .\quad .\quad .\quad .\quad .\quad . \end{array}$$

zusammenfallen lassen. Dann erhalten wir eine Folge von abzählbaren Teilmengen

$$\mathfrak{A}_1,\ \mathfrak{A}_2,\ \mathfrak{A}_3,\ \ldots$$

in unserm orthogonalen Achsensystem. Jede Achse des Systems ist wenigstens in einer dieser $\mathfrak{A}$-Mengen enthalten. Sonst müßte sie ja zu jeder der Achsen $1, 0, 0, 0, \ldots;\ 0, 1, 0, 0, \ldots;\ 0, 0, 1, 0, \ldots;\ \ldots$ orthogonal sein, was offenbar unmöglich ist.

Da eine abzählbare Menge von abzählbaren Mengen wieder abzählbar ist, so haben wir bewiesen, daß *jedes unendliche orthogonale Achsensystem abzählbar* ist. Wir können also ein solches System immer in Form einer Folge

$$x^{(1)},\ x^{(2)},\ x^{(3)},\ \ldots$$

schreiben.

Diesen Achsen entspricht nun die Projektionenfolge

$$(y\,x^{(1)})\,x^{(1)},\ (y\,x^{(2)})\,x^{(2)},\ (y\,x^{(3)})\,x^{(3)},\ \ldots$$

des Vektors y.

Setzen wir

$$s^{(n)} = (y\,x^{(1)})\,x^{(1)} + (x\,y^{(2)})\,x^{(2)} + \ldots + (y\,x^{(n)})\,x^{(n)},$$

so wird für $p = 1, 2, 3, \ldots$

$$(s^{(n+p)} - s^{(n)},\ s^{(n+p)} - s^{(n)}) = (y\,x^{(n+1)})^2 + \ldots + (y\,x^{(n+p)})^2.$$

Die Reihe

$$(y\,x^{(1)})^2 + (y\,x^{(2)})^2 + (x\,x^{(3)})^2 + \ldots$$

ist aber konvergent, da ihre Partialsummen nicht größer als $(y\,y)$ sind.

Man hat also, sobald m, n beide größer sind als eine gewisse Zahl ν

$$(s^{(m)} - s^{(n)},\ s^{(m)} - s^{(n)}) < \varepsilon. \tag{5}$$

ε bedeutet dabei eine beliebig vorgelegte positive Zahl.

Sind $s_1^{(n)}, s_2^{(n)}, s_3^{(n)}, \ldots$ die Komponenten von $s^{(n)}$, so lautet die Ungleichung (5) ausführlich geschrieben

(5') $$(s_1^{(m)} - s_1^{(n)})^2 + (s_2^{(m)} - s_2^{(n)})^2 + \ldots < \varepsilon .$$

Sie zieht die Ungleichungen

$$(s_1^{(m)} - s_1^{(n)})^2 < \varepsilon ,$$
$$(s_2^{(m)} - s_2^{(n)})^2 < \varepsilon ,$$
$$\cdot \quad \cdot \quad \cdot \quad \cdot \quad \cdot \quad \cdot$$

nach sich, und wir ersehen aus ihnen, daß jede der Folgen

$$s_1^{(1)}, s_1^{(2)}, s_1^{(3)}, \ldots,$$
$$s_2^{(1)}, s_2^{(2)}, s_2^{(3)}, \ldots,$$
$$\cdot \quad \cdot \quad \cdot \quad \cdot \quad \cdot \quad \cdot \quad \cdot$$

konvergent ist.

Setzen wir

$$\lim_{n=\infty} s_k^{(n)} = s_k ,$$

so ist $s_1, s_2, s_3, \ldots$ sicher ein Vektor.

$$s_1^2 + s_2^2 + \ldots + s_p^2$$

ist nämlich der Grenzwert von

$$(s_1^{(n)})^2 + (s_2^{(n)})^2 + \ldots + (s_p^{(n)})^2$$

für unendlich zunehmendes n. Da ferner

$$(s_1^{(n)})^2 + (s_2^{(n)})^2 + \ldots + (s_p^{(n)})^2 \leqq (s^{(n)}, s^{(n)})$$

und

$$(s^{(n)}, s^{(n)}) = (yx^{(1)})^2 + (yx^{(2)})^2 + \ldots + (yx^{(n)})^2 \leqq (yy)$$

ist, so hat man beständig

$$(s_1^{(n)})^2 + (s_2^{(n)})^2 + \ldots + (s_p^{(n)})^2 \leqq (yy),$$

also auch

$$s_1^2 + s_2^2 + \ldots + s_p^2 \leqq (yy).$$

Daraus folgt, daß die Reihe $s_1^2 + s_2^2 + s_3^2 + \ldots$ konvergiert, daß also $s_1, s_2, s_3, \ldots$ ein Vektor ist.

Die Vektorenfolge $s^{(1)}, s^{(2)}, s^{(3)}, \ldots$ steht zu dem Vektor $s_1, s_2, s_3, \ldots$, den wir mit s bezeichnen wollen, in folgender Beziehung.

Wenn eine positive Zahl ε vorgelegt wird, so ist

(6) $$(s^{(n)} - s, s^{(n)} - s) \leqq \varepsilon ,$$

sobald n eine gewisse Zahl ν übertrifft.

Die linke Seite der obigen Ungleichung ist nämlich gleich dem Grenzwert von

$$(s_1^{(n)} - s_1)^2 + (s_2^{(n)} - s_2)^2 + \ldots + (s_p^{(n)} - s_p)^2$$

für unendlich zunehmendes p.

Andrerseits hat man aber

$$\lim_{m=\infty} \{(s_1^{(n)} - s_1^{(m)})^2 + \ldots + (s_p^{(n)} - s_p^{(m)})^2\}$$
$$= (s_1^{(n)} - s_1)^2 + \ldots + (s_p^{(n)} - s_p)^2.$$

Da nun für m, $n > \nu$ die Ungleichung (5′) besteht, so ist

$$(s_1^{(n)} - s_1^{(m)})^2 + \ldots + (s_p^{(n)} - s_p^{(m)})^2 < \varepsilon$$

und daher

$$(s_1^{(n)} - s_1)^2 + \ldots + (s_p^{(n)} - s_p)^2 \leqq \varepsilon,$$

mithin auch

$$(s_1^{(n)} - s_1)^2 + (s_2^{(n)} - s_2)^2 + \ldots \leqq \varepsilon.$$

Das ist aber die Ungleichung (6). Sie besagt, daß die Norm von $s - s^{(n)}$ nach Null konvergiert. Dieses Faktum drücken wir durch die Formel

$$\lim s^{(n)} = s \tag{7}$$

aus und nennen s den Grenzwert von $s^{(n)}$.

Aus der Formel (7) folgen zwar die Formeln

$$\lim s_k^{(n)} = s_k, \qquad (k = 1, 2, 3, \ldots)$$

aber diese Formeln ziehen keineswegs immer die Formel (7) nach sich. Ist z. B. $s^{(n)}$ der folgende Vektor

$$\underbrace{\frac{1}{\sqrt{n+1}}, \ldots, \frac{1}{\sqrt{n+1}}}_{(n+1)\text{-mal}}, \quad \underbrace{\frac{1}{2\sqrt{n+2}}, \ldots, \frac{1}{2\sqrt{n+2}}}_{(n+2)\text{-mal}},$$
$$\underbrace{\frac{1}{3\sqrt{n+3}}, \ldots, \frac{1}{3\sqrt{n+3}}}_{(n+3)\text{-mal}}, \ldots,$$

so ist offenbar

$$\lim_{n=\infty} s_k^{(n)} = 0$$

und trotzdem ist

$$\lim (s^{(n)} - 0, s^{(n)} - 0) = \lim (s^{(n)} s^{(n)})$$

nicht gleich Null. Es wird nämlich

$$(s^{(n)} s^{(n)}) = 1 + \frac{1}{2^2} + \frac{1}{3^2} + \ldots$$

In unserer obigen Entwickelung steckt ein Kriterium für die Existenz des Grenzwertes eines Vektors.

$\lim s^{(n)}$ existiert dann und nur dann, wenn sich jedem positiven ε ein Index ν entgegenstellen läßt, so daß

$$(s^{(m)} - s^{(n)},\ s^{(m)} - s^{(n)}) < \varepsilon$$

wird, sobald m und n beide größer als ν sind.

Den einen Teil dieses Satzes haben wir oben bewiesen.

Wenn $\lim s^{(n)} = s$ ist, so sind bei passender Wahl von ν die Normen

$$(s^{(\nu)} - s,\ s^{(\nu)} - s),\ (s^{(\nu+1)} - s,\ s^{(\nu+1)} - s),\ \ldots$$

alle kleiner als $\varepsilon^2/4$. Wenn m, n irgend zwei Zahlen der Folge $\nu,\ \nu+1,\ \nu+2,\ \ldots$ bezeichnen, so ist

$$(s^{(m)} - s^{(n)},\ s^{(m)} - s^{(n)}) = (s^{(m)} - s + s - s^{(n)},\ s^{(m)} - s + s - s^{(n)}).$$

Nun gilt aber für zwei beliebige Vektoren x, y die Formel

$$(x + y,\ x + y) = \sum (x_n + y_n)^2 = \sum x_n^2 + \sum y_n^2 + 2\sum x_n y_n$$
$$\leqq \sum x_n^2 + \sum y_n^2 + 2\sqrt{\left(\sum x_n^2\right)\left(\sum y^{n2}\right)},$$

d. h.

$$(x + y,\ x + y) \leqq \left(\sqrt{(x\,x)} + \sqrt{(y\,y)}\right)^2$$

oder

(8) $$\sqrt{(x + y,\ x + y)} \leqq \sqrt{(x\,x)} + \sqrt{(y\,y)}.$$

In Worten lautet diese Ungleichung:

Die Länge der Summe zweier Vektoren ist nie größer als die Summe ihrer Längen.

Der entsprechende Satz im gewöhnlichen Raume besagt, daß in einem Dreieck keine Seite größer ist als die Summe der beiden anderen.

Nach Formel (8) wird

$$\sqrt{(s^{(m)} - s^{(n)},\ s^{(m)} - s^{(n)})} \leqq \sqrt{(s^{(m)} - s,\ s^{(m)} - s)} + \sqrt{(s^{(n)} - s,\ s^{(n)} - s)} < \varepsilon.$$

Damit haben wir auch den anderen Teil des obigen Kriteriums für die Existenz von $\lim s^{(n)}$ bewiesen.

Wir wollen hier einige einfache Sätze über Grenzwerte von Vektoren einschalten, die man beim Rechnen mit solchen Grenzwerten braucht.

§ 165. Sätze über Grenzwerte von Vektoren.

1. Aus

$$\lim x_n = x \quad \text{und} \quad \lim y_n = y$$

folgt

$$\lim (x_n + y_n) = x + y.$$

In der Tat ist die Länge des Vektors

$$x + y - (x_n + y_n) = x - x_n + y - y_n$$

nicht größer als die Summe der Längen von $x - x_n$ und $y - y_n$. Da diese beiden Längen nach Null konvergieren, tut es auch die Länge des Vektors $(x + y) - (x_n + y_n)$. Das bedeutet aber, daß $\lim (x_n + y_n) = x + y$ ist.

2. Wenn a_n eine reelle Zahl und x_n ein Vektor ist, so folgt aus $\lim x_n = x$ und $\lim a_n = a$

$$\lim a_n x_n = a x .$$

In der Tat ist

$$a x - a_n x_n = (a - a_n) x + a_n (x - x_n) .$$

Die Länge von $(a - a_n) x$ ist aber gleich

$$| a - a_n | \sqrt{(x x)} , \quad \text{mithin} \quad \lim (a - a_n) x = 0$$

und die von $a_n (x - x_n)$ gleich

$$| a_n | \sqrt{(x - x_n , x - x_n)} , \quad \text{mithin} \quad \lim a_n (x - x_n) = 0 .$$

Daraus folgt

$$\lim (a x - a_n x_n) = 0 \quad \text{und} \quad \lim a_n x_n = a x .$$

3. Wenn x, x_n und y Vektoren sind und $\lim x_n = x$ ist, so folgt daraus

$$\lim (x_n y) = (x y) .$$

Man hat nämlich

$$(x y) - (x_n y) = (x - x_n , y)$$

und $(x - x_n , y)$ ist seinem Betrage nach kleiner oder gleich

$$\sqrt{(x - x_n , x - x_n)} \sqrt{(y y)}$$

(vgl. S. 408).

Wenn

$$\lim x_n = x \quad \text{und} \quad \lim y_n = y$$

ist, so folgt daraus

$$\lim (x_n y_n) = (x y) .$$

Der Grenzwert des inneren Produktes zweier Vektoren ist gleich dem inneren Produkt ihrer Grenzwerte.

Man schreibe, um dies zu erkennen,

$$(x_n y_n) = (x_n y) + (x_n , y_n - y) .$$

Wie wir wissen, ist

$$\lim (x_n y) = (x y) .$$

Ferner ist $(x_n , y_n - y)$ seinem Betrage nach kleiner als

$$\sqrt{(x_n x_n)} \sqrt{(y_n - y , y_n - y)} ,$$

woraus hervorgeht

$$\lim (x_n , y_n - y) = 0 .$$

Schließlich ergibt sich also $\lim (x_n y_n) = (x y)$.

4. $s = v_1 + v_2 + v_3 + \ldots$ sei eine konvergente Vektorenreihe und u ein beliebiger Vektor. Dann ist

$$(u s_n) = (u, v_1 + v_2 + \ldots + v_n) = (u v_1) + (u v_2) + \ldots + (u v_n)$$

und

$$(u s) = \lim (u s_n) = (u v_1) + (u v_2) + \ldots$$

Insbesondere ist

$$(s s) = (s v_1) + (s v_2) + (s v_3) + \ldots$$

Sind die Vektoren $v_1, v_2, v_3, \ldots$ paarweise orthogonal, so wird

$$(s v_n) = (v_1 v_n) + (v_2 v_n) + \ldots = (v_n v_n).$$

Man hat also in diesem Falle

$$(s s) = (v_1 v_1) + (v_2 v_2) + \ldots,$$

d. h. die Norm der Summe ist gleich der Summe der Normen.

5. Bilden $v_1, v_2, v_3, \ldots$ ein orthogonales Achsensystem, so ist die Reihe

$$a_1 v_1 + a_2 v_2 + a_3 v_3 + \ldots,$$

in der $a_1, a_2, a_3, \ldots$ reelle Zahlen sind, dann und nur dann konvergent, wenn die Reihe

$$a_1^2 + a_2^2 + a_3^2 + \ldots$$

konvergiert. Daß diese Bedingung notwendig ist, ersieht man aus Nr. 4. Aus

$$s = a_1 v_1 + a_2 v_2 + a_3 v_3 + \ldots$$

folgt nämlich, wie wir zeigten,

$$(s s) = (a_1 v_1, a_1 v_1) + (a_2 v_2, a_2 v_2) + \ldots$$
$$= a_1^2 + a_2^2 + a_3^2 + \ldots$$

Wenn umgekehrt $a_1^2 + a_2^2 + a_3^2 + \ldots$ konvergent ist, so gilt für die Partialsummen $s_n = a_1 v_1 + \ldots + a_n v_n$ die Formel

$$(s_m - s_n, s_m - s_n) = a_{n+1}^2 + \ldots + a_m^2. \qquad (m > n)$$

$a_{n+1}^2 + \ldots + a_m^2$ ist aber für $n > \nu$ kleiner als ε. Man hat also für $m, n > \nu$

$$(s_m - s_n, s_m - s_n) < \varepsilon.$$

Daraus folgt die Existenz von $\lim s_n$, d. h. die Konvergenz der Reihe $a_1 v_1 + a_2 v_2 + \ldots$ Die angegebene Bedingung ist daher auch hinreichend.[1]

---

[1] Man kann das Resultat von Nr. 5 auch so aussprechen: Eine Reihe paarweise orthogonaler Vektoren ist dann und nur dann konvergent, wenn die Reihe ihrer Normen konvergiert.

6. Man sieht sofort, daß eine konvergente Reihe paarweise orthogonaler Vektoren konvergent bleibt und ihre Summe nicht ändert, wenn man die Glieder der Reihe beliebig umordnet.

$v_1 + v_2 + v_3 + \dots$ sei eine solche Reihe und $w_1 + w_2 + w_3 + \dots$ entstehe aus ihr durch Umordnen der Glieder.

Da (vgl. Nr. 4)

$$(v_1 v_1) + (v_2 v_2) + (v_3 v_3) + \dots$$

konvergent ist, so ist auch

$$(w_1 w_1) + (w_2 w_2) + (w_3 w_3) + \dots$$

konvergent, folglich auch die Reihe $w_1 + w_2 + w_3 + \dots$ Wir haben also nur noch zu zeigen, daß ihre Summe σ gleich der Summe s der Reihe $v_1 + v_2 + v_3 + \dots$ ist.

Nimmt man in $v_1 + v_2 + \dots$ eine beliebige Partialsumme $s_n = v_1 + v_2 + \dots + v_n$, so wird bei genügend großem m die Partialsumme $\sigma_m = w_1 + w_2 + \dots + w_m$ die Glieder $v_1, v_2, \dots, v_n$ enthalten. Es wird also

$$(\sigma_m - s_n,\ \sigma_m - s_n) \leqq (v_{n+1}\ v_{n+1}) + (v_{n+2}\ v_{n+2}) + \dots$$

sein, mithin auch

$$\lim_{m=\infty} (\sigma_m - s_n,\ \sigma_m - s_n) = (\sigma - s_n,\ \sigma - s_n) \leqq (v_{n+1},\ v_{n+1}) + (v_{n+2},\ v_{n+2}) + \dots$$

Daraus folgt

$$\lim (\sigma - s_n,\ \sigma - s_n) = (\sigma - s,\ \sigma - s) = 0,$$

d. h.

$$\sigma = s.$$

Konvergente Vektorenreihen mit paarweise orthogonalen Gliedern sind also immer unbedingt konvergent.

§ 166. Zerlegung eines Vektors in bezug auf ein unendliches orthogonales Achsensystem.

Wir kehren jetzt zu den Betrachtungen in § 164 zurück. $x^{(1)}, x^{(2)}, x^{(3)}, \dots$ sei ein unendliches orthogonales Achsensystem und y irgend ein Vektor.

Wir wissen, daß die Reihe

$$(y x^{(1)}) x^{(1)} + (y x^{(2)}) x^{(2)} + (y x^{(3)}) x^{(3)} + \dots$$

unbedingt konvergiert.

Setzen wir nun

(1) $$y = z + (y x^{(1)}) x^{(1)} + (y x^{(2)}) x^{(2)} + (y x^{(3)}) x^{(3)} + \dots,$$

so ist z zu allen Achsen $x^{(1)}, x^{(2)}, x^{(3)}, \ldots$ orthogonal. Aus (1) folgt nämlich (vgl. § 165, Nr. 4)

$$(y\,x^{(n)}) = (z\,x^{(n)}) + (y\,x^{(1)})(x^{(1)}\,x^{(n)}) + (y\,x^{(2)})(x^{(2)}\,x^{(n)}) + \ldots,$$

d. h.

$$(y\,x^{(n)}) = (z\,x^{(n)}) + (y\,x^{(n)}),$$

also

$$(z\,x^{(n)}) = 0. \qquad (n = 1, 2, 3, \ldots)$$

Wir haben also y durch eine Reihe dargestellt, deren Glieder paarweise orthogonal sind. Bis auf eins, nämlich z, sind diese Glieder die Projektionen von y auf die Achsen $x^{(\nu)}$. Das ist genau dieselbe Zerlegung, wie wir sie in § 164 für ein endliches orthogonales Achsensystem hatten.

$(y\,x^{(\nu)})\,x^{(\nu)}$ nennen wir wie dort die $x^{(\nu)}$-Komponente und z den Rest von y modulis $x^{(1)}, x^{(2)}, x^{(3)}, \ldots$

Wenn $z = 0$ ist, so sagen wir, daß y sich aus den Achsen $x^{(1)}, x^{(2)}, x^{(3)}, \ldots$ linear zusammensetzen läßt. Die notwendige und hinreichende Bedingung für das Verschwinden von z lautet

(2) $$(y\,y) = (y\,x^{(1)})^2 + (y\,x^{(2)})^2 + (y\,x^{(3)})^2 + \ldots$$

Aus (1) ergibt sich nämlich, weil $z, x^{(1)}, x^{(2)}, \ldots$ paarweise orthogonal sind,

(3) $$(y\,y) = (z\,z) + (y\,x^{(1)})^2 + (y\,x^{(2)})^2 + \ldots$$

Es ist also dann und nur dann $z = 0$, wenn die Gleichung (2) stattfindet.

Wenn sich aus $x^{(1)}, x^{(2)}, x^{(3)}, \ldots$ jeder beliebige Vektor linear zusammensetzen läßt, so nennen wir dieses orthogonale Achsensystem ein vollständiges. Die Gleichung (2) muß dann für jeden Vektor y gelten.

Ersetzt man y_n durch 1 und alle übrigen Komponenten von y durch Null, so verwandelt sich (2) in

(4) $$1 = (x_n^{(1)})^2 + (x_n^{(2)})^2 + \ldots$$

Die Quadratsumme der n^{ten} Komponenten von $x^{(1)}, x^{(2)}, x^{(3)}, \ldots$ ist also gleich 1. Das gilt für $n = 1, 2, 3, \ldots$

Ersetzt man y_m und y_n $(m < n)$ beide durch 1 und alle übrigen Komponenten von y durch 0, so geht die Gleichung (2) in folgende über

$$2 = (x_m^{(1)} + x_n^{(1)})^2 + (x_m^{(2)} + x_n^{(2)})^2 + \ldots$$

Hieraus ergibt sich unter Beachtung der Gleichungen (4)

(5) $$x_m^{(1)}\,x_n^{(1)} + x_m^{(2)}\,x_n^{(2)} + x_m^{(3)}\,x_n^{(3)} + \ldots = 0. \qquad (m < n)$$

Die Relationen (4) und (5) besagen, daß die Vektoren

$$(6)\qquad \begin{cases} x_1^{(1)}, & x_1^{(2)}, & x_1^{(3)}, & \ldots, \\ x_2^{(1)}, & x_2^{(2)}, & x_2^{(3)}, & \ldots, \\ x_3^{(1)}, & x_3^{(2)}, & x_3^{(3)}, & \ldots, \\ \cdot & \cdot & \cdot & \cdot \end{cases}$$

ein orthogonales Achsensystem bilden.

Umgekehrt läßt sich, wenn (6) ein orthogonales Achsensystem ist, die Vollständigkeit des orthogonalen Achsensystems $x^{(1)}, x^{(2)}, x^{(3)}, \ldots$ beweisen.

Es genügt sogar schon zu wissen, daß für $n = 1, 2, 3, \ldots$ die Gleichung (4) stattfindet, daß also die Vektoren (6) Achsen sind. Dann läßt sich nämlich jeder der Vektoren

$$(7)\qquad \begin{cases} 1, & 0, & 0, & 0, \ldots, \\ 0, & 1, & 0, & 0, \ldots, \\ 0, & 0, & 1, & 0, \ldots, \\ \cdot & \cdot & \cdot & \cdot \end{cases}$$

linear aus $x^{(1)}, x^{(2)}, x^{(3)}, \ldots$ zusammensetzen. Dasselbe gilt folglich von jedem Vektor y, der aus einer endlichen Anzahl von Vektoren (7) durch lineare Kombination hervorgeht, also von jedem Vektor

$$(8)\qquad y_1, y_2, \ldots, y_n, 0, 0, \ldots,$$

dessen Komponenten mit einer endlichen Anzahl von Ausnahmen gleich Null sind.

Ist nun y oder $y_1, y_2, y_3, \ldots$ ein beliebiger Vektor und bezeichnet man mit $y^{(n)}$ den Vektor (8), so gilt die Formel

$$\lim y^{(n)} = y.$$

In der Tat ist

$$(y - y^{(n)}, y - y^{(n)}) = y_{n+1}^2 + y_{n+2}^2 + \cdots,$$

und da die Reihe

$$y_1^2 + y_2^2 + y_3^2 + \cdots$$

konvergent ist, so folgt

$$\lim (y - y^{(n)}, y - y^{(n)}) = 0, \quad \text{also} \quad \lim y^{(n)} = y.$$

Nun läßt sich $y^{(n)}$ linear aus $x^{(1)}, x^{(2)}, x^{(3)}, \ldots$ zusammensetzen. Man hat also

$$y^{(n)} = (y^{(n)} x^{(1)}) x^{(1)} + (y^{(n)} x^{(2)}) x^{(2)} + \cdots.$$

Andrerseits ist

$$y = z + (y x^{(1)}) x^{(1)} + (y x^{(2)}) x^{(2)} + \cdots,$$

mithin

$$y - y^{(n)} = z + (y - y^{(n)}, x^{(1)})\, x^{(1)} + (y - y^{(n)}, x^{(2)})\, x^{(2)} + \ldots = z + v^{(n)},$$

wobei wir

$$v^{(n)} = (y - y^{(n)}, x^{(1)})\, x^{(1)} + (y - y^{(n)}, x^{(2)})\, x^{(2)} + \ldots$$

gesetzt haben.

Da

$$(v^{(n)} v^{(n)}) = (y - y^{(n)}, x^{(1)})^2 + (y - y^{(n)}, x^{(2)})^2 + \ldots$$
$$\leqq (y - y^{(n)}, y - y^{(n)})$$

ist, so folgt

$$\lim (v^{(n)} v^{(n)}) = 0, \quad \text{d. h.} \lim v^{(n)} = 0.$$

Mithin ist

$$\lim (y - y^{(n)}) = z, \quad \text{d. h.} \; z = 0.$$

Es gilt also folgender Satz:

Ein orthogonales Achsensystem

$$(9) \qquad \begin{cases} x_1^{(1)}, & x_2^{(1)}, & x_3^{(1)}, & \ldots, \\ x_1^{(2)}, & x_2^{(2)}, & x_3^{(2)}, & \ldots, \\ x_1^{(3)}, & x_2^{(3)}, & x_3^{(3)}, & \ldots, \\ \cdot & \cdot & \cdot & \cdot \end{cases}$$

ist dann und nur dann vollständig, wenn die Reihen

$$(x_1^{(1)})^2 + (x_1^{(2)})^2 + (x_1^{(3)})^2 + \ldots,$$
$$(x_2^{(1)})^2 + (x_2^{(2)})^2 + (x_2^{(3)})^2 + \ldots,$$
$$(x_3^{(1)})^2 + (x_3^{(2)})^2 + (x_3^{(3)})^2 + \ldots,$$
$$\cdots\cdots\cdots$$

alle die Summe 1 haben.

Wenn man das Schema (9) um die Hauptdiagonale herumklappt, so entsteht das Schema (6). Ist (9) ein vollständiges orthogonales Achsensystem, so gilt dasselbe von (6). Denn außer den Gleichungen

$$(x_n^{(1)})^2 + (x_n^{(2)})^2 + (x_n^{(3)})^2 + \ldots = 1 \qquad (n = 1, 2, 3, \ldots)$$

gelten wegen der Vollständigkeit von (9) auch die Gleichungen.

$$(x_m^{(1)} x_n^{(1)}) + (x_m^{(2)} x_n^{(2)}) + \ldots = 0. \qquad (m \gtrless n)$$

Die Vektoren (6) bilden also ein orthogonales Achsensystem. Dieses ist vollständig, weil die Bedingungen

$$(x_1^{(n)})^2 + (x_2^{(n)})^2 + (x_3^{(n)})^2 + \ldots = 1 \qquad (n = 1, 2, 3, \ldots)$$

erfüllt sind.

Ein endliches orthogonales Achsensystem kann nie vollständig sein. Sind $x^{(1)}, x^{(2)}, \ldots, x^{(p)}$ paarweise orthogonale Achsen, so ist wegen der Konvergenz der Reihen

$$\sum (x_n^{(1)})^2, \quad \sum (x_n^{(2)})^2, \quad \ldots, \quad \sum (x_n^{(p)})^2$$

für genügend großes n

$$(x_n^{(1)})^2 + (x_n^{(2)})^2 + \ldots + (x_n^{(p)})^2 < 1.$$

Setzt man also $y_n = 1$ und alle übrigen Komponenten des Vektors y gleich Null, so ist y nicht in der Form

$$y = a_1 x^{(1)} + \ldots + a_p x^{(p)}$$

darstellbar, weil dann

$$a_1 = (y x^{(1)}) = x_n^{(1)}, \ldots, a_p = (y x^{(p)}) = x_n^{(p)}$$

sein müßte und

$$1 = (y y) = (x_n^{(1)})^2 + (x_n^{(2)})^2 + \ldots + (x_n^{(p)})^2.$$

Wenn $x^{(1)}, x^{(2)}, x^{(3)}, \ldots$ ein unvollständiges orthogonales Achsensystem ist, so gibt es einen Vektor y, dessen Rest z modulis $x^{(1)}, x^{(2)}, x^{(3)}, \ldots$ von Null verschieden ist. Normieren wir diesen Rest, so entsteht eine Achse, die zu allen Achsen $x^{(1)}, x^{(2)}, x^{(3)}, \ldots$ orthogonal ist. Ist umgekehrt eine solche Achse z vorhanden, die zu allen Achsen eines orthogonalen Achsensystems $x^{(1)}, x^{(2)}, x^{(3)}, \ldots$ orthogonal ist, so ist dieses System unvollständig. z ist nämlich sein eigner Rest modulis $x^{(1)}, x^{(2)}, x^{(3)}, \ldots$

Wir können also ein unvollständiges orthogonales Achsensystem auch dadurch charakterisieren, daß es eine Erweiterung gestattet, d. h. daß es eine Achse gibt, die zu allen Achsen des Systems orthogonal ist. Bei einem vollständigen orthogonalen Achsensystem ist eine solche Erweiterung unmöglich, weil jeder Vektor in bezug auf das System den Rest 0 hat.

§ 167. Auflösung eines speziellen Systems linearer Gleichungen.

$x^{(1)}, x^{(2)}, x^{(3)}, \ldots$ sei ein vollständiges orthogonales Achsensystem. Die Komponenten von $x^{(n)}$ bezeichnen wir wie bisher mit $x_1^{(n)}, x_2^{(n)}, x_3^{(n)}, \ldots$

Wir wollen jetzt folgendes unendliche Gleichungssystem betrachten:

$$(1)\qquad \begin{cases} x_1^{(1)} x_1 + x_2^{(1)} x_2 + x_3^{(1)} x_3 + \ldots = y_1, \\ x_1^{(2)} x_1 + x_2^{(2)} x_2 + x_3^{(2)} x_3 + \ldots = y_2, \\ x_1^{(3)} x_1 + x_2^{(3)} x_2 + x_3^{(3)} x_3 + \ldots = y_3, \\ \cdot\;\cdot\;\cdot\;\cdot\;\cdot\;\cdot\;\cdot\;\cdot\;\cdot\;\cdot\;\cdot\;\cdot\;\cdot\;\cdot\;\cdot \end{cases}$$

$y_1, y_2, y_3, \ldots$ soll ein Vektor sein, d. h. die Reihe $y_1^2 + y_2^2 + y_3^2 + \ldots$ soll konvergieren. Die Unbekannten $x_1, x_2, x_3, \ldots$ sollen ebenfalls die Komponenten eines Vektors sein, den wir x nennen wollen.

Dann lassen sich die Gleichungen (1) auch so schreiben:

$$(x x^{(1)}) = y_1, \quad (x x^{(2)}) = y_2, \quad (x x^{(3)}) = y_3, \ldots$$

Da wegen der Vollständigkeit des orthogonalen Achsensystems $x^{(1)}, x^{(2)}, x^{(3)}, \ldots$

$$x = (x x^{(1)})\, x^{(1)} + (x x^{(2)})\, x^{(2)} + \ldots$$

ist, so wird

(2) $$x = y_1 x^{(1)} + y_2 x^{(2)} + \ldots$$

Gehen wir nun umgekehrt von der Reihe

(3) $$y_1 x^{(1)} + y_2 x^{(2)} + y_3 x^{(3)} + \ldots$$

aus, so ist zunächst zu bemerken, daß sie konvergiert. Denn es wird ja vorausgesetzt, daß $y_1, y_2, y_3, \ldots$ ein Vektor ist, daß also $y_1^{\,2} + y_2^{\,2} + y_3^{\,2} + \ldots$ konvergent ist. Daraus folgt aber, wie wir gesehen haben (§ 165 Nr. 5), die Konvergenz der Reihe (3).

Bezeichnen wir ihre Summe mit x, so wird (§ 165 Nr. 4)

$$(x x^{(n)}) = y_1 (x^{(1)} x^{(n)}) + y_2 (x^{(2)} x^{(n)}) + \ldots = y_n,$$

d. h. x erfüllt die Gleichungen (1).

Das Gleichungssystem (1) hat also unter den gemachten Voraussetzungen eine und nur eine Lösung, die durch die Gleichung (2) gegeben ist.

§ 168. Orthogonalisierung linear unabhängiger Vektoren.

Eine wichtige Rolle in der Schmidtschen Theorie spielt das Orthogonalisierungsverfahren, welches wir jetzt darlegen wollen.

Wir betrachten zunächst ein System, das aus zwei linear unabhängigen Vektoren u, v besteht. Dann läßt sich die reelle Zahl a so wählen, daß

$$u \quad \text{und} \quad v + a u$$

zueinander orthogonal sind. Um zu bewirken, daß

$$(u, v + a u) = (u v) + a (u u) = 0$$

wird, braucht man nämlich nur

$$a = -\frac{(u v)}{(u u)}$$

zu setzen. Da u, v linear unabhängig sind, so ist $(u u) > 0$. Wäre $(u u) = 0$, d. h. $u = 0$, so hätte man $u = 0 v$, und u, v wären linear abhängig.

Von den $n + 1$ linear unabhängigen Vektoren

$$u^{(1)}, \quad u^{(2)}, \ldots, u^{(n)}, \quad v$$

seien die n ersten paarweise orthogonal. Es sei also

$$(u^{(r)}\, u^{(s)}) = 0. \qquad (r, s = 1, 2, \ldots, n;\; r \gtrless s)$$

Nach der vorhin gemachten Bemerkung läßt sich die reelle Zahl a_ν so wählen, daß

$$u^{(\nu)} \quad \text{und} \quad v + a_\nu u^{(\nu)}$$

zueinander orthogonal sind, daß also

$$(u^{(\nu)},\ v + a_\nu u^{(\nu)}) = 0$$

ist. Bildet man nun den Vektor

$$v + a_1 u^{(1)} + a_2 u^{(2)} + \ldots + a_n u^{(n)},$$

so ist er zu jedem der Vektoren $u^{(1)}, u^{(2)}, \ldots, u^{(n)}$ orthogonal. Um z. B. zu erkennen, daß er zu $u^{(1)}$ orthogonal ist, beachte man, daß die Gleichung

$$(u^{(1)}, v + a_1 u^{(1)} + a_2 u^{(2)} + \ldots + a_n u^{(n)}) = (u^{(1)}, v + a_1 u^{(1)}) + \sum_{\nu=2}^{n} a_n (u^{(1)}\, u^{(\nu)})$$

gilt und alle Glieder der rechten Seite verschwinden.

Die Vektoren

$$u^{(1)},\ u^{(2)},\ \ldots,\ u^{(n)},\ \ v + a_1 u^{(1)} + \ldots + a_n u^{(n)}$$

sind also paarweise orthogonal und außerdem linear unabhängig, weil $u^{(1)}, \ldots, u^{(n)}, v$ es sind.

Aus dem Obigen geht folgendes deutlich hervor.

Wenn $u^{(1)}, u^{(2)}, u^{(3)}, \ldots$ eine endliche Anzahl oder eine Folge linear unabhängiger[1] Vektoren ist, so lassen sich die Konstanten

$$a_{21},\ a_{31},\ a_{32},\ a_{41},\ a_{42},\ a_{43},\ \ldots$$

so wählen, daß die Vektoren

$$(1) \quad \begin{cases} v^{(1)} = u^{(1)}, \\ v^{(2)} = a_{21}\, v^{(1)} + u^{(2)}, \\ v^{(3)} = a_{31}\, v^{(1)} + a_{32}\, v^{(2)} + u^{(3)}, \\ \ldots\ldots\ldots\ldots \end{cases}$$

paarweise orthogonal sind. Man wählt zuerst a_{21} so, daß $v^{(2)}$ zu $v^{(1)}$ orthogonal ist, dann a_{31}, a_{32} so, daß $v^{(3)}$ zu $v^{(1)}$ und $v^{(2)}$ orthogonal ist, usf.

Den Übergang von dem Vektorensystem $u^{(1)}, u^{(2)}, u^{(3)}, \ldots$ zu $v^{(1)}, v^{(2)}, v^{(3)}, \ldots$ nennt E. SCHMIDT den Orthogonalisierungsprozeß. $v^{(1)}, v^{(2)}, v^{(3)}, \ldots$ sind alle ungleich Null.

---

[1] Unendlich viele Vektoren heißen linear unabhängig, wenn jede endliche Anzahl, die man unter ihnen herausgreift, aus linear unabhängigen Vektoren besteht.

Dividiert man jeden der Vektoren $v^{(1)}, v^{(2)}, v^{(3)}, \ldots$ durch seine Länge, so ergibt sich ein orthogonales Achsensystem $x^{(1)}, x^{(2)}, x^{(3)}, \ldots$

Aus den Gleichungen (1) ersieht man, daß die x sich durch die u in folgender Weise ausdrücken:

$$(2)\quad \begin{cases} x^{(1)} = c_{11}\, u^{(1)}, \\ x^{(2)} = c_{21}\, u^{(1)} + c_{22}\, u^{(2)}, \\ x^{(3)} = c_{31}\, u^{(1)} + c_{32}\, u^{(2)} + c_{33}\, u^{(3)}, \\ \quad \cdot\ \cdot\ \cdot\ \cdot\ \cdot\ \cdot\ \cdot\ \cdot\ \cdot\ \cdot\ \cdot\ \cdot \end{cases}$$

Da die Zahlen $c_{11}, c_{22}, c_{33}, \ldots$ alle von Null verschieden sind, so folgt aus (2)

$$(3)\quad \begin{cases} u^{(1)} = \gamma_{11}\, x^{(1)}, \\ u^{(2)} = \gamma_{21}\, x^{(1)} + \gamma_{22}\, x^{(2)}, \\ u^{(3)} = \gamma_{31}\, x^{(1)} + \gamma_{32}\, x^{(2)} + \gamma_{33}\, x^{(3)}, \\ \quad \cdot\ \cdot\ \cdot\ \cdot\ \cdot\ \cdot\ \cdot\ \cdot\ \cdot\ \cdot\ \cdot\ \cdot \end{cases}$$

Jeder Vektor, der sich aus einer endlichen Anzahl von Vektoren $x^{(n)}$ zusammensetzt, setzt sich auch aus den gleichnamigen $u^{(n)}$ linear zusammen und umgekehrt. Das zeigen die Gleichungen (2) und (3). Wir nennen die Systeme $u^{(1)}, u^{(2)}, u^{(3)}, \ldots$ und $x^{(1)}, x^{(2)}, x^{(3)}, \ldots$ wegen der angegebenen Eigenschaft **äquivalent**.

Es ist leicht, das orthogonale Achsensystem explizite hinzuschreiben. Man multipliziere die Determinante

$$U^{(n} = \begin{vmatrix} (u^{(1)}\ u^{(1)}) & \ldots & (u^{(1)}\ u^{(n-1)}) & u^{(1)} \\ \cdot & \cdot\ \cdot\ \cdot & \cdot & \cdot \\ (u^{(n)}\ u^{(1)}) & \ldots & (u^{(n)}\ u^{(n-1)}) & u^{(n)} \end{vmatrix}$$

mit

$$C_n = \begin{vmatrix} c_{11} & 0 & \ldots & 0 \\ c_{21} & c_{22} & \ldots & 0 \\ \cdot & \cdot & \cdot & \cdot \\ c_{n1} & c_{n2} & \ldots & c_{nn} \end{vmatrix},$$

und zwar derart, daß man die Zeilen von C_n mit den Spalten von $U^{(n)}$ zusammensetzt. Dadurch ergibt sich

$$C_n\, U^{(n)} = \begin{vmatrix} (x^{(1)}\ u^{(1)}) & \ldots & (x^{(1)}\ u^{(n-1)}) & x^{(1)} \\ \cdot & \cdot\ \cdot\ \cdot & \cdot & \cdot \\ (x^{(n)}\ u^{(1)}) & \ldots & (x^{(n)}\ u^{(n-1)}) & x^{(n)} \end{vmatrix}.$$

Multipliziert man diese Determinante mit

$$C_{n-1} = \begin{vmatrix} c_{11} & \dots & 0 & 0 \\ \cdot & \cdot & \cdot & \cdot \\ c_{n-1,1} & \dots & c_{n-1,n-1} & 0 \\ 0 & \dots & 0 & 1 \end{vmatrix},$$

und zwar nach Zeilen, so kommt

$$C_{n-1}\, C_n\, U^{(n)} = \begin{vmatrix} (x^{(1)}\, x^{(1)}) & \dots & (x^{(1)}\, x^{(n-1)}) & x^{(1)} \\ \cdot & \cdot & \cdot & \cdot \\ (x^{(n)}\, x^{(1)}) & \dots & (x^{(n)}\, x^{(n-1)}) & x^{(n)} \end{vmatrix} = x^{(n)}.$$

Andrerseits ist aber (vgl. § 172)

$$\begin{vmatrix} (u^{(1)}\, u^{(1)}) & \dots & (u^{(1)}\, u^{(n)}) \\ \cdot & \cdot & \cdot \\ (u^{(n)}\, u^{(1)}) & \dots & (u^{(n)}\, u^{(n)}) \end{vmatrix} C_n^{\,2} = \begin{vmatrix} (x^{(1)}\, x^{(1)}) & \dots & (x^{(1)}\, x^{(n)}) \\ \cdot & \cdot & \cdot \\ (x^{(n)}\, x^{(1)}) & \dots & (x^{(n)}\, x^{(n)}) \end{vmatrix} = 1.$$

Bezeichnet man also die GRAMsche Determinante von $u^{(1)}$, $u^{(2)}, \dots, u^{(n)}$ mit D_n und setzt $D_0 = 1$, so hat man

$$x^{(1)} = \frac{U^{(1)}}{\sqrt{D_0\, D_1}}, \quad x^{(2)} = \frac{U^{(2)}}{\sqrt{D_1\, D_2}}, \quad x^{(3)} = \frac{U^{(3)}}{\sqrt{D_2\, D_3}}, \quad \dots$$

oder ausführlich geschrieben

$$x^{(1)} = \frac{u^{(1)}}{\sqrt{1 \cdot (u^{(1)}\, u^{(1)})}},$$

$$x^{(2)} = \frac{\begin{vmatrix} (u^{(1)}\, u^{(1)}) & u^{(1)} \\ (u^{(2)}\, u^{(1)}) & u^{(2)} \end{vmatrix}}{\sqrt{(u^{(1)}\, u^{(1)}) \cdot \begin{vmatrix} (u^{(1)}\, u^{(1)}) & (u^{(1)}\, u^{(2)}) \\ (u^{(2)}\, u^{(1)}) & (u^{(2)}\, u^{(2)}) \end{vmatrix}}},$$

$$x^{(3)} = \frac{\begin{vmatrix} (u^{(1)}\, u^{(1)}) & (u^{(1)}\, u^{(2)}) & u^{(1)} \\ (u^{(2)}\, u^{(1)}) & (u^{(2)}\, u^{(2)}) & u^{(2)} \\ (u^{(3)}\, u^{(1)}) & (u^{(3)}\, u^{(2)}) & u^{(3)} \end{vmatrix}}{\sqrt{\begin{vmatrix} (u^{(1)}\, u^{(1)}) & (u^{(1)}\, u^{(2)}) \\ (u^{(2)}\, u^{(1)}) & (u^{(2)}\, u^{(2)}) \end{vmatrix} \cdot \begin{vmatrix} (u^{(1)}\, u^{(1)}) & (u^{(1)}\, u^{(2)}) & (u^{(1)}\, u^{(3)}) \\ (u^{(2)}\, u^{(1)}) & (u^{(2)}\, u^{(2)}) & (u^{(2)}\, u^{(3)}) \\ (u^{(3)}\, u^{(1)}) & (u^{(3)}\, u^{(2)}) & (u^{(3)}\, u^{(3)}) \end{vmatrix}}},$$

. . . .

§ 169. Ergänzung eines unvollständigen orthogonalen Achsensystems zu einem vollständigen.

$x^{(1)}$, $x^{(2)}$, $x^{(3)}$, ... sei ein unvollständiges orthogonales Achsensystem.

Wir nehmen das vollständige orthogonale Achsensystem

(1)
$$\begin{cases} 1, 0, 0, 0, \ldots; \\ 0, 1, 0, 0, \ldots; \\ 0, 0, 1, 0, \ldots; \\ \cdot\ \cdot\ \cdot\ \cdot\ \cdot\ \cdot\ \cdot \end{cases}$$

und ersetzen jede seiner Achsen durch ihren Rest modulis $x^{(1)}, x^{(2)}, x^{(3)}, \ldots$ Die Folge dieser Reste sei $z^{(1)}, z^{(2)}, z^{(3)}, \ldots$ Jeder von ihnen ist (vgl. § 166) zu allen $x^{(n)}$ orthogonal. Einige von den Resten $z^{(n)}$ können gleich Null sein. Sicher sind aber nicht alle gleich Null. Sonst ließe sich jeder der Vektoren (1) aus den $x^{(n)}$ linear zusammensetzen und dann wäre das System $x^{(1)}, x^{(2)}, x^{(3)}, \ldots$, wie aus § 166 zu entnehmen ist, vollständig, während wir es doch gerade als ein unvollständiges voraussetzen.

Wir wollen in der Folge $z^{(1)}, z^{(2)}, z^{(3)}, \ldots$ die Streichungen vornehmen, die § 173 vorschreibt. Es bleibe dann $y^{(1)}, y^{(2)}, y^{(3)}, \ldots$ übrig. Diese y bilden entweder eine endliche Anzahl oder eine Folge.

Aus $y^{(1)}, y^{(2)}, y^{(3)}, \ldots$ leiten wir nun nach dem in § 168 dargelegten Verfahren ein äquivalentes orthogonales Achsensystem $u^{(1)}, u^{(2)}, u^{(3)}, \ldots$ ab.

Dann bilden die u zusammen mit den x ein orthogonales Achsensystem. Je zwei x und je zwei u sind orthogonal und ein x und ein u sind auch immer orthogonal, weil jedes $u^{(n)}$ sich aus $y^{(1)}, y^{(2)}, \ldots, y^{(n)}$ linear zusammensetzt und diese zu den x orthogonal sind.

Es läßt sich zeigen, daß das orthogonale Achsensystem

(2)
$$x^{(1)}, x^{(2)}, x^{(3)}, \ldots, \quad u^{(1)}, u^{(2)}, u^{(3)}, \ldots$$

vollständig ist. Wir brauchen uns nur zu überzeugen, daß jeder der Vektoren (1) sich aus den Vektoren (2) linear zusammensetzt, und das ist fast selbstverständlich.

Der n^{te} Vektor (1) läßt sich nämlich so schreiben:

(3)
$$z^{(n)} + x_n^{(1)} x^{(1)} + x_n^{(2)} x^{(2)} + \ldots$$

$z^{(n)}$ ist aber entweder Null oder man kann es aus einer endlichen Anzahl von u linear zusammensetzen. Der Ausdruck (3) setzt sich also linear aus den Achsen (2) zusammen.

Damit ist bewiesen, daß man jedes unvollständige orthogonale Achsensystem zu einem vollständigen ergänzen kann.

§ 170. Auflösung eines Systems linearer homogener Gleichungen.

Wir betrachten ein System linearer homogener Gleichungen

$$(1) \qquad \begin{cases} x_1^{(1)} x_1 + x_2^{(1)} x_2 + x_3^{(1)} x_3 + \ldots = 0, \\ x_1^{(2)} x_1 + x_2^{(2)} x_2 + x_3^{(2)} x_3 + \ldots = 0, \\ x_1^{(3)} x_1 + x_2^{(3)} x_2 + x_3^{(3)} x_3 + \ldots = 0, \\ \ldots\ldots\ldots\ldots\ldots\ldots \end{cases}$$

und nehmen dabei an, daß $x^{(1)}, x^{(2)}, x^{(3)}, \ldots$ ein orthogonales Achsensystem bilden, daß also die Relationen

$$x_1^{(m)} x_1^{(n)} + x_2^{(m)} x_2^{(n)} + x_3^{(m)} x_3^{(n)} + \ldots = 0,$$
$$x_1^{(n)} x_1^{(n)} + x_2^{(n)} x_2^{(n)} + x_3^{(n)} x_3^{(n)} + \ldots = 1$$

gelten ($m, n = 1, 2, 3, \ldots; m \gtrless n$).

Die Unbekannten $x_1, x_2, x_3, \ldots$ sollen die Komponenten eines Vektors x sein, d. h. $x_1^2 + x_2^2 + x_3^2 + \ldots$ soll konvergieren.

Die Gleichungen (1) lauten dann

$$(1') \qquad (x^{(1)} x) = 0, \quad (x^{(2)} x) = 0, \ldots, \quad (x^{(n)} x) = 0.$$

Die Lösung $x = 0$, die immer vorhanden ist, wollen wir als trivial beiseite lassen, und nur nach Lösungen fragen, die ungleich Null sind. Eine solche Lösung können wir aber normieren. Es handelt sich also schließlich um die Frage:

Welche Achsen x erfüllen die Gleichungen (1'), d. h. welche Achsen x sind zu jeder der Achsen $x^{(1)}, x^{(2)}, x^{(3)}, \ldots$ orthogonal?

Ist $x^{(1)}, x^{(2)}, x^{(3)}, \ldots$ ein vollständiges System, so gibt es keine derartige Achse, d. h. die Gleichungen (1) haben nur die triviale Lösung $x = 0$.

Ist $x^{(1)}, x^{(2)}, x^{(3)}, \ldots$ ein unvollständiges System, so ergänze man es (vgl. § 169) durch Hinzufügung geeigneter Achsen $u^{(1)}, u^{(2)}, u^{(3)}, \ldots$ zu einem vollständigen. x ist dann nach § 166 in der Form

$$x = (x x^{(1)}) x^{(1)} + (x x^{(2)}) x^{(2)} + \ldots$$
$$+ (x u^{(1)}) u^{(1)} + (x u^{(2)}) u^{(2)} + \ldots$$

darstellbar, und man hat, wenn die Gleichungen (1') bestehen

$$(2) \qquad x = (x u^{(1)}) u^{(1)} + (x u^{(2)}) u^{(2)} + \ldots,$$

d. h. x setzt sich linear aus $u^{(1)}, u^{(2)}, u^{(3)}, \ldots$ zusammen.

Wenn umgekehrt x sich aus $u^{(1)}, u^{(2)}, u^{(3)}, \ldots$ linear zusammensetzt, d. h. modulis $u^{(1)}, u^{(2)}, u^{(3)}, \ldots$ den Rest Null hat, so erfüllt es die Gleichungen (1'). Aus (2) folgt nämlich (vgl. § 165, Nr. 4)

$$(x x^{(n)}) = (x u^{(1)}) (u^{(1)} x^{(n)}) + (x u^{(2)}) (u^{(2)} x^{(n)}) + \ldots = 0.$$

Man erhält also alle Lösungen von (1), wenn man auf alle möglichen Arten die reellen Zahlen $c_1, c_2, c_3, \ldots$ so wählt, daß die Reihe

(3) $$c_1 u^{(1)} + c_2 u^{(2)} + c_3 u^{(3)} + \ldots$$

konvergiert. Das ist, wie wir wissen, dann und nur dann der Fall, wenn die Reihe $c_1^2 + c_2^2 + c_3^2 + \ldots$ konvergiert.

Wenn
$$x = c_1 u^{(1)} + c_2 u^{(2)} + \ldots,$$
so hat man nach § 165
$$(x\,x) = c_1^2 + c_2^2 + \ldots$$

Jede Lösung von (1) ist also nur auf eine Weise durch (3) darstellbar. Aus
$$a_1 u^{(1)} + a_2 u^{(2)} + \ldots = b_1 u^{(1)} + b_2 u^{(2)} + \ldots$$
würde nämlich folgen:
$$(a_1 - b_1) u^{(1)} + (a_2 - b_2) u^{(2)} + \ldots = 0,$$
also
$$(a_1 - b_1)^2 + (a_2 - b_2)^2 + \ldots = 0.$$

Drücken wir die Tatsache, daß x modulis $u^{(1)}, u^{(2)}, u^{(3)}, \ldots$ den Rest Null hat, durch die Formel

(4) $$x \equiv 0 \;(\text{modd. } u^{(1)}, u^{(2)}, u^{(3)}, \ldots),$$

so können wir sagen, daß die Gleichungen (1') und die Formel (4) völlig gleichbedeutend sind.

§ 171. Verallgemeinerung des Resultats in § 167.

Wir kehren zu dem Gleichungssystem (1) in § 167 zurück und schreiben es in der Form

(1) $$(x\,x^{(1)}) = y_1, \quad (x\,x^{(2)}) = y_2, \quad (x\,x^{(3)}) = y_3, \ldots$$

Damals nahmen wir an, daß $x^{(1)}, x^{(2)}, x^{(3)}, \ldots$ ein vollständiges orthogonales Achsensystem bildeten.[1]

Jetzt wollen wir den Fall betrachten, daß $x^{(1)}, x^{(2)}, x^{(3)}, \ldots$ ein **unvollständiges** orthogonales Achsensystem ist.

Wir machen dieses unvollständige System durch Hinzufügung von $u^{(1)}, u^{(2)}, u^{(3)}, \ldots$ zu einem vollständigen.

[1] $y_1, y_2, y_3, \ldots$ sind die Komponenten eines Vektors, geben also eine konvergente Quadratsumme. Wenn wir diese Annahme nicht machen, gibt es überhaupt keine Lösung. Denn die Reihe $\Sigma(x\,x^{(n)})^2$ ist konvergent.

Setzen wir

(2) $$(x u^{(1)}) = v_1, \quad (x u^{(2)}) = v_2, \ldots,$$

so ist $v_1^2 + v_2^2 + v_3^2 + \ldots$ konvergent. Die Gleichungen (1) und (2) zusammen bilden also gerade ein System von der in § 167 betrachteten Art. Man ordne die Gleichungen etwa so an

(3) $$(x x^{(1)}) = y_1, \quad (x u^{(1)}) = v_1, \quad (x x^{(2)}) = y_2, \quad (x u^{(2)}) = v_2, \ldots$$

Sollte es nur eine endliche Anzahl von Gleichungen (2) geben, so kann man sie auch zuerst hinschreiben und dann die Gleichungen (1) folgen lassen.

Aus § 167 ergibt sich dann, daß

(4) $$\begin{cases} x = y_1 x^{(1)} + y_2 x^{(2)} + \ldots \\ \qquad + v_1 u^{(1)} + v_2 u^{(2)} + \ldots \end{cases}$$

die einzige Lösung von (3) ist.

Wir erhalten demnach alle Lösungen von (1), indem wir in dem Ausdruck (4) $v_1, v_2, v_3, \ldots$ auf alle möglichen Arten so wählen, daß $v_1^2 + v_2^2 + v_3^2 + \ldots$ konvergiert.

Da die Norm von x gleich

$$y_1^2 + y_2^2 + \ldots + v_1^2 + v_2^2 + \ldots$$

ist, so erhalten wir die Lösung kleinster Norm, wenn wir alle v_n gleich Null setzen. Dann wird aber

$$x = y_1 x^{(1)} + y_2 x^{(2)} + \ldots$$

§ 172. Kriterium der linearen Unabhängigkeit.

Bevor wir beliebige Systeme linearer Gleichungen betrachten, wollen wir ein Kriterium für die lineare Unabhängigkeit von n Vektoren $v^{(1)}, v^{(2)}, \ldots, v^{(n)}$ entwickeln, das nichts anderes als eine Verallgemeinerung des in § 134 behandelten Gramschen Kriteriums ist.

Wenn die reellen Zahlen $c_1, c_2, \ldots, c_n$ nicht alle verschwinden und so beschaffen sind, daß die Gleichung

(1) $$c_1 v^{(1)} + c_2 v^{(2)} + \ldots + c_n v^{(n)} = 0$$

stattfindet, so hat man zugleich

(2) $$\begin{cases} c_1 (v^{(1)} v^{(1)}) + c_2 (v^{(1)} v^{(2)}) + \ldots + c_n (v^{(1)} v^{(n)}) = 0, \\ c_1 (v^{(2)} v^{(1)}) + c_2 (v^{(2)} v^{(2)}) + \ldots + c_n (v^{(2)} v^{(n)}) = 0, \\ \ldots \ldots \ldots \ldots \ldots \ldots \\ c_1 (v^{(n)} v^{(1)}) + c_2 (v^{(n)} v^{(2)}) + \ldots + c_n (v^{(n)} v^{(n)}) = 0. \end{cases}$$

Die linken Seiten sind die inneren Produkte von $c_1 v^{(1)} + \ldots + c_n v^{(n)}$ mit $v^{(1)}, v^{(2)}, \ldots, v^{(n)}$. Sie sind gleich Null, weil $c_1 v^{(1)} + \ldots c_n v^{(n)}$ gleich Null ist.

Aus (2) folgt aber, da die c nicht alle verschwinden

$$\begin{vmatrix} (v^{(1)} v^{(1)}) & (v^{(1)} v^{(2)}) & \ldots & (v^{(1)} v^{(n)}) \\ (v^{(2)} v^{(1)}) & (v^{(2)} v^{(2)}) & \ldots & (v^{(2)} v^{(n)}) \\ \cdot & \cdot & \cdot & \cdot \\ (v^{(n)} v^{(1)}) & (v^{(n)} v^{(2)}) & \ldots & (v^{(n)} v^{(n)}) \end{vmatrix} = 0.$$

Die hier auftretende Determinante wollen wir die GRAMsche Determinante der Vektoren $v^{(1)}, v^{(2)}, \ldots v^{(n)}$ nennen. Ihr Verschwinden ist also für die lineare Abhängigkeit notwendig.

Wenn die Vektoren $v^{(1)}, v^{(2)}, \ldots, v^{(n)}$ linear unabhängig sind, so lassen sich, wie wir aus § 168 wissen, die reellen Zahlen $c_{11}, c_{21}, c_{22}, c_{31}, c_{32}, c_{33}, \ldots$ derart wählen, daß die Vektoren

$$\begin{aligned} x^{(1)} &= c_{11} v^{(1)}, \\ x^{(2)} &= c_{21} v^{(1)} + c_{22} v^{(2)}, \\ &\cdot\;\cdot\;\cdot\;\cdot\;\cdot\;\cdot\;\cdot \\ x^{(n)} &= c_{n1} v^{(1)} + c_{n2} v^{(2)} + \ldots + c_{nn} v^{(n)} \end{aligned}$$

ein orthogonales Achsensystem bilden.

Nun ergibt sich durch Multiplikation nach Zeilen

$$\begin{vmatrix} (v^{(1)} v^{(1)}) & (v^{(1)} v^{(2)}) & \ldots & (v^{(1)} v^{(n)}) \\ (v^{(2)} v^{(1)}) & (v^{(2)} v^{(2)}) & \ldots & (v^{(2)} v^{(n)}) \\ \cdot & \cdot & \cdot & \cdot \\ (v^{(n)} v^{(1)}) & (v^{(n)} v^{(2)}) & \ldots & (v^{(n)} v^{(n)}) \end{vmatrix} \begin{vmatrix} c_{11} & 0 & \ldots & 0 \\ c_{21} & c_{22} & \ldots & 0 \\ \cdot & \cdot & \cdot & \cdot \\ c_{n1} & c_{n2} & \ldots & c_{nn} \end{vmatrix}$$

$$= \begin{vmatrix} (v^{(1)} x^{(1)}) & (v^{(1)} x^{(2)}) & \ldots & (v^{(1)} x^{(n)}) \\ (v^{(2)} x^{(1)}) & (v^{(2)} x^{(2)}) & \ldots & (v^{(2)} x^{(n)}) \\ \cdot & \cdot & \cdot & \cdot \\ (v^{(n)} x^{(1)}) & (v^{(n)} x^{(2)}) & \ldots & (v^{(n)} x^{(n)}) \end{vmatrix}$$

und

$$\begin{vmatrix} (x^{(1)} v^{(1)}) & (x^{(1)} v^{(2)}) & \ldots & (x^{(1)} v^{(n)}) \\ (x^{(2)} v^{(1)}) & (x^{(2)} v^{(2)}) & \ldots & (x^{(2)} v^{(n)}) \\ \cdot & \cdot & \cdot & \cdot \\ (x^{(n)} v^{(1)}) & (x^{(n)} v^{(2)}) & \ldots & (x^{(n)} v^{(n)}) \end{vmatrix} \begin{vmatrix} c_{11} & 0 & \ldots & 0 \\ c_{21} & c_{22} & \ldots & 0 \\ \cdot & \cdot & \cdot & \cdot \\ c_{n1} & c_{n2} & \ldots & c_{nn} \end{vmatrix}$$

$$= \begin{vmatrix} (x^{(1)} x^{(1)}) & (x^{(1)} x^{(2)}) & \ldots & (x^{(1)} x^{(n)}) \\ (x^{(2)} x^{(1)}) & (x^{(2)} x^{(2)}) & \ldots & (x^{(2)} x^{(n)}) \\ \cdot & \cdot & \cdot & \cdot \\ (x^{(n)} x^{(1)}) & (x^{(n)} x^{(2)}) & \ldots & (x^{(n)} x^{(n)}) \end{vmatrix} = 1.$$

Demnach ist

$$\begin{vmatrix} (v^{(1)}v^{(1)}) & (v^{(1)}v^{(2)}) & \dots & (v^{(1)}v^{(n)}) \\ (v^{(2)}v^{(1)}) & (v^{(n)}v^{(2)}) & \dots & (v^{(2)}v^{(n)}) \\ . & . & . & . \\ (v^{(n)}v^{(1)}) & (v^{(n)}v^{(2)}) & \dots & (v^{(n)}v^{(n)}) \end{vmatrix} \begin{vmatrix} c_{11} & 0 & \dots & 0 \\ c_{21} & c_{22} & \dots & 0 \\ . & . & . & . \\ c_{n1} & c_{n2} & \dots & c_{nn} \end{vmatrix}^2 = 1.$$

Daraus ersehen wir, daß n linear unabhängige Vektoren eine positive GRAMsche Determinante geben. Das Verschwinden der GRAMschen Determinante ist also für die lineare Abhängigkeit auch hinreichend.

§ 173. Verwandlung einer Vektorenfolge in eine äquivalente von linear unabhängigen Vektoren.

$v^{(1)}, v^{(2)}, v^{(3)}, \dots$ sei eine beliebige Vektorenfolge. $w^{(1)}$ sei der erste von Null verschiedene Vektor, den man beim Durchlaufen der Folge antrifft, $w^{(2)}$ der erste auf $w^{(1)}$ folgende Vektor, der nicht die Form $c_{11}w^{(1)}$ hat, $w^{(3)}$ der erste auf $w^{(2)}$ folgende Vektor, der nicht die Form $c_{21}w^{(1)} + c_{22}w^{(2)}$ hat usw.

Jedesmal kommt ein Vektor w neu hinzu, der sich nicht aus den bisherigen linear zusammensetzt. Ob ein Vektor diese Eigenschaft hat, kann man mittels der GRAMschen Determinante feststellen.

Es ergibt sich durch das obige Verfahren entweder eine endliche Anzahl oder eine Folge von Vektoren w, die so beschaffen ist, daß sich jedes $v^{(n)}$ durch eine endliche Anzahl von $w^{(n)}$ linear ausdrückt und umgekehrt.

Zwei solche Vektorensysteme nennen wir äquivalent (§ 168).

Es ist klar, daß die Vektoren w linear unabhängig sind, d. h. daß jede endliche Anzahl solcher Vektoren aus linear unabhängigen besteht. Wir haben die Vektoren w gerade so gewählt, daß kein $w^{(n)}$ sich aus den vorhergehenden linear zusammensetzt.

In jeder endlichen oder unendlichen Vektorenfolge gibt es also eine äquivalente Teilfolge linear unabhängiger Vektoren.

§ 174. Reduktion eines Systems linearer homogener Gleichungen auf die Normalform.

$v^{(1)}, v^{(2)}, v^{(3)}, \dots$ sei eine beliebige Vektorenfolge und x ein unbekannter Vektor, der den Gleichungen

(1) $$(v^{(1)}x) = 0, \quad (v^{(2)}x) = 0, \quad (v^{(3)}x) = 0, \dots$$

genügen soll.

Nach dem in § 173 dargelegten Verfahren suche man in $v^{(1)}, v^{(2)}, v^{(3)}, \ldots$ eine Teilfolge $w^{(1)}, w^{(2)}, w^{(3)}, \ldots$ linear unabhängiger Vektoren auf, die mit $v^{(1)}, v^{(2)}, v^{(3)}, \ldots$ äquivalent ist. Dann ist das Gleichungssystem (1) mit dem Gleichungssystem

$$(2) \qquad (w^{(1)} x) = 0, \quad (w^{(2)} x) = 0, \quad (w^{(3)} x) = 0, \ldots$$

äquivalent, d. h. jeder Vektor x, der den Gleichungen (1) genügt, erfüllt auch die Gleichungen (2) und umgekehrt.

Jeder Vektor w setzt sich aus einer endlichen Anzahl von Vektoren v linear zusammen und daher jedes $(w x)$ aus einer endlichen Anzahl von $(v x)$. Ebenso setzt sich jeder Vektor v aus einer endlichen Anzahl von Vektoren w linear zusammen und daher jedes $(v x)$ aus einer endlichen Anzahl von $(w x)$.

Nun wollen wir aus $w^{(1)}, w^{(2)}, w^{(3)}, \ldots$ durch das in § 168 angegebene Verfahren ein äquivalentes orthogonales Achsensystem $x^{(1)}, x^{(2)}, x^{(3)}, \ldots$ ableiten. Dann erhalten wir ein mit (2), also auch mit (1), äquivalentes Gleichungssystem

$$(3) \qquad (x^{(1)} x) = 0, \quad (x^{(2)} x) = 0, \quad (x^{(3)} x) = 0, \ldots,$$

das die in § 170 betrachtete Normalform hat.

Den Übergang von (1) zu (3) wollen wir die Reduktion auf die Normalform nennen, den Übergang von (1) zu (2) die Reduktion auf ein System unabhängiger Gleichungen.

§ 175. Direkte Behandlung eines Systems von unabhängigen linearen homogenen Gleichungen.

$w^{(1)}, w^{(2)}, w^{(3)}, \ldots$ sei ein System linear unabhängiger Vektoren und

$$\begin{aligned} x^{(1)} &= c_{11} w^{(1)}, \\ x^{(2)} &= c_{21} w^{(1)} + c_{22} w^{(2)}, \\ x^{(3)} &= c_{31} w^{(1)} + c_{32} w^{(2)} + c_{33} w^{(3)}, \\ &\ldots\ldots\ldots\ldots \end{aligned}$$

das äquivalente orthogonale Achsensystem, das man nach dem Verfahren in § 168 findet.

Das Gleichungssystem

$$(1) \qquad (w^{(1)} x) = 0, \quad (w^{(2)} x) = 0, \quad (w^{(3)} x) = 0, \ldots$$

ist dann äquivalent mit

$$(2) \qquad (x^{(1)} x) = 0, \quad (x^{(2)} x) = 0, \quad (x^{(3)} x) = 0, \ldots$$

Die Lösungen von (2) sind, wenn $x^{(1)}, x^{(2)}, x^{(3)}, \ldots$ ein unvollständiges

Achsensystem ist, kongruent 0 modulis $u^{(1)}, u^{(2)}, u^{(3)}, \ldots$ Dabei sind $u^{(1)}, u^{(2)}, u^{(3)}, \ldots$ derart gewählt, daß

$$x^{(1)}, x^{(2)}, \ldots, u^{(1)}, u^{(2)}, \ldots$$

ein vollständiges orthogonales Achsensystem bilden (vgl. § 169).

Wenn man von irgend einem Vektor y seinen Rest modulis $x^{(1)}, x^{(2)}, \ldots$ bildet, so ist dieser kongruent 0 modulis $u^{(1)}, u^{(2)}, u^{(3)}, \ldots$ Man hat nämlich

$$\begin{aligned} y = & (y\,x^{(1)})\,x^{(1)} + (y\,x^{(2)})\,x^{(2)} + \ldots \\ & + (y\,u^{(1)})\,u^{(1)} + (y\,u^{(2)})\,u^{(2)} + \ldots, \end{aligned}$$

und der Rest von y modulis $x^{(1)}, x^{(2)}, x^{(3)}, \ldots$ lautet also

$$(y\,u^{(1)})\,u^{(1)} + (y\,u^{(2)})\,u^{(2)} + \ldots$$

Der Rest eines Vektors y modulis $x^{(1)}, x^{(2)}, x^{(3)}, \ldots$ ist hiernach immer eine Lösung von (2), also auch von (1), und man kann durch passende Wahl von y jede Lösung erhalten. Setzt man nämlich y gleich der Lösung selbst, so ist y sein eigener Rest modulis $x^{(1)}, x^{(2)}, x^{(3)}, \ldots$

Der Rest z von y modulis $x^{(1)}, x^{(2)}, x^{(3)}, \ldots$ ist gleich

$$y - (y\,x^{(1)})\,x^{(1)} - (y\,x^{(2)})\,x^{(2)} - \ldots,$$

also gleich

$$\lim \{ y - (y\,x^{(1)})\,x^{(1)} - \ldots - (y\,x^{(n)})\,x^{(n)} \}.$$

$z^{(n)} = y - (y\,x^{(1)})\,x^{(1)} - \ldots - (y\,x^{(n)})\,x^{(n)}$ ist aber der Rest von y modulis $x^{(1)}, x^{(2)}, \ldots, x^{(n)}$.

Man muß also zuerst den Rest $z^{(n)}$ berechnen und findet dann z durch Grenzübergang.

$z^{(n)}$ läßt sich nun direkt durch $w^{(1)}, w^{(2)}, \ldots, w^{(n)}$ ausdrücken. Man braucht also zur Berechnung von $z^{(n)}$ gar nicht die Normalform (2), sondern kann direkt mit dem System (1) operieren.

$z^{(n)}$ können wir in folgender Weise als geänderte Determinante schreiben.

$$z^{(n)} = \begin{vmatrix} (x^{(1)}\,x^{(1)}) & \ldots & (x^{(1)}\,x^{(n)}) & x^{(1)} \\ \cdot & \cdot & \cdot & \cdot \\ (x^{(n)}\,x^{(1)}) & \ldots & (x^{(n)}\,x^{(n)}) & x^{(n)} \\ (y\,x^{(1)}) & \ldots & (y\,x^{(n)}) & y \end{vmatrix} \tag{3}$$

Diese Determinante reduziert sich nämlich, da $x^{(1)}, x^{(2)}, x^{(3)}, \ldots$ ein orthogonales Achsensystem ist, auf

$$\begin{vmatrix} 1 & \ldots & 0 & x^{(1)} \\ \cdot & \cdot & \cdot & \cdot \\ 0 & \ldots & 1 & x^{(n)} \\ (y x^{(1)}) & \ldots & (y x^{(n)}) & y \end{vmatrix} = y - (y\,x^{(1)})\,x^{(1)} - \ldots - (y\,x^{(n)})\,x^{(n)}.$$

Multipliziert man nun die Determinante

$$\begin{vmatrix} (w^{(1)} w^{(1)}) & \ldots & (w^{(1)} w^{(n)}) & w^{(1)} \\ \cdot & \cdot & \cdot & \cdot \\ (w^{(n)} w^{(1)}) & \ldots & (w^{(n)} w^{(n)}) & w^{(n)} \\ (y\, w^{(1)}) & \ldots & (y\, w^{(n)}) & y \end{vmatrix}$$

zweimal mit

$$C_n = \begin{vmatrix} c_{11} & 0 & \ldots & 0 & 0 \\ c_{21} & c_{22} & \ldots & 0 & 0 \\ \cdot & \cdot & \cdot & \cdot & \cdot \\ c_{n1} & c_{n2} & \ldots & c_{nn} & 0 \\ 0 & 0 & \ldots & 0 & 1 \end{vmatrix},$$

so kommt

$$\begin{vmatrix} (x^{(1)} x^{(1)}) & \ldots & (x^{(1)} x^{(n)}) & x^{(1)} \\ \cdot & \cdot & \cdot & \cdot \\ (x^{(n)} x^{(1)}) & \ldots & (x^{(n)} x^{(n)}) & x^{(n)} \\ (y\, x^{(1)}) & \ldots & (y\, x^{(n)}) & y \end{vmatrix}.$$

Es ist also

$$\begin{vmatrix} (w^{(1)} w^{(1)}) & \ldots & (w^{(1)} w^{(n)}) & w^{(1)} \\ \cdot & \cdot & \cdot & \cdot \\ (w^{(n)} w^{(1)}) & \ldots & (w^{(n)} w^{(n)}) & w^{(n)} \\ (y\, w^{(1)}) & \ldots & (y\, w^{(n)}) & y \end{vmatrix} C_n^{\,2} = z^{(n)}.$$

Andrerseits gilt aber (vgl. § 172) die Formel

$$\begin{vmatrix} (w^{(1)} w^{(1)}) & \ldots & (w^{(1)} w^{(n)}) \\ \cdot & \cdot & \cdot \\ (w^{(n)} w^{(1)}) & \ldots & (w^{(n)} w^{(n)}) \end{vmatrix} C_n^{\,2} = 1.$$

Mithin ist

$$z^{(n)} = \frac{\begin{vmatrix} (w^{(1)} w^{(1)}) & \ldots & (w^{(1)} w^{(n)}) & w^{(1)} \\ \cdot & \cdot & \cdot & \cdot \\ (w^{(n)} w^{(1)}) & \ldots & (w^{(n)} w^{(n)}) & w^{(n)} \\ (y\, w^{(1)}) & \ldots & (y\, w^{(n)}) & y \end{vmatrix}}{\begin{vmatrix} (w^{(1)} w^{(1)}) & \ldots & (w^{(1)} w^{(n)}) \\ \cdot & \cdot & \cdot \\ (w^{(n)} w^{(1)}) & \ldots & (w^{(n)} w^{(n)}) \end{vmatrix}},$$

und wir können sicher sein, daß $\lim z^{(n)} = x$ existiert und eine Lösung von (1) ist. Ferner wissen wir, daß wir durch passende Wahl von y jede Lösung von (1) auf diesem Wege erhalten können. Der Nenner von $z^{(n)}$ ist nach § 172 positiv.

Wir wollen noch eine Formel für die Norm von $x^{(n)}$ ableiten. Da $x^{(n)}$ zu $x^{(1)}, x^{(2)}, \ldots, x^{(n)}$ orthogonal ist, so hat man

$$(x^{(n)} y) = (x^{(n)} x^{(n)}) + \sum_{\nu=1}^{n} (y\, x^{(\nu)})\,(x^{(n)} x^{(\nu)}) = (x^{(n)} x^{(n)}).$$

Um $(x^{(n)} x^{(n)})$ zu erhalten, genügt es also, das innere Produkt von $x^{(n)}$ und y zu bilden.

Nun ist der Nenner von $x^{(n)}$ eine reelle Zahl und der Zähler hat die Form

$$A_1 w^{(1)} + \ldots + A_n w^{(n)} + A y,$$

wo die A wieder reelle Zahlen sind. Sein inneres Produkt mit y lautet also

$$A_1 (w^{(1)} y) + \ldots + A_n (w^{(n)} y) + A (y y).$$

Es entsteht aus dem Zähler von $x^{(n)}$, indem man

$$w^{(1)}, \ldots, w^{(n)}, y$$

bezüglich durch

$$(w^{(1)} y), \ldots, (w^{(n)} y), (y y)$$

ersetzt.

Daraus geht hervor, daß

$$(x^{(n)} x^{(n)}) = (x^{(n)} y) = \frac{\begin{vmatrix} (w^{(1)} w^{(1)}) \ldots (w^{(1)} w^{(n)}) & (w^{(1)} y) \\ \cdot\ \cdot\ \cdot\ \cdot\ \cdot\ \cdot & \cdot \\ (w^{(n)} w^{(1)}) \ldots (w^{(n)} w^{(n)}) & (w^{(n)} y) \\ (y\, w^{(1)}) \ \ldots\ (y\, w^{(n)}) & (y y) \end{vmatrix}}{\begin{vmatrix} (w^{(1)} w^{(1)}) \ldots (w^{(1)} w^{(n)}) \\ \cdot\ \cdot\ \cdot\ \cdot\ \cdot\ \cdot \\ (w^{(n)} w^{(1)}) \ldots (w^{(n)} w^{(n)}) \end{vmatrix}}$$

ist, also (vgl. § 165 Nr. 3)

$$(x x) = \lim\, (x^{(n)} x^{(n)}) = \lim \frac{\begin{vmatrix} (w^{(1)} w^{(1)}) \ldots (w^{(1)} w^{(n)}) & (w^{(1)} y) \\ \cdot\ \cdot\ \cdot\ \cdot\ \cdot\ \cdot & \cdot \\ (w^{(n)} w^{(1)}) \ldots (w^{(n)} w^{(n)}) & (w^{(n)} y) \\ (y\, w^{(1)}) \ \ldots\ (y\, w^{(n)}) & (y y) \end{vmatrix}}{\begin{vmatrix} (w^{(1)} w^{(1)}) \ldots (w^{(1)} w^{(n)}) \\ \cdot\ \cdot\ \cdot\ \cdot\ \cdot\ \cdot \\ (w^{(n)} w^{(1)}) \ldots (w^{(n)} w^{(n)}) \end{vmatrix}}.$$

Der Zähler des Bruches $(x^{(n)} x^{(n)})$ ist die Gramsche Determinante der Vektoren $w^{(1)}, w^{(2)}, \ldots, w^{(n)}, y$, der Nenner die Gramsche Determinante der Vektoren $w^{(1)}, w^{(2)}, \ldots, w^{(n)}$. Da

$$(x^{(n)} x^{(n)}) = (y y) - (y\, x^{(1)})^2 - \ldots - (y\, x^{(n)})^2$$

ist, so nimmt $(x^{(n)}\,x^{(n)})$ bei wachsendem n sicher nicht zu. Da anderseits $(x^{(n)}\,x^{(n)}) \geqq 0$ ist (vgl. § 164), so sieht man hier auf eine neue Weise, daß $\lim\,(x^{(n)}\,x^{(n)})$ existiert, und es zeigt sich zugleich, daß $(x^{(n)}\,x^{(n)})$ absteigend nach diesem Grenzwert konvergiert.

Wenn $\lim\,(x^{(n)}\,x^{(n)}) = 0$ ist, so liefert der Vektor y nur die triviale Lösung $x = 0$.

Liefern die Vektoren

$$\begin{array}{ccccc} 1, & 0, & 0, & 0, & \ldots, \\ 0, & 1, & 0, & 0, & \ldots, \\ 0, & 0, & 1, & 0, & \ldots, \\ \cdot & \cdot & \cdot & \cdot & \ldots, \end{array}$$

die wir der Reihe nach mit $y^{(1)}, y^{(2)}, y^{(3)}, \ldots$ bezeichnen wollen, alle nur die Lösung $x = 0$, so bedeutet dies, daß ihre Reste modulis $x^{(1)}, x^{(2)}, x^{(3)}, \ldots$ alle gleich Null sind. Dann ist aber (vgl. § 166) das Achsensystem $x^{(1)}, x^{(2)}, x^{(3)}, \ldots$ vollständig und die Gleichungen (1) haben nur die triviale Lösung $x = 0$. Die notwendigen und hinreichenden Bedingungen für das Eintreten dieses Falles sind also folgende:

$$\lim_{n=\infty} \frac{\begin{vmatrix} (w^{(1)}\,w^{(1)}) & \ldots & (w^{(1)}\,w^{(n)}) & (w^{(1)}\,y^{(k)}) \\ \cdot & \cdot & \cdot & \cdot \\ (w^{(n)}\,w^{(1)}) & \ldots & (w^{(n)}\,w^{(n)}) & (w^{(n)}\,y^{(k)}) \\ (y^{(k)}\,w^{(1)}) & \ldots & (y^{(k)}\,w^{(n)}) & (y^{(k)}\,y^{(k)}) \end{vmatrix}}{\begin{vmatrix} (w^{(1)}\,w^{(1)}) & \ldots & (w^{(1)}\,w^{(n)}) \\ \cdot & \cdot & \cdot \\ (w^{(n)}\,w^{(1)}) & \ldots & (w^{(n)}\,w^{(n)}) \end{vmatrix}} = 0. \qquad (k = 1, 2, 3, \ldots)$$

oder, wenn man die Komponenten von $w^{(\nu)}$ mit $w_1^{(\nu)}, w_2^{(\nu)}, w_3^{(\nu)}, \ldots$ bezeichnet,

$$(4) \qquad \lim_{n=\infty} \frac{\begin{vmatrix} (w^{(1)}\,w^{(1)}) & \ldots & (w^{(1)}\,w^{(n)}) & w_k^{(1)} \\ \cdot & \cdot & \cdot & \cdot \\ (w^{(n)}\,w^{(1)}) & \ldots & (w^{(n)}\,w^{(n)}) & w_k^{(n)} \\ w_k^{(1)} & \ldots & w_k^{(n)} & 1 \end{vmatrix}}{\begin{vmatrix} (w^{(1)}\,w^{(1)}) & \ldots & (w^{(1)}\,w^{(n)}) \\ \cdot & \cdot & \cdot \\ (w^{(n)}\,w^{(1)}) & \ldots & (w^{(n)}\,w^{(n)}) \end{vmatrix}} = 0. \qquad (k = 1, 2, 3, \ldots)$$

Das System (1) hat dann und nur dann außer der trivialen Lösung $x = 0$ noch andere Lösungen, wenn wenigstens einer dieser Grenzwerte positiv ist.

Um nun alle Lösungen des Systems (1) zu finden, kann man so verfahren.

Man bildet für jeden der Vektoren $y^{(1)}, y^{(2)}, y^{(3)}, \ldots$ den Rest modulis $x^{(1)}, x^{(2)}, x^{(3)}, \ldots$, in der oben angegebenen Weise durch Grenzübergang. Die so erhaltene Folge $\mathfrak{z}^{(1)}, \mathfrak{z}^{(2)}, \mathfrak{z}^{(3)}, \ldots$ verwandelt man in ein äquivalentes orthogonales Achsensystem $u^{(1)}, u^{(2)}, u^{(3)}, \ldots$ Dabei hat man das in § 173 und § 168 dargelegte Verfahren zu benutzen. Alle Lösungen von (1) lassen sich dann linear aus den Lösungen $u^{(1)}, u^{(2)}, u^{(3)}, \ldots$ ableiten. Da

$$c_1 u^{(1)} + c_2 u^{(2)} + \ldots = \lim (c_1 u^{(1)} + \ldots + c^{(n)} u^{(n)})$$

ist ($c_1^2 + c_2^2 + \ldots$ konvergent), so können wir auch sagen, daß die Lösungen von (1) teils endliche lineare Kombinationen von $\mathfrak{z}^{(1)}$, $\mathfrak{z}^{(2)}, \mathfrak{z}^{(3)}, \ldots$ sind, d. h. Ausdrücke von der Form

$$a_1 \mathfrak{z}^{(1)} + a_2 \mathfrak{z}^{(2)} + \ldots + a_n \mathfrak{z}^{(n)}, \qquad (n = 1, 2, 3, \ldots)$$

wo die a beliebige reelle Zahlen bedeuten, teils Grenzwerte von Folgen, die aus solchen Ausdrücken bestehen.

Jede konvergente Folge von Lösungen hat übrigens als Grenzwert wieder eine Lösung. Das folgt aus § 165 Nr. 3. Man sagt auf Grund dieser Eigenschaft, daß die Lösungen von (1) eine abgeschlossene Menge bilden.

Wir können das System (1) als gelöst betrachten, und auf diesen Standpunkt stellt sich auch E. Schmidt, wenn uns eine Menge von Lösungen bekannt ist, aus der wir durch die beiden folgenden Operationen alle Lösungen finden können:

1. Lineare Kombination einer endlichen Anzahl von Lösungen,
2. Übergang zu dem Grenzwert einer konvergenten Folge von Lösungen.

$\mathfrak{z}^{(1)}, \mathfrak{z}^{(2)}, \mathfrak{z}^{(3)}, \ldots$ ist ein solches System von Lösungen.

§ 176. Systeme inhomogener linearer Gleichungen.

Wenn ein inhomogenes System linearer Gleichungen vorliegt,

$$(1) \qquad (v^{(1)} x) = y_1, \quad (v^{(2)} x) = y_2, \quad (v^{(3)} x) = y_3, \ldots,$$

so können wir es so reduzieren, daß die Vektoren v linear unabhängig sind. Wir suchen einfach in $v^{(1)}, v^{(2)}, v^{(3)}, \ldots$ eine äquivalente Teilfolge $w^{(1)}, w^{(2)}, w^{(3)}, \ldots$ von unabhängigen Vektoren auf und bezeichnen die entsprechende Teilfolge von $y_1, y_2, y_3, \ldots$ mit $\eta_1, \eta_2, \eta_3, \ldots$ Betrachten wir nun das System (1) und das System

$$(2) \qquad (w^{(1)} x) = \eta_1, \quad (w^{(2)} x) = \eta_2, \quad (w^{(3)} x) = \eta_3, \ldots,$$

so ist jede Lösung von (1) eine Lösung von (2); denn die Gleichungen (2) kommen alle in dem System (1) vor. Es ist aber auch umgekehrt jede Lösung von (2) eine Lösung von (1).

Jedes $(v^{(n)} x)$ ist nämlich eine lineare Kombination einer endlichen Anzahl von $(w x)$. Wäre y_n nicht dieselbe lineare Kombination der entsprechenden η, so würden sich die Gleichungen (1) widersprechen. Schließen wir diesen Fall aus, so ist jede Lösung von (2) auch eine Lösung von (1).

Um nun (2) weiter zu behandeln, wählen wir die Konstanten $c_{11}, c_{21}, c_{22}, \ldots$ derart, daß die Vektoren

$$(3) \qquad \begin{cases} x^{(1)} = c_{11} w^{(1)}, \\ x^{(2)} = c_{21} w^{(1)} + c_{22} w^{(2)}, \\ x^{(3)} = c_{31} w^{(1)} + c_{32} w^{(2)} + c_{33} w^{(3)}, \\ \ldots\ldots\ldots\ldots \end{cases}$$

ein orthogonales Achsensystem bilden, und setzen

$$\begin{aligned} \xi_1 &= c_{11} \eta_1, \\ \xi_2 &= c_{21} \eta_1 + c_{22} \eta_2, \\ \xi_3 &= c_{31} \eta_1 + c_{32} \eta_2 + c_{33} \eta_3, \\ &\ldots\ldots\ldots\ldots \end{aligned}$$

Dann entsteht jede Gleichung des Systems

$$(4) \qquad (x^{(1)} x) = \xi_1, \quad (x^{(2)} x) = \xi_2, \quad (x^{(3)} x) = \xi_3, \ldots$$

aus einer endlichen Anzahl von Gleichungen (2) durch lineare Kombination.

Hat also (2) eine Lösung, so gilt dies auch von (4). Nun ist aber die Reihe

$$(x\, x^{(1)})^2 + (x\, x^{(2)})^2 + (x\, x^{(3)})^2 + \ldots$$

konvergent (vgl. § 164). Demnach muß, damit überhaupt eine Lösung existiert, die Reihe

$$\xi_1^2 + \xi_2^2 + \xi_3^2 + \ldots$$

konvergieren.

Ist dies aber der Fall, so haben wir ein System vor uns, wie wir es in § 171 betrachteten.

Bilden $x^{(1)}, x^{(2)}, x^{(3)}, \ldots$ ein vollständiges System, so gibt es nur die eine Lösung

$$(5) \qquad x = \xi_1 x^{(1)} + \xi_2 x^{(2)} + \xi_3 x^{(3)} + \ldots$$

Bilden $x^{(1)}, x^{(2)}, x^{(3)}, \ldots$ kein vollständiges System, so ist (4) die Lösung kleinster Norm (vgl. § 171).

Aus (5) ersehen wir, daß

$$x = \lim (\xi_1 x^{(1)} + \dots + \xi_n x^{(n)})$$

ist. Dies gibt uns ein Mittel, die Lösung kleinster Norm direkt zu berechnen, ohne mit dem System (4) zu operieren.

Wir können

$$\mathfrak{x}^{(n)} = \xi_1 x^{(1)} + \dots + \xi_n x^{(n)}$$

in Form eines Determinantenquotienten schreiben, und zwar so:

$$\mathfrak{x}^{(n)} = \frac{\begin{vmatrix} (x^{(1)} x^{(1)}) \dots (x^{(1)} x^{(n)}) & x^{(1)} \\ \dots\dots\dots & \dots \\ (x^{(n)} x^{(1)}) \dots (x^{(n)} x^{(n)}) & x^{(n)} \\ -\xi_1 \quad \dots \quad -\xi_n & 0 \end{vmatrix}}{\begin{vmatrix} (x^{(1)} x^{(1)}) \dots (x^{(1)} x^{(n)}) \\ \dots\dots\dots \\ (x^{(n)} x^{(1)}) \dots (x^{(n)} x^{(n)}) \end{vmatrix}}.$$

Die Auflösung der Gleichungen (3) nach den w möge lauten:

$$\begin{aligned} w^{(1)} &= \gamma_{11} x^{(1)}, \\ w^{(2)} &= \gamma_{21} x^{(1)} + \gamma_{22} x^{(2)}, \\ w^{(3)} &= \gamma_{31} x^{(1)} + \gamma_{32} x^{(2)} + \gamma_{33} x^{(3)}, \\ &\dots\dots\dots\dots\dots \end{aligned}$$

Multiplizieren wir den Bruch $\mathfrak{x}^{(n)}$ im Zähler und Nenner zweimal mit

$$\Gamma_n = \begin{vmatrix} \gamma_{11} & 0 & \dots & 0 \\ \gamma_{21} & \gamma_{22} & \dots & 0 \\ \dots & \dots & \dots & \dots \\ \gamma_{n1} & \gamma_{n2} & \dots & \gamma_{nn} \end{vmatrix} = \begin{vmatrix} \gamma_{11} & 0 & \dots & 0 & 0 \\ \gamma_{21} & \gamma_{22} & \dots & 0 & 0 \\ \dots & \dots & \dots & \dots & \dots \\ \gamma_{n1} & \gamma_{n2} & \dots & \gamma_{nn} & 0 \\ 0 & 0 & \dots & 0 & 1 \end{vmatrix},$$

so ergibt sich

$$\mathfrak{x}^{(n)} = \frac{\begin{vmatrix} (w^{(1)} w^{(1)}) \dots (w^{(1)} w^{(n)}) & w^{(1)} \\ \dots\dots\dots & \dots \\ (w^{(n)} w^{(1)}) \dots (w^{(n)} w^{(n)}) & w^{(n)} \\ -\eta_1 \quad \dots \quad -\eta_n & 0 \end{vmatrix}}{\begin{vmatrix} (w^{(1)} w^{(1)}) \dots (w^{(1)} w^{(n)}) \\ \dots\dots\dots \\ (w^{(n)} w^{(1)}) \dots (w^{(n)} w^{(n)}) \end{vmatrix}}.$$

Wenn überhaupt eine Lösung von (1) existiert, so konvergiert $\mathfrak{x}^{(n)}$ gerade nach der Lösung kleinster Norm.

Es genügt aber, diese eine Lösung zu haben, weil man jede andere aus ihr durch Addition einer beliebigen Lösung des homogenen Systems

$$(w^{(1)}x) = 0, \quad (w^{(2)}x) = 0, \quad (w^{(3)}x) = 0, \ldots$$

erhalten kann.

Wir wollen jetzt noch die Reihe $\xi_1^2 + \xi_2^2 + \ldots$ betrachten, deren Konvergenz für die Lösbarkeit von (2) notwendig und hinreichend ist.

Man schreibe $\xi_1^2 + \ldots + \xi_n^2$ in der Form

$$-\frac{\begin{vmatrix} (x^{(1)}x^{(1)}) & \ldots & (x^{(1)}x^{(n)}) & \xi_1 \\ \cdot & \cdot & \cdot & \cdot \\ (x^{(n)}x^{(1)}) & \ldots & (x^{(n)}x^{(n)}) & \xi_n \\ \xi_1 & \ldots & \xi_n & 0 \end{vmatrix}}{\begin{vmatrix} (x^{(1)}x^{(1)}) & \ldots & (x^{(1)}x^{n)}) \\ \cdot & \cdot & \cdot \\ (x^{(n)}x^{(1)}) & \ldots & (x^{(n)}x^{(n)}) \end{vmatrix}}$$

und multipliziere im Zähler und Nenner zweimal mit Γ_n. Dann ergibt sich $\xi_1^2 + \ldots + \xi_n^2$ gleich

$$-\frac{\begin{vmatrix} (w^{(1)}w^{(1)}) & \ldots & (w^{(1)}w^{(n)}) & \eta_1 \\ \cdot & \cdot & \cdot & \cdot \\ (w^{(n)}w^{(1)}) & \ldots & (w^{(n)}w^{(n)}) & \eta_n \\ \eta_1 & \ldots & \eta_n & 0 \end{vmatrix}}{\begin{vmatrix} (w^{(1)}w^{(1)}) & \ldots & (w^{(1)}w^{(n)}) \\ \cdot & \cdot & \cdot \\ (w^{(n)}w^{(1)}) & \ldots & (w^{(n)}w^{(n)}) \end{vmatrix}} = \sum_{r,s}^{1,\ldots,n} \omega_{rs}^{(n)} \eta_r \eta_s$$

und $\sum \omega_{rs}^{(n)} \eta_r \eta_s$ ist nichts anderes als die Reziproke (vgl. § 103) der quadratischen Form

$$\sum_{r,s}^{1,\ldots,n} (w^{(r)}w^{(s)}) \zeta_r \zeta_s .$$

Da

$$\xi_1^2 + \xi_2^2 + \ldots + \xi_n^2 = \sum_{r,s}^{1,\ldots,n} \omega_{rs}^{(n)} \eta_r \eta_s$$

ist, so durchläuft

$$\sum_{r,s}^{1,\ldots,n} \omega_{rs}^{(n)} \eta_r \eta_s$$

bei zunehmendem n eine aufsteigende Folge. Nimmt es dabei über alle Grenzen zu, so hat das System (2) keine Lösung. Bleibt es dagegen unterhalb einer endlichen Grenze, so ist das System (2) lösbar.

Man kann das Kriterium schließlich noch auf eine andere Form bringen, indem man die Konstanten $c_{11}, c_{21}, c_{22}, \ldots$ berechnet.

Aus

$$(c_{11}\eta_1)^2 + (c_{21}\eta_1 + c_{22}\eta_2)^2 + \ldots + (c_{n1}\eta_1 + \ldots + c_{nn}\eta_n)^2$$
$$= \sum_{r,s}^{1,\ldots,n} \omega_{rs}^{(n)} \eta_r \eta_s$$

ergibt sich (durch Differentiation nach η_n)

$$c_{nn}(c_{n1}\eta_1 + \ldots + c_{nn}\eta_n) = \omega_{1n}^{(n)}\eta_1 + \ldots + \omega_{nn}^{(n)}\eta_n,$$

so daß man hat

$$c_{n1} = \frac{\omega_{1n}^{(n)}}{c_{nn}}, \quad c_{n2} = \frac{\omega_{2n}^{(n)}}{c_{nn}}, \ldots, \quad c_{nn} = \frac{\omega_{nn}^{(n)}}{c_{nn}}.$$

Die letzte Gleichung zeigt uns, daß

$$c_{nn}^2 = \frac{W^{(n-1)}}{W^{(n)}}, \quad \text{also} \quad c_{nn} = \sqrt{\frac{W^{(n-1)}}{W^{(n)}}}$$

ist, wenn wir die Gramsche Determinante von $w^{(1)}, w^{(2)}, \ldots w^{(k)}$ mit $W^{(k)}$ bezeichnen. Die $W^{(k)}$ sind positiv, weil die Vektoren $w^{(1)}, w^{(2)}, \ldots$ linear unabhängig sind (vgl. § 172).

Nennen wir die algebraischen Komplemente, die zu den Elementen der letzten Spalte von $W^{(n)}$ gehören,

$$W_{1n}^{(n)}, \quad W_{2n}^{(n)}, \ldots, \quad W_{nn}^{(n)},$$

so ist $\omega_{kn}^{(n)} = W_{kn}^{(n)} : W^{(n)}$ und

$$c_{n1}\eta_1 + \ldots + c_{nn}\eta_n = \frac{W_{1n}^{(n)}\eta_1 + \ldots + W_{nn}^{(n)}\eta_n}{\sqrt{W^{(n-1)}W^{(n)}}},$$

mithin

$$\sum_{r,s}^{1,\ldots,n} \omega_{rs}^{(n)}\eta_r\eta_s = \frac{\eta_1^2}{W^{(1)}} + \frac{(W_{12}^{(2)}\eta_1 + W_{22}^{(2)}\eta_2)^2}{W^{(1)}W^{(2)}}$$
$$+ \frac{(W_{13}^{(3)}\eta_1 + W_{23}^{(3)}\eta_2 + W_{33}^{(3)}\eta_3)^2}{W^{(2)}W^{(3)}} + \ldots$$

Das System (2) hat dann und nur dann eine Lösung, wenn die unendliche Reihe

$$(6) \qquad \sum_{n=1}^{\infty} \frac{(W_{1n}^{(n)}\eta_1 + W_{2n}^{(n)}\eta_2 + \ldots + W_{nn}^{(n)}\eta_n)^2}{W^{(n-1)}W^{(n)}}$$

oder, ausführlich geschrieben, die Reihe

$$\sum_{n=1}^{\infty} \frac{\begin{vmatrix} (w^{(1)} w^{(1)}) & \ldots & (w^{(1)} w^{(n-1)}) & \eta_1 \\ \cdot & \cdot & \cdot & \cdot \\ (w^{(n)} w^{(1)}) & \ldots & (w^{(n)} w^{(n-1)}) & \eta_n \end{vmatrix}^2}{\begin{vmatrix} (w^{(1)} w^{(1)}) & \ldots & (w^{(1)} w^{(n-1)}) \\ \cdot & \cdot & \cdot \\ (w^{(n-1)} w^{(1)}) & \ldots & (w^{(n-1)} w^{(n-1)}) \end{vmatrix} \begin{vmatrix} (w^{(1)} w^{(1)}) & \ldots & (w^{(1)} w^{(n)}) \\ \cdot & \cdot & \cdot \\ (w^{(n)} w^{(1)}) & \ldots & (w^{(n)} w^{(n)}) \end{vmatrix}},$$

konvergent ist.

Dieses Kriterium läßt sich am einfachsten unter Benutzung der am Schluß nach § 168 aufgestellten Formeln herleiten. Nach jenen Formeln lautet nämlich das mit (2) äquivalente System (4) ausführlich geschrieben so:

$$(x^{(n)} x) = \frac{\begin{vmatrix} (w^{(1)} w^{(1)}) & \ldots & (w^{(1)} w^{(n-1)}) & (w^{(1)} x) \\ \cdot & \cdot & \cdot & \cdot \\ (w^{(n)} w^{(1)}) & \ldots & (w^{(n)} w^{(n-1)}) & (w^{(n)} x) \end{vmatrix}}{\begin{vmatrix} (w^{(1)} w^{(1)}) & \ldots & (w^{(1)} w^{(n-1)}) \\ \cdot & \cdot & \cdot \\ (w^{(n-1)} w^{(1)}) & \ldots & (w^{(n-1)} w^{(n-1)}) \end{vmatrix}^{1/2} \begin{vmatrix} (w^{(1)} w^{(1)}) & \ldots & (w^{(1)} w^{(n)}) \\ \cdot & \cdot & \cdot \\ (w^{(n)} w^{(1)}) & \ldots & (w^{(n)} w^{(n)}) \end{vmatrix}^{1/2}}$$

$$= \frac{\begin{vmatrix} (w^{(1)} w^{(1)}) & \ldots & (w^{(1)} w^{(n-1)}) & \eta_1 \\ \cdot & \cdot & \cdot & \cdot \\ (w^{(n)} w^{(1)}) & \ldots & (w^{(n)} w^{(n-1)}) & \eta_n \end{vmatrix}}{\begin{vmatrix} (w^{(1)} w^{(1)}) & \ldots & (w^{(1)} w^{(n-1)}) \\ \cdot & \cdot & \cdot \\ (w^{(n-1)} w^{(1)}) & \ldots & (w^{(n-1)} w^{(n-1)}) \end{vmatrix}^{1/2} \begin{vmatrix} (w^{(1)} w^{(1)}) & \ldots & (w^{(1)} w^{(n)}) \\ \cdot & \cdot & \cdot \\ (w^{(n)} w^{(1)}) & \ldots & (w^{(n)} w^{(n)}) \end{vmatrix}^{1/2}}.$$

$$(n = 1,\ 2,\ 3,\ \ldots)$$

Wir kehren jetzt zu der quadratischen Form

$$\sum_{r,s}^{1,\ldots,n} \omega_{rs}^{(n)} \eta_r \eta_s = \xi_1^2 + \ldots + \xi_n^2 \tag{7}$$

zurück und wollen $\eta_1, \eta_2, \ldots, \eta_n$ der Bedingung

$$\eta_1^2 + \eta_2^2 + \ldots + \eta_n^2 = 1$$

unterwerfen. Die Form hat dann einen größten Wert, der M_n heißen möge. Man sieht sofort, daß

$$M_n \leqq M_{n+1}$$

ist. Denn

$$\sum_{r,s}^{1,\ldots,n+1} \omega_{rs}^{(n+1)} \eta_r \eta_s$$

bleibt größer als die Form (7), wenn man $\eta_{n+1} = 0$ setzt.

Nun sind zwei Fälle möglich. Entweder wächst M_n bei zunehmendem n über alle Grenzen oder es konvergiert nach einem endlichen Grenzwert.

Ist $\lim M_n = M$ endlich, so sind die Gleichungen (2) sicher lösbar, so oft die Reihe

$$\eta_1^2 + \eta_2^2 + \eta_3^2 + \dots$$

konvergiert. Man hat nämlich

$$\sum_{r,s}^{1,\dots,n} \omega_{rs}^{(n)} \eta_r \eta_s = (\eta_1^2 + \eta_2^2 + \dots + \eta_n^2) \sum_{r,s}^{1,\dots,n} \omega_{rs}^{(n)} \zeta_r \zeta_s$$

$$\left(\zeta_k = \frac{\eta_k}{\sqrt{\eta_1^2 + \eta_2^2 + \dots + \eta_n^2}}\right)$$

und daher

$$\sum_{r,s}^{1,\dots,n} \omega_{rs}^{(n)} \eta_r \eta_s \leqq (\eta_1^2 + \eta_2^2 + \dots) M.$$

Wenn umgekehrt die Gleichungen (2) lösbar sind, so oft die Reihe $\eta_1^2 + \eta_2^2 + \eta_3^2 + \dots$ konvergiert, so ist $\lim M_n$ endlich.

Die hier gemachte Voraussetzung läßt sich auch so formulieren. Sobald $\eta_1^2 + \eta_2^2 + \eta_3^2 + \dots$ konvergiert, soll auch die Reihe

$$(c_{11}\eta_1)^2 + (c_{21}\eta_1 + c_{22}\eta_2)^2 + \dots$$

konvergent sein.

Wir werden beweisen, daß dann eine Zahl M existiert, welche die Ungleichung

(8) $$(c_{11}\eta_1)^2 + (c_{21}\eta_1 + c_{22}\eta_2)^2 + \dots < M$$

erfüllt, sobald wir die η der Bedingung

(9) $$\eta_1^2 + \eta_2^2 + \eta_3^2 + \dots = 1$$

unterwerfen. Dann ist nämlich, wenn wir

$$\eta_1^2 + \eta_2^2 + \dots + \eta_n^2 = 1$$

und alle andern η gleich Null annehmen,

$$\sum_{r,s}^{1,\dots,n} \omega_{rs}^{(n)} \eta_r \eta_s < M, \qquad (\eta_1^2 + \eta_2^2 + \dots + \eta_n^2 = 1),$$

also auch

$$M_n < M$$

und daher $\lim M_n$ endlich.

k sei irgend eine der Zahlen 1, 2, ... Gibt es eine Zahl $M^{(k)}$, die unter der Bedingung

$$\eta_k^2 + \eta_{k+1}^2 + \dots = 1$$

die Ungleichung

$$(c_{kk}\eta_k)^2 + (c_{k+1,k}\eta_k + c_{k+1,k+1}\eta_{k+1})^2 + \dots < M^{(k)}$$

erfüllt, so existiert auch eine Zahl M, die unter der Bedingung (9) der Ungleichung (8) genügt.

Man hat nämlich, wenn zwei Reihen $u_1^2 + u_2^2 + \ldots$ und $v_1^2 + v_2^2 + \ldots$ konvergieren,

$$\sqrt{(u_1 + v_1)^2 + (u_2 + v_2)^2 + \ldots}$$
$$\leqq \sqrt{u_1^2 + u_2^2 + \ldots} + \sqrt{v_1^2 + v_2^2 + \ldots}\,.$$

Hiernach wird

$$\sqrt{(c_{11}\eta_1)^2 + (c_{21}\eta_1 + c_{22}\eta_2)^2 + \ldots}$$
$$\leqq \sqrt{(c_{11}\eta_1)^2 + \ldots + (c_{n1}\eta_1 + \ldots + c_{n,k-1}\eta_{k-1})^2 + \ldots}$$
$$+ \sqrt{(c_{kk}\eta_k)^2 + \ldots + (c_{nk}\eta_k + \ldots + c_{nn}\eta_n)^2 + \ldots}$$

Im Falle $\eta_1^2 + \eta_2^2 + \eta_3^2 + \ldots = 1$ ist nun

$$\eta_k^2 + \eta_{k+1}^2 + \ldots \leqq 1,$$

also die letzte Wurzel kleiner als $\sqrt{M^{(k)}}$.

Beachtet man ferner die Ungleichungen

$$(c_{n1}\eta_1 + \ldots + c_{n,k-1}\eta_{k-1})^2 < (c_{n1}^2 + \ldots + c_{n,k-1}^2)(\eta_1^2 + \ldots + \eta_{k-1}^2)$$
$$\leqq c_{n1}^2 + \ldots + c_{n,k-1}^2$$

und bedenkt, daß die Reihen

$$\sum_\nu c_{\nu 1}^2, \quad \sum_\nu c_{\nu 2}^2, \ldots, \sum_\nu c_{\nu, k-1}^2$$

konvergieren[1], so ergibt sich die Existenz einer Zahl M, die die Ungleichung (8) erfüllt.

Wenn also kein solches M vorhanden wäre, so könnte auch keine der Zahlen $M^{(k)}$ existieren.

Dann ließe sich aber folgendes machen.

Man wählt ein Wertsystem

$$\eta_1, \eta_2, \ldots \text{ mit der Quadratsumme } \tfrac{1}{2}$$

derart, daß

$$(c_{11}\eta_1)^2 + (c_{21}\eta_1 + c_{22}\eta_2)^2 + \ldots > K_1$$

ist und dann die Zahl p so groß, daß auch

$$(10) \qquad (c_{11}\eta_1)^2 + \ldots + (c_{p-1,1}\eta_1 + \ldots + c_{p-1,p-1}\eta_{p-1})^2 > K_1$$

wird. Dabei ist dann

$$\eta_1^2 + \ldots + \eta_{p-1}^2 \leqq \tfrac{1}{2}.$$

[1] Sie entstehen aus der Reihe (8), indem man alle η bis auf η_1 oder $\eta_2 \ldots$ oder η_{k-1} gleich Null und dieses eine η gleich 1 setzt.

Ebenso wird bei passender Wahl von $q\,(>p)$ und $\eta_p, \eta_{p+1}, \ldots, \eta_{q-1}$

(11) $$(c_{pp}\eta_p)^2 + \ldots + (c_{q-1,p}\eta_p + \ldots + c_{q-1,q-1}\eta_{q-1})^2 > K_2,$$

während zugleich

$$\eta_p^2 + \ldots + \eta_{q-1}^2 \leqq \tfrac{1}{4}$$

ist, usf. $K_1, K_2, \ldots$ sind irgendwelche positiven Zahlen.

Die in den Ungleichungen (10), (11), ... auftretenden η geben eine Quadratsumme, die konvergent ist, weil die Reihe $\frac{1}{2} + \frac{1}{4} + \frac{1}{8} + \ldots$ konvergiert. Es müßte also für dieses Wertsystem $\eta_1, \eta_2, \eta_3, \ldots$ die Reihe (8) konvergent sein.

Nun ist aber z. B.

$$\sqrt{(c_{p1}\eta_1 + \ldots + c_{pp}\eta_p)^2 + \ldots + (c_{q-1,1}\eta_1 + \ldots + c_{q-1,q-1}\eta_{q-1})^2}$$

größer gleich

$$\sqrt{(c_{pp}\eta_p)^2 + \ldots + (c_{q-1,p}\eta_p + \ldots + c_{q-1,q-1}\eta_{q-1})^2}$$
$$-\sqrt{(c_{p1}\eta_1 + \ldots + c_{p,p-1}\eta_{p-1})^2 + \ldots + (c_{q-1,1}\eta_1 + \ldots + c_{q-1,p-1}\eta_{p-1})^2},$$

also nicht kleiner als

$$\sqrt{K_2} - \sqrt{\sum_p^\infty (c_{n1}^2 + c_{n2}^2 + \ldots + c_{n,p-1}^2)}\,.$$

Setzen wir nun z. B.

$$K_1 = 1,$$
$$K_2 = \left(1 + \sqrt{\sum_p^\infty (c_{n1}^2 + \ldots + c_{n,p-1}^2)}\right)^2,$$
$$K_3 = \left(1 + \sqrt{\sum_q^\infty (c_{n1}^2 + \ldots + c_{n,q-1}^2)}\right)^2,$$
$$\cdots\cdots\cdots\cdots\cdots\cdots$$

so wird die Reihe $(c_{11}\eta_1)^2 + (c_{21}\eta_1 + c_{22}\eta_2)^2 + \ldots$ divergent, obwohl $\eta_1^2 + \eta_2^2 + \eta_3^2 + \ldots$ konvergent ist.

Damit haben wir die Existenz von M bewiesen.

§ 177. Das Maximum von $\sum\limits_{r,s}^{1,\ldots,n} \omega_{rs}^{(n)} \zeta_r \zeta_s$ unter der Bedingung $\zeta_1^2 + \zeta_2^2 + \ldots + \zeta_n^2 = 1$.

Das Wertsystem $\zeta_1, \zeta_2, \ldots, \zeta_n$, das

(1) $$\sum_{r,s}^{1,\ldots,n} \omega_{rs}^{(n)} \zeta_r \zeta_s$$

zu einem Maximum macht und zugleich der Bedingung

$$(2) \qquad \zeta_1^2 + \zeta_2^2 + \dots + \zeta_n^2 = 1$$

genügt, erfüllt ein Gleichungssystem von der Form

$$\omega_{11}^{(n)} \zeta_1 + \dots + \omega_{1n}^{(n)} \zeta_n = \lambda \zeta_1,$$
$$\dots\dots\dots\dots$$
$$\omega_{n1}^{(n)} \zeta_1 + \dots + \omega_{nn}^{(n)} \zeta_n = \lambda \zeta_n$$

und λ ist die größte Wurzel der Gleichung

$$(3) \qquad \begin{vmatrix} \omega_{11}^{(n)} - \lambda, & \omega_{12}^{(n)}, & \dots, & \omega_{1n}^{(n)} \\ \omega_{21}^{(n)}, & \omega_{22}^{(n)} - \lambda, & \dots, & \omega_{2n}^{(n)} \\ \dots & \dots & \dots & \dots \\ \omega_{n1}^{(n)}, & \omega_{n2}^{(n)}, & \dots, & \omega_{nn}^{(n)} - \lambda \end{vmatrix} = 0.$$

Zugleich ist aber λ gerade der Wert jenes Maximums.

Man kann das z. B. auf folgende Weise erkennen.

Es gibt eine orthogonale Transformation, die die quadratische Form (1) auf die Gestalt

$$(4) \qquad \lambda_1 \zeta_1^2 + \lambda_2 \zeta_2^2 + \dots + \lambda_n \zeta_n^2$$

bringt. $\lambda_1, \lambda_2, \dots, \lambda_n$ sind dabei die Wurzeln der Gleichung (3), jede mit der entsprechenden Vielfachheit gerechnet (vgl. § 116).

Ist λ die größte unter den Zahlen $\lambda_1, \lambda_2, \dots, \lambda_n$, so hat man

$$\lambda_1 \zeta_1^2 + \dots + \lambda_n \zeta_n^2 \leqq \lambda(\zeta_1^2 + \dots + \zeta_n^2) = \lambda.$$

Kein Wert von (4) ist also größer als λ, und λ wird auch wirklich von (4) angenommen, und zwar für ein Wertsystem, das der Bedingung (2) genügt. Ist z. B. $\lambda = \lambda_p$, so setze man $\zeta_p = 1$ und alle andern ζ gleich Null.

Man erhält also die Gleichungen, die die Stelle des Maximums bestimmen, indem man die Ableitungen von

$$\lambda_1 \zeta_1^2 + \dots + \lambda_n \zeta_n^2 - \lambda(\zeta_1^2 + \dots + \zeta_n^2)$$

gleich Null setzt.

Dann sind aber, wenn man die orthogonale Transformation wieder rückgängig macht, die Ableitungen von

$$\sum \omega_{rs}^{(n)} \zeta_r \zeta_s - \lambda \sum \zeta_r^2 \qquad (r, s = 1, 2, \dots, n)$$

gleich Null zu setzen.

Die in § 176 mit M_n bezeichnete Zahl ist nach dem Obigen die größte Wurzel der Gleichung (3).

Die Wurzeln von (3) stehen nun in einer einfachen Beziehung zu den Wurzeln der Gleichung

$$(5)\qquad \begin{vmatrix} (w^{(1)} w^{(1)}) - \varrho, & (w^{(1)} w^{(2)}), & \ldots, & (w^{(1)} w^{(n)}) \\ (w^{(2)} w^{(1)}), & (w^{(2)} w^{(2)}) - \varrho, & \ldots, & (w^{(2)} w^{(n)}) \\ \cdot & \cdot & \cdot & \cdot \\ (w^{(n)} w^{(1)}), & (w^{(n)} w^{(2)}), & \ldots, & (w^{(n)} w^{(n)}) - \varrho \end{vmatrix} = 0 .$$

Multipliziert man die linke Seite von (3) mit

$$\begin{vmatrix} (w^{(1)} w^{(1)}) & (w^{(1)} w^{(2)}) & \ldots & (w^{(1)} w^{(n)}) \\ (w^{(2)} w^{(1)}) & (w^{(2)} w^{(2)}) & \ldots & (w^{(2)} w^{(n)}) \\ \cdot & \cdot & \cdot & \cdot \\ (w^{(n)} w^{(1)}) & (w^{(n)} w^{(2)}) & \ldots & (w^{(n)} w^{(n)}) \end{vmatrix},$$

so ergibt sich auf Grund der Bedeutung der $\omega_{rs}^{(n)}$

$$\begin{vmatrix} 1 - \lambda (w^{(1)} w^{(1)}), & -\lambda (w^{(1)} w^{(2)}), & \ldots, & -\lambda (w^{(1)} w^{(n)}) \\ -\lambda (w^{(2)} w^{(1)}), & 1 - \lambda (w^{(2)} w^{(2)}), & \ldots, & -\lambda (w^{(2)} w^{(n)}) \\ \cdot & \cdot & \cdot & \cdot \\ -\lambda (w^{(n)} w^{(1)}), & -\lambda (w^{(n)} w^{(2)}), & \ldots, & 1 - \lambda (w^{(n)} w^{(n)}) \end{vmatrix} = 0.$$

Hieraus ersieht man, daß die Wurzeln von (5) die reziproken Werte der Wurzeln von (3) sind, also

$$\frac{1}{\lambda_1}, \frac{1}{\lambda_2}, \ldots, \frac{1}{\lambda_n}.$$

Der größten Wurzel von (3) entspricht die kleinste Wurzel von (5), also dem größten Wert der Form

$$\sum_{r,s}^{1,\ldots,n} \omega_{rs}^{(n)} \zeta_r \zeta_s \qquad (\zeta_1^2 + \ldots + \zeta_n^2 = 1)$$

der kleinste Wert der Form

$$\sum_{r,s}^{1,\ldots,n} (w^{(r)} w^{(s)}) \zeta_r \zeta_s. \qquad (\zeta_1^2 + \ldots + \zeta_n^2 = 1)$$

Bezeichnen wir mit m_n den kleinsten Wert der letzten Form (unter der Bedingung $\zeta_1^2 + \ldots + \zeta_n^2 = 1$), so durchläuft

$$m_n = \frac{1}{M_n}$$

bei zunehmendem n eine absteigende Folge. Diese hat entweder einen positiven Grenzwert oder den Grenzwert Null.

Die Bedingung „$\eta_1^2 + \eta_2^2 + \ldots$ konvergent“ ist dann und nur dann für die Lösbarkeit des Systems

$$(w^{(1)} x) = \eta_1, \quad (w^{(2)} x) = \eta_2, \quad (w^{(3)} x) = \eta_3, \quad \ldots$$

hinreichend, wenn

$$\lim m_n > 0$$

ist.

§ 178. E. Schmidts zweite Auflösungsmethode eines inhomogenen Systems linearer Gleichungen.

Wir wollen jetzt das in § 176 betrachtete System

(1) $$(w^{(1)}x) = \eta_1, \quad (w^{(2)}x) = \eta_2, \quad (w^{(3)}x) = \eta_3, \quad \ldots,$$

wo die w ein System linear unabhängiger Vektoren bilden, auf eine andere Art behandeln.

Wir bezeichnen die Vektoren

$$\begin{array}{llll} -\eta_1, & w_1^{(1)}, & w_2^{(1)}, & \ldots; \\ -\eta_2, & w_1^{(2)}, & w_2^{(2)}, & \ldots; \\ -\eta_3, & w_1^{(3)}, & w_2^{(3)}, & \ldots; \\ \cdot & \cdot & \cdot & \cdot \end{array}$$

der Reihe nach mit

$$v^{(1)}, \; v^{(2)}, \; v^{(3)}, \; \ldots$$

und den Vektor

$$1, \; x_1, \; x_2, \; x_3, \; \ldots$$

mit X. Außerdem brauchen wir noch den Vektor

$$1, \; 0, \; 0, \; \ldots,$$

bei dem alle Komponenten, mit Ausnahme der ersten, gleich Null sind. Ihn wollen wir $v^{(0)}$ nennen.

Die Gleichungen (1) lassen sich jetzt in folgender Form schreiben:

$$(v^{(1)}X) = 0, \quad (v^{(2)}X) = 0, \quad \ldots .$$

Außer diesen erfüllt X noch die Gleichung

$$(v^{(0)}X) = 1.$$

Wenn x eine Lösung von (1) ist, so ist X eine Lösung von

(2) $$(v^{(0)}X) = 1, \quad (v^{(1)}X) = 0, \quad (v^{(2)}X) = 0, \quad \ldots .$$

Ist umgekehrt X eine Lösung von (2), so ist die erste Komponente von X gleich 1 und die folgenden Komponenten bilden einen Vektor x, der die Gleichungen (1) erfüllt.

Die Auflösung des Systems (1) ist hiermit zurückgeführt auf die des Systems (2).

$x^{(1)}, x^{(2)}, x^{(3)}, \ldots$ sei ein mit $v^{(1)}, v^{(2)}, v^{(3)}, \ldots$ äquivalentes orthogonales Achsensystem, wie man es durch das in § 168 beschriebene Verfahren findet. Dann erhalten wir eine Lösung von

(3) $$(v^{(1)}X) = 0, \quad (v^{(2)}X) = 0, \quad (v^{(3)}X) = 0, \quad \ldots,$$

indem wir den Rest irgend eines Vektors Y modulis $x^{(1)}, x^{(2)}, x^{(3)}, \ldots$ bilden, und auf diesem Wege kann uns keine Lösung von (3) entgehen.

Es fragt sich jetzt nur, ob sich Y so wählen läßt, daß

$$(v^{(0)} X) = 1$$

wird.

Ist nun $r^{(0)}$ der Rest von $v^{(0)}$ modulis $x^{(1)}, x^{(2)}, x^{(3)}, \ldots$, so wird, da X zu allen $x^{(n)}$ orthogonal ist,

$$(v^{(0)} X) = (r^{(0)} X).$$

Sollte $r^{(0)} = 0$ sein, so kann niemals $(v^{(0)} X) = 1$ werden.

Es muß also, wenn das System (1) überhaupt eine Lösung haben soll, notwendig $r^{(0)} \neq 0$ sein. Diese Bedingung ist aber auch **hinreichend.**

Ist nämlich $r^{(0)} \neq 0$, so wird, wenn wir $Y = v^{(0)}$ setzen, $X = r^{(0)}$, und

$$(v^{(0)} X) = (r^{(0)} X) = (r^{(0)} r^{(0)}) > 0.$$

Der Vektor

$$\frac{X}{(r^{(0)} r^{(0)})}$$

genügt dann den Gleichungen (2) und der Vektor

$$\frac{X_2}{(r^{(0)} r^{(0)})}, \quad \frac{X_3}{(r^{(0)} r^{(0)})}, \quad \ldots$$

den Gleichungen (1).

Wir wollen jetzt die Bedingung $r^{(0)} \neq 0$ auf eine andere Form bringen.

Der Rest von $v^{(0)}$ modulis $x^{(1)}, x^{(2)}, x^{(3)}, \ldots$ ist dann und nur dann gleich Null, wenn die Gleichung

$$(v^{(0)} v^{(0)}) = (v^{(0)} x^{(1)})^2 + (v^{(0)} x^{(2)})^2 + \ldots$$

stattfindet. Die beiden Seiten dieser Gleichung unterscheiden sich nämlich gerade um $(r^{(0)} r^{(0)})$.

Nun ist aber

$$(4) \qquad (v^{(0)} v^{(0)}) - (v^{(0)} x^{(1)})^2 - \ldots - (v^{(0)} x^{(n)})^2$$

nichts anderes als die Gramsche Determinante der Vektoren $v^{(0)}, x^{(1)}, x^{(2)}, \ldots, x^{(n)}$. Sie multipliziert sich mit einem gewissen Faktor, wenn wir statt dieser Vektoren die folgenden betrachten

$$v^{(0)}, v^{(1)}, v^{(2)}, \ldots, v^{(n)}.$$

Mit demselben Faktor multipliziert sich die Gramsche Determinante von $x^{(1)}, x^{(2)}, \ldots, x^{(n)}$, wenn man zu $v^{(1)}, v^{(2)}, \ldots, v^{(n)}$ übergeht. Der Ausdruck (4) ist demnach gleich

$$\frac{\begin{vmatrix} (v^{(1)} v^{(1)}) & \dots & (v^{(1)} v^{(n)}) & (v^{(1)} v^{(0)}) \\ . & . & . & . \\ (v^{(n)} v^{(1)}) & \dots & (v^{(n)} v^{(n)}) & (v^{(n)} v^{(0)}) \\ (v^{(0)} v^{(1)}) & \dots & (v^{(0)} v^{(n)}) & (v^{(0)} v^{(0)}) \end{vmatrix}}{\begin{vmatrix} (v^{(1)} v^{(1)}) & \dots & (v^{(1)} v^{(n)}) \\ . & . & . \\ (v^{(n)} v^{(1)}) & \dots & (v^{(n)} v^{(n)}) \end{vmatrix}}$$

oder, wenn man bedenkt, daß $v^{(0)}$ der Vektor 1, 0, 0, ... und $v^{(n)}$ $(n = 1, 2, 3, \dots)$ der Vektor

$$-\eta_n, \; w_1^{(n)}, \; w_2^{(n)}, \; \dots$$

ist, gleich

$$\frac{\begin{vmatrix} \eta_1 \eta_1 + (w^{(1)} w^{(1)}), & \dots, & \eta_1 \eta_n + (w^{(1)} w^{(n)}), & -\eta_1 \\ . & . & . & . \\ \eta_n \eta_1 + (w^{(n)} w^{(1)}), & \dots, & \eta_n \eta_n + (w^{(n)} w^{(n)}), & -\eta_n \\ -\eta_1, & \dots, & -\eta_n, & 1 \end{vmatrix}}{\begin{vmatrix} \eta_1 \eta_1 + (w^{(1)} w^{(1)}), & \dots, & \eta_1 \eta_n + (w^{(1)} w^{(n)}) \\ . & . & . \\ \eta_n \eta_1 + (w^{(n)} w^{(1)}), & \dots, & \eta_n \eta_n + (w^{(n)} w^{(n)}) \end{vmatrix}}.$$

Dieser Quotient konvergiert, wie der Ausdruck (4) zeigt, bei unendlich zunehmendem n absteigend nach $(r^{(0)} r^{(0)})$.

Die notwendige und hinreichende Bedingung für die Lösbarkeit des Systems (1) ist die, daß der Grenzwert des obigen Quotienten positiv ausfällt, also nicht gleich Null wird.

$$r^{(0)} = v^{(0)} - (v^{(0)} x^{(1)}) x^{(1)} - (v^{(0)} x^{(2)}) x^{(2)} - \dots$$

ist der Grenzwert von

$$\frac{\begin{vmatrix} (v^{(1)} v^{(1)}) & \dots & (v^{(1)} v^{(n)}) & v^{(1)} \\ . & . & . & . \\ (v^{(n)} v^{(1)}) & \dots & (v^{(n)} v^{(n)}) & v^{(n)} \\ (v^{(0)} v^{(1)}) & \dots & (v^{(0)} v^{(n)}) & v^{(0)} \end{vmatrix}}{\begin{vmatrix} (v^{(1)} v^{(1)}) & \dots & (v^{(1)} v^{(n)}) \\ . & . & . \\ (v^{(n)} v^{(1)}) & \dots & (v^{(n)} v^{(n)}) \end{vmatrix}}.$$

Demnach ist $r^{(0)} : (r^{(0)} r^{(0)})$, d. h. die oben betrachtete Lösung des Systems (2), der Grenzwert von (vgl. § 165, Nr. 3)

$$\frac{\begin{vmatrix} (v^{(1)} v^{(1)}) & \dots & (v^{(1)} v^{(n)}) & v^{(1)} \\ \cdot & \cdot & \cdot & \cdot \\ (v^{(n)} v^{(1)}) & \dots & (v^{(n)} v^{(n)}) & v^{(n)} \\ (v^{(0)} v^{(1)}) & \dots & (v^{(0)} v^{(n)}) & v^{(0)} \end{vmatrix}}{\begin{vmatrix} (v^{(1)} v^{(1)}) & \dots & (v^{(1)} v^{(n)}) & (v^{(1)} v^{(0)}) \\ \cdot & \cdot & \cdot & \cdot \\ (v^{(n)} v^{(1)}) & \dots & (v^{(n)} v^{(n)}) & (v^{(0)} v^{(0)}) \\ (v^{(0)} v^{(1)}) & \dots & (v^{(0)} v^{(n)}) & (v^{(0)} v^{(0)}) \end{vmatrix}}.$$

Die zugehörige Lösung von (1) ist also der Grenzwert von

$$(5)\qquad \frac{\begin{vmatrix} \eta_1 \eta_1 + (w^{(1)} w^{(1)}), & \dots, & \eta_1 \eta_n + (w^{(1)} w^{(n)}), & w^{(1)} \\ \cdot & \cdot & \cdot & \cdot \\ \eta_n \eta_1 + (w^{(n)} w^{(1)}), & \dots, & \eta_n \eta_n + (w^{(n)} w^{(n)}), & w^{(n)} \\ -\eta_1 & , \dots, & -\eta_n & , \ 0 \end{vmatrix}}{\begin{vmatrix} \eta_1 \eta_1 + (w^{(1)} w^{(1)}), & \dots, & \eta_1 \eta_n + (w^{(1)} w^{(n)}), & -\eta_1 \\ \cdot & \cdot & \cdot & \cdot \\ \eta_n \eta_1 + (w^{(n)} w^{(1)}), & \dots, & \eta_n \eta_n + (w^{(n)} w^{(n)}), & -\eta_n \\ -\eta_1 & , \dots, & -\eta_n & , \ 1 \end{vmatrix}}.$$

Sollte das System (1) außer der hier gefundenen noch andere Lösungen haben, so erhält man sie aus dieser durch Addition einer Lösung des Systems

$$(6)\qquad (w^{(1)} x) = 0, \quad (w^{(2)} x) = 0, \quad (w^{(3)} x) = 0, \dots$$

Jede Lösung von (6) ist aber zu allen $w^{(n)}$ orthogonal, folglich auch zu dem Vektor (5) und zu seinem Grenzwert (vgl. § 165, Nr. 3). Bezeichnen wir die schon gefundene Lösung von (1) mit $x^{(0)}$ und irgend eine Lösung von (6) mit x, so ist also

$$x^{(0)} + x$$

die allgemeinste Lösung von (1).

Nun hat man wegen $(x^{(0)} x) = 0$

$$(x^{(0)} + x, \; x^{(0)} + x) = (x^{(0)} x^{(0)}) + (x x).$$

Daraus ersieht man, daß $x^{(0)}$ die Lösung kleinster Norm ist.

Das obige Verfahren liefert also gerade die Lösung kleinster Norm.

Es liegt auf der Hand, daß die SCHMIDTsche Auflösungsmethode auch für Systeme linearer Gleichungen mit einer endlichen Anzahl von Unbekannten gilt. Nehmen wir z. B. eine lineare Gleichung mit zwei Unbekannten

$$(7)\qquad a x + b y = c.$$

Dann liefert uns die SCHMIDTsche Methode diejenige Lösung, für welche $x^2 + y^2$ am kleinsten ist, d. h. sie liefert uns den Punkt der Geraden (7), der dem Anfangspunkt am nächsten liegt, also den Fußpunkt des vom Anfangspunkt auf die Gerade gefällten Lotes.[1]

Wir gewinnen die genannte Lösung, indem wir in dem Ausdruck (5) $n = 1$, $\eta_1 = c$, $w_1^{(1)} = a$, $w_2^{(1)} = b$ setzen.[2] Dann erhalten wir

$$x = \frac{\begin{vmatrix} a^2 + b^2 + c^2, & a \\ -c & 0 \end{vmatrix}}{\begin{vmatrix} a^2 + b^2 + c^2, & -c \\ -c & , 1 \end{vmatrix}} = \frac{a c}{a^2 + b^2},$$

$$y = \frac{\begin{vmatrix} a^2 + b^2 + c^2, & b \\ -c & , 0 \end{vmatrix}}{\begin{vmatrix} a^2 + b^2 + c^2, & -c \\ -c & , 1 \end{vmatrix}} = \frac{b c}{a^2 + b^2}.$$

Wenn es sich um eine endliche Anzahl unabhängiger Gleichungen handelt, so fällt bei der SCHMIDTschen Methode natürlich der Grenzübergang fort, und in dem Ausdruck, dessen Grenzwert sonst zu bilden wäre, muß man für den Index seinen größten Wert einsetzen. Es wird also in dem einen wie im anderen Falle zum Maximalwert des Index übergegangen. Nur ist dieser das eine Mal endlich.

§ 179. Übertragung der SCHMIDTschen Theorie auf das komplexe Gebiet.

SCHMIDT hat seine Theorie der linearen Gleichungen für den Fall entwickelt, daß Koeffizienten und Unbekannte komplexe Werte haben.

Man muß für diesen Fall die Norm eines Vektors und die Orthogonalität etwas anders definieren.

Als Vektor bezeichnen wir eine Folge komplexer Zahlen

$$x_1, x_2, x_3, \ldots,$$

wenn die Reihe

$$x_1 \bar{x}_1 + x_2 \bar{x}_2 + x_3 \bar{x}_3 + \ldots \quad \text{oder} \quad |x_1|^2 + |x_2|^2 + |x_3|^2 + \ldots$$

konvergiert. Ihre Summe heißt die Norm des Vektors. $\bar{x}_n$ ist die zu x_n konjugierte komplexe Zahl.

[1] x, y sind rechtwinklige Koordinaten.

[2] $w^{(1)}$ ist jetzt ein Vektor in der Ebene, ebenso der Vektor (5).

Ein Vektor ist, wie man sieht, nur dann gleich Null, d. h. mit dem Vektor 0, 0, 0, ... identisch, wenn seine Norm verschwindet.

Zwei Vektoren x und y, d. h. $x_1, x_2, x_3, \ldots$ und $y_1, y_2, y_3, \ldots$ heißen orthogonal, wenn die Gleichung

$$(x\bar{y}) = x_1\bar{y}_1 + x_2\bar{y}_2 + \ldots = 0$$

gilt. Offenbar ist dann auch

$$(\bar{x}y) = \bar{x}_1 y_1 + \bar{x}_2 y_2 + \ldots = 0.$$

Daß die Reihe $x_1\bar{y}_1 + x_2\bar{y}_2 + \ldots$ konvergiert, ist leicht zu erkennen. Man hat nämlich

$$|x_\nu \bar{y}_\nu| = |x_\nu|\,|y_\nu|$$

und

$$\sum_{\nu=1}^{n} |x_\nu|\,|y_\nu| \leqq \sqrt{\sum_{\nu=1}^{n} |x_\nu|^2}\ \sqrt{\sum_{\nu=1}^{n} |y_\nu|^2}.$$

Daraus ersieht man, daß die Reihe $x_1\bar{y}_1 + x_2\bar{y}_2 + \ldots$ sogar absolut konvergiert.

Eine Achse ist auch hier ein Vektor von der Norm 1 und ein System von Achsen, die paarweise orthogonal sind, heißt ein orthogonales Achsensystem.

Bilden $x, y, z, \ldots$ ein endliches orthogonales Achsensystem und ist a ein beliebiger Vektor, so wird der Vektor

$$a - (a\bar{x})x - (a\bar{y})y - \ldots$$

zu den Achsen orthogonal sein. Man hat in der Tat

$$(a\bar{x}) - (a\bar{x})(x\bar{x}) - (a\bar{y})(y\bar{x}) - \ldots = (a\bar{x}) - (a\bar{x}) = 0,$$
$$(a\bar{y}) - (a\bar{x})(x\bar{y}) - (a\bar{y})(y\bar{y}) - \ldots = (a\bar{y}) - (a\bar{y}) = 0,$$
$$\ldots\ldots\ldots\ldots\ldots\ldots$$

Setzt man also

$$a = (a\bar{x})x + (a\bar{y})y + \ldots + b, \tag{1}$$

so sind die Vektoren, die auf der rechten Seite auftreten, paarweise orthogonal.

Hat man aber einen Vektor a als Summe von n paarweise orthogonalen Vektoren dargestellt, so ist die Norm von a gleich der Summe der Normen dieser Vektoren. Es folgt nämlich aus

$$a = a^{(1)} + a^{(2)} + \ldots + a^{(n)},$$

wenn

$$(a^{(r)}\bar{a}^{(s)}) = 0 \qquad (r \gtrless s)$$

ist,

$$(a\bar{a}) = (a^{(1)}\bar{a}^{(1)}) + (a^{(2)}\bar{a}^{(2)}) + \ldots + (a^{(n)}\bar{a}^{(n)}).$$

Insbesondere ergibt sich aus (1)

$$(a\bar{a}) = (a\bar{x})(\bar{a}x) + (a\bar{y})(\bar{a}y) + \ldots + (b\bar{b}).$$

Wenn $x, y, z, \ldots$ ein unendliches orthogonales Achsensystem ist, so sieht man, daß die Reihe

$$(a\bar{x})(\bar{a}x) + (a\bar{y})(\bar{a}y) + \ldots$$

konvergiert und ihre Summe nicht größer als $(a\bar{a})$ ist:

$$(a\bar{x})(\bar{a}x) + (a\bar{y})(\bar{a}y) + \ldots \leqq (a\bar{a}).$$

Das ist die pythagoreische Ungleichung.

Verwandelt sie sich für jeden Vektor a in eine Gleichung, so heißt das Achsensystem $x, y, \ldots$ ein vollständiges.

Jetzt fehlt nur noch die Erklärung der Formel

$$(2)\qquad \lim x^{(n)} = x. \qquad (x^{(n)} \text{ und } x \text{ Vektoren})$$

Wir setzen fest, daß diese Formel gleichbedeutend mit

$$\lim\,(x - x^{(n)},\ \bar{x} - \bar{x}^{(n)}) = 0$$

sein soll. Sie sagt also aus, daß die Differenz der beiden Vektoren eine nach Null konvergierende Norm hat.

Schreibt man die beiden Vektoren x und $x^{(n)}$ ausführlich:

$$x_1, x_2, x_3, \ldots \quad \text{bzw.} \quad x_1^{(n)}, x_2^{(n)}, x_3^{(n)}, \ldots,$$

so besagt Formel (2), daß

$$\lim_{n=\infty}\{|x_1 - x_1^{(n)}|^2 + |x_2 - x_2^{(n)}|^2 + \ldots\} = 0$$

ist.

Nach diesen Bemerkungen wird der Leser imstande sein, die Betrachtungen von §§ 164 bis 178 auf das komplexe Gebiet zu übertragen.

Achtzehntes Kapitel.

Die linearen Integralgleichungen.

§ 180. Die Fredholmschen Determinanten.

Wir wissen (vgl. § 53), daß die Determinante

$$(1)\qquad \begin{vmatrix} 1 + c_{11}, & c_{12} & , \ldots, & c_{1n} \\ c_{21} & , 1 + c_{22}, & \ldots, & c_{2n} \\ \cdot & \cdot & \cdot & \cdot \\ c_{n1} & , c_{n2} & , \ldots, & 1 + c_{nn} \end{vmatrix}$$

gleich der Summe aller Hauptminoren von

$$\text{(2)} \qquad \begin{vmatrix} c_{11} & c_{12} & \dots & c_{1n} \\ c_{21} & c_{22} & \dots & c_{2n} \\ \cdot & \cdot & \cdot & \cdot \\ c_{n1} & c_{n2} & \dots & c_{nn} \end{vmatrix}$$

ist, wobei 1 als Hauptminor nullter Ordnung und die Determinante (2) als Hauptminor n^{ter} Ordnung mitgerechnet wird.

Etwas Ähnliches fanden wir bei den Kochschen Normaldeterminanten. Es handelte sich da um die Übertragung des obigen Satzes vom Endlichen auf das abzählbar Unendliche.

Jetzt wollen wir ein Analogon des Satzes im kontinuierlich Unendlichen suchen.

Zunächst wollen wir ihn noch auf eine zweckmäßige Formel bringen. Lassen wir in der Determinante

$$\text{(3)} \qquad \begin{vmatrix} c_{r_1 r_1} & \dots & c_{r_1 r_p} \\ \cdot & \cdot & \cdot \\ c_{r_p r_1} & \dots & c_{r_p r_p} \end{vmatrix}$$

die Indizes $r_1, r_2, \dots, r_p$ unabhängig voneinander die Reihe $1, 2, \dots, n$ durchlaufen, so kommt jeder p-reihige Hauptminor von (2) $p!$ Male vor. Wenn wir nämlich in (3) $r_1, r_2, \dots, r_p$ auf alle möglichen Arten permutieren, so bleibt (3) ungeändert.

Daraus ergibt sich für die Determinante (1) folgende Formel:

$$\begin{vmatrix} 1+c_{11}, & c_{12}, & \dots, & c_{1n} \\ c_{21}, & 1+c_{22}, & \dots, & c_{2n} \\ \cdot & \cdot & \cdot & \cdot \\ c_{n1}, & c_{n2}, & \dots, & 1+c_{nn} \end{vmatrix}$$

$$= 1 + \frac{1}{1!}\sum c_{r_1 r_1} + \frac{1}{2!}\sum \begin{vmatrix} c_{r_1 r_1} & c_{r_1 r_2} \\ c_{r_2 r_1} & c_{r_2 r_2} \end{vmatrix} + \cdots$$

$$+ \frac{1}{n!}\sum \begin{vmatrix} c_{r_1 r_1} & c_{r_1 r_2} & \dots & c_{r_1 r_n} \\ c_{r_2 r_1} & c_{r_2 r_2} & \dots & c_{r_2 r_n} \\ \cdot & \cdot & \cdot & \cdot \\ c_{r_n r_1} & c_{r_n r_2} & \dots & c_{r_n r_n} \end{vmatrix}.$$

$r_1, r_2, \dots$ durchlaufen unabhängig voneinander die Werte $1, 2, \dots, n$.

Wenn die c_{rs} eine absolut konvergente Reihe bilden, so gilt für die Normaldeterminante

$$\begin{vmatrix} 1+c_{11}, & c_{12}, & \ldots \\ c_{21}, & 1+c_{22}, & \ldots \\ . & . & . \end{vmatrix}$$

die Formel

$$\begin{vmatrix} 1+c_{11}, & c_{12}, & \ldots \\ c_{21}, & 1+c_{22}, & \ldots \\ . & . & . \end{vmatrix} = 1 + \frac{1}{1!}\sum c_{r_1 r_1} + \frac{1}{2!}\sum \begin{vmatrix} c_{r_1 r_1} & c_{r_1 r_2} \\ c_{r_2 r_1} & c_{r_2 r_2} \end{vmatrix} + \ldots$$

Hier durchlaufen $r_1, r_2, \ldots$ unabhängig voneinander die natürliche Zahlenreihe 1, 2, 3, ...

Jetzt sei $f(x, y)$ eine **reelle** stetige Funktion, die in dem Gebiet

$$0 \leqq x,\ y \leqq 1$$

definiert ist. Faßt man x, y als rechtwinklige cartesische Koordinaten auf, so ist dieses Gebiet ein Quadrat, das durch die Koordinatenachsen und die beiden Geraden $x = 1$ und $y = 1$ begrenzt wird.

Wir wollen dieses Quadrat mittels der Geraden

$$x = \frac{1}{n}, \ldots, \quad x = \frac{n-1}{n}$$

und

$$y = \frac{1}{n}, \ldots, \quad y = \frac{n-1}{n}$$

in n^2 Teile zerlegen und das durch

$$x = \frac{r-1}{n}, \quad x = \frac{r}{n}$$

und

$$y = \frac{s-1}{n}, \quad y = \frac{s}{n}$$

begrenzte Teilquadrat mit $\mathfrak{Q}_{rs}$ bezeichnen.

Endlich sei $\mathfrak{x}_r, \mathfrak{y}_s$ der Mittelpunkt von $\mathfrak{Q}_{rs}$ und

$$c_{rs} = \frac{1}{n} f(\mathfrak{x}_r, \mathfrak{y}_s).$$

Dann wird die Determinante (1) gleich

$$D_n = 1 + \frac{1}{1!}\sum \frac{1}{n} f(\mathfrak{x}_r, \mathfrak{y}_r) + \frac{1}{2!}\sum \frac{1}{n^2} \begin{vmatrix} f(\mathfrak{x}_r, \mathfrak{y}_r) & f(\mathfrak{x}_r, \mathfrak{y}_s) \\ f(\mathfrak{x}_s, \mathfrak{y}_r) & f(\mathfrak{x}_s, \mathfrak{y}_s) \end{vmatrix} + \cdots$$

$$+ \frac{1}{n^n} \begin{vmatrix} f(\mathfrak{x}_1, \mathfrak{y}_1), & \ldots, & f(\mathfrak{x}_1, \mathfrak{y}_n) \\ . & . & . \\ f(\mathfrak{x}_n, \mathfrak{y}_1), & \ldots, & f(\mathfrak{x}_n, \mathfrak{y}_n) \end{vmatrix}.$$

Was wird nun aus D_n, wenn n unbegrenzt zunimmt? Offenbar ist[1]

$$\lim \sum \frac{1}{n} f(\mathfrak{x}_r, \mathfrak{y}_r) = \int_0^1 f(x, x)\, dx,$$

$$\lim \sum \frac{1}{n^2} \begin{vmatrix} f(\mathfrak{x}_r, \mathfrak{y}_r) & f(\mathfrak{x}_r, \mathfrak{y}_s) \\ f(\mathfrak{x}_s, \mathfrak{y}_r) & f(\mathfrak{x}_s, \mathfrak{y}_s) \end{vmatrix} = \int_0^1\int_0^1 \begin{vmatrix} f(x, x) & f(x, y) \\ f(y, x) & f(y, y) \end{vmatrix} dx\, dy$$

usw.

Danach kann man vermuten, daß

$$\text{(4)} \quad \lim D_n = 1 + \sum_{p=1}^{\infty} \frac{1}{p!} \int_0^1 \cdots \int_0^1 \begin{vmatrix} f(x_1, x_1) \dots f(x_1, x_p) \\ \cdot \;\; \cdot \;\; \cdot \;\; \cdot \;\; \cdot \;\; \cdot \\ f(x_p, x_1) \dots f(x_p, x_p) \end{vmatrix} dx_1 \dots dx_p$$

sein wird.

Der strenge Beweis hierfür stützt sich auf einen Satz über das Quadrat einer Determinante.

Die Zeilen der p-zeiligen reellen Matrix

$$\begin{matrix} a_{11} & a_{12} & \dots & a_{1n} \\ a_{21} & a_{22} & \dots & a_{2n} \\ \cdot & \cdot & \cdot & \cdot \\ a_{p1} & a_{p2} & \dots & a_{pn} \end{matrix}$$

wollen wir kurz mit 1, 2, ..., p bezeichnen und unter $(r\,s)$ das Produkt der r^{ten} mit der s^{ten} Zeile verstehen.

Dann gilt für das Quadrat A_p dieser Matrix die Formel

$$\text{(5)} \quad \begin{cases} A_p = \begin{vmatrix} (1\,1) & (1\,2) \dots (1\,p) \\ (2\,1) & (2\,2) \dots (2\,p) \\ \cdot & \cdot \quad \cdot \quad \cdot \\ (p\,1) & (p\,2) \dots (p\,p) \end{vmatrix} \\ = (p\,p)\, A_{p-1} + \begin{vmatrix} (1\,1) & \dots & (1, p-1) & (1\,p) \\ \cdot & \cdot & \cdot & \cdot \\ (p-1, 1) & \dots & (p-1, p-1) & (p-1, p) \\ (p\,1) & \dots & (p, p-1) & 0 \end{vmatrix}. \end{cases}$$

Die Determinante

$$-\begin{vmatrix} (1\,1) & \dots & (1, p-1) & (1\,p) \\ \cdot & \cdot & \cdot & \cdot \\ (p-1, 1) & \dots & (p-1, p-1) & (p-1, p) \\ (p, 1) & \dots & (p, p-1) & 0 \end{vmatrix}$$

[1] Man bedenke, daß $\mathfrak{x}_r = \mathfrak{y}_r$ ist ($r = 1, 2, \dots, n$).

ist sicher nicht negativ. Sie ist ein Wert der quadratischen Form

$$-\begin{vmatrix} (1\,1) & \dots & (1, p-1) & u_1 \\ \cdot & \cdot & \cdot & \cdot \\ (p-1, 1) & \dots & (p-1, p-1) & u_{p-1} \\ u_1 & \dots & u_{p-1} & 0 \end{vmatrix},$$

die niemals negativ wird.

Als quadratische Form läßt sie sich nämlich durch eine orthogonale Transformation

$$\begin{aligned} v_1 &= c_{11}\, u_1 + \dots + c_{1,p-1}\, u_{p-1}, \\ &\dots\dots\dots \\ v_{p-1} &= c_{p-1,1}\, u_1 + \dots + c_{p-1,p-1}\, u_{p-1} \end{aligned}$$

auf die kanonische Gestalt

$$\lambda_1 v_1^2 + \lambda_2 v_2^2 + \dots + \lambda_{p-1} v_{p-1}^2$$

bringen (vgl. § 116).

Multipliziert man aber die Form zweimal mit

$$\begin{vmatrix} c_{11} & \dots & c_{1,p-1} & 0 \\ \cdot & \cdot & \cdot & \cdot \\ c_{p-1,1} & \dots & c_{p-1,p-1} & 0 \\ 0 & \dots & 0 & 1 \end{vmatrix} = 1,$$

so ergibt sich[1]

$$-\begin{vmatrix} (1\,1) & \dots & (1, p-1) & u_1 \\ \cdot & \cdot & \cdot & \cdot \\ (p-1, 1) & \dots & (p-1, p-1) & u_{p-1} \\ u_1 & \dots & u_{p-1} & 0 \end{vmatrix}$$

$$= -\begin{vmatrix} (\bar{1}\,\bar{1}) & \dots & (\bar{1}, \overline{p-1}) & v_1 \\ \cdot & \cdot & \cdot & \cdot \\ (\overline{p-1}, \bar{1}) & \dots & (\overline{p-1}, \overline{p-1}) & v_{p-1} \\ v_1 & \dots & v_{p-1} & 0 \end{vmatrix}$$

und man sieht, daß $\lambda_1, \lambda_2, \dots, \lambda_{p-1}$ die $(p-2)$-reihigen Hauptminoren von

$$\begin{vmatrix} (\bar{1}\,\bar{1}) & \dots & (\bar{1}, \overline{p-1}) \\ \cdot & \cdot & \cdot \\ (\overline{p-1}, \bar{1}) & \dots & (\overline{p-1}, \overline{p-1}) \end{vmatrix}$$

[1] $\bar{1}, \bar{2}, \dots, \overline{p-1}$ sind lineare Kombinationen von $1, 2, \dots, p-1$.

sind, also GRAMsche Determinanten (vgl. § 134) und daher nicht negativ.

Aus (5) folgt jedenfalls

$$A_p \leqq (p\,p)\,A_{p-1}.$$

Ebenso ist aber

$$\begin{aligned} A_{p-1} &\leqq (p-1, p-1)\,A_{p-2},\\ &\cdots\cdots\cdots\\ A_2 &\leqq (2\,2)\,A_1,\\ A_1 &= (1\,1). \end{aligned}$$

Hieraus ergibt sich

$$A_p \leqq (1\,1)\,(2\,2)\ldots(p\,p)$$

oder, ausführlich geschrieben,

$$\left\|\begin{matrix} a_{11} & a_{12} & \ldots & a_{1n}\\ a_{21} & a_{22} & \ldots & a_{2n}\\ \cdot & \cdot & \cdot & \cdot\\ a_{p1} & a_{p2} & \ldots & a_{pn} \end{matrix}\right\|^2 \leqq \left(\sum a_{1\nu}^2\right)\left(\sum a_{2\nu}^2\right)\ldots\left(\sum a_{p\nu}^2\right).$$

Insbesondere ist

$$\left|\begin{matrix} a_{11} & a_{12} & \ldots & a_{1p}\\ a_{21} & a_{22} & \ldots & a_{2p}\\ \cdot & \cdot & \cdot & \cdot\\ a_{p1} & a_{p2} & \ldots & a_{pp} \end{matrix}\right|^2 \leqq \left(\sum a_{1\nu}^2\right)\left(\sum a_{2\nu}^2\right)\ldots\left(\sum a_{p\nu}^2\right).$$

Nennt man

$$a_{k1}^2 + a_{k2}^2 + \ldots + a_{kp}^2$$

die Norm der k^{ten} Zeile, so ist also **das Quadrat einer Determinante nie größer als das Normenprodukt der Zeilen.** Dieser Satz rührt von HADAMARD her.

Wir wollen ihn zum Beweise der Formel (4) benutzen.

Ist M das Maximum von $|f(x, y)|$ in dem Bereich $0 \leqq x, y \leqq 1$, so wird

$$\left|\begin{matrix} f(x_1, x_1) & \ldots & f(x_1, x_p)\\ \cdot & \cdot & \cdot\\ f(x_p, x_1) & \ldots & f(x_p, x_p) \end{matrix}\right|^2 \leqq \left(\sum f^2(x_1, x_\nu)\right)\ldots\left(\sum f^2(x_p, x_\nu)\right),$$

also der Betrag von

$$\left|\begin{matrix} f(x_1, x_1) & \ldots & f(x_1, x_p)\\ \cdot & \cdot & \cdot\\ f(x_p, x_1) & \ldots & f(x_p, x_p) \end{matrix}\right|$$

kleiner als

$$\sqrt{(p\,M^2)^p} = (\sqrt{p})^p\,M^p$$

und der Betrag von

$$\frac{1}{p!}\int_0^1 \cdots \int_0^1 \begin{vmatrix} f(x_1, x_1) & \ldots & f(x_1, x_p) \\ \cdot & \cdot & \cdot \\ f(x_p, x_1) & \ldots & f(x_p, x_p) \end{vmatrix} d x_1 \ldots d x_p$$

kleiner als

$$\frac{(\sqrt{p})^p}{p!}\,M^p.$$

Die Glieder der Reihe (4) sind also absolut genommen kleiner als die entsprechenden Glieder der Reihe

$$(6) \qquad 1 + \frac{(\sqrt{1})^1}{1!}\,M + \frac{(\sqrt{2})^2}{2!}\,M^2 + \frac{(\sqrt{3})^3}{3!}\,M^3 + \ldots$$

Diese Reihe ist aber konvergent. Der Quotient des $(n+1)^{\text{ten}}$ Gliedes durch das n^{te} lautet nämlich

$$\frac{u_{n+1}}{u_n} = \frac{(\sqrt{n})^n\,M}{n(\sqrt{n-1})^{n-1}} = \frac{M}{\sqrt{n}}\sqrt{\left(1 + \frac{1}{n-1}\right)^{n-1}}.$$

Nun ist aber

$$\lim \sqrt{\left(1 + \frac{1}{n-1}\right)^{n-1}} = \sqrt{e}$$

und

$$\lim \frac{M}{\sqrt{n}} = 0,$$

folglich

$$\lim \frac{u_{n+1}}{u_n} = 0.$$

Damit ist die Konvergenz der Reihe (6) bewiesen und zugleich die absolute Konvergenz der Reihe (4). Ihre Summe heiße D.

Jetzt wollen wir den Index ν so wählen, daß

$$\frac{(\sqrt{\nu+1})^{\nu+1}}{(\nu+1)!}\,M^{\nu+1} + \frac{(\sqrt{\nu+2})^{\nu+2}}{(\nu+2)!}\,M^{\nu+2} + \ldots < \frac{\varepsilon}{3}$$

ist ($\varepsilon > 0$). Setzen wir dann

$$D = 1 + \sum_{p=1}^{\nu} \frac{1}{\mu!}\int_0^1 \cdots \int_0^1 \begin{vmatrix} f(x_1, x_1) & \ldots & f(x_1, x_p) \\ \cdot & \cdot & \cdot \\ f(x_p, x_1) & \ldots & f(x_p, x_p) \end{vmatrix} d x_1 \ldots d x_p + R_\nu,$$

so ist

$$|R_\nu| < \frac{\varepsilon}{3}.$$

Setzen wir andrerseits unter der Annahme $n > \nu$

$$D_n = 1 + \sum_{p=1}^{\nu} \frac{1}{p!} \sum_{r_1, \ldots, r_p}^{1, \ldots, n} \frac{1}{n^p} \begin{vmatrix} f(\mathfrak{x}_{r_1}, \mathfrak{y}_{r_1}) & \ldots & f(\mathfrak{x}_{r_1}, \mathfrak{y}_{r_p}) \\ \cdot & \cdot & \cdot \\ f(\mathfrak{x}_{r_p}, \mathfrak{y}_{r_1}) & \ldots & f(\mathfrak{x}_{r_p}, \mathfrak{y}_{r_p}) \end{vmatrix} + R_\nu',$$

so ist auch

$$|R_\nu'| < \frac{\varepsilon}{3}.$$

Die Differenz $D - D_n$ enthält drei Bestandteile. Zwei davon, nämlich R_ν und $-R_\nu'$ sind ihrem Betrage nach kleiner als $\varepsilon/3$, was auch $n(> \nu)$ sein mag.

Der dritte Bestandteil von $D - D_n$ lautet

$$\sum_{p=1}^{\nu} \frac{1}{p!} \left\{ \int_0^1 \cdots \int_0^1 \begin{vmatrix} f(x_1, x_1) & \ldots & f(x_1, x_p) \\ \cdot & \cdot & \cdot \\ f(x_p, x_1) & \ldots & f(x_p, x_p) \end{vmatrix} dx_1 \ldots dx_p \right.$$
$$\left. - \sum_{r_1, \ldots, r_p}^{1, \ldots, n} \frac{1}{n^p} \begin{vmatrix} f(\mathfrak{x}_{r_1}, \mathfrak{y}_{r_1}) & \ldots & f(\mathfrak{x}_{r_1}, \mathfrak{y}_{r_p}) \\ \cdot & \cdot & \cdot \\ f(\mathfrak{x}_{r_p}, \mathfrak{y}_{r_1}) & \ldots & f(\mathfrak{x}_{r_p}, \mathfrak{y}_{r_p}) \end{vmatrix} \right\}$$

und konvergiert bei unendlich zunehmendem n nach Null. Für $n \geqq N$ wird also, wenn N passend gewählt ist, sein Betrag kleiner als $\varepsilon/3$ sein.

Dann folgt aber

$$|D - D_n| < \varepsilon, \qquad (n \geqq N)$$

und das bedeutet

$$\lim D_n = D.$$

D ist also der Grenzwert der Determinante D_n bei unendlich zunehmendem n.

Wir wollen

$$D = 1 + \sum_{p=1}^{\infty} \frac{1}{p!} \int_0^1 \cdots \int_0^1 \begin{vmatrix} f(x_1, x_1) & \ldots & f(x_1, x_p) \\ \cdot & \cdot & \cdot \\ f(x_p, x_1) & \ldots & f(x_p, x_p) \end{vmatrix} dx_1 \ldots dx_p$$

die Fredholmsche Determinante der Funktion f nennen.

Die Fredholmsche Determinante der Funktion λf (λ konstant) lautet hiernach

$$1 + \sum_{p=1}^{\infty} \frac{\lambda^p}{p!} \int_0^1 \cdots \int_0^1 \begin{vmatrix} f(x_1, x_1) & \ldots & f(x_1, x_p) \\ \cdot & \cdot & \cdot \\ f(x_p, x_1) & \ldots & f(x_p, x_p) \end{vmatrix} dx_1 \ldots dx_p.$$

Sie ist eine Potenzreihe in λ, die für alle Werte von λ konvergiert.

§ 181. Das Produkt von zwei Fredholmschen Determinanten.

D_f sei die Fredholmsche Determinante der Funktion $f(x, y)$ und D_g die der Funktion $g(x, y)$. Beide Funktionen werden in dem Bereich

$$0 \leqq x, y \leqq 1$$

als stetig vorausgesetzt.

Wir wollen beweisen, daß $D_f D_g$ die Fredholmsche Determinante einer Funktion $\varphi(x, y)$ ist, daß also das Produkt von zwei Fredholmschen Determinanten wieder eine Fredholmsche Determinante ist (vgl. den analogen Satz über Normaldeterminanten in § 157).

Nach § 180 ist

$$D_f = \lim_{n=\infty} \begin{vmatrix} 1+c_{11}, & c_{12}, & \ldots, & c_{1n} \\ c_{21}, & 1+c_{22}, & \ldots, & c_{2n} \\ \cdot & \cdot & \cdot & \cdot \\ c_{n1}, & c_{n2}, & \ldots, & 1+c_{nn} \end{vmatrix} \qquad \left(c_{rs} = \frac{1}{n} f(\mathfrak{x}_r, \mathfrak{y}_s)\right)$$

und

$$D_g = \lim_{n=\infty} \begin{vmatrix} 1+d_{11}, & d_{12}, & \ldots, & d_{1n} \\ d_{21}, & 1+d_{22}, & \ldots, & d_{2n} \\ \cdot & \cdot & \cdot & \cdot \\ d_{n1}, & d_{n2}, & \ldots, & 1+d_{nn} \end{vmatrix}. \qquad \left(d_{rs} = \frac{1}{n} g(\mathfrak{x}_r, \mathfrak{y}_s)\right)$$

Dabei haben $\mathfrak{x}_r$ und $\mathfrak{y}_r$ folgende Bedeutung

$$\mathfrak{x}_r = \frac{2r-1}{2n}, \quad \mathfrak{y}_s = \frac{2s-1}{2n}.$$

$\mathfrak{x}_r, \mathfrak{y}_s$ ist nämlich der Mittelpunkt des durch die Geraden

$$x = \frac{r-1}{n}, \quad x = \frac{r}{n}, \quad y = \frac{s-1}{n}, \quad y = \frac{s}{n}$$

begrenzten Quadrates.

Nun wird nach dem Multiplikationssatz der Determinanten

$$\begin{vmatrix} 1+c_{11}, & \ldots, & c_{1n} \\ \cdot & \cdot & \cdot \\ c_{n1}, & \ldots, & 1+c_{nn} \end{vmatrix} \begin{vmatrix} 1+d_{11}, & \ldots, & d_{n1} \\ \cdot & \cdot & \cdot \\ d_{1n}, & \ldots, & 1+d_{nn} \end{vmatrix} = \begin{vmatrix} 1+\gamma_{11}, & \ldots, & \gamma_{1n} \\ \cdot & \cdot & \cdot \\ \gamma_{n1}, & \ldots, & 1+\gamma_{nn} \end{vmatrix},$$

wenn wir

$$\gamma_{rs} = c_{rs} + d_{rs} + \sum_{k=1}^{n} c_{rk} d_{ks}$$

setzen.

Für $D_f D_g$ ergibt sich also die Formel

$$D_f D_g = \lim \begin{vmatrix} 1+\gamma_{11}, & \gamma_{12}, & \ldots, & \gamma_{1n} \\ \gamma_{21}, & 1+\gamma_{22}, & \ldots, & \gamma_{2n} \\ \cdot & \cdot & \cdot & \cdot \\ \gamma_{n1}, & \gamma_{n2}, & \ldots, & 1+\gamma_{nn} \end{vmatrix}.$$

Ausführlich geschrieben lautet γ_{rs}

$$\frac{1}{n}\left\{f(\mathfrak{x}_r, \mathfrak{y}_s) + g(\mathfrak{x}_r, \mathfrak{y}_s) + \sum_{k=1}^{n} \frac{1}{n} f(\mathfrak{x}_r, \mathfrak{y}_k)\, g(\mathfrak{x}_k, \mathfrak{y}_s)\right\}.$$

Die Summe

$$\sum_{k=1}^{n} \frac{1}{n} f(\mathfrak{x}_r, \mathfrak{y}_k)\, g(\mathfrak{x}_k, \mathfrak{y}_s)$$

weicht von dem Integral

$$\int_0^1 f(\mathfrak{x}_r, u)\, g(u, \mathfrak{y}_s)\, du$$

um so weniger ab, je größer n ist. Dieses Integral ist nämlich gleich

$$\sum_{k=1}^{n} \int_{(k-1)/n}^{k/n} f(\mathfrak{x}_r, u)\, g(u, \mathfrak{y}_s)\, du = \sum_{k=1}^{n} \frac{1}{n} f(\mathfrak{x}_r, u_k)\, g(u_k, \mathfrak{y}_s).$$

Dabei liegt u_k zwischen $(k-1)/n$ und k/n, also zwischen denselben Grenzen wie $\mathfrak{x}_k = \mathfrak{y}_k$.

Ist ν genügend groß, so wird für $n > \nu$

$$|f(\mathfrak{x}_r, u_k) - f(\mathfrak{x}_r, \mathfrak{y}_k)| < \varepsilon,$$
$$|g(u_k, \mathfrak{y}_s) - g(\mathfrak{x}_k, \mathfrak{y}_s)| < \varepsilon$$

sein[1] $(r, k, s = 1, 2, \ldots, n)$, also[2]

$$|f(\mathfrak{x}_r, u_k)\, g(u_k, \mathfrak{y}_s) - f(\mathfrak{x}_r, \mathfrak{y}_k)\, g(\mathfrak{x}_k, \mathfrak{y}_s)|$$
$$\leqq |f(\mathfrak{x}_r, u_k) - f(\mathfrak{x}_r, \mathfrak{y}_k)|\; |g(u_k, \mathfrak{y}_s)| + |g(u_k, \mathfrak{y}_s) - g(\mathfrak{x}_k, \mathfrak{y}_s)|\; |f(\mathfrak{x}_r, \mathfrak{y}_k)| < 2M\varepsilon.$$

Dann ist aber auch der Betrag von

$$\sum_{k=1}^{n} \frac{1}{n} f(\mathfrak{x}_r, \mathfrak{y}_k)\, g(\mathfrak{x}_k, \mathfrak{y}_s) - \int_0^1 f(\mathfrak{x}_r, u)\, g(u, \mathfrak{y}_s)\, du$$

$$= \sum_{k=1}^{n} \frac{1}{n} \{f(\mathfrak{x}_r, \mathfrak{y}_k) g(\mathfrak{x}_k, \mathfrak{y}_s) - f(\mathfrak{x}_r, u_k) g(u_k, \mathfrak{y}_s)\}$$

kleiner als $2M\varepsilon$.

---

[1] ε ist eine vorgelegte positive Zahl.

[2] M ist eine Zahl, die alle Werte von $|f|$ und $|g|$ in dem Bereich $0 \leqq x, y \leqq 1$ übertrifft.

Führen wir nun die Funktion

$$\varphi(x, y) = f(x, y) + g(x, y) + \int_0^1 f(x, u) g(u, y)\, du$$

ein, so können wir schreiben

$$\gamma_{rs} = \frac{1}{n} \varphi(\mathfrak{x}_r, \mathfrak{y}_s) + \varepsilon_{rs}$$

und wissen dabei, daß

$$|\varepsilon_{rs}| < \frac{2M\varepsilon}{n}$$

ist.

Setzen wir zur Abkürzung

$$\frac{1}{n} \varphi(\mathfrak{x}_r, \mathfrak{y}_s) = \bar{\gamma}_{rs},$$

so ist es leicht, die Differenz entsprechender Hauptminoren von

$$(1) \qquad \begin{vmatrix} \gamma_{11} & \gamma_{12} & \cdots & \gamma_{1n} \\ \gamma_{21} & \gamma_{22} & \cdots & \gamma_{2n} \\ \cdot & \cdot & \cdot & \cdot \\ \gamma_{n1} & \gamma_{n2} & \cdots & \gamma_{nn} \end{vmatrix} \quad \text{und} \quad \begin{vmatrix} \bar{\gamma}_{11} & \bar{\gamma}_{12} & \cdots & \bar{\gamma}_{1n} \\ \bar{\gamma}_{21} & \bar{\gamma}_{22} & \cdots & \bar{\gamma}_{2n} \\ \cdot & \cdot & \cdot & \cdot \\ \bar{\gamma}_{n1} & \bar{\gamma}_{n2} & \cdots & \bar{\gamma}_{nn} \end{vmatrix}$$

abzuschätzen.

Die Glieder von

$$\begin{vmatrix} \gamma_{r_1 r_1} & \cdots & \gamma_{r_1 r_p} \\ \cdot & \cdot & \cdot \\ \gamma_{r_p r_1} & \cdots & \gamma_{r_p r_p} \end{vmatrix}$$

sind Binome, nämlich $\gamma_{rs} = \bar{\gamma}_{rs} + \varepsilon_{rs}$. Infolgedessen zerlegt sich diese Determinante in eine Summe von 2^p Determinanten. Einer von diesen Summanden ist

$$\begin{vmatrix} \bar{\gamma}_{r_1 r_1} & \cdots & \bar{\gamma}_{r_1 r_p} \\ \cdot & \cdot & \cdot \\ \bar{\gamma}_{r_p r_1} & \cdots & \bar{\gamma}_{r_p r_p} \end{vmatrix},$$

und die andern entstehen hieraus, indem man in gewissen Zeilen ε statt $\bar{\gamma}$ schreibt.

$\mathfrak{M}$ sei eine Zahl, die alle Werte von $|\varphi(x, y)|$ übertrifft. Man nehme z. B.

$$\mathfrak{M} = 2M + M^2.$$

Dann ist

$$|\bar{\gamma}_{rs}| < \frac{\mathfrak{M}}{n} \quad \text{und} \quad |\varepsilon_{rs}| < \frac{\mathfrak{M}\varepsilon}{n}. \qquad (\text{weil } 2M < \mathfrak{M})$$

Der Betrag eines Summanden mit q ε-Zeilen ist nach dem HADAMARDschen Satze kleiner als

$$\frac{(\sqrt{p})^p}{n^p} \mathfrak{M}^p \varepsilon^q.$$

Es gibt $\binom{p}{q}$ solche Summanden. Setzt man für q die Werte $1, 2, \ldots, p$ ein, so ergibt sich, daß der Betrag der Differenz

$$\begin{vmatrix} \gamma_{r_1 r_1} & \cdots & \gamma_{r_1 r_p} \\ \cdot & \cdot & \cdot \\ \gamma_{r_p r_1} & \cdots & \gamma_{r_p r_p} \end{vmatrix} - \begin{vmatrix} \bar{\gamma}_{r_1 r_1} & \cdots & \bar{\gamma}_{r_1 r_p} \\ \cdot & \cdot & \cdot \\ \bar{\gamma}_{r_p r_1} & \cdots & \bar{\gamma}_{r_p r_p} \end{vmatrix}$$

kleiner ist als

$$\frac{(\sqrt{p})^p \mathfrak{M}^p}{n^p} \sum_{q=1}^{p} \binom{p}{q} \varepsilon^q.$$

Machen wir die erlaubte Ausnahme $\varepsilon < 1$ und beachten, daß $\varepsilon^q \leqq \varepsilon$ und

$$\sum_{q=1}^{p} \binom{p}{q} < 2^p$$

ist, so finden wir, daß die fragliche Differenz ihrem Betrage nach unterhalb

$$\frac{(\sqrt{p})^p (2\,\mathfrak{M})^p}{n^p} \varepsilon$$

liegt.

Im ganzen gibt es $\binom{n}{p}$ p-reihige Hauptminoren und man hat

$$\binom{n}{p} < \frac{n^p}{p!}.$$

Da nun

$$(2) \qquad \begin{vmatrix} 1+\gamma_{11}, & \ldots, & \gamma_{1n} \\ \cdot & \cdot & \cdot \\ \gamma_{n1}, & \ldots, & 1+\gamma_{nn} \end{vmatrix} - \begin{vmatrix} 1+\bar{\gamma}_{11}, & \ldots, & \bar{\gamma}_{1n} \\ \cdot & \cdot & \cdot \\ \bar{\gamma}_{n1}, & \ldots, & 1+\bar{\gamma}_{nn} \end{vmatrix} = \sum (H - \bar{H}),$$

wo H und $\bar{H}$ zwei entsprechende Hauptminoren der Determinanten (1) bedeuten, so ergibt sich, daß die Differenz (2) für $n > v$ absolut genommen kleiner ist als

$$\varepsilon \sum_{p=1}^{\infty} \frac{(\sqrt{p})^p (2\,\mathfrak{M})^p}{p!}.$$

Daraus ist aber zu entnehmen, daß jene Differenz bei unendlich zunehmendem n nach Null konvergiert.

Der Minuend hat aber den Grenzwert $D_f D_g$ und der Subtrahend den Grenzwert D_φ. Also ist

$$D_f D_g = D_\varphi,$$

d. h. die FREDHOLMschen Determinanten von f und g geben als Produkt die FREDHOLMsche Determinante von

$$\varphi(x,y) = f(x,y) + g(x,y) + \int_0^1 f(x,u) g(u,y)\, du.$$

Man kann zwei FREDHOLMsche Determinanten auf verschiedene Arten so multiplizieren, daß wieder eine FREDHOLMsche Determinante herauskommt.

Die FREDHOLMsche Determinante von $f(x,y)$ ist nämlich gleich der von $f(y,x)$. $D_f D_g$ ist also auch gleich der FREDHOLMschen Determinante von

$$f(y,x) + g(x,y) + \int_0^1 f(u,x) g(u,y)\, du$$

oder von

$$f(x,y) + g(y,x) + \int_0^1 f(x,u) g(y,u)\, du$$

oder von

$$f(y,x) + g(y,x) + \int_0^1 f(u,x) g(y,u)\, du.$$

§ 182. Die FREDHOLMschen Minoren.

Um zu der Definition der FREDHOLMschen Minoren zu gelangen, wollen wir zuerst eine Formel für die Minoren der Determinante

$$(1) \qquad \begin{vmatrix} 1 + c_{11} & \dots & c_{1n} \\ \cdot & \cdot\ \cdot\ \cdot & \cdot \\ c_{n1} & \dots & 1 + c_{nn} \end{vmatrix}$$

aufstellen.

Es handle sich z. B. um das algebraische Komplement von c_{rs} $(r \gtreqless s)$ in (1). Bezeichnen wir die Zahlen, die in der Reihe $1, 2, \dots, n$ nach Streichung von r und s übrig bleiben, mit $k_1, k_2, \dots, k_{n-2}$, so ist (1) gleich

$$\begin{vmatrix} 1+c_{rr} & c_{rs} & c_{rk_1} & \cdots & c_{rk_{n-2}} \\ c_{sr} & 1+c_{ss} & c_{sk_1} & \cdots & c_{sk_{n-2}} \\ c_{k_1 r} & c_{k_1 s} & 1+c_{k_1 k_1} & \cdots & c_{k_1 k_{n-2}} \\ \cdot & \cdot & \cdot & \cdot & \cdot \\ c_{k_{n-2} r} & c_{k_{n-2} s} & c_{k_{n-2} k_1} & \cdots & 1+c_{k_{n-2} k_{n-2}} \end{vmatrix}$$

und das algebraische Komplement von c_{rs} lautet

$$(2) \qquad K_{rs} = -\begin{vmatrix} c_{sr} & c_{sk_1} & \cdots & c_{sk_{n-2}} \\ c_{k_1 r} & 1+c_{k_1 k_1} & \cdots & c_{k_1 k_{n-2}} \\ \cdot & \cdot & \cdot & \cdot \\ c_{k_{n-2} r} & c_{k_{n-2} k_1} & \cdots & 1+c_{k_{n-2} k_{n-2}} \end{vmatrix}.$$

Setzen wir

$$\varphi(\lambda, \mu) = \begin{vmatrix} \lambda + c_{sr} & c_{sk_1} & \cdots & c_{sk_{n-2}} \\ c_{k_1 r} & \mu + c_{k_1 k_1} & \cdots & c_{k_1 k_{n-2}} \\ \cdot & \cdot & \cdot & \cdot \\ c_{k_{n-2} r} & c_{k_{n-2} k_1} & \cdots & \mu + c_{k_{n-2} k_{n-2}} \end{vmatrix},$$

so ist (2) gleich $-\varphi(0, 1)$. Nun enthält aber $\varphi(\lambda, \mu)$ Glieder mit $\mu^0, \mu^1, \ldots, \mu^{n-2}$ und solche mit $\lambda, \lambda\mu, \ldots, \lambda\mu^{n-2}$. Die Glieder der letzten Art fallen fort, wenn $\lambda = 0$ wird. μ^r ist multipliziert mit der Summe derjenigen $(n-1-r)$-reihigen Hauptminoren von

$$(3) \qquad \begin{vmatrix} c_{sr} & c_{sk_1} & \cdots & c_{sk_{n-2}} \\ c_{k_1 r} & c_{k_1 k_1} & \cdots & c_{k_1 k_{n-2}} \\ \cdot & \cdot & \cdot & \cdot \\ c_{k_{n-2} r} & c_{k_{n-2} k_1} & \cdots & c_{k_{n-2} k_{n-2}} \end{vmatrix},$$

die c_{sr} enthalten. Daraus ersehen wir, daß $\varphi(0, 1)$ die Summe aller Hauptminoren von (3) ist, in denen c_{sr} vorkommt, c_{sr} und (3) eingeschlossen.

$-K_{rs}$ läßt sich hiernach in folgender Weise darstellen:

$$(4) \qquad -K_{rs} = c_{sr} + \sum_{\varkappa_1} \begin{vmatrix} c_{sr} & c_{s\varkappa_1} \\ c_{\varkappa_1 r} & c_{\varkappa_1 \varkappa_1} \end{vmatrix} + \sum_{\varkappa_1, \varkappa_2} \begin{vmatrix} c_{sr} & c_{s\varkappa_1} & c_{s\varkappa_2} \\ c_{\varkappa_1 r} & c_{\varkappa_1 \varkappa_1} & c_{\varkappa_1 \varkappa_2} \\ c_{\varkappa_2 r} & c_{\varkappa_2 \varkappa_1} & c_{\varkappa_2 \varkappa_2} \end{vmatrix} + \cdots$$

$$+ \begin{vmatrix} c_{sr} & c_{sk_1} & \cdots & c_{sk_{n-2}} \\ c_{k_1 r} & c_{k_1 k_1} & \cdots & c_{k_1 k_{n-2}} \\ \cdot & \cdot & \cdot & \cdot \\ c_{k_{n-2} r} & c_{k_{n-2} k_1} & \cdots & c_{k_{n-2} k_{n-2}} \end{vmatrix}.$$

Dabei ist $\varkappa_1 < \varkappa_2 < \ldots$, und die $\varkappa$ sind Zahlen aus der Reihe $k_1, k_2, \ldots, k_{n-2}$.

Läßt man jedes $\varkappa$ die Werte $k_1, k_2, \ldots, k_{n-2}$ durchlaufen, so muß man statt (4) schreiben

$$(4') \quad -K_{rs} = c_{sr} + \frac{1}{1!}\sum_{\varkappa_1}\begin{vmatrix} c_{sr} & c_{s\varkappa_1} \\ c_{\varkappa_1 r} & c_{\varkappa_1\varkappa_1}\end{vmatrix} + \frac{1}{2!}\sum_{\varkappa_1,\varkappa_2}\begin{vmatrix} c_{sr} & c_{s\varkappa_1} & c_{s\varkappa_2} \\ c_{\varkappa_1 r} & c_{\varkappa_1\varkappa_1} & c_{\varkappa_1\varkappa_2} \\ c_{\varkappa_2 r} & c_{\varkappa_2\varkappa_1} & c_{\varkappa_2\varkappa_2}\end{vmatrix} + \cdots$$

$$\frac{1}{(n-2)!}\sum_{\varkappa_1,\varkappa_2,\ldots,\varkappa_{n-2}}\begin{vmatrix} c_{sr} & c_{s\varkappa_1} & \ldots & c_{s\varkappa_{n-2}} \\ c_{\varkappa_1 r} & c_{\varkappa_1\varkappa_1} & \ldots & c_{\varkappa_1\varkappa_{n-2}} \\ \cdot & \cdot & \cdot & \cdot \\ c_{\varkappa_{n-2} r} & c_{\varkappa_{n-2}\varkappa_1} & \ldots & c_{\varkappa_{n-2}\varkappa_{n-2}}\end{vmatrix}.$$

Offenbar darf man den $\varkappa$ auch die Werte r und s erlauben. Die dadurch neu hinzutretenden Glieder verschwinden alle, weil es Determinanten mit zwei übereinstimmenden Zeilen oder Spalten sind. Man kann also annehmen, daß in (4') alle Summationsindizes unabhängig voneinander die Werte $1, 2, \ldots, n$ durchlaufen.

Wir wollen jetzt ein bestimmtes Wertsystem

$$x = \xi, \quad y = \eta$$

aus dem Bereich $0 \leqq x,\ y \leqq 1$ herausgreifen. ξ liege in dem Intervall $\left(\frac{r-1}{n}, \frac{r}{n}\right)$ und η in dem Intervall $\left(\frac{s-1}{n}, \frac{s}{n}\right)$. Sollten ξ und η beide in dasselbe n-tel von (0, 1) fallen, so wollen wir unter $\left(\frac{s-1}{n}, \frac{s}{n}\right)$ nicht das Intervall verstehen, in welchem η liegt, sondern eins der benachbarten Intervalle, so daß also η in $\left(\frac{s-2}{n}, \frac{s-1}{n}\right)$ oder in $\left(\frac{s}{n}, \frac{s+1}{n}\right)$ enthalten ist.

Setzen wir wie in § 180

$$\mathfrak{x}_\varrho = \frac{2\varrho - 1}{2n}, \quad \mathfrak{y}_\sigma = \frac{2\sigma - 1}{2n}$$

und

$$c_{\varrho\sigma} = \frac{1}{n} f(\mathfrak{x}_\varrho, \mathfrak{y}_\sigma), \qquad (\varrho, \sigma = 1, 2, \ldots, n)$$

wobei wir unter f eine in $0 \leqq x,\ y \leqq 1$ stetige reelle Funktion verstehen, so wird

$$\lim_{n=\infty} n\, c_{sr} = f(\eta, \xi).$$

Ferner wird

$$\lim_{n=\infty} n \sum_{\varkappa_1}\begin{vmatrix} c_{sr} & c_{s\varkappa_1} \\ c_{\varkappa_1 r} & c_{\varkappa_1\varkappa_1}\end{vmatrix} = \lim \sum_{\varkappa_1}\frac{1}{n}\begin{vmatrix} f(\mathfrak{x}_s, \mathfrak{y}_r) & f(\mathfrak{x}_s, \mathfrak{y}_{\varkappa_1}) \\ f(\mathfrak{x}_{\varkappa_1}, \mathfrak{y}_r) & f(\mathfrak{y}_{\varkappa_1}, \mathfrak{y}_{\varkappa_1})\end{vmatrix}$$

$$= \lim \sum_{\varkappa_1}\frac{1}{n}\begin{vmatrix} f(\eta, \xi) & f(\eta, \mathfrak{y}_{\varkappa_1}) \\ f(\mathfrak{x}_{\varkappa_1}, \xi) & f(\mathfrak{x}_{\varkappa_1}, \mathfrak{y}_{\varkappa_1})\end{vmatrix} = \int_0^1 \begin{vmatrix} f(\eta, \xi) & f(\eta, x_1) \\ f(x_1, \xi) & f(x_1, x_1)\end{vmatrix} dx_1,$$

$$\lim_{n=\infty} n \sum_{\varkappa_1, \varkappa_2} \begin{vmatrix} c_{sr} & c_{s\varkappa_1} & c_{s\varkappa_2} \\ c_{\varkappa_1 r} & c_{\varkappa_1\varkappa_1} & c_{\varkappa_1\varkappa_2} \\ c_{\varkappa_2 r} & c_{\varkappa_2\varkappa_1} & c_{\varkappa_2\varkappa_2} \end{vmatrix} = \lim \sum_{\varkappa_1, \varkappa_2} \frac{1}{n^2} \begin{vmatrix} f(\mathfrak{x}_s, \mathfrak{y}_r) & f(\mathfrak{x}_s, \mathfrak{y}_{\varkappa_1}) & f(\mathfrak{x}_s, \mathfrak{y}_{\varkappa_2}) \\ f(\mathfrak{x}_{\varkappa_1}, \mathfrak{y}_r) & f(\mathfrak{x}_{\varkappa_1}, \mathfrak{y}_{\varkappa_1}) & f(\mathfrak{x}_{\varkappa_1}, \mathfrak{y}_{\varkappa_2}) \\ f(\mathfrak{x}_{\varkappa_2}, \mathfrak{y}_r) & f(\mathfrak{x}_{\varkappa_2}, \mathfrak{y}_{\varkappa_1}) & f(\mathfrak{x}_{\varkappa_2}, \mathfrak{y}_{\varkappa_2}) \end{vmatrix}$$

$$= \lim \sum_{\varkappa_1, \varkappa_2} \frac{1}{n^2} \begin{vmatrix} f(\eta, \xi) & f(\eta, \mathfrak{y}_{\varkappa_1}) & f(\eta, \mathfrak{y}_{\varkappa_2}) \\ f(\mathfrak{x}_{\varkappa_1}, \xi) & f(\mathfrak{x}_{\varkappa_1}, \mathfrak{y}_{\varkappa_1}) & f(\mathfrak{x}_{\varkappa_1}, \mathfrak{y}_{\varkappa_2}) \\ f(\mathfrak{x}_{\varkappa_2}, \xi) & f(\mathfrak{x}_{\varkappa_2}, \mathfrak{y}_{\varkappa_1}) & f(\mathfrak{x}_{\varkappa_2}, \mathfrak{y}_{\varkappa_2}) \end{vmatrix}$$

$$= \int_0^1\!\!\int_0^1 \begin{vmatrix} f(\eta, \xi) & f(\eta, x_1) & f(\eta, x_2) \\ f(x_1, \xi) & f(x_1, x_1) & f(x_1, x_2) \\ f(x_2, \xi) & f(x_2, x_1) & f(x_2, x_2) \end{vmatrix} dx_1\, dx_2$$

usw.

Bei jeder dieser Limesrelationen handelt es sich um ein **gleichmäßiges** Konvergieren nach dem Grenzwert, d. h. es gibt jedesmal eine von ξ, η unabhängige Zahl N, so daß für $n > N$ die Abweichung von dem Grenzwert kleiner als ε ist, wie man auch ξ und η in dem Intervall (0, 1) wählen mag.

Nach den obigen Formeln kann man vermuten, daß

$$\lim(-n K_{rs}) = \lim\left(n c_{sr} + \frac{1}{1!}\sum_{\varkappa_1} \begin{vmatrix} c_{sr} & c_{s\varkappa_1} \\ c_{\varkappa_1 r} & c_{\varkappa_1\varkappa_1} \end{vmatrix} + \cdots\right) \tag{5}$$

$$= f(\eta, \xi) + \frac{1}{1!}\int_0^1 \begin{vmatrix} f(\eta, \xi) & f(\eta, x_1) \\ f(x_1, \xi) & f(x_1, x_1) \end{vmatrix} dx_1$$

$$+ \frac{1}{2!}\int_0^1\!\!\int_0^1 \begin{vmatrix} f(\eta, \xi) & f(\eta, x_1) & f(\eta, x_2) \\ f(x_1, \xi) & f(x_1, x_1) & f(x_1, x_2) \\ f(x_2, \xi) & f(x_2, x_1) & f(x_2, x_2) \end{vmatrix} dx_1\, dx_2 + \cdots$$

sein wird.

Der Beweis dafür läßt sich ähnlich führen wie in § 180.

Zunächst ist nach dem Hadamardschen Satze, wie man auch $u_1, \ldots, u_p$ und $v_1, \ldots, v_p$ in (0, 1) wählen mag, der Betrag von

$$\begin{vmatrix} f(u_1, v_1) & f(u_1, v_2) & \ldots & f(u_1, v_p) \\ f(u_2, v_1) & f(u_2, v_2) & \ldots & f(u_2, v_p) \\ \cdot & \cdot & \cdot & \cdot \\ f(u_p, v_1) & f(u_p, v_2) & \ldots & f(u_p, v_p) \end{vmatrix} \tag{6}$$

kleiner als

$$(\sqrt{p})^p M^p .$$

Dabei bedeutet M das Maximum von $|f(x, y)|$ in dem Bereich $0 \leq x, y \leq 1$.

Die Glieder der Reihe (5) sind also ihrem Betrage nach kleiner als die entsprechenden Glieder der Reihe

$$(7)\qquad M + \frac{(\sqrt{2})^2 M^2}{1!} + \frac{(\sqrt{3})^3 M^3}{2!} + \cdots.$$

Das ist die mit M multiplizierte Ableitung der Reihe

$$(8)\qquad 1 + \frac{(\sqrt{1})^1 M}{1!} + \frac{(\sqrt{2})^2 M^2}{2!} + \frac{(\sqrt{3})^3 M^3}{3!} + \cdots$$

nach M. Die Reihe (8) ist aber für alle Werte von M konvergent, folglich auch die Reihe (7).

Die Glieder der endlichen Reihe

$$(9)\qquad -n K_{rs} = f(\mathfrak{x}_s, \mathfrak{y}_r) + \frac{1}{1!}\sum_{\varkappa_1}\frac{1}{n}\begin{vmatrix} f(\mathfrak{x}_s, \mathfrak{y}_r) & f(\mathfrak{x}_s, \mathfrak{y}_{\varkappa_1}) \\ f(\mathfrak{x}_{\varkappa_1}, \mathfrak{y}_r) & f(\mathfrak{x}_{\varkappa_1}, \mathfrak{y}_{\varkappa_1}) \end{vmatrix} + \cdots$$

$$+ \frac{1}{(n-2)!}\sum_{\varkappa_1,\ldots,\varkappa_{n-2}}\frac{1}{n^{n-2}}\begin{vmatrix} f(\mathfrak{x}_s, \mathfrak{y}_r) & f(\mathfrak{x}_s, \mathfrak{y}_{\varkappa_1}) & \cdots & f(\mathfrak{x}_s, \mathfrak{y}_{\varkappa_{n-2}}) \\ f(\mathfrak{x}_{\varkappa_1}, \mathfrak{y}_r) & f(\mathfrak{x}_{\varkappa_1}, \mathfrak{y}_{\varkappa_1}) & \cdots & f(\mathfrak{x}_{\varkappa_1}, \mathfrak{y}_{\varkappa_{n-2}}) \\ \cdot & \cdot & \cdot & \cdot \\ f(\mathfrak{x}_{\varkappa_{n-2}}, \mathfrak{y}_r) & f(\mathfrak{x}_{\varkappa_{n-2}}, \mathfrak{y}_{\varkappa_1}) & \cdots & f(\mathfrak{x}_{\varkappa_{n-2}}, \mathfrak{y}_{\varkappa_{n-2}}) \end{vmatrix}$$

sind absolut genommen kleiner als die entsprechenden Glieder von

$$M + \frac{(\sqrt{2})^2 M^2}{1!} + \cdots + \frac{(\sqrt{n-1})^{n-1} M^{n-1}}{(n-2)!},$$

d. h. von der $(n-1)^{\text{ten}}$ Partialsumme der Reihe (7).

Jetzt wähle man ν derart, daß

$$\frac{(\sqrt{\nu+1})^{\nu+1} M^{\nu+1}}{\nu!} + \frac{(\sqrt{\nu+2})^{\nu+2} M^{\nu+2}}{(\nu+1)!} + \cdots$$

kleiner als $\varepsilon/3$ ist, und bezeichne mit S_ν die ν^{te} Partialsumme von (5) und mit $\bar{S}_\nu$ die von (9), ferner mit S die Summe von (5):

Dann ist

$$|S - S_\nu| < \frac{\varepsilon}{3},$$

$$|n K_{rs} + \bar{S}_\nu| < \frac{\varepsilon}{3}$$

und für $n \geqq N$

$$(10)\qquad |S_\nu - \bar{S}_\nu| < \frac{\varepsilon}{3},$$

also

$$(11)\qquad |S + n K_{rs}| < \varepsilon.$$

Daraus folgt aber

$$(12)\qquad \lim(-n K_{rs}) = S.$$

Es ist übrigens möglich, N so zu wählen, daß (10), folglich auch (11), unter der Bedingung $n \geqq N$ für alle dem Bereich $0 \leqq x,\ y \leqq 1$ entnommenen ξ, η gilt (vgl. S. 470). Es handelt sich also bei (12) um ein gleichmäßiges Konvergieren nach dem Grenzwert S.

Wegen der Beziehung (12) liegt es nahe, $-S$, d. h. die negative Summe der Reihe (5), einen Minor der Fredhoemschen Determinante D_f zu nennen. Im Anschluß an Fredholm benutzen wir für diesen Minor $-S$ das Symbol

$$D_f\begin{pmatrix}\xi\\ \eta\end{pmatrix}.$$

Um die unendlichen Reihen für D_f und $D_f\begin{pmatrix}\xi\\ \eta\end{pmatrix}$ noch einfacher schreiben zu können, empfiehlt es sich, für die Determinante (6) eine Abkürzung einzuführen. Bezeichnen wir sie wie Fredholm mit

$$f\begin{pmatrix}u_1 & u_2 & \dots & u_n\\ v_1 & v_2 & \dots & v_n\end{pmatrix},$$

so lauten die genannten Reihen

$$D_f = 1 + \frac{1}{1!}\int_0^1 f\begin{pmatrix}x_1\\ x_1\end{pmatrix} dx_1 + \frac{1}{2!}\int_0^1\!\!\int_0^1 f\begin{pmatrix}x_1 & x_2\\ x_1 & x_2\end{pmatrix} dx_1\, dx_2 + \dots$$

und

$$-D_f\begin{pmatrix}\xi\\ \eta\end{pmatrix} = f\begin{pmatrix}\eta\\ \xi\end{pmatrix} + \frac{1}{1!}\int_0^1 f\begin{pmatrix}\eta & x_1\\ \xi & x_1\end{pmatrix} dx_1$$

$$+ \frac{1}{2!}\int_0^1\!\!\int_0^1 f\begin{pmatrix}\eta & x_1 & x_2\\ \xi & x_1 & x_2\end{pmatrix} dx_1\, dx_2 + \dots$$

Wir können nun auf Grund der Beziehung (5) eine Eigenschaft der Minoren $D_f\begin{pmatrix}\xi\\ \eta\end{pmatrix}$ ableiten, die für die Auflösung der linearen Integralgleichungen von Wichtigkeit ist.

Wir wollen den Zahlen r, s die Bedeutung beilegen, die sie auf S. 469 hatten, und die Elemente der s^{ten} Zeile von (1) mit den algebraischen Komplementen multiplizieren, die zu den entsprechenden Elementen der r^{ten} Zeile gehören. Da $r \gtreqless s$ ist, so wird die Summe dieser Produkte gleich Null.

Man hat also[1]

$$K_{rs} + c_{sr} K_{rr} + \sum_{\varrho}{}' c_{s\varrho} K_{r\varrho} = 0, \qquad (\varrho \gtrless r)$$

und daher auch

(13) $$n K_{rs} + f(\mathfrak{x}_s, \mathfrak{y}_r) K_{rr} + \sum_{\varrho}{}' \frac{1}{n} f(\mathfrak{x}_s, \mathfrak{y}_\varrho)(n K_{r\varrho}) = 0.$$

Lassen wir jetzt n unbegrenzt zunehmen, so wird

$$\lim (n K_{rs}) = D_f \begin{pmatrix} \xi \\ \eta \end{pmatrix},$$
$$\lim f(\mathfrak{x}_s, \mathfrak{y}_r) = f(\eta, \xi),$$
$$\lim K_{rr} = D_f.$$

Der Beweis der letzten Formel hat nach § 180 keine Schwierigkeiten.

Es bleibt jetzt nur noch

$$\lim \sum_{\varrho}{}' \frac{1}{n} f(\mathfrak{x}_s, \mathfrak{y}_\varrho)(n K_{r\varrho})$$

zu berechnen. Wir wissen, daß für $n > N$

$$\left| D_f \begin{pmatrix} \xi \\ \mathfrak{y}_\varrho \end{pmatrix} - n K_{r\varrho} \right| < \varepsilon$$

ist, und zwar für alle in Betracht kommenden Werte von ϱ. (Vgl. S. 472.)

Außerdem ist, wenn wir N genügend vergrößern, für $n > N$

$$|f(\mathfrak{x}_s, \mathfrak{y}_\varrho) - f(\eta, \mathfrak{y}_\varrho)| < \varepsilon,$$

auch wieder für alle in Betracht kommenden Werte von ϱ.

Bezeichnen wir mit G eine Zahl, die sowohl $|f|$ als auch $\left| D_f \begin{pmatrix} x \\ y \end{pmatrix} \right|$ übertrifft[2] $(0 \leqq x, y \leqq 1)$, so wird

$$\left| f(\mathfrak{x}_s, \mathfrak{y}_\varrho)(n K_{r\varrho}) - f(\eta, \mathfrak{y}_\varrho) D_f \begin{pmatrix} \xi \\ \mathfrak{y}_\varrho \end{pmatrix} \right| < 2 \varepsilon G$$

und daher

$$\left| \sum_{\varrho}{}' \frac{1}{n} f(\mathfrak{x}_s, \mathfrak{y}_\varrho)(n K_{r\varrho}) - \sum_{\varrho}{}' \frac{1}{n} f(\eta, \mathfrak{y}_\varrho) D_f \begin{pmatrix} \xi \\ \mathfrak{y}_\varrho \end{pmatrix} \right| < 2 \varepsilon G.$$

---

[1] Der Strich am Summenzeichen soll andeuten, daß ein Wert des Summationsindex ausgeschlossen ist.

[2] Da die Reihe (5) gleichmäßig konvergiert, ist $D_f \begin{pmatrix} x \\ y \end{pmatrix}$ eine stetige Funktion. Die Glieder der Reihe sind nämlich stetig.

Da nun

$$\lim \sum' \frac{1}{n} f(\eta, \mathfrak{y}_\varrho) D_f\begin{pmatrix}\xi \\ \mathfrak{y}_\varrho\end{pmatrix} = \int_0^1 f(\eta, u) D_f\begin{pmatrix}\xi \\ u\end{pmatrix} du$$

ist, so folgt

$$\lim \sum_\varrho' \frac{1}{n} f(\mathfrak{x}_s, \mathfrak{y}_\varrho)(n K_{r\varrho}) = \int_0^1 f(\eta, u) D_f\begin{pmatrix}\xi \\ u\end{pmatrix} du$$

und die Formel (13) verwandelt sich also bei unendlich zunehmendem n in

$$f(\eta, \xi) D_f + D_f\begin{pmatrix}\xi \\ \eta\end{pmatrix} + \int_0^1 f(\eta, u) D_f\begin{pmatrix}\xi \\ u\end{pmatrix} du = 0 \tag{14}$$

oder nach Vertauschung von ξ und η

$$f(\xi, \eta) D_f + D_f\begin{pmatrix}\eta \\ \xi\end{pmatrix} + \int_0^1 f(\xi, u) D_f\begin{pmatrix}\eta \\ u\end{pmatrix} du = 0.$$

Ersetzt man $f(x, y)$ durch $f(y, x)$, so geht die letzte Formel in folgende über

$$f(\eta, \xi) D_f + D_f\begin{pmatrix}\xi \\ \eta\end{pmatrix} + \int_0^1 f(u, \xi) D_f\begin{pmatrix}u \\ \eta\end{pmatrix} du = 0 \tag{15}$$

oder nach Vertauschung von ξ und η

$$f(\xi, \eta) D_f + D_f\begin{pmatrix}\eta \\ \xi\end{pmatrix} + \int_0^1 f(u, \eta) D_f\begin{pmatrix}u \\ \xi\end{pmatrix} du = 0.$$

§ 183. Auflösung linearer Integralgleichungen mit nichtverschwindender Determinante.

Eine lineare Integralgleichung hat folgende Form:

$$\varphi(x) + \int_0^1 f(x, y)\varphi(y)\, dy = \psi(x). \qquad (0 \leqq x \leqq 1) \tag{1}$$

$f(x, y)$ ist in dem Bereich $0 \leqq x,\ y \leqq 1$ stetig und $\psi(x)$ in dem Intervall (0, 1). f und ψ sind gegeben und φ soll man als stetige Funktion in (0, 1) so bestimmen, daß die Gleichung (1) erfüllt ist.

Die Fredholmsche Determinante der Funktion f wollen wir die Determinante der Integralgleichung (1) nennen. Sie spielt hier dieselbe Rolle wie die Determinante eines Systems von n linearen Gleichungen mit n Unbekannten.

Wir nehmen in diesem Paragraphen an, daß

$$D_f \neq 0$$

ist. Dann gibt es, wie wir sehen werden, eine und nur eine Lösung für die Gleichung (1).

Multiplizieren wir (1) mit

$$D_f\begin{pmatrix} x \\ u \end{pmatrix}$$

und integrieren dann nach x, so kommt

$$(2)\quad \int_0^1 \varphi(x) D_f\begin{pmatrix} x \\ u \end{pmatrix} dx + \int_0^1\int_0^1 f(x, y)\, D_f\begin{pmatrix} x \\ u \end{pmatrix} \varphi(y)\, dx\, dy = \int_0^1 D_f\begin{pmatrix} x \\ u \end{pmatrix} \psi(x)\, dx.$$

Nach Formel (15) in § 182 ist aber

$$\int_0^1 f(x, y) D_f\begin{pmatrix} x \\ u \end{pmatrix} dx = -D_f\begin{pmatrix} y \\ u \end{pmatrix} - f(u, y) D_f,$$

also

$$\int_0^1\int_0^1 f(x, y) D_f\begin{pmatrix} x \\ u \end{pmatrix} \varphi(y)\, dx\, dy$$

$$= -\int_0^1 \varphi(y) D_f\begin{pmatrix} y \\ u \end{pmatrix} dy - D_f \int_0^1 f(u, y) \varphi(y)\, dy.$$

(2) reduziert sich hiernach auf

$$\int_0^1 f(u, y) \varphi(y)\, dy = -\frac{1}{D_f}\int_0^1 D_f\begin{pmatrix} x \\ u \end{pmatrix} \psi(x)\, dx,$$

oder unter Benutzung von (1) auf

$$(3)\qquad \varphi(u) = \psi(u) + \frac{1}{D_f}\int_0^1 D_f\begin{pmatrix} x \\ u \end{pmatrix} \psi(x)\, dx.$$

Hiermit ist gezeigt, daß (1) nicht mehr als eine Lösung hat.

Umgekehrt ist leicht zu erkennen, daß (3) wirklich eine Lösung von (1) darstellt.

Aus (3) folgt nämlich

$$
(4)\quad \begin{cases} \int_0^1 f(x,y)\,\varphi(y)\,dy \\ \qquad = \int_0^1 f(x,y)\,\psi(y)\,dy + \frac{1}{D_f}\int_0^1\int_0^1 f(x,y)\,D_f\binom{u}{y}\,\psi(u)\,du\,dy.^{1} \end{cases}
$$

Nach Formel (14) in § 182 ist

$$
\int_0^1 f(x,y)\,D_f\binom{u}{y}\,dy = -D_f\binom{u}{x} - f(x,u)\,D_f,
$$

also

$$
\int_0^1\int_0^1 f(x,y)\,D_f\binom{u}{y}\,\psi(u)\,du\,dy = -\int_0^1 D_f\binom{u}{x}\,\psi(u)\,du - D_f\int_0^1 f(x,u)\,\psi(u)\,du.
$$

(4) reduziert sich daher auf

$$
\int_0^1 f(x,y)\,\varphi(y)\,dy = -\frac{1}{D_f}\int_0^1 D_f\binom{u}{x}\,\psi(u)\,du
$$

oder unter Benutzung von (3) auf

$$
\int_0^1 f(x,y)\,\varphi(y)\,dy = \psi(x) - \varphi(x).
$$

Das ist aber die Gleichung (1).

Die beiden Integralgleichungen

$$
\varphi(x) + \int_0^1 f(x,y)\,\varphi(y)\,dy = \psi(x)
$$

und

$$
\psi(x) + \int_0^1 \frac{D_f\binom{y}{x}}{D_f}\,\psi(y)\,dy = \varphi(x)
$$

wollen wir **reziprok** nennen, weil die eine die Auflösung der andern darstellt.

$f(x,y)$ heißt nach HILBERT der Kern der Integralgleichung (1).

[1] Wir haben die Integrationsvariable x, die in (3) auftritt, durch u ersetzt.

Danach wäre also

$$\frac{D_f\begin{pmatrix} y \\ x \end{pmatrix}}{D_f}$$

der Kern der reziproken Gleichung.

Geradeso besteht zwischen den Koeffizienten des Gleichungssystems

$$a_{11}\, x_1 + \ldots + a_{1n}\, x_n = y_1\,,$$
$$\cdot\ \cdot\ \cdot\ \cdot\ \cdot\ \cdot\ \cdot\ \cdot\ \cdot\ \cdot\ \cdot\ \cdot$$
$$a_{n1}\, x_1 + \ldots + a_{nn}\, x_n = y_n$$

und denen seiner Auflösung

$$b_{11}\, y_1 + \ldots + b_{1n}\, y_n = x_1\,,$$
$$\cdot\ \cdot\ \cdot\ \cdot\ \cdot\ \cdot\ \cdot\ \cdot\ \cdot\ \cdot\ \cdot\ \cdot$$
$$b_{n1}\, y_1 + \ldots + b_{nn}\, y_n = x_n$$

die Beziehung

$$b_{rs} = \frac{A_{sr}}{A}.$$

Dabei ist

$$A = \begin{vmatrix} a_{11} & \ldots & a_{1n} \\ \cdot & \cdot\ \cdot & \cdot \\ a_{n1} & \ldots & a_{nn} \end{vmatrix}$$

und A_{rs} das algebraische Komplement von a_{rs} in A.

An die Stelle von A tritt D_f, an die Stelle von A_{rs} aber $D_f\begin{pmatrix} x \\ y \end{pmatrix}$.

Betrachten wir statt (1) die Integralgleichung

$$\varphi(x) + \lambda \int_0^1 f(x, y)\, \varphi(y)\, dy = \psi(x)\,, \tag{5}$$

so ist der einzige Unterschied der, daß der Kern jetzt nicht mehr f, sondern λf lautet.

$D_{\lambda f}$ ist, wie wir wissen, eine beständig konvergente Potenzreihe in λ.

Ist λ keine Nullstelle von $D_{\lambda f}$, so lautet die Auflösung von (5)

$$\varphi(x) = \psi(x) + \frac{1}{D_{\lambda f}} \int_0^1 D_{\lambda f}\begin{pmatrix} y \\ x \end{pmatrix} \psi(y)\, dy$$

oder ausführlich geschrieben

$$(6)\qquad \varphi(x) = \psi(x) - \lambda \frac{\int\limits_0^1 f\binom{x}{y}\psi(y)\,dy + \frac{\lambda}{1!}\int\limits_0^1\int\limits_0^1 f\binom{x\;x_1}{y\;x_1}\psi(y)\,dx_1\,dy + \ldots}{1 + \frac{\lambda}{1!}\int\limits_0^1 f\binom{x_1}{x_1}dx_1 + \frac{\lambda^2}{2!}\int\limits_0^1\int\limits_0^1 f\binom{x_1\;x_2}{x_1\;x_2}dx_1\,dx_2 + \ldots}$$

Bei der Berechnung von

$$\int\limits_0^1 D_{\lambda f}\binom{y}{x}\psi(y)\,dy$$

dürfen wir gliedweise integrieren, weil die Reihe $D_{\lambda f}\binom{y}{x}$ in dem Bereich $0 \leqq x, y \leqq 1$ **gleichmäßig** konvergiert.

Formel (6) gibt die Lösung der Integralgleichung (5) in Gestalt eines Quotienten mit dem Nenner $D_{\lambda f}$ und einem Zähler von der Form

$$(7)\qquad u_0(x) + u_1(x)\lambda + u_2(x)\lambda^2 + \ldots$$

Zähler und Nenner sind beständig konvergente Potenzreihen in λ.

§ 184. Rang einer verschwindenden Fredholmschen Determinante.

In § 182 definierten wir die Minoren $D_f\binom{x}{y}$, indem wir von den $(n-1)$-reihigen Minoren der Determinante

$$(1)\qquad \begin{vmatrix} 1 + c_{11}, & c_{12}, \ldots, & c_{1n} \\ c_{21}, & 1 + c_{22}, \ldots, & c_{2n} \\ \cdot & \cdot\;\cdot\;\cdot & \cdot \\ c_{n1}, & c_{n2}, \ldots, & 1 + c_{nn} \end{vmatrix}$$

ausgingen.

Wir wollen diese Minoren $D_f\binom{x}{y}$ die **ersten** Minoren der Fredholmschen Determinante D_f nennen.

In ganz ähnlicher Weise gelangt man zu den zweiten und den dritten Minoren von D_f, indem man von den $(n-2)$-reihigen oder den $(n-3)$-reihigen Minoren der Determinante (1) ausgeht usw.

Wir wollen dies für die zweiten Minoren durchführen. Bei den höheren Minoren kann man es genau ebenso machen.

r_1, r_2, r_3, r_4 seien vier verschiedene Zahlen aus der Reihe 1, 2, ..., n und $k_1, k_2, \ldots, k_{n-4}$ die Glieder dieser Reihe, die nach Streichung von r_1, r_2, r_3, r_4 übrig bleiben.

Dann läßt sich (1) in der Form

$$\begin{vmatrix} 1+c_{r_1r_1}, & \ldots, & c_{r_1r_4}, & c_{r_1k_1}, & \ldots, & c_{r_1k_{n-4}} \\ \cdot & \cdot & \cdot & \cdot & \cdot & \cdot \\ c_{r_4r_1}, & \ldots, & 1+c_{r_4r_4}, & c_{r_4k_1}, & \ldots, & c_{r_4k_{n-4}} \\ c_{k_1r_1}, & \ldots, & c_{k_1r_4}, & 1+c_{k_1k_1}, & \ldots, & c_{k_1k_{n-4}} \\ \cdot & \cdot & \cdot & \cdot & \cdot & \cdot \\ c_{k_{n-4}r_1}, & \ldots, & c_{k_{n-4}r_4}, & c_{k_{n-4}k_1}, & \ldots, & 1+c_{k_{n-4}k_{n-4}} \end{vmatrix}$$

schreiben.

Jetzt lautet das algebraische Komplement von

$$\begin{vmatrix} c_{r_1r_3} & c_{r_1r_4} \\ c_{r_2r_3} & c_{r_2r_4} \end{vmatrix}$$

offenbar

$$K_{\substack{r_1r_2\\r_3r_4}} = \begin{vmatrix} c_{r_3r_1}, & c_{r_3r_2}, & c_{r_3k_1}, & \ldots, & c_{r_3k_{n-4}} \\ c_{r_4r_1}, & c_{r_4r_2}, & c_{r_4k_1}, & \ldots, & c_{r_4k_{n-4}} \\ c_{k_1r_1}, & c_{k_1r_2}, & 1+c_{k_1k_1}, & \ldots, & c_{k_1k_{n-4}} \\ \cdot & \cdot & \cdot & \cdot & \cdot \\ c_{k_{n-4}r_1}, & c_{k_{n-4}r_2}, & c_{k_{n-4}k_1}, & \ldots, & 1+c_{k_{n-4}k_{n-4}} \end{vmatrix},$$

und es gilt folgende Entwickelung

$$K_{\substack{r_1r_2\\r_3r_4}} = \begin{vmatrix} c_{r_3r_1} & c_{r_3r_2} \\ c_{r_4r_1} & c_{r_4r_2} \end{vmatrix} + \sum_{\varkappa_1} \begin{vmatrix} c_{r_3r_1} & c_{r_3r_2} & c_{r_3\varkappa_1} \\ c_{r_4r_1} & c_{r_4r_2} & c_{r_4\varkappa_1} \\ c_{\varkappa_1r_1} & c_{\varkappa_1r_2} & c_{\varkappa_1\varkappa_1} \end{vmatrix}$$

$$+ \sum_{\varkappa_1,\varkappa_2} \begin{vmatrix} c_{r_3r_1} & c_{r_3r_2} & c_{r_3\varkappa_1} & c_{r_3\varkappa_2} \\ c_{r_4r_1} & c_{r_4r_2} & c_{r_4\varkappa_1} & c_{r_4\varkappa_2} \\ c_{\varkappa_1r_1} & c_{\varkappa_1r_2} & c_{\varkappa_1\varkappa_1} & c_{\varkappa_1\varkappa_2} \\ c_{\varkappa_2r_1} & c_{\varkappa_2r_2} & c_{\varkappa_2\varkappa_1} & c_{\varkappa_2\varkappa_2} \end{vmatrix} + \cdots + \begin{vmatrix} c_{r_3r_1} & c_{r_3r_2} & c_{r_3k_1} & \ldots & c_{r_3k_{n-4}} \\ c_{r_4r_1} & c_{r_4r_2} & c_{r_4k_1} & \ldots & c_{r_4k_{n-4}} \\ c_{k_1r_1} & c_{k_1r_2} & c_{k_1k_1} & \ldots & c_{k_1k_{n-4}} \\ \cdot & \cdot & \cdot & \cdot & \cdot \\ c_{k_{n-4}r_1} & c_{k_{n-4}r_2} & c_{k_{n-4}k_1} & \ldots & c_{k_{n-4}k_{n-4}} \end{vmatrix}.$$

Dabei sind $\varkappa_1, \varkappa_2, \varkappa_3, \ldots$ der Reihe $k_1, k_2, \ldots, k_{n-4}$ entnommen. Es ist aber $\varkappa_1 < \varkappa_2 < \varkappa_3 < \ldots$

Will man haben, daß die $\varkappa$ unabhängig voneinander die Werte $k_1, k_1, \ldots, k_{n-4}$ durchlaufen, so muß man schreiben

$$
(2)\quad \left\{
\begin{aligned}
K_{\begin{smallmatrix} r_1 r_2 \\ r_3 r_4 \end{smallmatrix}} = {} & \begin{vmatrix} c_{r_3 r_1} & c_{r_3 r_2} \\ c_{r_4 r_1} & c_{r_4 r_2} \end{vmatrix} + \frac{1}{1!} \sum_{\varkappa_1} \begin{vmatrix} c_{r_3 r_1} & c_{r_3 r_2} & c_{r_3 \varkappa_1} \\ c_{r_4 r_1} & c_{r_4 r_2} & c_{r_4 \varkappa_1} \\ c_{\varkappa_1 r_1} & c_{\varkappa_1 r_2} & c_{\varkappa_1 \varkappa_1} \end{vmatrix} \\
& + \frac{1}{2!} \sum_{\varkappa_1, \varkappa_2} \begin{vmatrix} c_{r_3 r_1} & c_{r_3 r_2} & c_{r_3 \varkappa_1} & c_{r_3 \varkappa_2} \\ c_{r_4 r_1} & c_{r_4 r_2} & c_{r_4 \varkappa_1} & c_{r_4 \varkappa_2} \\ c_{\varkappa_1 r_1} & c_{\varkappa_1 r_2} & c_{\varkappa_1 \varkappa_1} & c_{\varkappa_1 \varkappa_2} \\ c_{\varkappa_2 r_1} & c_{\varkappa_2 r_2} & c_{\varkappa_2 \varkappa_1} & c_{\varkappa_2 \varkappa_2} \end{vmatrix} \\
& + \cdots + \frac{1}{(n-4)!} \sum_{\varkappa_1, \ldots \varkappa_{n-4}} \begin{vmatrix} c_{r_3 r_1} & c_{r_3 r_2} & c_{r_3 \varkappa_1} & \cdots & c_{r_3 \varkappa_{n-4}} \\ c_{r_4 r_1} & c_{r_4 r_2} & c_{r_4 \varkappa_1} & \cdots & c_{r_4 \varkappa_{n-4}} \\ c_{\varkappa_1 r_1} & c_{\varkappa_1 r_2} & c_{\varkappa_1 \varkappa_1} & \cdots & c_{\varkappa_1 \varkappa_{n-4}} \\ \cdot & \cdot & \cdot & \cdot & \cdot \\ c_{\varkappa_{n-4} r_1} & c_{\varkappa_{n-4} r_2} & c_{\varkappa_{n-4} \varkappa_1} & \cdots & c_{\varkappa_{n-4} \varkappa_{n-4}} \end{vmatrix} .
\end{aligned}
\right.
$$

Man kann den $\varkappa$ auch die Werte r_1, r_2, r_3, r_4 erlauben, da auf diese Weise nur verschwindende Determinanten hinzutreten.

In den Summen auf der rechten Seite von (2) durchlaufen also die Indizes $\varkappa$ unabhängig voneinander die Werte $1, 2, \ldots, n$.

Jetzt sei $f(x, y)$ in dem Bereich $0 \leqq x, \; y \leqq 1$ stetig und man setze wie in § 180

$$\mathfrak{x}_r = \frac{2r-1}{2n}, \quad \mathfrak{y}_s = \frac{2s-1}{2n}, \quad c_{rs} = \frac{1}{n} f(\mathfrak{x}_r, \mathfrak{y}_s).$$
$$(r, s = 1, 2, \ldots, n)$$

Dann sind die mit n^2 multiplizierten Glieder der Entwickelung (2) ihrem Betrage nach kleiner als die entsprechenden Glieder der Reihe

$$(3)\qquad (\sqrt{2})^2 M^2 + \frac{(\sqrt{3})^3 M^3}{1!} + \frac{(\sqrt{4})^4 M^4}{2!} + \cdots .$$

M ist das Maximum von $|f(x,y)|$ in dem Bereich $0 \leqq x, \; y \leqq 1$. Die Reihe (3) ist die mit M^2 multiplizierte zweite Ableitung der Potenzreihe

$$1 + \frac{(\sqrt{1})^1 M}{1!} + \frac{(\sqrt{2})^2 M^2}{2!} + \frac{(\sqrt{3})^3 M^3}{3!} + \cdots,$$

die für jeden Wert von M konvergiert (vgl. § 180). Daher ist auch (3) konvergent.

Wählen wir ν so, daß

$$\frac{(\sqrt{\nu+2})^{\nu+2} M^{\nu+2}}{\nu!} + \frac{(\sqrt{\nu+3})^{\nu+3} M^{\nu+3}}{(\nu+1)!} + \cdots < \frac{\varepsilon}{3}$$

ist, so wird die Summe S_ν der ν ersten Glieder von (2), jedes multipliziert mit n^2, die Ungleichung

$$\left| n^2 K_{\substack{r_1 r_2 \\ r_3 r_4}} - \bar{S}_\nu \right| < \frac{\varepsilon}{3}$$

erfüllen, was auch $n (> \nu - 3)$ sein mag.

Unter $\xi_1, \eta_1, \xi_2, \eta_2$ wollen wir vier beliebige Werte aus dem Intervall (0, 1) verstehen. ξ_1 sei von dem Intervall $\left(\frac{r_1 - 1}{n}, \frac{r_1}{n}\right)$ um weniger als $2/n$ entfernt, η_1 von $\left(\frac{r_3 - 1}{n}, \frac{r_3}{n}\right)$, ξ_2 von $\left(\frac{r_2 - 1}{n}, \frac{r_2}{n}\right)$ und η_2 von $\left(\frac{r_4 - 1}{n}, \frac{r_4}{n}\right)$.[1]

Wir wollen nun

$$\lim \left(n^2 K_{\substack{r_1 r_2 \\ r_3 r_4}}\right)$$

für unendlich zunehmendes n berechnen.

Man hat

$$\lim n^2 \begin{vmatrix} c_{r_3 r_1} & c_{r_3 r_2} \\ c_{r_4 r_1} & c_{r_4 r_2} \end{vmatrix} = \begin{vmatrix} f(\eta_1, \xi_1) & f(\eta_1, \xi_2) \\ f(\eta_2, \xi_1) & f(\eta_2, \xi_2) \end{vmatrix},$$

$$\lim \sum_{\varkappa_1} n^2 \begin{vmatrix} c_{r_3 r_1} & c_{r_3 r_2} & c_{r_3 \varkappa_1} \\ c_{r_4 r_1} & c_{r_4 r_2} & c_{r_4 \varkappa_1} \\ c_{\varkappa_1 r_1} & c_{\varkappa_1 r_2} & c_{\varkappa_1 \varkappa_1} \end{vmatrix} = \int_0^1 \begin{vmatrix} f(\eta_1, \xi_1) & f(\eta_1, \xi_2) & f(\eta_1, x_1) \\ f(\eta_2, \xi_1) & f(\eta_2, \xi_2) & f(\eta_2, x_1) \\ f(x_1, \xi_1) & f(x_1, \xi_2) & f(x_1, x_1) \end{vmatrix} dx_1,$$

$$\lim \sum_{\varkappa_1, \varkappa_2} n^2 \begin{vmatrix} c_{r_3 r_1} & c_{r_3 r_2} & c_{r_3 \varkappa_1} & c_{r_3 \varkappa_2} \\ c_{r_4 r_1} & c_{r_4 r_2} & c_{r_4 \varkappa_1} & c_{r_4 \varkappa_2} \\ c_{\varkappa_1 r_1} & c_{\varkappa_1 r_2} & c_{\varkappa_1 \varkappa_1} & c_{\varkappa_1 \varkappa_2} \\ c_{\varkappa_2 r_1} & c_{\varkappa_2 r_2} & c_{\varkappa_2 \varkappa_1} & c_{\varkappa_2 \varkappa_2} \end{vmatrix}$$

$$= \int_0^1 \int_0^1 \begin{vmatrix} f(\eta_1, \xi_1) & f(\eta_1, \xi_2) & f(\eta_1, x_1) & f(\eta_1, x_2) \\ f(\eta_2, \xi_1) & f(\eta_2, \xi_2) & f(\eta_2, x_1) & f(\eta_2, x_2) \\ f(x_1, \xi_1) & f(x_1, \xi_2) & f(x_1, x_1) & f(x_1, x_2) \\ f(x_2, \xi_1) & f(x_2, \xi_2) & f(x_2, x_1) & f(x_2, x_2) \end{vmatrix} dx_1\, dx_2,$$

usw.

Daraus kann man die Vermutung ziehen, daß

$$\text{(4)} \quad \lim \left(n^2 K_{\substack{r_1 r_2 \\ r_3 r_4}}\right) = f\begin{pmatrix} \eta_1 & \eta_2 \\ \xi_1 & \xi_2 \end{pmatrix} + \frac{1}{1!} \int_0^1 f\begin{pmatrix} \eta_1 & \eta_2 & x_1 \\ \xi_1 & \xi_2 & x_1 \end{pmatrix} dx_1$$

$$+ \frac{1}{2!} \int_0^1 \int_0^1 f\begin{pmatrix} \eta_1 & \eta_2 & x_1 & x_2 \\ \xi_1 & \xi_2 & x_1 & x_2 \end{pmatrix} dx_1\, dx_2 + \dots$$

sein wird.

[1] Es läßt sich erreichen, daß die r alle verschieden sind. Vgl. das ähnliche Verfahren in § 182.

Die Glieder dieser unendlichen Reihe, deren Summe S heißen möge, sind ihrem Betrage nach kleiner als die entsprechenden Glieder in (3). Daher ist

$$|S - S_\nu| < \frac{\varepsilon}{3}.$$

S_ν bedeutet dabei die ν^{te} Partialsumme der Reihe S.

Weil nun bei festgehaltenem ν und unendlich zunehmendem n

$$\lim \bar{S}_\nu = S_\nu$$

ist, folgt, daß für $n > N$

$$|S_\nu - \bar{S}_\nu| < \frac{\varepsilon}{3}$$

sein wird.

Dann hat man aber für $n > N$

$$\left| n^2 K_{\substack{r_1 r_2 \\ r_3 r_4}} - S \right| < \varepsilon.$$

Das heißt, es ist

$$\lim \left(n^2 K_{\substack{r_1 r_2 \\ r_3 r_4}} \right) = S.$$

Auch hier handelt es sich um ein gleichmäßiges Konvergieren nach dem Grenzwert S. Das heißt, N läßt sich so wählen, daß es für alle $\xi_1, \eta_1, \xi_2, \eta_2$ aus (0, 1) ausreicht.

Wir nennen (4) einen zweiten Minor von D_f und bezeichnen ihn mit

$$D_f \begin{pmatrix} \xi_1 & \xi_2 \\ \eta_1 & \eta_2 \end{pmatrix}.$$

Jetzt ist es ohne weiteres klar, wie die p^{ten} Minoren von D_f aussehen werden.

Ein p^{ter} Minor hat das Symbol

$$D_f \begin{pmatrix} \xi_1 & \xi_2 & \cdots & \xi_p \\ \eta_1 & \eta_2 & \cdots & \eta_p \end{pmatrix}, \quad (0 \leqq \xi_1, \ldots, \xi_p, \eta_1, \ldots, \eta_p \leqq 1)$$

und es gilt für ihn folgende Entwickelung:

$$(5) \begin{cases} (-1)^p D_f \begin{pmatrix} \xi_1 \, \xi_2 \cdots \xi_p \\ \eta_1 \, \eta_2 \cdots \eta_p \end{pmatrix} = f \begin{pmatrix} \eta_1 \, \eta_2 \cdots \eta_p \\ \xi_1 \, \xi_2 \cdots \xi_p \end{pmatrix} + \frac{1}{1!} \int\limits_0^1 f \begin{pmatrix} \eta_1 \cdots \eta_p \, x_1 \\ \xi_1 \cdots \xi_p \, x_1 \end{pmatrix} dx_1 \\ \qquad + \frac{1}{2!} \int\limits_0^1 \int\limits_0^1 f \begin{pmatrix} \eta_1 \cdots \eta_p \, x_1 \, x_2 \\ \xi_1 \cdots \xi_p \, x_1 \, x_2 \end{pmatrix} dx_1 \, dx_2 + \cdots . \end{cases}$$

Liegt ξ_k in dem Intervall $\left(\frac{r_k - 1}{n}, \frac{r_k}{n}\right)$ und η_k in $\left(\frac{s_k - 1}{n}, \frac{s_k}{n}\right)$, so sind, falls wir die Werte $\xi_1, \ldots, \xi_p, \eta_1, \ldots, \eta_p$ alle verschieden annehmen, bei genügend großem n die Zahlen $r_1, \ldots, r_p, s_1, \ldots, s_p$ alle verschieden.

Nun sei

$$K_{\substack{r_1 r_2 \ldots r_p \\ s_1 s_2 \ldots s_p}}$$

das algebraische Komplement von

$$\begin{vmatrix} c_{r_1 s_1} & \ldots & c_{r_1 s_p} \\ \cdot & \cdot & \cdot \\ c_{r_p s_1} & \ldots & c_{r_p s_p} \end{vmatrix}$$

in der Determinante (1). Dann ist

$$D_f\begin{pmatrix} \xi_1 & \xi_2 & \ldots & \xi_p \\ \eta_1 & \eta_2 & \ldots & \eta_p \end{pmatrix} = \lim \left\{ n^p K_{\substack{r_1 r_2 \ldots r_p \\ s_1 s_2 \ldots s_p}} \right\}. \tag{6}$$

Wenn gewisse von den ξ, η zusammenfallen sollten, so hilft man sich dadurch, daß man $2p$ aufeinander folgende Intervalle $\left(\frac{r-1}{n}, \frac{r}{n}\right)$ betrachtet und nur fordert, daß eins von ihnen das betreffende ξ oder η enthalte. Dann kann man jedem ξ und η ein Intervall dieser Gruppe zuordnen und sich so dabei einrichten, daß die zugeordneten Intervalle sämtlich verschieden sind.

Es genügt aber auch, wenn man $D_f\begin{pmatrix} \xi_1 & \xi_2 & \ldots & \xi_p \\ \eta_1 & \eta_2 & \ldots & \eta_p \end{pmatrix}$ zuerst für den Fall definiert, daß alle ξ, η verschieden sind, und dann von dieser Funktion fordert, daß sie in dem Gebiet

$$0 \leqq \xi_k, \ \eta_k \leqq 1 \qquad (k = 1, 2, \ldots, p)$$

stetig ist.

Dann gilt die Formel (5) allgemein. Denn es handelt sich hier um eine gleichmäßig konvergente Reihe stetiger Funktionen.

Wenn die Fredholmsche Determinante D_f gleich Null ist, so gibt es in der Folge

$$D_f\begin{pmatrix} x_1 \\ y_1 \end{pmatrix}, \ D_f\begin{pmatrix} x_1 & x_2 \\ y_2 & y_2 \end{pmatrix}, \ D_f\begin{pmatrix} x_1 & x_2 & x_3 \\ y_1 & y_2 & y_3 \end{pmatrix}, \ldots \tag{7}$$

sicher eine Funktion, die nicht identisch verschwindet, d. h. für alle Werte der x, y in dem Intervall (0, 1).

Das zeigt man auf folgende Weise:

Aus

$$D_{\lambda f} = 1 + \frac{\lambda}{1!}\int_0^1 f\begin{pmatrix} x_1 \\ x_1 \end{pmatrix} dx_1 + \frac{\lambda^2}{2!}\int_0^1\int_0^1 f\begin{pmatrix} x_1 & x_2 \\ x_1 & x_2 \end{pmatrix} dx_1\, dx_2 + \ldots$$

folgt durch p-malige Differentiation nach λ:

$$(8)\quad \begin{cases} \dfrac{d^p D_{\lambda f}}{d\lambda^p} = \int\limits_0^1 \cdots \int\limits_0^1 f\begin{pmatrix} x_1\, x_2 \ldots x_p \\ x_1\, x_2 \ldots x_p \end{pmatrix} dx_1\, dx_2 \ldots dx_p + \cdots \\ = \int\limits_0^1 \cdots \int\limits_0^1 \left\{ f\begin{pmatrix} x_1\, x_2 \ldots x_p \\ x_1\, x_2 \ldots x_p \end{pmatrix} + \dfrac{\lambda}{1!} \int\limits_0^1 f\begin{pmatrix} x_1\, x_2 \ldots x_p\, x_{p+1} \\ x_1\, x_2 \ldots x_p\, x_{p+1} \end{pmatrix} dx_{p+1} + \cdots \right\} dx_1 dx_2 \ldots dx_p. \end{cases}$$

Diese Umformung ist erlaubt wegen der gleichmäßigen Konvergenz der Reihe

$$f\begin{pmatrix} x_1\, x_2 \ldots x_p \\ x_1\, x_2 \ldots x_p \end{pmatrix} + \frac{\lambda}{1!} \int\limits_0^1 f\begin{pmatrix} x_1\, x_2 \ldots x_p\, x_{p+1} \\ x_1\, x_2 \ldots x_p\, x_{p+1} \end{pmatrix} dx_{p+1} + \cdots$$

für alle Wertsysteme der x aus $(0, 1)$.

Aus Formel (8) folgt aber

$$\lambda^p \frac{d^p D_{\lambda f}}{d\lambda^p} = \int\limits_0^1 \cdots \int\limits_0^1 D_{\lambda f}\begin{pmatrix} x_1 \ldots x_p \\ x_1 \ldots x_p \end{pmatrix} dx_1 \ldots dx_p .$$

Insbesondere ist also

$$\left(\frac{d^p D_{\lambda f}}{d\lambda^p}\right)_{\lambda=1} = \int\limits_0^1 \cdots \int\limits_0^1 D_f \begin{pmatrix} x_1\, x_2 \ldots x_p \\ x_1\, x_2 \ldots x_p \end{pmatrix} dx_1\, dx_2 \ldots dx_p .$$

Wären die Funktionen (7) alle identisch Null, so würden für $\lambda = 1$ alle Ableitungen von $D_{\lambda f}$ verschwinden.

Da

$$D_{\lambda f} = D_f + \frac{\lambda - 1}{1!}\left(\frac{d D_{\lambda f}}{d\lambda}\right)_{\lambda=1} + \frac{(\lambda-1)^2}{2!}\left(\frac{d^2 D_{\lambda f}}{d\lambda^2}\right)_{\lambda=1} + \cdots$$

ist, so hätte man

$$D_{\lambda f} = D_f = 0,$$

während doch für $\lambda = 0$

$$D_{\lambda f} = 1$$

wird.

Es gibt also im Falle $D_f = 0$ unter den Funktionen (7) eine, die nicht identisch verschwindet. Ist

$$D_f \begin{pmatrix} x_1\, x_2 \ldots x_p \\ y_1\, y_2 \ldots y_p \end{pmatrix}$$

die e r s t e derartige Funktion, die man beim Durchlaufen der Folge (7) antrifft, so soll p der **Rang** von D_f heißen.

Einer von Null verschiedenen Fredholmschen Determinante können wir den Rang Null beilegen.

Dann hat jede Fredholmsche Determinante einen bestimmten Rang.

§ 185. Relationen zwischen den $(p-1)^{\text{ten}}$ und den p^{ten} Minoren einer Fredholmschen Determinante.

Zwischen den $(p-1)^{\text{ten}}$ und den p^{ten} Minoren von D_f bestehen Relationen, die man am einfachsten aus Formel (5) in § 184 findet.

Entwickelt man die Determinante

$$f\begin{pmatrix}\eta_1 & \ldots & \eta_p\\ \xi_1 & \ldots & \xi_p\end{pmatrix}$$

nach den Elementen

$$f(\eta_1, \xi_1),\quad f(\eta_1, \xi_2),\quad \ldots,\quad f(\eta_1, \xi_p),$$

so ergibt sich

$$(1)\quad \left\{\begin{aligned} & f(\eta_1, \xi_1) f\begin{pmatrix}\eta_2 & \eta_3 & \cdots & \eta_p\\ \xi_2 & \xi_3 & \cdots & \xi_p\end{pmatrix}\\ & - f(\eta_1, \xi_2) f\begin{pmatrix}\eta_2 & \eta_3 & \cdots & \eta_p\\ \xi_1 & \xi_3 & \cdots & \xi_p\end{pmatrix}\\ & \cdots\cdots\cdots\cdots\\ & + (-1)^{p-1} f(\eta_1, \xi_p) f\begin{pmatrix}\eta_2 & \eta_3 & \cdots & \eta_p\\ \xi_1 & \xi_2 & \cdots & \xi_{p-1}\end{pmatrix}.\end{aligned}\right.$$

Entwickelt man die Determinante

$$f\begin{pmatrix}\eta_1 & \ldots & \eta_p & x_1 & \ldots & x_q\\ \xi_1 & \ldots & \xi_p & x_1 & \ldots & x_q\end{pmatrix}$$

nach

$$f(\eta_1, \xi_1),\ \ldots,\ f(\eta_1, \xi_p),\ f(\eta_1, x_1),\ \ldots,\ f(\eta_1, x_q),$$

so gewinnt man den Ausdruck

$$(2)\quad \left\{\begin{aligned} & f(\eta_1, \xi_1) f\begin{pmatrix}\eta_2 & \eta_3 & \cdots & \eta_p & x_1 & \cdots & x_q\\ \xi_2 & \xi_3 & \cdots & \xi_p & x_1 & \cdots & x_q\end{pmatrix}\\ & - f(\eta_1, \xi_2) f\begin{pmatrix}\eta_2 & \eta_3 & \cdots & \eta_p & x_1 & \cdots & x_q\\ \xi_1 & \xi_3 & \cdots & \xi_p & x_1 & \cdots & x_q\end{pmatrix}\\ & \cdots\cdots\cdots\cdots\\ & + (-1)^{p-1} f(\eta_1, \xi_p) f\begin{pmatrix}\eta_2 & \eta_3 & \cdots & \eta_p & x_1 & \cdots & x_q\\ \xi_1 & \xi_2 & \cdots & \xi_{p-1} & x_1 & \cdots & x_q\end{pmatrix}\\ & + (-1)^{p}\ f(\eta_1, x_1) f\begin{pmatrix}\eta_2 & \cdots & \eta_p & x_1 & x_2 & \cdots & x_q\\ \xi_1 & \cdots & \xi_{p-1} & \xi_p & x_2 & \cdots & x_q\end{pmatrix}\\ & + (-1)^{p}\ f(\eta_1, x_2) f\begin{pmatrix}\eta_2 & \cdots & \eta_p & x_2 & x_1 & \cdots & x_q\\ \xi_1 & \cdots & \xi_{p-1} & \xi_p & x_1 & \cdots & x_q\end{pmatrix}\\ & \cdots\cdots\cdots\cdots\\ & + (-1)^{p}\ f(\eta_1, x_q) f\begin{pmatrix}\eta_2 & \cdots & \eta_p & x_q & x_1 & \cdots & x_{q-1}\\ \xi_1 & \cdots & \xi_{p-1} & \xi_p & x_1 & \cdots & x_{q-1}\end{pmatrix}.\end{aligned}\right.$$

Aus (2) findet man für

$$\frac{1}{q!}\int_0^1 \cdots \int_0^1 f\begin{pmatrix}\eta_1 & \cdots & \eta_p & x_1 & \cdots & x_q\\ \xi_1 & \cdots & \xi_p & x_1 & \cdots & x_q\end{pmatrix} dx_1 \ldots dx_q$$

folgenden Wert:

$$(3)\left\{\begin{aligned}
&f(\eta_1, \xi_1)\frac{1}{q!}\int_0^1 \cdots \int_0^1 f\begin{pmatrix}\eta_2 & \eta_3 & \cdots & \eta_p & x_1 & \cdots & x_q\\ \xi_2 & \xi_3 & \cdots & \xi_p & x_1 & \cdots & x_q\end{pmatrix} dx_1 \ldots dx_q\\
&- f(\eta_1, \xi_2)\frac{1}{q!}\int_0^1 \cdots \int_0^1 f\begin{pmatrix}\eta_2 & \eta_3 & \cdots & \eta_p & x_1 & \cdots & x_q\\ \xi_1 & \xi_3 & \cdots & \xi_p & x_1 & \cdots & x_q\end{pmatrix} dx_1 \ldots dx_q\\
&\cdots\cdots\cdots\cdots\cdots\cdots\cdots\cdots\cdots\cdots\\
&+(-1)^{p-1} f(\eta_1, \xi_p)\frac{1}{q!}\int_0^1 \cdots \int_0^1 f\begin{pmatrix}\eta_2 & \eta_3 & \cdots & \eta_p & x_1 & \cdots & x_q\\ \xi_1 & \xi_2 & \cdots & \xi_{p-1} & x_1 & \cdots & x_q\end{pmatrix} dx_1 \ldots dx_q\\
&+(-1)^p \int_0^1 \left\{\frac{1}{(q-1)!}\int_0^1 \cdots \int_0^1 f\begin{pmatrix}\eta_2 \ldots \eta_p & u & u_1 \ldots u_{q-1}\\ \xi_1 \ldots \xi_{p-1} & \xi_p & u_1 \ldots u_{q-1}\end{pmatrix} du_1 \ldots du_{q-1}\right\} f(\eta_1, u)\, du.
\end{aligned}\right.$$

Im Falle $q = 1$ ist das letzte Glied durch

$$(-1)^p \int_0^1 f\begin{pmatrix}\eta_2 & \cdots & \eta_p & u\\ \xi_1 & \cdots & \xi_{p-1} & \xi_p\end{pmatrix} f(\eta_1, u)\, du$$

zu ersetzen.

Unter Benutzung von (1) und (3) nimmt nun die Formel (5) in § 184 folgende Gestalt an:

$$(4)\left\{\begin{aligned}
&D_f\begin{pmatrix}\xi_1 & \xi_2 & \cdots & \xi_p\\ \eta_1 & \eta_2 & \cdots & \eta_p\end{pmatrix} + f(\eta_1, \xi_1) D_f\begin{pmatrix}\xi_2 & \xi_3 & \cdots & \xi_p\\ \eta_2 & \eta_3 & \cdots & \eta_p\end{pmatrix} - f(\eta_1, \xi_2) D_f\begin{pmatrix}\xi_1 & \xi_3 & \cdots & \xi_p\\ \eta_2 & \eta_3 & \cdots & \eta_p\end{pmatrix}\\
&\qquad + \cdots + (-1)^{p-1} f(\eta_1, \xi_p) D_f\begin{pmatrix}\xi_1 & \xi_2 & \cdots & \xi_{p-1}\\ \eta_2 & \eta_3 & \cdots & \eta_p\end{pmatrix}\\
&\qquad + \int_0^1 D_f\begin{pmatrix}\xi_1 & \xi_2 & \cdots & \xi_p\\ u & \eta_2 & \cdots & \eta_p\end{pmatrix} f(\eta_1, u)\, du = 0.
\end{aligned}\right.$$

Ersetzt man $f(x, y)$ durch $f(y, x)$, so geht (4) über in

$$D_f\begin{pmatrix}\eta_1 & \eta_2 & \cdots & \eta_p\\ \xi_1 & \xi_2 & \cdots & \xi_p\end{pmatrix} + f(\xi_1, \eta_1)\, D_f\begin{pmatrix}\eta_2 & \eta_3 & \cdots & \eta_p\\ \xi_2 & \xi_3 & \cdots & \xi_p\end{pmatrix} - f(\xi_2, \eta_1)\, D_f\begin{pmatrix}\eta_2 & \eta_3 & \cdots & \eta_p\\ \xi_1 & \xi_3 & \cdots & \xi_p\end{pmatrix}$$
$$+ \cdots + (-1)^{p-1} f(\xi_p, \eta_1)\, D_f\begin{pmatrix}\eta_2 & \eta_3 & \cdots & \eta_p\\ \xi_1 & \xi_2 & \cdots & \xi_{p-1}\end{pmatrix}$$
$$+ \int_0^1 D_f\begin{pmatrix}u & \eta_2 & \cdots & \eta_p\\ \xi_1 & \xi_2 & \cdots & \xi_p\end{pmatrix} f(u, \eta_1)\, du = 0.$$

Durch Vertauschung von ξ und η ergibt sich hieraus

$$(5)\quad \begin{cases} D_f\begin{pmatrix}\xi_1 & \xi_2 & \cdots & \xi_p\\ \eta_1 & \eta_2 & \cdots & \eta_p\end{pmatrix} + f(\eta_1, \xi_1)\, D_f\begin{pmatrix}\xi_2 & \xi_3 & \cdots & \xi_p\\ \eta_2 & \eta_3 & \cdots & \eta_p\end{pmatrix} - f(\eta_2, \xi_1)\, D_f\begin{pmatrix}\xi_2 & \xi_3 & \cdots & \xi_p\\ \eta_1 & \eta_3 & \cdots & \eta_p\end{pmatrix} \\ \qquad + \cdots + (-1)^{p-1} f(\eta_p, \xi_1)\, D_f\begin{pmatrix}\xi_2 & \xi_3 & \cdots & \xi_p\\ \eta_1 & \eta_2 & \cdots & \eta_{p-1}\end{pmatrix} \\ \qquad + \int_0^1 D_f\begin{pmatrix}u & \xi_2 & \cdots & \xi_p\\ \eta_1 & \eta_2 & \cdots & \eta_p\end{pmatrix} f(u, \xi_1)\, du = 0. \end{cases}$$

Für $p = 1$ sind (4) und (5) die Formeln (14) und (15) des § 182.

Wir wollen jetzt noch den Fall betrachten, daß D_f gerade den Rang p hat $(p > 0)$. Dann sind in den Formeln (4) und (5) die $(p-1)^{\text{ten}}$ Minoren gleich Null zu setzen. Die Formeln reduzieren sich dann auf

$$(4')\qquad D_f\begin{pmatrix}\xi_1 & \xi_2 & \cdots & \xi_p\\ \eta_1 & \eta_2 & \cdots & \eta_p\end{pmatrix} + \int_0^1 D_f\begin{pmatrix}\xi_1 & \xi_2 & \cdots & \xi_p\\ u & \eta_2 & \cdots & \eta_p\end{pmatrix} f(\eta_1, u)\, du = 0,$$

$$(5')\qquad D_f\begin{pmatrix}\xi_1 & \xi_2 & \cdots & \xi_p\\ \eta_1 & \eta_2 & \cdots & \eta_p\end{pmatrix} + \int_0^1 D_f\begin{pmatrix}u & \xi_2 & \cdots & \xi_p\\ \eta_1 & \eta_2 & \cdots & \eta_p\end{pmatrix} f(u, \xi_1)\, du = 0.$$

§ 186. Lineare homogene Integralgleichungen.

In § 183 lösten wir die Integralgleichung

$$(1)\qquad \varphi(x) + \int_0^1 f(x, y)\, \varphi(y)\, dy = \psi(x) \qquad (0 \leqq x \leqq 1)$$

und fanden

$$(2)\qquad \psi(x) + \int_0^1 \frac{D_f\begin{pmatrix}y\\ x\end{pmatrix}}{D_f}\, \psi(y)\, dy = \varphi(x).$$

Dabei war vorausgesetzt

$$D_f \neq 0.$$

Wenn in der Gleichung (1) $\psi(x)$ identisch verschwindet, so entsteht die lineare homogene Integralgleichung

$$\varphi(x) + \int_0^1 f(x, y)\, \varphi(y)\, dy = 0. \tag{3}$$

Wenn $D_f \neq 0$ ist, so zeigt die Auflösungsformel (2), daß

$$\varphi(x) = 0$$

ist. Außer dieser trivialen Lösung gibt es also im Falle $D_f \neq 0$ keine andere.

Wenn aber $D_f = 0$ ist, so hat die Gleichung (3) außer der trivialen Lösung $\varphi = 0$ noch andere.

Ist p der Rang von D_f, so verschwindet

$$D_f\begin{pmatrix} y_1 & y_2 & \dots & y_p \\ x_1 & x_2 & \dots & x_p \end{pmatrix} \qquad (0 \leqq x_\nu,\ y_\nu \leqq 1) \tag{4}$$

nicht identisch und nach Formel (4') in § 185 ist

$$D_f\begin{pmatrix} y_1 & y_2 & \dots & y_p \\ x_1 & x_2 & \dots & x_p \end{pmatrix} + \int_0^1 f(x_1, u)\, D_f\begin{pmatrix} y_1 & y_2 & \dots & y_p \\ u & x_2 & \dots & x_p \end{pmatrix} du = 0. \tag{5}$$

Daraus ersehen wir, daß

$$\varphi(x) = D_f\begin{pmatrix} y_1 & y_2 & \dots & y_p \\ x & x_2 & \dots & x_p \end{pmatrix}$$

eine Lösung von (3) ist, die bei passender Wahl der Parameter $x_2, \dots, x_p$ und $y_1, \dots, y_p$ sicher nicht identisch verschwindet, weil eben (4) nicht identisch Null ist.

Damit haben wir folgenden Satz bewiesen.

Die lineare homogene Integralgleichung (3) gestattet dann und nur dann eine nichttriviale Lösung, wenn ihre Determinante gleich Null ist.

Dies ist das Analogon des Satzes über n lineare homogene Gleichungen mit n Unbekannten, den wir früher kennen lernten.

Nun kann man sich die Aufgabe stellen, alle Lösungen von (3) zu finden. Dies läßt sich mittels der Formel (5) in § 185 in einfachster Weise machen.

Wir wenden die genannte Formel auf den Minor

$$D_f\begin{pmatrix} y & y_1 & \dots & y_p \\ x & x_1 & \dots & x_p \end{pmatrix}$$

an. Dann haben wir also in jener Formel zunächst p durch $p+1$ zu ersetzen und dann statt

$$\xi_1, \xi_2, \ldots, \xi_{p+1} \quad \text{und} \quad \eta_1, \eta_2, \ldots, \eta_{p+1}$$

bezüglich zu schreiben

$$y, y_1, \ldots, y_p \quad \text{und} \quad x, x_1, \ldots, x_p.$$

Wir finden auf diese Weise

$$\text{(6)} \quad \begin{cases} D_f\begin{pmatrix} y & y_1 & \ldots & y_p \\ x & x_1 & \ldots & x_p \end{pmatrix} + f(x, y)\, D_f\begin{pmatrix} y_1 & \ldots & y_p \\ x_1 & \ldots & x_p \end{pmatrix} - f(x_1, y)\, D_f\begin{pmatrix} y_1 & y_2 & \ldots & y_p \\ x & x_2 & \ldots & x_p \end{pmatrix} \\ \qquad + \ldots + (-1)^p f(x_p, y)\, D_f\begin{pmatrix} y_1 & y_2 & \ldots & y_p \\ x & x_1 & \ldots & x_{p-1} \end{pmatrix} \\ \qquad + \int_0^1 D_f\begin{pmatrix} u & y_1 & \ldots & y_p \\ x & x_1 & \ldots & x_p \end{pmatrix} f(u, y)\, du = 0. \end{cases}$$

Multiplizieren wir jetzt (6) mit $\varphi(y)$ und integrieren nach y (von 0 bis 1), so ergibt sich, wenn φ eine Lösung von (3) ist

$$\text{(7)} \quad \begin{cases} \int_0^1 D_f\begin{pmatrix} y & y_1 & \ldots & y_p \\ x & x_1 & \ldots & x_p \end{pmatrix} \varphi(y)\, dy - \varphi(x)\, D_f\begin{pmatrix} y_1 & \ldots & y_p \\ x_1 & \ldots & x_p \end{pmatrix} \\ \qquad + D_f\begin{pmatrix} y_1 & y_2 & \ldots & y_p \\ x & x_2 & \ldots & x_p \end{pmatrix} \varphi(x_1) + \ldots + (-1)^{p-1} D_f\begin{pmatrix} y_1 & y_2 & \ldots & y_p \\ x & x_1 & \ldots & x_{p-1} \end{pmatrix} \varphi(x_p) \\ \qquad - \int_0^1 D_f\begin{pmatrix} u & y_1 & \ldots & y_p \\ x & x_1 & \ldots & x_p \end{pmatrix} \varphi(u)\, du = 0. \end{cases}$$

Wir dürfen nämlich überall

$$\int_0^1 f(z, y)\, \varphi(y)\, dy \quad \text{durch} \quad -\varphi(z)$$

ersetzen.

Die Gleichung (7) reduziert sich aber, wenn wir $x_1, y_1, \ldots, x_p, y_p$ so wählen, daß

$$D_f\begin{pmatrix} y_1 & \ldots & y_p \\ x_1 & \ldots & x_p \end{pmatrix} \neq 0$$

ist, auf

$$\text{(7')} \quad \begin{cases} \varphi(x) = \dfrac{\varphi(x_1)}{D_f\begin{pmatrix} y_1 & \ldots & y_p \\ x_1 & \ldots & x_p \end{pmatrix}} D_f\begin{pmatrix} y_1 & y_2 & \ldots & y_p \\ x & x_2 & \ldots & x_p \end{pmatrix} \\ \qquad + \ldots + (-1)^{p-1} \dfrac{\varphi(x_p)}{D_f\begin{pmatrix} y_1 & \ldots & y_p \\ x_1 & \ldots & x_p \end{pmatrix}} D_f\begin{pmatrix} y_1 & y_2 & \ldots & y_p \\ x & x_1 & \ldots & x_{p-1} \end{pmatrix}. \end{cases}$$

Wir wollen nun in dem Symbol

$$D_f\begin{pmatrix} y_1 \dots y_p \\ x_1 \dots x_p \end{pmatrix}$$

x_k durch x ersetzen und die so entstehende Funktion, dividiert durch $D_f\begin{pmatrix} y_1 \dots y_p \\ x_1 \dots x_p \end{pmatrix}$ gleich $-\varphi_k(x)$ setzen. Dann ist

$$\frac{D_f\begin{pmatrix} y_1 & y_2 & y_3 & \dots & y_p \\ x & x_2 & x_3 & \dots & x_p \end{pmatrix}}{D_f\begin{pmatrix} y_1 \dots y_p \\ x_1 \dots x_p \end{pmatrix}} = -\varphi_1(x),$$

$$-\frac{D_f\begin{pmatrix} y_1 & y_2 & y_3 & \dots & y_p \\ x & x_1 & x_3 & \dots & x_p \end{pmatrix}}{D_f\begin{pmatrix} y_1 \dots y_p \\ x_1 \dots x_p \end{pmatrix}} = -\varphi_2(x),$$

. . . .

$$(-1)^{p-1}\frac{D_f\begin{pmatrix} y_1 & y_2 & y_3 & \dots & y_p \\ x & x_1 & x_2 & \dots & x_{p-1} \end{pmatrix}}{D_f\begin{pmatrix} y_1 \dots y_p \\ x_1 \dots x_p \end{pmatrix}} = -\varphi_p(x),$$

und die Formel (7′) nimmt die folgende einfache Gestalt an

$$\varphi(x) = c_1\varphi_1(x) + c_2\varphi_2(x) + \dots + c_p\varphi_p(x). \tag{8}$$

Dabei haben wir gesetzt

$$c_1 = -\varphi(x_1), \quad \dots, \quad c_p = -\varphi(x_p).$$

Die Formel (8) lehrt uns, daß jede Lösung von (3) eine lineare Kombination der Funktionen $\varphi_1(x), \dots, \varphi_p(x)$ ist.

Diese sind selbst Lösungen von (3), wie ihr Ausdruck zeigt, und wegen der Homogeneität von (3) ist jede lineare Kombination von Lösungen wieder eine Lösung. Wir dürfen also in der Formel (8) den c beliebige Werte beilegen und erhalten immer eine Lösung von (3).

Nun wollen wir noch zeigen, daß die Funktionen $\varphi_1(x), \dots, \varphi_p(x)$ linear unabhängig sind.

Um das zu beweisen, greifen wir auf Formel (5) zurück (S. 488). Sie lautet jetzt

$$\int_0^1 f(x_1, u)\,\varphi_1(u)\,du = 1.$$

Ersetzen wir aber in (5) x_1 durch einen der Werte $x_2, x_3, \ldots, x_p$, so geht $D_f\begin{pmatrix} y_1 & y_2 & \ldots & y_p \\ x_1 & x_2 & \ldots & x_p \end{pmatrix}$ in Null über. Man hat also

$$\int_0^1 f(x_2, u)\,\varphi_1(u)\,du = \int_0^1 f(x_3, u)\,\varphi_1(u) = \ldots = \int_0^1 f(x_p, u)\,\varphi_1(u)\,du = 0.$$

Da $\varphi_1(u)$ durch Vertauschung von x_1 mit x_k zu $\varphi_k(u)$ wird, so ist allgemein

$$\int_0^1 f(x_k, u)\,\varphi_k(u)\,du = 1,$$

$$\int_0^1 f(x_k, u)\,\varphi_l(u)\,du = 0. \qquad (k \gtrless l)$$

Wäre nun

$$c_1\varphi_1(u) + c_2\varphi_2(u) + \ldots + c_p\varphi_p(u) = 0, \qquad (0 \leqq u \leqq 1)$$

so würde daraus folgen

$$\int_0^1 \{c_1\varphi_1(u) + \ldots + c_p\varphi_p(u)\}\,f(x_k, u)\,du = c_k = 0$$

und zwar für $k = 1, 2, \ldots, p$.

Damit ist die lineare Unabhängigkeit von $\varphi_1(x), \ldots, \varphi_p(x)$ bewiesen.

Wir sehen also, daß eine lineare homogene Integralgleichung so viele linear unabhängige Lösungen hat, wie der Rang ihrer Determinante angibt.

Bei n linearen homogenen Gleichungen mit n Unbekannten würde der Satz genau ebenso lauten, wenn wir den Rang einer n-reihigen Determinante anders definierten als es üblich ist. Einer von Null verschiedenen Determinante sollte man den Rang 0, einer Determinante, die durch Streichung einer Zeile und einer Spalte von Null verschieden gemacht werden kann, den Rang 1 zuschreiben usw. Dann hätten n lineare homogene Gleichungen mit n Unbekannten so viele unabhängige Lösungen wie der Rang der Determinante angibt.

Zum Schluß wollen wir noch zusehen, was der oben dargelegten FREDHOLMschen Auflösung der Gleichung (3) im Falle von n linearen homogenen Gleichungen mit n Unbekannten entspricht. Die x und y sind dann nicht mehr kontinuierliche Veränderliche, sondern Indizes, die auf die Werte 1, 2, ..., n beschränkt sind.

Wenn die Gleichungen

$$a_{11}\varphi(1)+a_{12}\varphi(2)+\ldots+a_{1n}\varphi(n)=0,$$
$$a_{21}\varphi(1)+a_{22}\varphi(2)+\ldots+a_{2n}\varphi(n)=0,$$
$$\cdots\cdots\cdots\cdots\cdots$$
$$a_{n1}\varphi(1)+a_{n2}\varphi(2)+\ldots+a_{nn}\varphi(n)=0$$

lauten,[1] so ist

$$\pm D\begin{pmatrix} y_1 & y_2 & \ldots & y_p \\ x_1 & x_2 & \ldots & x_p \end{pmatrix}$$

der Minor von

$$\begin{vmatrix} a_{11} & a_{12} & \ldots & a_{1n} \\ a_{21} & a_{22} & \ldots & a_{2n} \\ \cdot & \cdot & \cdot & \cdot \\ a_{n1} & a_{n2} & \ldots & a_{nn} \end{vmatrix},$$

der nach Streichung der Zeilen $y_1, y_2, \ldots, y_p$ und der Spalten $x_1, x_2, \ldots, x_p$ stehen bleibt. Der Rang dieser Determinante ist p ($n-p$ im gewöhnlichen Sinne) und der Minor muß so gewählt sein, daß er nicht verschwindet.

Wir wollen annehmen, daß gerade der Minor

$$D\begin{pmatrix} 1 & 2 & \ldots & p \\ 1 & 2 & \ldots & p \end{pmatrix}$$

diese Eigenschaft hat.

Dann würden die FREDHOLMschen Lösungen $\varphi_1(x), \ldots, \varphi_k(x)$ folgende sein:

$$\varphi_1(x) = -\frac{D\begin{pmatrix} 1 & 2 & \ldots & p \\ x & 2 & \ldots & p \end{pmatrix}}{D\begin{pmatrix} 1 & 2 & \ldots & p \\ 1 & 2 & \ldots & p \end{pmatrix}},$$

$$\varphi_2(x) = -\frac{D\begin{pmatrix} 1 & 2 & \ldots & p \\ 1 & x & \ldots & p \end{pmatrix}}{D\begin{pmatrix} 1 & 2 & \ldots & p \\ 1 & 2 & \ldots & p \end{pmatrix}}, \qquad (x = 1, 2, \ldots, n)$$

$$\cdots\cdots\cdots\cdots$$

$$\varphi_p(x) = -\frac{D\begin{pmatrix} 1 & 2 & \ldots & p \\ 1 & 2 & \ldots & x \end{pmatrix}}{D\begin{pmatrix} 1 & 2 & \ldots & p \\ 1 & 2 & \ldots & p \end{pmatrix}}.$$

Man sieht, daß

$$\varphi_k(1),\ \varphi_k(2),\ \ldots,\ \varphi_k(p)$$

alle Null sind bis auf $\varphi_k(k) = -1$.

---

[1] Wir bezeichnen die Unbekannten mit $\varphi(1), \varphi(2), \ldots, \varphi(n)$.

Ferner ist

$$\varphi_k(p+1) = \frac{\begin{vmatrix} a_{p+1,k} & a_{p+1,p+2} & \dots & a_{p+1,n} \\ a_{p+2,k} & a_{p+2,p+2} & \dots & a_{p+2,n} \\ \cdot & \cdot & \cdot & \cdot \\ a_{nk} & a_{n,p+2} & \dots & a_{nn} \end{vmatrix}}{\begin{vmatrix} a_{p+1,p+1} & a_{p+1,p+2} & \dots & a_{p+1,n} \\ a_{p+2,p+1} & a_{p+2,p+2} & \dots & a_{p+2,n} \\ \cdot & \cdot & \cdot & \cdot \\ a_{n,p+1} & a_{n,p+2} & \dots & a_{nn} \end{vmatrix}},$$

$$\varphi_k(p+2) = \frac{\begin{vmatrix} a_{p+1,p+1} & a_{p+1,k} & \dots & a_{p+1,n} \\ a_{p+2,p+1} & a_{p+2,k} & \dots & a_{p+2,n} \\ \cdot & \cdot & \cdot & \cdot \\ a_{n,p+1} & a_{nk} & \dots & a_{nn} \end{vmatrix}}{\begin{vmatrix} a_{p+1,p+1} & a_{p+1,p+2} & \dots & a_{p+1,n} \\ a_{p+2,p+1} & a_{p+2,p+2} & \dots & a_{p+2,n} \\ \cdot & \cdot & \cdot & \cdot \\ a_{n,p+1} & a_{n,p+2} & \dots & a_{nn} \end{vmatrix}},$$

. . . .

$$\varphi_k(n) = \frac{\begin{vmatrix} a_{p+1,p+1} & a_{p+1,p+2} & \dots & a_{p+1,k} \\ a_{p+2,p+1} & a_{p+2,p+2} & \dots & a_{p+2,k} \\ \cdot & \cdot & \cdot & \cdot \\ a_{n,p+1} & a_{n,p+2} & \dots & a_{nk} \end{vmatrix}}{\begin{vmatrix} a_{p+1,p+1} & a_{p+1,p+2} & \dots & a_{p+1,n} \\ a_{p+2,p+1} & a_{p+2,p+2} & \dots & a_{p+2,n} \\ \cdot & \cdot & \cdot & \cdot \\ a_{n,p+1} & a_{n,p+2} & \dots & a_{nn} \end{vmatrix}}.$$

$\varphi_k(p+1), \dots \varphi_k(n)$ ist also nichts anderes als die Lösung des Systems

$$\begin{aligned} -a_{p+1,k} + a_{p+1,p+1}\,\varphi(p+1) + \dots + a_{p+1,n}\,\varphi(n) &= 0, \\ -a_{p+2,k} + a_{p+2,p+1}\,\varphi(p+1) + \dots + a_{p+2,n}\,\varphi(n) &= 0, \\ \cdot \quad \cdot \quad \cdot \quad \cdot \quad \cdot \quad \cdot \quad \cdot \quad \cdot \quad \cdot & \\ -a_{nn} \quad + a_{n,p+1} \quad \varphi(p+1) + \dots + a_{nn} \quad \varphi(n) &= 0; \end{aligned}$$

wie man sie mittels der CRAMERschen Regel findet.

§ 187. Inhomogene lineare Integralgleichungen mit verschwindender Determinante.

Die Determinante D_f der Gleichung

$$\Phi(x) + \int_0^1 f(x, y)\, \Phi(y)\, dy = \psi(x) \qquad (0 \leqq x \leqq 1) \tag{1}$$

sei gleich Null und habe den Rang p.

Ist $\Phi_0(x)$ eine spezielle Lösung von (1) und $\varphi(x)$ eine beliebige Lösung von (1), so folgt aus (1) und aus

$$\Phi_0(x) + \int_0^1 f(x, y)\, \Phi_0(y)\, dy = \psi(x)$$

durch Subtraktion

$$\{\Phi(x) - \Phi_0(x)\} + \int_0^1 f(x, y)\, \{\Phi(y) - \Phi_0(y)\}\, dy = 0\,.$$

$\Phi(x) - \Phi_0(x)$ ist also eine Lösung der homogenen Gleichung

$$\varphi(x) + \int_0^1 f(x, y)\, \varphi(y)\, dy = 0\,. \tag{2}$$

Umgekehrt ist

$$\Phi(x) = \Phi_0(x) + \varphi(x)$$

eine Lösung von (1), sobald $\varphi(x)$ eine Lösung von (2) ist.

Sind $\varphi_1(x)$, $\varphi_2(x)$, ..., $\varphi_p(x)$ unabhängige Lösungen von (2), so stellt

$$\Phi_0(x) + c_1\varphi_1(x) + \ldots + c_p\varphi_p(x) \qquad (c_1, \ldots, c_p \text{ Konstanten})$$

die allgemeinste Lösung von (1) dar.

Es handelt sich also nur darum, eine spezielle Lösung von (1) zu finden.

Wir greifen auf Formel (6) in § 186 zurück, multiplizieren diese Formel mit $\Phi(y)$ und integrieren dann nach y (von 0 bis 1). Dabei nehmen wir an, daß Φ eine Lösung von (1) ist.

Es ergibt sich auf diese Weise, wenn wir $\varphi_1, \ldots, \varphi_p$ dieselbe Bedeutung beilegen wie in § 186 und es so einrichten, daß

$$D_f\begin{pmatrix} y_1 \ldots y_p \\ x_1 \ldots x_p \end{pmatrix} \neq 0$$

ist,

$$\psi(x) - \Phi(x) + c_1\varphi_1(x) + \dots + c_p\varphi_p(x)$$

$$+ \int_0^1 \frac{D_f\begin{pmatrix} y & y_1 \dots y_p \\ x & x_1 \dots x_p \end{pmatrix}}{D_f\begin{pmatrix} y_1 \dots y_p \\ x_1 \dots x_p \end{pmatrix}} \psi(y)\,dy = 0.$$

Setzen wir

$$\Phi(x) - c_1\varphi_1(x) - \dots - c_p\varphi_p(x) = \Phi_0(x),$$

so wird

$$\Phi_0(x) = \psi(x) + \int_0^1 \frac{D_f\begin{pmatrix} y & y_1 \dots y_p \\ x & x_1 \dots x_p \end{pmatrix}}{D_f\begin{pmatrix} y_1 \dots y_p \\ x_1 \dots x_p \end{pmatrix}} \psi(y)\,dy. \tag{2}$$

Hieraus geht folgendes hervor:

Wenn (1) überhaupt eine Lösung besitzt, so ist auch (2) eine solche.

Setzen wir nun (2) in die Gleichung (1) ein, so kommt

$$(3)\begin{cases} \psi(x) + \int_0^1 \frac{D_f\begin{pmatrix} y & y_1 \dots y_p \\ x & x_1 \dots x_p \end{pmatrix}}{D_f\begin{pmatrix} y_1 \dots y_p \\ x_1 \dots x_p \end{pmatrix}} \psi(y)\,dy \\ + \int_0^1 f(x, y)\psi(y)\,dy + \int_0^1\int_0^1 \frac{D_f\begin{pmatrix} u & y_1 \dots y_p \\ y & x_1 \dots x_p \end{pmatrix}}{D_f\begin{pmatrix} y_1 \dots y_p \\ x_1 \dots x_p \end{pmatrix}} f(x, y)\psi(u)\,dy\,du = \psi(x). \end{cases}$$

Nach Formel (4) in § 185 ist aber

$$(4)\begin{cases} \int_0^1 \frac{D_f\begin{pmatrix} u & y_1 \dots y_p \\ y & x_1 \dots x_p \end{pmatrix}}{D_f\begin{pmatrix} y_1 \dots y_p \\ x_1 \dots x_p \end{pmatrix}} f(x, y)\,dy + \frac{D_f\begin{pmatrix} u & y_1 \dots y_p \\ x & x_1 \dots x_p \end{pmatrix}}{D_f\begin{pmatrix} y_1 \dots y_p \\ x_1 \dots x_p \end{pmatrix}} \\ + f(x, u) + f(x, y_1)\chi_1(u) + \dots + f(x, y_p)\chi_p(u) = 0. \end{cases}$$

Dabei haben die Funktionen $\chi_1, \dots, \chi_p$ folgende Bedeutung:

$$\chi_1(u) = -\frac{D_f\begin{pmatrix} u & y_2 & y_3 \dots y_p \\ x_1 & x_2 & x_3 \dots x_p \end{pmatrix}}{D_f\begin{pmatrix} y_1 \dots y_p \\ x_1 \dots x_p \end{pmatrix}},$$

$$\chi_2(u) = -\frac{D_f\begin{pmatrix} y_1 & u & y_3 \dots y_p \\ x_1 & x_2 & x_3 \dots x_p \end{pmatrix}}{D_f\begin{pmatrix} y_1 \dots y_p \\ x_1 \dots x_p \end{pmatrix}},$$

. . . .

$$\chi_p(u) = -\frac{D_f\begin{pmatrix} y_1 & y_2 & y_3 \dots u \\ x_1 & x_2 & x_3 \dots x_p \end{pmatrix}}{D_f\begin{pmatrix} y_1 \dots y_p \\ x_1 \dots x_p \end{pmatrix}}.$$

Sie bilden also ein Fundamentalsystem von Lösungen für die Integralgleichung

$$(5) \qquad \chi(u) + \int_0^1 f(x, u)\chi(x)\,dx = 0.$$

Mit Hilfe von (4) verwandelt sich (3) in

$$(6) \quad f(x, y_1)\int_0^1 \chi_1(u)\psi(u)\,du + \dots + f(x, y_p)\int_0^1 \chi_p(u)\psi(u)\,du = 0.$$

$$(0 \leqq x \leqq 1)$$

Aus § 186 (S. 491) kann man entnehmen, daß

$$\int_0^1 f(x, y_k)\chi_k(x)\,dx = 1,$$

$$\int_0^1 f(x, y_k)\chi_l(x)\,dx = 0 \qquad (k \gtrless l)$$

ist.

Multiplizieren wir (6) mit $\chi_k(x)$ und integrieren nach x (von 0 bis 1), so ergibt sich

$$\int_0^1 \chi_k(u)\psi(u)\,du = 0. \qquad (k = 1, 2, \dots, p).$$

Die Gleichung (1) hat also dann und nur dann eine Lösung, wenn $\psi(x)$ zu den Lösungen der Gleichung (5) orthogonal ist.[1]

Was entspricht diesem Satz bei einem System von n Gleichungen mit n Unbekannten?

---

[1] Vgl. wegen der Definition der Orthogonalität § 133, S. 320.

An Stelle von (1) haben wir das Gleichungssystem

$$(1') \qquad \begin{cases} a_{11}\,\Phi(1) + a_{12}\,\Phi(2) + \dots + a_{1n}\,\Phi(n) = \psi(1), \\ a_{21}\,\Phi(1) + a_{22}\,\Phi(2) + \dots + a_{2n}\,\Phi(n) = \psi(2), \\ \dots\dots\dots\dots\dots\dots\dots\dots \\ a_{n1}\,\Phi(1) + a_{n2}\,\Phi(2) + \dots + a_{nn}\,\Phi(n) + \psi(n). \end{cases}$$

Für die Gleichung (5) tritt das System

$$(5') \qquad \begin{cases} a_{11}\chi(1) + a_{21}\chi(2) + \dots + a_{n1}\chi(n) = 0, \\ a_{12}\chi(1) + a_{22}\chi(2) + \dots + a_{n2}\chi(n) = 0, \\ \dots\dots\dots\dots\dots\dots\dots\dots \\ a_{1n}\chi(1) + a_{2n}\chi(2) + \dots + a_{nn}\chi(n) = 0 \end{cases}$$

ein.

Multipliziert man die Gleichungen (1') der Reihe nach mit $\chi(1), \chi(2), \dots, \chi(n)$, so folgt aus (1') und (5')

$$(7) \qquad \chi(1)\psi(1) + \chi(2)\psi(2) + \dots + \chi(n)\psi(n) = 0.$$

Jede Lösung von (5') ist also zu $\psi(1), \psi(2), \dots, \psi(n)$ orthogonal. Umgekehrt haben, wenn diese Eigenschaft besteht, die Matrizen

$$(8) \qquad \begin{cases} a_{11} & a_{12} & \dots & a_{1n} \\ a_{21} & a_{22} & \dots & a_{2n} \\ \dots & \dots & \dots & \dots \\ a_{n1} & a_{n2} & \dots & a_{nn} \end{cases} \quad \text{und} \quad \begin{matrix} a_{11} & a_{12} & \dots & a_{1n} & \psi(1) \\ a_{21} & a_{22} & \dots & a_{2n} & \psi(2) \\ \dots & \dots & \dots & \dots & \dots \\ a_{n1} & a_{n2} & \dots & a_{nn} & \psi(n) \end{matrix}$$

denselben Rang. Sonst wäre nämlich die Gleichung (7) nicht eine Folge von den Gleichungen (5'). Daß aber die Gleichungen (1') dann und nur dann lösbar sind, wenn die Matrizen (8) denselben Rang haben, wissen wir aus § 29.

§ 188. Die Fredholmschen Funktionaloperationen.

Es ist zweckmäßig, wie Fredholm es tut, die Gleichung

$$(1) \qquad \varphi(x) + \int_0^1 f(x, y)\,\varphi(y)\,dy = \psi(x)$$

als eine Funktionaloperation zu betrachten, die auf die Funktion $\varphi(x)$ angewandt wird und die Funktion $\psi(x)$ als Resultat liefert.

Er bezeichnet diese Operation mit S_f und schreibt die Gleichung (1) in der Form

$$S_f\varphi = \psi,$$

d. h. „S_f angewandt auf φ gibt ψ".

Den FREDHOLMschen Funktionaloperationen kommt die **Gruppeneigenschaft** zu. Anstatt zuerst S_f und dann S_g auszuführen, kann man auch eine gewisse Operation S_h vornehmen, d. h. es ist für jedes $\varphi(x)$

$$S_g S_f \varphi = S_h \varphi. \tag{2}$$

Man kann dies ausführlicher so ausdrücken: Wenn

$$S_f \varphi = \psi \quad \text{und} \quad S_g \psi = \chi$$

ist, so läßt sich $h(x, y)$ derart wählen, daß

$$S_h \varphi = \chi$$

wird.

Aus

$$\varphi(x) + \int_0^1 f(x, y)\, \varphi(y)\, dy = \psi(x)$$

und

$$\psi(x) + \int_0^1 g(x, u)\, \psi(u)\, du = \chi(x)$$

folgt aber

$$\varphi(x) + \int_0^1 f(x, y)\, \varphi(y)\, dy + \int_0^1 g(x, y)\, \varphi(y)\, dy$$
$$+ \int_0^1\int_0^1 g(x, u)\, f(u, y)\, \varphi(y)\, du\, dy = \chi(x).$$

Setzen wir also

$$h(x, y) = f(x, y) + g(x, y) + \int_0^1 g(x, u)\, f(u, y)\, du, \tag{3}$$

so ist

$$\varphi(x) + \int_0^1 h(x, y)\, \varphi(y)\, dy = \chi(x),$$

d. h. $S_h \varphi = \chi$.

Es gibt unter den Operationen S_f eine, die aus jeder Funktion φ wieder φ macht oder, wie man auch sagt, jede Funktion in sich überführt (invariant läßt). Diese Operation nennt man die **Identität**. Man kann leicht zeigen, daß bei ihr $f(x, y)$ identisch verschwindet.

Soll

$$S_f \varphi = \varphi,$$

d. h.

$$\varphi(x) + \int_0^1 f(x, y)\,\varphi(y)\,dy = \varphi(x)$$

sein, so folgt

$$(4) \qquad \int_0^1 f(x, y)\,\varphi(y)\,dy = 0. \qquad (0 \leqq x \leqq 1)$$

Setzen wir aber

$$\varphi(y) = f(x_0, y),$$

wo x_0 irgend ein Wert aus (0, 1) ist, so verwandelt sich (4) in

$$\int_0^1 f(x, y)\,f(x_0, y)\,dy = 0.$$

Insbesondere ist also

$$\int_0^1 (f(x_0, y))^2\,dy = 0.$$

Da wir f als reell und stetig voraussetzen, folgt hieraus

$$f(x_0, y) = 0. \qquad (0 \leqq y \leqq 1)$$

x_0 ist aber ein beliebiger Wert aus (0, 1). Wir sehen also, daß f identisch verschwindet.

Wir wollen die Identität mit S_0 bezeichnen.

Die Determinante D_f möge die Determinante der Operation (1) heißen.

Wenn zwischen S_f, S_g, S_h die Beziehung (2), also zwischen ihren Kernen die Beziehung (3) besteht, so ist, wie man aus § 181 entnehmen kann,

$$D_f\,D_g = D_h.$$

Nennt man S_h das Produkt von S_f und S_g (in dieser Reihenfolge), so ist die Determinante eines Produkts von Fredholmschen Funktionaloperationen gleich dem Produkt ihrer Determinanten.

Die Fredholmschen Funktionaloperationen verhalten sich also ähnlich wie lineare Transformationen in n Veränderlichen.

Innerhalb der Gruppe aller Fredholmschen Funktionaloperationen bilden diejenigen eine Untergruppe, deren Determinante nicht verschwindet. Wir wollen sie die nichtsingulären Fredholmschen Funktionaloperationen nennen. Daß sie eine Untergruppe bilden, ist klar. Denn die Determinante eines Produktes von zwei solchen

Operationen ist von Null verschieden (als Produkt der Determinanten dieser Operationen).

Wir beweisen jetzt folgenden Satz:

Zu jeder nichtsingulären Fredholmschen Funktionaloperation gibt es eine, die mit ihr multipliziert die Identität liefert.

Wenn in (1) $D_f \neq 0$ ist, so folgt daraus (vgl. § 183)

$$\psi(x) + \int_0^1 \frac{D_f\binom{y}{x}}{D_f} \psi(y)\,dy = \varphi(x). \tag{1'}$$

Setzen wir also

$$\frac{D_f\binom{y}{x}}{D_f} = g(x, y),$$

so ist

$$S_g \psi = \varphi, \quad \text{d. h.} \quad S_g S_f \varphi = \varphi,$$

was auch φ sein mag.

Da auch umgekehrt aus (1') immer (1) folgt, so hat man

$$S_f S_g \psi = \psi,$$

was auch ψ sein mag.

Sowohl $S_g S_f$ als auch $S_f S_g$ ist somit die Identität. S_g ist durch die Eigenschaft[1]

$$S_g S_f = S_0$$

eindeutig bestimmt. Aus

$$S_\gamma S_f = S_0$$

folgt nämlich

$$(S_\gamma S_f) S_g = S_0 S_g = S_g$$

oder

$$S_\gamma (S_f S_g) = S_\gamma S_0 = S_\gamma,$$

d. h.[2]

$$S_\gamma = S_g.$$

Ebenso ist S_g durch die Eigenschaft

$$S_f S_g = S_0$$

eindeutig bestimmt.

Man nennt S_f und S_g zueinander invers und schreibt

$$S_g = S_f^{-1}, \qquad S_f = S_g^{-1}.$$

---

[1] Die Faktoren sind von rechts nach links zu lesen, um die richtige Reihenfolge zu haben.

[2] Es gilt hier, wie man leicht bestätigt, daß assoziative Gesetz.

FREDHOLM spricht im Falle einer singulären Operation S_f von pseudoinversen Operationen.

In § 187 sahen wir, daß im Falle $D_f = 0$

$$\Phi(x) = \psi(x) + \int_0^1 \frac{D_f\begin{pmatrix} y & y_1 & \dots & y_p \\ x & x_1 & \dots & x_p \end{pmatrix}}{D_f\begin{pmatrix} y_1 & \dots & y_p \\ x_1 & \dots & x_p \end{pmatrix}} \psi(y)\, dy$$

eine Lösung von (1) ist.[1] Dabei bedeutet p den Rang von D_f und

$$D_f\begin{pmatrix} y_1 & \dots & y_p \\ x_1 & \dots & x_p \end{pmatrix}$$

ist ein von Null verschiedener p^{ter} Minor von D_f.

Setzen wir

$$g(x, y) = \frac{D_f\begin{pmatrix} y & y_1 & \dots & y_p \\ x & x_1 & \dots & x_p \end{pmatrix}}{D_f\begin{pmatrix} y_1 & \dots & y_p \\ x_1 & \dots & x_p \end{pmatrix}},$$

so hat die Operation S_g die Eigenschaft, daß

$$S_g S_f \varphi(x)$$

sich von $\varphi(x)$ nur um eine Lösung der Gleichung $S_f = 0$ unterscheidet. Es ist also zwar nicht gerade immer

$$S_g S_f \varphi = \varphi,$$

aber doch wenigstens

$$S_f S_g S_f \varphi = S_f \varphi.$$

Ist $\varphi_1(x), \dots, \varphi_p(x)$ ein Fundamentalsystem von Lösungen für die Gleichung $S_f = 0$, so hat man

$$S_g S_f \varphi(x) = \varphi(x) + c_1 \varphi_1(x) + \dots + c_p \varphi_p(x).$$

Wir wollen zwei Funktionen, deren Differenz sich linear aus $\varphi_1, \dots, \varphi_p$ zusammensetzt, kongruent modulis $\varphi_1, \dots, \varphi_p$ nennen. Dann sind $S_g S_f \varphi$ und φ kongruent modulis $\varphi_1, \dots, \varphi_p$. Für jedes φ findet also die Kongruenz statt

$$S_g S_f \varphi \equiv \varphi. \qquad (\text{modd. } \varphi_1, \dots, \varphi_p)$$

S_g heißt bei FREDHOLM zu S_f pseudoinvers.

[1] $\varphi(x)$ ist eine beliebige Funktion und $\psi(x) = S_f \varphi$.

§ 189. C. Neumanns Auflösung der Integralgleichung $S_{\lambda f}\varphi = \psi$.

Die Determinante der Integralgleichung

$$\varphi(x) + \lambda \int_0^1 f(x, y)\,\varphi(y)\,dy = \psi(x) \tag{1}$$

ist, wie wir wissen, eine beständig konvergente Potenzreihe:

$$D_{\lambda f} = 1 + \frac{\lambda}{1}\int_0^1 f\begin{pmatrix} x_1 \\ x_1 \end{pmatrix} dx_1 + \frac{\lambda^2}{1\cdot 2}\int_0^1\int_0^1 f\begin{pmatrix} x_1\, x_2 \\ x_1\, x_2 \end{pmatrix} dx_1\, dx_2 + \dots$$

Die Lösung von (1) ist ein Bruch, dessen Nenner $D_{\lambda f}$ lautet und dessen Zähler eine beständig konvergente Potenzreihe in λ ist, deren Koeffizienten von x abhängen (vgl. § 183).

Da sich $1 : D_{\lambda f}$ in eine Potenzreihe entwickeln läßt, die wenigstens in gewisser Nähe von $\lambda = 0$ konvergiert, so läßt sich auch die Lösung von (1) als Potenzreihe in λ schreiben. Diese Darstellung der Lösung hat C. Neumann schon lange vor Fredholm gegeben. Sie ist aber deshalb unvollkommen im Vergleich zur Fredholmschen Formel, weil sie sich nur auf eine gewisse Umgebung des Wertes $\lambda = 0$ beschränkt.

Es ist sehr leicht die Neumannsche Lösung von (1) zu finden.

Wir wollen die Operation, die im Übergange von $\omega(x)$ zu

$$\int_0^1 f(x, y)\,\omega(y)\,dy$$

besteht, mit $\mathfrak{K}$ bezeichnen.

Dann läßt sich die Gleichung (1) in folgender Form schreiben

$$\varphi + \lambda\mathfrak{K}\varphi = \psi.$$

Daraus findet man durch Anwendung von $\mathfrak{K}$

$$\mathfrak{K}\varphi + \lambda\mathfrak{K}^2\varphi = \mathfrak{K}\psi,$$
$$\mathfrak{K}^2\varphi + \lambda\mathfrak{K}^3\varphi = \mathfrak{K}^2\psi,$$
$$\dots\dots\dots,$$

wobei $\mathfrak{K}^2$ statt $\mathfrak{K}\mathfrak{K}$, $\mathfrak{K}^3$ statt $\mathfrak{K}\mathfrak{K}\mathfrak{K}$ geschrieben ist usw.

Hieraus folgt

$$\psi - \lambda\mathfrak{K}\psi + \lambda^2\mathfrak{K}^2\psi - \dots + (-1)^{n-1}\lambda^{n-1}\mathfrak{K}^{n-1}\psi = \varphi + (-1)^{n-1}\lambda^n\mathfrak{K}^n\varphi.$$

Nun hat man aber, wenn M das Maximum von $|f(x, y)|$ und m_n das von

$$|\omega_n(x)| = |\mathfrak{K}^n\omega|$$

bezeichnet,

$$m_n < M m_{n-1},$$

also

$$m_n < M^n m_0,$$

m_0 ist das Maximum von $|\omega(x)|$.

Setzen wir $\omega = \varphi$, so wird also

$$|\lambda^n \mathfrak{K}^n \varphi| < (|\lambda| M)^n m_0 .$$

Im Falle

$$|\lambda| < \frac{1}{M}$$

ist daher

$$\lim_{n=\infty} (\lambda^n \mathfrak{K}^n \varphi) = 0$$

und man erhält für φ die Reihe

$$\varphi = \psi - \lambda \mathfrak{K} \psi + \lambda^2 \mathfrak{K}^2 \psi - \lambda^3 \mathfrak{K}^3 \psi + \dots .$$

Umgekehrt ist leicht zu zeigen, daß $\psi - \lambda \mathfrak{K} \psi + \lambda^2 \mathfrak{K}^2 \psi - \dots$ eine Lösung der betrachteten Integralgleichung ist.

Verstehen wir unter m das Maximum von $|\psi(x)|$, so sind die Glieder dieser Reihe absolut genommen kleiner als die der Reihe

$$m(1 + |\lambda| M + |\lambda|^2 M^2 + \dots).$$

Nehmen wir also wie vorhin $|\lambda| < 1 : M$ an, so ist $\psi - \lambda \mathfrak{K} \psi + \lambda^2 \mathfrak{K}^2 \psi - \dots$ bei festgehaltenem λ gleichmäßig konvergent. Es wird daher

$$\mathfrak{K} \varphi = \mathfrak{K} \psi - \lambda \mathfrak{K}^2 \psi + \lambda^2 \mathfrak{K}^3 \psi - \dots$$

und

$$\varphi + \lambda \mathfrak{K} \varphi = \psi .$$

§ 190. Lineare Integralgleichungen mit komplexem Kern.

Wir haben bisher den Kern der Integralgleichung immer als reell vorausgesetzt.

Die Fredholmsche Theorie läßt sich aber auch für den Fall durchführen, daß der Kern $f(x, y)$ eine komplexe stetige Funktion ist.

Die Ableitung der Sätze ist im wesentlichen dieselbe. Nur an einigen Stellen treten naheliegende Modifikationen ein.

Z. B. muß man den Hadamardschen Hilfssatz (§ 180) anders fassen.

Es liege eine Matrix

$$(1)\qquad \left\{\begin{matrix} a_{11} & a_{12} & \dots & a_{1n} \\ a_{21} & a_{22} & \dots & a_{2n} \\ \cdot & \cdot & \cdot & \cdot \\ a_{p1} & a_{p2} & \dots & a_{pn} \end{matrix}\right.$$

mit komplexen Elementen vor.

Wir multiplizieren sie mit der konjugiert komplexen Matrix

$$\begin{matrix} \bar{a}_{11} & \bar{a}_{12} & \dots & \bar{a}_{1n} \\ \bar{a}_{21} & \bar{a}_{22} & \dots & \bar{a}_{2n} \\ \cdot & \cdot & \cdot & \cdot \\ \bar{a}_{p1} & \bar{a}_{n2} & \dots & \bar{a}_{pn} \end{matrix}$$

Dann ergibt sich:

$$(2)\qquad \left\{\begin{aligned} &\begin{vmatrix} (a_1\ \bar{a}_1) & \dots & (a_1\ \bar{a}_p) \\ \cdot & \cdot & \cdot \\ (a_p\ \bar{a}_1) & \dots & (a_p\ \bar{a}_p) \end{vmatrix} \\ &= (a_p\ \bar{a}_p) \begin{vmatrix} (a_1\ \bar{a}_1) & \dots & (a_1\ \bar{a}_{p-1}) \\ \cdot & \cdot & \cdot \\ (a_{p-1}\ \bar{a}_1) & \dots & (a_{p-1}\ \bar{a}_{p-1}) \end{vmatrix} + \begin{vmatrix} (a_1\ \bar{a}_1) \dots (a_1\ \bar{a}_{p-1}) & (a_1\ \bar{a}_p) \\ \cdot\ \cdot\ \cdot & \cdot \\ (a_{p-1}\ \bar{a}_1) \dots (a_{p-1}\ \bar{a}_{p-1}) & (a_{p-1}\ \bar{a}_p) \\ (a_p\ \bar{a}_1) \dots (a_p\ \bar{a}_{p-1}) & 0 \end{vmatrix}. \end{aligned}\right.$$

Nun ist aber die Determinante

$$-\begin{vmatrix} (a_1\ \bar{a}_1) & \dots & (a_1\ \bar{a}_{p-1}) & \bar{u}_1 \\ \cdot & \cdot & \cdot & \cdot \\ (a_{p-1}\ \bar{a}_1) & \dots & (a_{p-1}\ \bar{a}_{p-1}) & \bar{u}_{p-1} \\ u_1 & \dots & u_{p-1} & 0 \end{vmatrix}$$

nie negativ, wie man auch die komplexen Zahlen u und ihre konjugierten wählen mag. Man erkennt das z. B., indem man die HERMITEsche Form

$$\sum_{rs} (a_r\, \bar{a}_s)\, x_r\, \bar{x}_s \qquad (r, s = 1, 2, \dots, p-1)$$

orthogonal auf die kanonische Form bringt (vgl. § 117) und die u kontragradient transformiert.

Es folgt also aus (2)

$$(3)\qquad A_p \leqq (a_p\, \bar{a}_p)\, A_{p-1},$$

wenn wir

$$\begin{vmatrix} (a_1\ \bar{a}_1) & \dots & (a_1\ \bar{a}_k) \\ \cdot & \cdot & \cdot \\ (a_k\ \bar{a}_1) & \dots & (a_k\ \bar{a}_k) \end{vmatrix} = A_k$$

setzen.

Durch wiederholte Anwendung von (3) ergibt sich

(4) $$A_p \leqq (a_1 \bar{a}_1)(a_2 \bar{a}_2) \ldots (a_p \bar{a}_p).$$

Nennen wir A_p die Norm der Matrix (1), so ist $(a_k \bar{a}_k)$ die Norm der einzeiligen Matrix

$$a_{k1}, a_{k2}, \ldots, a_{kn}.$$

Die Ungleichung (4) besagt also folgendes:

Die Norm einer Matrix ist nie größer als das Produkt aus den Normen ihrer Zeilen.

Sind übrigens

(5) $$M_1, M_2, \ldots, M_{\binom{n}{p}}$$

die p-reihigen Minoren von (1), so ist die Norm dieser Matrix auch gleich

$$M_1 \bar{M}_1 + M_2 \bar{M}_2 + \ldots M_{\binom{n}{p}} \bar{M}_{\binom{n}{p}},$$

also gleich der Norm der einzeiligen Matrix (5).

Neunzehntes Kapitel.

Die Hilbertschen Eigenfunktionen eines reellen symmetrischen Kerns.

§ 191. Eine besondere Art von Funktionaloperationen.

$f(x, y)$ sei in dem Gebiet

$$0 \leqq x,\ y \leqq 1$$

reell und stetig.

Ist dann $\varphi(x)$ in (0, 1) stetig, so gilt dasselbe von der Funktion

(1) $$\varphi_1(x) = \int_0^1 f(x, y)\, \varphi(y)\, dy. \qquad (0 \leqq x \leqq 1)$$

Wir haben hier also eine Operation vor uns, die jede in (0, 1) stetige Funktion $\varphi(x)$ in eine ebensolche Funktion $\varphi_1(x)$ verwandelt. Diese Operation möge mit $\mathfrak{K}_f$ bezeichnet werden.[1] $f(x, y)$ nennen wir den Kern von $\mathfrak{K}_f$.

[1] Sie entsteht aus der FREDHOLMschen Operation $\psi = S_{\lambda f}\, \varphi$, indem man $\psi = \lambda\, \varphi_1$ setzt und dann λ unendlich werden läßt. Wir benutzten sie schon in § 189.

Den Operationen $\mathfrak{K}_f$ kommt, wie den FREDHOLMschen Funktionaloperationen (vgl. § 188), die Gruppeneigenschaft zu.

Aus

$$\psi(x) = \int_0^1 f(x, y)\, \varphi(y)\, dy$$

und

$$\chi(x) = \int_0^1 g(x, u)\, \psi(u)\, du$$

folgt nämlich

$$\chi(x) = \int_0^1 \left(\int_0^1 g(x, u)\, f(u, y)\, du \right) \varphi(y)\, dy .$$

Setzen wir also

$$h(x, y) = \int_0^1 g(x, u)\, f(u, y)\, du ,$$

so ist für jedes φ

$$\mathfrak{K}_g \mathfrak{K}_f \varphi = \mathfrak{K}_h \varphi$$

oder kurz $\mathfrak{K}_g \mathfrak{K}_f = \mathfrak{K}_h$.[1]

Für $\mathfrak{K}\mathfrak{K}$, $\mathfrak{K}\mathfrak{K}\mathfrak{K}$, ... schreiben wir (wie in § 189) $\mathfrak{K}^2$, $\mathfrak{K}^3$, ... Diese Operationen nennt man die Iterationen von $\mathfrak{K}$.

Statt des Symbols $\mathfrak{K}_{\lambda f}$ werden wir vielfach $\lambda \mathfrak{K}_f$ benutzen, weil offenbar

$$\mathfrak{K}_{\lambda f} \varphi = \lambda \mathfrak{K}_f \varphi$$

ist.

Auch λ selbst betrachten wir als Symbol einer Operation, die darin besteht, daß $\varphi(x)$ mit der Konstanten λ multipliziert wird. 1 ist also hier das Symbol der Identität, die im Übergange von $\varphi(x)$ zu $\varphi(x)$ besteht.

Unter $\mathfrak{K}_f + \mathfrak{K}_g$ verstehen wir die Operation, die von $\varphi(x)$ zu $\mathfrak{K}_f \varphi + \mathfrak{K}_g \varphi$ führt.

Nach diesen Bemerkungen ist es klar, welche Operation durch ein Polynom in $\mathfrak{K}_{f_1}$, $\mathfrak{K}_{f_2}$, ..., $\mathfrak{K}_{f_n}$ angedeutet wird.

Es gelten für solche Polynome die gewöhnlichen Rechnungsgesetze, mit Ausnahme des Kommutativgesetzes der Multiplikation.

---

[1] Wir betrachten nur stetige Funktionen.

§ 192. Invarianten von $\mathfrak{K}_f$.

Eine nicht identisch verschwindende Funktion[1] $\varphi(x)$, die die Eigenschaft

$$\varphi = c\,\mathfrak{K}\,\varphi, \quad \text{d. h.} \quad \varphi(x) = c\int_0^1 f(x, y)\,\varphi(y)\,dy$$

besitzt, wollen wir eine Invariante von $\mathfrak{K}$ nennen.

c soll eine Konstante bedeuten. Diese ist nach der obigen Definition von Null verschieden, weil φ nicht identisch verschwindet.

Aus

$$\varphi = c\,\mathfrak{K}\,\varphi$$

folgt durch Anwendung der Operation $\mathfrak{K}$

$$\mathfrak{K}\,\varphi = c\,\mathfrak{K}^2\,\varphi,$$

so daß

$$\varphi = c\,\mathfrak{K}\,\varphi = c^2\,\mathfrak{K}^2\,\varphi$$

ist. Hieraus folgt weiter

$$\mathfrak{K}\,\varphi = c^2\,\mathfrak{K}^3\,\varphi,$$

also

$$\varphi = c\,\mathfrak{K}\,\varphi = c^3\,\mathfrak{K}^3\,\varphi$$

usf.

Man sieht hieraus, daß jede Invariante von $\mathfrak{K}$ eine Invariante von $\mathfrak{K}^n$ ist. Das versteht sich auch ganz von selbst. Denn φ multipliziert sich bei Anwendung von $\mathfrak{K}$ mit dem konstanten Faktor $1/c$, also bei n-maliger Anwendung von $\mathfrak{K}$ mit $(1/c)^n$.

Wir wollen jetzt einen weniger trivialen Satz beweisen, der so lautet:

Jede Invariante von $\mathfrak{K}^n$ läßt sich additiv aus Invarianten von $\mathfrak{K}$ in endlicher Anzahl zusammensetzen.

$\Phi(x)$ sei eine Invariante von $\mathfrak{K}^n$. Es sei also

$$\Phi = C\,\mathfrak{K}^n\,\Phi.$$

Wir zerlegen das Polynom

$$C\,\mathfrak{K}^n - 1$$

in seine Linearfaktoren:

$$C\,\mathfrak{K}^n - 1 = \pm(c_1\,\mathfrak{K} - 1)(c_2\,\mathfrak{K} - 1)\ldots(c_n\,\mathfrak{K} - 1)$$

und setzen

[1] Statt $\mathfrak{K}_f$ schreiben wir hier kurz $\mathfrak{K}$.

$$(1)\quad \begin{cases} (c_2\mathfrak{K}-1)(c_3\mathfrak{K}-1)\ldots(c_n\mathfrak{K}-1)=\mathfrak{P}_1, \\ (c_1\mathfrak{K}-1)(c_3\mathfrak{K}-1)\ldots(c_n\mathfrak{K}-1)=\mathfrak{P}_2, \\ \ldots\ldots\ldots\ldots\ldots\ldots \\ (c_1\mathfrak{K}-1)(c_2\mathfrak{K}-1)\ldots(c_{n-1}\mathfrak{K}-1)=\mathfrak{P}_n. \end{cases}$$

Die $\mathfrak{P}$ sind dann Polynome $(n-1)^{\text{ten}}$ Grades in $\mathfrak{K}$ und es besteht zwischen ihnen keine lineare Abhängigkeit. Denn aus

$$a_1\mathfrak{P}_1+a_2\mathfrak{P}_2+\ldots+a_n\mathfrak{P}_n=0 \quad (\text{für alle Werte von } \mathfrak{K})$$

folgt, wenn wir $\mathfrak{K}=1/c_k$ setzen, $a_k=0$.[1] Es verschwinden nämlich für $\mathfrak{K}=c_k$ alle $\mathfrak{P}$ außer $\mathfrak{P}_k$.

Wir können also die Gleichungen (1) nach

$$1,\ \mathfrak{K},\ \mathfrak{K}^2,\ \ldots,\ \mathfrak{K}^{n-1}$$

auflösen. Insbesondere ist

$$(2)\qquad 1=a_1\mathfrak{P}_1+a_2\mathfrak{P}_2+\ldots+a_n\mathfrak{P}_n,$$

mithin

$$\Phi=a_1\mathfrak{P}_1\Phi+a_2\mathfrak{P}_2\Phi+\ldots+a_n\mathfrak{P}_n\Phi.$$

Die Konstanten a sind alle von Null verschieden. Wäre z. B. $a_k=0$, so würde sich die rechte Seite von (2), wenn wir $\mathfrak{K}=1/c_k$ setzten, auf Null reduzieren.

Durch passende Numerierung der c läßt sich erreichen, daß gerade $\mathfrak{P}_1\Phi$, $\mathfrak{P}_2\Phi$, …, $\mathfrak{P}_\nu\Phi$ nicht identisch Null sind, während die übrigen $\mathfrak{P}\Phi$, falls es solche gibt, identisch verschwinden.

Setzen wir nun

$$a_1\mathfrak{P}_1\Phi=\varphi_1,\quad a_2\mathfrak{P}_2\Phi=\varphi_2,\ \ldots,\ a_\nu\mathfrak{P}_\nu\Phi=\varphi_\nu,$$

so wird

$$\Phi=\varphi_1+\varphi_2+\ldots+\varphi_\nu,$$

und die φ sind Invarianten von $\mathfrak{K}$. Man hat nämlich

$$c_k\mathfrak{K}\mathfrak{P}_k\Phi-\mathfrak{P}_k\Phi=(c_k\mathfrak{K}-1)\mathfrak{P}_k\Phi=\pm(C\mathfrak{K}^n\Phi-\Phi)=0,$$

also auch

$$(3)\qquad c_k\mathfrak{K}\varphi_k-\varphi_k=0. \qquad (k=1,2,\ldots,\nu)$$

Verstehen wir unter $\sqrt[n]{C}$ irgend eine n^{te} Wurzel aus C, so lassen sich die Formeln (3) auch in folgender Weise schreiben:

$$(3')\qquad \varphi_1=\varrho_1\sqrt[n]{C}\,\mathfrak{K}\varphi_1,\ \ldots,\ \varphi_\nu=\varrho_\nu\sqrt[n]{C}\,\mathfrak{K}\varphi_\nu.$$

$\varrho_1, \varrho_2, \ldots, \varrho_\nu$ sind voneinander verschiedene n^{te} Einheitswurzeln.

[1] Die c sind alle verschieden, weil die Gleichung $C\mathfrak{K}^n-1=0$ lauter verschiedene Wurzeln hat.

Aus (3') ersieht man auch, daß

$$\varphi_1 = C\mathfrak{K}^n \varphi_1, \ldots, \varphi_\nu = C\mathfrak{K}^n \varphi_\nu$$

ist. $\varphi_1, \varphi_2, \ldots, \varphi_\nu$ multiplizieren sich also, wenn man sie der Operation $\mathfrak{K}^n$ unterwirft, alle mit derselben Konstanten $1/C$. Unterwirft man sie aber der Operation $\mathfrak{K}$, so multiplizieren sie sich mit verschiedenen n^{ten} Wurzeln aus $1/C$.

§ 193. Eigenwerte des Kerns $f(x, y)$.

Wenn φ eine Invariante von $\mathfrak{K}_f$ ist, wenn also die Gleichung

$$\varphi = \lambda \mathfrak{K} \varphi \qquad (\lambda \text{ konstant})$$

stattfindet, so ist φ eine nichttriviale Lösung der Integralgleichung

$$\text{(1)} \qquad \varphi(x) - \lambda \int_0^1 f(x, y)\, \varphi(y) = 0 .$$

Es muß also die Determinante

$$D_{-\lambda f} = 1 - \frac{\lambda}{1!} \int_0^1 f\begin{pmatrix} x_1 \\ x_1 \end{pmatrix} d x_1 + \frac{\lambda^2}{2!} \int_0^1 \int_0^1 f\begin{pmatrix} x_1 & x_2 \\ x_1 & x_2 \end{pmatrix} d x_1\, d x_2 \ldots$$

gleich Null sein (vgl. § 186 und 190).

Ist umgekehrt

$$\text{(2)} \qquad D_{-\lambda f} = 0$$

und hat $D_{-\lambda f}$ den Rang p, so lassen sich, wie wir wissen, alle Lösungen $\varphi(x)$ der Gleichung (1) aus p linear unabhängigen zusammensetzen.

Man nennt die Wurzeln der Gleichung (2) die Eigenwerte des Kerns $f(x, y)$. Zu jedem Eigenwert λ gehört also eine endliche Anzahl linear unabhängiger Invarianten, und zwar genau so viele, als der Rang von $D_{-\lambda f}$ beträgt. Jede lineare Kombination dieser Invarianten ist offenbar wieder eine Invariante, die zu demselben Eigenwert λ gehört. Denn aus

$$\varphi = \lambda \mathfrak{K} \varphi, \quad \psi = \lambda \mathfrak{K} \psi, \ldots$$

folgt

$$a\varphi + b\psi + \ldots = \lambda \mathfrak{K}(a\varphi + b\psi + \ldots),$$

wie auch die Konstanten $a, b, \ldots$ gewählt sind. Damit $a\varphi + b\psi + \ldots$ nicht identisch verschwindet, muß man das Wertsystem $a = b = \ldots = 0$ ausschließen.

Eine zu λ gehörige Invariante läßt sich nicht linear durch eine endliche Anzahl von Invarianten ausdrücken, die zu andern Eigenwerten des Kernes $f(x, y)$ gehören.

Wenn nämlich

$$\varphi_1 = \lambda_1 \mathfrak{K} \varphi_1, \ldots, \varphi_n = \lambda_n \mathfrak{K} \varphi_n$$

ist und die λ alle verschieden sind, so folgt aus

$$a_1 \varphi_1 + a_2 \varphi_2 + \ldots + a_n \varphi_n = 0 \tag{3}$$

durch wiederholte Anwendung von $\mathfrak{K}$

$$\left\{\begin{array}{l} \frac{a_1 \varphi_1}{\lambda_1} + \frac{a_2 \varphi_2}{\lambda_2} + \ldots + \frac{a_n \varphi_n}{\lambda_n} = 0, \\ \frac{a_1 \varphi_1}{\lambda_1^2} + \frac{a_2 \varphi_2}{\lambda_2^2} + \ldots + \frac{a_n \varphi_n}{\lambda_n^2} = 0, \\ \ldots\ldots\ldots\ldots\ldots \\ \frac{a_1 \varphi_1}{\lambda_1^{n-1}} + \frac{a_2 \varphi_2}{\lambda_2^{n-1}} + \ldots + \frac{a_n \varphi_n}{\lambda_n^{n-1}} = 0. \end{array}\right. \tag{4}$$

Nun ist die Determinante

$$\begin{vmatrix} 1 & 1 & \ldots & 1 \\ \frac{1}{\lambda_1} & \frac{1}{\lambda_2} & \ldots & \frac{1}{\lambda_n} \\ \cdot & \cdot & \cdot & \cdot \\ \frac{1}{\lambda_1^{n-1}} & \frac{1}{\lambda_2^{n-1}} & \ldots & \frac{1}{\lambda_n^{n-1}} \end{vmatrix}$$

von Null verschieden (vgl. § 21). Es muß also in dem ganzen Intervall (0, 1)

$$a_1 \varphi_1 = 0, \quad a_2 \varphi_2 = 0, \ldots, a_n \varphi_n = 0$$

sein. Da $\varphi_1, \varphi_2, \ldots, \varphi_n$ nicht identisch verschwinden (nach der Definition der Invarianten), so müssen die Koeffizienten $a_1, a_2, \ldots, a_n$ alle gleich Null sein.

Die Wurzeln einer beständig konvergenten Potenzreihe haben die Eigenschaft, gegeneinander **isoliert** zu sein. Wenn x_0 eine Wurzel der beständig konvergenten Potenzreihe $a_0 + a_1 x + a_2 x^2 + \ldots$ ist, so läßt sich in der Ebene der komplexen Zahlen um x_0 ein Kreis beschreiben, der außer x_0 keine Nullstelle von $a_0 + a_1 x + a_2 x^2 + \ldots$ enthält. Hieraus ergibt sich leicht, daß in einem um den Nullpunkt beschriebenen Kreis K_ϱ vom Radius ϱ nur eine endliche Anzahl n_ϱ von Nullstellen der Potenzreihe liegt.

Man kann also die Nullstellen von $a_0 + a_1 x + a_2 x^2 + \ldots$ in Form einer Folge[1] schreiben. Zuerst kommen die n_1 Nullstellen,

[1] Diese Folge kann endlich oder unendlich sein. Bei e^x enthält sie überhaupt kein Glied.

die in dem Kreise K_1 liegen, dann die $n_2 - n_1$ Nullstellen, die in K_2, aber nicht in K_1 liegen, dann die $n_3 - n_2$ Nullstellen, die in K_3, aber nicht in K_2 liegen usw.

Stellt man nun für $D_{-\lambda f}$ die Folge der Nullstellen auf und ersetzt in ihr jedes Glied λ durch ein Fundamentalsystem zugehöriger Invarianten, so ergibt sich eine Folge linear unabhängiger Funktionen, und jede Invariante von $\mathfrak{K}_f$ läßt sich aus einer endlichen Anzahl von Funktionen dieser Folge linear zusammensetzen.

Wir wollen eine solche Folge als eine vollständige Invariantenfolge von $\mathfrak{K}_f$ bezeichnen.

§ 194. Symmetrische Kerne.

Wir nehmen jetzt an, daß der Kern $f(x, y)$ symmetrisch ist, daß also für $0 \leqq x,\ y \leqq 1$ die Gleichung

$$f(x, y) = f(y, x) \tag{1}$$

gilt. $f(x, y)$ soll wie bisher reell und stetig sein. Außerdem soll $f(x, y)$ nicht identisch verschwinden.

In diesem Falle gibt es, wie wir sehen werden, stets Invarianten oder, was auf dasselbe hinauskommt, stets Eigenwerte. Bei unsymmetrischen Kernen kann es vorkommen, daß keine Invarianten da sind, obwohl der Kern nicht identisch verschwindet. Ist z. B.

$$f(x, y) = u(x)\, v(y),$$

so nimmt die Formel

$$\varphi(x) = \lambda \int_0^1 f(x, y)\, \varphi(y)\, dy$$

die Gestalt an

$$\varphi(x) = \lambda\, u(x) \int_0^1 v(y)\, \varphi(y)\, dy,$$

d. h.

$$\varphi(x) = c\, u(x).$$

Dabei ist

$$c = \lambda \int_0^1 v(y)\, \varphi(y)\, dy = \lambda\, c \int_0^1 u(y)\, v(y)\, dy.$$

Wenn nun

$$\int_0^1 u(y)\, v(y)\, dy = 0$$

ist, so hat man $c = 0$, also auch $\varphi(x) = 0$, d. h. es gibt keine Invariante. Dieser Fall liegt z. B. vor, wenn

$$u(x) = \sin \pi x, \quad v(x) = \cos \pi x$$

ist, also

$$f(x, y) = \sin \pi x \cos \pi y.$$

Bevor wir die Existenz von Eigenwerten bei einem symmetrischen Kern beweisen, zeigen wir, daß ein solcher Kern nur reelle Eigenwerte haben kann.

Sind φ und ψ Invarianten, die zu verschiedenen Eigenwerten des symmetrischen Kernes $f(x, y)$ gehören, so ist

$$\int_0^1 \varphi(x)\, \psi(x)\, dx = 0. \tag{2}$$

Hat man nämlich

$$\varphi(x) = \lambda \int_0^1 f(x, y)\, \varphi(y)\, dy \tag{3}$$

und

$$\psi(x) = \mu \int_0^1 f(x, y)\, \psi(y)\, dy, \tag{4}$$

so wird nach (3)

$$\mu \int_0^1 \varphi(x)\, \psi(x)\, dx = \lambda \mu \int_0^1 \int_0^1 f(x, y)\, \varphi(y)\, \psi(x)\, dy\, dx \tag{5}$$

und nach (4)

$$\lambda \int_0^1 \varphi(x)\, \psi(x)\, dx = \lambda \mu \int_0^1 \int_0^1 f(x, y)\, \varphi(x)\, \psi(y)\, dx\, dy. \tag{6}$$

Nun sind x, y völlig gleichberechtigte Integrationsvariable. Daher ist

$$\int_0^1 \int_0^1 f(x, y)\, \varphi(y)\, \psi(x)\, dy\, dx = \int_0^1 \int_0^1 f(y, x)\, \varphi(x)\, \psi(y)\, dx\, dy$$
$$= \int_0^1 \int_0^1 f(x, y)\, \varphi(x)\, \psi(y)\, dx\, dy,$$

wenn man noch die Eigenschaft (1) berücksichtigt.

Die rechten Seiten von (5) und (6) sind also gleich. Folglich hat man

$$(\lambda - \mu)\int_0^1 \varphi(x)\,\psi(x)\,dx = 0\,.$$

Daraus ergibt sich aber, weil $\lambda \neq \mu$ vorausgesetzt wird, die Eigenschaft (2).

Nun sei λ ein **beliebiger** Eigenwert und $\varphi(x)$ eine Invariante, die zu ihm gehört. Dann folgt aus Gleichung (3), weil f reell ist,

$$\bar{\varphi}(x) = \bar{\lambda}\int_0^1 f(x, y)\,\bar{\varphi}(y)\,dy\,.$$

Dabei ist $\bar{\lambda}$ zu λ und $\bar{\varphi}$ zu φ konjugiert komplex.

Wären λ und λ verschieden, so müßte

$$\int_0^1 \varphi(x)\,\bar{\varphi}(x)\,dx = 0 \tag{7}$$

sein. $\varphi(x)\bar{\varphi}(x)$ ist aber stetig, nirgends negativ, und nicht überall gleich Null, weil $\varphi(x)$ nicht identisch verschwindet. Daher kann die Gleichung (7) nicht bestehen, und es ist also

$$\lambda = \lambda\,,$$

d. h. λ reell.

Wenn $\varphi(x) = \varphi_1(x) + i\,\varphi_2(x)$ eine komplexe Invariante ist, so sind $\varphi_1(x)$, $\varphi_2(x)$ reelle Invarianten, die zu demselben Eigenwert gehören, wie $\varphi(x)$. Man darf sich deshalb auf **reelle Invarianten** beschränken. HILBERT nennt sie die **Eigenfunktionen** des Kerns $f(x, y)$.

Gehören zu dem Eigenwert λ gerade p und nicht mehr linear unabhängige Eigenfunktionen, so können wir diese so auswählen, daß sie ein **normiertes** Orthogonalsystem bilden (vgl. § 134). Sind nämlich $\psi_1(x)$, $\psi_2(x)$, ..., $\psi_p(x)$ linear unabhängige Eigenfunktionen, die jenem Eigenwert λ entsprechen, so gilt dasselbe von

$$\begin{aligned}
\Psi_1 &= c_{11}\,\psi_1 + c_{12}\,\psi_2 + \cdots + c_{1p}\,\psi_p\,,\\
\Psi_2 &= c_{21}\,\psi_1 + c_{22}\,\psi_2 + \cdots + c_{2p}\,\psi_p\,,\\
&\cdots\cdots\cdots\cdots\cdots\\
\Psi_p &= c_{p1}\,\psi_1 + c_{p2}\,\psi_2 + \cdots + c_{pp}\,\psi_p\,,
\end{aligned}$$

sobald nur die Determinante der c ungleich Null ist. Durch passende Wahl der c läßt sich aber erreichen, daß $\Psi_1(x)$, $\Psi_2(x)$, ..., $\Psi_p(x)$ die Relationen

$$\left.\begin{aligned}&\int_0^1 \Psi_r^2\,dx = 1,\\ &\int_0^1 \Psi_r\Psi_s = 0\end{aligned}\right\}\qquad (r, s = 1, 2, \ldots, p;\ r \gtrless s)$$

erfüllen, die für ein normiertes Orthogonalsystem charakteristisch sind.

Bildet man für jeden Eigenwert ein normiertes Orthogonalsystem von Eigenfunktionen, so ergibt sich eine Folge (vgl. § 193, Schluß)

$$\varphi_1(x),\ \varphi_2(x),\ \varphi_3(x), \ldots,$$

die selbst ein (endliches oder unendliches) normiertes Orthogonalsystem ist. Denn zwei zu verschiedenen Eigenwerten gehörige Eigenfunktionen $\varphi(x)$, $\psi(x)$ sind zueinander orthogonal. Sie erfüllen ja, wie wir sahen, die Gleichung (2). Eine solche Folge nennt man ein **vollständiges normiertes Orthogonalsystem von Eigenfunktionen.**

Jede Eigenfunktion von $f(x, y)$ setzt sich linear aus einer endlichen Anzahl von Gliedern dieses Systems zusammen.

§ 195. Die iterierten Kerne.

$f(x, y)$ sei ein reeller symmetrischer Kern und $\mathfrak{K}$ die Operation, die im Übergange von $\varphi(x)$ zu

$$\psi(x) = \int_0^1 f(x, y)\,\varphi(y)\,dy$$

besteht.

Die Kerne von $\mathfrak{K}^2$, $\mathfrak{K}^3$, $\mathfrak{K}^4$, ... nennt man die **Iterationen** des Kernes $f(x, y)$ und bezeichnet sie mit $f^{(2)}$, $f^{(3)}$, $f^{(4)}$, ...

f selbst wollen wir mit $f^{(1)}$ bezeichnen.

Die iterierten Kerne berechnen sich nach der Rekursionsformel (vgl. § 191)

$$(1)\qquad f^{(n+1)}(x, y) = \int_0^1 f^{(1)}(x, u)\, f^{(n)}(u, y)\,du. \qquad (n = 1, 2, 3, \ldots)$$

Es gilt auch die allgemeinere Formel

$$(2)\qquad f^{(m+n)}(x, y) = \int_0^1 f^{(m)}(x, u)\, f^{(n)}(u, y)\,du, \qquad (m, n = 1, 2, 3, \ldots)$$

die sich aus der Relation $\mathfrak{K}^{m+n} = \mathfrak{K}^m \mathfrak{K}^n$ ergibt.

$f^{(2)}, f^{(3)}, \ldots$ sind wie $f^{(1)}$ symmetrisch. Wenn dies für $f^{(2)}, \ldots, f^{(n)}$ schon bewiesen ist, so folgt es für $f^{(n+1)}$ mit Hilfe der Formel (2). Man hat nämlich nach (2)

$$f^{(n+1)}(y, x) = \int_0^1 f^{(1)}(y, u)\, f^{(n)}(u, x)\, du$$

$$= \int_0^1 f^{(n)}(x, u)\, f^{(1)}(u, y)\, du = f^{(n+1)}(x, y).$$

Wenn $f^{(1)}$ nicht identisch verschwindet, so gilt dasselbe von $f^{(2)}, f^{(3)}, \ldots$

$f^{(2n)}$ sei der erste Kern mit geradem Index, der identisch verschwindet. Dann ist nach (2)

$$0 = f^{(2n)}(x, y) = \int_0^1 f^{(n)}(x, u)\, f^{(n)}(u, y)\, du.$$

Insbesondere wäre also

$$0 = f^{(2n)}(x, x) = \int_0^1 f^{(n)}(x, u)\, f^{(n)}(u, x)\, du \tag{3}$$

$$= \int_0^1 \{f^{(n)}(x, u)\}^2\, du = 0. \qquad (0 \leqq x \leqq 1)$$

Nun sind aber $f^{(2)}, f^{(3)}, \ldots$ stetig, weil wir von f die Stetigkeit fordern.[1] Also folgt aus (3)

$$f^{(n)}(x, u) = 0. \qquad (0 \leqq x, u \leqq 1)$$

$f^{(n)}(x, y)$ ist also identisch Null. Da $f^{(2n)}$ der erste Kern mit geradem Index sein sollte, der identisch verschwindet, so ist n ungerade. Wenn aber $f^{(n)}$ identisch Null ist, so ist es auch $f^{(n+1)}$, und $n + 1$ ist gerade. Dann hätten wir $n + 1 = 2n$, d. h. $n = 1$. Wir setzen aber gerade voraus, daß $f^{(1)}$ nicht identisch verschwindet.

§ 196. Die Eigenwerte und Eigenfunktionen der iterierten Kerne.

$f(x, y)$ sei ein reeller symmetrischer Kern und $f^{(2)}, f^{(3)} \ldots$ seine Iterationen. $\mathfrak{K}$ habe dieselbe Bedeutung wie in § 195.

Aus § 192 wissen wir, daß jede Invariante Φ von $\mathfrak{K}^n$ sich additiv aus p $(< n)$ Invarianten φ von $\mathfrak{K}$ zusammensetzt. Gehört Φ

[1] Das sieht man aus Formel (1).

zu dem Eigenwert λ von $f^{(n)}$, so gehören die p Invarianten φ zu Eigenwerten von f, die p verschiedene n^{te} Wurzeln von λ sind.

Nun sind im vorliegenden Falle die Eigenwerte von $f^{(n)}$ und von f reell. Es ist daher nicht nur λ reell, sondern auch jene p n^{ten} Wurzeln von λ.

Im Falle eines ungeraden n gibt es aber nur eine reelle n^{te} Wurzel von λ. Also ist $p = 1$, d. h. jede Invariante von $\mathfrak{K}^{(n)}$ ist zugleich eine Invariante von $\mathfrak{K}$. Das Umgekehrte gilt aber auch. $\mathfrak{K}$ und $\mathfrak{K}^n$ haben daher genau dieselben Invarianten.

Wenn n gerade ist, so muß λ positiv sein, und es gibt dann zwei reelle n^{te} Wurzeln. Die Zahl p ist also entweder gleich 1 oder gleich 2, d. h. jede Invariante von $\mathfrak{K}^n$ ist entweder auch eine Invariante von $\mathfrak{K}$ oder eine Summe von zwei solchen. Handelt es sich um eine reelle Invariante von $\mathfrak{K}^n$, die sich additiv aus zwei Invarianten von $\mathfrak{K}$ zusammensetzt, so sind diese selbst reell.

Es gilt also der Satz:

Jede Eigenfunktion von f ist auch eine Eigenfunktion von $f^{(n)}$ und jede Eigenfunktion von $f^{(n)}$ ist entweder eine Eigenfunktion von f oder die Summe von zwei solchen.

Daraus geht unmittelbar folgendes hervor:

Ein vollständiges normiertes Orthogonalsystem von Eigenfunktionen des Kerns f ist auch ein solches für jede Iteration von f.

Wenn λ ein Eigenwert von f ist, so ist λ^n ein Eigenwert von $\mathfrak{K}^n$ (vgl. § 192), und man erhält alle Eigenwerte von $f^{(n)}$, wenn man λ alle Eigenwerte von f durchlaufen läßt.

Die Eigenwerte von $f^{(n)}$ sind also die n^{ten} Potenzen der Eigenwerte von f.

§ 197. Vorbereitungen zu E. Schmidts Existenzbeweis.

Die Operation $\mathfrak{K}_f$ ist das Analogon einer linearen Transformation

$$(1)\qquad \begin{cases} y_1 = a_{11}\,x_1 + a_{12}\,x_2 + \dots + a_{1n}\,x_n, \\ y_2 = a_{21}\,x_1 + a_{22}\,x_2 + \dots + a_{2n}\,x_n, \\ \dots\dots\dots\dots\dots\dots \\ y_n = a_{n1}\,x_1 + a_{n2}\,x_2 + \dots + a_{nn}\,x_n. \end{cases}$$

Bezeichnen wir das Wertsystem $x_1, x_2, \dots, x_n$ kurz mit x und das Wertsystem $y_1, y_2, \dots, y_n$ mit y, ferner die lineare Transformation (1) mit T, so lassen sich die Gleichungen (1) in die eine symbolische Gleichung

$$y = Tx$$

zusammenziehen.

Den Invarianten von $f(x, y)$ entsprechen hier solche Wertsysteme x, die nicht aus lauter Nullen bestehen und die Eigenschaft

$$x = \lambda Tx \qquad (\lambda \text{ konstant})$$

besitzen. λ genügt dann der Gleichung

$$\text{(2)} \qquad \begin{vmatrix} 1-\lambda a_{11}, & -\lambda a_{12}, & \ldots & -\lambda a_{1n} \\ -\lambda a_{21}, & 1-\lambda a_{22}, & \ldots & -\lambda a_{2n} \\ \cdot & \cdot & \cdot & \cdot \\ -\lambda a_{n1}, & -\lambda a_{n2}, & \ldots & 1-\lambda a_{nn} \end{vmatrix} = 0.$$

Die Wurzeln dieser Gleichung entsprechen den Eigenwerten von $f(x, y)$.

Wenn wir annehmen, daß die Determinante von T **symmetrisch** ist ($a_{rs} = a_{sr}$), so haben wir das Analogon eines $\mathfrak{K}_f$ mit symmetrischem Kern. In diesem Falle hat die Gleichung (2), wenn nicht alle a_{rs} verschwinden, sicher eine Wurzel. Wir wissen nämlich (vgl. § 115), daß eine p-fache Wurzel der Gleichung

$$\text{(2')} \qquad \begin{vmatrix} a_{11}-\varrho, & a_{12}, & \ldots, & a_{1n} \\ a_{21}, & a_{22}-\varrho, & \ldots, & a_{2n} \\ \cdot & \cdot & \cdot & \cdot \\ a_{n1}, & a_{n2}, & \ldots, & a_{nn}-\varrho \end{vmatrix} = 0 \qquad (a_{rs} = a_{sr})$$

der Determinante links den Rang $n - p$ gibt.[1] Wenn nun nicht alle a_{rs} gleich Null sind, so kann $\varrho = 0$ keine n-fache Wurzel von (2') sein. Es gibt also wenigstens eine von Null verschiedene Wurzel ϱ der Gleichung (2'), und $1/\varrho = \lambda$ ist dann eine Wurzel von (2). Hat die Determinante

$$\begin{vmatrix} a_{11} & a_{12} & \ldots & a_{1n} \\ a_{21} & a_{22} & \ldots & a_{2n} \\ \cdot & \cdot & \cdot & \cdot \\ a_{n1} & a_{n2} & \ldots & a_{nn} \end{vmatrix}$$

den Rang r, so besitzt (2) gerade r Wurzeln.

Ist nun λ eine k-fache Wurzel von (2), so hat die Gleichung

$$x = \lambda Tx,$$

deren Determinante vom Range $n - k$ ist, gerade k voneinander unabhängige reelle Lösungen x. Man kann diese Lösungen

[1] Die a_{rs} denken wir uns alle reell. Die Wurzeln von (2') und (2) sind dann gleichfalls reell.

$x^{(1)}, x^{(2)}, \ldots, x^{(k)}$ so auswählen, daß sie ein normiertes Orthogonalsystem bilden, daß sie also den Bedingungen

$$(x^{(\alpha)} x^{(\beta)}) = 0, \quad (x^{(\alpha)} x^{(\alpha)}) = 1$$

genügen ($\alpha, \beta = 1, 2, \ldots, k;\ \alpha \gtrless \beta$).

Aus

$$x = \lambda T x \quad \text{und} \quad x' = \lambda' T x'$$

folgt

$$\lambda'(x x') = \lambda\lambda' \sum a_{rs} x_r' x_s,$$

$$\lambda\,(x x') = \lambda\lambda' \sum a_{rs} x_r x_s' = \lambda\lambda' \sum a_{rs} x_r' x_s,$$

mithin

$$(\lambda - \lambda')(x x') = 0.$$

Wenn also $\lambda \neq \lambda'$ ist, so hat man $(x x') = 0$.

Bildet man also zu jeder Wurzel von (2) ein normiertes Orthogonalsystem von Lösungen der Gleichung $x = \lambda T x$, so erhält man ein r-gliedriges normiertes Orthogonalsystem. Diesem entspricht ein vollständiges normiertes Orthogonalsystem von Eigenfunktionen eines symmetrischen Kerns $f(x, y)$.

Ein vollständiges normiertes Orthogonalsystem von T ist auch ein solches für $T^2, T^3, \ldots$, die Iterationen von T.

Lautet T^p ausführlich geschrieben

$$y_1 = a_{11}^{(p)} x_1 + a_{11}^{(p)} x_2 + \ldots + a_{1n}^{(p)} x_n,$$

$$y_2 = a_{21}^{(p)} x_1 + a_{22}^{(p)} x_2 + \ldots + a_{2n}^{(p)} x_n,$$

$$\cdots\cdots\cdots\cdots$$

$$y_n = a_{n1}^{(p)} x_1 + a_{n2}^{(p)} x_2 + \ldots + a_{nn}^{(p)} x_n,$$

so sind die Wurzeln der Gleichung

$$(3) \qquad \begin{vmatrix} 1 - \lambda a_{11}^{(p)}, & -\lambda a_{12}^{(p)}, & \ldots, & -\lambda a_{1n}^{(p)} \\ -\lambda a_{21}^{(p)}, & 1 - \lambda a_{22}^{(p)}, & \ldots, & -\lambda a_{2n}^{(p)} \\ \cdot & \cdot & \cdot & \cdot \\ -\lambda a_{n1}^{(p)}, & -\lambda a_{n2}^{(p)}, & \ldots, & 1 - \lambda a_{nn}^{(p)} \end{vmatrix} = 0$$

gerade die p^{ten} Potenzen der Wurzeln von (2).

Ist nämlich

$$x = \lambda T x,$$

so folgt daraus

$$x = \lambda^p T^p x.$$

Gehören also zu λ gerade k linear unabhängige Invarianten von T, so gehören zu λ^p wenigstens k linear unabhängige Invarianten von T^p. Ein vollständiges normiertes Orthogonalsystem von T ist auch für T^p ein vollständiges normiertes Orthogonalsystem. Die Vollständigkeit beruht darauf, daß die Determinante von T^p keinen höheren Rang haben kann als die von T.

Wenn man die Gleichung (3) für $p = 1, 2, 3, \ldots$ aufstellt, so ist man imstande, einfache Formeln für die Potenzsummen der reziproken Wurzeln von (2) zu geben.

Die Wurzeln von (2) mögen $\lambda_1, \lambda_2, \ldots, \lambda_r$ heißen (jede mit der entsprechenden Vielfachheit geschrieben). Dann sind $\lambda_1^p, \lambda_2^p, \ldots, \lambda_r^p$ die Wurzeln von (3).

Schreibt man die Gleichung (3) in ausgerechneter Form, so lautet sie

$$1 - \lambda (a_{11}^{(p)} + a_{22}^{(p)} + \ldots + a_{nn}^{(p)}) + \ldots = 0.$$

Daraus ersieht man, daß

$$s_p = \frac{1}{\lambda_1^p} + \frac{1}{\lambda_2^p} + \ldots + \frac{1}{\lambda_r^p} = a_{11}^{(p)} + a_{22}^{(p)} + \ldots + a_{nn}^{(p)}$$

ist.

Nun sei λ die absolut kleinste unter den Wurzeln $\lambda_1, \lambda_2, \ldots, \lambda_p$ und sie sei k-fach. Dann können wir schreiben

$$s_p = \frac{1}{\lambda^p}\left\{k + \sum \left(\frac{\lambda}{\mu}\right)^p\right\}.$$

μ lassen wir alle von λ verschiedenen Wurzeln durchlaufen. Da λ die absolut kleinste Wurzel ist, so sind alle Quotienten $\frac{\lambda}{\mu}$, deren es im ganzen $r - k$ gibt, ihrem Betrage nach kleiner als 1.

Es folgt also

$$\lim_{p=\infty} \frac{s_{p-1}}{s_p} = \lambda \lim \frac{k + \sum \left(\frac{\lambda}{\mu}\right)^{p-1}}{k + \sum \left(\frac{\lambda}{\mu}\right)^p} = \lambda.$$

Man kann sich auch so einrichten, daß der Grenzwert einer monotonen Folge zu berechnen ist.

Zu diesem Zweck bilde man den Quotienten

$$\frac{s_{2p-2}}{s_{2p}} = \lambda^2 \frac{k + \sum \left(\frac{\lambda}{\mu}\right)^{2p-2}}{k + \sum \left(\frac{\lambda}{\mu}\right)^{2p}}.$$

Da offenbar

$$\left(\frac{1}{\lambda_1^{2p-2}} + \cdots + \frac{1}{\lambda_r^{2p-2}}\right)\left(\frac{1}{\lambda_1^{2p+2}} + \cdots + \frac{1}{\lambda_r^{2p+2}}\right) - \left(\frac{1}{\lambda_1^{2p}} + \cdots + \frac{1}{\lambda_r^{2p}}\right)^2 \geqq 0$$

ist, weil die linke Seite das Quadrat der Matrix

$$\begin{matrix} \frac{1}{\lambda_1^{p-1}} & \frac{1}{\lambda_2^{p-1}} & \cdots & \frac{1}{\lambda_r^{p-1}} \\ \frac{1}{\lambda_1^{p+1}} & \frac{1}{\lambda_2^{p+1}} & \cdots & \frac{1}{\lambda_r^{p+1}} \end{matrix}$$

darstellt, so hat man

$$\frac{s_{2p-2}}{s_{2p}} \geqq \frac{s_{2p}}{s_{2p+2}}.$$

Die Folge

$$\frac{s_2}{s_4}, \quad \frac{s_4}{s_6}, \quad \frac{s_6}{s_8}, \ldots$$

konvergiert also absteigend nach dem Grenzwert λ^2.

Es läßt sich auch leicht ein einfacher unendlicher Prozeß angeben, um zu einer Invariante von T zu gelangen.

Das sieht man am einfachsten, wenn man T durch eine passende orthogonale Transformation, die gleichzeitig auf die x und auf die y angewandt wird, auf kanonische Gestalt bringt.

Es gibt, wie wir wissen, eine orthogonale Transformation, die die quadratische Form

$$\sum a_{pq} x_p x_q \qquad (a_{pq} = a_{qp})$$

auf die kanonische Gestalt

$$\frac{\mathfrak{x}_1^2}{\lambda_1} + \frac{\mathfrak{x}_2^2}{\lambda_2} + \ldots + \frac{\mathfrak{x}_r^2}{\lambda_r}$$

bringt (vgl. § 116). Unterwerfen wir $y_1, y_2, \ldots, y_n$ und $x_1, x_2, \ldots, x_n$ derselben Transformation, so wird

$$\sum a_{pq} x_p x_q = \frac{\mathfrak{x}_1 \mathfrak{z}_1}{\lambda_1} + \frac{\mathfrak{x}_2 \mathfrak{z}_2}{\lambda_2} + \ldots + \frac{\mathfrak{x}_r \mathfrak{z}_r}{\lambda_r},$$

zugleich aber

$$y_1 x_1 + y_2 x_2 + \ldots + y_n x_n = \mathfrak{y}_1 \mathfrak{z}_1 + \mathfrak{y}_2 \mathfrak{z}_2 + \ldots + \mathfrak{y}_n \mathfrak{z}_n.$$

Die Gleichung

$$y_1 x_1 + \ldots + y_n x_n = \sum a_{pq} x_p x_q,$$

in die wir die Formeln (1) zusammenziehen können, geht durch jene orthogonale Transformation in folgende über

$$\mathfrak{y}_1 \mathfrak{z}_1 + \ldots + \mathfrak{y}_n \mathfrak{z}_n = \frac{\mathfrak{x}_1 \mathfrak{z}_1}{\lambda_1} + \ldots + \frac{\mathfrak{x}_r \mathfrak{z}_r}{\lambda_r}.$$

Diese Gleichung zerfällt wegen der Willkürlichkeit der $\mathfrak{z}$ in

(1') $$\mathfrak{y}_1 = \frac{\mathfrak{x}_1}{\lambda_1}, \ldots, \mathfrak{y}_r = \frac{\mathfrak{x}_r}{\lambda_r},$$

$$\mathfrak{y}_{r+1} = 0, \quad \ldots, \mathfrak{y}_n = 0.$$

Das ist dieselbe Transformation wie T, nur in den deutschen Veränderlichen geschrieben. Wir wollen sie mit $\mathfrak{T}$ bezeichnen.

Wenden wir auf eine Invariante von T die orthogonale Transformation an, die von (1) zu (1') führte, so ergibt sich eine Invariante von $\mathfrak{T}$, und umgekehrt finden wir aus einer Invariante von $\mathfrak{T}$ eine Invariante von T, indem wir die orthogonale Transformation anwenden, die von (1') zu (1) zurückführt. Normierte Orthogonalsysteme gehen dabei wieder in normierte Orthogonalsysteme über.

Nun wollen wir zeigen, wie man eine Invariante von $\mathfrak{T}$ findet. Wir nehmen ein Wertsystem $\mathfrak{x}$ und leiten daraus durch p-malige Anwendung von $\mathfrak{T}$ das Wertsystem

$$\mathfrak{x}^{(p)} = \mathfrak{T}^p \mathfrak{x}$$

ab. Offenbar ist

$$\mathfrak{x}_1^{(p)} = \frac{\mathfrak{x}_1}{\lambda_1{}^p}, \ \ldots, \ \mathfrak{x}_r^{(p)} = \frac{\mathfrak{x}_r}{\lambda_r{}^p}, \ \mathfrak{x}_{r+1}^{(p)} = 0, \ \ldots, \ \mathfrak{x}_n^{(p)} = 0.$$

Bezeichnen wir nach wie vor mit λ die absolut kleinste unter den Wurzeln $\lambda_1, \ldots, \lambda_r$ und nehmen wir an, daß $\lambda_1, \lambda_2, \ldots, \lambda_k$ gleich λ sind, daß also λ eine k-fache Wurzel ist, so wird

$$\lambda^p \mathfrak{x}_1{}^{(p)} = \mathfrak{x}_1, \ \ldots, \ \lambda^p \mathfrak{x}_k{}^{(p)} = \mathfrak{x}_k,$$

$$\lambda^p \mathfrak{x}_{k+1}^{(p)} = \left(\frac{\lambda}{\lambda_{k+1}}\right)^p \mathfrak{x}_{k+1}, \ \ldots, \ \lambda^p \mathfrak{x}_r^{(p)} = \left(\frac{\lambda}{\lambda_r}\right)^p \mathfrak{x}_r,$$

$$\lambda^p \mathfrak{x}_{r+1}^{(p)} = 0, \ \ldots, \ \lambda^p \mathfrak{x}_n^{(p)} = 0.$$

Daraus folgt für unendlich zunehmendes p

$$\lim (\lambda^p \mathfrak{x}_1{}^{(p)}) = \mathfrak{x}_1, \ \ldots, \ \lim (\lambda^p \mathfrak{x}_k{}^{(p)}) = \mathfrak{x}_k,$$

$$\lim (\lambda^p \mathfrak{x}_{k+1}^{(p)}) = 0, \ \ldots, \lim (\lambda^p \mathfrak{x}_n^{(p)}) = 0.$$

Wir sehen daraus, daß das Wertsystem $\lambda^p \mathfrak{x}$ nach

$$\mathfrak{x}_1, \ \ldots, \ \mathfrak{x}_k, \ 0, \ 0, \ \ldots, \ 0$$

konvergiert, d. h. nach einer Invariante von $\mathfrak{T}$, die gerade zu der Wurzel λ gehört.

$\mathfrak{x}$ darf nur nicht so gewählt sein, daß $\mathfrak{x}_1, \mathfrak{x}_2, \ldots, \mathfrak{x}_k$ alle gleich Null sind. Durch passende Wahl von $\mathfrak{x}$ kann man offenbar jede Invariante, die zu λ gehört, erhalten. Denn jede solche hat die Form $\mathfrak{x}_1, \mathfrak{x}_2, \ldots, \mathfrak{x}_k$, 0, 0, ..., 0.

Wir ersehen hieraus, daß folgendes Verfahren alle Invarianten von T liefert, die zu der Wurzel λ gehören. Man nehme ein beliebiges Wertsystem x. Dann ist

$$\lim_{p=\infty} (\lambda^p T^p x)$$

entweder das Wertsystem 0, 0, ..., 0 oder eine zu λ gehörige Invariante von T, und man findet so alle derartigen Invarianten.

E. Schmidt hat diese Betrachtungen auf die Operationen $\mathfrak{K}_f$ mit symmetrischem Kern übertragen, die ja das Analogon der hier betrachteten Operationen T sind.

§ 198. E. Schmidts Existenzbeweis.

$f(x, y)$ sei ein reeller symmetrischer Kern, der nicht identisch verschwindet und $f^{(2)}, f^{(3)}, f^{(4)}, \ldots$ seien seine Iterationen.

Die Eigenwerte von f sind die Wurzeln der Gleichung

$$D_{-\lambda f} = 1 - \lambda \int_0^1 f(x, x)\,dx + \ldots = 0.$$

Ihre p^{ten} Potenzen sind die Wurzeln der Gleichung

$$D_{-\lambda f^{(p)}} = 1 - \lambda \int_0^1 f^{(p)}(x, x)\,dx + \ldots = 0.$$

Diese Gleichungen lassen sich als das Analogon der Gleichungen (2) und (3) in § 197 auffassen.

s_p war dort der Koeffizient von $-\lambda$ in der Gleichung (3). Hier übernimmt

$$s_p = \int_0^1 f^{(p)}(x, x)\,dx$$

diese Rolle.

Wir wollen jetzt zeigen, daß auch jetzt

$$\frac{s_2}{s_4}, \quad \frac{s_4}{s_6}, \quad \frac{s_6}{s_8} \ldots \tag{1}$$

eine absteigende Folge ist und ihr Grenzwert ein Eigenwert von $f^{(2)}$.

Wir bemerken zunächst, daß die s_{2n} $(n = 1, 2, 3, \ldots)$ alle positiv sind. Dies folgt einfach daraus, daß (vgl. Formel 2 in § 195)

$$f^{(2n)}(x, y) = \int_0^1 f^{(n)}(x, u)\, f^{(n)}(u, y)\,du,$$

also

$$f^{(2n)}(x, x) = \int_0^1 \{f^{(n)}(x, u)\}^2\,du$$

und

$$s_{2n} = \int_0^1\int_0^1 \{f^{(n)}(x, u)\}^2\,dx\,du.$$

Da $f^{(n)}$ stetig ist und nicht identisch verschwindet, folgt hieraus $s_{2n} > 0$.

Um zu erkennen, daß

$$\frac{s_{2n-2}}{s_{2n}} \geqq \frac{s_{2n}}{s_{2n+2}}$$

ist, benutze man die Formel

$$f^{(p+q)}(x, y) = \int_0^1 f^{(p)}(x, u)\, f^{(q)}(u, y)\, du,$$

aus der

$$(2) \qquad \int_0^1 f^{(p+q)}(x, x)\, dx = \int_0^1\int_0^1 f^{(p)}(x, y)\, f^{(q)}(x, y)\, dx\, dy$$

folgt.

Wir können (vgl. § 133)

$$\int_0^1\int_0^1 F(x, y)\, G(x, y)\, dx\, dy$$

das innere Produkt der beiden reellen Funktionen F und G nennen und es mit (FG) bezeichnen. Formel (2) besagt dann, daß

$$s_{p+q} = (f^{(p)} f^{(q)})$$

ist, also s_{p+q} das innere Produkt von $f^{(p)}$ und $f^{(q)}$.

Nun ist die Gramsche Determinante

$$\begin{vmatrix} (f^{(n-1)} f^{(n-1)}) & (f^{(n-1)} f^{(n+1)}) \\ (f^{(n+1)} f^{(n-1)}) & (f^{(n+1)} f^{(n+1)}) \end{vmatrix}$$

nie negativ.[1] D. h. man hat

$$\begin{vmatrix} s_{2n-2} & s_{2n} \\ s_{2n} & s_{2n+2} \end{vmatrix} \geqq 0,$$

also

$$s_{2n-2}\, s_{2n+2} - s_{2n}^2 \geqq 0, \quad \text{mithin} \quad \frac{s_{2n-2}}{s_{2n}} \geqq \frac{s_{2n}}{s_{2n+2}}.$$

Die Folge (1) ist somit absteigend und hat lauter positive Glieder. Daher existiert

$$\lim \frac{s_{2n-2}}{s_{2n}} = c.$$

Dieser Grenzwert c ist nicht gleich Null.

---

[1] Beweis wie in § 134.

Setzt man für einen Augenblick bei festgehaltenen x, y

$$f^{(p)}(x, u) = F_p(u),$$
$$f^{(q)}(y, u) = G_q(u),$$

so ist die Determinante

$$\begin{vmatrix} (F_p F_p) & (F_p G_q) \\ (G_q F_p) & (G_q G_q) \end{vmatrix}$$

als GRAMsche Determinante von $F_p(u)$ und $G_q(u)$ nicht negativ. Man hat also

$$\left(\int_0^1 f^{(p)}(x,u) f^{(q)}(y,u)\,du\right)^2 \leqq \int_0^1 f^{(p)}(x,u) f^{(p)}(x,u)\,du \int_0^1 f^{(q)}(y,u) f^{(q)}(y,u)\,du.$$

Da aber

$$f^{(p+q)}(x, y) = \int_0^1 f^{(p)}(x,u) f^{(q)}(y,u)\,du$$

und

$$f^{(2p)}(x, x) = \int_0^1 f^{(p)}(x,u) f^{(p)}(x,u)\,du,$$

$$f^{(2q)}(y, y) = \int_0^1 f^{(q)}(y,u) f^{(q)}(y,u)\,du$$

ist, so lautet die obige Ungleichung

$$f^{(p+q)}(x,y)\, f^{(p+q)}(x,y) \leqq f^{(2p)}(x,x)\, f^{(2q)}(y,y),$$

und hieraus folgt durch Integration nach x und y

(3) $$s_{2p+2q} \leqq s_{2p} s_{2q}.$$

Diese Ungleichung liefert für $p = n$ und $q = 1$

$$\frac{s_{2n}}{s_{2n+2}} \geqq \frac{1}{s_2}.$$

Also ist auch

$$\lim \frac{s_{2n}}{s_{2n+2}} \geqq \frac{1}{s_2} > 0.$$

Nach § 197 darf man vermuten, daß $\lim(s_{2n-2} : s_{2n}) = c$ ein Eigenwert von $f^{(2)}$ ist, und zwar der kleinste. Um nun nach dem Vorbild von § 197 eine dazu gehörige Eigenfunktion zu finden, muß man von einer Funktion $\varphi(x)$ ausgehen und sie wiederholt der Operation $\mathfrak{K}^2$, d. h.

$$\psi(x) = \int_0^1 f^{(2)}(x, y)\, \varphi(y)\, dy,$$

unterwerfen. Dann darf man hoffen, daß die Grenzfunktion

(4) $$\lim_{n=\infty} (c^n\, \mathfrak{K}^{2n} \varphi)$$

eine Eigenfunktion von $\mathfrak{K}^2$ ist.

Nun ist aber

$$\mathfrak{K}^{2p+2} \varphi = \mathfrak{K}^2 \mathfrak{K}^{2p} \varphi,$$

also

$$\mathfrak{K}^{2p+2} \varphi = \int_0^1\!\!\int_0^1 f^{(2)}(x, u)\, f^{(2p)}(u, v)\, \varphi(v)\, du\, dv,$$

und daher

$$c^{p+1} \mathfrak{K}^{2p+2} \varphi - c^{q+1} \mathfrak{K}^{2q+2} \varphi$$
$$= c \int_0^1\!\!\int_0^1 f^{(2)}(x, u) \{c^p f^{(2p)}(u, v) - c^q f^{(2q)}(u, v)\}\, \varphi(v)\, du\, dv.$$

Setzen wir zur Abkürzung

$$f^{(2)}(x, u)\, \varphi(v) = \psi(u, v),$$
$$c^p f^{(2p)}(u, v) - c^q f^{(2q)}(u, v) = \chi(u, v),$$

so können wir schreiben

$$c^{p+1} \mathfrak{K}^{2p+2} \varphi - c^{q+1} \mathfrak{K}^{2q+2} = c(\chi\, \psi).$$

Da nun

$$(\chi\, \psi)^2 \leqq (\chi\, \chi)(\psi\, \psi)$$

ist, so folgt

(6) $$\{c^{p+1} \mathfrak{K}^{2p+2} \varphi - c^{q+1} \mathfrak{K}^{2q+2}\}^2 \leqq c^2 (\chi\, \chi)(\psi\, \psi).$$

Für $(\psi . \psi)$ findet man den Wert

$$(\psi\, \psi) = \int_0^1 \{f^{(2)}(x, u)\}^2\, du \cdot \int_0^1 \varphi^2(v)\, dv.$$

Bezeichnet man mit M das Maximum von $\{f^{(2)}(x, y)\}^2$ in dem Gebiet $0 \leqq x,\ y \leqq 1$ und setzt

$$K = \int_0^1 \varphi^2(v)\, dv,$$

so wird

$$(\psi\, \psi) \leqq M K.$$

Für $(\chi\chi)$ findet man

$$(\chi\chi) = c^{2p} \int_0^1\int_0^1 \{f^{(2p)}(u,v)\}^2\, du\, dv - 2c^{p+q} \int_0^1\int_0^1 f^{(2p)}(u,v) f^{(2q)}(u,v)\, du\, dv + c^{2q} \int_0^1\int_0^1 \{f^{(2q)}(u,v)\}^2\, du\, dv,$$

d. h.

$$(\chi\chi) = c^{2p}\, s_{4p} - 2c^{p+q}\, s_{2p+2q} + c^{2q}\, s_{4q}.$$

Die Ungleichung (6) verwandelt sich hiernach in

$$(7)\quad \{c^{p+1}\mathfrak{K}^{2p+2}\varphi - c^{q+1}\mathfrak{K}^{2q+2}\}^2 \leqq c^2 MK\{c^{2p}s_{4p} - 2c^{p+q}s_{2p+2q} + c^{2q}s_{4q}\}.$$

Aus

$$\frac{s_{2n-2}}{s_{2n}} \geqq c$$

folgt nun

$$c^{n-1}\, s_{2n-2} \geqq c^n \cdot s_{2n}.$$

Daraus sieht man, daß $c^n s_{2n}$ bei zunehmendem n eine absteigende Folge durchläuft, daß also

$$\lim (c^n s_{2n})$$

existiert. Dieser Grenzwert ist übrigens von Null verschieden. Nach Formel (3) hat man nämlich

$$\frac{s_{2p}}{s_{2p+2q}} \geqq \frac{1}{s_{2q}}$$

oder

$$\frac{s_{2p}}{s_{2p+2}} \frac{s_{2p+2}}{s_{2p+4}} \cdots \frac{s_{2p+2q-2}}{s_{2p+2q}} \geqq \frac{1}{s_{2q}}.$$

Läßt man bei festgehaltenem q den Index p unendlich zunehmen, so ergibt sich

$$c^q \geqq \frac{1}{s_{2q}}, \quad \text{d. h.} \quad c^q s_{2q} \geqq 1.$$

Mithin ist auch

$$\lim (c^n s_{2n}) = C \geqq 1.$$

Kehren wir nun zu der Ungleichung (7) zurück, so können wir schließen, daß bei passender Wahl von N für $p, q \geqq N$

$$|c^{p+1}\mathfrak{K}^{2p+2}\varphi - c^{q+1}\mathfrak{K}^{2q+2}\varphi| < \varepsilon$$

ist. ε bedeutet eine beliebig vorgelegte positive Zahl.

Man ersieht hieraus, daß

$$\lim c^n \mathfrak{K}^{2n}\varphi = \omega(x)$$

existiert, und daß es sich um ein gleichmäßiges Konvergieren nach dem Grenzwert handelt. Man kann auch sagen, daß der Grenzwert durch die in (0, 1) gleichmäßig konvergierende Reihe

(8) $$\omega(x) = \varphi + (c\mathfrak{K}^2\varphi - \varphi) + (c^2\mathfrak{K}^4\varphi - c\mathfrak{K}^2\varphi) + \dots$$

dargestellt wird. Da die Glieder dieser Reihe in (0, 1) stetig sind, so ist auch $\omega(x)$ in (0, 1) stetig.

Wegen der gleichmäßigen Konvergenz der Reihe (8) hat man

$$\mathfrak{K}^2\omega = \mathfrak{K}^2\varphi + (c\mathfrak{K}^4\varphi - \mathfrak{K}^2\varphi) + (c^2\mathfrak{K}^6\varphi - \mathfrak{K}^4\varphi) + \dots,$$

und daher

(9) $$\omega = c\mathfrak{K}^2\omega.$$

Jetzt ist nur noch zu zeigen, daß bei passender Wahl von φ die Funktion ω nicht identisch verschwindet.

Setzen wir aber z. B.

$$\varphi(x) = f^{(2)}(x, z), \qquad (0 \leqq x \leqq 1)$$

wobei z ein Wert zwischen 0 und 1 ist, so wird

$$\mathfrak{K}^{2n}\varphi = \int_0^1 f^{(2n)}(x\,y) f^{(2)}(y\,z)\,dy = f^{(2n+2)}(x, z).$$

Die Reihe für $\omega(x)$ lautet jetzt

$$f^{(2)}(x, z) + \left(c f^{(4)}(x, z) - f^{(2)}(x, z)\right) + \left(c^2 f^{(6)}(x, z) - c f^{(4)}(x, z)\right) + \dots.$$

Sie konvergiert für $0 \leqq x,\ z \leqq 1$ gleichmäßig. Denn die Ungleichung (7) behält ihre Gültigkeit, wenn wir K durch das Maximum von

$$\int_0^1 \left(f^{(2)}(x, z)\right)^2 dx = f^{(4)}(z, z)$$

ersetzen.

Auch

(10) $$c f^{(2)}(z, z) + \left(c^2 f^{(4)}(z, z) - c f^{(2)}(z\,z)\right) + \dots \qquad (0 \leqq z \leqq 1)$$

konvergiert also gleichmäßig, und wir können z so wählen, daß ihre Summe nicht verschwindet. Wäre dies nämlich nicht möglich, so müßte Null herauskommen, wenn wir von 0 bis 1 integrieren. Wegen der gleichmäßigen Konvergenz dürfen wir gliedweise integrieren. Dabei finden wir aber

$$c s_2 + (c^2 s_4 - c s_2) + (c^3 s_6 - c^2 s_4) + \dots = \lim (c^n s_{2n}) = C \geqq 1.$$

Ist nun $z = z_0$ eine Stelle in dem Intervall (0, 1), wo (10) nicht Null ist, so wird, wenn wir von

$$\varphi(x) = f^{(2)}(x, z_0)$$

ausgehen, $\omega(x)$ sicher nicht identisch verschwinden, weil $\omega(z_0) \neq 0$ ist.

§ 199. Einfache Kerne und Zerlegung eines Kerns in paarweise orthogonale einfache Kerne.

Da jeder reelle symmetrische Kern, der nicht identisch verschwindet, einen Eigenwert und Eigenfunktionen hat, so ist der einfachste Fall der, daß nur ein Eigenwert da ist und daß die zu ihm gehörigen Eigenfunktionen sich auf eine unabhängige reduzieren, daß es also im wesentlichen nur eine Eigenfunktion gibt. Solche Kerne mögen einfache Kerne heißen.

Wenn $\varphi(x)$ eine normierte Eigenfunktion des symmetrischen Kerns $f(x,y)$ ist, so folgt aus

$$\varphi(x) = \lambda \int_0^1 f(x,y)\,\varphi(y)\,dy$$

und

$$\varphi(x) = \int_0^1 \varphi(x)\,\varphi(y)\,\varphi(y)\,dy$$

durch Subtraktion

$$\int_0^1 \left\{ f(x,y) - \frac{\varphi(x)\,\varphi(y)}{\lambda} \right\} \varphi(y)\,dy = 0.$$

Für den Kern

$$f(x,y) - \frac{\varphi(x)\,\varphi(y)}{\lambda} = g(x,y)$$

ist also $\varphi(x)$ keine Eigenfunktion.

Wir wollen uns für $f(x,y)$ ein vollständiges normiertes Orthogonalsystem von Eigenfunktionen aufgestellt denken, und annehmen, daß φ demselben entnommen ist. Enthält dieses Orthogonalsystem außer φ noch eine andere Funktion ψ, so ist

$$\int_0^1 \varphi(y)\,\psi(y)\,dy = 0,$$

also

$$\int_0^1 g(x,y)\,\psi(y)\,dy = \int_0^1 f(x,y)\,\psi(y)\,dy = \frac{\psi(x)}{\mu}.$$

μ bezeichnet den Eigenwert, zu dem $\psi(x)$ gehört.

ψ ist hiernach eine Eigenfunktion von $g(x,y)$ und gehört bei f und g zu demselben Eigenwert.

Wenn umgekehrt χ eine Eigenfunktion von $g(x,y)$ ist, so folgt aus

$$\chi(x) = \nu \int_0^1 g(x,y)\chi(y)\,dy$$

und

$$0 = \int_0^1 g(x,y)\varphi(y)\,dy$$

zunächst die Relation

$$\int_0^1 \varphi(x)\chi(x)\,dx = 0.$$

Daher ist

$$\chi(x) = \nu \int_0^1 \left\{g(x,y) + \frac{\varphi(x)\varphi(y)}{\lambda}\right\}\chi(y)\,dy = \nu \int_0^1 f(x,y)\chi(y)\,dy.$$

Die beiden Kerne f und g haben also dieselben Eigenfunktionen. Nur die Eigenfunktion φ fällt beim Übergange von f zu g fort.

Hat nun $f(x,y)$ im wesentlichen nur eine Eigenfunktion, so muß $g(x,y)$ identisch Null sein. Sonst hätte nach § 198 $g(x,y)$ eine Eigenfunktion ψ, und bei f gäbe es dann wenigstens zwei linear unabhängige Eigenfunktionen.

Wenn also f ein einfacher Kern ist, so hat er die Form

$$f(x,y) = \frac{\varphi(x)\varphi(y)}{\lambda}.$$

Ist $\varphi(x)$ eine beliebige stetige Funktion mit der Norm 1, so hat der Kern $\frac{\varphi(x)\varphi(y)}{\lambda}$ den einzigen Eigenwert λ und im wesentlichen nur die Eigenfunktion φ.

Die Gleichung

$$\varkappa \int_0^1 \frac{\varphi(x)\varphi(y)}{\lambda}\,\omega(y)\,dy = \omega(x)$$

besagt nämlich, daß

$$\omega(x) = c\,\varphi(x)$$

ist, und dann folgt sofort $\varkappa = \lambda$.

Wenn der Kern $f(x,y)$ p linear unabhängige Eigenfunktionen hat, ist er in p einfache Kerne zerlegbar. $\varphi_1(x), \ldots, \varphi_p(x)$ sei ein normiertes Orthogonalsystem von Eigenfunktionen des Kerns f und $\lambda_1, \ldots, \lambda_p$ seien die entsprechenden Eigenwerte. Dann hat von den Kernen

$$f_1(x,y) = f\quad(x,y) - \frac{\varphi_1(x)\,\varphi_1(y)}{\lambda_1},$$

$$f_2(x,y) = f_1\quad(x,y) - \frac{\varphi_2(x)\,\varphi_2(y)}{\lambda_2},$$

$$\cdots\cdots\cdots\cdots$$

$$f_p(x,y) = f_{p-1}(x,y) - \frac{\varphi_p(x)\,\varphi_p(y)}{\lambda_p}$$

der erste $p-1$, der zweite $p-2$, der dritte $p-3$, ..., der letzte also gar keine Eigenfunktion. $f_p(x, y)$ muß also identisch verschwinden, und es ergibt sich die Formel

$$f(x, y) = \frac{\varphi_1(x)\,\varphi_1(y)}{\lambda_1} + \frac{\varphi_2(x)\,\varphi_2(y)}{\lambda_2} + \ldots + \frac{\varphi_p(x)\,\varphi_p(y)}{\lambda_p}.$$

Hat der Kern $f(x, y)$ nicht bloß eine endliche Anzahl linear unabhängiger Eigenfunktionen, sondern unbegrenzt viele, so sei

$$\varphi_1(x),\ \varphi_2(x),\ \varphi_3(x),\ \ldots$$

ein vollständiges normiertes Orthogonalsystem von Eigenfunktionen und λ_n sei der Eigenwert, zu dem $\varphi_n(x)$ gehört.

Wenn nun die Reihe

$$\frac{\varphi_1(x)\,\varphi_1(y)}{\lambda_1} + \frac{\varphi_2(x)\,\varphi_2(y)}{\lambda_2} + \ldots$$

in dem Gebiet $0 \leqq x,\ y \leqq 1$ gleichmäßig konvergiert, so ist

$$(1)\qquad f(x, y) - \left\{\frac{\varphi_1(x)\,\varphi_1(y)}{\lambda_1} + \frac{\varphi_2(x)\,\varphi_2(y)}{\lambda_2} + \ldots\right\} = g(x, y)$$

wie $f(x, y)$ eine stetige symmetrische Funktion. Wäre sie nicht identisch Null, so hätte sie eine Eigenfunktion ψ.

Andererseits ist

$$\int_0^1 g(x, y)\,\varphi_n(y)\,dy = \int_0^1 f(x, y)\,\varphi_n(y)\,dy - \frac{\varphi_n(x)}{\lambda_n} = 0.$$

Aus

$$\int_0^1 g(x, y)\,\varphi_n(y)\,dy = 0$$

und

$$\int_0^1 g(x, y)\,\psi(y)\,dy = \frac{\psi(x)}{\varkappa}$$

folgt aber

(2) $$\int_0^1 \psi(x)\,\varphi_n(x)\,dx = 0\,.$$ [1] $(n = 1, 2, 3, \ldots)$

Danach wäre

$$\int_0^1 f(x, y)\,\psi(y)\,dy = \int_0^1 g(x, y)\,\psi(y)\,dy = \frac{\psi(x)}{\varkappa}.$$

Das ist aber unmöglich, weil $f(x, y)$ nur Eigenfunktionen hat, die sich linear aus einer endlichen Anzahl φ_n zusammensetzen, was von ψ wegen (2) nicht gilt.

$g(x, y)$ muß also identisch verschwinden, und man hat

(3) $$f(x, y) = \frac{\varphi_1(x)\,\varphi_1(y)}{\lambda_1} + \frac{\varphi_2(x)\,\varphi_2(y)}{\lambda_2} + \frac{\varphi_3(x)\,\varphi_3(y)}{\lambda_3} + \ldots$$

Nennen wir zwei symmetrische Kerne, bei denen jede Eigenfunktion des einen zu den Eigenfunktionen des anderen orthogonal ist, selbst orthogonal, so haben wir eine Zerlegung von $f(x, y)$ in paarweis orthogonale einfache Kerne gewonnen.

§ 200. Eine Eigenschaft der Eigenwerte eines symmetrischen Kerns.

$\varphi_1(x)$, $\varphi_2(x)$, ... sei ein vollständiges normiertes Orthogonalsystem des reellen symmetrischen Kerns $f(x, y)$, und $\lambda_1, \lambda_2, \lambda_3, \ldots$ seien die entsprechenden Eigenwerte. In dieser Folge kommt ein Eigenwert p-mal vor, wenn zu ihm p linear unabhängige Eigenfunktionen gehören oder, wenn er, wie man sagt, p-fach ist.

Sprechen wir von den Eigenwerten des Kerns $f(x, y)$, so wollen wir immer jeden so oft hingeschrieben denken, als seine Vielfachheit verlangt.

Die Eigenwerte $\lambda_1, \lambda_2, \lambda_3, \ldots$ eines symmetrischen Kerns haben nun die Eigenschaft, daß ihre reziproken Quadrate eine konvergente Reihe bilden.

Es ist nämlich

[1] Wenn man eine Funktion $\varphi(x)$, die nicht identisch verschwindet und die Eigenschaft $\mathfrak{K}_f\,\varphi = 0$ hat, als eine zu dem Eigenwert ∞ gehörige Eigenfunktion des Kerns f bezeichnet, so sind auch dann Eigenfunktionen, die zu verschiedenen Eigenwerten gehören, zueinander orthogonal.

$$(1)\quad \left\{\begin{aligned}&\frac{\varphi_1^2(x)}{\lambda_1^2}+\dots+\frac{\varphi_n^2(x)}{\lambda_n^2}\\ &\quad=\left(\int_0^1 f(x,y)\,\varphi_1(y)\,dy\right)^2+\dots+\left(\int_0^1 f(x,y)\,\varphi_n(y)\,dy\right)^2\\ &\quad\leqq\int_0^1 (f(x,y))^2\,dy=f^{(2)}(x,x),\end{aligned}\right.$$

denn

$$\int_0^1 (f(x,y))^2\,dy-\left(\int_0^1 f(x,y)\,\varphi_1(y)\,dy\right)^2-\dots-\left(\int_0^1 f(x,y)\,\varphi_n(y)\,dy\right)^2$$

ist die GRAMsche Determinante der Funktionen

$$f(x,y),\ \varphi_1(y),\ \dots,\ \varphi_n(y),$$

also nicht negativ (vgl. § 134).

Aus (1) folgt aber durch Integration

$$\frac{1}{\lambda_1^2}+\dots+\frac{1}{\lambda_n^2}\leqq\int_0^1\int_0^1 (f(x,y))^2\,dx\,dy.$$

Damit ist die Konvergenz der Reihe

$$(2)\qquad \frac{1}{\lambda_1^2}+\frac{1}{\lambda_2^2}+\frac{1}{\lambda_3^2}+\dots$$

bewiesen.

Jetzt kann man leicht zeigen, daß die Reihe

$$(3)\qquad \frac{\varphi_1(x)\,\varphi_1(y)}{\lambda_1^4}+\frac{\varphi_2(x)\,\varphi_2(y)}{\lambda_2^4}+\dots$$

absolut und gleichmäßig konvergiert.

Es ist nämlich, wenn wir

$$R_n=\frac{1}{\lambda_n^2}+\frac{1}{\lambda_{n+1}^2}+\dots$$

setzen,

$$\begin{aligned}&\left|\frac{\varphi_n(x)\,\varphi_n(y)}{\lambda_n^4}\right|+\dots+\left|\frac{\varphi_{n+p}(x)\,\varphi_{n+p}(y)}{\lambda_{n+p}^4}\right|\\ &<R_n\left\{\left|\frac{\varphi_n(x)\,\varphi_n(y)}{\lambda_n^2}\right|+\dots+\left|\frac{\varphi_{n+p}(x)\,\varphi_{n+p}(y)}{\lambda_{n+p}^2}\right|\right\}\\ &<R_n\left\{\left(\frac{\varphi_n(x)}{\lambda_n}\right)^2+\dots+\left(\frac{\varphi_{n+p}(x)}{\lambda_{n+p}}\right)^2\right\}^{\frac12}\left\{\left(\frac{\varphi_n(y)}{\lambda_n}\right)^2+\dots+\left(\frac{\varphi_{n+p}(y)}{\lambda_{n+p}}\right)^2\right\}^{\frac12}\\ &<R_n\sqrt{f^{(2)}(x,x)\,f^{(2)}(y,y)}.\end{aligned}$$

Bezeichnet man mit M das Maximum von $f^{(2)}(x, x)$, so ist also

$$\left|\frac{\varphi_n(x)\varphi_n(y)}{\lambda_n^4}\right| + \dots + \left|\frac{\varphi_{n+p}(x)\varphi_{n+p}(y)}{\lambda_{n+p}^4}\right| < R_n M.$$

Daraus folgt aber wegen $\lim R_n = 0$ die absolute und gleichmäßige Konvergenz der Reihe (3).

Nach § 199 können wir also sicher sein, daß

$$(4) \qquad f^{(4)}(x, y) = \frac{\varphi_1(x)\varphi_1(y)}{\lambda_1^4} + \frac{\varphi_2(x)\varphi_2(y)}{\lambda_2^4} + \dots$$

ist.

Betrachten wir nun die Reihe

$$(5) \qquad \frac{\varphi_1(x)\varphi_1(y)}{\lambda_1^2} + \frac{\varphi_2(x)\varphi_2(y)}{\lambda_2^2} + \dots,$$

so ist hier

$$\left|\frac{\varphi_n(x)\varphi_n(y)}{\lambda_n^2}\right| + \dots + \left|\frac{\varphi_{n+p}(x)\varphi_{n+p}(y)}{\lambda_{n+p}^2}\right|$$

$$\leqq \left\{\left(\frac{\varphi_n(x)}{\lambda_n}\right)^2 + \left(\frac{\varphi_{n+1}(x)}{\lambda_{n+1}}\right)^2 + \dots\right\}^{\frac{1}{2}} \left\{\left(\frac{\varphi_n(y)}{\lambda_n}\right)^2 + \left(\frac{\varphi_{n+1}(y)}{\lambda_{n+1}}\right)^2 + \dots\right\}^{\frac{1}{2}}.$$

Setzen wir

$$R_n(x) = \left(\frac{\varphi_n(x)}{\lambda_n}\right)^2 + \left(\frac{\varphi_{n+1}(x)}{\lambda_{n+1}}\right)^2 + \dots,$$

so wird

$$(6) \qquad \left|\frac{\varphi_n(x)\varphi_n(y)}{\lambda_n^2}\right| + \dots + \left|\frac{\varphi_{n+p}(x)\varphi_{n+p}(y)}{\lambda_{n+p}^2}\right| \leqq \sqrt{M}\,\sqrt{R_n(x)}\,.$$

Aus (6) ersieht man, daß die Reihe (5) bei festgehaltenem x absolut und gleichmäßig konvergiert. Da x und y symmetrisch auftreten, konvergiert sie auch bei festgehaltenem y absolut und gleichmäßig.

Es sei nun

$$(7) \qquad f^{(2)}(x, y) - \frac{\varphi_1(x)\varphi_1(y)}{\lambda_1^2} - \frac{\varphi_2(x)\varphi_2(y)}{\lambda_2^2} - \dots = g(x, y).$$

Dann hat man (wegen der absoluten Konvergenz)

$$(g(x, y))^2 = (f^{(2)}(x, y))^2 - 2\sum_1^{\infty} \frac{f^{(2)}(x, y)\varphi_n(x)\varphi_n(y)}{\lambda_n^2}$$

$$+ \sum_{r,s}^{1,\dots,\infty} \frac{\varphi_r(x)\varphi_r(y)\varphi_s(x)\varphi_s(y)}{\lambda_r^2\lambda_s^2},$$

und auch diese Reihe konvergiert bei festgehaltenem x (oder festgehaltenem y) gleichmäßig.

Daher dürfen wir, um das Integral nach x (oder nach y) zu finden, gliedweise integrieren. Das gibt uns aber

$$\int_0^1 (g(x, y))^2 dy = f^{(4)}(x, x) - \sum_1^\infty \frac{\varphi_n(x)\,\varphi_n(x)}{\lambda_n^4} = 0$$

(vgl. Formel 4). Da $g(x, y)$ bei festgehaltenem x stetig ist (als Summe einer gleichmäßig konvergenten Reihe stetiger Funktionen), so folgt hieraus

$$g(x, y) = 0. \qquad (0 \leqq y \leqq 1)$$

Dies gilt für alle x aus dem Intervall (0, 1). $g(x, y)$ ist also identisch Null, und Formel (7) geht in folgende über

$$(8) \qquad f^{(2)}(x, y) = \frac{\varphi_1(x)\,\varphi_1(y)}{\lambda_1^2} + \frac{\varphi_2(x)\,\varphi_2(y)}{\lambda_2^2} + \ldots$$

Nachträglich läßt sich nun beweisen, daß auch diese Reihe in dem ganzen Gebiet $0 \leqq x,\ y \leqq 1$ gleichmäßig konvergiert, also nicht bloß bei festgehaltenem x oder y.

Wegen der Ungleichung (6) genügt es, sich von der gleichmäßigen Konvergenz der Reihe

$$f^{(2)}(x, x) = \left(\frac{\varphi_1(x)}{\lambda_1}\right)^2 + \left(\frac{\varphi_2(x)}{\lambda_2}\right)^2 + \left(\frac{\varphi_3(x)}{\lambda_3}\right)^2 + \ldots$$

zu überzeugen.

Die Glieder dieser Reihe sind stetige und nirgends negative Funktionen und auch die Summe der Reihe ist stetig. Daraus folgt, wie man zeigen kann, die Gleichmäßigkeit der Konvergenz.

Wenn die Summe und die Glieder der Reihe stetig sind, so sind auch alle Reste $R_n(x)$ stetig. Eine in (0, 1) stetige Funktion hat aber ein Maximum. Dieses möge bei $R_n(x)$ an der Stelle $x_n (0 \leqq x_n \leqq 1)$ eintreten. Gelingt es uns zu zeigen, daß

$$(9) \qquad \lim R_n(x_n) = 0$$

ist, so haben wir die gleichmäßige Konvergenz bewiesen.

Offenbar hat man

$$R_n(x_n) \geqq R_n(x_{n+1}) \geqq R_{n+1}(x_{n+1}),$$

$R_1(x_1),\ R_2(x_2), \ldots$ ist also eine absteigende Folge mit positiven Gliedern. Ihr Grenzwert heiße R.

x sei ein Häufungswert der Folge $x_1, x_2, \ldots$ Da im Falle $m > n$

$$R_n(x_m) \geqq R_m(x_m) \geqq R$$

ist und in jeder Umgebung von x unendlich viele x_m liegen, so folgt wegen der Stetigkeit von $R_n(x)$, daß auch

$$R_n(x) \geqq R$$

ist. Läßt man jetzt n unbegrenzt zunehmen, so wird

$$\lim R_n(x) = 0.$$

Folglich ist auch $R = 0$.

Wir wissen jetzt also, daß die Reihe (8) absolut und gleichmäßig konvergiert. Daraus folgt die absolute und gleichmäßige Konvergenz der Reihe

$$\frac{\varphi_1(x)\varphi_1(y)}{\lambda_1^k} + \frac{\varphi_2(x)\varphi_2(y)}{\lambda_2^k} + \cdots$$

für $k \geqq 2$. Ist k eine ganze Zahl, so hat diese Reihe die Summe $f^{(k)}(x, y)$. Andernfalls kann man sie zur Definition eines iterierten Kerns mit nicht ganzzahligem Index benutzen.

§ 201. Entwickelung willkürlicher Funktionen nach den Eigenfunktionen eines symmetrischen Kerns.

Wir beweisen zunächst folgenden Hilfssatz (von E. Schmidt): $\varphi_1(x), \varphi_2(x), \ldots$ sei ein vollständiges normiertes Orthogonalsystem von Eigenfunktionen des reellen symmetrischen Kerns $f(x, y)$. Wenn dann eine reelle stetige Funktion $\psi(x)$ zu allen $\varphi_n(x)$ orthogonal ist, so ist sie auch zu $f(x, y)$ orthogonal (bei festgehaltenem y). Ist umgekehrt

$$\int_0^1 f(x, y)\,\psi(x)\,dx = 0, \qquad (0 \leqq y \leqq 1) \tag{1}$$

so folgt daraus

$$\int_0^1 \varphi_n(x)\,\psi(x)\,dx. \qquad (n = 1, 2, 3, \ldots) \tag{2}$$

Das letztere ergibt sich sofort, wenn man (1) mit $\varphi_n(y)$ multipliziert und nach y integriert. Es ist nämlich

$$\int_0^1\int_0^1 f(x, y)\,\varphi_n(y)\,\psi(x)\,dx\,dy = \frac{1}{\lambda_n}\int_0^1 \varphi_n(x)\,\psi(x)\,dx.$$

Wir haben also nur zu zeigen, daß aus den Gleichungen (2) die Gleichung (1) folgt.

Da

$$f^{(2)}(x, y) = \frac{\varphi_1(x)\varphi_1(y)}{\lambda_1^2} + \frac{\varphi_2(x)\varphi_2(y)}{\lambda_2^2} + \cdots$$

ist und die Reihe rechts gleichmäßig konvergiert, so wird

$$\int_0^1 f^{(2)}(x, y)\,\psi(x)\,dx = \sum_1^\infty \frac{\varphi_n(y)}{\lambda_n^2}\int_0^1 \varphi_n(x)\,\psi(x)\,dx = 0.$$

Es ist also auch

$$\int_0^1\int_0^1 f^{(2)}(x,y)\,\psi(x)\,\psi(y)\,dx\,dy = 0\,,$$

oder, wenn man die Formel

$$f^{(2)}(x,y) = \int_0^1 f(x,u)\,f(y,u)\,du$$

benutzt,

$$\int_0^1\int_0^1\int_0^1 f(x,u)\,\psi(x)\,f(y,u)\,\psi(y)\,dx\,dy\,du = 0\,,$$

d. h.

$$\int_0^1\left(\int_0^1 f(x,u)\,\psi(x)\,dx\right)^2 du = 0\,.$$

Daraus aber folgt wegen der Stetigkeit von f und ψ

$$\int_0^1 f(x,u)\,\psi(x)\,dx = 0\,. \qquad (0 \leqq u \leqq 1)$$

Wir wollen jetzt eine Funktion $\omega(x)$ betrachten, die sich aus einer reellen stetigen Funktion $\chi(x)$ durch Anwendung von $\mathfrak{K}_f$ erhalten läßt, so daß also

(3) $$\omega(x) = \int_0^1 f(x,y)\,\chi(y)\,dy$$

ist.

Wenn die Reihe

(4) $$\frac{\varphi_1(x)\,\varphi_1(y)}{\lambda_1} + \frac{\varphi_2(x)\,\varphi_2(y)}{\lambda_2} + \dots$$

gleichmäßig konvergiert, in welchem Falle ihre Summe gleich $f(x,y)$ ist, läßt sich (3) so schreiben

(5) $$\omega(x) = \sum_1^\infty \frac{\varphi_n(x)}{\lambda_n}\int_0^1 \varphi_n(y)\,\chi(y)\,dy\,.$$

Aus (3) folgt ferner

$$\int_0^1 \omega(x)\,\varphi_n(x)\,dx = \frac{1}{\lambda_n}\int_0^1 \varphi_n(y)\,\chi(y)\,dy,$$

so daß wir der Formel (5) auch folgende Gestalt geben können:

$$\omega(x) = \varphi_1(x)\int_0^1 \omega(u)\,\varphi_1(u)\,du + \varphi_2(x)\int_0^1 \omega(u)\,\varphi_2(u)\,du + \dots$$

oder

(5') $$\omega(x) = (\omega\varphi_1)\varphi_1(x) + (\omega\varphi_2)\varphi_2(x) + \dots .$$

Um uns von der Voraussetzung, daß die Reihe (4) gleichmäßig konvergiert, zu befreien, werden wir uns direkt mit der Reihe

$$(\omega\varphi_1)\varphi_1(x) + (\omega\varphi_2)\varphi_2(x) + \dots$$

beschäftigen und ihre Summe bestimmen.

Wir wissen, daß diese Reihe identisch ist mit der Reihe (5), also mit

$$(\chi\varphi_1)\frac{\varphi_1(x)}{\lambda_1} + (\chi\varphi_2)\frac{\varphi_2(x)}{\lambda_2} + \dots .$$

Diese ist absolut und gleichmäßig konvergent, weil die Ungleichung

$$\left|(\chi\varphi_n)\frac{\varphi_n(x)}{\lambda_n}\right| + \dots + \left|(\chi\varphi_{n+p})\frac{\varphi_{n+p}(x)}{\lambda_{n+p}}\right| \leqq \{(\chi\varphi_n)^2 + (\chi\varphi_{n+1})^2 + \dots\}^{1/2} M^{1/2}$$

gilt, wo M das Maximum des Betrages von $f^{(2)}(x,x)$ bedeutet.[1]

Setzen wir

(6) $$\omega(x) - \sum_1^\infty (\omega\varphi_n)\varphi_n(x) = \varrho(x),$$

so wird

$$(\varrho\varphi_n) = 0. \qquad (n = 1, 2, 3, \dots)$$

Daher ist nach dem oben bewiesenen Hilfssatz

$$\int_0^1 f(x,y)\varrho(x)\,dx = 0,$$

also auch

$$\int_0^1 \omega(x)\varrho(x)\,dx = \int_0^1\int_0^1 f(x,y)\chi(y)\varrho(x)\,dx\,dy = 0.$$

Aus (6) folgt aber

$$\int_0^1 \omega(x)\varrho(x)\,dx - \sum_1^\infty(\omega\varphi_n)\int_0^1\varphi_n(x)\varrho(x)\,dx = \int_0^1\varrho^2(x)\,dx.$$

Mithin ist

(7) $$\int_0^1 \varrho^2(x)\,dx = 0.$$

$\varrho(x)$ ist als Summe einer gleichmäßig konvergenten Reihe stetiger

[1] Die Reihe $(\chi\varphi_1)^2 + (\chi\varphi_2)^2 + \dots$ ist konvergent, ihre Summe kleiner oder gleich $(\chi\chi)$.

Funktionen stetig. Daher können wir aus (7) schließen, daß $\varrho(x) = 0$ ist.

Die Entwickelung (5') gilt demnach für jede Funktion $\omega(x)$, die sich in der Form

$$\int_0^1 f(x, y)\chi(y)\,dy$$

darstellen läßt, wo $\chi(x)$ stetig ist. Wir wissen außerdem, daß die Reihe (5') absolut und gleichmäßig konvergiert.

Wir hätten den Beweis übrigens auch so führen können: Aus (6), wo die linke Seite absolut und gleichmäßig konvergiert, folgt durch Quadrieren

$$(8)\quad \omega^2(x) - 2\sum_1^{\infty}(\omega\,\varphi_n)\,\omega(x)\,\varphi_n(x) + \sum_{r,s}^{1,\ldots,\infty}(\omega\,\varphi_r)(\omega\,\varphi_s)\,\varphi_r(x)\,\varphi_s(x) = \varrho^2(x)$$

und diese Reihe ist ebenfalls gleichmäßig konvergent.

Nun hat man aber

$$\omega^2(x) = \int_0^1 f(x, u)\chi(u)\,du \int_0^1 f(x, v)\chi(v)\,dv$$

und

$$\int_0^1 \omega^2(x)\,dx = \int_0^1\int_0^1 f^{(2)}(u, v)\chi(u)\chi(v)\,du\,dv.$$

Für

$$\int_0^1 f^{(2)}(u, v)\chi(v)\,dv$$

gilt aber wegen der gleichmäßigen Konvergenz der Reihe

$$f^{(2)}(u, v) = \sum \frac{\varphi_n(u)\,\varphi_n(v)}{\lambda_n^2}$$

die Entwickelung

$$\frac{(\chi\,\varphi_1)}{\lambda_1^2}\varphi_1(u) + \frac{(\chi\,\varphi_2)}{\lambda_2^2}\varphi_2(u) + \ldots,$$

so daß

$$\int_0^1 \omega^2(x)\,dx = \sum \frac{(\chi\,\varphi_n)^2}{\lambda_n^2} = \sum (\omega\,\varphi_n)^2$$

ist.

Jetzt folgt aus (8)

$$\int_0^1 \varrho^2(x)\,dx = 0.$$

§ 202. E. Schmidts Auflösung der linearen Integralgleichungen mit symmetrischem Kern.

Die Integralgleichung

$$\varphi(x) - \lambda \int_0^1 f(x, y) \varphi(y) = \psi(x) \tag{1}$$

verwandelt sich, wenn man

$$\varphi(x) = \psi(x) + \omega(x)$$

setzt, in

$$\omega(x) = \lambda \int_0^1 f(x, y) \varphi(y) \, dy. \tag{2}$$

Daraus ersieht man, daß $\omega(x)$ gerade die in § 201 geforderte Form hat.[1] Es gilt also die Entwickelung

$$\omega(x) = (\omega \varphi_1) \varphi_1(x) + (\omega \varphi_2) \varphi_2(x) + \cdots \tag{3}$$

und sie konvergiert absolut und gleichmäßig. $\varphi_1(x)$, $\varphi_2(x)$, ... ist ein vollständiges normiertes Orthogonalsystem von Eigenfunktionen des Kerns $f(x, y)$.

Aus (2) findet man

$$(\omega \varphi_n) = \lambda \int_0^1 \int_0^1 f(x, y) \varphi_n(x) \varphi(y) \, dx \, dy = \frac{\lambda}{\lambda_n} (\varphi \varphi_n),$$

oder

$$(\omega \varphi_n) = \frac{\lambda}{\lambda_n} \{(\psi \varphi_n) + (\omega \varphi_n)\}, \tag{4}$$

d. h.

$$(\omega \varphi_n) = \frac{\lambda}{\lambda_n - \lambda} (\psi \varphi_n).$$

Setzt man diese Werte in (3) ein, so ergibt sich

$$\varphi(x) = \psi(x) + \lambda \sum \frac{(\psi \varphi_n)}{\lambda_n - \lambda} \varphi_n(x). \tag{5}$$

Ist λ von $\lambda_1, \lambda_2, \ldots$, den Eigenwerten des Kerns $f(x, y)$, verschieden, so konvergiert die Reihe (5) absolut und gleichmäßig.

Man hat nämlich

$$\frac{(\psi \varphi_n) \varphi_n(x)}{\lambda_n - \lambda} = \frac{1}{1 - \frac{\lambda}{\lambda_n}} (\psi \varphi_n) \frac{\varphi_n(x)}{\lambda_n}.$$

---

[1] χ ist hier gleich $\lambda \varphi$.

Die Reihe

$$\sum (\psi\, \varphi_n) \frac{\varphi_n(x)}{\lambda_n}$$

ist aber, wie wir wissen, absolut und gleichmäßig konvergent. Da wegen der Konvergenz der Reihe $1 \mid \lambda_1^2 + 1 \mid \lambda_2^2 + \dots$ $\lim \frac{1}{\lambda_n} = 0$ ist, so folgt die absolute und gleichmäßige Konvergenz von (5).

Aus (5) ergibt sich aber

$$(6)\qquad \mathfrak{K}\varphi = \mathfrak{K}\psi + \lambda \sum \frac{(\psi\, \varphi_n)}{\lambda_n - \lambda} \mathfrak{K}\varphi_n = \mathfrak{K}\psi + \lambda \sum \frac{(\psi\, \varphi_n)}{\lambda_n(\lambda_n - \lambda)} \varphi_n(x).$$

Hieraus folgt in Verbindung mit (5)

$$\varphi - \lambda \mathfrak{K}\varphi = \psi - \lambda \mathfrak{K}\psi + \lambda \sum (\psi\, \varphi_n) \frac{\varphi_n(x)}{\lambda_n}.$$

Nach § 201 ist aber

$$\mathfrak{K}\psi = \sum (\psi\, \varphi_n) \frac{\varphi_n(x)}{\lambda_n}.$$

Also genügt die durch (5) gegebene Funktion der Gleichung (1).

(5) ist nichts anderes als die Fredholmsche Formel für den Fall eines symmetrischen Kerns.

Wenn $\lambda = \lambda_1$ ist und $\lambda_2, \lambda_3, \dots, \lambda_p$ gleich λ_1, alle übrigen λ aber von λ_1 verschieden sind, so wird nach Formel (4)

$$(7)\qquad (\psi\, \varphi_1) = 0,\ (\psi\, \varphi_2) = 0,\ \dots,\ (\psi\, \varphi_p) = 0$$

und für $n > p$

$$(\omega\, \varphi_n) = \frac{\lambda_1}{\lambda_n - \lambda_1} (\psi\, \varphi_n),$$

$\varphi(x)$ hat jetzt folgende Gestalt:

$$(8)\qquad \varphi(x) = \psi(x) + c_1 \varphi_1(x) + \dots + c_p \varphi_p(x) + \lambda_1 \sum_{n=p+1}^{\infty} \frac{(\psi\, \varphi_n)}{\lambda_n - \lambda_1} \varphi_n(x).$$

Man bestätigt leicht, daß diese Funktion $\varphi(x)$, was auch die Konstanten $c_1, c_2, \dots, c_p$ sein mögen, die Gleichung (1) erfüllt.

Literaturnachweise und Anmerkungen.

§ 1. Das Manuskript, in welchem LEIBNIZ zum erstenmal von Determinanten spricht, stammt aus dem Jahre 1678. Vgl. GERHARDT: LEIBNIZ über die Determinanten, Sitzungsberichte der Berliner Akademie 1891.

Der Name „Determinante" findet sich zuerst bei GAUSS in den berühmten Disquisitiones arithmeticae (1801).

§ 2. Die erste systematische Darstellung der Determinantentheorie gab CAUCHY in seiner klassischen Arbeit: „Sur les fonctions qui ne peuvent obtenir que deux valeurs égales et de signes contraires par suite des transpositions opérées entre les variables qu'elles renferment" (alternierende Funktionen), Journal de l'École polytechn. 1815. Dann folgten 1841 die Aufsätze JACOBIS (Crelles Journal Bd. 22): „De formatione et propietatibus determinantium" und „De determinantibus functionalibus", beide deutsch herausgegeben von P. STAECKEL in OSTWALDS Klassikern der exakten Wissensch. (Nr. 77 u. 78).

Das erste Buch über Determinanten war das von BRIOSCHI (Pavia, 1854). Dann kam 1857 (Leipzig) das von BALTZER, von allen älteren Determinantenbüchern wohl das verbreitetste.

§ 4. Gewöhnlich bezeichnet man als Inversion das, was wir im Anschluß an CRAMER Derangement nennen. Als deutscher Ausdruck für „Derangement" ist „Fehlstand" vorgeschlagen worden.

§ 8. CAYLEY, Collected math. papers 1, S. 1.

§ 16. Vgl. KRONECKERS Vorlesungen über Determinanten, herausgegeben von HENSEL (Leipzig 1903).

§ 19. LAPLACE: Recherches sur le calcul intégral et sur le système du monde. Histoire de l'académie des sciences de Paris 1772.

§ 21. VANDERMONDE: Resolution des équations, 1770. Eine deutsche Ausgabe erschien 1888 in Berlin. Man nennt die hier betrachtete Determinante auch die CAUCHYsche, weil CAUCHY sie in seiner oben zitierten Abhandlung ganz allgemein behandelt, während VANDERMONDE sich auf den Fall $n = 3$ beschränkt.

§ 23. Der Begriff „Rang einer Matrix" ist von FROBENIUS eingeführt worden (Crelles Journal 1879, S. 1).

§ 27. FROBENIUS, Crelles Journal 1877, S. 236.

§ 29. ROUCHÉ: Sur la discussion des équations du premier degré. Comptes rendus der Pariser Akademie 1875 (1050ff.).

§ 32. Der Multiplikationssatz der Determinanten ist von BINET und CAUCHY gefunden worden. Vgl. CAUCHYS oben zitierte Arbeit von 1815 und BINETS Aufsatz: „Sur un système de formules analytiques et leur application à des considérations géométriques". Journal de l'École polytechn. 1813. Für zwei- und dreireihige Determinanten hatte ihn schon GAUSS.

§ 37. CAUCHY bezeichnet die Reziproke als „adjungierte Determinante" (vgl. seine Arbeit von 1815). Die Sätze über die Minoren der reziproken Determinante sind von JACOBI (vgl. den ersten seiner oben zitierten Aufsätze).

§ 41. Dieser Beweis des SYLVESTERschen Satzes rührt von STUDNIČKA her (Über eine neue Determinantentransformation, Böhmische Berichte, 1879). SYLVESTER hat diesen und den allgemeineren Satz in § 48 ohne Beweis veröffentlicht (Philos. Magazine 1851). Eine Verallgemeinerung des SYLVESTERschen Satzes in § 48 gab E. FISCHER, Crelles Journal 1908.

§§ 42, 43. Vgl. ARNALDI: Sui determinanti orlati e sullo sviluppo di un determinante per determinanti orlati. Giornale di Battaglini 1896.

§ 46. Vgl. die bei § 41 zitierte Arbeit SYLVESTERS und den Aufsatz von FRANKE: „Über Determinanten aus Unterdeterminanten", Crelles Journal 1863. Schon 1856 hat SPOTTISWOODE (Elementary theorems relating to determinants, Crelles Journal) den Satz behandelt. Der in § 46 gegebene Beweis ist vielleicht deshalb bemerkenswert, weil er von der Irreduzibilität der Determinante keinen Gebrauch macht, auf die man sonst den Beweis zu stützen pflegt. Die Irreduzibilität besteht darin, daß die Determinante, betrachtet als Funktion ihrer n^2 Elemente, nicht in ganze rationale Faktoren zerlegbar ist.

§ 51. HANKEL: Über eine besondere Klasse der symmetrischen Determinanten (Leipziger Dissertation), 1861 in Göttingen erschienen.

Über zyklische Determinanten vgl. man STERN: Einige Bemerkungen über eine Determinante, Crelles Journal 1871. Die Zerlegungsformel rührt von SPOTTISWOODE her (Crelles Journal 1856, S. 375). Der Produktsatz ist von SOUILLART (Note sur une décomposition de carrés, Nouvelles annales de math. 1860).

Betreffs der SMITHschen Determinante vgl. SMITH: On the value of a certain arithmetical determinant, Proc. of the London math. soc. 1875—76, ferner CESÀRO: Determinanti in arithmetica, Giornale di Battaglini 1885.

§ 53. CAUCHY: Exercices de math. 4. Der Beweis in § 53 ist von SYLVESTER (Philos. Magazine 1852).

§ 55. Eine Determinante, bei der a_{rs} und a_{sr} stets konjugiert komplex sind, pflegt man eine HERMITEsche Determinante zu nennen. Die reellen symmetrischen Determinanten sind ein Spezialfall davon. Wegen des Satzes in § 55 vgl. HERMITE, Comptes rendus der Pariser Akademie, Bd. 41.

§ 59. Zu Satz 40 vgl. CAYLEY: Sur les déterminants gauches, Crelles Journal 1849, ferner MERTENS, Crelles Journal 1877.

§ 61. JACOBI kam auf die PFAFFschen Aggregate bei Behandlung des PFAFFschen Problems (in der Theorie der Differentialgleichungen), Crelles Journal 1827 und 1845. CAYLEY nennt diese Aggregate JACOBIsche Funktionen. MUIR schreibt die PFAFFschen Aggregate in Form von Halbdeterminanten. Z. B. setzt er

$$a_{12}\,a_{34} - a_{13}\,a_{24} + a_{14}\,a_{23}$$

$$= \left|\begin{matrix} a_{12} & a_{13} & a_{14} \\ & a_{23} & a_{24} \\ & & a_{34} \end{matrix}\right|.$$

SCHEIBNER (Leipziger Berichte, 1859) schlägt vor, die PFAFFschen Aggregate Halbdeterminanten zu nennen.

§ 64. FROBENIUS, Crelles Journal 1877.

§ 66. BRIOSCHI, Crelles Journal 1856, SAALSCHÜTZ, Crelles Journal 1908.

§ 67. Cayley, Crelles Journal 1849.

§ 68. Spottiswoode, Crelles Journal 1856, ferner Günther: Darstellung der Näherungswerte von Kettenbrüchen, Erlangen 1872, und die historische Übersicht in Günthers Lehrbuch der Determinanten, Erlangen 1875.

§ 69. Baltzer: Über einen Satz der Determinantentheorie, Göttinger Nachr. 1887.

§ 73. Brioschi, Journal des math. pures et appliqu. 1854. Siacci, Atti dell' Accad. di Torino 1871, Annali di mat. 1871.

§ 74. Stieltjes, Acta math. 1885. Vgl. auch E. Netto, Acta math. 1886 und 1895.

§ 75. Cayley, Crelles Journal 1846, und verschiedene Mitteilungen von Kronecker, Sitzungsberichte der Berliner Akademie 1890.

§ 78. Diese Form der Resultante nennt man die Eulersche (vgl. sein klassisches Werk: Introductio in analysin infinitorum). Sie war aber schon Leibniz bekannt. Die hier gegebene Ableitung stammt von Sylvester.

§ 80 (Schluß). Vor Cayley muß Bézout genannt werden.

§ 84. Diese Form der Resultante rührt von Bézout her (Histoire de l'académie des sciences de Paris 1764). Cayleys Arbeit steht in Crelles Journal von 1857.

§ 94. Das Rechnen mit Matrizen geht auf Cayley zurück (Collected math. papers 2). Vgl. ferner die grundlegende Arbeit von Frobenius: „Lineare Substitutionen und bilineare Formen", Crelles Journal 1878.

§ 99. Das Trägheitsgesetz (auch der Name) rührt von Sylvester her (Philos. Magazine 1852, Philos. Transactions 1853). Vor Sylvester war es Gauss, Riemann und Jacobi bekannt.

§ 107 ff. Die Elementarteilertheorie ist eine Schöpfung von Weierstrass (Zur Theorie der quadratischen und bilinearen Formen, Monatsberichte der Berliner Akademie, 1868, Werke Bd. 2). Wegen der Literatur vgl. das Werk von Muth: Theorie und Anwend. der Elementarteiler, Leipzig 1899. Das Verfahren in § 110 stammt von Stickelberger (Crelles Journal 1879). Einen andern Beweis des Weierstrassschen Äquivalenzsatzes gab (auf rationalem Wege) Frobenius (Crelles Journal 1879); vgl. ferner Landsberg, Crelles Journal 1896.

§ 116. Cauchy, Exercices de math. 4 und Jacobi, Crelles Journal 1834. Das Verfahren in § 116 beruht auf der Theorie E. Schmidts (vgl. seine Dissertation: Entwickelung willkürlicher Funktionen nach Systemen vorgeschriebener, Göttingen 1905).

§ 117. Hermite, Crelles Journal 1856, und Frobenius, Crelles Journal 1883.

§ 121. Über Funktionaldeterminanten vgl. Jacobis Arbeit: „De determinantibus functionalibus" (Crelles Journal 1841), deutsche Ausgabe von Staeckel in Ostwalds Klassikern der exakten Wiss. (Nr. 78).

§ 131. Jacobi, Crelles Journal 1844.

§ 134. Gram: Über die Entwickelung reeller Funktionen in Reihen mittels der Methode der kleinsten Quadrate, Crelles Journal 1883.

§ 136. Wronski: Réfutation de la théorie des fonctions de Lagrange, 1812. Vgl. den Aufsatz Dicksteins in der Bibliotheca math. 1892.

§ 138 ff. Frobenius: Anwendung der Determinantentheorie auf die Geometrie des Maßes, Crelles Journal 1875. E. Study: Über Distanzrelationen, Zeitschrift f. Math. u. Physik 1882.

§ 151 ff. Poincaré: Sur les déterminants d'ordre infini, Bulletin de la soc. math. 1885—86. Helge von Koch: Sur les déterminants infinis et les équations différentielles lineaires, Acta math. Bd. 16. Außerdem sind die zusammenfassenden Arbeiten Cazzanigas zu nennen (Annali di mat. 1898—99, Accad. di Torino 1898—99). Poincaré betrachtet Determinanten, deren Hauptelemente gleich 1 sind. Bei ihm und Helge von Koch handelt es sich um Determinanten, die sich nach vier Seiten ins Unendliche erstrecken, d. h. die Indizes des Elements a_{rs} variieren zwischen $-\infty$ und $+\infty$. Solche Determinanten sind aber auf die hier betrachteten zurückführbar.

§ 164. E. Schmidt: Über die Auflösung linearer Gleichungen mit unendlich vielen Unbekannten, Rendiconti del Circolo di Palermo, 1908.

§ 180. Fredholm: Sur une classe d'équations fonctionelles, Acta math. 1903. Hadamards Determinantensatz findet man im Bulletin des sciences math. 1893; vgl. auch E. Fischer, Archiv für Math. 1908.

§ 183. Je größer n ist, desto genauer sind die Gleichungen

$$\varphi(\mathfrak{x}_r) + \sum_{s=1}^{n} \frac{f(\mathfrak{x}_r, \mathfrak{y}_s)}{n} \varphi(\mathfrak{y}_s) = \psi(\mathfrak{x}_s)$$

$$\left(r = 1, \ldots, n; \quad \mathfrak{x}_r = \mathfrak{y}_r = \frac{2r-1}{n}\right)$$

richtig. Setzt man

$$\psi(\mathfrak{x}_r) = \varphi(\mathfrak{y}_r) = \varphi_r \quad \text{und} \quad c_{rs} = \frac{f(\mathfrak{x}_r, \mathfrak{y}_s)}{n},$$

so lauten sie

$$\varphi_r + \sum_{s=1}^{n} c_{rs} \varphi_s = \psi(\mathfrak{x}_s). \qquad (r = 1, \ldots, n)$$

Das ist ein System von n linearen Gleichungen mit den n Unbekannten $\varphi_1, \varphi_2, \ldots, \varphi_n$ und mit der Determinante

$$\begin{vmatrix} 1+c_{11}, & \ldots, & c_{1n} \\ \cdot & \cdot & \cdot \\ c_{n1}, & \ldots, & 1+c_{nn} \end{vmatrix}.$$

Der Grenzwert dieser Determinante ist gerade die Fredholmsche Determinante D_f.

Auf diesem von Hilbert angegebenen Wege kommt man in ganz natürlicher Weise zu der Fredholmschen Determinante.

§ 189. C. Neumann: Über die Methode des arithmetischen Mittels, Abhandlungen der Leipziger Akademie 1887.

§ 191 ff. Vgl. außer der Dissertation von E. Schmidt (Göttingen 1905) die Mitteilungen Hilberts in den Göttinger Nachrichten 1904—1906, ferner die Arbeit J. Schurs (math. Annalen 1909).

Sachregister.

(Die Zahlen beziehen sich auf die Seiten.)

Kolibri 360 GmbH
Ferdinand-Jühlke-Straße 7
99095 Erfurt, Deutschland
produktsicherheit@kolibri360.de